GaN 基光电阴极

常本康　著

科 学 出 版 社
北 京

内 容 简 介

本书是作者承担国家科研项目的总结，全书共10章，介绍了实用的紫外光电阴极、NEA GaN基光电阴极以及研究方法与实验基础、GaN基光电阴极材料；研究了GaN和AlGaN光电阴极的能带结构、光学性质、光电发射理论和表面模型；探索了GaN和AlGaN光电阴极的制备技术；最后对GaN基光电阴极研究进行了回顾与展望。

本书可作为大专院校光学工程、电子科学与技术和光信息科学与技术等专业的本科生及研究生教学用书，也可供从事光电阴极及电子源研究的科研人员和工程技术人员、教师阅读，还可供从事光电阴极和电子源生产以及使用光电器件或电子枪的有关人员参考。

图书在版编目(CIP)数据

GaN基光电阴极/常本康著. —北京：科学出版社, 2018.6
ISBN 978-7-03-058186-0

Ⅰ. ①G… Ⅱ. ①常… Ⅲ. ①光电阴极–研究 Ⅳ. ①O462.3

中国版本图书馆CIP数据核字(2018) 第140878号

责任编辑：刘凤娟／责任校对：杨 然
责任印制：张 伟／封面设计：耕 者

科学出版社 出版
北京东黄城根北街16号
邮政编码：100717
http://www.sciencep.com

北京虎彩文化传播有限公司 印刷
科学出版社发行 各地新华书店经销
*
2018年6月第 一 版 开本: 720×1000 1/16
2018年6月第一次印刷 印张: 25
字数: 500 000

定价: 169.00元
(如有印装质量问题，我社负责调换)

前　　言

二十多年来，为了推进 GaN 基紫外焦平面列阵探测器的研制，美国国防高级研究计划局 (DAR-PA)、美国航空航天局 (NASA) 等投入了巨大的财力。美国 Nitronex 公司与北卡罗来纳大学、Honeywell 技术中心以及美国军队夜视实验室，早在 1999 年就研制成功基于 AlGaN pin 型背照射 32×32 列阵焦平面探测器数字照相机。2005 年美国西北大学的 R. McClintock 等报道了可以成像的 320×256 日盲型 AlGaN 紫外焦平面器件，许多国家已经研制出多种结构的 GaN 基紫外探测器，如光电导型、pn 结型、pin 型、pπn 型。

20 世纪 90 年代中期，针对微弱紫外探测存在的问题，欧美国家开展了 GaN 光电阴极的研制，2000 年左右，美国西北大学、普林斯顿大学、斯坦福大学等多家研究机构相继发布了 p 型 GaN 可以通过典型的 Cs 或 Cs、O 激活工艺获得负电子亲和势状态的报道，从而在真空探测器件中拉开了 NEA GaN 光电阴极的研究序幕。NEA GaN 光电阴极的出现大大提高了紫外光电阴极的量子效率，是满足微弱紫外探测要求的非常理想且非常具有发展潜力的新型紫外光电阴极，在众多领域都显示出明显的优势和潜力。

尽管国内近年来将 GaN 紫外探测器件的研究提上了日程，但大多把研究重点放在了固体探测器件的研究上，对具有高量子效率的 NEA GaN 基紫外光电阴极的光电发射机理和制备技术的研究报道尚鲜见，这在很大程度上限制了我国紫外探测器件水平的提高。NEA GaN 基紫外光电阴极在国内 GaN 基材料应用领域内的研究亟待弥补。

本书源于国家自然科学青年基金项目 (项目编号：60701013)、国家自然科学基金面上项目 (项目编号：60871012)、微光夜视技术国防科技重点实验室基金项目 (项目编号：BJ2014002) 等，在研制过程中涉及 GaN 和 AlGaN 光电阴极的研究，因此定名为《GaN 基光电阴极》。全书共 10 章，第 1 章介绍了实用的紫外光电阴极和 NEA GaN 基光电阴极的研究进展；第 2 章介绍了研究方法与实验基础，以及采用第一性原理进行材料性能表征，利用我们目前的 GaN 基光电阴极实验系统进行了验证；第 3 章介绍了 GaN 和 AlGaN 晶体以及纤锌矿结构 GaN 基 (0001) 光电发射材料生长；第 4、第 5 章分别研究了 GaN 和 AlGaN 光电阴极的能带结构和光学性质；第 6、第 7 章研究了 NEA GaN 基光电阴极光电发射理论；第 8、第 9 章研究了 GaN(0001) 和 AlGaN(0001) 光电阴极的制备；第 10 章给出了回顾与展望。全书的重点是 GaN(0001) 基光电阴极理论、激活技术、多信息量测试与评估。

在本书即将出版之际，感谢国家自然科学基金委员会对项目研究的支持；感谢有关研究机构和政府部门对该研究领域的资助；同时要感谢微光夜视技术国防科技重点实验室在项目 (项目编号：BJ2014002) 及实验方面的支持。

感谢项目组的魏殿修教授、徐登高教授、杨国伟教授、钱芸生教授、邹继军教授、刘磊教授、宗志园副研究员、高频高级工程师、富容国副教授、邱亚峰副教授和詹启海工程师；感谢宗志园博士、钱芸生博士、李蔚博士、杜晓晴博士、刘磊博士、傅文红博士、邹继军博士、杨智博士、牛军博士、陈亮博士、张益军博士、崔东旭博士、石峰博士、赵静博士、任玲博士、王晓晖博士、李飙博士、杜玉杰博士、付小倩博士、徐源博士、王洪刚博士、鱼晓华博士、陈鑫龙博士、金睦淳博士、郝广辉博士、郭婧博士、杨明珠博士、王贵圆博士、TRAN HONG CAM 博士，杜玉杰硕士、李敏硕士、王惠硕士、欧玉平硕士、王旭硕士、季晖硕士、夏扬硕士、顾燕硕士、叶钧硕士、侯瑞丽硕士、王勇硕士、郭向阳硕士等，GaN 基光电阴极取得的成果建立在 GaAs 基光电阴极研究基础之上，他们的出色工作和创新成果，使得我们如期完成了 GaN 和 AlGaN 光电阴极的初步研究。

GaN 基光电阴极研究仅处于起步阶段，尚有许多科学问题没有解决。由于作者水平有限，书中不妥之处在所难免，殷切希望各位专家和广大读者批评指正。

作 者

2017 年 10 月 26 日

目　　录

第1章　绪　　论

本章介绍紫外辐射的分类，实用的紫外光电阴极以及负电子亲和势 (NEA) GaN 基光电阴极的研究过程和研究进展。

1.1　紫外辐射的分类

太阳是强烈的紫外辐射源，紫外波段的辐射能量占据了太阳辐射总能量的 7%。在电子波谱中，紫外波段的范围是 10~400nm，虽然紫外波段的波长范围比较窄，但是不同波段的紫外光在地球大气中的传输特性却相差很大[1,2]。如图 1.1 所示，波长小于 200nm 的紫外光会被大气中的氧气吸收，所以该波段的光只存在于真空中，被称为真空紫外或超紫外 (VUV)；大气层的臭氧层对波长 200~280nm 的紫外光有强烈的吸收作用，无法到达地球表面，该波段的紫外光称为日盲紫外或远紫外 (UVC)；虽然臭氧层能够吸收波长为 280~315nm 的紫外光，但是该波段内仍有约 10% 的紫外光可以到达地球表面，该波段的紫外光被称为中紫外 (UVB)；波长 315~400nm 的紫外光可以透过云层，照射到地球表面，这部分波段的紫外光被称为近紫外 (UVA)。

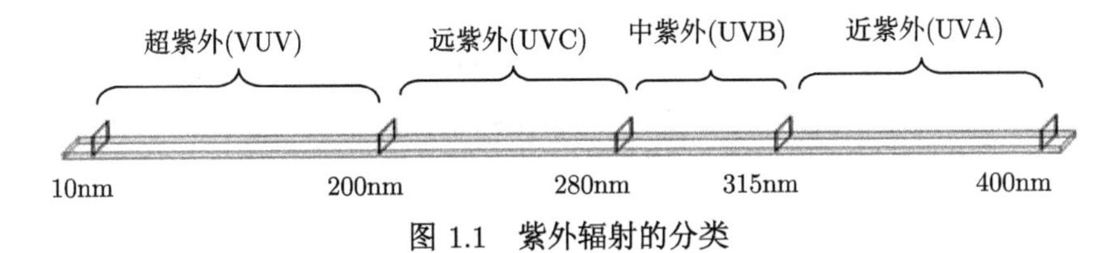

图 1.1　紫外辐射的分类

臭氧层对日盲波段辐射具有强烈的吸收作用，使波长小于 280nm 的太阳辐射光无法到达地球表面，为响应波段小于 280nm 的紫外探测器提供了良好的探测背景条件[3~5]。因此，日盲型紫外探测器可忽略太阳辐射对目标信号的影响，具有全方位探测能力，从探测目标选择与识别等方面优于可见光和红外探测[6,7]。同时，在大气层内部也存在较多的日盲波段的紫外辐射源，如超音速飞行物体、闪电、高压电晕放电、火灾和紫外通信设备等，这些辐射源与人们日常生活有着密切的联系。研制紫外辐射探测器件，在天文观测、航空航天和导弹预警等领域具有重要的应用。

1.2 实用的紫外光电阴极

适用于近紫外光范围的光电阴极，通常讨论的光波区域为 100~400nm。在紫外范围几乎所有实用光电阴极都有较高的量子产额。这类光电阴极在普通光电器件中，其紫外性能受光窗透过率的限制。由于宇宙探测光电子能谱技术的发展，对紫外光电子发射以及测量技术的研究越来越多。在宇宙探测中常要求“日盲”，即对紫外光灵敏，而对太阳的其他辐射不敏感。“日盲”在紫外光电阴极研究中非常重要，紫外光电阴极向短波延伸是研究的重要课题。

在外层空间工作的光电阴极，其阈波长小于 200nm；在大气层工作的光电阴极，阈波长小于 350nm。与可见光范围实用光电阴极相比，多数紫外光电阴极的量子效率较低，一般为 0.05 电子/光子[8]。

1.2.1 400~200nm 范围的光电阴极

400~200nm 范围的透过光窗材料主要是石英和硼化玻璃，质量最好的玻璃甚至可以透过 150nm 的紫外光。

1. 碲化铯 (Cs_2Te)

在 400~200nm 范围，碲化铯 (Cs_2Te) 和碲化铷 (Rb_2Te) 量子效率较高，Cs_2Te 光电阴极的量子效率如图 1.2 所示，光子能量在 5.5eV 左右时，Cs_2Te 的峰值量子效率约为 0.1，光电阈定义为禁带宽度 E_g 与电子亲和势 E_a 之和，$E_g + E_a =$ 3.5eV。Rb_2Te 的制备工艺和性能与 Cs_2Te 的相近。图中 I 是 Cs 不过量，阈值较高，很快截止，有较好的日盲特性。II 有较高的量子产额，但阈值过低，这是因为较多的 Cs 降低了表面势垒，无法满足宇宙探测中的“日盲”要求。

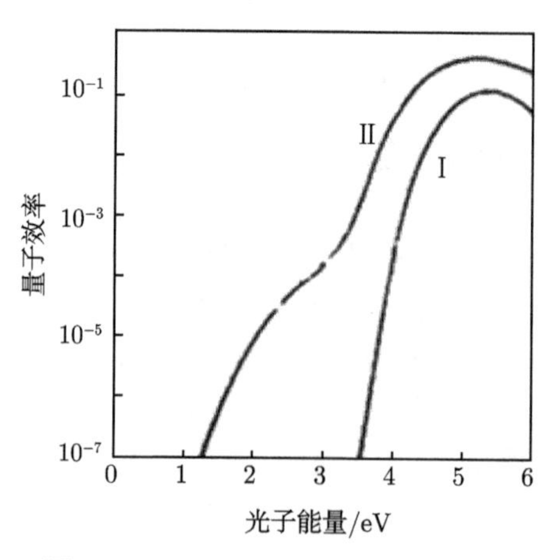

图 1.2 Cs_2Te 光电阴极的量子效率

Cs_2Te 的制备工艺类似于 Cs_3Sb 光电阴极:

(1) 在石英基底上先蒸积一层金属薄膜;

(2) 将 Te 蒸镀到石英基底，白光透过率降低 95%;

(3) 用 Cs 蒸气激活 Te 层，直到光电流达到最大值。

2. 金 (Au), 钯 (Pd) 和钽 (Ta) 薄膜

蒸积在石英窗上的纯金、钯、钽等金属薄膜，在紫外光范围有较好的光电发射特性，适用于经常暴露在大气中的动态系统。

当 Au 用 Cs 处理时，会生成 CsAu 化合物，量子产额可达 0.1，但阈值较低。在石英窗上使用，量子产额不如 Cs_2Te。

1.2.2 200~105nm 范围的光电阴极

200~105nm 范围的光子能量适用的透过光窗材料是氟化锂 (LiF) 和氟化钙 (CaF_2)，用得较多的是 LiF。

响应低于 200nm(光子能量高于 6eV) 的光电发射材料，其 $(E_g + E_a)$ 值应该超过 6eV。高的量子产额，则还须满足 $E_g > E_a$，即只有选用禁带宽度 $E_g > 3$eV 的绝缘体材料才能获得高的量子效率。

碘化铯 (CsI) 可能是最好的远紫外光电发射材料, E_g 为 6eV，E_a 为 0.3eV，其量子效率为 0.1，它是较好的日盲阴极。CsI 是一种稳定的紫外光电发射材料，对可见光是透明的，可以在大气中喷涂不被氧化，化学性质很稳定，当它们暴露于氧气或干燥空气时，不会被破坏，这对于制造和使用都是很大的优点。但 CsI 易溶于水，应注意防潮。

1.2.3 低于 105nm 的光电阴极

如此高的光子能量，没有材料可以用来作为光窗，而且这个范围的光子也不能透过大气，故称其为真空紫外范围。适用的光电阴极不能在具有光窗的真空管中制备。当光子能量大于 12eV 时，几乎所有的碱卤化物都具有较高的量子效率。LiF 最常用作光电阴极, 阈波长 $(E_g + E_a)$=12eV。也可用 CaF_2、BaF_2 和 MgO 等材料作为光电阴极。

1.3 NEA GaN 基光电阴极的研究进展

真空紫外探测器以紫外光电阴极为主要敏感探测元件，最早采用的材料包括 Cs_2Te、Rb_2Te 等，由于材料本身的限制，所制备的光电阴极量子效率最高只能达到 15%左右，离实用化还差得比较远[9]。随着 GaN 材料 p 型掺杂的实现[10,11]，GaN 及其与 Al、In 构成的三元、四元合金半导体作为第三代半导体的典型代表，由于具

有禁带宽度大、热导率高、击穿电压高、量子效率高以及化学性能稳定等优点，成为研制紫外探测器的首选材料。尤其是 $Al_xGa_{1-x}N$ 材料，其禁带宽度在 3.4~6.2eV 连续可调，对应的波长范围在 200~365nm，因此通过调整 Al 组分含量，完全可以实现 200~280nm 的“日盲”探测目标。

1.3.1　GaN 光电阴极的研究进展

国外在 GaN 光电阴极研究方面起步比较早，早在 1974 年，普林斯顿大学的 Pankove 等[12] 就对 GaN 材料的光电发射性能进行了研究，但当时由于 GaN 材料的 p 型掺杂还未获得突破，他们主要针对 n 型以及半绝缘 GaN 材料的光电发射性能进行了研究，并得到了半绝缘 GaN 材料经过铯化可以实现负电子亲和势这一重要结论。GaN 材料高浓度 p 型掺杂实现后[10,11,13~17]，GaN 光电阴极的研究也日趋活跃，国外在此方面研究成果突出的主要是美国和日本的科研机构，其中包括美国的西北大学、加州大学伯克利分校、斯坦福大学和日本的滨松光子学株式会社等。

图 1.3 给出了美国航空航天局戈达德航天中心 (NASA Goddard Space Flight Center) 使用的超高真空系统和 GaN 光电阴极的 Cs、O 激活过程[18]。该系统可用来铯化阴极材料，进行铯化后相关的光电阴极校验。在 350℃ 下经过 24h 的烘烤之后，系统可获得小于 1.33×10^{-7}Pa 的真空水平。据 2003 年戈达德航天中心 Timothy Norton 等研究者报道，通过对 GaN 进行铯化处理，在 185nm 处获得了大于 40%的量子效率。

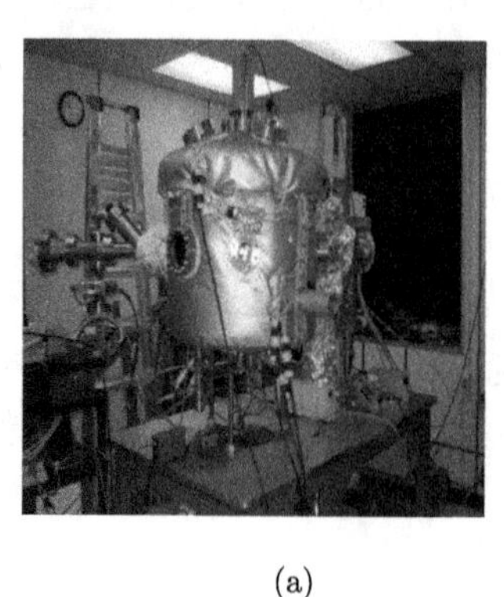

(a)

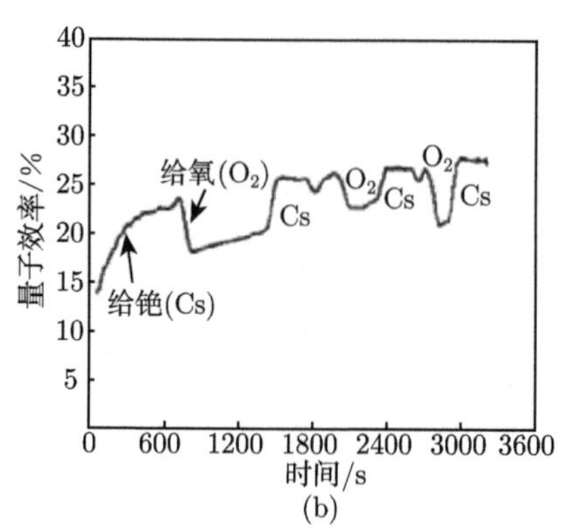

(b)

图 1.3　戈达德航天中心使用的超高真空系统 (a) 和 GaN 光电阴极的 Cs、O 激活 (b)

材料生长技术的进步保证能得到高质量的 p 型掺杂薄膜，Siegmund、Ulmer 以及 Uchiyama 等研究者已经取得了有关 GaN 光电阴极令人鼓舞的结果[19~24]。图 1.4 中给出了美国西北大学采用 1μm 厚的 Mg 掺杂 p 型 GaN 外延层作为阴极材料，利用铯化处理制备的 GaN 光电阴极反射模式下的量子效率，在波长 200nm 处获得了 56%的最高量子效率，制备的 GaN 光电阴极透射模式下的量子效率也已达到 30%[25]。美国西北大学的研究人员发现通过提高 GaN 材料的电导率可以进一步提高阴极的量子效率，甚至具有高达 90%的理论值。

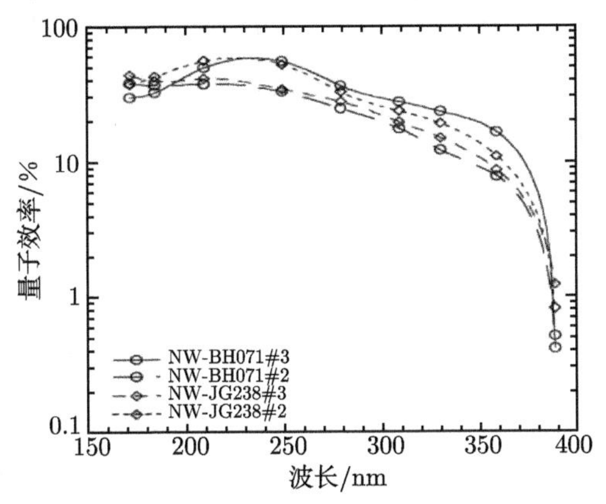

图 1.4 美国西北大学制备的反射模式 GaN 光电阴极量子效率

美国西北大学的 Ulmer 以及加州大学伯克利分校的 Osweld 等在 NASA 项目的支持下，通过分子束外延 (molecular beam epitaxy, MBE) 和金属有机化学气相沉积 (metal organic chemical vapor deposition, MOCVD) 技术生长了多种不同结构的 GaN 材料样品并进行了 GaN 光电阴极的制备[19~21,25~27]。这些结构中也包含了参考我们课题组提出的梯度掺杂结构设计出的新型结构，通过激活获得了较好的量子效率结果。其最新实验结果是反射式 GaN 光电阴极在 120nm 处获得了 80%的量子效率，半透射式结构在 240~360nm 范围内获得了 20%左右的量子效率，如图 1.5 所示。通过对激活后的 GaN 光电阴极进行多次高温表面净化和再激活实验证明 GaN 光电阴极的量子效率在多次处理后仍能维持较高的水平。

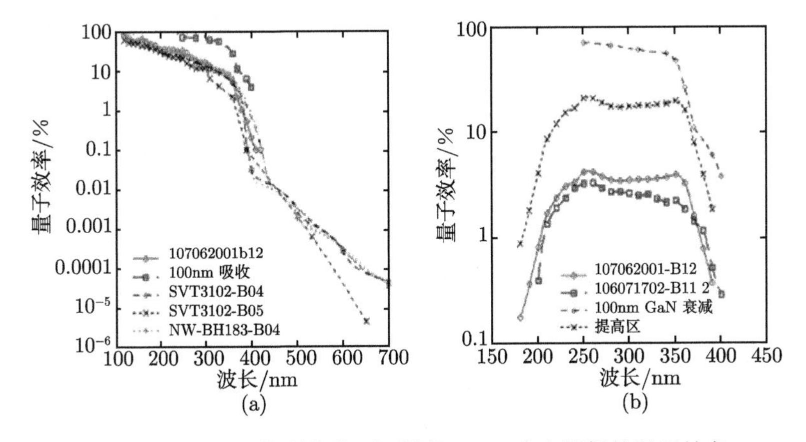

图 1.5 Osweld 等制备的不同结构 GaN 光电阴极的量子效率

(a) 反射式；(b) 透射式

斯坦福大学 W. E. Spicer 研究小组的 Machuca 等对所设计的蓝宝石/AlN/p-GaN 结构的光电阴极的制备及性能进行了比较系统的研究，其 GaN 样品的 p 型掺杂浓度为 $1\times10^{18}\text{cm}^{-3}$，通过 Cs 及 Cs、O 激活，反射式光电阴极分别获得了 15%～20%和 20%～40%的量子效率，透射式光电阴极获得了 17%的量子效率，图 1.6 是他们的测试结果[28,29]。

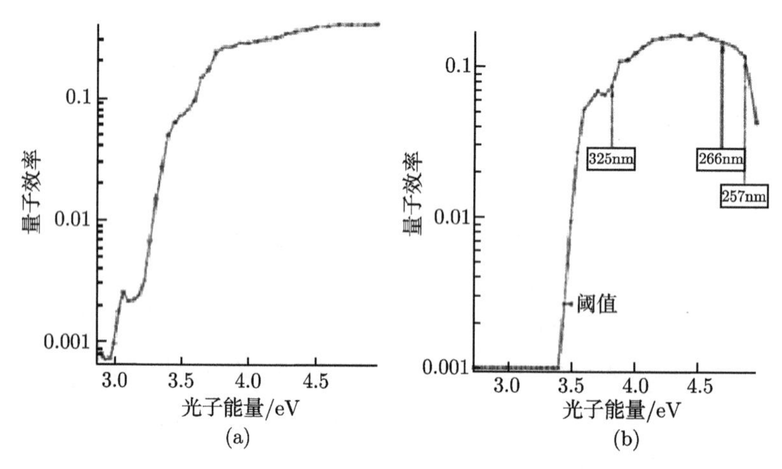

图 1.6　斯坦福大学 Machuca 等采用 Cs、O 激活获得的 GaN 光电阴极量子效率曲线

(a) 反射式；(b) 透射式

从量子效率曲线来看，采用 Cs、O 激活可以获得 40%以上的量子效率，并且高能光子的量子效率要高于低能光子。另外，透射式在 257～325nm 曲线较为平坦，平均量子效率都在 10%以上，最高值可达 17%，显示出了较好的性能。

他们采用同步辐射光电子激发能谱仪 (SR-PES) 分析了 GaN 材料在化学清洗和高温净化前后表面 C、O 含量的变化情况，指出原子级清洁表面的获得是成功制备负电子亲和势 GaN 光电阴极的基础。如图 1.7 所示，测得的清洁 GaN 表面电子

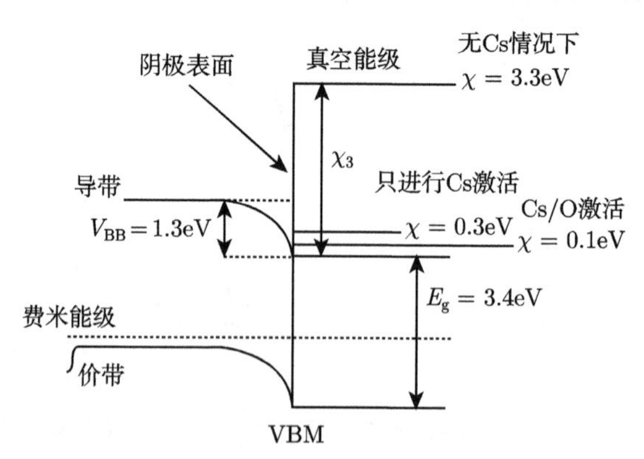

图 1.7　清洁 GaN 表面覆盖 Cs 和 O 之后表面能带弯曲情况以及表面真空能级的下降情况

亲和势为 (3.3±0.2)eV，在覆盖 3/4 个 Cs 单原子层的情况下，可将表面电子亲和势降低 (3.0±0.2)eV，并得到了 1.3eV 的向下的表面能带弯曲量，即单独的 Cs 激活就可以将电子亲和势降低到导带底以下 0.3eV，达到负电子亲和势状态。进一步导入 O，又可以将电子亲和势降低约 0.2eV。

此外，Machuca 等分别采用单独进 Cs、Cs/O 交替以及 O/Cs 交替等方式进行了激活实验，并对不同的激活方式所得结果进行了对比 (表 1.1)[29]。

表 1.1 清洁 GaN 表面不同激活方式获得的光电性能对比[29]

激活过程/沉积顺序	光电流/nA	量子效率/%	功函数变化/eV	电子亲和势/eV
1) GaN	0.01	10^{-4}	0.0	3.6
2) GaN/Cs	1.3	50	2.4	1.2
3) GaN/O/Cs	1.2	48	2.4	1.2
4) GaN/Cs/O/Cs	1.0	40	2.0	1.6
5) GaN/Ba	0.3	3	—	—

从表 1.1 的实验结果可以看出，单独 Cs 激活的结果最为理想，获得了最高的量子效率和光电流，其真空能级下降程度也最高，达到了 2.4eV。传统的 Cs/O 交替方式 (表 1.1 中的 4)) 各项测试数据虽不及 Cs 单独激活，但也取得了较好的结果。这里比较有趣的是他们还尝试了 GaN 的 O、Cs 激活，从实验结果看这种方式获得了 48%的量子效率。这一结果与我们通常认为的如果在清洁表面首先覆盖氧，生成的氧化物会阻止负电子亲和势状态的形成这一结论似乎并不一致。而 Machuca 等对此的解释是，由于 GaN 本身并不易吸附氧分子，因此 GaN/O/Cs 结构实际上就是单纯的 GaN/Cs 结构，即首先导入的 O 在覆盖 GaN 表面的过程中，Ga3d 的状态没有变化，因此首先导入 O 不会起任何作用。

美国于 2010 年发表了宇航科技计划白皮书，其中提到 NASA 和众多高校以及科研机构将联合对紫外探测器以及光学镀膜等研究领域进行重点攻关，以进一步提高探测效率并力求减小成本，满足新的宇航探测的要求[30]。他们将 GaN 基真空探测器件的研究和发展作为其今后十年的几个主要研究目标之一，并将重点放到了光电阴极的结构设计上。其中提到要设计和制备不需要铯激活的负电子亲和势 GaN 光电阴极，以克服在真空中 Cs 脱附容易造成器件性能不稳定的弊端，这方面的初步研究成果已经见诸报道。2004 年 Strittmatter 等报道了通过在 p 型 GaN 近表面采用 Si 的 δ 掺杂成功获得了无需铯激活的高量子效率的 GaN 光电阴极[31]。这种结构在表面 2nm 的 δ 层内具有超过 10^{14}cm^{-2} 的受激载流子密度，当给表面 δ 层加偏置电压后，在场助作用下，会产生高的光电子发射，从而获得较高的量子效率。Tripathi 等在 2011 年报道了类似的研究成果，即在 p 型掺杂 GaN 层采用了 Si 的 δ 掺杂并在其表面又增加了一层较薄的 n+ GaN“帽子”(图 1.8)。这样，通过在 GaN 表面较薄的层结构实行特殊的设计从而达到了非铯激活效果。目前这种结构在反射式情况下可以获得的最高量子效率为 2.5%，远低于常规的铯激活 GaN 光电阴极的量子效率，因此距离实用性还比较远。它的亮点在于材料表面不需要覆盖 Cs，也意味着不存在 Cs 的脱附影响阴极稳定性，有望提高器件的使用寿命[32]。

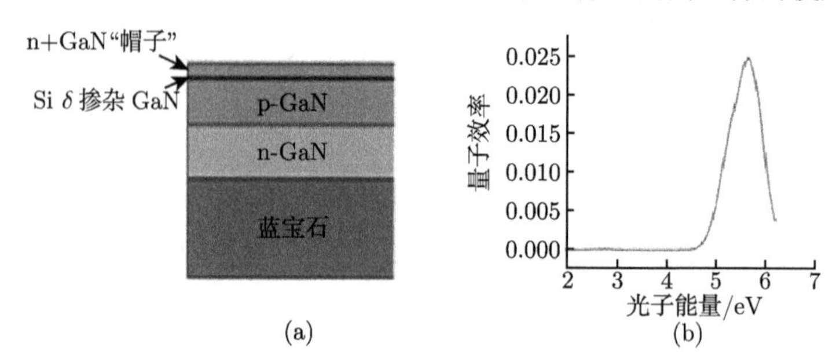

图 1.8　Tripathi 等制备的不需要 Cs 激活的 GaN 光电阴极结构和获得的量子效率曲线

(a) 阴极结构；(b) 量子效率

另一种研究趋势是采用目前比较热门的纳米线结构，主要想法是利用纳米结构的内部电场来获得非激活的高量子效率 GaN 光电阴极，目前这方面的研究还未见报道。但是考虑到表面微结构在 GaN 基 LED 方面已经获得了较为广泛的应用，在 GaN 光电阴极中采用这种结构也的确有一定的可行性。这种方法对材料制备的要求比较高，目前实现起来难度较大。

图 1.9 为加州大学伯克利分校的 Siegmund 等制备的真空紫外像增强器[9]，探测器采用了直径 25mm 的生长在蓝宝石衬底上半透明的 GaN 作为光电阴极，掺杂浓度约为 $10^{19}cm^{-3}$，采用的缓冲层为 30nm 厚的 AlN，阴极与微通道板 (MCP) 的距离小于 0.5mm, 窗口采用的是 MgF_2。单光子探测的增益和脉冲高度分别为 6×10^6 和 50%(半高宽 (full width half maximum))。

图 1.9　加州大学伯克利分校的 Siegmund 等制备的真空紫外像增强器

图 1.10(a) 和 (b) 分别是 Siegmund 等制备的 GaN 真空紫外像增强器的紫外成像和噪声成像图像。图 1.10(a) 下面靠右地方的阴影部分是由于器件的瑕疵点产生，由此瑕疵产生的阴影图像可以得到像增强器的空间分辨率达到了 50μm。从

图 1.10(b) 中可以看出，空间背景噪声的分布基本是均匀一致的，测试表面，GaN的直接背景每平方厘米每秒小于 1 个单位，这个噪声比大多数的光电阴极要大，但是对于大多数的实际应用中的器件来说，这个数值已经足够低，不会对使用产生影响。

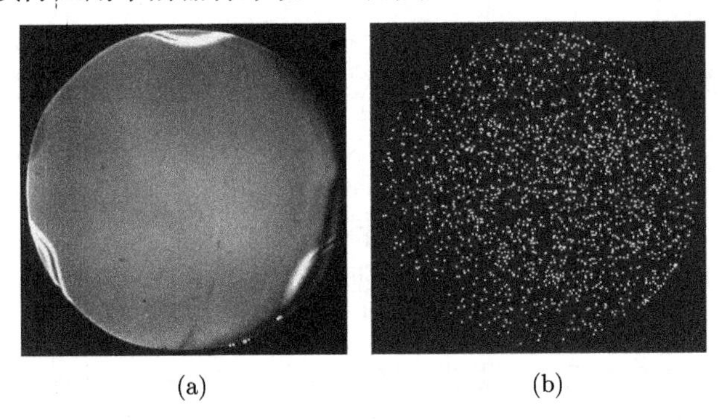

图 1.10 Siegmund 等制备的 GaN 真空紫外像增强器性能测试

(a) 紫外成像；(b) 噪声成像

日本滨松光子学株式会社的 Mizuno 等制作了 GaN 光电阴极的紫外像增强器[33]，采用的 GaN 阴极在 200~360nm 具有高而平稳的量子效率，240nm 处量子效率达到 25%，如图 1.11 所示，光电阴极制作的紫外像增强器具有良好的窗口性能和图像分辨率。

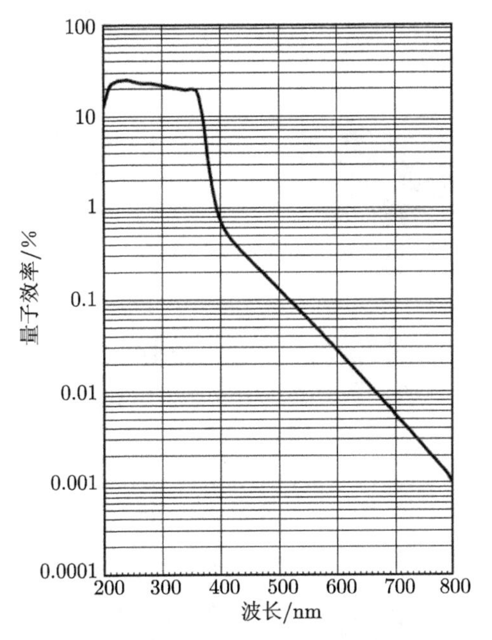

图 1.11 日本滨松光子学株式会社 Mizuno 等获得的 GaN 光电阴极量子效率曲线[33]

Mizuno 等制备紫外像增强器的步骤如下：

(1) 装配：将具有 GaN 基片的蓝宝石面板、带有 MCP 的管体、荧光屏输出面板以及 Cs 蒸发源放置在真空室中；

(2) 烘烤真空室，直到真空室中气体排净，冷却后真空度达到了 10^{-7}Pa；

(3) MCP 和荧光粉电子清洗：使用辐射电子束去除 MCP 和荧光屏上面的残余气体；

(4) GaN 基片的加热净化和激活：对 GaN 光电阴极进行加热达到表面原子级清洁，随后通过 Cs、O 激活获得负电子亲和势表面；

(5) 铟封并取出：利用铟封的方法将面板和管体结合封闭，然后从真空室中取出来。

图 1.12 是用 CCD 相机拍摄荧光屏得到的 GaN 光电阴极紫外像增强器成像效果图。他们利用黑白条纹测试了紫外像增强器的分辨率，图 1.13 是用显微镜看到的荧光屏上的图案，测试结果显示其分辨率达到了 12.7lp/mm。在空间分辨率测试后，他们还测试了 240nm 光照下的图像的均匀性，如图 1.14 所示，结果表现出良好的均匀性。

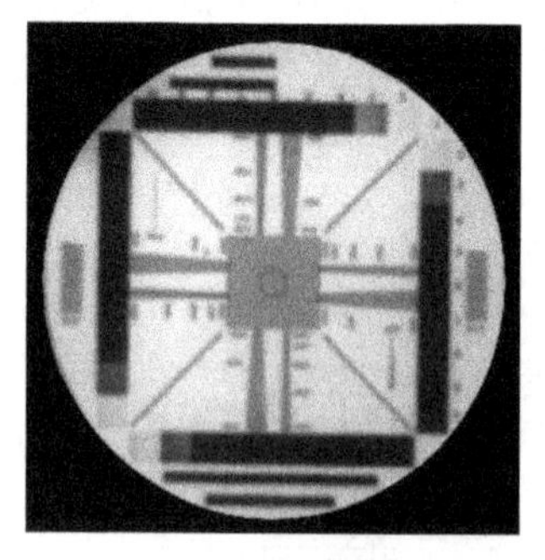

图 1.12 GaN 光电阴极紫外像增强器成像效果图

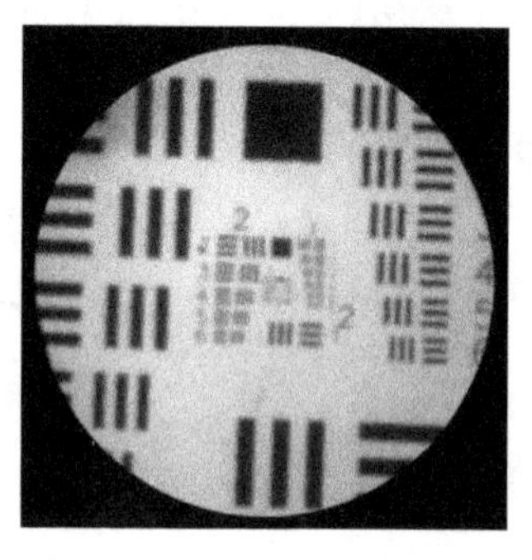

图 1.13 空间分辨率测试

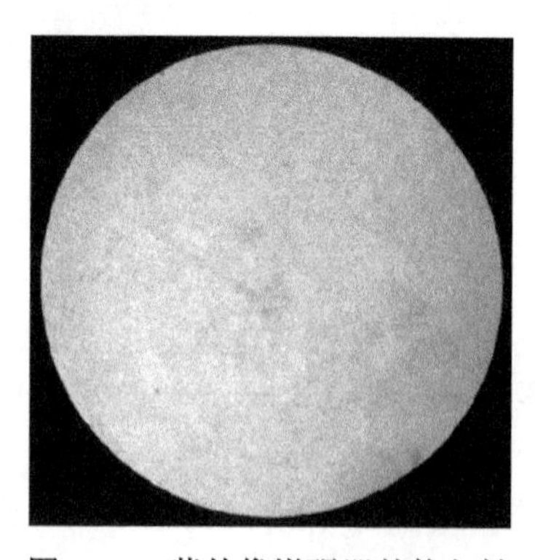

图 1.14 紫外像增强器的均匀性

国内较早开展 GaN 基光电阴极研究的有中国电子科技集团公司第五十五研究所、重庆大学和南京理工大学等。中国电子科技集团公司第五十五研究所的曾正清等[34]采用低压金属有机化学气相沉积法在双面抛光的石英玻璃衬底上生长了 p 型 $Al_xGa_{1-x}N/GaN$ 光电阴极。三甲基铝 (TMA)、三甲基镓 (TMGa) 和蓝氨 (NH_3) 分别作为 Al、Ga、N 的材料，二茂镁 (Cp_2Mg) 作为 Mg 源，高纯 H_2 和 N_2 作为载气。首先低温生长一层厚度 20 nm 的 AlN 作为缓冲层，然后在 1100℃高温下依次生长 AlN、p 型 $Al_xGa_{1-x}N$ 和 p 型 GaN，材料生长结束后，在氮气氛中 950℃的温度下退火 8s，激活掺杂元素 Mg，形成低电阻率 p 型掺杂。用低温生长缓冲层过渡解决了氮化镓外延层与石英衬底之间的晶格失配和热失配问题，用超晶格结构解决了 $Al_xGa_{1-x}N$ 材料在 Al 组分较高时开裂的问题，并且通过多次实验优化了生长工艺，最终获得了表面光亮平整的 $Al_xGa_{1-x}N$ 外延材料。

在获得了 GaN 材料后，曾正清等在 $1\times10^{-8} \sim 3\times10^{-9}$Pa 的超高真空环境中，利用光辐射清洗和离子轰击的方法对 GaN 光电阴极进行了表面净化处理，随后采用 Cs、O 激活的方式对 GaN 光电阴极进行了激活，并获得了 NEA 表面，获得的 NEA GaN 光电阴极的量子效率曲线如图 1.15 所示，图中与 CsI、CsTe 紫外光电阴极作了对比，可以发现，GaN 光电阴极具有明显的优势。

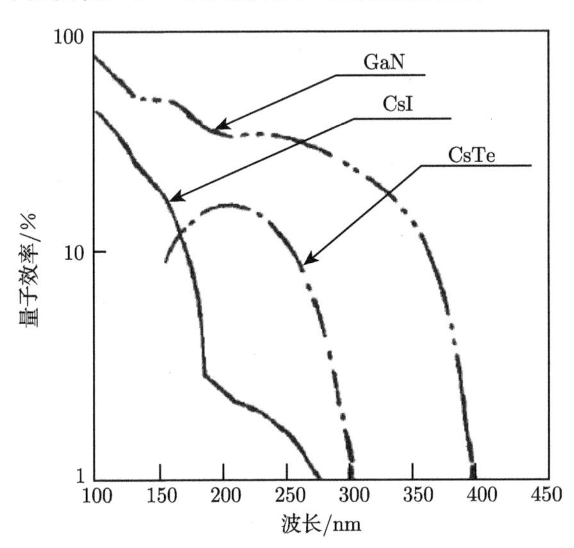

图 1.15 中国电子科技集团公司第五十五研究所获得的 GaN、CsI、CsTe 光电阴极量子效率曲线

重庆大学的杜晓晴等在 GaN 光电阴极方面也有较多的研究，除了与南京理工大学合作进行了 GaN 光电阴极的激活实验等，还对 GaN 外延层的光学参数进行了测量，获得了 GaN 的一些重要的光学参数。测试样品是以双面抛光的蓝宝

石为衬底的 p 型 Mg 掺杂纤锌矿结构 GaN 材料，采用 MOCVD 方法生长。利用紫外–可见分光光度计对样品分别进行了反射光谱和透射光谱的测试，测试范围为 200~700nm，测试步长为 5nm，测试结果如图 1.16 所示[35]。从图 1.16 中可以看到，当波长小于 364nm 时，透射率降至 0，说明光完全被吸收，当波长大于 375nm 时，透射率呈现干涉谱峰，说明在这个波段内 GaN 对入射光的吸收比较小。

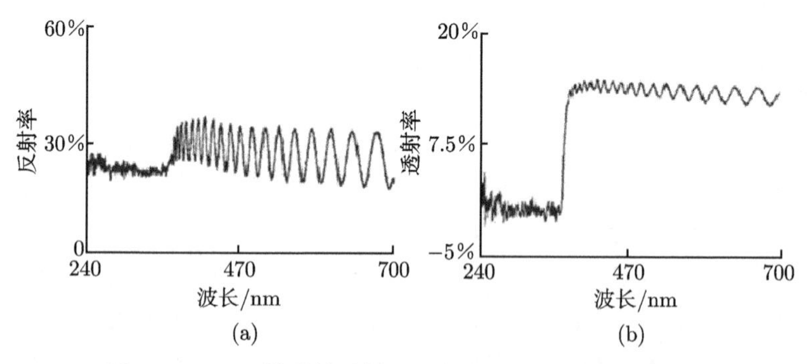

图 1.16　GaN 样品的反射 (a) 和透射 (b) 光谱测试曲线

杜晓晴等还在测得的 GaN 光学光谱数据上，通过计算获得了 GaN 材料的表面反射率和吸收率，如图 1.17 所示，(a) 为反射率，(b) 为吸收率。从图 1.17(a) 中可以看到，GaN 材料表面反射率在 364nm 左右有明显的变化，在小于 364nm 的波段反射率基本保持在 0.2，在大于 364nm 的波段，反射率大约在 0.25。如图 1.17(b) 所示，计算得到的吸收率与国外发表的数据都在 GaN 的阈值波长 365nm 左右处有一个较大的跳跃，对于小于此波长的入射光，GaN 具有较强的吸收性。

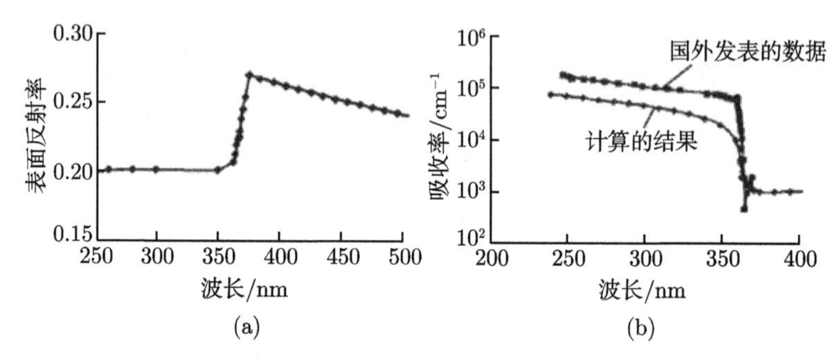

图 1.17　杜晓晴等获得的 GaN 材料的表面反射率 (a) 和吸收率 (b)

南京理工大学在国家自然科学基金项目“新型紫外光电阴极——GaN NEA 光电阴极的基础研究”以及“NEA GaN 光电发射机理及其制备技术研究”的支持下，进行了 GaN 基光电阴极的结构设计与制备工作，主要针对国内 NEA GaN 研究中存在的基础科学问题尚未明确，关键制备技术还未成熟的问题，结合国外的相关研究成果，利用多信息量测试评估手段，对 NEA GaN 材料特性、阴极结构设计、光电发射机理、净化和激活工艺等方面开展了研究，制备的反射式 GaN 光电阴极在 230nm 处获得了 37%的量子效率[36~68]。

1.3.2 AlGaN 光电阴极的研究进展

GaN 光电阴极的研究虽然取得了较大的进展，但在军用和民用领域，对日盲型紫外探测器的应用更为迫切。GaN 晶体材料的禁带宽度为 3.42eV，光电阴极的响应阈值波长为 365nm，如果考虑材料表面禁带变窄，其响应能够延伸到可见光谱，远远超过了日盲紫外的波段范围。虽然通过在 GaN 光电阴极的紫外像增强器入射窗口粘贴紫外滤光片，可以吸收掉近紫外和中紫外波段的入射光，但是紫外滤光片并不具备很好的选通滤波特性，滤光片仍能吸收部分日盲波段的有效信号，不仅会降低紫外像增强器的性能，而且会大大降低探测器的探测距离与探测效率，所以 GaN 光电阴极无法满足“日盲”探测的需要。如果要满足日盲探测条件，即截止波长降低到 280nm 以下，可以采用 GaN 的三元合金 AlGaN 实现。AlGaN 光电阴极通过调节 Al 的摩尔含量可以获得 3.4~6.2eV 的禁带宽度，相应地 AlGaN 晶体材料的响应阈值波长可由 365nm 减小到 200nm[69~74]，完全可以满足日盲探测的需要。根据 NEA 光电阴极制备经验可知，可以通过在 AlGaN 晶体表面吸附铯和氧的方法降低 AlGaN 晶体的表面势垒，使 AlGaN 体内的电子能够从材料表面发射出来，形成光电发射[73]。因此，通过调节阴极发射层的 Al 组分，使其禁带宽度大于 4.43eV 时实现 AlGaN 光电阴极仅对波长小于 280nm 的光产生光电发射[75~78]。

1. AlGaN 晶体的生长技术现状

随着真空技术与晶体生长技术的发展，AlGaN 晶体生长技术与生长工艺获得了重大突破，主流的 AlGaN 晶体生长技术有 MOCVD、MBE 和卤化物气相外延 (HVPE) 等[75,79~86]。其中 MOCVD 生长技术不仅能生长出原子级平整表面的外延片，还能得到陡峭的异质结界面及掺杂可控性的外延面，生长速率适中，适用于多片和大片的外延生长，成为目前使用最多的 AlGaN 半导体外延生长技术[87~89]。

由于难以找到合适的受主杂质，相当长一段时间内阻碍了 p 型 AlGaN 晶体材料的发展[90~94]。目前，Mg 仍是最合适的 p 型掺杂元素，在晶体生长过程中，需使用氢气作为 Ga 源、Al 源和 Mg 源的载气，导致在 AlGaN 晶体中 Mg 原子易与 H 原子结合形成 Mg-H 结合体，降低了 Mg 原子的掺杂效率[95~99]。由于 Mg 原子具有较大电离能，在室温下能电离成空穴的数量很有限，而且 Mg 的电离能和掺杂浓度与生长工艺有关，所以很难获得高空穴浓度的 AlGaN 晶体[93]。目前，虽然 AlGaN 晶体的 Mg 掺杂浓度可达到 $10^{21}cm^{-3}$，经过加热激活后空穴浓度可达到 $10^{19}cm^{-3}$，但是晶体中 Mg 的离化效率仍不足百分之一，而且高浓度 Mg 掺杂还会降低 AlGaN 晶体的生长质量[89,90]。

通常衬底会尽量选用同一种材料，这样可以有效地减小衬底与晶体之间晶格常数和热膨胀系数之间的差距，但由于 AlGaN 材料具有极高的熔点和非常大的氮气饱和蒸气压，难以获得大面积和高质量的 AlGaN 衬底，所以只能采用存在晶格失配和热膨胀系数失配的异质衬底进行外延生长，部分半导体材料的晶格常数如图 1.18 所示[96,100~103]。AlGaN 常用的衬底材料有蓝宝石 (Al_2O_3)、SiC、AlN、ZnO、Si 和 GaAs 等，而目前使用较多的是蓝宝石衬底，它具有与 AlGaN 晶体相同的纤锌矿结构，且制备工艺成熟、价格适当、易于清洗和处理、高温稳定性好、可大尺寸稳定生产，但蓝宝石本身不导电，不能制作成电极，散热性差，解理困难，晶格常数与 AlGaN 相差 16%，热膨胀系数与 AlGaN 材料相差较大，所以通常在蓝宝石衬底上生长一层 AlN 作为缓冲层，然后再生长 AlGaN。由于 AlN 和 AlGaN 材料均属于同一材料体系，所以界面处的晶格失配小于 2%，而且二者的热膨胀系数相近，可大大提高 AlGaN 或 GaN 晶体的生长质量[104~117]。

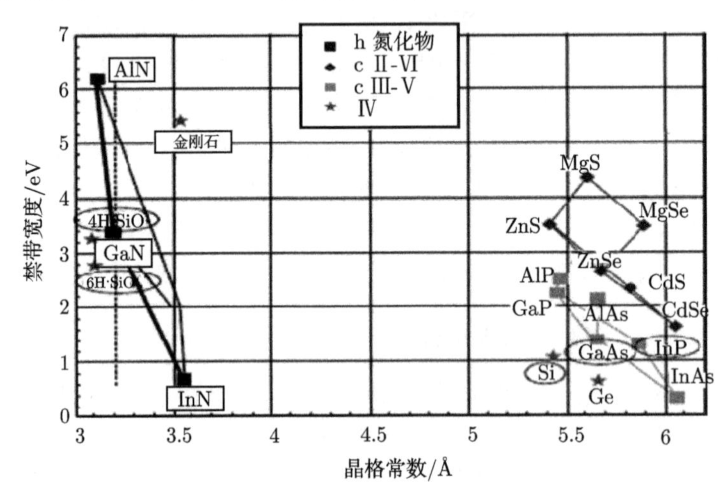

图 1.18　不同半导体材料的禁带宽度与晶格常数

虽然我国 AlGaN 晶体的生长技术取得了不小的进步，但是与国外相比仍存在较大的差距，同时 AlGaN 晶体的生长质量决定了 AlGaN 光电阴极的性能，因此为弥补晶体质量的劣势，通过改善阴极结构设计来改善晶体的光电特性成为提高 AlGaN 光电阴极光电发射性能的重要途径。

2. AlGaN 光电阴极的研究现状

紫外日盲波段的特殊辐射性质和 AlGaN 光电阴极在该方面的应用潜力，同时伴随着 AlGaN 晶体生长技术与真空技术的进步，为研究高性能 AlGaN 光电阴极提供了前提和保障。国内外纷纷开展了 AlGaN 光电阴极的制备技术的研究，而且均采用了先提高低 Al 组分 AlGaN 光电阴极的光电发射性能，再研究高 Al 组分

AlGaN 光电阴极这种循序渐进的研究方法，进行试探性的研究[118,119]。即在较为成熟的 GaN 光电阴极制备技术基础上，制备不同 Al 组分的 AlGaN 光电阴极，寻找出限制阴极光电发射性能的主要因素，探索高性能 AlGaN 光电阴极的制备方法。

国外的 AlGaN 光电阴极的研究早在 20 世纪 80 年代就已经展开，主要是美国一些高科技公司，如 Honeywell、Litton 等。美国 Honeywell 公司的 Khan 等在 1986 年即开展了 AlGaN 光电阴极的研究工作，图 1.19 是他们设计的反射式和透射式 AlGaN 光电阴极的结构[120]。

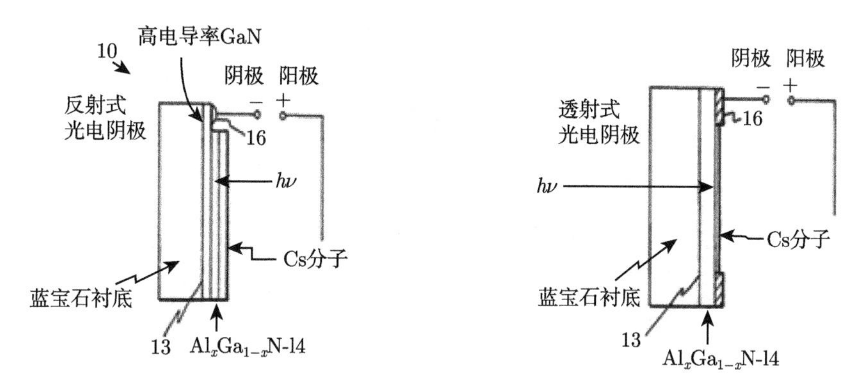

图 1.19 Khan 等设计的反射式和透射式 AlGaN 光电阴极的结构[120]

Khan 等的反射式结构采用 MOCVD 技术在蓝宝石衬底上首先生长了厚度为 0.5μm 的高电导率 GaN 缓冲层，然后再生长 100~1000nm 的 AlGaN 光吸收层，最上层沉积了一个单原子层的铯，为使截止波长限制在 290nm 左右，设计的 Al 组分含量为 35%。而透射式结构是在蓝宝石衬底上首先生长 100~1000nm Al 组分较高的 AlGaN 缓冲层作为光窗口，表层仍然是 100~1000nm 的 AlGaN 光吸收层，但没有给出具体的量子效率曲线或数据来说明这种结构获得日盲响应的有效性。

1996 年，Litton 公司的 Kim 等报道了用于紫外探测的透射式 AlGaN 光电阴极的研究结果[121]，在阐述研究背景时，他们提到 Khan 等设计的结构以及激活方式的缺陷，认为高质量的光吸收层以及透光窗口层 (缓冲层) 是光生电子成功逸出表面而不至于被晶格缺陷俘获的关键，其他的制约因素还包括光吸收层的厚度要和电子扩散长度比拟并且表面的掺杂浓度采用低掺模式。因此，他们采用超晶格结构对缓冲层进行了精心的设计，如图 1.20 所示。他们设计的这种结构采用了比较复杂的超晶格缓冲层，共有三层结构，靠近衬底蓝宝石的是偶数层 $Al_yGa_{1-y}N$ 和 $Al_zGa_{1-z}N$ 交替组成的，其中 y 值在 0.85~1，z 值在 0.65~0.75，中间设计的是 $Al_zGa_{1-z}N$ 过滤层，厚度在 100~500nm，与光吸收层相邻的是偶数层 $Al_zGa_{1-z}N$ 和 $Al_xGa_{1-x}N$ 交替组成的结构，x 值在 0.3~0.5。因此，Al 含量的大小是由较高的 y 值逐渐过渡到光吸收层的 x 值的。表面生长的 Zn_3N_2 保护层主要是对 AlGaN

材料起保护作用，防止其氧化。这些超晶格缓冲层的插入，可以极大地提高晶片的质量，减小光生电子的俘获几率从而提高逸出几率。图 1.21 是通过 Cs、O 激活得到的透射式光谱响应曲线，Kim 等制备的透射式 AlGaN 光电阴极的光谱响应曲线呈门字形，在 220～280nm 较为平坦，显示出在此波长区间光谱响应比较一致；其长波截止波长由 $Al_xGa_{1-x}N$ 的 x 值确定，在 290nm 附近，而短波截止波长由 $Al_yGa_{1-y}N$ 的 y 值确定，在 220nm 左右。

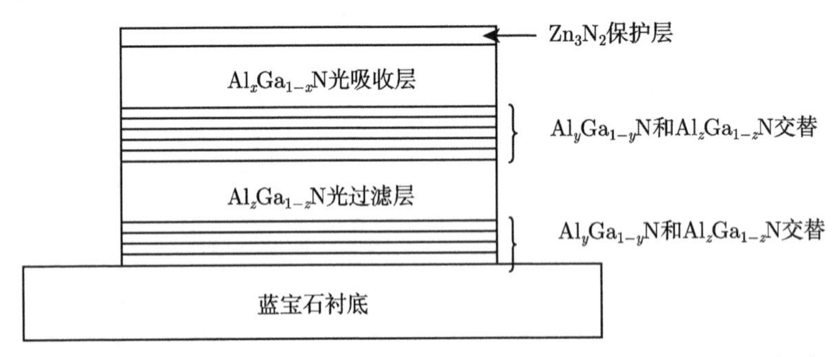

图 1.20 Kim 等设计的一种超晶格缓冲层的 AlGaN 光电阴极结构[121]

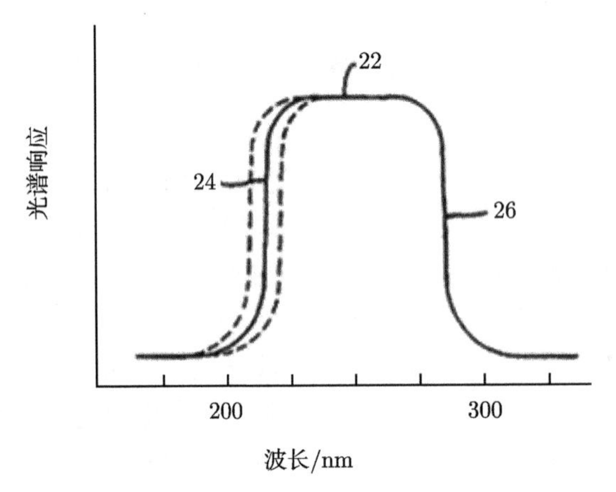

图 1.21 Kim 等获得的透射式 AlGaN 光电阴极光谱响应曲线[121]

从上述两家公司的研究结果不难看出，在结构上除衬底之外的缓冲层和电子发射层都采用了较为复杂的超晶格结构，也凸显了结构设计在制备高性能 AlGaN 光电阴极方面的重要作用。

日本滨松光子学株式会社在紫外光电阴极的研究方面也一直处于领先地位，这在很大程度上得益于他们先进的材料制备技术。2004 年，该公司的 Kan 等公布了 AlGaN 光电阴极方面的研究成果，结构以蓝宝石为衬底，25nm p 型掺杂 AlN 为缓冲层，目的是减小电阻率[122]。表面电子发射层采用 Al 组分 30%，厚度为 1000nm 的 AlGaN 结构，他们的研究认为当 Al 组分含量高于 30%时，AlGaN 材料开始表现出绝缘体特性，或者呈现出较高的电阻率，考虑到 300nm 以内的截止波长，将 Al 含量控制在 30%～40%，但不要超过 40%比较合适。该小组主要研究了不同掺杂浓度对 AlGaN 光电阴极量子效率的影响，如图 1.22 所示。图 1.22 表明，当掺杂浓度在 $10^{19}cm^{-3}$ 量级时，量子效率随着掺杂浓度的增加而增加，当达到 $7.5\times10^{19}cm^{-3}$ 时，获得了最大的量子效率约为 60%，而掺杂浓度到达 $1.0\times10^{20}cm^{-3}$ 且进一步提高时，量子效率反而出现了下降，这表明 AlGaN 光电阴极的量子效率对应一个最佳的掺杂浓度。测试曲线显示制备的光电阴极表现出良好的锐截止频率特性，紫外/可见抑制比可达 3 个数量级。

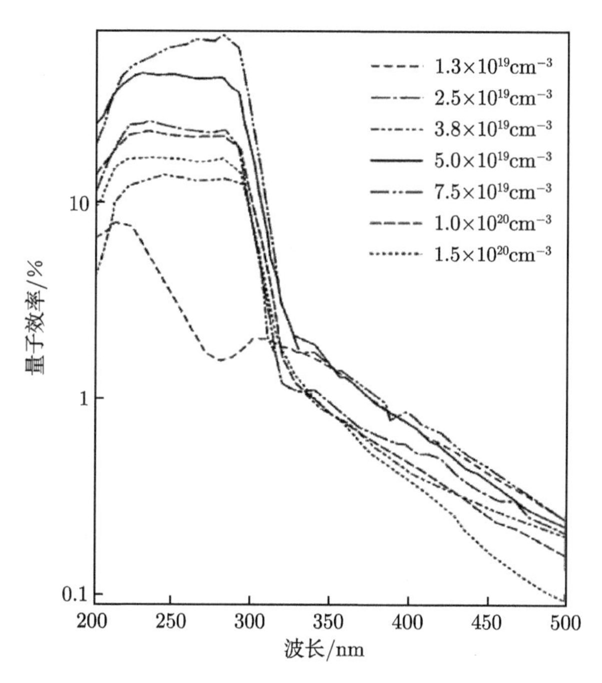

图 1.22 Kan 等获得的 AlGaN 光电阴极掺杂浓度与量子效率关系曲线[122]

2010 年，在新能源与工业技术发展组织的工业技术研究项目支持下，日本国立材料研究所的 Masatomo Sumiya 等研究了阈值波长小于 365nm 的反射式 AlGaN 光电阴极[118]，使用 Si(111) 面作为 AlGaN 光电阴极材料的外延衬底，并使用了 AlN/GaN 超晶格结构作为缓冲层来缓解衬底与 AlGaN 晶体之间的晶格常数和热膨胀系数的差距。AlGaN 光电阴极材料发射层厚度约为 200nm，实验样品的 Al 组分分别为 0、0.23、0.30、0.33、0.37 等，Mg 掺杂浓度为 $7\times10^{18}cm^{-3}$。AlGaN 光电阴极材料在超高真空中经 800℃高温退火 30min 后，采用 Cs 和 O 吸附的方法激活 AlGaN 材料，并测试了激活后光电阴极的量子效率，如图 1.23 所示，Al 组分为 0.30、0.33 和 0.37 的 AlGaN 光电阴极的响应阈值波长为 290~310nm。在入射光波长为 200nm 时，反射式 AlGaN 光电阴极的量子效率达到 20%以上，Al 组分为 0.27 的 AlGaN 光电阴极的量子效率偏低，可能是材料或者激活工艺出了问题。结合不同 Al 组分 AlGaN 光电阴极的量子效率与 HX-PES 分析结果，获得了影响 AlGaN 光电阴极量子效率的因素。高 Al 组分 AlGaN 光电阴极表面能带弯曲度小于低 Al 组分的 AlGaN 光电阴极，阴极表面附近能带弯曲度的降低不利于光电子隧穿阴极表面势垒，所以 Al 组分越高阴极的量子效率越低。

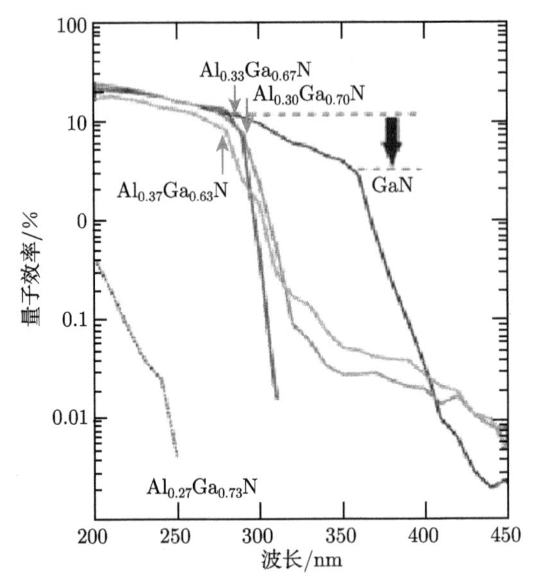

图 1.23　Masatomo Sumiya 等获得的反射式 AlGaN 光电阴极量子效率[118]

俄罗斯圣彼得堡国家电子研究所的 M. R. Ainbund 等研究了阈值波长分别为 300nm 和 330nm 的 AlGaN 光电阴极[119]。采用分子束外延技术分别在蓝宝石衬底上生长了 $Al_{0.1}Ga_{0.9}N$:Mg 和 $Al_{0.3}Ga_{0.7}N$:Mg 光电阴极材料，缓冲层则为本征 AlN 和 AlGaN，厚度约 1μm，此时 AlGaN 缓冲层表面的缺陷密度降低至 $8\times10^8 \sim 1\times10^9 cm^{-2}$。随后的 AlGaN 发射层厚度为 200~250 nm，Mg 掺杂浓度为 1×10^{19} cm^{-3}。激活前 AlGaN 材料首先在真空度为 6×10^{-9}Pa 的超高真空中进行退火清洗，然后在该位置处进行 Cs、O 激活。最终得到反射式 $Al_{0.1}Ga_{0.9}N$ 和 $Al_{0.3}Ga_{0.7}N$ 光电阴极的峰值量子效率分别为 25%和 19%，如图 1.24(a) 中曲线 1、2 和 3 所示。透射式 $Al_{0.1}Ga_{0.9}N$ 和 $Al_{0.3}Ga_{0.7}N$ 光电阴极的量子效率峰值分别为 1.7%和 1%，如图 1.24(a) 中曲线 4 和 5 所示。

为了研究激活后的 $Al_{0.1}Ga_{0.9}N$ 光电阴极表面上各位置的探测效率，使用直径为 1mm 的光斑照射阴极表面，光波长为 250nm，取光电阴极的中心位置为 0

点，光斑分别沿同一直线上的两个方向进行移动，光电阴极响应能力的均匀性如图 1.24(b) 所示，结果显示在 8mm 范围内阴极的响应性能分布较为均匀，差距小于 15%。

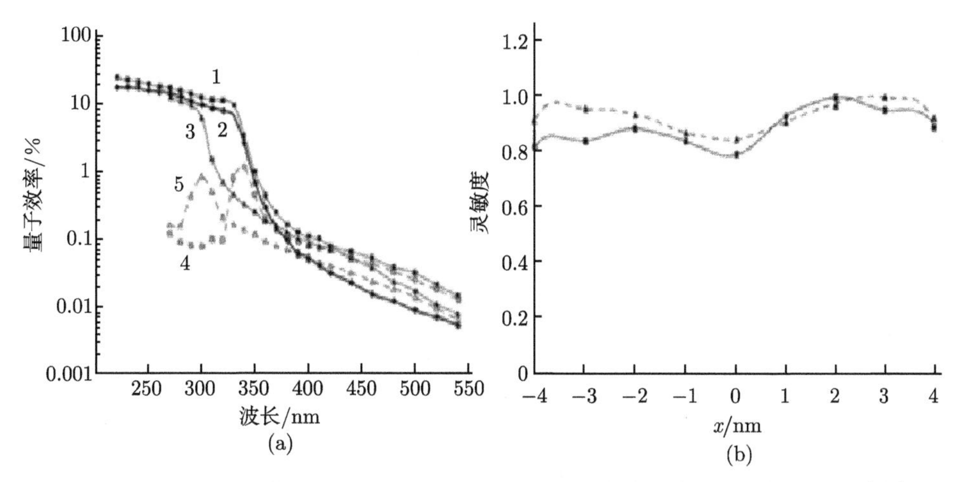

图 1.24 俄罗斯圣彼得堡国家电子研究所制备的 AlGaN 光电阴极的响应特性[119]

(a) 量子效率曲线；(b) 阴极灵敏度曲线

国内针对“日盲”响应像增强器的研制开展了 AlGaN 光电阴极研究。唐光华等研制出了 AlGaN 光电阴极像增强管[123]，南京理工大学在微光夜视技术国防科技重点实验室基金支持下，借助 GaN 光电阴极的研究成果，完成了 AlGaN 光电阴极研制与性能评估[124~149]。

本书主要介绍 GaN 和 AlGaN 光电阴极目前取得的进展以及存在的问题。

参 考 文 献

[1] Stergis C G. Atmpspheric transmission in the middle ultraviolet. Proc. SPIE, 1986, 0687: 2-10

[2] 冯涛, 陈刚, 方祖捷. 非视线光散射通信的大气传输模型. 中国激光, 2006, 33(11): 1522-1526

[3] Razeghi M, Rogalski A. Semiconductor ultraviolet detectors. J. Appl. Phys., 1996, 79(10): 7433-7473

[4] Imnes F, Monroy E, Munozc E, et al. Wide bandgap UV photodetectors: A short reciew of decives and applications. Proc. SPIE, 2007, 6473: 64730E

[5] Schreiber P, Dang T, Smith G, et al. Solar blind UV region and UV detector objectives. Proc. SPIE, 1999, 3629: 230-248

[6] 王忆锋, 余连杰, 马钰. 日盲单光子紫外探测器的发展. 红外技术, 2011, 33(12): 715-720

[7] Sang L W, Liao M Y, Sumiya M. A comprehensive review of semiconductor ultraviolet photodetectors: From thin film to one-dimensional nanostructures. Sensors, 2013, 13: 10482-10518

[8] 薛增泉, 吴全德. 电子发射与电子能谱. 北京: 北京大学出版社, 1993

[9] Siegmund O H W, Tremsin A S, Vallerga J V, et al. Gallium nitride photocathode development for imaging detectors. Proc. of SPIE, 2008, 7021: 70211B-1

[10] Akasaki I, Amano H, Kito M. Photoluminescence of Mg-doped p-type GaN and electron luminescence of GaN p-n-junction LED. Journal of Luminescence, 1991, 48/49: 666-668

[11] Nakamura S, Mukai T, Senoh M. High power GaN p-n junction blue LED. Japanese Journal Applied Physics, 1999, 30: 1998-2001

[12] Pankove J I, Schade H. Photoemission from GaN. Appl. Phys. Lett., 1974, 25: 53-55

[13] 谢世勇, 郑有炓, 陈鹏, 等. GaN 材料 p 型掺杂. 固体电子学研究与进展, 2001. 204: 210-212

[14] 金瑞琴, 朱建军, 赵德刚, 等. p 型 GaN 的掺杂研究. 半导体学报, 2005, 26(3): 508-512

[15] 臧宗娟, 石锋. P 型掺杂 GaN 研究现状及发展. 纳米科技, 2013, 1: 80-85

[16] 彭冬生, 冯玉春, 王文欣, 等. 一种外延生长高质量 GaN 薄膜的新方法. 物理学报, 2006, 55(7): 3606-3610

[17] 郎佳红, 顾彪, 徐茵, 等. 标准温度和衬底分步清洗对 GaN 初始生长影响 RHEED 研究. 红外技术, 2003, 25(6): 64-68

[18] Norton T, Woodgate B, Stock J, et al. Results from Cs activated GaN photocathode development for MCP detector systems at NASA GSFC. Proceedings of SPIE, 2003, 5164: 155-164

[19] Ulmer M P, Wessels B W, Siegmund O H W. Advances in wide-band gap semiconductor based photocathode devices for low light level applications. Proceedings of SPIE ,2002, 4650: 94-103

[20] Ulmer M P, Wessels W B, Siegmund O H W. Advances in wide-band gap semiconductor based photocathode devices for low light level applications. Proceedings of SPIE, 2003, 4854: 225-232

[21] Ulmer M P, Wessels B W, Han B, et al. Advances in wide-band-gap semiconductor based photocathode devices for low light level applications.Proceedings of SPIE, 2003, 5164: 144-154

[22] Uchiyama S, Takagi Y, Niigaki M, et al. GaN-based photocathodes with extremely high quantum efficiency. Applied Physics Letters, 2005, 86: 103511-1-103511-3

[23] Liu Z, Machuca F, Pianetta P, et al. Electron scattering study within the depletion region of the GaN(0001) and the GaAs (100) surface. Applied Physics Letters, 2004, 85(9): 1541-1543

[24] Stock J, Hilton G, Norton T, et al. Progress on development of UV photocathodes for photon-counting applications at NASA GSFC. Proceedings of SPIE, 2005, 5898: 58980F-1-58980F-8

[25] Siegmund O H W, Tremsin A S, Martin A, et al. GaN photocathodes for UV detection and imaging. Proceedings of SPIE, 2003, 5164: 134-143

[26] Ulmer M P, Wessels W B, Shahedipour F, et al. Progress in the fabrication of GaN photo-cathodes. Proceedings of SPIE, 2001, 4288: 246-253

[27] Siegmund O H W. High-performance microchannel plate detectors for UV/visible astronomy. Nuclear Instruments and Methods in Physics Research A, 2004, 525: 12-16

[28] Machuca F. A thin film p-type GaN photocathode: prospect for a high performance electron emitter. Stanford: Stanford University, 2003

[29] Machuca F, Sun Y, Liu Z, et al. Prospect for high brightness III-nitride electron emitter. J. Vac. Sci. Technol. B, 2000, 18: 3042-3046

[30] Sembach K. Astro2010 Technology Development White Paper, 2000

[31] Strittmatter R, Blacksberg J, Nikzad S, et al. Air-stable field-enhanced III—Nitride photocathodes. MAR05 Meeting of The American Physical Society, 2004

[32] Tripathi N, Bell L D, Nikzad S, et al. Suvarna, and Fatemeh Shahedipour Sandvik. Novel Cs-Free GaN Photocathodes. Journal of electronic materials, 2011, 40(4): 382-387

[33] Mizuno I, Nihashi T, Nagai T. Development of UV image intensifier tube with GaN photocathode. Proceedings of the SPIE, 2008, 6945: 69451N

[34] 曾正清, 李朝木, 王宝林, 等. GaN 负电子亲和势光电阴极的激活改进研究. 真空与低温, 2010, 16(2): 108-112

[35] 杜晓晴, 利用反射与透射光谱测量 GaN 外延层的光学参数. 光学与光电技术, 2010, 8(1): 76-79

[36] 乔建良, 常本康, 钱芸生, 等. NEA GaN 光电阴极光谱响应特性研究. 物理学报, 2010, 59(5): 3577-3582

[37] 乔建良, 常本康, 杜晓晴, 等. 反射式 NEA GaN 光电阴极量子效率衰减机理研究. 物理学报, 2010, 59(4): 2855-2859

[38] 乔建良, 田思, 常本康, 等. 负电子亲和势 GaN 光电阴极激活机理研究. 物理学报, 2009, 58(8): 5847-5851

[39] 乔建良, 常本康, 牛军, 等. NEA GaN 和 GaAs 光电阴极激活机理对比研究. 真空科学与技术学报, 2009, 29(2): 115-118

[40] Qiao J L, Chang B K, Yang Z, et al. Comparative study of GaN and GaAs photocathodes. Proceedings of SPIE, 2008, 6621: 66210J-1-66210J-8

[41] Qiao J L, Chang B K, Qian Y S, et al. Preparation of negative electron affinity gallium nitride photocathode. Proceedings of SPIE, 2010, 7658: 319-322

[42] 乔建良, 常本康, 杨智, 等. NEA GaN 光电阴极量子产额研究. 光学技术, 2008, 34(3): 395-397
[43] 乔建良, 牛军, 杨智, 等. NEA GaN 光电阴极表面模型研究. 光学技术, 2009, 35(1): 145-147
[44] 乔建良, 常本康, 高有堂, 等. NEA GaN 光电阴极的制备及其应用. 红外技术, 2007, 29(9): 524-527
[45] Du Y J, Chang B K, Fu X Q, et al. Effects of NEA GaN photocathode performance parameters on quantum efficiency. Optik, 2012, 123(9): 800-803
[46] Du Y J, Chang B K, Zhang J J, et al. Influence of Mg doping on the electronic structure and optical properties of GaN. Optoelectronics and Advanced Materials—Rapid Communications, 2011, 5(10): 1050-1055
[47] Du Y J, Chang B K, Wang H G, et al. Comparative study of adsorption characteristics of Cs on GaN(0001) and GaN($000\bar{1}$) surfaces. Chinese Physics B, 2012, 21(6): 437-442
[48] Du Y J, Chang B K, Wang H G, et al. Theoretical study of Cs adsorption on a GaN(0001) surface. Applied Surface Science, 2012, 258(19): 7425-7429
[49] 杜玉杰, 常本康, 张俊举, 等. GaN(0001) 表面电子结构和光学性质的第一性原理研究. 物理学报, 2012, 61(6): 414-420
[50] 杜玉杰, 常本康, 王晓晖, 等. Cs/GaN(0001) 吸附体系电子结构和光学性质研究. 物理学报, 2012, 61(5): 378-384
[51] Du Y J, Chang B K,Wang H G, et al. First principle study of the influence of vacancy defects on optical properties of GaN. Chinese Optics Letters, 2012, 9(5): 39-43
[52] Du Y J, Chang B K, Fu X Q, et al. Electronic structure and optical properties of zinc-blende GaN. Optik, 2012, 123(24): 2208-2212
[53] Du Y J, Chang B K, Fu X Q, et al. Research of NEA GaN photocathode performance parameters on the effect of quantum efficiency, IEEE, 2010, 317, 318
[54] 李飙, 常本康, 徐源, 等. GaN 光电阴极的研究及其发展. 物理学报, 2011, 60(8): 858-864
[55] 李飙, 常本康, 徐源, 等. 均匀掺杂和梯度掺杂结构 GaN 光电阴极性能对比研究. 光谱学与光谱分析, 2011, 31(8): 2036-2039
[56] 李飙, 徐源, 常本康, 等. 梯度掺杂结构 GaN 光电阴极表面的净化. 中国激光, 2011(4): 249-252
[57] 李飙, 徐源, 常本康, 等. 梯度掺杂结构 GaN 光电阴极激活工艺研究. 光电子. 激光, 2011, 22(9): 1317-1321
[58] Li B, Chang B K, Du Y J, et al. Comparative study of uniform-doping and gradient-doping NEA GaN photocathodes. Proceedings of the IEEE, 2010: 217,218
[59] Wang X H, Chang B K, Ren L, et al. Influence of the p-type doping concentration on reflection-mode GaN photocathode, Applied Physics Letter, 2011, 98(8): 082109-082109-3

[60] Wang X H, Chang B K, Du Y J, et al. Quantum efficiency of GaN photocathode under different illumination, Applied Physics Letter, 2011, 99(4): 042102-042102-3

[61] Wang X H, Shi F, Guo H, et al. The optimal thickness of transmission-mode GaN photocathode. Chinese Physics B, 2012, 21(8): 517-521

[62] Wang X H, Gao P, Wang H G, et al. Influence of the wet chemical cleaning on quantum efficiency of GaN photocathode. Chinese Physics B, 2013, 22(2): 515-518

[63] 王晓晖, 常本康, 钱芸生, 等. 梯度掺杂与均匀掺杂 GaN 光电阴极的对比研究. 物理学报, 2011, 60(4): 715-720

[64] 王晓晖, 常本康, 钱芸生, 等. 透射式负电子亲和势 GaN 光电阴极的光谱响应研究. 物理学报, 2011, 60(5): 739-744

[65] 王晓晖, 常本康, 张益军, 等. GaN 光电阴极激活后的光谱响应分析. 光谱学与光谱分析, 2011, 31(10): 2655-2658

[66] Wang X H, Chang B K, Qian Y S, et al. Preparation and evaluation system for NEA GaN photocathode. Optoelectronics and Advanced Materials—Rapid Communications, 2011, 5(9): 1007-1010

[67] Wang X H, Chang B K, Qian Y S, et al. Study of quantum yield for transmission-mode GaN photocathodes. 8th International Vacuum Electron Sources Conference, IVESC 2010 and NANOcarbon 2010, Nanjing, China, 2010

[68] Wang X H, Ge Z H, Hao G H, et al. Comparison of first and second annealing GaN photocathode. 2012 Photonics Global Conference, Singapore, 2012

[69] Angerer H, Brunner D, Freudenberg F, et al. Determination of the Al mole fraction and the band gap bowing of epitaxial $Al_xGa_{1-x}N$ films. Appl. Phys. Lett., 1997, 71: 1504-1506

[70] Pugh S K, Dugdale D J, Brand S, et al. Band-gap and k. p. parameters for GaAlN and GaInN alloys. J. Appl. Phys., 1999, 86: 3768-3772

[71] Katz O, Meyler B, Tisch U, et al. Determination of band-gap bowing for $Al_xGa_{1-x}N$ alloys. Phys. Stat. Sol., 2001, 188(2): 789-792

[72] Kim J G, Kimura A, Kamei Y, et al. Determination of Al molar fraction in $Al_xGa_{1-x}N$ films by Raman scattering. J. Appl. Phys., 2011, 110: 033511

[73] Duda L C, Stagarescu C B, Downes J, et al. Smith. Density of states, hybridization, and band-gap evolution in $Al_xGa_{1-x}N$ alloys. Phys. Revi. B, 1998, 58(4): 1928-1933

[74] Yasan P K A, McClintock R, Darvish S, et al. Future of $Al_xGa_{1-x}N$ materials and device technology for ultraviolet photodetectors. Proc. SPIE, 2002, 4650: 199-206

[75] Huang H M, Ling S C, Chen J R, et al. Growth and characterization of a-plane $Al_xGa_{1-x}N$ alloys by metalorganic chemical vapor deposition. Journal of Crystal Growth, 2010, 312: 869-873

[76] Tarsa E J, Kozodoy P, Ibbetson J, et al. Solar-blind AlGaN-based inverted heterostructure photodiodes. Appl. Phys. Lett., 2000, 77(3): 316-318

[77] McClintock R, Sandvik P, Mi K, et al. $Al_xGa_{1-x}N$ Materials and device technology for solar blind ultraviolet photodetector applications. Proc. SPIE, 2001, 4288: 219-229

[78] Averine S V, Kuznetzov P I, Zhitov V A, et al. Solar-blind MSM-photodetectors based on $Al_xGa_{1-x}N/GaN$ heterostructures grown by MOCVD. Solid-State Electronics, 2008, 52: 618-624

[79] Zhao D G, Zhu J J, Liu Z S, et al. Surface morphology of AlN buffer layer and its effect on GaN growth by metalorganic chemical vapor deposition. Appl. Phys. Lett., 2004, 85(9): 1499-1501

[80] Walker D, Zhang X, Saxler A, et al. $Al_xGa_{1-x}N$ ultraviolet photodetectors grown on sapphire by metal-organic chemical-vapor deposition. Appl. Phys. Lett., 1997, 70: 949-951

[81] Sasaki T, Matsuoka T. (MOVPE)Analysis of twostepgrowth conditions for GaN on an AlN buffer layer. J. Appl. Phys., 1995, 77: 192-200

[82] Yoshida S, Misawa S, Gonda S. Properties of $Al_xGa_{1-x}N$ films prepared by reactive molecular beam epitaxy. J. Appl. Phys., 53: 6844-6848

[83] Walker D, Zhang X, Saxler A, et al. $Al_xGa_{1-x}N$ ultraviolet photodetectors grown on sapphire by metalorganic chemical vapor deposition. Appl. Phys. Lett., 1997, 70: 949-951

[84] Omnes F, Marenco N, Beaumont B, et al. Metalorganic vapor-phase epitaxy-grown AlGaN materials for visible-blind ultraviolet photodetector applications. J. Appl. Phys., 1999, 86: 5286-5292

[85] Zhang X, Kung P, Saxler A, et al. Growth of $Al_xGa_{1-x}N$:Ge on sapphire and silicon substrates. Appl. Phys. Lett., 1995, 67: 1745-1747

[86] Tarsa E J, Kozodoy P, Ibbetson J, et al. Solar-blind AlGaN-based inverted heterostructure photodiodes. Appl. Phys. Lett., 77: 316-318

[87] Iwaya M, Terao S, Hayashi N, et al. Realization of crack-free and high-quality thick AlGaN for UV optoelectronics using low-temperature interlayer. Applied Surface Science, 2000, 159: 405-413

[88] Obata T, Hirayama H, Aoyagi Y, et al. Growth and annealing conditions of high Al-content p-type AlGaN for deep-UV LEDs. Phys. Stat. Sol., 2004, 201(12): 2803-2807

[89] Cho H K, Lee J Y, Jeon S R, et al. Influence of Mg doping on structural defects in AlGaN layers grown by metalorganic chemical vapor deposition. Appl. Phys. Lett., 2001, 79(79): 3788-3790

[90] Jeon S R, Ren Z, Cui G, et al. Investigation of Mg doping in high-Al content p-type $Al_xGa_{1-x}N$. $0.3 < x < 0.5$. Appl. Phys. Lett., 2005, 86(8): 082107-082107-3

[91] Heikman S, Keller S, DenBaars S P, et al. Growth of Fe doped semi-insulating GaN by metalorganic chemical vapor deposition. Appl. Phys. Lett., 2002, 81: 439-441

[92] Feng Z H, Liu B, Yuan F P, et al. Influence of Fe-doping on GaN grown on sapphire substrates by MOCVD. Journal of Crystal Growth, 2007, 309: 8-11

[93] Stampfl C, Neugebauer J, Van de Walle C G. Doping of $Al_xGa_{1-x}N$ alloys. Materials Science and Engineering, 1999, B59: 253-257

[94] Kaufmann U, Schlotter P, Obloh H, et al. Hole conductivity and compensation in epitaxial GaN:Mg layers. Physical Review B, 2000, 62(16): 10867-10872

[95] Wampler W R, Myers S M. Hydrogen release from magnesium-doped GaN with clean ordered surfaces. J. Appl. Phys., 2003, 94: 5682-5687

[96] 郝跃, 张金凤, 张金成. 氮化物宽禁带半导体材料与电子器件. 北京: 科学出版社, 2013

[97] Stampfl C, Neugebauer J, Van de Walle C G. Doping of $Al_xGa_{1-x}N$ alloys. Materials Science and Engineering, 1999, B59: 253-257

[98] Cho H K, Lee J Y, Jeon S R, et al. Influence of Mg doping on structural defects in AlGaN layers grown by metalorganic chemical vapor deposition. Appl. Phys. Lett., 2001, 79: 3788-3790

[99] Jeon S R, Ren Z, Cui G, et al. Investigation of Mg doping in high-Al content p-type $Al_xGa_{1-x}N$. $0.3 < x < 0.5$. Appl. Phys. Lett., 2005, 86: 082107

[100] Yang M Z, Chang B K, Hao G H, et al. Research on electronic structure and optical properties of Mg doped $Ga_{0.75}Al_{0.25}N$. Optical Materials, 2014, 36(4): 787-796

[101] 江剑平, 孙成城. 异质结原理与器件. 北京: 电子工业出版社, 2010

[102] 孟庆巨, 胡云峰, 敬守勇. 半导体物理学. 北京: 电子工业出版社, 2014

[103] 季振国. 半导体物理. 杭州: 浙江大学出版社, 2005

[104] Hanser A D, Nam O H, Bremser M D, et al. Growth, doping and characterization of epitaxial thin films and patterned structures of AlN, GaN, and $Al_xGa_{1-x}N$. Diamond and Related Materials, 1999, 8: 288-294

[105] Saito T, Hitora T, Ishihara H, et al. Group III-nitride semiconductor Schottky barrier photodiodes for radiometric use in the UV and VUV regions. Metrologia, 2009, 46: 272-276

[106] Ponce F A, Major J S, Plano W E, et al. Crystalline structure of AlGaN epitaxy on sapphire using AlN buffer layers. Appl. Phys. Lett., 1994, 65: 2302-2304

[107] Park Y S, Kim K H, Lee J J, et al. X-ray diffraction analysis of the defect structure in $Al_xGa_{1-x}N$ films grown by metalorganic chemical vapor deposition. Journal of Materials Science, 2004, 39: 1853-1855

[108] Nakarmi M L, Kim K H, Khizar M, et al. Electrical and optical properties of Mg-doped $Al_{0.7}Ga_{0.3}N$ alloys. Appl. Phys. Lett., 2005, 86: 092108

[109] 周小伟. 高 Al 组分 AlGaN/GaN 半导体材料的成长方法研究. 西安: 西安电子科技大学, 2010

[110] 倪金玉. 高性能 AlGaN/GaN 异质结材料的 MOCVD 生长与特性. 西安: 西安电子科技大学, 2009

[111] 任凡. 高质量 AlN 材料分子束外延生长机理及相关材料物性研究. 北京: 清华大学, 2010

[112] Fu D, Zhang R, Wang B G, et al. Ultraviolet emission efficiencies of $Al_xGa_{1-x}N$ films pseudomorphically grown on $Al_yGa_{1-y}N$ template with various Al-content combinations. Thin Solid Films, 2011, 519: 8013-8017

[113] de Paiva R, Alves J L A, Nogueira R A, et al. Theoretical study of the $Al_xGa_{1-x}N$ alloys. Materials Science and Engineering, 2002, 93: 2-5

[114] Seghier D, Gislason H P. Shallow and deep defects in $Al_xGa_{1-x}N$ structures. Physica B, 2007, 401: 335-338

[115] Asai T, Nagata K, Mori T, et al. Relaxation and recovery processes of $Al_xGa_{1-x}N$ grown on AlN underlying layer. Journal of Crystal Growth, 2009, 311: 2850-2852

[116] Dridi Z, Bouhafs B, Ruterana P. Pressure dependence of energy band gaps for $Al_xGa_{1-x}N$, $In_xGa_{1-x}N$ and $In_xAl_{1-x}N$. New Journal of Physics, 2002, 4(94): 1-15

[117] Amano H, Sawaki N, Akasaki I, et al. Metalorganic vapor phase epitaxial growth of a high quality GaN film using an AlN buffer layer. Appl. Phys. Lett., 1986, 48: 353-355

[118] Sumiya M, Kamo Y, Ohashi N, et al. Fabrication and hard X-ray photoemission analysis of photocathodes with sharp solar-blind sensitivity using AlGaN films grown on Si substrates. Applied Surface Science, 2010, 256: 4442-4446

[119] Ainbund M R, Alekseev A N, Alymov O V, et al. Solar-blind UV photocathodes based on AlGaN heterostructures with a 300- to 330-nm sapectral sensituvuty threshold. Technical Physics Letters, 2012, 38(5): 439-442

[120] Khan M A, Schulze R G. UV photocathode using negative electron affinity effect in $Al_xGa_{1-x}N$. United States Patent, 1986

[121] Kim H S, Krueger J F, Vinson A L. Transmission mode photocathode sensitive to ultraviolet light. United States Patent, 1996

[122] Kan H, NIigaki M, Ohta M, et al. Photocathode having AlGaN layer with specified Mg content concentration. United States Patent, 2004

[123] 唐光华, 申屠军, 戴丽英, 等. AlGaN 光电阴极像增强管. 固体电子学研究与进展, 2015(6)

[124] Hao G H, Zhang Y J, Jin M C, et al. The effect of surface cleaning on quantum efficiency in AlGaN photcathode. Appiled Surface Science, 2015, 324: 590-593

[125] Hao G H, Shi F, Cheng H C, et al. Photoemission performance of thin graded-structure AlGaN photocathode. Applied Optics, 2015, 54(10): 2572-2576

[126] Hao G H, Chang B K, Shi F, et al. Influence of Al fraction on photoemission performance of AlGaN photocathode. Applied Optics, 2014, 53(17): 3637-3641

[127] Hao G H, Yang M Z, Chang B K, et al. Attenuation performance of reflection-mode AlGaN photocathode under different preparation. Applied Optics, 2013, 52(23): 5671-5675

[128] Hao G H, Chen X L, Chang B K, et al. Comparison of photoemission performance of AlGaN/GaN photocathodes with different GaN thickness. Optik, 2014, 125: 1377-1379

[129] 郝广辉, 常本康, 陈鑫龙, 等. 近紫外波段 NEA GaN 阴极响应特性的研究. 物理学报, 2013, 62(9): 097901

[130] Hao G H, Chang B K, Cheng H C. Wet etching of AlGaN/GaN photocathode grown by MOCVD. Proc. of SPIE, 2013, 8912: 891214

[131] Hao G H, Chang B K, Chen X L, et al. Preparation and evaluation of $Al_{0.24}Ga_{0.76}N$ photocathode. Proceedings 10th International Vacuum Electron Conference (IVESC), 2014, 2010: 113, 114

[132] Fu X Q, Chang B K, Qian Y S, et al. In-situ multi-measurement system for preparing gallium nitride photocathode. Chin. Phys. B, 2012, 21(3): 030601-1-030601-4

[133] Fu X Q, Chang B K, Wang X H, et al. Photoemission of Graded-doping GaN Photocathode. Chin. Phys. B, 2011, 20(3): 037902-1-037902-5

[134] 付小倩, 常本康, 李飚, 等. 负电子亲和势 GaN 光电阴极的研究进展. 物理学报, 2011, 60(3): 038503-1-038503-7

[135] Fu X Q, Wang X H, Yang Y F, et al. Optimizing GaN photocathode structure for higher quantum efficiency. Optik, 2012, 123(9): 765-768

[136] Fu X Q, Zhang J J. Reactivation of gallium nitride photocathode with cesium in a high vacuum system. Optik, 2013, 124(9): 7007-7009

[137] Fu X Q, Ai Y B. Quantum efficiency dependence on built-in electric fields inexponen -tial-doped and graded-doped gallium arsenide photocathodes. Optik, 2012, 123(9): 1888-1890

[138] Fu X Q, Chang B K, Li B, et al. Higher quantum efficiency by optimizing GaN photocathode structure. Proceedings of 2010 8th International Vacuum Electron Sources Conference and Nanocarbon, 2010: 234,235

[139] Fu X Q. Modeling and simulation of reflection mode gallium nitride photocathode. Proceedings of 2014 3rd International Conference on Manufacture Enginnering,Quality and Production System, 2014: 52-54

[140] Yang M Z, Chang B K, Hao G H, et al. Theoretical study on electronic structure and optical properties of $Ga_{0.75}Al_{0.25}N(0001)$ surface. Applied Surface Science, 2013, 273: 111-117

[141] Yang M Z, Chang B K, Hao G H, et al. Study of Cs adsorption on $Ga(Mg)_{0.75}Al_{0.25}N$ (0001) surface: A first principle calculation. Applied Surface Science, 2013, 282: 308-314

[142] Yang M Z, Chang B K, Hao G H, et al. Research on electronic structure and optical properties of Mg doped $Ga_{0.75}Al_{0.25}N$. Optical Materials, 2014, 36: 787-796

[143] Yang M Z, Chang B K, Hao G H, et al. Electronic structure and optical properties of nonpolar $Ga_{0.75}Al_{0.25}N$ surfaces. Optik, 2014, 125: 6260-6265

[144] Yang M Z, Chang B K, Hao G H, et al. Comparison of optical properties between wurtzite and zinc-blende $Ga_{0.75}Al_{0.25}N$. Optik, 2014, 125: 424-427

[145] Yang M Z, Chang B K, Zhao J, et al. Theoretical research on optical properties and quantum efficiency of $Ga_{1-x}Al_xN$ photocathodes. Optik, 2014, 125: 4906-4910

[146] Yang M Z, Chang B K, Wang M S. Atomic geometry and electronic structure of $Al_{0.25}Ga_{0.75}N$(0001) surfaces covered with different coverages of cesium: A first-principle research. Applied Surface Science, 2015, 326: 251-256

[147] Yang M Z, Chang B K, Shi F, et al. Atomic geometry and electronic structures of Be-doped and Be-, O-codoped $Ga_{0.75}Al_{0.25}N$. Computational Materials Science, 2015, 99: 306-315

[148] Yang M Z, Chang B K, Wang M S. Cesium, oxygen coadsorption on AlGaN(0001) surface: Experimental research and ab initio calculations. Journal of Materials Science: Materials in Electrons, 2015, 26: 2181-2188

[149] Yang M Z, Chang B K, Hao G H. Design of optical component structure for $Al_xGa_{1-x}N$ photocathodes. Proc. of SPIE, 2015, 9659: 965918

第 2 章 研究方法与实验基础

根据原子核和电子间的相互作用原理及其基本运动规律，运用量子力学原理，从具体要求出发，经过一些近似处理后直接求解薛定谔方程的算法，习惯上称为第一性原理计算方法。第一性原理计算不仅可以从微观角度解释实验结果[1~4]，还可以预测材料的性质[5~9]，从而为光电阴极的制备提供理论支撑和指导。本章简要介绍 GaN 基光电阴极的研究方法与实验基础。

2.1 单电子近似理论

2.1.1 绝热近似

一个多电子体系的哈密顿量可以表示为

$$
\begin{aligned}
H = & -\sum_i \frac{\hbar}{2m}\nabla_{r_i}^2 - \sum_j \frac{\hbar^2}{2M_j}\nabla_{R_j}^2 + \frac{1}{2}\sum_{i\neq j}\frac{e^2}{4\pi\varepsilon_0 |r_i - r_j|} \\
& + \frac{1}{2}\sum_{i\neq j}\frac{Z_i Z_j e^2}{4\pi\varepsilon_0 |R_i - R_j|} - \sum_{i,j}\frac{Z_j e^2}{4\pi\varepsilon_0 |r_i - R_j|}
\end{aligned}
\tag{2.1}
$$

式中，r_i 表示第 i 个电子的坐标；R_j、Z_j 和 M_j 分别表示第 j 个原子的核坐标、核电荷数和质量；m 和 e 分别表示电子的质量和电量；ε_0 是真空介电常数，采用国际制单位。式 (2.1) 中第一项表示电子的动能；第二项表示原子核的动能；第三项表示电子与电子间的库仑相互作用；第四项表示原子核之间的库仑相互作用；第五项表示电子与原子核之间的相互作用。每立方米的材料中电子数目在 10^{29} 数量级，这个方程必须进行合理的简化和近似才适宜求解。

一般原子核的质量大约是电子的 1000 倍，电子处于绕核的高速运动中，原子核只能在平衡位置附近振动。电子可以即时地响应原子核的运动，在研究电子运动时，可认为原子核瞬时静止，即电子的运动“绝热”于原子核的运动，同样研究原子核运动时，可不考虑电子的空间具体分布，把核的运动和电子的运动分开来看，这就是 Born-Oppenheimer 绝热近似[10~12]，根据这一近似假设原子核保持静止，电子运动的哈密顿量就可以分离出来。哈密顿方程可以写成

$$
H_0 = -\sum_i \frac{\hbar}{2m}\nabla_{r_i}^2 + \frac{1}{2}\sum_{i\neq j}\frac{e^2}{4\pi\varepsilon_0 |r_i - r_j|} - \sum_{i,j}\frac{Z_j e^2}{4\pi\varepsilon_0 |r_i - R_j|}
\tag{2.2}
$$

绝热近似将多体问题转化为多电子问题，简化了哈密顿量，但是简化后的哈密顿量依然很复杂，需要进一步近似。

2.1.2　Hartree-Fork 近似

在式 (2.1) 第三项中 r_i 只是一个参数，晶体中所有原子核对第 i 个电子的作用势可以表示为

$$V(r_i) = -\sum_j \frac{Z_j e^2}{4\pi\varepsilon_0 |r_i - R_j|} \tag{2.3}$$

这时，哈密顿量就可以表示为

$$H_0 = \sum_i \left(-\frac{\hbar}{2m}\nabla_{r_i}^2 + V(r_i)\right) + \frac{1}{2}\sum_{i\neq j} \frac{e^2}{4\pi\varepsilon_0 |r_i - r_j|} = \sum_i H_i + \sum_{i\neq j} H_{ij} \tag{2.4}$$

如果哈密顿量中不包含 H_{ij}，那么就可以用互不相关的单个电子在给定的势场中的运动来描述体系的薛定谔方程，多电子问题就可以简化为单电子问题，这就是 Hartree-Fork 近似[13]。这样多电子薛定谔方程可以简化为

$$\sum_i H_i \Psi = E\Psi = \sum_i E_i \Psi \tag{2.5}$$

这个方程的解可以表示为 N 个单电子波函数 $\varphi_i(r_i)$ 的连乘：

$$\psi(r_1, r_2, \cdots, r_N) = \prod_{i=1}^{N} \varphi_i(r_i) \tag{2.6}$$

这样的波函数没有任何依据就忽略了电子间相互作用项 H_{ij}，这是不合理的。尽管如此，式 (2.6) 依然是多电子薛定谔方程的近似解。这种近似称为 Hartree 近似，式 (2.6) 称为 Hartree 波函数。

$$E = \langle \psi | H_0 | \psi \rangle \tag{2.7}$$

把式 (2.6) 给出的波函数代入式 (2.7) 中求能量的期待值 (假定 φ_i 正交归一化)，根据变分原理，把 E 对 φ_i 作变分并整理后可得

$$\left[-\frac{\hbar^2}{2m}\nabla^2 + V(r) + \frac{e^2}{4\pi\varepsilon_0}\sum_{j(\neq i)} \int \frac{|\varphi_j(r')|^2}{|r - r'|} \mathrm{d}r'\right] \varphi_i(r) = E_i \varphi_i(r) \tag{2.8}$$

式中，E_i 是拉格朗日乘子，具有单电子能量的意义。这个方程组描述了第 i 个电子在晶格势和其他所有电子的平均势中的运动，称为 Hartree 方程。

Hartree 波函数存在一个明显的缺陷，即没有考虑全同离子的交换对称性。电子是费米子，考虑到多电子体系的波函数应该满足交换反对称性，Fock 把多电子

体系波函数用 Slater 行列式展开为

$$\psi(x_1, x_2, \cdots, x_N) = \frac{1}{\sqrt{N!}} \begin{vmatrix} \varphi_1(x_1) & \varphi_2(x_1) & \cdots & \varphi_N(x_1) \\ \varphi_1(x_2) & \varphi_2(x_2) & \cdots & \varphi_N(x_2) \\ \vdots & \vdots & & \vdots \\ \varphi_1(x_N) & \varphi_N(x_N) & \cdots & \varphi_N(x_N) \end{vmatrix} \tag{2.9}$$

式中，坐标 x_i 包含位置 r_i 和自旋；N 为系统的总电子数。式 (2.9) 被称为 Hartree-Fock 近似，在此近似下通过变分可得到任意精确的能级和波函数，其最大的优点就是把多电子的薛定谔方程简化为了单电子有效势方程，大大提高了计算结果的精确性。然而计算量却随着电子数的增多而呈指数增加，只能运用于轻元素的运算，不适合较多电子数体系的计算。再经过平均场近似可以把 Hartree-Fock 方程简化为

$$\left[-\frac{\hbar^2}{2m}\nabla^2 + V_{\text{eff}}(r)\right]\varphi_i(r) = E_i\varphi_i(r) \tag{2.10}$$

$$V_{\text{eff}}(r) = V(r) + \frac{e^2}{4\pi\varepsilon_0}\int\frac{\rho(r')}{|r'-r|}\mathrm{d}r' - \frac{e^2}{4\pi\varepsilon_0}\int\frac{\rho_{\text{av}}^{\text{HF}}(r,r')}{|r'-r|}\mathrm{d}r' \tag{2.11}$$

式中，$\rho_{\text{av}}^{\text{HF}}$ 为平均交换电子分布。与 Hartree-Fork 方程比较，最大的特点是把 N 个联立的方程变成了一个可以独立求解的方程，为自洽计算带来了方便。$V_{\text{eff}}(r)$ 可以用经验势来代替，这样就可以计算出电子的能带结构，这就是传统的经验势方法。Hartree-Fork 方程并没有考虑自旋平行电子间的关联相互作用。

2.2 密度泛函理论

密度泛函理论 (DFT) 的基本思想是用电子密度代替波函数作为研究的基本量，用电子密度的泛函来解释原子核与电子、电子与电子间的相互作用以及物质的原子、分子和物质的基态物理性质，电子密度仅是空间三个变量的函数，降低了计算量，所以确定系统基态的一种有效方法就是将电子能量泛函表示成电子密度的泛函。

2.2.1 Hohenberg-Kohn 定理

1964 年，Hohenberg 和 Kohn 在 Thomas-Fermi 模型[14]的基础上证明了仅用基态电荷密度就可完全决定非简并体系的基态性质，即 Hohenberg-Kohn 定理，该定理被视为电子密度泛函理论的基础，其主要内容包括[15]：

定理 1：对于在一个共同的外部势中，相互作用着的多粒子体系的基态性质由基态的电子密度唯一地决定，即体系的基态能量仅是电子密度的泛函。

定理 2：当粒子数不变时，$\rho(r)$ 为体系正确的粒子数密度分布，那么能量泛函 $E(\rho)$ 对 $\rho(r)$ 取极小值可得到系统的基态能量。

由 Hohenberg-Kohn 定理可得，电子密度由波函数所决定，波函数和势场相互决定，基态能量可通过对波函数变分取极小值而得，所以系统的基态能量就表示为电子密度的泛函，即基态能量和波函数通过求电子密度的变分就能得到：

$$
\begin{aligned}
E\left[\rho\left(r\right)\right] &= T\left[\rho\left(r\right)\right]+U\left[\rho\left(r\right)\right]+\int \mathrm{d}r v\left(r\right)\rho\left(r\right) \\
&= T\left[\rho\left(r\right)\right]+\frac{1}{2}\iint \mathrm{d}r\mathrm{d}r'\frac{\rho\left(r\right)\rho\left(r'\right)}{\left|r-r'\right|}+E_{\mathrm{xc}}\left[\rho\left(r\right)\right]+\int \mathrm{d}r v\left(r\right)\rho\left(r\right)
\end{aligned}
\tag{2.12}
$$

式中，第一项为无相互作用粒子模型的动能项；第二项表示电子间的库仑作用；第三项为交换关联能，体现了体系电子间的多体相互作用，包括未知的多体作用；第四项为外场的贡献，是电子在外势场中的势能。Hohenberg-Kohn 定理确定了基态电子密度分布函数与系统总能的一一对应关系，从理论上证实了基态性质可通过以电子密度为基本变量来计算的可行性，但没有提供任何精确的两者间的对应关系，对于如何确定电子密度函数 $\rho(r)$、动能泛函 $T[\rho(r)]$ 和交换关联能泛函 $E_{\mathrm{xc}}[\rho(r)]$，没有提出具体的解决方法和途径。

2.2.2 Kohn-Sham 定理

Hohenberg-Kohn 定理证明通过求解基态电子密度分布函数可得到系统的总能，但对上述三个函数却没有给出具体的形式，因此有关体系性质的任何信息都无法直接从基态粒子密度得到。1965 年，Kohn 和 Sham 提出 Kohn-Sham(KS) 方案[16]，把多体问题简化成了一个没有相互作用的电子在有效势场中运动的问题，解决了前两个问题，其思想是把真实体系用一个假想的无相互作用多粒子体系来代替，两者有完全相同的粒子密度，实际的动能泛函就可用无相互作用的多粒子体系的动能泛函来替代，忽略了电子之间的排斥作用，这个有效势场包含了外部势场和电子间的库仑作用的影响，也包含了所有与交换相关的相互作用。从而把多体问题转化为单电子问题，这样粒子态密度和能量等信息便可通过求解这一假想体系得到，但交换相关项的近似程度决定了计算的精确度，即

$$
\rho\left(r\right)=\sum_{i=1}^{N}\left|\varphi_i\left(r\right)\right|^2 \tag{2.13}
$$

$$
T_0\left[\rho\left(r\right)\right]=\sum_{i=1}^{N}\int \mathrm{d}r\varphi_i^*\left(r\right)\left(-\nabla^2\right)\varphi_i\left(r\right) \tag{2.14}
$$

对 $\rho(r)$ 的变分可以转化为对电子波函数 $\varphi_i(r)$ 的变分：

$$
\left\{-\frac{1}{2}\nabla^2+v(r)+\int \mathrm{d}r\frac{\rho(r)}{|r-r'|}+\frac{\delta E_{\mathrm{xc}}[\rho]}{\delta\rho}\right\}\varphi_i(r)=E_i\varphi_i(r) \tag{2.15}
$$

这就是单电子的 Kohn-Sham 方程，把多体问题简化为无相互作用的电子在有效势场中的运动问题，通过求解无相互作用的独立粒子的基态便求得了多体系中相互作用的多电子的基态，建立了密度泛函理论的框架，为单电子近似提供了严格的依据。这个有效势场含有外部势场和电子间库仑作用的影响，比如，多粒子体系相互作用的复杂性就包含在交换和相关作用中，所以处理交换关联作用成为其难点，还需要引入相应的近似。泛函 $E_{\rm xc}[\rho(r)]$ 最简单的近似求解法有局域密度近似 (local density approximation，LDA) 或广义梯度近似 (generalized gradient approximation，GGA) 的方法。

2.2.3 局域密度近似和广义梯度近似

可以看出，密度泛函理论整个框架中只剩下一个未知部分，即交换关联势 $E_{\rm xc}[\rho(r)]$ 的形式。在实际应用中，我们通过拟合已经精确求解系统的结果，用参数化的形式来表示交换关联势。显然密度泛函计算结果的精确度取决于其交换关联势质量的好坏。由 Slater 在 1951 年提出的局域密度近似 (LDA) 是实际应用中最简单有效的近似[17,18]，其中心思想是假定空间中某一点的交换关联能只与该点的电荷密度有关，且与同密度的均匀电子气的交换关联能相等，表达式如下：

$$E_{\rm xc}^{\rm LDA}[\rho]=\int {\rm d}r\rho(r)\varepsilon_{\rm xc}^{\rm unif}(\rho(r)) \tag{2.16}$$

LDA 在大多数的材料计算中取得了巨大的成功。经验显示，LDA 对分子键长、晶体结构的计算误差在 1%左右，对分子解理能、原子游离能的计算误差在 10%～20%。但是 LDA 不适用于非均匀或者空间变化太快的电子气系统。

对于非均匀或者空间变化太快的电子气系统，要想提高精确度，需把某点附近的电荷密度对交换关联能的影响考虑在内，如计入电荷密度的一级梯度对交换关联能的贡献，这种近似方法称为广义梯度近似 (GGA)[19,20]。GGA 是半局域化，一般情况下，它适用于开放的系统，比 LDA 给出的能量和结构更为精确。交换能可以取修正的 Becke 泛函形式，表达式如下：

$$E_x^{\rm GGA}=E_x^{\rm LDA}-\beta\int {\rm d}r\rho^{4/3}\frac{(1-0.55\exp[1.65x^2])x^2-2.40\times10^{-4}x^4}{1+6\beta x{\rm arsinh}x+1.08\times10^{-6}x^4} \tag{2.17}$$

式中，β 为常数。

2.3 平面波赝势法

因为原子的内层电子 (芯电子) 基本不与相邻原子发生作用，仅其价电子具有化学活性，参与电荷转移与成键，决定材料的性质，所以把内层电子与原子核的效应合在一起考虑，内层电子与原子核的组合称为“离子实”。在解波函数时，将固体看作价电子和离子实的集合体，离子实的内部势能用假想的势能取代真实的势能，即赝势，由赝势求出的被紧紧束缚在原子核周围的芯电子的波函数叫赝势波函数。

赝势波函数间的相互作用较弱，价电子波函数间相互作用强，价电子波函数与周围原子的相关作用也较强，所以价电子波函数仍然保留为真实波函数的形状，而经过赝势处理之后内层电子波函数即赝势波函数不再需要满足很多苛刻的条件从而变得平缓起来。将波函数用倒格矢傅里叶展开，对于简单的波函数用少量的基矢就可以表示，而复杂的波函数相反需要较高的截断能量，采用赝势可减少平面波展开所需要的平面波函数数目[21~24]，大大降低了计算量，减少了计算时间。平面波赝势中采用的赝势及赝势波函数如图 2.1 所示。

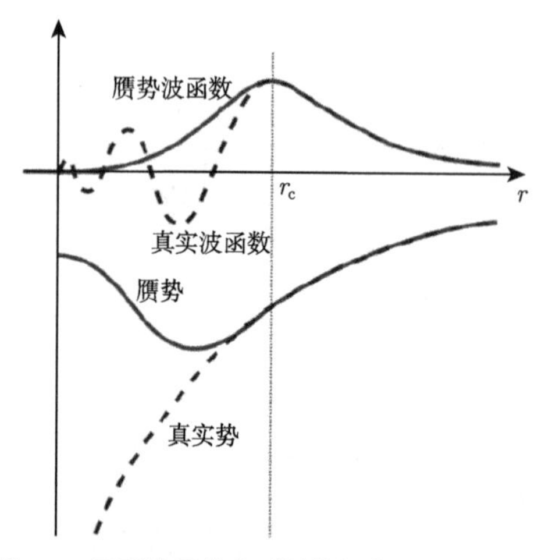

图 2.1　平面波赝势中采用的赝势及赝势波函数

赝势波函数满足布洛赫定理，根据晶体空间平移对称性，能带电子的波函数可以写成下式：

$$\psi_k^n(r) = \sum_K C_K^{n,k} \mathrm{e}^{\mathrm{i}(k+K)\cdot r} \tag{2.18}$$

式中，n 为能带指标；k 为晶体里倒易空间的第一布里渊区的波矢，而基矢集就是平面波 $\varphi_K^k(r) = \mathrm{e}^{\mathrm{i}(k+K)\cdot r}$；$K$ 为晶格倒格矢的整数倍。实际计算过程中要使基矢集尽量地完备必须设定一个足够大的 $K_{\max}$，这便给了自由电子一个最大的动能，这个能量被称为平面波数目的截断能量 (cut-off energy)[25]

$$E_{\mathrm{cut}} = \frac{\hbar^2 K_{\max}^2}{2m} = \frac{1}{2} G_{\max}^2 \tag{2.19}$$

在计算过程中，选取截止能的原则就是要保证在设置的精度范围内计算能够收敛。若截断能量选得太小，则可能会导致总能的计算偏离真实值或者出现错误；若增加截止能，虽提高了计算精度，但计算量也随之增加。

目前，第一性原理计算应用得最为广泛的赝势有三种：模守恒赝势 (norm-conserving pseudopotential，NCPP)[26]、超软赝势 (ultrasoft pseudopotential，UPP)[27] 和 PAW(projector augmented wave)[28,29]赝势。

2.4 光学性质计算公式

在光与物质作用的线性响应范围内，固体宏观光学响应函数可由光的复介电函数

$$\varepsilon(\omega)=\varepsilon_1(\omega)+\mathrm{i}\varepsilon_2(\omega) \tag{2.20}$$

或复折射率

$$N(\omega)=n(\omega)+\mathrm{i}k(\omega) \tag{2.21}$$

来描述，式中，

$$\varepsilon_1=n^2-k^2 \tag{2.22}$$

$$\varepsilon_2=2nk \tag{2.23}$$

第一性原理计算过程采用了绝热近似和单电子近似，电子结构计算过程中声子频率远小于跃迁频率，因此在讨论光子与固体的作用时，可以忽略声子的作用，只考虑电子激发。可根据直接跃迁几率的定义和克拉默斯–克勒尼希色散关系推出描述材料光学性质的参量，如介电函数、吸收系数、反射率和复光电导率等[30~32]，计算公式如下：

$$\varepsilon_2(\omega)=\frac{\pi}{\varepsilon_0}\left(\frac{e}{m\omega}\right)^2\cdot\sum_{\mathrm{V,C}}\left\{\int_{\mathrm{BZ}}\frac{2\mathrm{d}K}{(2\pi)^2}\left|a\cdot M_{\mathrm{V,C}}\right|^2\delta[E_{\mathrm{C}}(K)-E_{\mathrm{V}}(K)-\hbar\omega]\right\} \tag{2.24}$$

$$\varepsilon_1(\omega)=1+\frac{2e}{\varepsilon_0 m^2}\cdot\sum_{\mathrm{V,C}}\int_{\mathrm{BZ}}\frac{2\mathrm{d}K}{(2\pi)^2}\frac{\left|a\cdot M_{\mathrm{V,C}}(K)\right|^2}{[E_{\mathrm{C}}(K)-E_{\mathrm{V}}(K)]/\hbar}\cdot\frac{1}{[E_{\mathrm{C}}(K)-E_{\mathrm{V}}(K)]^2/\hbar^2-\omega^2} \tag{2.25}$$

$$\alpha\equiv\frac{2\omega k}{c}=\frac{4\pi k}{\lambda_0} \tag{2.26}$$

$$R(\omega)=\frac{(n-1)^2+k^2}{(n+1)^2+k^2} \tag{2.27}$$

$$\sigma(\omega)=\sigma_1(\omega)+\mathrm{i}\sigma_2(\omega)=-\mathrm{i}\frac{\omega}{4\pi}[\varepsilon(\omega)-1] \tag{2.28}$$

式中，ε_0 为真空中的介电常数；λ_0 为真空中光的波长；ω 为角频率；n 为折射率；k 为消光系数；下标 C 表示导带，V 表示价带；$E_{\mathrm{C}}(K)$ 和 $E_{\mathrm{V}}(K)$ 分别为导带和价带上的本征能级；$M_{\mathrm{V,C}}$ 为跃迁矩阵元；BZ 为第一布里渊区；$\boldsymbol{K}$ 为电子波矢；a 为矢量势 $\boldsymbol{A}$ 的单位方向矢量。以上关系式反映了物质光谱由能级间电子跃迁所产生，把物质的光学特性与微观电子结构联系起来，是分析晶体能带结构和光学性质的理论依据。

2.5　第一性原理计算软件

平面波赝势法是第一性原理计算发展最成熟、使用最广泛的方法，VASP、CASTEP、ABINIT、PWSCF 等主流的第一性计算软件都使用这种算法。其最大优点是需要人为控制的参数少。我们将采用基于平面波赝势法的 CASTEP 软件完成 GaN 基光电阴极中电子与原子结构研究。

CASTEP(Cambridge serial total energy package) 是美国 Accelrys 公司 Materials Studio 材料设计软件的一个计算程序包，是由剑桥大学卡文迪许实验室的凝体理论组所发展出来解量子力学问题的程序，是基于密度泛函平面波赝势方法，特别针对固体材料学而设计的第一性原理量子力学基本程序，也是当前最高水平的量子力学软件包之一。该计算程序包主要适合周期性结构的计算，如金属、半导体、陶瓷、矿物等材料。

CASTEP 可以用来研究周期性系统的体材料性质、表面性质、表面重构的性质、点缺陷 (如空位、间隙或取代掺杂) 和扩展缺陷 (晶粒间界、位错) 的性质、电子结构 (能带及态密度)、光学性质、电荷密度的空间分布及其波函数、布局数分析、弹性常数及相关力学特性和固体的振动特性等。CASTEP 计算中采用的交换相关泛函有 LDA、GGA 和非定域交换相关泛函，对于 LDA 或 GGA 计算能带带隙低估的问题，可以通过 “剪刀” 进行修正。

利用 CASTEP 分析 GaN 基体材料和表面性质的步骤为：根据文献资料和计算要求搭建初步的模型；利用 Geometry Optimization 任务选项优化结构，得到满足计算精度的合理模型；利用 Energy 任务选项计算所要分析的性质；导出 Energy 任务选项计算得到的数据，根据计算结果分析材料性质。

2.6　GaN 基光电阴极实验系统简介

我们研制了多信息量测试与评估系统，用于在线测试 GaAs 光电阴极热清洗和激活过程中的多种信息量。此系统在 GaN 光电阴极制备的应用过程中遇到了一些问题，例如，用于光谱响应测试的光源不适于 GaN 材料，透射式 GaN 光电阴极的评估无法进行，对加热净化的温度需要重新设定，光电阴极激活时铯、氧电流的确定也需要重新考虑，以及以此为基础的自动激活程序尚需完善等。因此，针对以上问题，我们逐步完善了多信息量测试与评估系统，使其更适用于 GaN 基光电阴极的研究[33~38]。

GaN 基光电阴极激活与评估系统由多信息量测试系统、超高真空激活系统和表面分析系统组成，图 2.2 中 (a) 和 (b) 分别为系统的组成图和实物图。

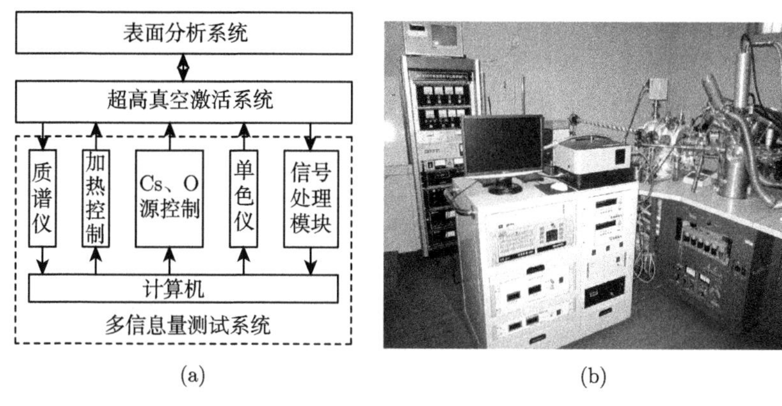

图 2.2 光电阴极激活与评估系统

(a) 系统组成图; (b) 系统实物图

2.6.1 表面分析系统

系统中采用的 X 射线光电子能谱 (XPS) 仪为美国 Perkin Elmer 公司的 PHI 5300 ESCA 系统。系统采用了旋片机械泵、涡轮分子泵、溅射离子泵和钛升华泵。这种泵配置是无油系统, 组合性能可靠, 由于采用离子泵和升华泵配合, 系统可较快达到高真空, 而它们对惰性气体抽气能力的不足, 可由涡轮分子泵进行弥补。在 XPS 仪的主真空室上有两个盲口, 一处用于接入紫外光源, 完成紫外光电子能谱 (UPS) 仪的扩展, 另一处的盲口直径为 38mm, 它与样品座、送样杆在同一平面上, 就此连接超高真空激活系统。

XPS 仪采用双阳极 X 射线源, 主要由灯丝、阳极靶和滤窗组成, 其结构如图 2.3 所示, 一为 Mg 靶, 一为 Al 靶。它的优点是: 具有两种激发源, 特别利于鉴别 XPS 谱图中的俄歇峰。滤窗由铝箔制成, 它的作用如下:

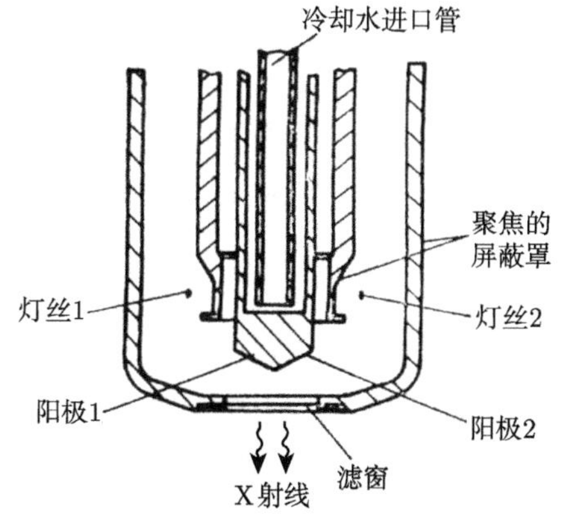

图 2.3 X 射线源的结构图

(1) 防止阴极灯丝发出的电子直接混入能量分析器中，使谱线本底增高；

(2) 防止 X 射线源发出的辐射使样品温度上升；

(3) 防止阳极产生的轫致辐射使信本比变差；

(4) 防止对样品溅射时污染阳极表面。

系统选用静电偏转式半球形能量分析器，用以精确测定电子的能量分布。分析器在两个同心球面上加控制电压以产生电场，当被测电子以能量 E 进入分析器的入口后，在电场的作用下偏转，并在出口处聚集，最后被检测器收集和放大。分析器外部用专用合金材料屏蔽，以避免被分析的低能电子受杂散磁场的干扰而偏离原来的轨道。

XPS 仪的性能指标如下：

(1) 半高宽为 0.8eV 时，峰值灵敏度为 10^5 计数/秒 (CPS)；

(2) 半高宽为 1.0eV 时，峰值灵敏度大于 10^6 计数/秒 (CPS)；

(3) 分析室极限真空度小于 1.5×10^{-8}Pa；

(4) 变角 XPS 的掠射角可从 5° 到 90° 变化；

(5) X 射线源功率可调，最大可达 400W。

图 2.4 为某次化学清洗后由 XPS 仪测试的 GaN 光电阴极表面成分。

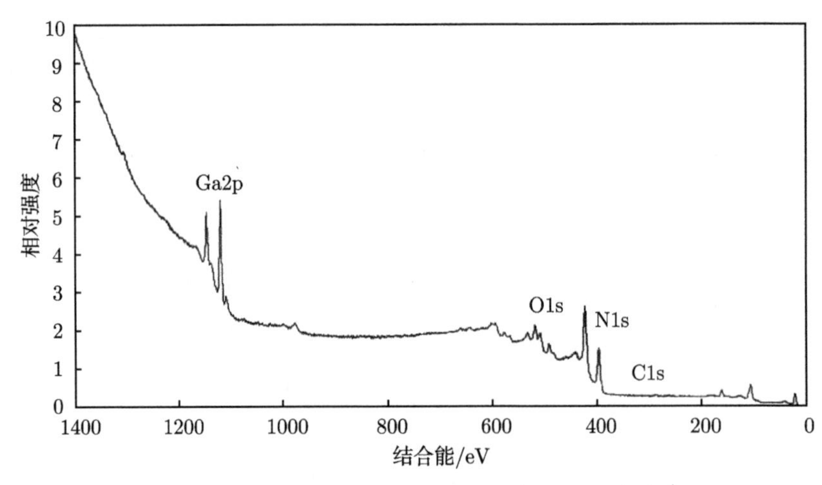

图 2.4　化学清洗后 GaN 光电阴极的表面成分

2.6.2　超高真空激活系统

为了获取激活所用的超高真空度，我们设计并由中国科学院沈阳科学仪器股份有限公司制造了一套超高真空激活系统，整套系统由真空抽气系统、激活室、进样装置、样品传递结构、样品加热装置以及样品激活装置组成，其结构如图 2.5 所示。

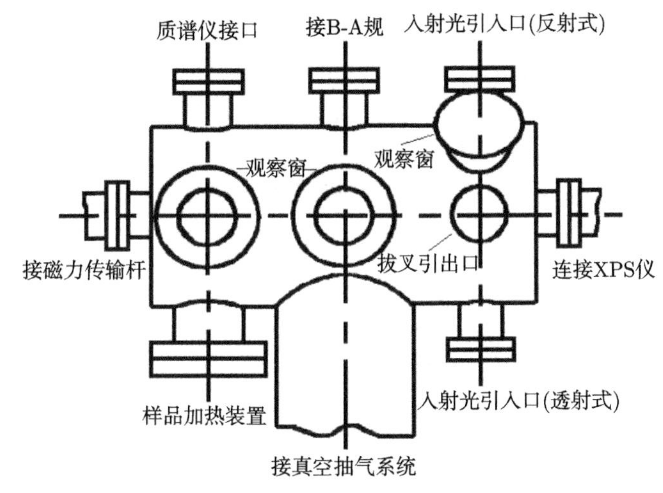

图 2.5 超高真空激活系统的结构示意图

1. 抽气系统

抽气系统主要由机械泵、涡轮分子泵、溅射离子泵和钛升华泵组成，极限真空度可达 3.3×10^{-8}Pa。预抽泵的作用是将被抽容器的真空度从大气压降到主泵工作所需的启动压强，当主泵开始工作时，预抽泵可以关闭。根据抽气系统的结构和抽气速率，采用了激活室和 XPS 仪主真空室共用前级泵的方案。在分子泵的抽气管道上设置三通阀，一边连接表面分析室，另一边与激活系统相连。这样就减少了预抽所用的机械泵和涡轮分子泵。这种连接方式使用方便、效率高、结构紧凑、费用少，是一种经济合理的方案。

2. 激活室

激活室为一水平方向的圆柱腔体，直径为 200mm，用不锈钢材料制成，内外经过抛光处理。真空室的左半部分用于样品的加热处理，右半部分用于样品的激活和光谱响应测试。从图 2.5 中可以看出，入射光的引入口有两个，完成改造之后，增添了透射式的光路传输光纤，使得两个入射光引入口各得其职，位于样品正上方的用于反射式的实验，正下方的用于透射式的实验。目前在该系统上可以很方便地进行反射式和透射式的 GaN 基光电阴极实验研究。

3. 进样装置

进样装置是通过 XPS 仪表面分析室进行的。该进样装置与表面分析室之间有一隔离阀，进样前先由前级泵粗抽真空，当真空度达到 10^{-4}Pa 时，打开隔离阀，样品由进样杆送至表面分析室，再由样品传递结构送至激活系统。采用这种方案，可以避免每次进样时激活系统暴露于大气，节约了抽真空的时间。

样品传递机构采用磁力传输杆。传输杆位于真空室的轴线上，其前端夹持一样品托，样品即放置其上。磁力传输杆可以平稳、灵活地将样品送至加热位置或激活位置，也能实现样品在激活系统和表面分析系统之间的来回传递。为防止系统漏气并保证传递的准确性，传输杆与真空室的连接部分采用波纹管，并通过法兰固定。传输杆的末端设计了微调机构，可以使传输杆上下左右微动，从而确保了样品传递的准确性和灵活性。

4. 样品加热装置

样品加热装置主要由加热台、卤钨灯和热电偶组成。加热台可以上下移动，当需要给样品加热时加热台上移，否则下降，以防阻碍磁力传输杆的通过。加热台上方的凹槽是为卡入样品托设计的。加热通过卤钨灯进行，即给卤钨灯通电流，利用灯丝的热辐射给样品加热。热电偶的作用是测温。

5. 样品激活装置

样品激活装置主要包括铯源、氧源的导入系统，入射光引入口和光电流测试装置。激活用的铯蒸气是通过对固态铯源通电加热得到的，铯源为锆铝合金粉还原铬酸铯的分子源。激活所用氧也通过对固态氧源通电加热得到。激活时，样品由磁力传输杆送至激活位置。因为激活过程中无需加热，所以样品将停留在传输杆前端的样品托上，直至激活结束。为便于测试光电流，设计了带有两芯引线的机械手，其中一根引线与样品周边良好接触，另一根引线加 0~400V 可调电压。两引线与真空系统外部的测试设备相连，以实现对电流的显示和记录。无需测光电流时，机械手可带动两引线离开样品表面。为方便入射光的引入，在样品激活位置的正上方和正下方对称设置了嵌入式光窗入口，嵌入式的设计是为了尽量缩短入射光与样品表面的距离，以增大入射光照度。

2.6.3　多信息量测试系统

多信息量测控装置是一个基于现场总线 (CAN 总线) 的分布式数据测控网络，由光电流测量仪、温度控制器、真空计、温度测量仪、铯源电源、氧源电源、计算机等组成，可实时采集真空度、温度、光电流、铯源和氧源电流并上传给计算机，也可将计算机传来的温度或铯源和氧源电流的控制命令，通知给温度控制器或铯源和氧源电源，实现对这些信息的控制。光电阴极多信息量测控系统原理框图如图 2.6 所示。

光谱响应测试的光源由氙灯和光栅单色仪产生，氙灯可以产生 190~1100nm 波长范围的入射光，光栅单色仪在扫描仪的控制下输出一定波长的单色光，产生的单色光通过光纤引入到阴极面，用于测试阴极的光谱响应。

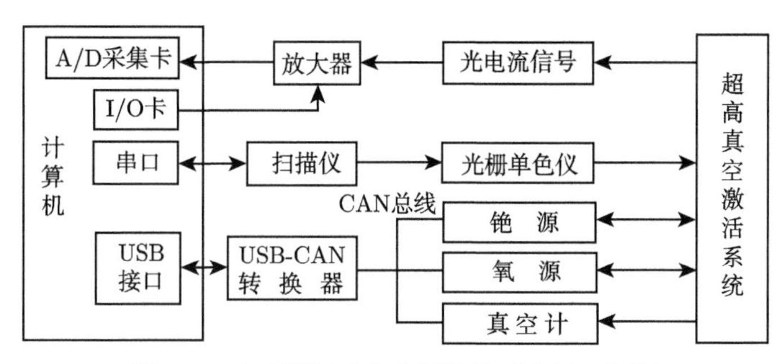

图 2.6 光电阴极多信息量测控系统原理框图

各种测试仪器与计算机相连，数据采集与控制界面由 VC++6.0 编写，操作人员可以通过计算机的操作面板实现 GaN 基光电阴极的加热净化和激活的自动控制，进行加热净化过程中的温度、真空度数据采集，并可以设定激活时的铯源、氧源电流大小，绘制光电流曲线以及激活结束后的光谱响应曲线。

图 2.7 为多信息量测试系统自动记录的加热净化过程中 GaN 光电阴极温度和真空度随时间变化曲线。经过多次实验，我们发现 GaN 光电阴极的最佳加热净化温度为 700℃。从图中我们可以发现，当温度上升到 700℃时，真空度开始显著降低，整个加热净化过程大概持续 20min。

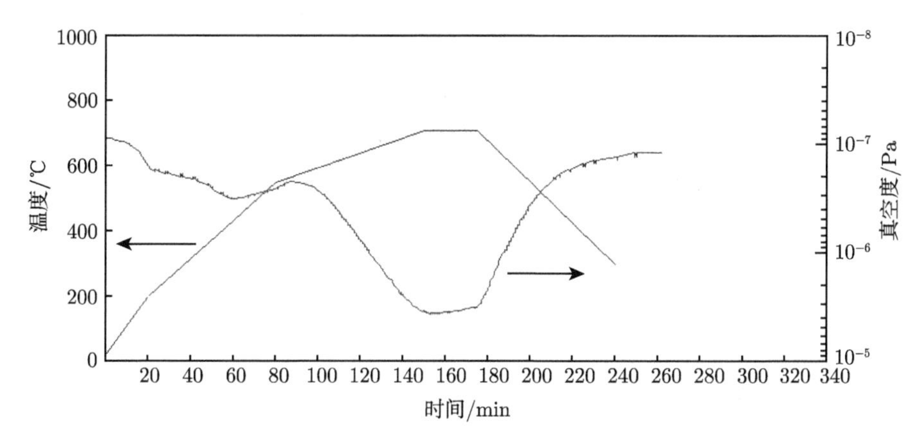

图 2.7 加热净化过程中 GaN 光电阴极温度和真空度随时间变化曲线

为了分析影响 GaN 光电阴极激活以及稳定性的关键因素，我们增加了四级质谱仪，它与 XPS 仪共同对样品表面和真空室内的气体成分和含量进行检测。图 2.8 为超高真空加热过程中四极质谱仪检测到的谱图，从谱图中可以看到，在加热过程中，真空腔室内的主要成分有 H_2(对应质量数 2 左右)、H_2O(对应质量数 18 左右)、N_2 或 CO(对应质量数 28 左右) 和 CO_2(对应质量数 44 左右)。检测结果说明附着在 GaN 表面的碳和碳氢化合物最终在加热过程中主要以碳氧化合物、水蒸气的形式脱离表面。

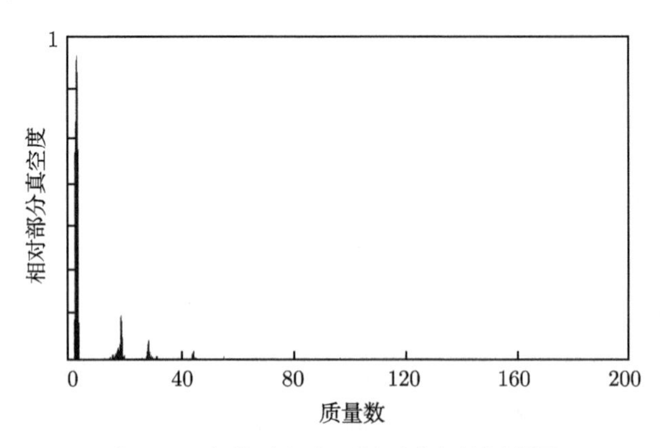

图 2.8　加热过程中四极质谱仪检测谱图

为了对 GaN 材料进行激活并测试光谱响应曲线，我们对系统进行了改进，增加了紫外测试光源氘灯和氙灯，并增加了紫外透射测试光路。其中氘灯用于激活过程中光电流的收集，氙灯用于激活后的光谱响应测试。

激活过程的控制界面和光电流变化曲线如图 2.9 所示。在 Cs、O 激活过程中紫外光透过玻璃窗照射到阴极表面，激发产生光电流被多信息量测试系统自动记录并绘制成实时曲线，根据光电流的变化精确控制 Cs、O 交替过程。

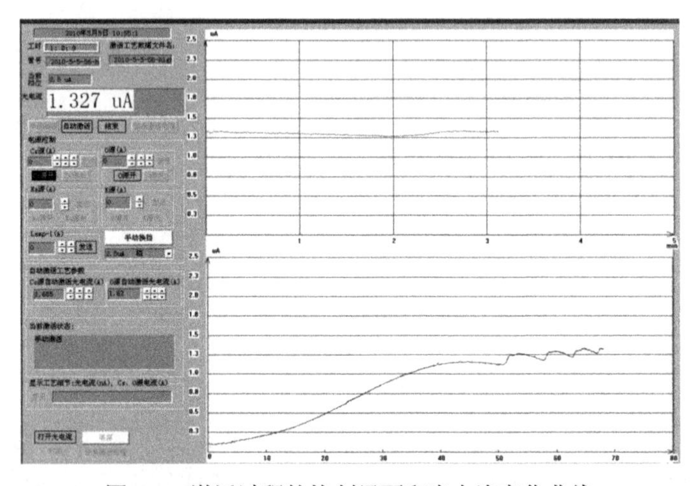

图 2.9　激活过程的控制界面和光电流变化曲线

从图 2.9 中可以看出系统自动记录的整个激活过程：首先打开铯源，将铯源电流调到最小并预热，由计算机控制逐步调大铯源电流至一定值后保持不变，在此过程中光电流不断上升，当上升到峰值略有下降或在峰值保持时间超过 10min 后，转入进氧，打开氧源，将氧源电流调到最小并预热，由计算机控制逐步调大氧源电流，在调整的过程中，计算机不断测试并计算光电流的上升速度，当上升速度最大时保持该氧源电流。首次进氧光电流达到峰值后进行 Cs、O 共同激活，通过保持铯源，计算机控制氧源的通断来实现。Cs、O 激活光电流不再上升后，关闭氧源和铯源，结束激活过程。多信息量测试系统帮助我们完善了 GaN 基光电阴极的 Cs、O 激活过程，确定了 Cs、O 激活的初始电流值，得到了阴极有效激活的方法。

激活完成后光谱响应测试结果表明 GaN 光电阴极达到了有效的 NEA 状态，也证明了我们设定的加热净化温度的准确性和 Cs、O 激活过程的有效性。图 2.10 为多信息量测试系统在线测试的反射式和透射式的量子效率曲线。

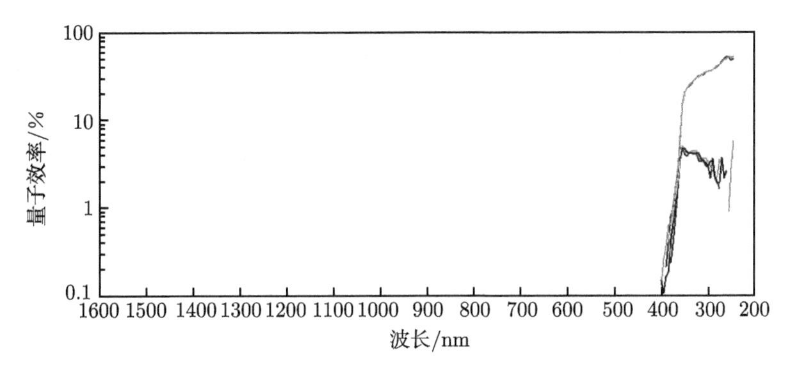

图 2.10 NEA GaN 光电阴极量子效率曲线在线测试

参 考 文 献

[1] 鱼晓华. NEA $Ga_{1-x}Al_xAs$ 光电阴极中电子与原子结构研究. 南京: 南京理工大学, 2015

[2] 杜玉杰. GaN 光电阴极材料特性与激活机理研究. 南京: 南京理工大学, 2012

[3] Liu W, Zheng W T, Jiang Q. First-principles study of the surface energy and work function of III-V semiconductor compounds. Physical Review B, 2007, 75(23): 235322

[4] Zhou W, Liu L J, Wu P. First-principles study of structural, hermodynamic, elastic, and magnetic properties of Cr_2GeC under pressure and temperature. Journal of Applied Physics, 2009, 106(3): 033501

[5] 李拥华, 徐彭寿, 潘海滨, 等. GaN(1010) 表面结构的第一性原理计算. 物理学报, 2005, 54(01): 0317-0323

[6] 沈耀文, 康俊勇. GaN 中与 C 和 O 有关的杂质能级第一性原理计算. 物理学报, 2002, 51(03), 0645-0648

[7] 陈文斌, 陶向明, 赵新新, 等. 氢原子在 Ti(0001) 表面吸附的密度泛函理论研究. 物理化学学报, 2006, 22(4): 445-450

[8] Northrup J E. Hydrogen and magnesium incorporation on c-plane and m-plane GaN surfaces. Physical Review B, 2008, 77(4): 045313

[9] Malkova N, Ning C Z. Band structure and optical properties of wurtzite semiconductor nanotubes. Physical Review B, 2007, 75(15): 155407

[10] 李正中. 固体理论. 北京: 高等教育出版社, 2002

[11] Born M, Oppenheimer R. Zur Quantentheorie der Molekeln. Annals Physics, 1927, 84(4): 457-484

[12] Born M, Huang K. Dynamical Theory of Crystal Lattices. Oxford: Oxford University Press, 1954

[13] Hartree D R. The wave mechanics of an atom with a non-Coulomb central field. Mathematical Proceedings of the Cambridge Philosophical Society, 1928, 24: 89-110

[14] Thomas H. The calculation of atomic fields. Mathematical Proceedings of the Cambridge Philosophical Society, 1927, 23(5): 542-548

[15] Hohenberg P, Kohn W. Inhomogeneous electron gas. Physical Review, 1964, 136(3): B864-B871

[16] Kohn W, Sham L J. Self-consistent equation including exchange and correlation effects. Physical Review, 1965, 140(4): 33-38

[17] Slater J C. A Simplification of the Hartree-Fock Method. Physical Review, 1951, 81(3): 385-390

[18] Slater J C. The Self-consistent Field for Molecules and Solids. New York: Mcgraw-Hill, 1974

[19] Ceperley D M, Alder B J. Ground state of the electron gas by a stochastic method. Physical Review Letters, 1980, 45(7): 566-569

[20] Perdew J P, Zunger A. Self-interaction correction to density-functional approximations for many-electron systems. Physical Review B, 1981, 23(10): 5048-5079

[21] Ihm J, Zunger A, Cohen M L. Momelltum-space formalism for the total energy of solids. Journal of Physics C, 1979, (12): 4409-4422

[22] Yin M T, Cohen M L.Theory of ab initio pseudopotential calculations. Physical Review B, 1982, (25): 7403-7412

[23] Payne M C, Teter M P, Ahan D C, et al. Iterative minimization techniques for ab inito total-energy calculation: Molecular dynamics and conjugate gradients. Reviews of Modern Physics, 1992, 64(4): 1045-1097

[24] Laasonen K, Pasquarello A, Car R, et al. Car-Parrinello molecular dynamics with Vanderbilt ultrasoft pseudopotentials. Physical Review B, 1993, 47(16): 10142-10153

[25] Hamann D R, Schluter M, Chiang C. Norm-conserving pseudopotentials. Physical Review Letters, 1979, 43: 1494-1497

[26] Bloehl P E. Projector augmented-wave method. Physics Review B, 1994, 50: 17953-17979

[27] Vanderbilt D. Soft self-consistent pseudopotentials in a generalized eigenvalue formalism. Physical Review B, 1990, 41(11): 7892-7895

[28] 李旭珍, 谢泉, 陈茜, 等. $OsSi_2$ 电子结构和光学性质的研究. 物理学报, 2010, 59(3): 2016-2021

[29] Kresse G, Joubert D. From ultrasoft pseudopotentials to the projector augmented-wave method. Physical Review B, 1999, 59(3):1758

[30] 方容川. 固体光谱学. 合肥: 中国科学技术大学出版社, 2001

[31] 沈学础. 半导体光谱和光学性质. 北京: 科学出版社, 2002

[32] 陈茜, 谢泉, 闫万珺, 等. Mg_2Si 电子结构及光学性质的第一性原理计算. 中国科学 G 辑, 2008, 38(7): 825-833

[33] 邹继军, 钱芸生, 常本康, 等. GaAs 光电阴极制备过程中多信息量测试技术研究. 真空科学与技术学报, 2006, 26(3): 172-175

[34] 钱芸生. 光电阴极多信息量测试技术及其应用研究. 南京: 南京理工大学, 2000

[35] Qian Y S, Chang B K, Qiao J L, et al. Activation and evaluation of GaN photocathodes. Proc. of SPIE, 2009, 7481: 74810H-1-8

[36] 常本康, 房红兵, 富容国, 等. 多碱光电阴极光谱响应在线测试结果与分析. 真空科学与技术, 1998, 18(2): 111

[37] 常本康, 房红兵, 刘元震. 光电材料动态自动光谱测试仪的研究与应用. 真空科学与技术, 1996, 16(5): 364

[38] Fu X Q, Chang B K, Qian Y S, et al. In-situ multi-information measurement system for preparing gallium nitride photocathode. Chin. Phys. B, 2012, 21(3): 030601-1-030601-4

第 3 章　GaN 基光电阴极材料

研制 GaN 基光电阴极首先要解决材料问题，本章主要研究 GaN 晶体、AlGaN 晶体以及纤锌矿结构 GaN 基 (0001) 光电发射材料生长。

3.1　GaN　晶　体

3.1.1　GaN 的晶格结构和主要参数

几乎所有III-V族材料的排列都是一个原子位于规则的四面体的中心，而其四角则为另一类原子所占有，这些四面体能够排列成两种形式的晶体结构，即立方闪锌矿结构和六方纤锌矿结构。立方闪锌矿结构是由两类不同的原子占据着晶格的交替位置，III族和V族原子各自位于面心立方的子格上，这两个子格彼此沿立方晶格体对角线位移四分之一的长度。六方纤锌矿结构除了迭变的 (111) 层围绕 [111] 轴旋转 180° 得到结构六角对称性以外，它和闪锌矿结构是一样的[1~3]。

在通常条件下 GaN 晶体的晶格结构有两种：闪锌矿结构 (立方结构) 和纤锌矿结构 (六角结构)。图 3.1 给出的是闪锌矿结构的 GaN 晶体示意图，对于复式格子，原胞中包含的原子数应是每个基元中原子的数目，因此闪锌矿结构 GaN 晶体原胞含有两个原子：Ga 原子和 N 原子。但是通常情况下取一个含有八个原子的较大的立方体作为结晶学原胞去考虑，这样更能反映出晶格的对称性和周期性。图 3.2 给出的是纤锌矿结构的 GaN 晶体示意图。纤锌矿 GaN 晶体结构具有六方对

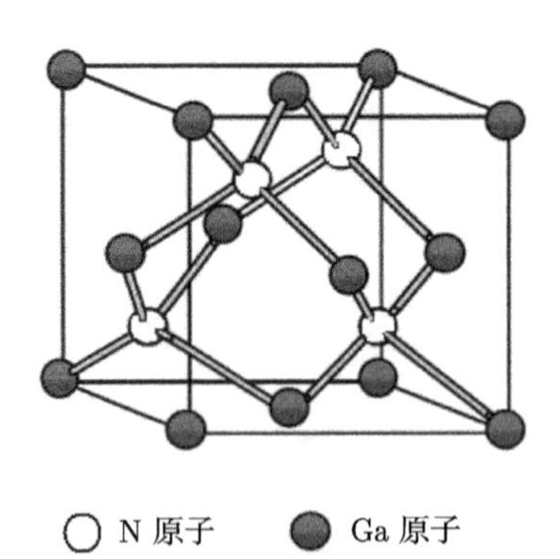

图 3.1　闪锌矿结构的 GaN 晶体

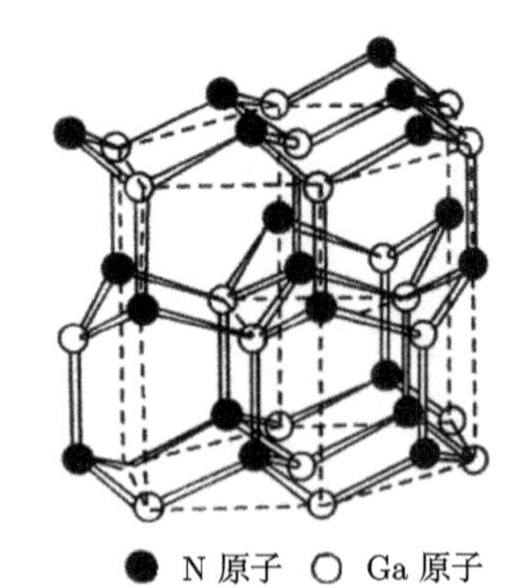

图 3.2　纤锌矿结构的 GaN 晶体

称性，它在一个原胞中有 4 个原子，原子体积大约为 GaAs 的一半。在 300K 时两种结构 GaN 材料的主要参数如表 3.1 所示[4,5]，由表可见，由于晶格结构的不同，两种 GaN 材料的具体参数还是表现出一定的差异。GaN 晶体是坚硬的高熔点材料，熔点高达 2500℃，具有极强的稳定性能。

表 3.1 300K 时纤锌矿和闪锌矿结构 GaN 材料的主要参数

参数	纤锌矿结构	闪锌矿结构
禁带宽度/eV	3.39	3.2
1cm^3 中的原子数	8.9×10^{22}	8.9×10^{22}
静态介电常量	8.9	9.7
晶格常数/nm	$a=0.3187, c=0.5186$	0.452
击穿电场/(V/cm)	$\sim5\times10^6$	$\sim5\times10^6$
电子亲和势/eV	2.0	2.0
电子扩散系数/(cm^2/s)	100	100
空穴扩散系数/(cm^2/s)	9	9
电子迁移率/(cm^2/(V·s))	$\leqslant 1000$	$\leqslant 1000$
空穴迁移率/(cm^2/(V·s))	$\leqslant 200$	$\leqslant 350$
熔点/℃	2500	2500

3.1.2 GaN 晶体的电学特性及能带结构

GaN 晶体的电学性质是决定器件性能的主要因素。在Ⅲ-Ⅴ族化合物中 GaN 具有最高的电离度，和 GaAs 相比，GaN 是极稳定的化合物。非故意掺杂的 GaN 样品一般都存在较高的 n 型本底载流子浓度 ($>10^{18}\text{cm}^{-3}$)。现在好的 GaN 样品的 n 型本底载流子浓度可以降低到 10^{16}cm^{-3} 左右，室温下的电子迁移率可以达到 $900\text{cm}^2/(\text{V}\cdot\text{s})$。由于非掺杂样品的 n 型本底载流子浓度较高，一般情况下 GaN 的 p 型掺杂元素选择 Mg，所制备的都是高补偿的 p 型样品，最终影响光电阴极的光电发射性能。

制造 p 型 GaN 样品的技术难题曾一度限制了 GaN 器件的发展。1988 年，Akas-aki 等研究者首先通过低能电子束辐照 (LEEBI) 实现了掺 Mg 的 GaN 样品表面的 p 型化，随后 Nakamura 等研究者采用热退火处理技术，更好地实现了掺 Mg 的 GaN 样品的 p 型化。目前随着 MBE 技术在 GaN 材料应用中的进展和薄膜生长关键技术的突破，已经可以制备载流子浓度高达 10^{18}cm^{-3} 的 p 型 GaN 半导体材料。

GaN 光电阴极的电子扩散长度 L_D 与材料的生长工艺紧密相关，目前对 MBE 和 MOVPE 生长的 GaN 薄膜，其扩散长度 L_D 分别估计为 0.2μm 和 0.7μm[6]。

理论研究表明，GaN 材料是直接带隙半导体材料。其中纤锌矿结构的本征 GaN 材料的禁带宽度在 300K 时约为 3.39eV，价带有三个劈裂的能带，来自于自旋–轨道的相互作用和晶体的对称性，M-L 谷的高度 $E_{\mathrm{M\text{-}L}}$ 为 4.5~5.3eV，A 谷的高度 E_{A} 为 4.7~5.5eV，自旋–轨道劈裂能 E_{so} 为 0.008eV，晶体–场劈裂能 E_{cr} 为 0.04eV。闪锌矿结构的本征 GaN 材料的禁带宽度约为 3.2eV，价带也有三个劈裂的能带，L 谷的高度 E_{L} 为 4.8~5.1eV，X 谷的高度 E_{X} 为 4.6eV，自旋–轨道劈裂能 E_{so} 为 0.02eV。300K 时纤锌矿和闪锌矿结构的本征 GaN 材料的能带结构示意图分别如图 3.3 和图 3.4 所示[4]。

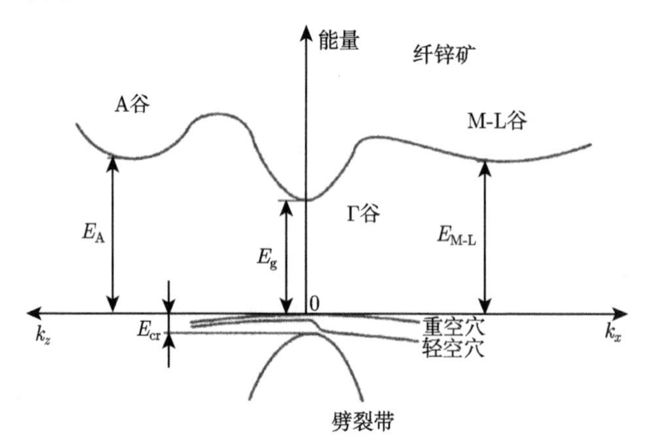

图 3.3　300K 时纤锌矿结构本征 GaN 材料的能带结构示意图

$E_{\mathrm{g}}=3.39\mathrm{eV}$，$E_{\mathrm{M\text{-}L}}=4.5\sim5.3\mathrm{eV}$，$E_{\mathrm{A}}=4.7\sim5.5\mathrm{eV}$，$E_{\mathrm{so}}=0.008\mathrm{eV}$，$E_{\mathrm{cr}}=0.04\mathrm{eV}$

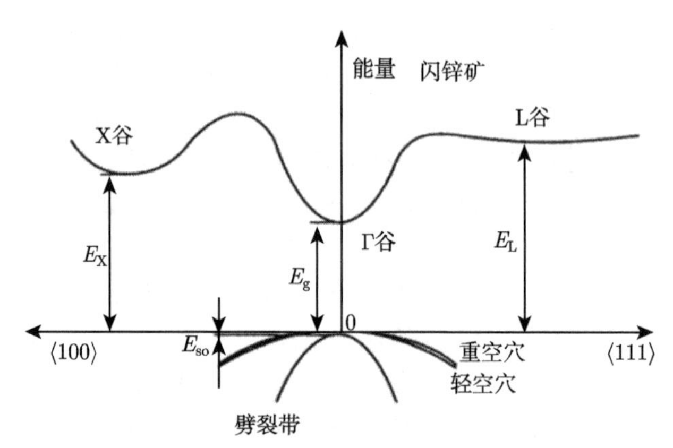

图 3.4　300K 时闪锌矿结构本征 GaN 材料的能带结构示意图

$E_{\mathrm{g}}=3.2\mathrm{eV}$，$E_{\mathrm{X}}=4.6\mathrm{eV}$，$E_{\mathrm{L}}=4.8\sim5.1\mathrm{eV}$，$E_{\mathrm{so}}=0.02\mathrm{eV}$

禁带宽度 E_{g} 是温度 T 的函数，本征 GaN 材料能带结构中禁带宽度随着温度的升高而减小，二者的关系可用下式表示[4]：

$$E_{\mathrm{g}}=E_{\mathrm{g}}(0)-7.7\times10^{-4}\times\frac{T^2}{T+600}\ (\mathrm{eV}) \tag{3.1}$$

式中，T 为温度，单位为 K；$E_g(0)$ 为一常数，与晶格结构有关，对纤锌矿和闪锌矿有所差异。图 3.5 给出了纤锌矿和闪锌矿结构的 GaN 禁带宽度与温度的关系曲线，对纤锌矿 GaN 晶体，一般认为 300K 时 E_g 为 3.39eV，常温 (293K) 时 E_g 为 3.42eV，120K 时 E_g 为 3.47eV[5]。

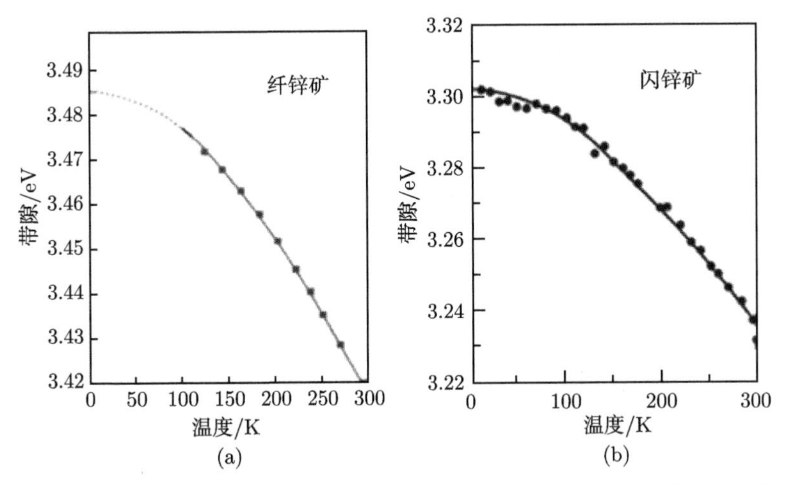

图 3.5 纤锌矿 (a) 和闪锌矿 (b) 结构的 GaN 禁带宽度与温度的关系曲线

3.1.3 GaN 本征载流子浓度

GaN 的本征载流子浓度可以表示为

$$n_i = (N_C \cdot N_V)^{\frac{1}{2}} \exp\left(-\frac{E_g}{2k_B T}\right) \tag{3.2}$$

式中，N_C 和 N_V 分别为导带和价带有效态密度。

对于纤锌矿结构，N_C 和 N_V 可分别表示为

$$\begin{aligned} N_C &\approx 4.82 \times 10^{15} \cdot \left(\frac{m_\Gamma}{m_0}\right)^{\frac{2}{3}} \cdot T^{\frac{3}{2}} \\ &\approx 4.3 \times 10^{14} \cdot T^{\frac{3}{2}}\ (\mathrm{cm}^{-3}) \end{aligned} \tag{3.3}$$

$$N_V = 8.9 \times 10^{15} \cdot T^{\frac{3}{2}}\ (\mathrm{cm}^{-3}) \tag{3.4}$$

对于闪锌矿结构，N_C 和 N_V 可分别表示为

$$\begin{aligned} N_C &\approx 4.82 \times 10^{15} \cdot \left(\frac{m_\Gamma}{m_0}\right)^{\frac{2}{3}} \cdot T^{\frac{3}{2}} \\ &\approx 2.3 \times 10^{14} \cdot T^{\frac{3}{2}}\ (\mathrm{cm}^{-3}) \end{aligned} \tag{3.5}$$

$$N_V = 8.0 \times 10^{15} \cdot T^{\frac{3}{2}}\ (\mathrm{cm}^{-3}) \tag{3.6}$$

图 3.6 给出了纤锌矿和闪锌矿结构 GaN 材料的本征载流子浓度与温度的关系[4]。

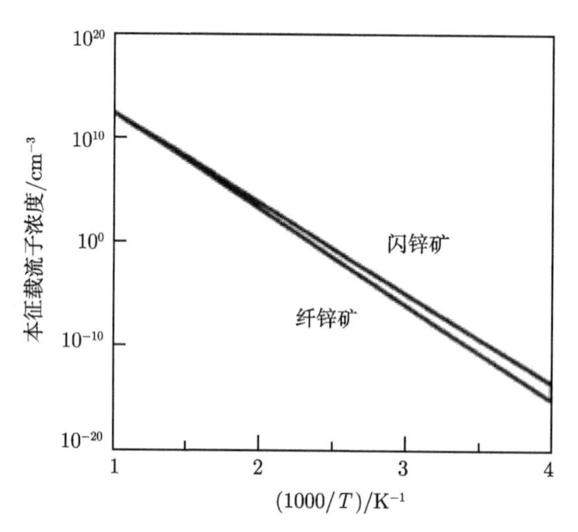

图 3.6　GaN 材料的本征载流子浓度与温度的关系

3.1.4　GaN 材料的光学特性

在 300K 时，生长在蓝宝石衬底上的纤锌矿结构 GaN 的折射率 n 与入射波长的关系曲线如图 3.7 所示[4,5,7]，由图可见，在入射波长为 300~400nm 时折射率 n 最大，400nm 以上，n 随着波长的增大而迅速减小，其红外折射率约为 2.3。

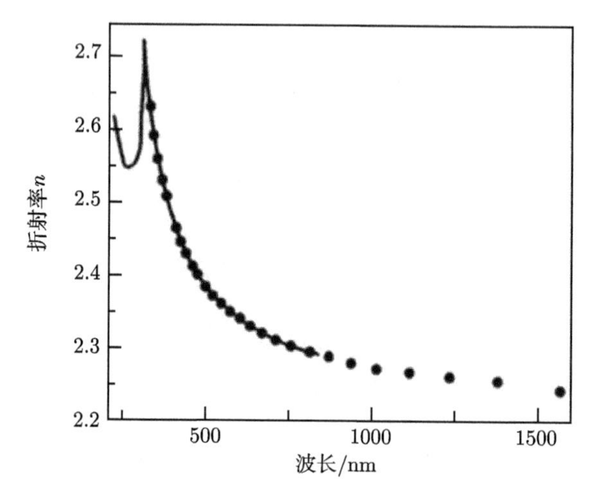

图 3.7　300K 时生长在蓝宝石衬底上的纤锌矿结构 GaN 的折射率 n 与入射波长的关系

3.2 AlGaN 晶 体

3.2.1 AlGaN 的晶格结构和主要参数

$Al_xGa_{1-x}N$ 为三元混晶半导体材料，在 GaN 制备的基础上，添加一定的 Al 组分，使部分 Al 原子替换 Ga 原子制备而成。常温常压下，GaN 材料多以纤锌矿结构存在，而 AlN 材料只有纤锌矿结构，没有闪锌矿结构，因此这里关于 $Al_xGa_{1-x}N$ 材料的研究只针对其纤锌矿结构。

纤锌矿 AlN 的结构与 GaN 相同。在 300K 时 GaN 材料和 AlN 材料的主要参数如表 3.2 所示[4,5]。由表可见，AlN 的禁带宽度大于 GaN，而由于晶格常数较小，因此单位体积内的原子数大于 GaN。另外 AlN 的熔点高于 GaN，稳定性好。300K 时纤锌矿结构的本征 GaN 材料和 AlN 材料的能带结构示意图如图 3.3 和图 3.8 所

表 3.2　300K 时纤锌矿结构 GaN 材料和 AlN 材料的主要参数

参数	纤锌矿结构 GaN	纤锌矿结构 AlN
禁带宽度/eV	3.39	6.2
$1cm^3$ 中的原子数	8.9×10^{22}	9.58×10^{22}
静态介电常量	8.9	8.5
晶格常数/nm	$a=0.3187, c=0.5186$	$a=0.3112, c=0.4982$
电子亲和势/eV	2.0	0.6
电子扩散系数/(cm^2/s)	25	7
空穴扩散系数/(cm^2/s)	9	0.3
电子迁移率/(cm^2/(V·s))	$\leqslant 1000$	300
空穴迁移率/(cm^2/(V·s))	$\leqslant 200$	14
熔点/℃	2500	2750

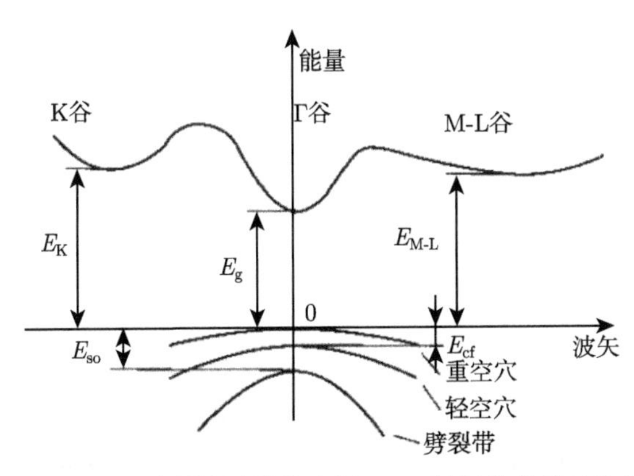

图 3.8　300K 时纤锌矿结构本征 AlN 材料的能带结构图[4]

$E_g=6.2eV$，$E_{M-L}=6.9eV$，$E_K=7.2eV$，$E_{so}=0.019eV$

示[4]。可以发现，GaN 和 AlN 都是直接带隙半导体材料。AlN 材料的价带也有三个劈裂的能带，K 谷的高度 E_{K} 为 7.2eV，M-L 谷的高度 $E_{\text{M-L}}$ 为 6.9eV，自旋–轨道劈裂能 E_{so} 为 0.019eV。$\mathrm{Al}_x\mathrm{Ga}_{1-x}\mathrm{N}$ 为三元混晶半导体材料，其晶格常数和禁带宽度由其 Al 组分决定，并服从 Vegard 定律[8]，因此，$\mathrm{Al}_x\mathrm{Ga}_{1-x}\mathrm{N}$ 材料的晶格常数介于 GaN 和 AlN 之间，且禁带宽度随 Al 组分的增加，从 3.39eV 向 6.2eV 过渡。纤锌矿结构的 $\mathrm{Al}_x\mathrm{Ga}_{1-x}\mathrm{N}$ 材料在任意组分下，均为直接带隙半导体。

3.2.2　AlGaN 结构特性

AlGaN 半导体是由 AlN 和 GaN 组成的三元混晶。与 GaN 晶体类似，常规情况下，AlGaN 同样具有纤锌矿和闪锌矿两种结构，而纤锌矿是稳定相，由一系列 Al/Ga 原子层和 N 原子层构成的双原子层堆积而成，每个原子层沿 c 轴方向规则地按 $\cdots$ABAB$\cdots$ 顺序堆叠。晶胞中每个 Al/Ga 原子处于中心位置，与其周围的四个 N 原子形成一个四面体结构，同时，以 N 原子为中心也同样构成一个四面体。

纤锌矿结构具有两个独立的晶格常数 a 和 c，其中 a 轴之间的夹角为 120°，a 与 c 之间的夹角为 90°，二者之间的理想比值为 $c/a = 1.633$。由于 AlGaN 本身是混晶结构，因此其晶格常数更复杂一些，会随着 Al 组分的变化而改变，因此，不同III族原子之间的电负性差异将直接影响 AlGaN 的 c/a 值乃至光电特性[9]。

Vegard 定律是描述 $\mathrm{Al}_x\mathrm{Ga}_{1-x}\mathrm{N}$ 混晶晶格常数的最广泛的经验公式[10]，若假设 AlN 和 GaN 的晶格常数分别为 a_0 和 c_0，则 $\mathrm{Al}_x\mathrm{Ga}_{1-x}\mathrm{N}$ 的晶格常数表示为

$$c_0(x) = c_0^{\mathrm{AlN}}(x) + c_0^{\mathrm{GaN}}(1-x) \tag{3.7}$$

$$a_0(x) = a_0^{\mathrm{AlN}}(x) + a_0^{\mathrm{GaN}}(1-x) \tag{3.8}$$

其中，AlN、GaN 的晶格常数 a_0 分别为 3.112Å、3.189 Å，c_0 分别为 4.982Å、5.185Å 。

而根据德国Walter Schottky Institut的Angerer等的实验测试结果，$\mathrm{Al}_x\mathrm{Ga}_{1-x}\mathrm{N}$ 的禁带宽度也与 Al 的含量有关[11]，给出了 AlGaN 材料禁带宽度的计算公式，如图 3.9 所示。

$$E_{\mathrm{g}}^{\mathrm{Al}_x\mathrm{Ga}_{1-x}\mathrm{N}}(x) = E_{\mathrm{g}}^{\mathrm{GaN}}(1-x) + E_{\mathrm{g}}^{\mathrm{AlN}}x - bx(1-x) \tag{3.9}$$

式中，$E_{\mathrm{g}}^{\mathrm{GaN}}$ 取 3.45eV；$E_{\mathrm{g}}^{\mathrm{AlN}}$ 取 6.13eV；x 指 Al 组分；b 为直接带隙弯曲参数，为 (1.3±0.2)eV。

图 3.9 给出了 Angerer 等测量的 Al 组分与 AlGaN 材料禁带宽度的关系，Angerer 等取直接带隙弯曲参数 b=1.3eV，用公式 (3.9) 计算的禁带宽度如图中实线所示。除直接带隙吸收系数 $\alpha=7.4\times10^4\mathrm{cm}^{-1}$ 处确定的禁带宽度 (图中以圆点表示) 外，还给出了 α^2 确定的禁带宽度 (图中以三角形表示)。

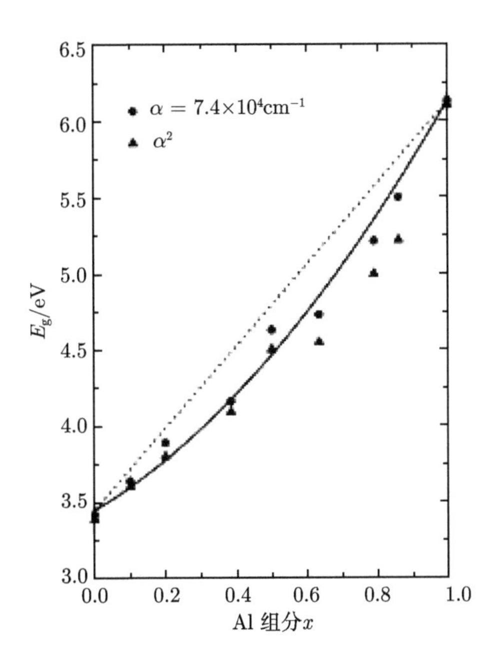

图 3.9 Angerer 等测量的 Al 组分与 AlGaN 材料禁带宽度的关系[11]

3.2.3 AlGaN 材料的光学特性

与 GaN 材料类似，我们研究 AlGaN 材料的光学特性，主要关注的仍是其光吸收系数，特别是不同 Al 含量对应的 AlGaN 材料的光吸收系数，对设计 AlGaN 光电阴极的结构尤其是发射层厚度具有指导意义。这方面目前国内还没有相关的研究结论，可依据的主要是国外同行的报道。

加州大学的 Huang 等报道了 Al 组分分别为 0、0.3 和 0.6 时的光吸收系数 (图 3.10) 以及禁带宽度的变化 (图 3.11)[12,13]。从图 3.10 和图 3.11 可以看出，不管 Al 组分多少，其吸收系数的变化趋势是一致的，而且随着组分的增加，禁带宽度也逐渐增大。而要达到日盲条件，Al 组分在 30%~40%比较合适，因 Al 组分 30%以上的材料特性对阴极结构设计具有一定意义[13]。根据 Muth 等[14] 的研究结果，如图 3.12 所示，随着 Al 组分的增加，光吸收系数呈下降趋势，相应的光吸收深度呈上升趋势，即对同样波长的入射光，低 Al 组分的 AlGaN 在浅表面吸收而高 Al 组分的 AlGaN 吸收深度较大。对某一固定 Al 组分的 AlGaN 材料来说，其曲线形状与 GaN 材料比较类似，以 Al 组分 0.38 为例，吸收系数随着入射光能量的增加而增加，对应的吸收深度逐渐减小，即高能光电子在表面产生而低能光电子在材料体内产生。

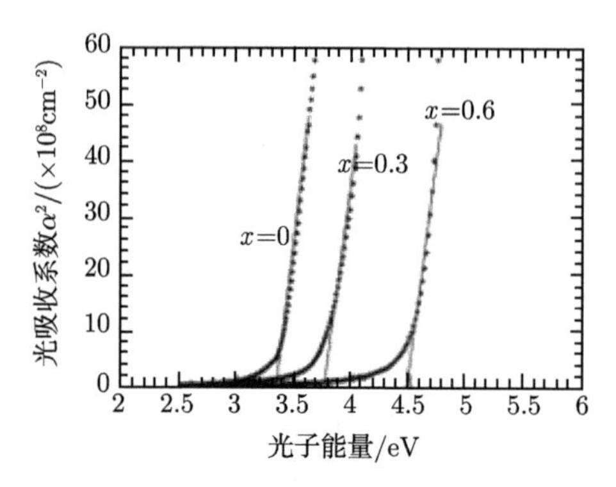

图 3.10　Al 组分为 0、0.3 和 0.6 时的光吸收系数[12]

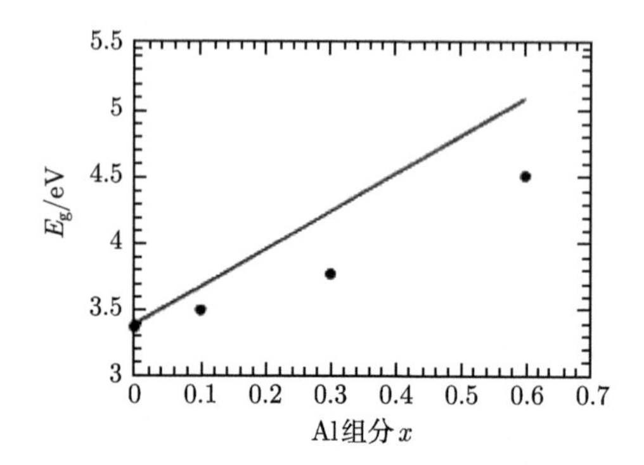

图 3.11　Al 组分为 0、0.3 和 0.6 时的禁带宽度[13]

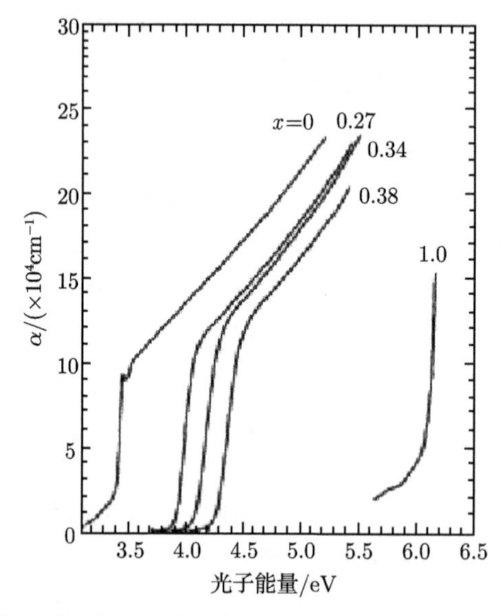

图 3.12　Muth 等通过透射式测量法测得的不同 Al 组分 AlGaN 材料的吸收系数[14]

3.2.4 AlGaN 晶体的极化效应

光电阴极的光电发射现象是一种体效应，光子在光电阴极发射层内部不断被吸收，并激发出光电子。光电子在向阴极表面扩散的过程中，会受到各种因素的影响，只有运动到阴极表面的光电子才有可能逸出到真空中，因此提高光电子向阴极表面的输运能力是提高阴极光电发射性能的关键。

纤锌矿结构 AlGaN 晶体的对称性比闪锌矿结构低，二者都属于非中心对称的晶体，晶体具有极轴[15~31]。纤锌矿结构 AlGaN 晶体的极轴平行于 c 轴方向，Al(Ga) 形成的原子面与 N 原子形成的原子面交替排列，如图 3.13 所示。在没有应力的条件下，正负电荷中心不重合，从而在沿极轴方向上会产生自发极化效应[32~43]。不同 Al 组分 AlGaN 晶体的结构参数不同，使得晶体的极化特性存在差异，在高 Al 组分的 AlGaN 中晶体的极化特性更为显著。一般来说只考虑沿着 AlN/AlGaN/GaN 晶体外延生长方向的极化特性，纤锌矿 c 轴方向的自发极化为 $P_{\rm SP}=P_{\rm SP}z$ [41]。自发极化强度为

$$P_{\rm SP}(x)=-0.052x-0.029 \tag{3.10}$$

式中，$P_{\rm SP}$ 单位是 $\rm C/m^2$；x 为 AlGaN 晶体的 Al 组分。

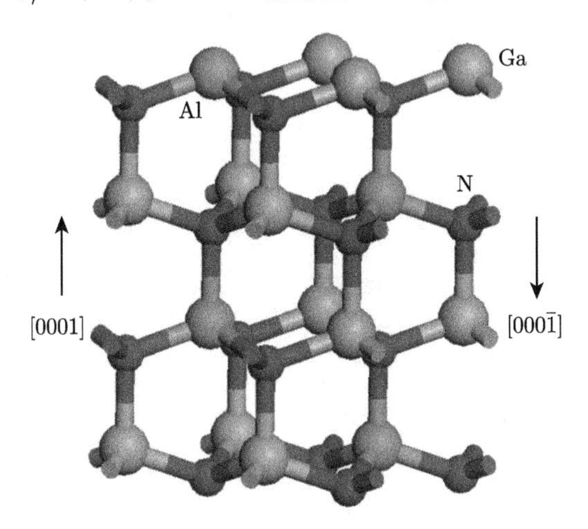

图 3.13 纤锌矿结构 AlGaN 晶体结构示意图 (彩图见封底二维码)

在外力条件下，纤锌矿结构的 AlGaN 晶体中晶格变形会导致正负电荷中心发生分离，形成偶极矩，偶极矩的相互累加导致在晶体表面出现极化电荷，表现为压电极化效应[32,41,43]。压电极化强度计算公式为

$$P_{\rm PE}=e_{33}\varepsilon_z+e_{31}(\varepsilon_x+\varepsilon_y) \tag{3.11}$$

式中，$\varepsilon_z=(c-c_0)/c_0$ 为沿 c 轴方向的应力；$\varepsilon_x=\varepsilon_y=(a-a_0)/a_0$ 为平面张力，

并假定各向同性；e_{33} 和 e_{31} 为极化系数。因此，纤锌矿 AlGaN 晶体的晶格常数关系为

$$\frac{c-c_0}{c_0}=-2\frac{C_{13}}{C_{33}}\cdot\frac{a-a_0}{a_0} \tag{3.12}$$

式中，C_{13} 和 C_{33} 为弹性系数。结合式 (3.11) 和式 (3.12)，可得到 c 轴方向上压电极化公式为

$$P_{\mathrm{PE}}=2\frac{a-a_0}{a_0}\left(e_{31}-e_{33}\frac{C_{13}}{C_{33}}\right) \tag{3.13}$$

假设随 AlGaN 晶体中 Al 组分变化，AlGaN 晶体的物理属性在 GaN 到 AlN 之间线性变化。晶格常数：

$$a(x)=(-0.077x+3.189)10^{-10}\ (\mathrm{m}) \tag{3.14}$$

弹性系数：

$$C_{13}(x)=(5x+103)\ (\mathrm{GPa}) \tag{3.15}$$

$$C_{33}(x)=(-32x+405)\ (\mathrm{GPa}) \tag{3.16}$$

极化常数：

$$e_{31}(x)=(-0.11x-0.49)\ (\mathrm{GPa}) \tag{3.17}$$

$$e_{33}(x)=(0.73x+0.73)\ (\mathrm{GPa}) \tag{3.18}$$

在 AlGaN 光电阴极结构中，阴极外延层主要由 AlN 或高 Al 组分 $\mathrm{Al}_y\mathrm{Ga}_{1-y}\mathrm{N}$ 缓冲层和低 Al 组分 $\mathrm{Al}_x\mathrm{Ga}_{1-x}\mathrm{N}$ 发射层组成，且 Al 组分 $y>x$。AlGaN 光电阴极中发射层与缓冲层的极化类型和极化方向如图 3.14 所示[41]。

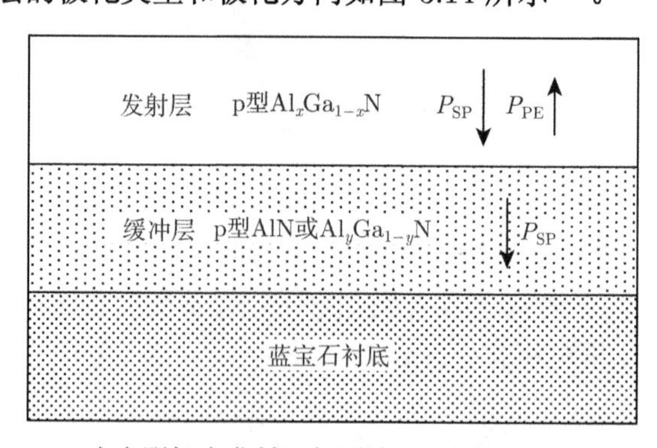

图 3.14　AlGaN 光电阴极中发射层与缓冲层的极化类型和极化方向示意图

发射层 $Al_xGa_{1-x}N$ 晶体的自发极化与压电极化方向相反，发射层与缓冲层的自发极化方向相同。在缓冲层与发射层之间的界面处产生的极化面电荷密度计算公式为

$$\begin{aligned}\sigma &= P(Al_xGa_{1-x}N) - P(Al_yGa_{1-y}N) \\ &= \{P_{SP}(Al_xGa_{1-x}N) + P_{PE}(Al_xGa_{1-x}N)\} \\ &\quad -\{P_{SP}(Al_yGa_{1-y}N) + P_{PE}(Al_yGa_{1-y}N)\}\end{aligned} \tag{3.19}$$

将式 (3.11) 和式 (3.13) 代入式 (3.19) 可得

$$|\sigma| = \left|P_{SP}^{Al_xGa_{1-x}N} + P_{PE}^{Al_xGa_{1-x}N} - P_{SP}^{Al_yGa_{1-y}N}\right| \tag{3.20}$$

根据图 3.14 所示的 AlGaN 光电阴极的结构以及式 (3.20)，对发射层和缓冲层之间的极化面电荷密度进行仿真。图 3.15 为阴极发射层 Al 组分不变而缓冲层 Al 组分变化时，界面处的极化面电荷密度。结果显示，界面处自发极化强度大于压电极化强度，且极化电荷均为空穴。随缓冲层 Al 组分增加，界面处的极化面电荷密度也相应地增加。当发射层 Al 组分为 0.27 以及缓冲层为 AlN 时，界面处压电极化面电荷密度为 $2.75\times10^{-6}C/cm^2$，自发极化面电荷密度为 $3.90\times10^{-6}C/cm^2$，总极化面电荷密度达到 $6.65\times10^{-6}C/cm^2$。缓冲层 $Al_yGa_{1-y}N$ 晶体的 Al 组分相同时，界面处极化面电荷密度随发射层 $Al_xGa_{1-x}N$ 晶体的 Al 组分升高而降低。当缓冲层为 AlN 晶体以及发射层 $Al_xGa_{1-x}N$ 晶体的 Al 组分分别为 0.38 和 0.5 时，界面处极化面电荷密度分别降为 $5.48\times10^{-6}C/cm^2$ 和 $4.66\times10^{-6}C/cm^2$。

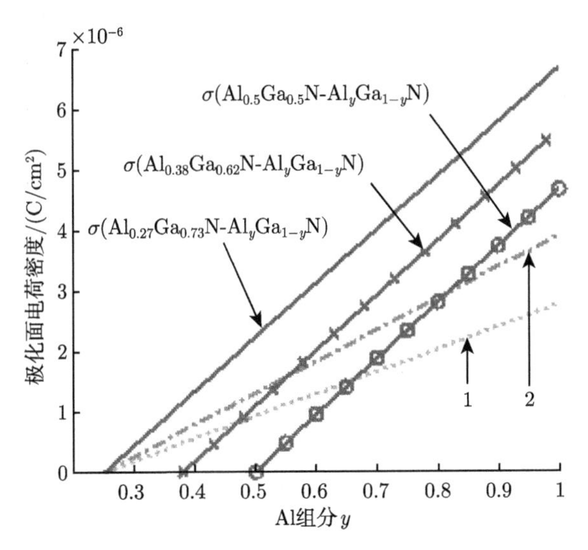

图 3.15 阴极发射层 Al 组分不变而缓冲层 Al 组分变化时，界面处的极化面电荷密度

曲线 1 为发射层 $Al_xGa_{1-x}N$ 晶体的 Al 组分为 0.27 时界面处的压电极化面电荷密度，曲线 2 为发射层 $Al_xGa_{1-x}N$ 晶体的 Al 组分为 0.27 时界面处的自发极化面电荷密度

另外，采用上述同样的方法仿真了阴极缓冲层 Al 组分不变而发射层 Al 组分变化时，界面处的极化面电荷密度，结果如图 3.16 所示。

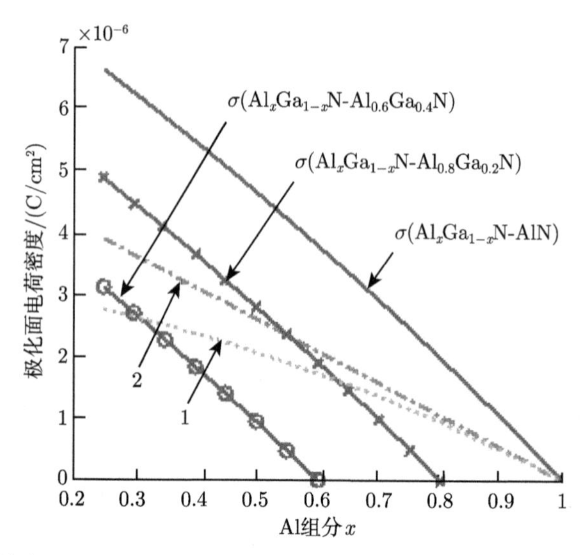

图 3.16　阴极缓冲层 Al 组分不变而发射层 Al 组分变化时，界面处的极化面电荷密度

曲线 1 为缓冲层为 AlN 时压电极化面电荷密度，曲线 2 为缓冲层为 AlN 时自发极化面电荷密度

在 AlGaN 光电阴极的发射层和缓冲层界面处极化出大量的空穴，而且极化电荷主要集中在界面处的发射层内，空穴面密度达到 10^{13}cm^{-2} 数量级以上。在界面处发射层内的极化电荷分布可通过二维空穴基态波函数反映出来[18]，变分法求二维空穴基态波函数公式为

$$\varphi(z)\left(\frac{3b^3}{2}\right)^{\frac{1}{2}} z\exp\left(-\frac{1}{2}(bz)^{\frac{3}{2}}\right) \tag{3.21}$$

式中，变分系数为

$$b=\left(\frac{48\pi me^2}{\varepsilon_r\varepsilon_0\hbar}\left(\frac{\sigma}{e}+\frac{11}{32}n_s\right)\right) \tag{3.22}$$

式中，z 为晶体中某点距界面的距离；m 为空穴有效质量；e 为电子电量；ε_r 为相对介电常数；ε_0 为真空介电常数；$\hbar$ 为修正普朗克常量；n_s 为极化面电荷密度。

变分法求得的二维空穴气基态波函数如图 3.17 所示，极化电荷主要分布在发射层内靠近界面 0.2~1.5nm 范围内，界面附近空穴的峰值密度已超过 10^{19}cm^{-3} 数量级[40]，远大于 p 型掺杂 AlGaN 晶体的载流子浓度。随着发射层与缓冲层晶体 Al 组分差值减小，界面处的极化电荷总量减小，相应地极化电荷的峰值密度逐渐减小，分布区域逐渐变宽。

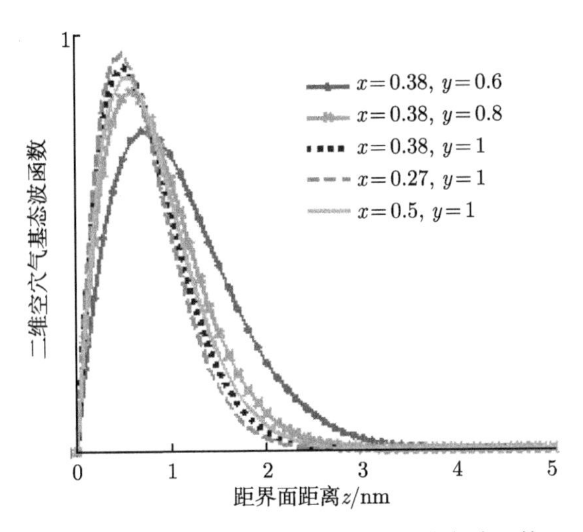

图 3.17 变分法求得的二维空穴气基态波函数

x 为发射层 Al 组分，y 为缓冲层 Al 组分

3.2.5 AlGaN 晶体极化效应对阴极迁移率的影响

在体电子的低速场模型中，影响晶体迁移率的主要因素是掺杂浓度和温度，但是在 AlGaN 光电阴极缓冲层与发射层之间界面处极化出的大量电荷，使晶体的载流子浓度在较短范围内急剧增加，所以 AlGaN 晶体的极化效应也会影响阴极光电子在界面附近的迁移率。压电散射所限制的迁移率 μ_{PE} 与压电散射公式分别为[41,42]

$$\mu_{\mathrm{PE}} = e\tau_{\mathrm{PE}}/m^* \tag{3.23}$$

$$\frac{1}{\tau_{\mathrm{PE}}} = \frac{e^2M^2k_{\mathrm{B}}Tm^*}{4\pi\varepsilon_0\varepsilon_{\mathrm{s}}\hbar^3k_{\mathrm{F}}^3}\int_0^{2k_{\mathrm{F}}}\frac{F(k)k^3}{[k+k_{\mathrm{TF}}F(k)]^2\sqrt{1-[k/(2k_{\mathrm{F}})]^2}}\mathrm{d}k \tag{3.24}$$

式中，M 为机电耦合系数；k_{B} 为玻尔兹曼常量；T 为热力学温度；m^* 为相对空穴质量；k_{F} 为费米波矢；k_{TF} 为屏蔽长度；$F(k)$ 为 Fang-Howard 变分波函数形式因子。假定散射主要发生在费米面附近，则散射初态和终态的波矢满足

$$k = 2k_{\mathrm{F}}\sin(\theta/2), \quad k_{\mathrm{F}} = \sqrt{2\pi n_{\mathrm{s}}} \tag{3.25}$$

$$F(k) = \eta^3 = [b/(b+k)]^3 \tag{3.26}$$

利用式 (3.23) 和式 (3.24) 对 AlGaN 光电阴极发射层和缓冲层之间界面处极化电荷区迁移率进行仿真，仿真结果如图 3.18 所示，其中缓冲层 Al 组分分别为 0.8 和 1。因此当缓冲层的 Al 组分一定时，随阴极发射层 Al 组分升高，发射层和缓冲层界面处的极化电荷逐渐减少，相应地该区域的电子迁移率逐渐下降。所以极化效

应可以提高界面附近电子的迁移率，促进该区域的电子向阴极表面扩散。界面处极化出的电荷越多，越有利于该区域内的电子向阴极表面扩散。所以适当地提高发射层和缓冲层晶体 Al 组分之间的差值，有利于提高光电子向阴极表面的输运能力。

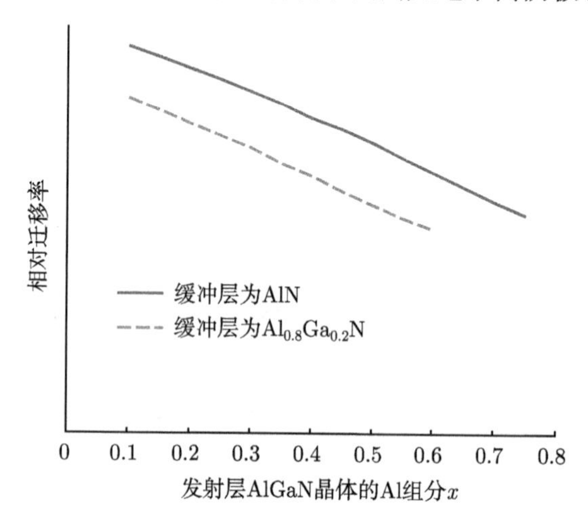

图 3.18 压电散射对 AlGaN 光电阴极发射层和缓冲层之间界面处极化电荷区迁移率的影响

虽然界面处的极化效应有利于该处的电子向阴极表面输运，但是并不是极化电荷密度越大越好。极化电荷密度越大，相对应的发射层和缓冲层晶体的 Al 组分差值就越大，此时界面处晶体的质量就会变差，产生大量的失配位错、堆垛层错和反向边界等缺陷，增加界面的粗糙度，加大对光电子能量的散射，影响光电子向阴极表面的输运能力。界面粗糙度散射公式为[41,42]

$$\frac{1}{\tau_{\mathrm{IFR}}}=\frac{\Delta^2L^2e^4m^*}{2(\varepsilon_0\varepsilon_{\mathrm{s}})^2\hbar^3}\left(\frac{1}{2}n_{\mathrm{s}}\right)^2\int_0^1\frac{u^4\exp(-k_{\mathrm{F}}^2L^2u^2)}{[u+G(k)k_{\mathrm{TF}}/2k_{\mathrm{F}}]\sqrt{1-u^2}}\mathrm{d}u \tag{3.27}$$

式中，Δ 为均方根粗糙度；L 为相关长度；积分量 $u=k/(2k_{\mathrm{F}})$；$G(k)=(2\eta^3+3\eta^2+3\eta)/8$，$\eta=[b/(b+k)]^3$。

利用式 (3.27) 对 AlGaN 光电阴极发射层与缓冲层之间界面粗糙度散射相对强度进行仿真，其中缓冲层的 Al 组分分别为 0.8 和 1，如图 3.19 所示。缓冲层 Al 组分一定时，随发射层 Al 组分增加，阴极的界面粗糙度散射强度不断降低，而且降低速率逐渐增加，直至发射层与缓冲层晶体有相同 Al 组分时，界面粗糙度散射强度降为 0。同时缓冲层 Al 组分降低也会减小界面粗糙度散射强度。

在低温条件下 (77K)，发射层与缓冲层晶体之间的 Al 组分差值较大时，极化电荷区的电子迁移率主要由合金无序散射和界面粗糙度散射决定。在常温条件下时，界面粗糙度散射是影响该区域电子迁移率的重要因素之一[41]。根据上述压电散射对极化电荷区电子迁移率影响的分析，可知增加发射层与缓冲层晶体之间的

Al 组分差值可以提高极化电荷区的电子迁移率，能够促进光电子向阴极表面扩散。但是增加发射层与缓冲层晶体之间的 Al 组分差值会增加界面粗糙度散射，不利于光电子穿越异质结界面。所以只有选择合适的 Al 组分差值才可以保证阴极后界面附近低 Al 组分晶体具有良好的电子迁移率，促进光电子穿越 AlGaN 异质结界面向阴极表面扩散，进而提高光电阴极体内光电子的输运能力。

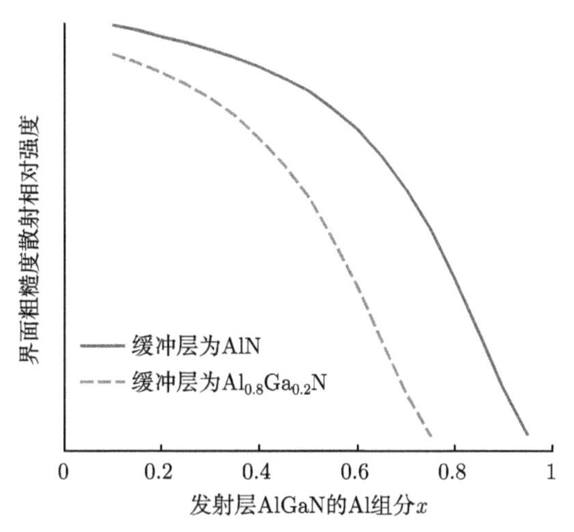

图 3.19 AlGaN 光电阴极发射层与缓冲层之间界面粗糙度散射相对强度

3.2.6 电子扩散长度对 AlGaN 光电阴极量子效率的影响

电子扩散长度是影响 AlGaN 光电阴极性能的重要性能参数，电子扩散长度与阴极材料的生长质量有关系，也受发射层 $Al_xGa_{1-x}N$ 晶体迁移率的影响[43~47]。电子扩散长度与电子迁移率之间的关系为

$$L_D = \sqrt{D_n \tau} \tag{3.28}$$

$$D_n = k_B T \mu / q \tag{3.29}$$

使用赵静提供的均匀掺杂量子效率公式[48]，对电子扩散长度分别为 90nm、120nm、150nm 以及无穷大的 AlGaN 光电阴极的量子效率进行仿真，阴极发射层厚度为 100nm，仿真结果如图 3.20 所示。在阴极的响应范围内，对于同一能量的光子，随着电子扩散长度增加，阴极量子效率逐渐增加，但是阴极的量子效率并非无限增长，当阴极的电子扩散长度达到一定数值后，阴极的量子效率就不再增长。虽然仿真过程假设了电子扩散长度为无穷大，但是光电子在发射层内输运的过程中仍受后界面复合速率等因素的影响。

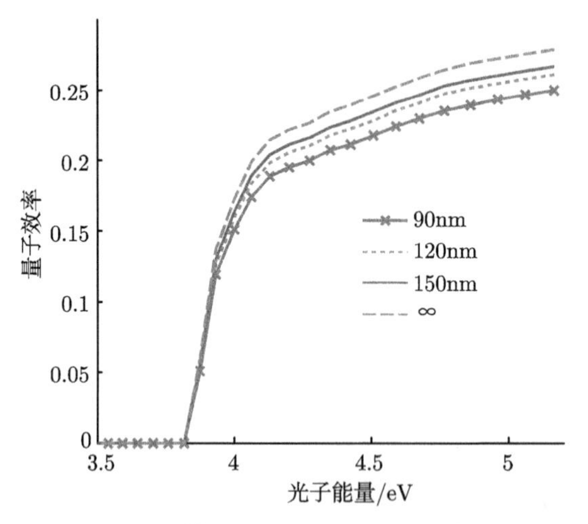

图 3.20　不同电子扩散长度的 AlGaN 光电阴极量子效率曲线

3.2.7　后界面复合速率对 AlGaN 光电阴极量子效率的影响

后界面复合速率主要影响在阴极后界面附近激发的光电子的扩散运动，与后界面处晶体的生长质量有关系[49]。阴极晶体生长质量越差，后界面处的缺陷就越多，光电子在后界面处被电子复合中心捕获的几率就越大，因此，后界面晶体缺陷密度对 AlGaN 光电阴极量子效率的影响主要为吸收系数较小的低能光子。使用赵静提供的均匀掺杂量子效率公式[48] 对后界面复合速率为 10^5cm/s、10^6cm/s 和 10^7cm/s 的 AlGaN 光电阴极的量子效率进行仿真，阴极发射层厚度为 100nm，Al 组分为 0.27，仿真结果如图 3.21 所示。从图中可以看出，后界面复合速率为 10^7cm/s 时，

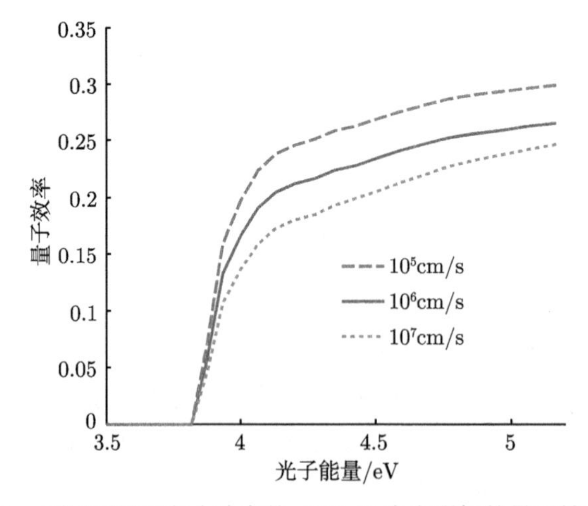

图 3.21　不同后界面复合速率的 AlGaN 光电阴极的量子效率曲线

阴极对低能光子的响应性能较低。当后界面复合速率降低至 10^6cm/s 时，阴极的量子效率明显增长，尤其是对低能光子的响应。当后界面复合速率再降低至 10^5cm/s 时，阴极的量子效率进一步升高。因此，优化阴极发射层 $Al_xGa_{1-x}N$ 晶体的设计结构，提高 AlGaN 晶体的外延生长质量，降低阴极后界面处的晶体缺陷，可有效地提升 AlGaN 光电阴极的量子效率。

3.2.8 AlGaN 晶体异质结构对电子输运的影响

1. AlGaN 晶体异质结能带结构

晶体的能带结构对分析异质结附近的电荷输运有重要的作用，异质结的能带结构取决于构成异质结材料的电子亲和势、功函数和禁带宽度[50~52]。其中电子亲和势和禁带宽度是由材料自身的性质决定的，而功函数不仅与材料自身性质有关，还与掺杂浓度有关。AlGaN 晶体异质结两侧的空间电荷区的宽度随异质结的厚度变化而变化，当发射层厚度较小时，异质结空间电荷区的宽度就等于阴极发射层的厚度。

AlGaN 晶体的 Al 组分影响着晶体的禁带宽度，设缓冲层晶体的 Al 组分为 y，阴极发射层晶体的 Al 组分为 x，且 $y > x$，即 $E_g(Al_yGa_{1-y}N) > E_g(Al_xGa_{1-x}N)$。随 Al 组分增加，晶体的电子亲和势近似线性减小，如图 3.22 所示，由 GaN 的 3.25eV 降低为 AlN 的 0.3eV，因此 $\chi(Al_yGa_{1-y}N) < \chi(Al_xGa_{1-x}N)$。而且 AlGaN 晶体的电子亲和势与禁带宽度之和的关系为 $\chi(Al_yGa_{1-y}N) + E_g(Al_xGa_{1-x}N) > \chi(Al_xGa_{1-x}N) + E_g(Al_xGa_{1-x}N)$ [4,52~55]。

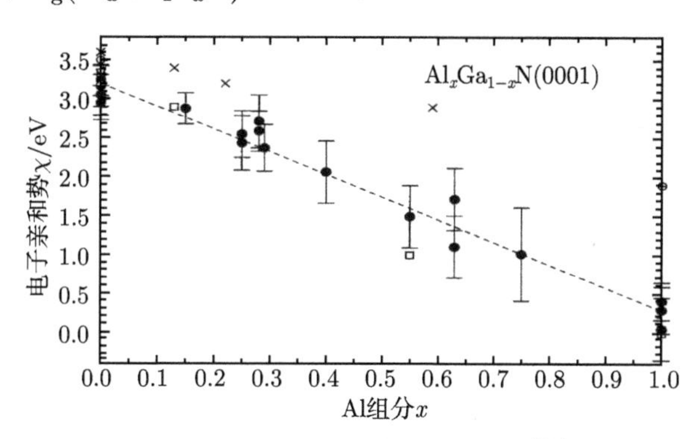

图 3.22 AlGaN 晶体电子亲和势[55]

AlGaN 晶体的功函数与禁带宽度 E_g 关系为

$$E_g + \chi = \phi + E_F - E_V \tag{3.30}$$

$$E_F - E_V = -kT\ln\left(\frac{N}{N_V}\right) \tag{3.31}$$

式中，ϕ 为功函数；N 为掺杂浓度；N_V 为价带有效态密度；χ 为电子亲和势。

取阴极发射层与缓冲层晶体的 p 型掺杂浓度为 10^{16}cm^{-3}，通过式 (3.30) 和式 (3.31) 可以得出 AlGaN 晶体功函数的关系，即 $\phi(\text{Al}_y\text{Ga}_{1-y}\text{N}) > \phi(\text{Al}_x\text{Ga}_{1-x}\text{N})$。所以根据以上电子亲和势、功函数以及电子亲和势与禁带宽度之和的关系可以确定 p-p 型 AlGaN 晶体的异质结能带结构图模型[50]，如图 3.23 所示。在 AlGaN 异质结界面附近形成了由低 Al 组分晶体一侧指向高 Al 组分晶体方向的内建电场，所以界面处高 Al 组分 $\text{Al}_y\text{Ga}_{1-y}\text{N}$ 晶体中的能带向下弯曲，而低 Al 组分 $\text{Al}_x\text{Ga}_{1-x}\text{N}$ 晶体中的能带向上弯曲，有利于光电子从 $\text{Al}_y\text{Ga}_{1-y}\text{N}$ 晶体扩散至 $\text{Al}_x\text{Ga}_{1-x}\text{N}$ 晶体。异质结两侧 AlGaN 晶体的 Al 组分相差越大，界面附近能带的弯曲量越大。

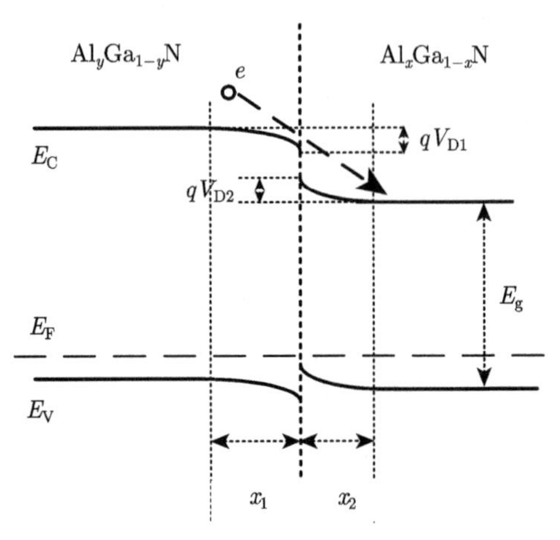

图 3.23　p-p 型 AlGaN 晶体的异质结能带结构图模型

虽然随 AlGaN 光电阴极材料发射层与缓冲层之间 Al 组分差值逐渐增大，可以增大阴极界面附近发射层一侧的能带弯曲度，但是在 AlGaN 异质结界面处的极化效应也相应地增强，界面附近极化空穴面密度超过 10^{13}cm^{-2} 数量级，空穴体密度峰值超过 10^{19}cm^{-3} 数量级，远大于 p 型掺杂 AlGaN 晶体的载流子浓度，因此极化电荷对界面处发射层 $\text{Al}_x\text{Ga}_{1-x}\text{N}$ 晶体一侧的能带弯曲量同样有很大的影响，如图 3.24 所示为缓冲层 $\text{Al}_y\text{Ga}_{1-y}\text{N}$ 晶体 Al 组分分别为 0.2、0.3 和 0.5，发射层为 GaN 时，极化效应对阴极发射层价带能级的影响[32]。随缓冲层 $\text{Al}_y\text{Ga}_{1-y}\text{N}$ 晶体 Al 组分的增加，界面处极化电荷密度逐渐增大，GaN 晶体价带能级的弯曲度不断变大，在界面附近约 1.5nm 的范围内形成较强的内建电场。因此，从能带结构上分析，极化效应可以促进阴极体内的光电子向阴极表面方向扩散，有利于提高阴极体内的电子输运性能，这一结果与压电效应可以提高阴极界面附近的迁移率这一结论相吻合。

综合压电散射、界面粗糙度散射和晶体异质结能带结构对电子输运的影响，可知当异质结两侧 AlGaN 晶体的 Al 组分差值小于 0.2 时，后界面处可拥有较低的散射强度，同时异质结内建电场可促进光电子从高 Al 组分的 AlGaN 晶体一侧穿过界面输运到低 Al 组分一侧，能够有效提高 AlGaN 光电阴极的光电发射性能。

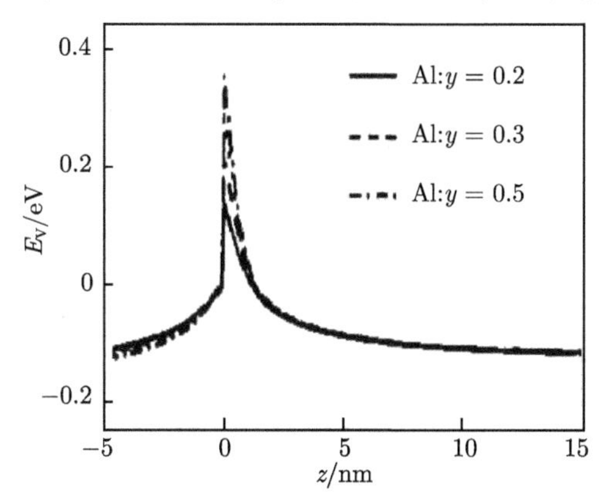

图 3.24 极化效应对 AlGaN 光电阴极发射层价带能级的影响[32]

2. 内建电场对 AlGaN 光电阴极量子效率的影响

AlGaN 光电阴极发射层中存在异质结内建电场，在内建电场的作用下，光电子产生朝阴极表面的漂移运动，增加光电子的扩散长度。缓冲层与发射层晶体 Al 组分的差值越大，发射层中内建电场强度就越大。使用文献 [56] 提供的公式对 Al 组分为 0.27 的 AlGaN 光电阴极量子效率进行仿真，阴极发射层厚度为 100nm，假设阴极发射层内的电场强度分布均匀且电场恒定，分别为 0V/cm、1000V/cm、2000V/cm 和 3000V/cm，如图 3.25 所示，随发射层内建电场强度增强，阴极的量子效率逐渐增大。进一步从理论上证明了通过调整 AlGaN 光电阴极材料中发射层的 Al 组分和厚度，提高发射层内建电场的强度是提高 AlGaN 光电阴极量子效率的有效途径。

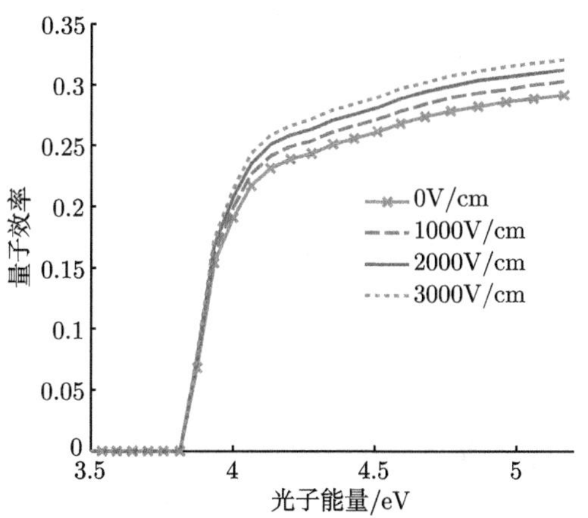

图 3.25 内建电场作用下 AlGaN 光电阴极的量子效率曲线

3.3 纤锌矿结构 GaN 基 (0001) 光电发射材料生长

3.3.1 衬底及缓冲层的选取

衬底应尽量选用同一种材料，其晶格失配小、热膨胀系数低，但由于 GaN 基材料具有极高的熔点和非常大的氮气饱和蒸气压，难以获得大面积、高质量的 GaN 衬底，只能采用存在晶格失配和热膨胀系数失配较小的异质衬底进行外延生长。GaN 常用的衬底材料有蓝宝石 (Al_2O_3)、SiC、AlN、ZnO、Si 和 GaAs 等，这些衬底材料的优缺点如表 3.3 所示[57]。

表 3.3 不同衬底材料生长 GaN 的优缺点

衬底材料	优点	缺点
蓝宝石 (Al_2O_3)	具有与纤锌矿结构相同的六方对称性，制备工艺成熟，价格适当，易于清洗和处理，高温稳定性好，可大尺寸稳定生产	本身不导电，不能制作电极，散热性差，解理困难，晶格常数与 GaN 相差 16%，热膨胀系数与 GaN 材料相差较大
SiC	本身具有蓝光发光特性，电阻率低，可以制作电极，晶格常数和材料热膨胀系数与 GaN 更为接近，易解理	价格昂贵
AlN	与 GaN 材料属于同一材料体系，晶格失配只有 2%，热膨胀系数相近	目前获得的 AlN 单晶材料尺寸太小，只能作缓冲层使用
ZnO	与 GaN 材料晶格失配小，易被酸刻蚀，在其上生长的 GaN 材料易实现和衬底分离	目前对性能的研究尚不充分
Si	价格便宜，易解理，优良的 n 型及 p 型电导，高热导率，易获得大尺寸材料，有可能实现 GaN 器件与 Si 电路的混合光电集成	与 GaN 的晶格匹配系数 (16.9%) 和热匹配系数 (54%) 大，易引起薄膜开裂，位错密度大，表面形貌不平整

异质外延会导致外延层高密度位错，影响外延层生长质量，理论和实验表明，采用 GaN 作衬底，同质外延器件结构，器件性能得到大幅度提高，因此制造 GaN 衬底成为研究热点。目前主要采用的方法是利用 HVPE 技术在蓝宝石或其他材料衬底上，快速生长成厚 GaN 膜 (大于 300μm)，然后采用机械抛光或激光技术剥离掉衬底，形成 GaN 准衬底，HVPE 法外延 GaN 层的位错密度随外延层厚度的增加而减少，因此只要 GaN 膜厚度达到一定值，晶体质量就能得到提高，一些研究机构采用这种衬底已制备出高性能的激光二极管和紫外发光二极管。

为了减少半导体的晶格失陪等缺陷，在生长 GaN 材料之前，通常要生长一层与 GaN 结构相似的晶体作为缓冲层。在缓冲层的选择上，除了需要考虑晶格匹配的问题，还要求缓冲层对紫外光具有较好的透过率，这样在透射式 GaN 光电阴极工作过程中可以保证有效的紫外光穿透缓冲层到达发射层。为了使缓冲层能起到光电子反射的作用，应选取禁带宽度大于 GaN 的材料，这样在缓冲层–发射层界面处形成的能带弯曲有利于光电子向发射表面方向运动，起到了电子反射镜的作用。综合以上这些方面，目前一般采用 AlN、$Al_xGa_{1-x}N$ 或 GaN 作为缓冲层材料。

3.3.2 GaN 材料的生长技术

GaN 材料的生长是在高温下，通过 TMGa(三甲基镓) 分解出的 Ga 与 NH_3 的化学反应实现的，其可逆的反应方程式为

$$Ga + NH_3 = GaN + 3/2H_2 \tag{3.32}$$

生长 GaN 需要一定的生长温度，且需要一定的 NH_3 分压。为了抑制 TMGa 和 NH_3 之间的反应，可以在进入反应室前才混合。目前制备 GaN 外延生长的主要方法是 MOCVD、MBE 和 HVPE 三种，而 MOCVD 是使用最多、材料和器件质量最高的生长方法，HVPE 只是 MBE 和 MOVCD 的辅助方法。表 3.4 列出了利用这三种方法生长 GaN 的生长过程、影响生长质量的因素以及优缺点。

3.3.3 $Al_xGa_{1-x}N$ 材料生长

随着晶体外延生长技术的发展，GaN 基晶体的生长技术与生长工艺获得了突破，目前最常用的 $Al_xGa_{1-x}N$ 晶体生长技术有 MOCVD、MBE 和 HVPE 等[55~65]。MBE 技术是将构成半导体的各种元素以分子束的形式沉积在加热的晶体衬底表面形成外延层，目前氮化物异质外延生长中，N 源主要采用 RF 等离子体氮源，利用 RF 等离子体激发 N_2 产生 N 原子束；III族源大多采用单质源，通过热蒸发产生III族原子束；HVPE 是利用气态的氯化镓 (GaCl) 与氨气 (NH_3) 反应生长 GaN。而 MOCVD 技术则是目前使用最多的 GaN 基半导体外延技术，它采用三甲基镓 (TMGa)、三甲基铝 (TMAl)、二乙基环戊二烯基镁 (CF_2Mg) 和氨气 (NH_3) 作为原材料，在载气 (N_2 或 H_2) 携带下输运到衬底表面，在衬底表面热分解即可制备得到 $Al_xGa_{1-x}N$ 晶体薄膜[66~68]。

衬底材料的选择是材料外延生长的重要环节，好的衬底材料应与外延薄膜的晶格失配和热失配系数小，化学稳定性好，且衬底的尺寸大，生产成本较低。目前 GaN 与 $Al_xGa_{1-x}N$ 材料外延最常用的衬底材料有蓝宝石 (Al_2O_3)、SiC、Si、GaN、AlN 和 ZnO。使用较多的是蓝宝石衬底，它具有与 $Al_xGa_{1-x}N$ 晶体相同的纤锌矿结构，与 $Al_xGa_{1-x}N$ 的外延关系为 $Al_xGa_{1-x}N(0001)$//蓝宝石 (0001) 和 $Al_xGa_{1-x}N(11\bar{2}0)$//蓝宝石 $(1\bar{1}02)$，因此以蓝宝石为衬底，不仅可以制备极性表面的 $Al_xGa_{1-x}N$ 晶体，也可制备非极性表面的 $Al_xGa_{1-x}N$ 晶体。蓝宝石衬底价格要比 SiC 衬底便宜得多，衬底的质量好；且可以获得大尺寸。蓝宝石衬底的缺点在于其不导电，且与 $Al_xGa_{1-x}N$ 晶体的晶格失配大，因此利用蓝宝石衬底进行外延生长 $Al_xGa_{1-x}N$，需生长 AlN 缓冲层[69~82]。

表 3.4　三种方法生长 GaN 的生长过程、影响生长质量的因素以及优缺点

方法	外延过程	影响生长质量的因素	优点	缺点
MOCVD	含外延膜成分的气体被气相输运到加热的衬底或外延表面上，通过气体分子热分解、扩散及在衬底或外延表面上的化学反应构成外延膜的原子沉积在衬底或外延膜上，并按一定晶体结构排列形成薄膜	有机金属源、污染、泄漏	可用激光监测系统实时监测表面状况，能大批量生产光电子产品 (LED 和 LD)	C 污染、In 问题、Ga 问题、原材料消耗大
MBE	在真空中，构成外延膜的一种或多种原子，以原子束或分子束形式像流星雨般落到衬底或外延面上，一部分经过物理–化学过程，在该面上按一定结构有序排列，形成晶体薄膜	真空系统、真空源	生产反应过程简单，生长温度低，有利于 GaN 的亚稳态生长，利于制造激光器	价高、生长速度慢、成本问题、不能满足大规模生产的要求
HVPE	HCl 在金属 Ga 上流过，形成 GaCl 蒸气；GaCl 在衬底或外延面上与 NH_3 反应，沉积形成 GaN	气体、泄漏、反应室材料	生长速度快、制造成本低、生长膜厚、可避免 C 污染	很难精确控制膜厚，反应气体对设备有腐蚀性，难以制作 AlGaN 或其他异质结

3.3.4 p 型 $Al_xGa_{1-x}N$ 材料制备

原位生长的 $Al_xGa_{1-x}N$ 晶体的导电类型为 n 型，用 Si 原子进行掺杂，很容易得到高浓度的 n 型 $Al_xGa_{1-x}N$ 材料，然而 p 型 $Al_xGa_{1-x}N$ 材料的制备却困难得多，而且随着 Al 组分的增加，材料带隙加大，获得高载流子浓度的 p 型 $Al_xGa_{1-x}N$ 晶体更加困难[63~85]。目前，Mg 是制备 p 型 $Al_xGa_{1-x}N$ 晶体最常用的掺杂原子。然而其在 $Al_xGa_{1-x}N$ 中的电离能很高，极大地影响了它的离化效率。且在晶体生长过程中，需使用氢气作为 Ga 源、Al 源和 Mg 源的载气，将不可避免地在材料中引入 H 原子，H 原子在 $Al_xGa_{1-x}N$ 中作为施主杂质存在，其与 Mg 原子结合形成 Mg-H 结合体，可以将 Mg 原子钝化，使其失去受主杂质特性[86]。针对 Mg-H 结合体，可以利用 LEEBI 的方法对生长好的 GaN 样品进行处理，获得了较高载流子浓度的 p 型 GaN。其工作原理是经过低能电子束的照射后 GaN 材料中将会产生大量的电子与空穴对，这些电子和空穴聚集于 Mg-H 复合体的附近，电子将会和呈正电性的氢离子中和，产生中性的 H 原子。因而 H 原子摆脱 Mg 原子的束缚，Mg-H 复合体被破坏[87,88]。另一种广泛使用的掺杂方法是快速热退火 (RTA)，将生长好的 Mg 掺杂的 GaN 样品在氮气气氛中进行退火处理 20min，温度设置为 700~1000°C。其原理是 Mg-H 复合体在退火时会发生热分解，分解后的 H 原子有一部分会与氮气发生反应被带出 GaN 材料。温度越高 Mg-H 复合体的分解越充分，H 原子逸出的概率也变大[74]。但是高的退火温度同样会引起 GaN 外延层的分解，从而形成具有 n 型导电特性的氮空位缺陷，并且受主 Mg 也会有一部分逸出。因此，退火的温度不能过高。

参 考 文 献

[1] 朱建国, 郑文琛, 郑家贵, 等. 固体物理学. 北京: 科学出版社, 2005

[2] 陈光华, 邓金祥, 等. 新型电子薄膜材料. 北京: 化学工业出版社, 2002

[3] 薛增泉, 吴全德. 电子发射与电子能谱. 北京: 北京大学出版社, 1993

[4] Levinshtein M E, Rumyantsev S L, Shur M S. 先进半导体材料性能与数据手册. 杨树人, 殷景志, 译. 北京: 化学工业出版社, 2003

[5] 虞丽生. 半导体异质结物理. 北京: 科学出版社, 2007

[6] Ulmer M P, Wessels B W, Han B, et al. Advances in wide-band-gap semiconductor based photocathode devices for low light level applications.Proceedings of SPIE, 2003, 5164: 144-154

[7] 沈学础. 半导体光谱和光学性质. 北京: 科学出版社, 2006

[8] Nahory R E, Pollack M A, Johnston W D. Band gap versus composition and demonstration of Vegard's law for $In_{1-x}Ga_xAs_yP_{1-y}$ lattice matched to InP. Applied Physics Letters, 1978, 33: 659

[9] 姜伟. AlGaN 结构材料光学各向异性及非线性光学性质调控. 厦门: 厦门大学, 2013
[10] Vegard L. Die Konstitution der Mischkristalle und die Raumfüllung der Atome. Zeit. f. Physik., 1921, 5: 17-26
[11] Angerer H, Brunner D, Freudenberg F, et al. Determination of the Al mole fraction and the band gap bowing of epitaxial $Al_xGa_{1-x}N$ films. Appl. Phys. Lett., 1997, 71(11): 1504-1506
[12] Huang T F, Harris J S, Jr. Growth of epitaxial $Al_xGa_{1-x}N$ films by pulsed laser deposition. Appl. Phys. Lett., 1998, 72(109): 1158-1160
[13] Brunner D, Angerer H, Bustarret E, et al. Optical constants of epitaxial AlGaN films and their temperature dependence. J. Appl. Phys., 1997, 82(10): 5090-5096
[14] Muth J F, Brown J D, Johnson M A L, et al. Absorption coefficient and refractive index of GaN,AlN and AlGaN. Mat. Res. Soc. Symp., 1999, 537: G5.2
[15] 孔月婵, 郑有炓, 储荣明, 等. $Al_xGa_{1-x}N$/GaN 异质结构中 Al 组分对二维电子气性质的影响. 物理学报, 2003, 52(7): 1757-1760
[16] 孔月婵, 郑有炓, 周春红, 等. AlGaN/GaN 异质结构中极化与势垒层掺杂对二维电子气的影响. 物理学报, 2004, 53(7): 2320-2324
[17] 傅德颐. 半导体应变和极化诱导能带工程及其动力学输运研究. 南京: 南京大学, 2012
[18] 刘冰. 氮化镓异质结电子输运特性的研究. 北京: 北京交通大学, 2013
[19] 汪志刚. 氮化镓异质结晶体管电荷控制模块与新结构. 成都: 电子科技大学, 2013
[20] 刘祥林, 王成新, 韩培德. 高迁移率 AlGaN-GaN 二维电子气. 高技术通信, 2000, 10(6): 13-15
[21] 薛舫时. GaN 异质结的二维表面态. 半导体学报, 2005, 26(10): 1939-1944
[22] 李金钗. III 族氮化物半导体中极化场的调控. 厦门: 厦门大学, 2008
[23] 周忠堂, 郭丽伟, 邢志刚, 等. AlGaN/AlN/GaN 结构中二维电子气的输运特性. 物理学报, 2007, 56(10): 6013-6018
[24] Kala M, Asgari A. The behavior of two-dimensional electron gas in GaN/$Al_xGa_{1-x}N$/GaN heterostructures with very thin $Al_xGa_{1-x}N$ barriers. Physica E, 2003, 19: 321-327
[25] Lin Y J, Chu Y L. Effects of the thickness of capping layers on electrical properties of Ni ohmic contacts on p-AlGaN and p-GaN using an ohmic recessed technique. Semicond. Sci. Technol., 2006, 21: 1172-1175
[26] Oberhuber R, Zandler G, Vogl P. Mobility of two-dimensional electrons in AlGaN/GaN modulation-doped field-effect transistors. Appl. Phys. Lett., 1998, 73: 818-820
[27] Ambacher O, Foutz B, Smart J, et al. Two dimensional electron gases induced by spontaneous and piezoelectric polarization in undoped and doped AlGaN/GaN heterostructures. J. Appl. Phys., 2000, 87(1): 334-344
[28] Rizzi A, Kocan M, Malindretos J, et al. Surface and interface electronic properties of AlGaN(0001) epitaxial layers. Appl. Phys. A, 2007, 87: 505-509

[29] Lei S Y, Shen B, Cao L, et al. Influence of polarization-induced electric field on the wavelength and the absorption coefficient of the intersubband transitions in $Al_xGa_{1-x}N/GaN$ double quantum wells. J. Appl. Phys., 2006, 99: 074501

[30] Hsu L, Walukiewicz W. Effects of piezoelectric field on defect formation, charge transfer and electron transport at $GaN/Al_xGa_{1-x}N$ interfaces. Appl. Phys. Lett., 1998, 73: 339-341

[31] Han X X, Li D B, Yuan H R, et al. Dislocation scattering in a two-dimensional electron gas of an $Al_xGa_{1-x}N/GaN$ heterostructure. Phys. Stat. Sol., 2004, 241(13): 3000-3008

[32] 王晓勇, 种明, 赵德刚, 等. P-GaN/p-$Al_xGa_{1-x}N$ 异质结界面处二维空穴气的性质及其对欧姆接触的影响. 物理学报, 2012, 61(21): 217302

[33] Park Y S, Lee H S, Na J H, et al. Polarity determination for GaN/AlGaN/GaN heterostructures grown on (0001) sapphire by molecular beam epitaxy. J. Appl. Phys., 2003, 94(1): 800-802

[34] Hackenbuchner S, Majewski J A, Zandler G, et al. Polarization induced 2D hole gas in GaN/AlGaN heterostructures. Journal of Crystal Growth, 2001, 230: 607-610

[35] Elhamri S, Berney R, Mitchel W C, et al. An electrical characterization of a two-dimensional electron gas in GaN/AlGaN on silicon substrates. J. Appl. Phys., 2004, 95(12): 7982-7989

[36] Heikman S, Keller S, Wu Y, et al. Polarization effects in AlGaN/GaN and GaN/AlGaN/GaN heterostructures. J. Appl. Phys., 2003, 93(12): 10114-10118

[37] Buchheim C, Goldhahn R, Gobsch G, et al. Electric field distribution in GaN/AlGaN/GaN heterostructures with two-dimensional electron and hole gas. Appl. Phys. Lett., 2008, 92: 013510

[38] Shur M S, Bykhovski A D, Gaska R. Two-dimensional hole gas induced by piezoelectric and pyroelectric charges. Solid-State Electronics, 2000, 44: 205-210

[39] Zhang L, Ding K, Yan J C, et al. Three-dimensional hole gas induced by polarization in (0001)-oriented metal-face III-nitride structure. Appl. Phys. Lett., 2010, 97, 062103

[40] 游达, 许金通, 汤英文, 等. p 型 $GaN/Al_{0.35}Ga_{0.65}N/GaN$ 应变量子阱中二维空穴气的研究. 物理学报, 2006, 55(12): 6600-6605

[41] Ambacher O, Smart J, Shealy R, et al. Two-dimensional electron gases induced by spontaneous and piezoelectric polarization charges in N- and Ga-face AlGaN/GaN heterostruc-tures. J. Appl. Phys., 1999, 85: 3222-3233

[42] 张金凤, 郝跃, 张进城, 等. 变 Al 组分 AlGaN/GaN 结构中的二维电子气迁移率. 中国科学 E 辑: 信息科学, 2008, 38(6): 949-958

[43] 常本康. GaAs 光电阴极. 北京: 科学出版社, 2012

[44] Chernyak L, Fuflyigin V N, Graff J W, et al. Minority electron transport anisotropy in p-type $Al_xGa_{1-x}N/GaN$ superlattices. IEEE Transactions on Electron Devices, 2001, 48(3): 433-437

[45] Lee J H, Kim J H, Bae S B, et al. Improvement of electrical properties of MOCVD grown $Al_xGa_{1-x}N/GaN$ heterostructure with isoelectronic Al-doped channel. Phys. Stat. Sol., 2002, 1: 240-243

[46] Kawakami Y, Nakajima A, Shen X Q, et al. Improved electrical properties in AlGaN/GaN heterostructures using AlN/GaN superlattice as a quasi-AlGaN barrier. Appl. Phys. Lett., 2007, 90: 242112

[47] Hsu L, Walukiewicz W. Electron mobility in $Al_xGa_{1-x}N$ /GaN heteros-tructures. Physical Review B, 1997, 56(3): 1520-1528

[48] 赵静. 透射式 GaAs 光电阴极的光学与光电发射性能研究. 南京: 南京理工大学, 2013

[49] 杨智. GaAs 光电阴极智能激活与结构设计研究. 南京: 南京理工大学, 2010

[50] 江剑平, 孙成城. 异质结原理与器件. 北京: 电子工业出版社, 2010

[51] 孟庆巨, 胡云峰, 敬守勇. 半导体物理学. 北京: 电子工业出版社, 2014

[52] 季振国. 半导体物理. 杭州: 浙江大学出版社, 2005

[53] Seghier D, Gislason H P. Characterization of photoconductivity in $Al_xGa_{1-x}N$ materials. J. Phys. D: Appl. Phys., 2009, 42: 095103

[54] 吕元杰. AlGaN/GaN 异质结材料与器件的特性参数研究. 济南: 山东大学, 2012

[55] Grabowski S P, Schneider M, Nienhaus H, et al. Electron affinity of $Al_xGa_{1-x}N$ 0001 surfaces. Appl. Phys. Lett., 2001, 78: 2503

[56] 牛军. 变掺杂 GaAs 光电阴极特性及评估研究. 南京: 南京理工大学, 2011

[57] 王晓晖. 纤锌矿结构 GaN(0001) 面光电发射性能研究. 南京: 南京理工大学, 2013

[58] Du X Q, Chang B K, Du Y J, et al. The optimization of (Cs,O) activation of NEA photocathode. The 5th International Vacuum Electron Sources Conference Proceeding, 2004: 271

[59] 杜晓晴, 常本康, 钱芸生, 等. GaN 紫外光阴极材料的高低温两步制备实验研究. 光学学报, 2010, 30(6): 1734-1738

[60] 李飙, 徐源, 常本康, 等. 梯度掺杂结构 GaN 光电阴极的激活工艺研究. 光电子 · 激光, 2011, 22(9): 1317-1321

[61] 乔建良, 常本康, 钱芸生, 等. 反射式 NEA GaN 光电阴极量子效率恢复研究物理学报, 2011, 60(1): 017903

[62] Machuca F, Liu Z, Sun Y, et al. Simple method for cleaning gallium nitride (0001). J. Vac. Sci. Technol. A, 2002, 20: 1784-1786

[63] Machuca F, Liu Z, Sun Y, et al. Role of oxygen in semiconductor negative electron affinity photocathodes. J. Vac. Sci. Technol. B, 2003, 20(6): 2721-2725

[64] Mizuno I, Nihashi T, Nagai T, Development of UV Image intensifier tube with GaN photocathode. Proceedings of the SPIE, 2008, 6945: 69451N

[65] Siegmund Q H W, Tremsin A S, Vallerga J V, et al. Gallium nitride photocathode development for imaging detectors. Proceedings of SPIE, 2008, 7021: 70211B

[66] 李朝木, 曾正清, 陈群霞. GaN 负电子亲和势光电阴极材料的生长研究. 真空与低温, 2008, 14(4): 236-239
[67] 乔建良. 反射式 NEA GaN 光电阴极激活与评估研究. 南京: 南京理工大学, 2010
[68] 田健. GaN 紫外光电阴极的材料结构设计和制备工艺研究. 重庆: 重庆大学, 2011
[69] 曾正清, 李朝木, 王宝林, 等. GaN 负电子亲和势光电阴极的激活改进研究. 真空与低温, 2010, 16(2): 108-112
[70] 杜晓晴. 利用反射与透射光谱测量 GaN 外延层的光学参数. 光学与光电技术, 2010, 8(1): 76-79
[71] 杜玉杰. GaN 光电阴极材料特性与激活机理研究. 南京: 南京理工大学, 2012
[72] 乔建良, 常本康, 钱芸生, 等. NEA GaN 光电阴极光谱响应特性研究. 物理学报, 2010, 59(5): 3577-3582
[73] 刘春波, 刘敏, 张欣馨, 等. 有机紫外光探测器原理及其主要影响因素. 化工进展, 2013, 32(25601): 42-47
[74] 周兴江, 曹凝. 深紫外固态激光源光电子能谱仪系列装备. 中国科学院院刊, 2013, 2801: 104-110
[75] 于磊, 林冠宇, 陈斌. 大气遥感远紫外光谱仪绝对光谱辐照度响应度定标方法研究. 光谱学与光谱分析, 2013, 3301: 246-249
[76] 黄翌敏. 紫外探测技术应用. 红外, 2005, 04: 9-15
[77] 郑学刚. 氧化锌薄膜的制备及其紫外探测特性研究. 曲阜: 曲阜师范大学, 2006
[78] 江巍. 紫外探测系统设计技术研究. 西安: 西安电子科技大学, 2007
[79] 李海国. 基于有机宽带隙半导体的异质结型紫外探测材料与器件. 杭州: 浙江大学, 2011
[80] 靳贵平. 紫外探测技术与双光谱图像检测系统的研究. 西安: 中国科学院研究生院 (西安光学精密机械研究所), 2004
[81] 周伟, 马妮, 吴晗平. 近地层紫外探测作用距离及其影响因素研究. 红外技术, 2011, 33(22206): 357-360+371
[82] 周伟, 吴晗平, 吕照顺, 等. 空间紫外目标探测系统技术研究. 现代防御技术, 2011, 39(22606): 172-178+190
[83] 郝永皓, 赵建伟, 秦丽溶, 等. 基于四针状 ZnO 纳米结构的高灵敏紫外探测器件. 西南大学学报 (自然科学版), 2012, 34(20905): 51-56
[84] 张雯, 贺永宁, 张庆腾, 等. ZnO 纳米线阵列的籽晶控制生长及其紫外探测性能. 硅酸盐学报, 2010, 38(25001): 12-16
[85] 张宜妮, 王益军, 张玉叶. 紫外探测技术的新发展. 价值工程, 2010, 29(20517): 3-5
[86] 刘晓科, 马君, 唐辉, 等. 一种日盲区紫外信号探测系统前端. 探测与控制学报, 2007, 12106: 41-44
[87] 韩延刚. 纳米 TiO_2/有机复合半导体紫外探测材料. 杭州: 浙江大学, 2010
[88] 杨承. 日盲型紫外探测和直升机着舰光电助降技术的研究. 成都: 电子科技大学, 2010

第 4 章　GaN 光电阴极的能带结构和光学性质

半导体的外光电效应取决于材料的能带结构与光学性质，本章从能带理论的基本方法入手，利用第一性原理计算方法，计算 GaN 的电子结构与光学性质，研究空位缺陷、Mg 掺杂和 Al 组分对 GaN 电子结构和光学性质的影响；同时计算 GaN(0001) 和 (000$\bar{1}$) 表面电子结构和光学性质，研究 Mg 掺杂和空位缺陷对 GaN(0001) 表面电子结构和光学性质的影响[1]。

4.1　能带理论的基本方法[2]

半导体晶体由大量原子组成，原子又分成原子核和电子，如果能写出这个多体问题的薛定谔方程并求解，就可获得电子态结构和性质。半导体能带理论将这个多体问题简化为单电子问题。先是采用绝热近似，把离子团的运动与价电子的运动分开，把多体问题转换为多电子问题；然后由哈特里–福克 (Hartree-Fock) 自洽场方法，把电子看作在固定离子势场和其他电子平均场里，多电子问题转化为单电子问题。再假定所有的离子势场与基态电子平均场是周期性平均势场，于是问题就成为周期场中的单电子运动问题。

对于三维周期场中的单电子问题可采用多种条件近似方法，一般假定晶体电子态的波函数为某种形式的布洛赫函数集合的展开式，然后代入薛定谔方程，联立展开式的系数所必须满足的久期方程，便可求得能量本征值，再算得各个能量本征值所对应的态函数展开式的系数。这是半导体能带理论计算的基本框架，不同的计算方法就在于选取不同的布洛赫函数集合以及处理势场的不同。

计算固体能带的方法有正交化平面波 (OPW) 方法、紧束缚法、缀加平面波 (APW) 方法和格林函数 (KKR) 方法、赝势方法和 $k \cdot P$ 微扰方法等。这些方法在固体物理书中有完善的描述。

正交化平面波方法是将价带和导带电子态用平面波展开。展开的波函数是基为一组与本征能量波函数正交的平面波，所以此方法称为正交化平面波 (OPW) 方法。该方法克服了描述原子核附近急剧变化的波函数的困难。用类似的方法可组合归一化的 OPW 函数描述布里渊区里对称点的平面波，形成晶体空间群不可约表示的基函数。

缀加平面波 (APW) 方法是利用一种所谓的 Muffin-Tin 势，它由离子位置中心处球对称的势的部分加上间隙部分常数势部分组成，在球对称势里一个电子的运动的薛定谔方程可以在球极坐标解出。缀加平面波等同于在球形势对称区域以外的平面波，该方法的名字也由此而来，它是球简谐解与球对称势中径向函数的乘积的线性组合。选择适当的参数来符合可接受的波函数的需要，在球对称的极限时，两个区域的波函数必须在数值上和它们的对数微分上匹配，此方法最初由 Slater(1937年) 提出，后来由于计算技术的发展，可以方便地应用到计算中去。APW 函数的数目依赖于晶体结构以及所涉及能带的类型。通常 s 和 p 带比较快收敛，而 d 带较慢收敛。

格林函数法，也称为 KKR(Korringa，Kohn 和 Rostoker) 方法。此方法也是假设 Muffin-Tin 势在球对称势区域以外带一个常数势。波函数设想为被势本身所散射。所以 Korringa(1947 年) 把波函数分成进入和出来两个分量。Kohn 和 Rostoker(1954年) 引入一种积分方程的方法。此积分写为对所有的 Muffin-Tin 球项的求和，然后再变换成围绕原点的 Muffin-Tin 球的积分。它实际上非常类似于 APW 方法。在 KKR 方法中必须对所有倒格矢求和，于是可以得到来自不同的球谐振函数的贡献的久期方程。

赝势方法是用一个有效势来代替真实势。对于一些晶体来说，计算 Muffin-Tin 势的分布特别繁杂。一种取代的方法是原子势用一个弱势来代替。对导带电子来说，它具有 KKR 方法情况中同样的离散振幅。这是所谓经验赝势方法。

$k\cdot P$ 方法是利用微扰理论结合晶体对称性的要求来研究波函数，获得在 k 空间某些特殊对称点附近的能带结构。这种方法能利用实验得到的有限参数，如 E_{g}、m^* 等，去确定能带结构公式中的待定系数，从而确定能带结构表达式。

$k\cdot P$ 方法经过 Seitz、Shockley、Dresselhans、Dip、Kiffel 等，特别是 Kane 的发展，已经成为计算能带的一种重要方法。Seitz 在 1940 年就利用这种方法推出了有效质量的表达式。1950 年 Shockley 将有效质量公式推展到更多复杂的简并带的情况。1955 年 Dresselhans 等在他们关于回旋共振的经典文章中加入了自旋–轨道相互作用的重要因素，确定了 $k\cdot P$ 方法的基础。Kane 于 1956 年用这种方法处理了 p 型 Si 和 Ge 的能带结构，1957 年处理了 InSn 能带结构。1966 年 Kane 又在半导体半金属丛书第一卷上系统地表达了 $k\cdot P$ 方法。这就是所谓的 Kane 的能带理论。利用 $k\cdot P$ 方法于 InSn 能带结构，我们将会看到：简并的导带、价带怎样分开；简并的价带中又怎样分出重空穴、轻空穴带；四重简并价带态又怎样分出裂开带；导带、轻空穴带、自旋轨道裂开带以及重空穴带又怎样消除自旋引起的两重简并；价带极值怎么会偏离 $\Gamma=0$ 点，移向 111 方向。

利用上述的能带理论的基本方法可以计算 GaN 基材料的能带结构，但这里采用基于密度泛函理论的平面波超软赝势方法，研究 GaN 光电阴极的能带结构和光学性质。

4.2 GaN 电子结构与光学性质理论研究

GaN 作为一种光电子材料，其费米面附近的能带结构、载流子浓度和迁移率等决定了它的光电性能，其光电性能可由介电函数、光电导率、折射率、吸收系数、反射率等参数表征[3]。目前，对纤锌矿 GaN 的电子结构、缺陷等已开展了部分理论和实验研究工作[4~12]，但对 GaN 光学性质的研究还相对较少，这里基于密度泛函理论的平面波超软赝势方法，计算了 GaN 体相超晶胞的能带结构、态密度 (density of states，DOS)、介电函数、折射率、吸收谱、反射谱、光电导率和能量损失函数，并进一步研究了 Ga、N 空位缺陷对 GaN 介电函数、吸收谱、反射谱、折射谱、能量损失谱等光学性质的影响，为 GaN 光电阴极材料研究、阴极设计提供理论参考和借鉴[13]。

4.2.1 GaN 电子结构和光学性质

1. 理论模型

纤锌矿结构 GaN 属于 $P63mc$ 空间群，对称性为 $C6v$-4，晶格常数 $a=b=$ 0.3189nm，c=0.5185nm，$\alpha=\beta$=90°，γ=120°，其中 c/a 为 1.626，比理想的六角密堆积结构的 1.633 稍小，其晶胞由 Ga 的六角密堆积和 N 的六角密堆积反向套构而成。体相 GaN 计算中选择了 2×2×2 的 GaN 超晶胞模型，如图 4.1 所示。

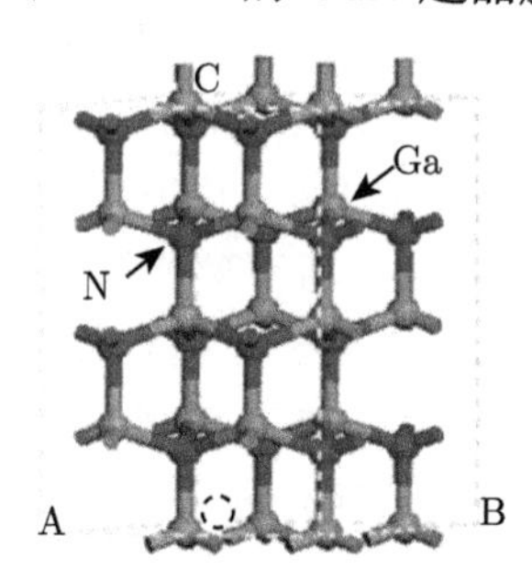

图 4.1 体相 GaN 晶胞侧视图 (彩图见封底二维码)

2. 计算方法

计算工作基于 DFT 的从头算量子力学程序 CASTEP 完成。计算选用 2×2×2 的 GaN 超晶胞，采用的晶格常数都为实验值[14]，计算过程对超晶胞模型进行结构优化中采用 BFGS 算法 (以其发明者 Broden，Fletcher，Goldfarb 和 Shanno 四个人的名字的首字母命名)，用平面波基矢将原胞中的价电子波函数展开，截断能量为 E_{cut}=400eV，迭代过程中的收敛精度为 2×10^{-6}eV/atom，原子间相互作用力收敛标准为 0.005eV/nm，单原子能量的收敛标准为 1.0×10^{-5}eV/atom，晶体内应力收敛标准为 0.05GPa，原子最大位移收敛标准设为 0.0001nm，密度泛函采用 GGA[15,16]，布里渊区积分采用 Monkhors-Pack 形式[17] 的高对称特殊 k 点方法，k 网格点设置为 9×9×9，所有的计算都在倒易空间中进行，参与计算的价态电子为 Ga：$3d^{10}4s^{2}4p^{1}$，N：$2s^{2}2p^{3}$。为了提高光学性质的计算精度，对其计算时参照实验值进行了剪刀算符修正。

光学性质的计算采用 2.4 节的公式。

4.2.2　计算结果与讨论

1. 体系优化

为了得到体系的稳定结构，对模型利用 BFGS 方法进行了几何优化，得出了优化后的 GaN 的晶格常数，如表 4.1 所示。

表 4.1　纤锌矿 GaN 优化后的晶格常数

物理参量/nm	实验值	理论值	误差/%
a	0.3189	0.3225	1.13
b	0.3189	0.3225	1.13
c	0.5185	0.5254	1.33
c/a	1.627	1.620	−0.43

由表 4.1 可看出，计算误差在 0.43%～1.33%，几何优化后得到的理论晶胞参数与实验值非常接近，可以说明这里采用的计算方法的可靠性[18]。

2. 能带结构

图 4.2 为计算所得的 GaN 晶体能带结构，此能带结构沿布里渊区高对称点方

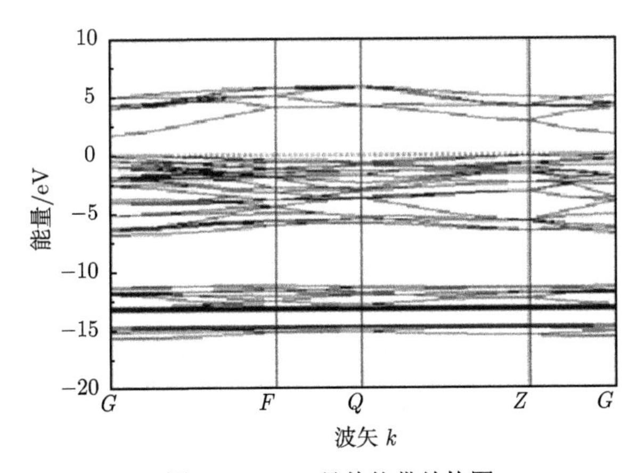

图 4.2　GaN 晶体能带结构图

向，其中虚线代表费米能级。从图 4.2 可以看出，纤锌矿纯 GaN 的导带底和价带顶均位于布里渊区的 G 点处，是直接带隙半导体，计算所得的带隙值 1.664eV，与柯福顺等[19] 的计算结果较接近，但较实验值 3.39eV 偏低，原因在于计算中采用的 DFT 是基态理论，而能隙属于激发态，因此得到的结果偏低，特别是半导体和绝缘体带隙，一般比实验数值小 30%~50%，甚至更多，这也是采用该理论计算时普遍存在的现象，但这并不影响对 GaN 电子结构的理论分析。

3. 电子态密度

计算所得的 GaN 体晶胞的总态密度和 Ga、N 分波态密度如图 4.3 所示。从图中可以看出，GaN 的价带由 −16.5eV 到 −10.3eV 的下价带和 −7.4eV 到 0eV 的上价带组成，下价带主要由 Ga 3d 态电子和 N 2s 态电子构成，其中 Ga 3d 态电子在 −13.2eV 处有一个尖锐的态密度峰，形成了很强的局域态，远大于 N 2s 的强度，上价带主要由 N 2p 态电子和 Ga 4s 态电子贡献而且价带顶由 N 2p 态电子决定。导带部分主要由 Ga 4s 态电子及 Ga 4p 态电子及少量 N 2p 态电子决定。因此，GaN 价带主要由 Ga 3d 态、N 2s 态和 N 2p 态电子构成，导带主要由 Ga 4s 态及 Ga 4p 态电子构成，GaN 的电传输性质及载流子类型主要由 N 2p 态电子和 Ga 4s 态电子决定。

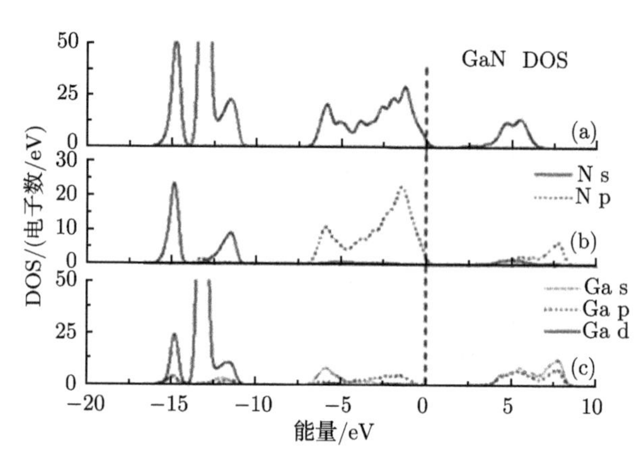

图 4.3　GaN 体晶胞的总态密度和 Ga、N 分波态密度图

4. 光学性质

1) GaN 复介电函数

GaN 作为半导体材料，其光谱是由能级间电子跃迁所产生，所以它的介电函数能够反映其能带结构及光谱信息，是沟通固体电子结构与带间跃迁微观物理过程的桥梁，因此 GaN 各个介电峰的产生可用能带结构和态密度来解释。

计算所得的 GaN 的介电函数的实部 $\varepsilon_1(\omega)$ 和虚部 $\varepsilon_2(\omega)$ 随光子能量变化的曲

线如图 4.4 所示。从图 4.4 中可看出，介电函数的实部在低能区域，开始随光子能量的增加而增大，当光子能量约为 6.7402eV 时达到最大值，然后随着光子能量增大而逐渐减小，在 6.7402~9.6952eV 能量区域急剧下降，计算所得的静态介电常数 $\varepsilon_1(0)$=3.0695eV，与 Persson 等[20] 未考虑声子作用的计算结果基本一致，但与实验值差距较大，主要是由于计算中忽略了声子作用。ε_2 的基本吸收边位于 3.1706eV，该能量对应于直接跃迁，随着光子能量的增大，介电函数虚部出现了第二阶段峰值，这主要是由于带间直接跃迁形成的，最后随着光子能量的继续增大而趋近于 0。图 4.4 标示出了 GaN 介电函数虚部的 5 个介电峰 E_1、E_2、E_3、E_4、E_5 的位置，它们对应的光子能量分别为 4.5933eV、6.4869eV、7.6809eV、9.2489eV、12.6502eV，其中 E_1、E_2、E_3、E_4 峰值位置与 Kawashima 等[21] 的实验结果符合较好。

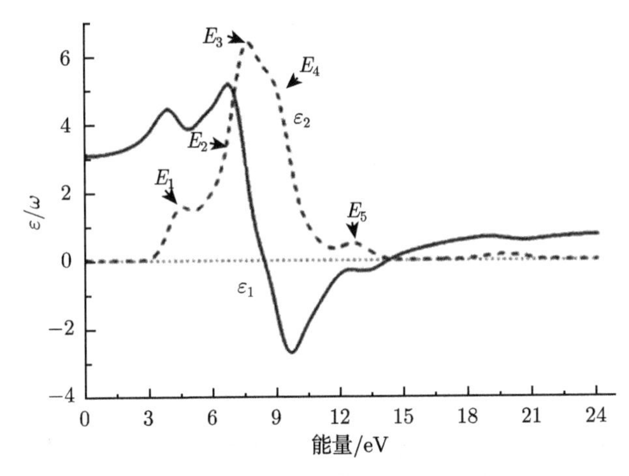

图 4.4 GaN 介电函数实部和虚部随光子能量变化的曲线

由图 4.4 可知在光子能量处于 8.4408~14.3629eV 的能量区域内 $\varepsilon_1(\omega) < 0$，根据微分克拉默斯–克勒尼希关系，$\varepsilon_1(\omega)$ 可以通过先对 $\varepsilon_2(\omega)$ 微分然后在一个相当宽的频率区间内积分得到，所以，在 $\varepsilon_2(\omega)$ 上升的斜率最大处 $\varepsilon_1(\omega)$ 取得极大值，$\varepsilon_2(\omega)$ 下降的斜率最大处 $\varepsilon_1(\omega)$ 取得极小值，对应的频率分别为 8.4408eV 和 14.3629eV，其中 8.4408eV 接近于共振效应频率 (ω_0)，14.3629eV 接近于等离子体频率 (ω_{p})，如图 4.4 所示 $\varepsilon_1(\omega)$ 与实轴有两次相交。

计算的 GaN 的折射率 n 和消光系数 k 如图 4.5 所示，由图 4.5 可推得，折射率 $n(0)$=1.7520eV，与 Li 等[10] 的计算结果基本一致。

从图中可看出，n 的主要峰值存在于 3.9661~6.9694eV 能量区域内，在光子能量的值为 3.9661eV 和 6.9694eV 处折射率取得其最大峰值，在光子能量大于 6.9694eV 区域内，随光子能量的增加折射率逐渐减小。当光子能量大于 9.5263eV 时，消光系数 k 随光子能量的增加而减少，当光子能量达到 24.1205eV 时消光系数趋于 0，它的主要峰值出现在能量为 4.4968～12.5899eV 区域内，并且消光系数在带边表现出强烈的吸收特征。

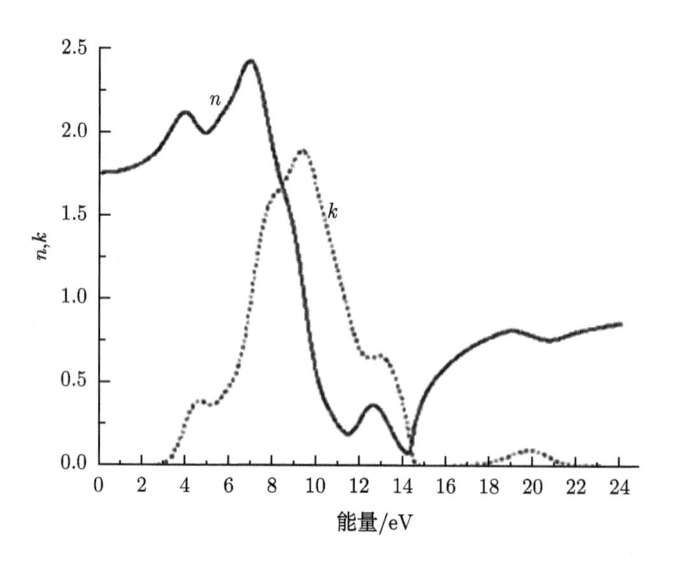

图 4.5　GaN 的折射率 n 和消光系数 k

由介电函数、折射率、消光系数的关系式 $n^2(\omega)-k^2(\omega)=\varepsilon_1(\omega)$ 可推得，$k(\omega)$ 的峰值位置对应 $\varepsilon_1(\omega)$ 的低谷位置，$k(\omega)$ 在高频和低频极限下趋近于 0；根据微分的克拉默斯–克勒尼希关系还可推得，在 $k(\omega)$ 的上升沿和下降沿处 $n(\omega)$ 会出现峰和谷，与反射率在 8.4408～14.3629eV 这一能量区域内达到极大值相对应。通过 $\omega^2\varepsilon=c^2(K\cdot K)$ 波矢方程可得，当 ω 为实数时，$\varepsilon_1(\omega)<0$，出现虚数的波矢 K，说明在此频域内光无法在固体中传播；可推得这一频域内 $k(\omega)>n(\omega)$，由于实际上 n 很小，所以对应的反射率比较大，GaN 呈现出金属反射特性。

2)GaN 光吸收谱

吸收系数表示光波在介质中传播单位距离时光强衰减的百分比。计算所得 GaN 吸收谱如图 4.6 所示，可由式 (2.26) 推得。由图 4.6 可得，吸收系数在光子能量大于 3.1706eV 后开始增大，在光子能量为 9.5264eV 处取得最大值 287791.4cm^{-1}，这与修正后的带隙相对应；当光子能量大于 9.5264eV 后它随着光子能量的增加逐渐减小，直至趋于零；吸收系数在能量小于 3.1706eV 和能量大于 24.1205eV 的区域内为零。所以 GaN 吸收系数的数量级应是 10^5cm^{-1}，经过光学带隙调制后在紫外光波段具有很锐的截止响应特性，降低了对滤波器的要求，这使得 GaN 光探测器能够在不受长波辐射的影响下，在紫外光波段具有监测太阳盲区的特性。

3) GaN 反射谱

设光从空气中垂直入射到 GaN 表面，则有 $n_1=1$，$n_2=n+\text{i}k$，由式 (2.27)

可计算得到 GaN 的反射率与复折射率，反射谱如图 4.7 所示，由图 4.7 可得，在 7.5966~14.6404eV 的能量区域内，因为 GaN 表现为金属反射特性，反射率的均值可达 50%，所以对应的折射率的值很小，入射光大部分被反射。反射谱带间跃迁主要发生在这段区域内，说明 Ga 3d 态电子、N 2s 态电子具有很深的能级，这与计算所得的能带结构和态密度是一致的。

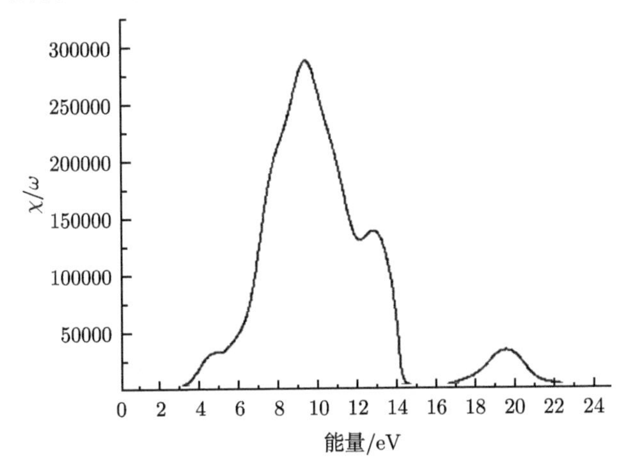

图 4.6 GaN 吸收谱

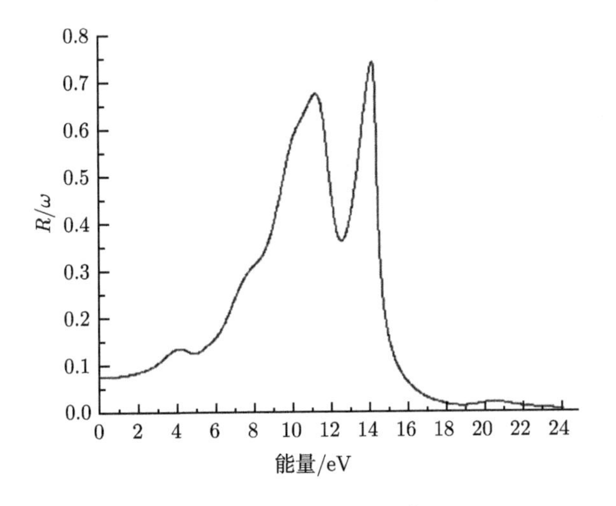

图 4.7 GaN 反射谱

4) GaN 光电导率

半导体由受光照而引起其电导率的改变称为半导体的光电导，又称光电导效应，是半导体各种光电子应用的物理基础和基本光学特征之一。GaN 的光电导率的实部 $\sigma_1(\omega)$ 如图 4.8 所示，由图 4.8 可知，GaN 的光电导率的实部在能量 7.8378eV

处取得最大值，在能量小于 3.1706eV 和大于 24.1205eV 的范围内为零，其变化趋势与介电函数的虚部相对应，根据能带和态密度可以判断这属于带间跃迁的结果。

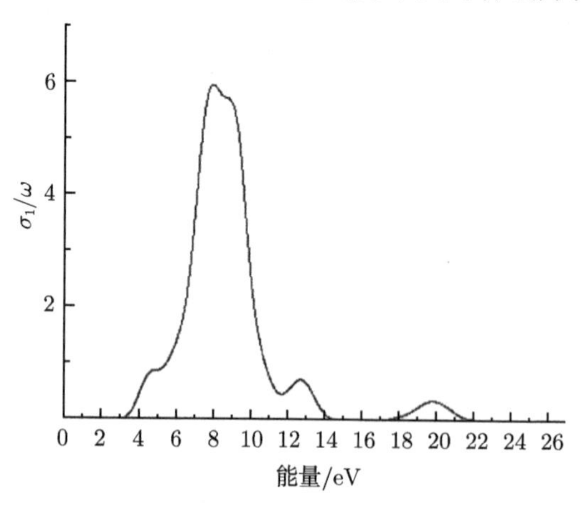

图 4.8　GaN 光电导率的实部

5) GaN 能量损失函数

半导体的能量损失函数是指电子通过均匀的电介质时能量的损失情况，可通过介电常数得到。能量损失函数的峰值代表与等离子体振荡相关联的特性，相应的振荡频率称为等离子体频率。能量损失函数具体的计算公式为

$$L(\omega)=\mathrm{Im}\left(\frac{-1}{\varepsilon(\omega)}\right)=\frac{\varepsilon_2(\omega)}{[\varepsilon_1^2(\omega)+\varepsilon_2^2(\omega)]} \tag{4.1}$$

计算所得的 GaN 能量损失谱如图 4.9 所示，由图 4.9 可知，能量损失函数的峰值出现在 14.3630eV 处，这个能量应为 GaN 体相等离子体的边缘能量，当能量小于 22.7334eV 时 GaN 的电子能量损失为零。

通过以上对 GaN 体相光学性质分析可以总结出，在阻尼谐振子近似下，纤锌矿 GaN 与光的相互作用可以分为以下 4 个区域：

(1) 当 $\omega \gg \omega_{\mathrm{p}}$ 时，表征固体吸收的量 $k(\omega)$、$\sigma_1(\omega)$ 和 $\varepsilon_2(\omega)$ 都趋近于 0，折射率随频率增加而增加属于正常色散，在这一区域内，GaN 为透明的，所以这一区域为 GaN 的高频透明区。

(2) 当 $\omega_0 < \omega < \omega_{\mathrm{P}}$ 时，GaN 的 $\varepsilon_1(\omega) < 0$，对入射光的反射率很高，光几乎不能在其中传播，GaN 呈现金属反射特性，这一区域为它的金属反射区。

(3) 当 $\omega \approx \omega_0$ 时，与吸收有关的量：$\sigma_1(\omega)$ 和 $\varepsilon_2(\omega)$ 在 ω_0=8.4408eV 附近出现极大，此峰值代表一种共振吸收，当入射光的频率等于 GaN 的固有频率时，GaN 对入射光表现为强烈吸收；离开 ω_0 后，$\sigma_1(\omega)$ 和 $\varepsilon_2(\omega)$ 呈递减趋势，在高频和低频区域，都趋近于 0。在 $\omega \approx \omega_0$ 这一区域内，GaN 由正常色散转变为反常色散，折

射率随频率的增加而减小，这一区域为共振吸收区。

(4) 当 $\omega < \omega_0$ 时，折射率从静态的 $n(0)$ 随频率的增加而增大，呈正常色散，表征吸收的光学量 $k(\omega)$、$\sigma_1(\omega)$ 、$\varepsilon_2(\omega)$ 都随频率减小而趋近于 0，在这一区域内，GaN 又变为透明，所以这一区域为 GaN 的低频透明区。

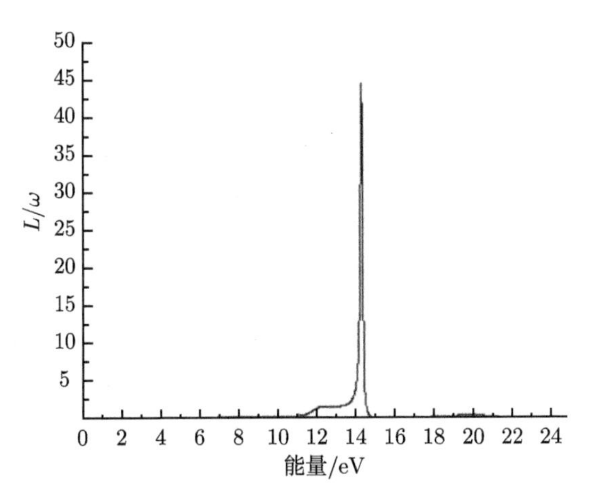

图 4.9 GaN 能量损失谱

4.3 空位缺陷对 GaN 光学性质的影响

4.3.1 理论模型和计算方法

在建立的 GaN(2×2×2) 超晶胞模型 (图 4.1) 的基础上，去掉 1 个 Ga 原子构建 $Ga_{0.9375}N$ 超晶胞模型 (图 4.10)，去掉 1 个 N 原子构建 $GaN_{0.9375}$ 超晶胞模型 (图 4.11)。分别对以上两个模型进行了优化，优化后的晶格常数见表 4.2。

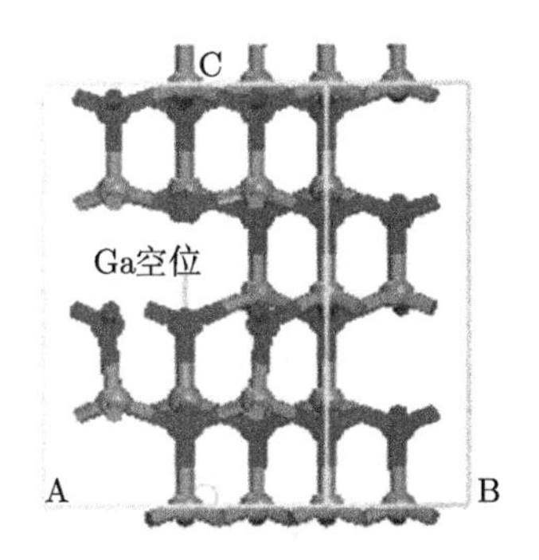

图 4.10 Ga 空位缺陷 (彩图见封底二维码)

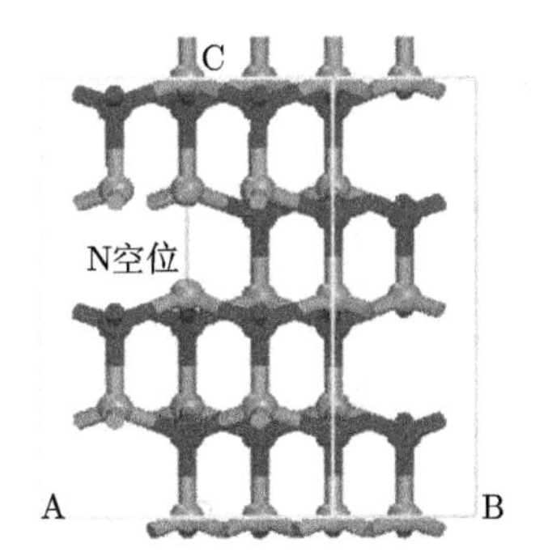

图 4.11 N 空位缺陷 (彩图见封底二维码)

表 4.2　$Ga_{0.9375}N$ 和 $GaN_{0.9375}$ 模型优化后的晶格常数

超晶胞	a/nm	b/nm	c/nm	v/nm^3	最小能量/eV
$Ga_{0.9375}N$ (2×2×2)	0.3226	0.3226	0.5278	0.3807	−35137.33
$GaN_{0.9375}$ (2×2×2)	0.3227	0.3227	0.5235	0.3776	−36923.03

4.3.2　计算结果与讨论

1. 电子态密度分析

$Ga_{0.9375}N$ 体系的总态密度和分波态密度图如图 4.12 所示。比较 $Ga_{0.9375}N$ 体系总态密度图 (图 4.12(a)) 与 GaN 体相总态密度图 (图 4.3(a)) 发现，$Ga_{0.9375}N$ 体系由于 Ga 空位的存在费米能级向低能方向移动，费米能级进入价带顶，费米能级以上产生少量的空穴能级，呈 p 型半导体导电特性，带隙变宽，变化趋势与文献 [13,22] 计算结果一致。为了进一步研究 Ga 空位对 $Ga_{0.9375}N$ 体系电子结构的影响，对 Ga 空位附近各原子的分波态密度进行研究，如图 4.12(b)~(d) 所示。比较 Ga 空位近邻及次近邻原子的分波态密度发现，两者受 Ga 空位的影响较弱，但近邻 N 原子分波态密度受 Ga 空位影响较大，与 GaN 体相 N 原子分波态密度比较，无论是价带还是导带，N 2p 态电子向高能方向移动。因此，$Ga_{0.9375}N$ 体系电子态密度变化的原因主要是空位的介入引起其邻近及次邻近原子电子结构发生部分变化。

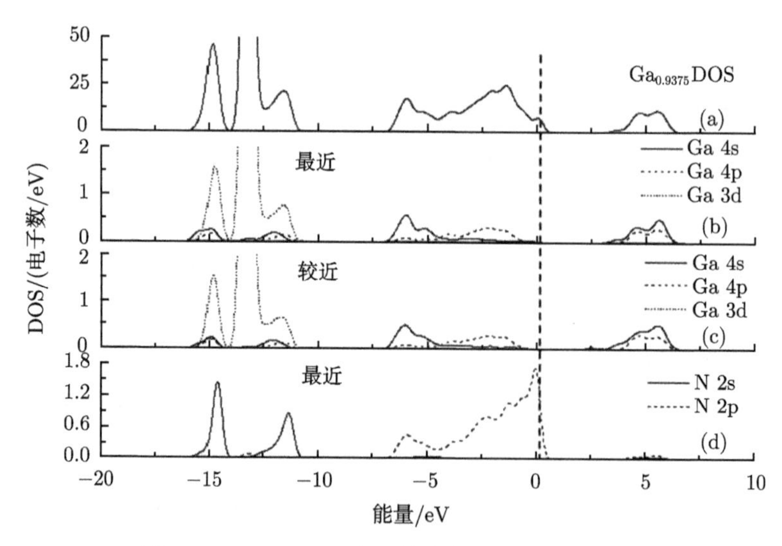

图 4.12　$Ga_{0.9375}N$ 体系的总态密度和分波态密度

$GaN_{0.9375}$ 体系的总态密度和分波态密度图如图 4.13 所示。比较 $GaN_{0.9375}$ 体系总态密度图 (图 4.13(a)) 与 GaN 体相总态密度图 (图 4.3(a)) 发现，$GaN_{0.9375}$ 体

系由于 N 空位的存在费米能级向高能方向移动，费米能级进入导带，呈 n 型半导体导电特性，带隙变宽，变化趋势与文献 [6，13] 计算结果一致。为了进一步研究 N 空位对 $GaN_{0.9375}$ 体系电子结构的影响，对 Ga 空位附近各原子的分波态密度进行研究，如图 4.13(b)~(d) 所示。比较 N 空位近邻及次近邻原子的分波态密度发现，受 N 空位影响，N 空位近邻 N 原子导带 N 2s、N 2p 态电子向低能方向移动，N 空位近邻 Ga 原子 Ga 3d、Ga 4s、Ga 4p 态电子向低能方向移动。因此，$GaN_{0.9375}$ 体系电子态密度变化的原因主要是 N 空位的介入引起其邻近及次邻近原子电子结构发生部分变化。

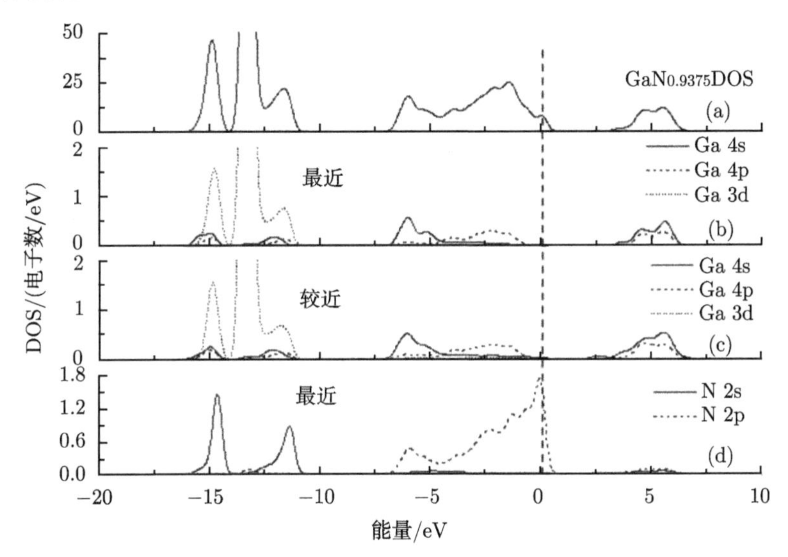

图 4.13 $GaN_{0.9375}$ 体系的总态密度和分波态密度

2. 光学性质分析

Ga、N 空位缺陷的存在引起 GaN 电子结构的变化，必然对介电函数、吸收系数、折射率、反射系数等光学性质产生影响，由于目前尚无 Ga、N 空位缺陷体系光学性质的实验报道，因此下面主要通过 Ga、N 空位缺陷体系与 GaN 光学性质比较进行预测和分析。为了提高 $Ga_{0.9375}N$ 体系和 $GaN_{0.9375}$ 体系光学性质的计算精度，参照实验值对光学性质进行了剪刀算符修正，对以上两个体系剪刀算符修正值统一取值为 1.73eV。

图 4.14 为计算获得的 GaN 体相、$Ga_{0.9375}N$ 体系、$GaN_{0.9375}$ 体系的介电函数虚部。GaN 体相有 3 个较明显的主介电峰，对应的光子能量分别为 4.59eV、9.25eV、12.65eV，与 Kawashima 等[21] 的实验结果符合较好。其中 4.59eV 处峰是由 N 2p 态 (上价带) 到 Ga 4s 态的跃迁，9.25eV 处峰是由 N 2p 态 (下价带) 到

Ga 4s 态的跃迁，12.65eV 处峰是由 Ga 4p 态到 N 2p 态的跃迁。比较 $Ga_{0.9375}N$ 体系、$GaN_{0.9375}$ 体系、GaN 体相介电函数虚部发现，三者介电函数虚部在低能端 (≤8.7eV) 差别较大，在高能端基本一致。对于 $Ga_{0.9375}N$ 体系，由于 Ga 空位缺陷的存在，$Ga_{0.9375}N$ 体系介电函数虚部最大峰略向高能方向移动，9.25eV 处峰消失，并在 1.9eV 处出现了一较强新介电峰，这一新介电峰产生的原因是 Ga 空位缺陷的存在影响其近邻 N 原子的电子分布，在价带顶产生空位能级，由导带电子向空位能级跃迁。对于 Ga $N_{0.9375}$ 体系，在 2.4eV 处出现了一新介电峰，主要是由于 N 空位的存在影响其近邻 Ga 原子、近邻 N 原子的电子分布，导带底向低能方向移动 (图 4.13(b)~(d))。与 GaN 体相比较，无论是 $Ga_{0.9375}N$ 体系还是 $GaN_{0.9375}$ 体系，受 Ga、N 空位缺陷影响，介电峰拓展到可见光区，使可见光区电子跃迁大大增加。

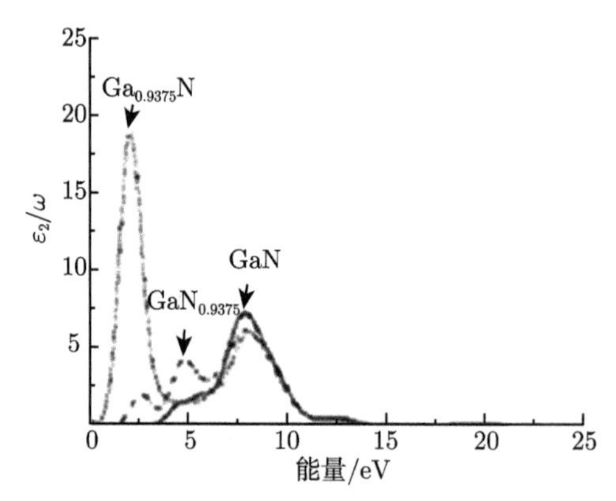

图 4.14　GaN 体相、$Ga_{0.9375}N$ 体系、$GaN_{0.9375}$ 体系介电函数虚部

图 4.15 为计算获得的 GaN 体相、$Ga_{0.9375}N$ 体系、$GaN_{0.9375}$ 体系的介电函数

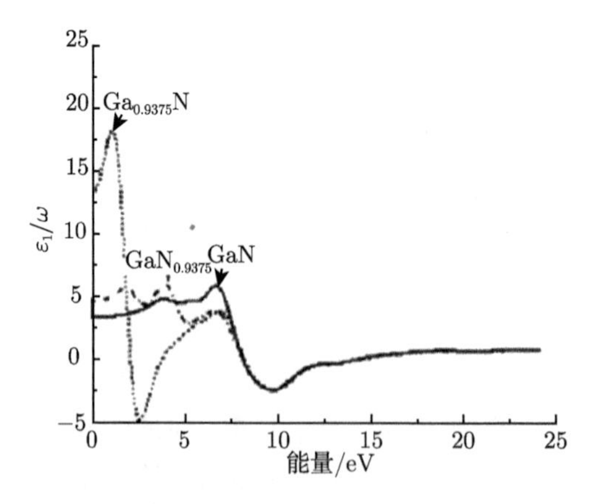

图 4.15　GaN 体相、$Ga_{0.9375}N$ 体系、$GaN_{0.9375}$ 体系介电函数实部

实部，其变化趋势与介电函数虚部基本相同，它们之间的差异也主要集中在低能端，在高能端基本一致。

图 4.16~图 4.19 分别给出了 GaN 体相、$Ga_{0.9375}N$ 体系、$GaN_{0.9375}$ 体系的吸收谱、反射谱、折射谱和能量损失谱。分析发现，GaN 体相光学吸收边为 3.4eV，与实验带隙值相对应，主要来自 N 2p 态电子到导带底的跃迁。$Ga_{0.9375}N$ 体系、$GaN_{0.9375}$ 体系光学吸收边与体相相比变化明显，都发生红移，并在低能端

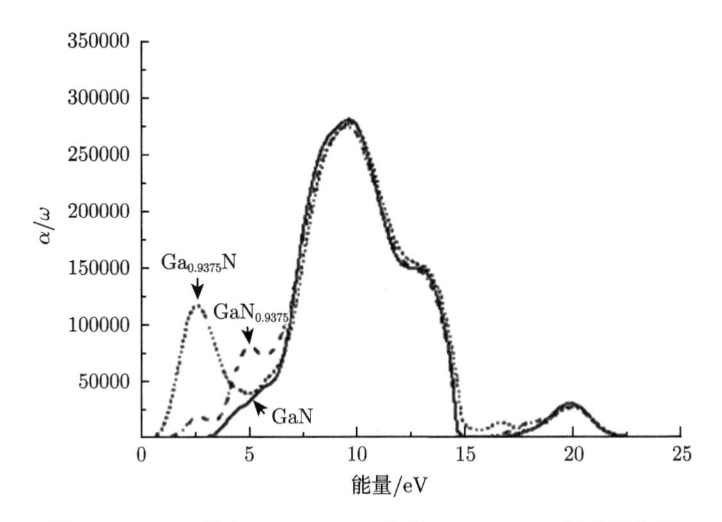

图 4.16　GaN 体相、$Ga_{0.9375}N$ 体系、$GaN_{0.9375}$ 体系吸收谱

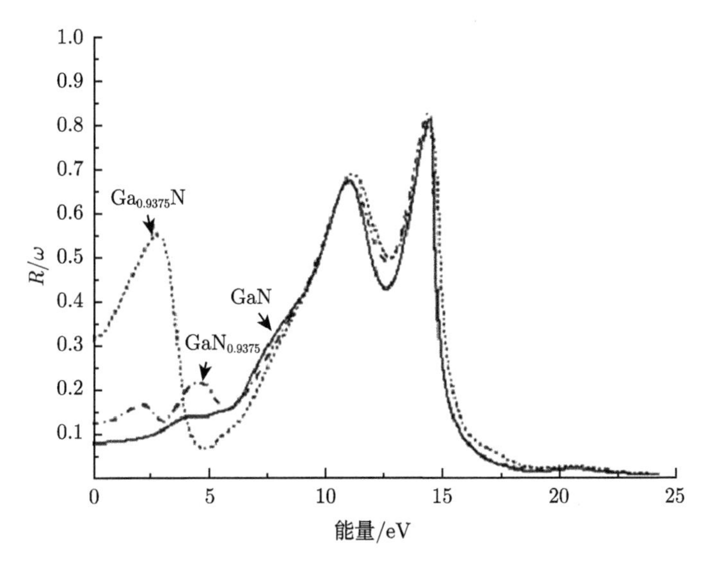

图 4.17　GaN 体相、$Ga_{0.9375}N$ 体系、$GaN_{0.9375}$ 体系反射谱

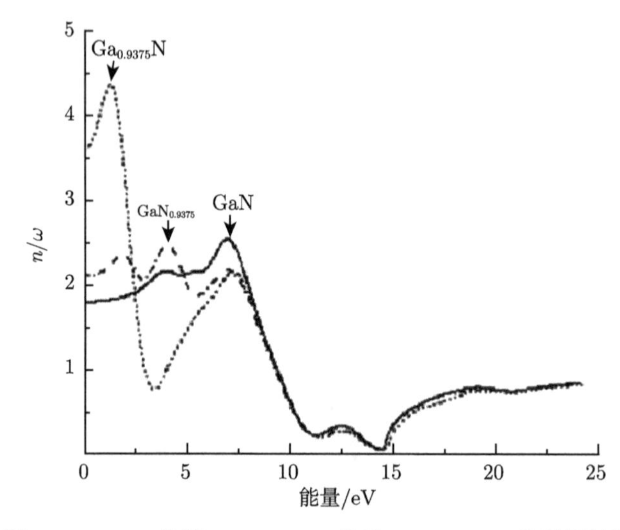

图 4.18　GaN 体相、$Ga_{0.9375}N$ 体系、$GaN_{0.9375}$ 体系折射谱

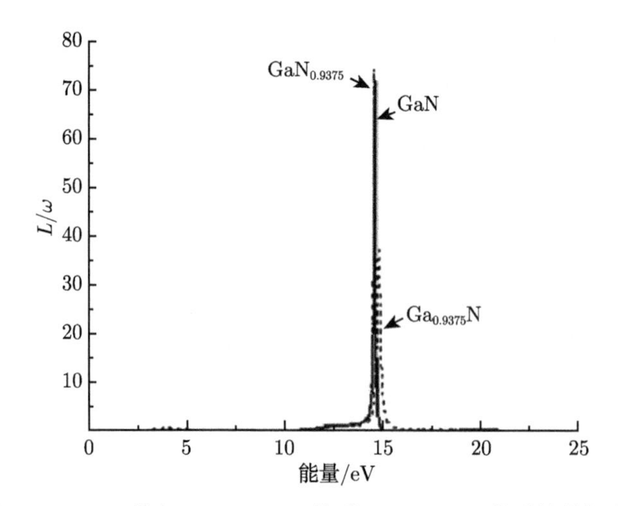

图 4.19　GaN 体相、$Ga_{0.9375}N$ 体系、$GaN_{0.9375}$ 体系能量损失谱

$Ga_{0.9375}N$ 体系、$GaN_{0.9375}$ 体系分别出现了新的吸收峰，这主要是由于 Ga、N 空位缺陷引起近邻原子电子结构发生变化。Ga、N 空位缺陷引起吸收谱、反射谱、折射谱的变化主要在低能端，与其介电函数虚部变化一致。GaN 体相折射率与文献 [20,23] 计算结果基本一致，与 GaN 体相相比，$Ga_{0.9375}N$ 体系、$GaN_{0.9375}$ 体系的静态折射率增大。能量损失谱的谱峰位置表明了物质由金属性到介电性的过渡点，与 GaN 体相能量损失谱相比，$Ga_{0.9375}N$ 体系能量损失峰增大，$Ga_{0.9375}N$ 体系能量损失峰减小且向高能方向微移，$Ga_{0.9375}N$ 体系、$GaN_{0.9375}$ 体系的静态折射率增大。

4.4 Mg 掺杂对 GaN 电子结构和光学性质的影响

4.4.1 理论模型和计算方法

在 GaN(2×2×2) 超晶胞模型 (图 4.1) 的基础上，用 1 个镁原子替换超晶胞中心的镓原子，建立 $Ga_{0.9375}Mg_{0.0625}N$ 超晶胞模型 (图 4.20)，Mg 掺杂浓度为 6.25%，参与计算的价态电子为 Ga：$3d^{10}4s^{2}4p^{1}$，N：$2s^{2}2p^{3}$，Mg：$2p^{6}3s^{2}$。对光学性质的研究计算中据实验值采用了剪刀算符修正。表 4.3 为掺杂 Mg 前后 GaN 模型优化后的晶格常数。

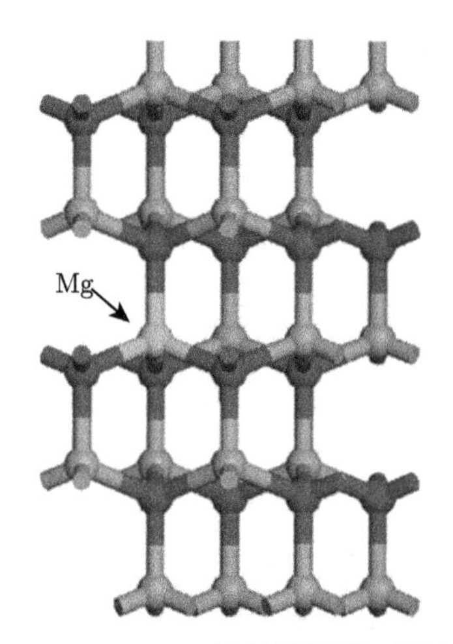

图 4.20 $Ga_{0.9375}Mg_{0.0625}N$ 超晶胞模型 (彩图见封底二维码)

表 4.3 掺杂 Mg 前后 GaN 模型优化后的晶格常数

超晶胞	a/nm	b/nm	c/nm	v/nm^3	最小能量/eV
GaN (2×2×2)	0.32247	0.32247	0.52537	0.3785	−37197.37
$Ga_{0.9375}Mg_{0.0625}N$(2×2×2)	0.32318	0.32318	0.52759	0.3818	−36117.29

4.4.2 结构与讨论

1. 结构性质

图 4.21 为掺杂 Mg 后 GaN 的能带结构图，其中虚线代表费米能级 (如图中箭头所示)。比较图 4.2 和图 4.21 发现，掺杂前后 GaN 的导带底和价带顶均位于布里渊区的 G 点处，都是直接带隙半导体。掺杂后 Mg 原子成为受主，在 GaN 价带顶附近贡献了一定数量空穴，使得 GaN 价带顶由 0eV 上升到 0.184eV，费米能级进入价带，掺杂后的 GaN 导电类型变为 p 型，带隙宽度由掺杂前的 1.664eV 变为

掺杂后的 1.831eV，带隙增大的原因是空穴在价带顶形成的能级与 Ga 4s 形成的导带底发生排斥，导带底向高能方向移动。另外发现，掺杂 Mg 后在 −39.50eV 处产生一深受主能级带。

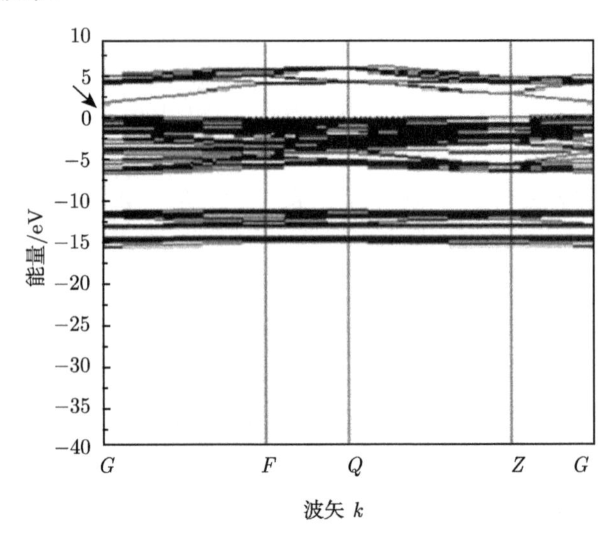

图 4.21　掺杂 Mg 后 GaN 的能带结构图

2. 掺杂前后 GaN 态密度

从图 4.3 可知，GaN 的价带由 $-16.5 \sim -10.3$eV 的下价带和 $-7.4 \sim 0$eV 的上价带组成，下价带主要由 Ga 3d 态电子和 N 2s 态电子构成，上价带主要由 N 2p 态电子和 Ga 4s 态电子构成，而且价带顶由 N 2p 态电子决定。因此，GaN 价带主要由 Ga 3d 态、N 2s 态和 N 2p 态电子构成，导带主要由 Ga 4s 态及 Ga 4p 态电子构成，费米能级处主要是 N 2p 态电子的贡献。图 4.22 为 $Ga_{0.9375}Mg_{0.0625}N$ 总态密度和分波态密度 (图中虚线为费米能级)，由图可知，掺杂 Mg 后 GaN 价带由 $-15.47 \sim -11.24$eV 的下价带和 $-6.59 \sim 0.18$eV 的上价带组成，费米能级附近的态密度峰主要由 N 2p 态和 Mg 2p 态杂化形成，高浓度掺杂引入的载流子 —— 空穴使费米能级进入价带而产生所谓的 Burstein-Moss 移动，使掺杂体系具有简并半导体的特性，掺杂体系的态密度向高能方向移动，在 −39.50eV 处产生一态密度峰，是由 Mg 2p 态电子贡献的，这与能带结构的分析结果一致。

下面利用掺杂 Mg 后的电子态密度计算载流子的浓度。掺杂 Mg 后，导带中存在电子分布，导带电子浓度的计算公式为[24]

$$n_0 = \frac{1}{V}\int_{E_C}^{\infty} f(E) g_C(E) \mathrm{d}E \tag{4.2}$$

其中，$g_C(E)$ 为导带底附近状态密度；V 为超晶胞体积。

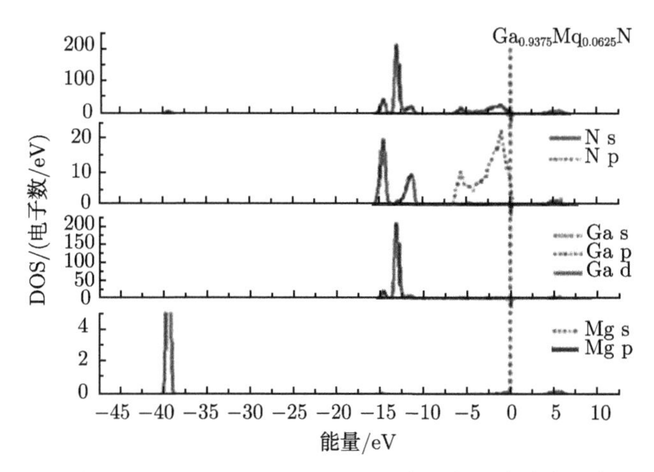

图 4.22 $Ga_{0.9375}Mg_{0.0625}N$ 总态密度和分波态密度

高浓度掺杂 Mg 后形成了简并半导体，故电子服从费米–狄拉克分布

$$f(E) = \frac{1}{1 + \exp\left(\frac{E_i - E_F}{kT}\right)} \tag{4.3}$$

通过对总态密度 (图 4.22) 积分计算可得 (积分区间为从导带底到费米能级)，GaN 掺杂 Mg 后的载流子浓度为 $3.2\times10^{21}\text{cm}^{-3}$，载流子浓度提高明显，高浓度的 Mg 掺杂使得空穴间的相互排斥作用增强，系统稳定性下降 (见表 4.3 最小能量变化)，Mg 原子在系统中不稳定，这也是不容易实现高质量 p 型 GaN 的原因之一。

3. 电荷布居数分析

为了进一步分析掺 Mg 后 GaN 的成键情况、电荷分布、电荷转移和化学性质，计算了掺杂 Mg 前后的 GaN 电荷集居数分布。表 4.4 给出 GaN 和 $Ga_{0.9375}Mg_{0.0625}N$ 的电荷布居数分布。掺杂前 Ga 失 $1|e|$，N 得 $1|e|$，c 轴方向布居数为 0.65，键长为 0.1979nm，垂直于 c 轴方向布居数为 0.57，键长为 0.1971nm，Ga 和 N 之间形成包含离子键成分的共价键。当 Mg 原子置换 Ga 原子后，电荷分布发生了较大变化，Mg 失 $1.59|e|$，由于 Mg 的电负性很小，N 的电负性很大，掺杂 Mg 后原子周围的 N 原子电荷分布增加，由 $1.0|e|$ 增大为 $1.12|e|$(沿 c 轴方向)，而垂直于 c 轴方向由 $1.0|e|$ 增大为 $1.09|e|$，平行于 c 轴方向的离子键成分比垂直于 c 轴方向的大。掺杂 Mg 后 c 轴方向布居数由 0.65 变为 -0.83，垂直于 c 轴方向布居数由 0.57 变为 -0.78，c 轴方向键长由 0.1979nm 增加为 0.2067nm，垂直于 c 轴方向键长由 0.1971nm 增加为 0.2061nm、0.2062nm，掺杂 Mg 减弱了周围键的共价性，增强了离子性。

表 4.4 GaN 和 $Ga_{0.9375}Mg_{0.0625}N$ 的电荷布居数分布

GaN					$Ga_{0.9375}Mg_{0.0625}N$				
成键	布居数	电荷转移/e		l/nm	成键	布居数	电荷转移/e		l/nm
		Ga	N*				Mg	N*	
Ga_1-N_2(c 轴)	0.65	1.0	−1.0	0.1979	Mg_1-N_2 (c 轴)	−0.83	1.59	−1.12	0.2067
Ga_1-N_4	0.57		−1.0	0.1971	Mg_1-N_4	−0.78		−1.09	0.2061
Ga_1-N_8	0.57		−1.0	0.1971	Mg_1-N_8	−0.78		−1.09	0.2062
Ga_1-N_{16}	0.57		−1.0	0.1971	Mg_1-N_{16}	−0.79		−1.09	0.2061

注：* N 围绕 Ga。

另外发现，由于 Mg^{2+} 的离子半径比 Ga^{3+} 的离子半径小，掺杂后体系体积应该变小，但出现了掺杂后体积增大的反常现象 (表 4.3)，原因主要是用 Mg^{2+} 替代 Ga^{3+} 造成的晶格畸变。从成键来分析，掺杂前 Ga—N 键长在 0.1971~0.1979nm，而掺杂 Mg 后 Mg—N 键长及 Mg 周围 Ga—N 键长在 0.2061~0.2067nm，这也就解释了以上体积增大的反常现象。

4.4.3 光学性质

1. $Ga_{0.9375}Mg_{0.0625}N$ 的介电函数

计算并比较了 GaN 掺杂 Mg 前后的复介电函数。图 4.23、图 4.24 分别给出了 GaN 未掺杂 (实线) 和掺杂 Mg 后 (虚线) 介电函数实部和虚部随入射光子能量变化曲线。通过对掺杂前后介电函数曲线比较发现，掺杂 Mg 对 GaN 介电函数在可见光区 (1.7~3.1eV) 影响较大，对高能端影响甚微。介电函数的虚部与吸收相关，掺

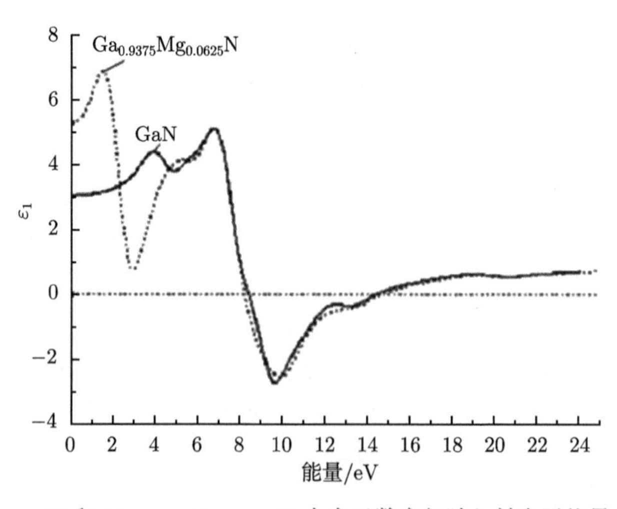

图 4.23 GaN 和 $Ga_{0.9375}Mg_{0.0625}N$ 介电函数实部随入射光子能量变化曲线

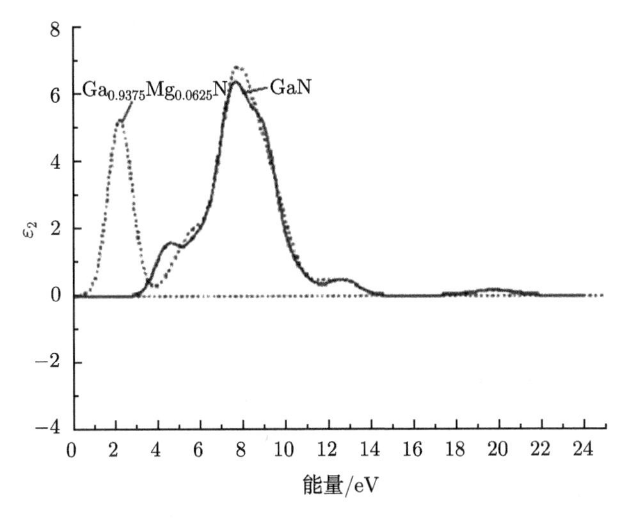

图 4.24 GaN 和 $Ga_{0.9375}Mg_{0.0625}N$ 介电函数虚部随入射光子能量变化曲线

杂 Mg 前 GaN 介电函数虚部 ε_2 出现了 4 个介电峰 E_1、E_2、E_3、E_4，对应位置分别为 4.5933eV、7.6809eV、9.2489eV 和 12.6502eV，峰值位置与 Kawashima 等[21]的实验结果符合较好，其中，E_1 是由 N 2p 态 (上价带) 到 Ga 4s 态的跃迁，E_2 是由 N 2p 态 (下价带) 到 Ga 4s 态的跃迁，E_3 是由 G 2p 态到 N 2p 态的跃迁，E_4 是由 Ga 3d 态到 N 2p 态的跃迁。掺杂 Mg 后介电函数虚部 ε_2 在可见光区 2.2289eV 处出现了一介电峰 E_5，该峰是由 Mg 2p 态到 Ga 4s 态的跃迁，介电函数虚部变得平滑，E_1 峰消失。从介电函数实部曲线可得，掺 Mg 前 GaN 静态介电常数 ε_0 为 3.0695，与 Persson 等[20] 未考虑声子作用的计算结果基本一致，掺杂 Mg 后静态介电函数 ε_0 增加为 5.3143，掺杂 Mg 增加了 GaN 材料的静态介电常数。

2. $Ga_{0.9375}Mg_{0.0625}N$ 的复折射率

由复折射率与复介电函数之间的关系式 (2.22) 和 (2.23) 可以得到 GaN 及 $Ga_{0.9375}Mg_{0.0625}N$ 的折射率和消光系数，图 4.25、图 4.26 分别为 GaN 未掺杂 (实线) 和掺杂 Mg 后 (虚线) 的折射率和消光系数。掺杂 Mg 对 GaN 复折射率在可见光区 (1.7~3.1eV) 影响较大，掺杂 Mg 前 GaN 在 0~3.1696eV 范围折射率 n 随光子频率的增加而增大，呈正常色散，折射率 $n_0 = 1.75$，与 Li 等[10] 的计算结果基本一致。掺杂 Mg 后 GaN 的折射率 n_0 从 1.75 增加到 2.30，在 0~1.5777eV 范围 GaN 折射率 n 随光子频率的增加而增大，呈正常色散，GaN 掺杂 Mg 前后在此区域都是透明的。掺杂 Mg 后 GaN 在 1.5777~3.1696eV 范围折射率 n 随光子频率的增加而减小，呈反常色散，在 8.2346~14.3629 范围 $k > n$，$\varepsilon_1 < 0$，光不能在 GaN 中传播，GaN 呈现金属反射特性。未掺杂 GaN 的消光系数 k 在低能端表现出强烈

的带边吸收，吸收边为 3.1706eV，对应电子由价带顶到导带底的跃迁，掺杂 Mg 后消光系数 k 在可见光区产生一吸收峰，与掺杂 Mg 后介电函数虚部 ε_2 在可见光区出现的介电峰相对应。

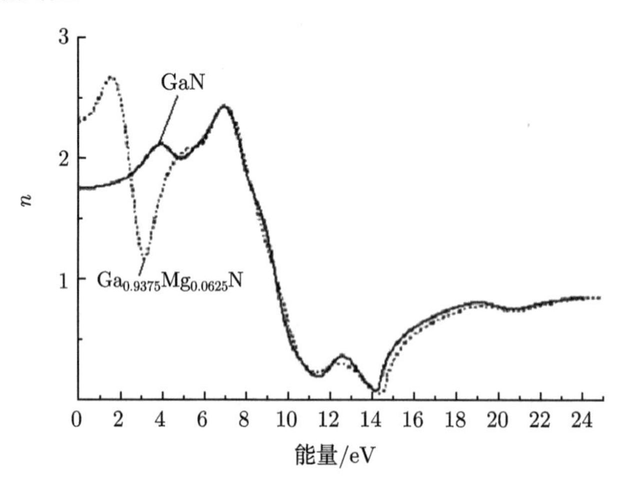

图 4.25 GaN 和 $Ga_{0.9375}Mg_{0.0625}N$ 折射率

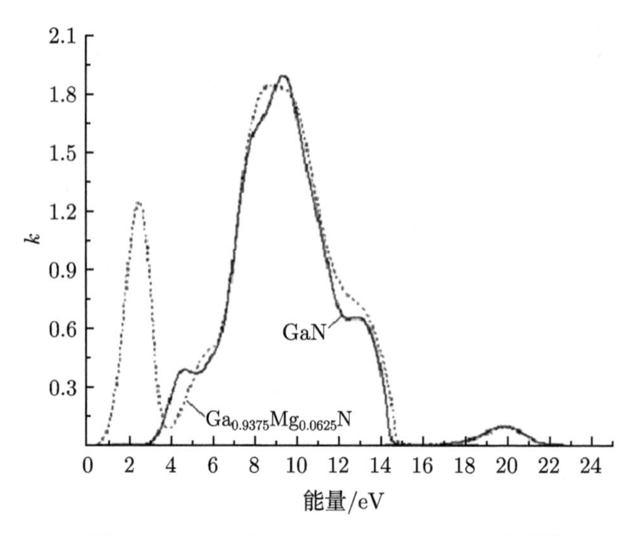

图 4.26 GaN 和 $Ga_{0.9375}Mg_{0.0625}N$ 消光系数

3. $Ga_{0.9375}Mg_{0.0625}N$ **的吸收谱**

吸收系数表示光波在介质中单位传播距离光强度衰减的百分比，由式 (2.26) 可得到 GaN 掺杂 Mg 前后的吸收系数。图 4.27 为 GaN 掺杂 Mg 前后的吸收谱 (图中实线表示掺杂前，虚线表示掺杂后)，掺杂 Mg 对 GaN 吸收谱在可见光

区 (1.7~3.1eV) 影响较大，掺杂 Mg 前 GaN 吸收峰的位置主要位于 4.4968eV、9.5264eV、13.0121eV、19.8388eV，在 9.5264eV 处吸收峰达到最大值 287791.4cm^{-1}，掺杂 Mg 后 GaN 在可见光区 2.8078eV 处产生了一新吸收峰，在 4.4968eV 处吸收峰消失的原因是掺杂 Mg 后价带顶为空穴，无电子向导带底跃迁，19.8388eV 处的峰是由 Mg 3s 态到 Ga 4s 态的跃迁。在 9.7301eV 处吸收峰达到最大值 291842.5cm^{-1}，最大吸收峰位置向高能方向移动了 0.2037eV。

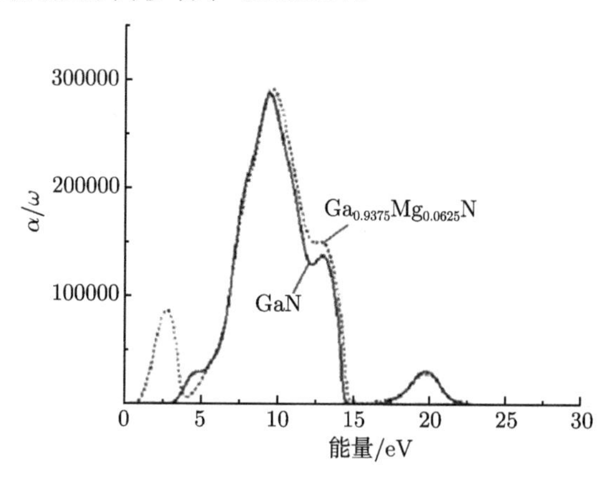

图 4.27 GaN 和 $Ga_{0.9375}Mg_{0.0625}N$ 吸收谱

4. $Ga_{0.9375}Mg_{0.0625}N$ 的反射谱

光由空气直接垂直入射到具有复折射率的介质中，即 $n_1 = 1$，$n_2 = n + \mathrm{i}k$，可得到反射率与复折射率的关系。图 4.28 为 GaN 掺杂 Mg 前后的反射谱 (图中实线表示掺杂前，虚线表示掺杂后)，掺杂 Mg 对 GaN 反射谱在可见光区 (1.7~3.1eV) 影

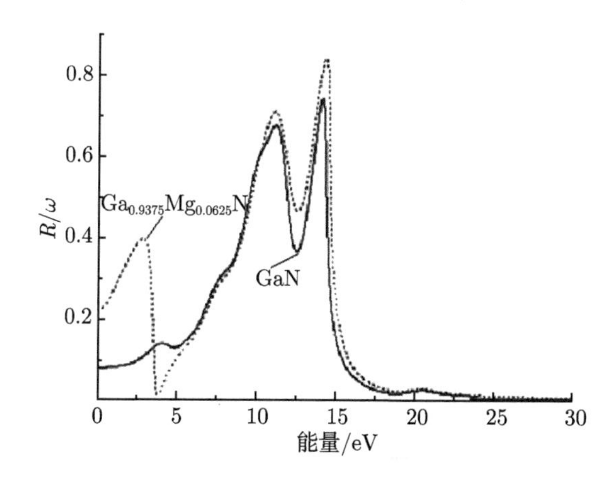

图 4.28 GaN 和 $Ga_{0.9375}Mg_{0.0625}N$ 反射谱

响较大，对高能端影响较小，掺杂 Mg 后 GaN 在可见光区 (1.7~3.1eV) 反射率平均值由 9.04%增加到 36.78%。

5. $Ga_{0.9375}Mg_{0.0625}N$ 的光电导率

光电导效应是半导体各种光电子应用的物理基础，GaN 掺杂 Mg 前后的光电导率可由关系式 (2.28) 得到。图 4.29 为 GaN 掺杂前后的光电导率 (图中实线表示掺杂前，虚线表示掺杂后)，发现掺杂 Mg 对 GaN 光电导率在可见光区 (1.7~3.1eV) 影响较大，光电导率明显增大，最大峰值位置基本保持不变且光电导率增加明显，掺杂 Mg 后光电导率曲线变得平滑，因此，掺杂 Mg 可使得 GaN 光电导率提高。

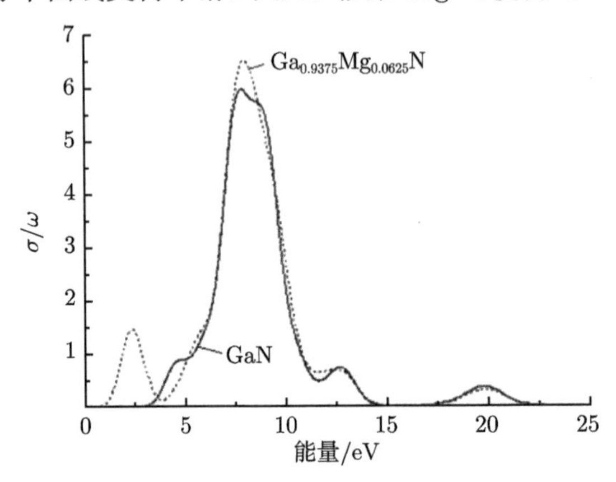

图 4.29　GaN 和 $Ga_{0.9375}Mg_{0.0625}N$ 光电导率

6. $Ga_{0.9375}Mg_{0.0625}N$ 的能量损失谱

能量损失谱峰的位置表明物质由金属性到介电性的过渡点。图 4.30 为 GaN 掺

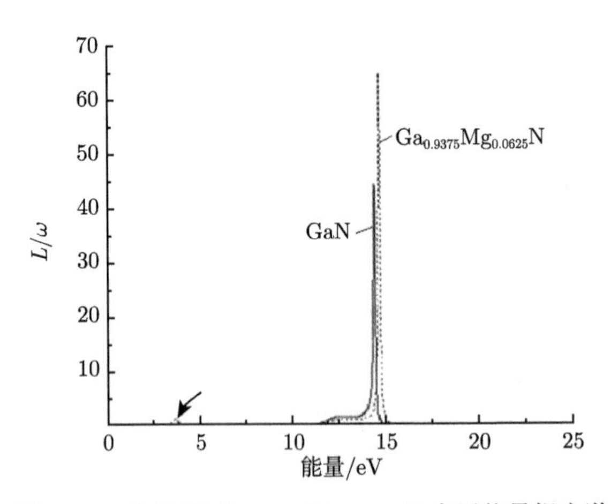

图 4.30　GaN 和 $Ga_{0.9375}Mg_{0.0625}N$ 电子能量损失谱

杂 Mg 前后的电子能量损失谱 (实线表示掺杂前，虚线表示掺杂后)，掺杂 Mg 后 GaN 的电子能量损失谱最大损失峰出现在 14.6263eV 处，与反射谱的下降沿相对应，较未掺杂 Mg 的能量损失峰值增大，且向高能方向偏移了 0.2634eV，在 3.6279eV 处产生了一新能量损失峰 (如图中箭头所示)。

4.5 Al 组分对 GaN 电子结构和光学性质的影响

4.5.1 理论模型和计算方法

为了研究 Al 组分对 GaN 光学性质的影响，在 GaN(2×2×2) 超晶胞模型 (图 4.1) 的基础上，分别用 1~8 个铝原子替换 GaN 超晶胞中的镓原子，构建了 $Al_xGa_{1-x}N$(2×2×2) 超晶胞模型，如图 4.31 所示。替换后 Al 组分为 6.25%、12.5%、18.75%、25%、31.25%、37.5%、43.74%、50%。参与计算的价态电子为 Ga: $3d^{10}4s^2 4p^1$，N: $2s^2 2p^3$，Al: $3s^2\ 3p^1$。对光学性质的研究计算中采用了剪刀算符修正。计算中各参数设置与 GaN(2×2×2) 超晶胞模型计算中参数设置一致，这里不再阐述。

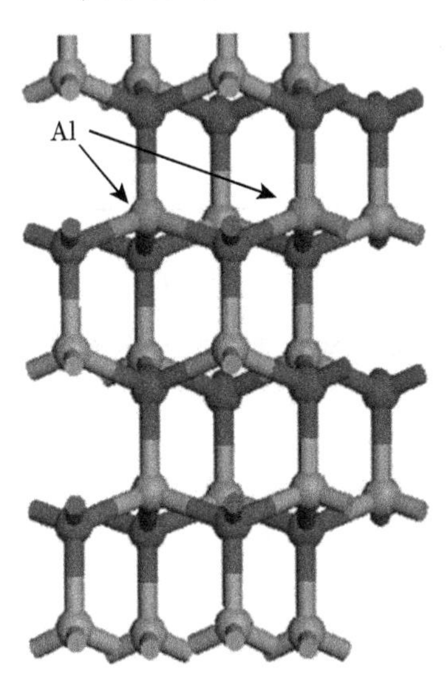

图 4.31 $Al_xGa_{1-x}N$(2×2×2) 超晶胞模型 (彩图见封底二维码)

4.5.2 计算结果分析

GaN(2×2×2) 模型和 $Al_{0.125}Ga_{0.975}N(2\times2\times2)$ 模型优化后的晶格常数如表 4.5 所示，和实验数据符合得较好，说明计算方法的合理性。图 4.32 和图 4.33 分别给出了 $Al_xGa_{1-x}N$ 超晶胞分别在 Al 组分为 0.0625、0.125、0.1875、0.25、0.3125、0.375、0.4375、0.5 优化后超晶胞体积变化和系统最小能量变化。我们发现，随着

Al 组分的提高，超晶胞体积线性变小，符合 Vegard 定律，体积变小的原因主要是 Al^{3+} 半径 (0.50Å) 小于 Ga^{3+} 半径 (0.62Å)。另外，随着 Al 组分的提高系统最小能量线性减小，说明系统随着 Al 组分的提高稳定性降低。

表 4.5　GaN(2 × 2 × 2) 和 $Al_{0.125}Ga_{0.975}N$(2 × 2 × 2) 模型优化后的晶格常数比较

超晶胞	a/nm	b/nm	c/nm	v/nm^3	最小能量/eV
GaN (2×2×2)	0.32247	0.32247	0.52537	0.3785	−37197.37
$Al_{0.125}Ga_{0.975}N$ (2×2×2)	0.32113	0.32113	0.52264	0.1867	−33208.31

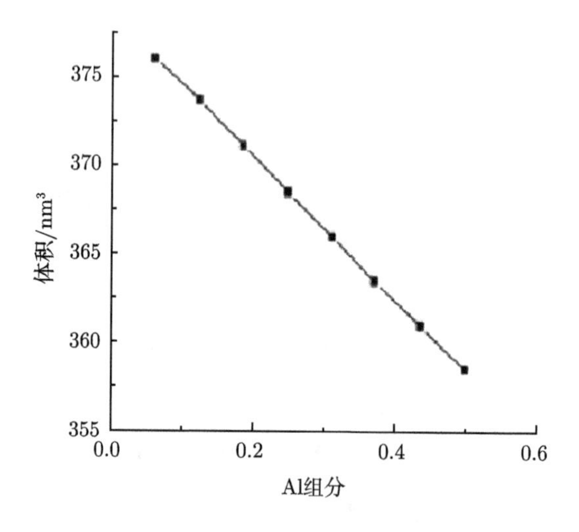

图 4.32　$Al_xGa_{1-x}N$ 超晶胞优化后体积随 Al 组分的变化

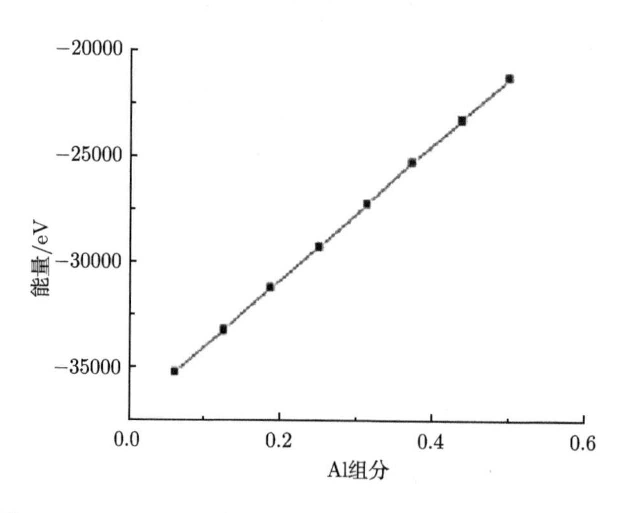

图 4.33　$Al_xGa_{1-x}N$ 超晶胞优化后最小能量随 Al 组分的变化

图 4.34 给出了 $Al_xGa_{1-x}N$ 体系随 Al 组分 (0.0625、0.125、0.1875、0.25、0.3125、0.375、0.4375、0.5) 的带隙变化，随着 Al 组分的增大带隙值增大，理论计算纯 GaN 的带隙值为 1.664eV，与实验值差 1.726eV，也将此值作为剪刀算符修正值和 $Al_xGa_{1-x}N$ 体系带隙修正值，$Al_{0.5}Ga_{0.5}N$ 体系理论计算带隙为 2.839eV，修正后实际带隙达到 4.565eV。

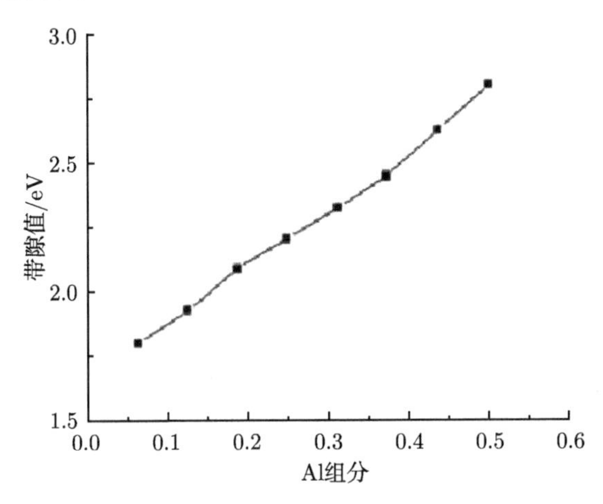

图 4.34 $Al_xGa_{1-x}N$ 体系随 Al 组分的带隙变化

为了进一步分析 $Al_xGa_{1-x}N$ 体系带隙随 Al 组分增大的原因，需要进一步分析 Ga、N、Al 分波态密度和总态密度随 Al 组分的变化情况，其变化情况如图 4.35~图 4.38 所示。

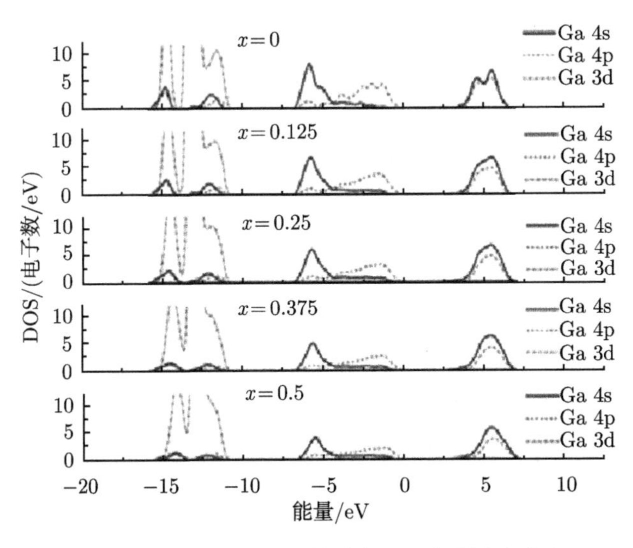

图 4.35 $Al_xGa_{1-x}N$ 体系中 Ga 的分波态密度

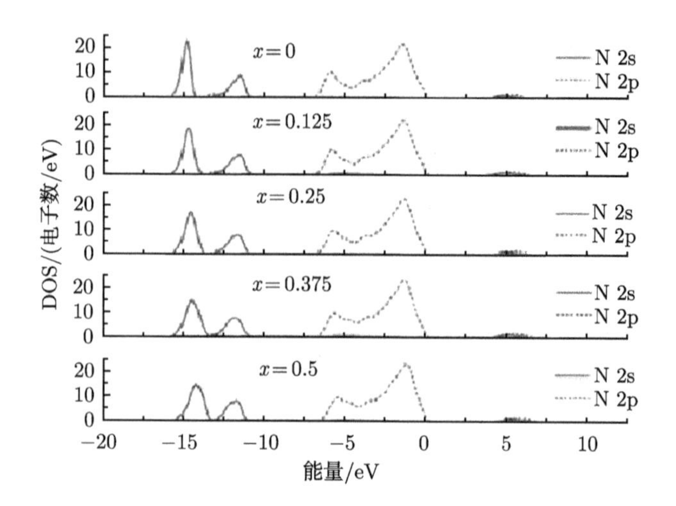

图 4.36　$Al_xGa_{1-x}N$ 体系中 N 的分波态密度

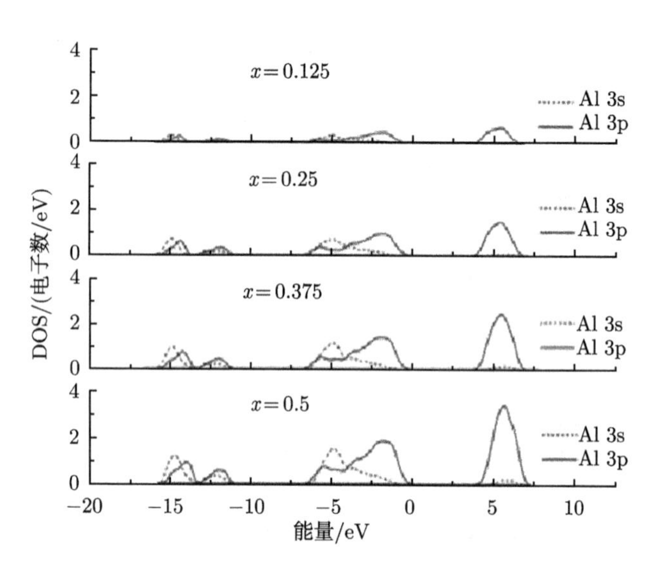

图 4.37　$Al_xGa_{1-x}N$ 体系中 Al 的分波态密度

从 N 的分波态密度图分析，由于 N 元素含量一直没有改变，所以无论导带还是价带的分波态密度峰及位置都没有发生变化。对于 Ga 元素，由于含量随着 Al 组分比例减小，其分波态密度峰值减小，导带的态密度峰位置发生变化。通过 4.2 节分析知道，上价带主要由 N 2p 态电子决定，导带主要由 Ga 4s 态电子决定，由于 Ga 元素含量的减小，其态密度峰减小且峰位置发生变化，导带底向高能方向移动，带隙逐渐增大。

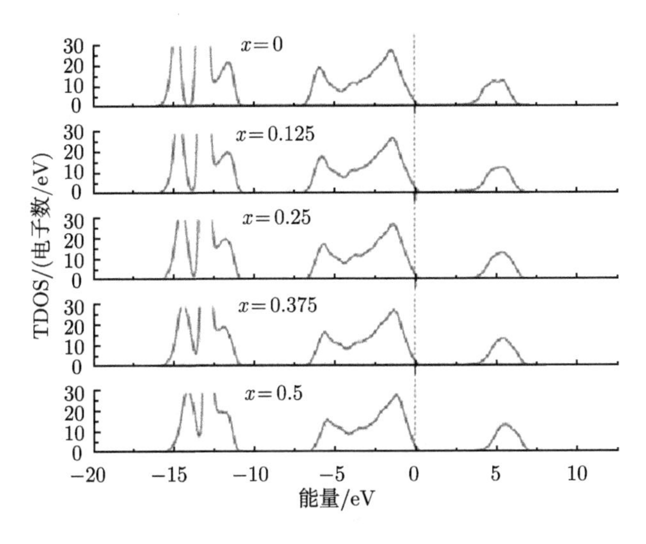

图 4.38 $Al_xGa_{1-x}N$ 体系总态密度

为了进一步分析 Al 组分对 GaN 光学性质的影响，这里主要分析对吸收谱的影响，为了分析更加精确，吸收谱采用了剪刀算符修正，图 4.39 给出了 $Al_xGa_{1-x}N$ 体系吸收系数随 Al 组分的变化情况。图 4.39 最上端曲线为纯 GaN 吸收谱，从图中看到其吸收边位置在 370nm 左右，与实验带隙计算获得的 376nm 基本一致，其最大吸收峰位置在 125nm，最大值为 $349390cm^{-1}$。随着 Al 组分的提高，吸收谱吸收边位置向短波方向移动，谱峰位置也发生变化，当 Al 组分为 0.5 时，其吸收边位置为 290nm 左右，基本可以达到日盲区紫外探测器的设计要求，最大吸收峰位置

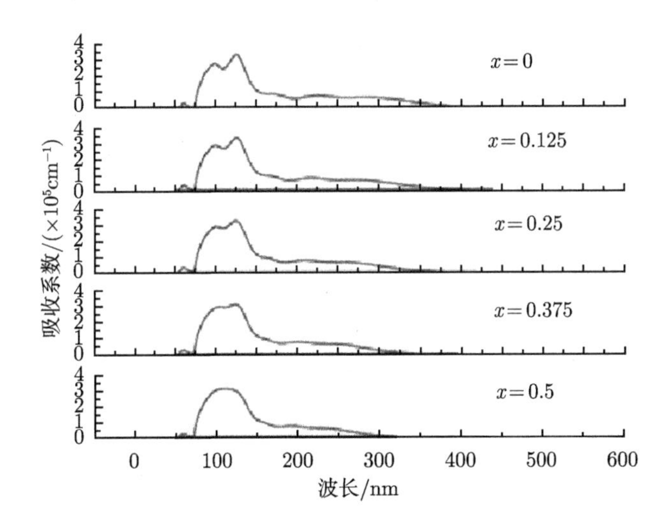

图 4.39 $Al_xGa_{1-x}N$ 体系吸收系数随 Al 组分的变化情况

在 109nm，最大值为 311653cm^{-1}，可以看到随着 Al 组分的增加吸收峰最大值不断减小。

4.6 GaN(0001) 表面电子结构和光学性质

4.6.1 理论模型和计算方法

1. 理论模型

在 GaN(2×2×2) 超晶胞模型 (图 4.1) 优化的基础上，对优化的超晶胞模型作切面得到 GaN(0001)(2×2) 表面体系透视图 (图 4.40)。GaN(0001)(2×2) 表面计算模型采用平板 (Slab) 模型，选用具有 6 个 Ga-N 双分子层厚的平板模型来模拟 GaN(0001) 表面，其中允许上面 3 个双分子层自由弛豫，对下面 3 个双分子层进行了固定来模拟大块 GaN 的固体环境，为了避免平板间发生镜像相互作用，沿 z 轴方向采用了厚度为 1.3nm 的真空层，为了防止表面电荷发生转移，对 GaN(0001) 面底部用 H 原子进行钝化处理。

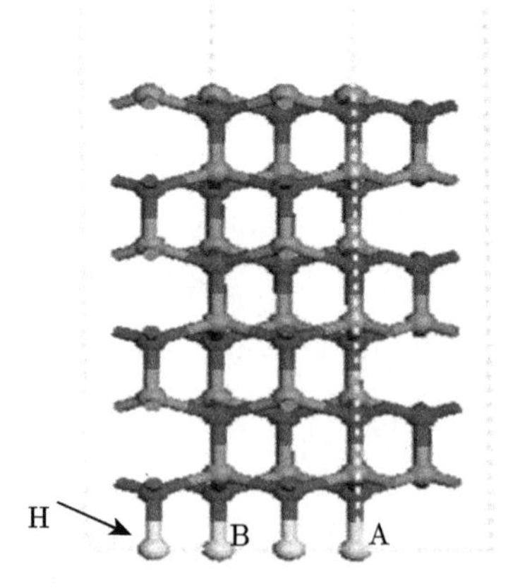

图 4.40 GaN(0001)(2×2) 表面体系透视图 (彩图见封底二维码)

2. 计算方法

计算基于 DFT 的从头算量子力学程序 CASTEP 完成[14]。将原胞中的价电子波函数用平面波基矢进行展开，计算采用 DFT 的 GGA 下的平面波赝势方法[15,16]，模型结构优化采用 BFGS 算法，迭代过程中的收敛精度为 2×10^{-6}eV/atom，原子间相互作用力收敛标准为 0.005eV/nm，晶体内应力收敛标准为 0.05GPa，单原子能量的收敛标准为 1.0×10^{-5}eV/atom，原子最大位移收敛标准设为 0.0001nm，布里渊区积分采用 Monkhors-Pack 形式[17] 的高对称特殊 k 点方法，对布里渊区的 k 点和平面波截止能量进行了一系列的测试计算，GaN 体相的总能计算中 k 网格点设置为 9×9×9，GaN(0001) 表面模型计算中 k 网格点设置为 4×4×1，平面波截断能量 $E_{\rm cut}=400{\rm eV}$，能量计算都在倒易空间中进行，发现这些设定足以保证计算的精确度，参与计算的价态电子为 Ga：$3d^{10}4s^24p^1$，N：$2s^22p^3$，同样对光学性质计算结果根据实验值采用了剪刀算符修正。

4.6.2 计算结果与讨论

1. GaN(0001) 表面结构弛豫

计算了 GaN(0001)(2×2) 清洁表面的性质，清洁表面在一般情况下只发生弛豫，不发生重构，即表面层及附近的原子只在垂直于表面的方向上移动。利用 BFGS 方法进行优化，分别得到了 GaN(0001) 面双分子层的厚度和层间距，如表 4.6 和表 4.7 所示。弛豫后最表面双分子层厚度较体相材料双分子层厚度增加了 0.93%，与徐彭寿等 [25] 根据实验拟合的双分子层厚度增加 0.5%的结果基本一致，次表面双分子层厚度和再次表面双分子层厚度较体相材料双分子层厚度分别压缩了 1.85%和 2.16%，弛豫对表面双分子层厚度影响较小。最表面双分子层层间距较 GaN 体相材料双分子层层间距向外略有扩张，扩张幅度大约是体相材料双分子层层间距的 2.22%，次表面双分子层层间距和再次表面双分子层层间距变化幅度为 GaN 体相材料中双分子层层间距的 0.81%、0.66%，越来越接近体材料。

表 4.6 弛豫后 GaN(0001) 表面双分子层厚度及变化情况

双分子层厚度及变化	$D1$/nm	$D2$/nm	$D3$/nm	$\Delta D1$/%	$\Delta D2$/%	$\Delta D3$/%
弛豫后	0.0653	0.0635	0.0633	+0.93	−1.85	−2.16

注：$D1$、$D2$、$D3$ 分别为第一、二、三双分子层厚度，$\Delta D1$、$\Delta D2$、$\Delta D3$ 为弛豫前后双分子层厚度变化量百分比 (弛豫前双分子层厚度为 0.0647nm)，“+” 号表示扩张，“−” 号表示压缩。

表 4.7 弛豫后 GaN(0001) 表面双分子层层间距及变化情况

表面双分子层层间距及变化	d_{12}/nm	d_{23}/nm	d_{34}/nm	Δd_{12}/%	Δd_{23}/%	Δd_{34}/%
弛豫后	0.2023	0.1995	0.1992	+2.22	+0.81	+0.66

注：d_{12}、d_{23}、d_{34} 分别为第一与第二双分子层、第二与第三双分子层、第三与第四双分子层层间距，Δd_{12}、Δd_{23}、Δd_{34} 为弛豫前后双分子层层间距变化量百分比 (弛豫前双分子层层间距为 0.1979nm)，“+” 号表示扩张，“−” 号表示压缩。

2. GaN(0001) 面的表面能与功函数

表面能是指建立一个新表面所需要消耗的额外能量，表面能的存在使得材料表面易于吸附其他物质，它的大小在某种意义上反映了表面的稳定性。在计算 GaN(0001) 面总能的基础上，计算了 GaN(0001) 面的表面能[26]：

$$\sigma=(E_{\rm Slab}-nE_{\rm bulk})/2A \tag{4.4}$$

其中，E_{Slab} 为 GaN(0001) 面弛豫后的总能量；E_{bulk} 为大块 GaN 材料中每个 GaN 分子的平均能量；n 是表面模型中含有的 GaN 分子的数量；A 是层晶原胞的表面积 (由于存在两个表面，所以表面积为 $2A$)。计算获得 GaN(0001) 面的表面能为 $2.1\mathrm{J/m^2}$，表明 GaN(0001) 表面易于吸附其他物质，表面稳定性较好。

对半导体而言，功函数是把半导体底部的电子逸出体外所需要的最小能量，其表达式为[26]

$$\Phi = E_{\mathrm{vac}} - E_{\mathrm{F}} \tag{4.5}$$

其中，E_{vac} 表示真空能级；E_{F} 为体系的费米能级。

我们计算了 GaN(0001) 表面的功函数为 4.2eV，与实验值 (4.0±0.2)eV 完全吻合[27]，与文献 [28] 计算结果 4.42eV 基本一致，体相 GaN 的实验带隙宽度为 3.39eV，碱金属原子 (如 Cs) 吸附于 GaN(0001) 表面后容易诱导负电子亲和势特性，这对 NEA GaN 光电阴极实验研究具有重要意义。

3. GaN(0001) 表面的能带结构及态密度

图 4.41 给出了弛豫后 GaN(0001) 清洁表面的能带结构图，其中虚线代表费米能级。与体相 GaN 能带结构相比发生较大变化，由于表面的存在，在价带顶和导带底出现了一个新能级，较宽的新能级说明了处于这个新能级中的电子有效质量较小，非局域性较强，有利于电子在表面的扩展，GaN(0001) 表面的导电能力较强，呈现金属导电特性。

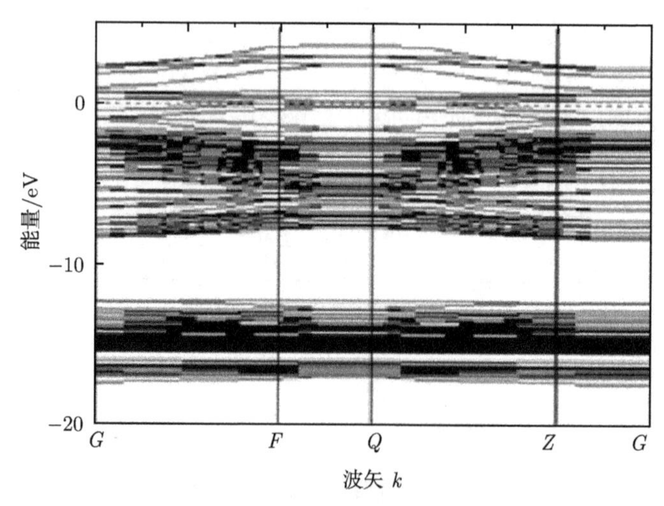

图 4.41　弛豫后 GaN(0001) 清洁表面能带结构图

图 4.42 给出了弛豫后 GaN(0001) 清洁表面的态密度图，其中虚线代表费米能级。价带顶主要由 N 2p 态电子贡献，导带底主要由 Ga 4s 态电子贡献，另外发现

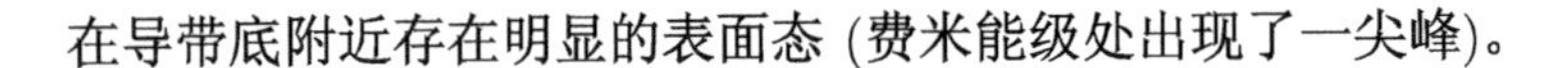

在导带底附近存在明显的表面态 (费米能级处出现了一尖峰)。

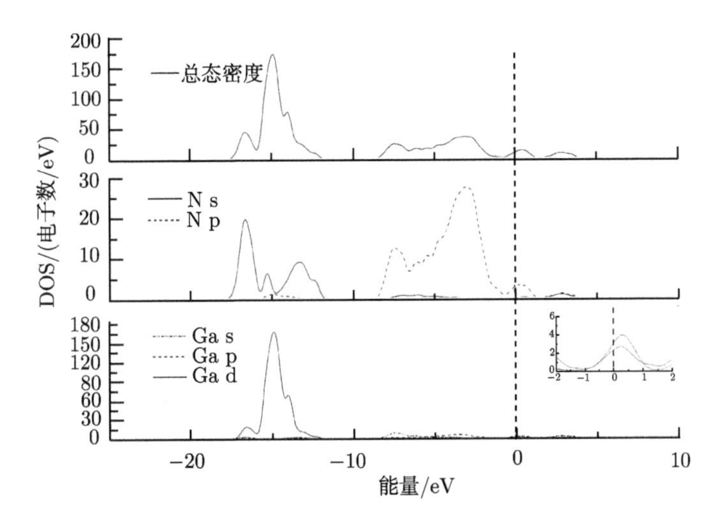

图 4.42 弛豫后 GaN(0001) 面总态密度及分波态密度图

图 4.43 和图 4.44 分别给出了清洁 GaN(0001) 表面第一层、第二层、第三层 GaN 双分子层中 N 原子和 Ga 原子的分层态密度图 (LPDOS)，导带底附近表面态主要由第一层 Ga-N 双分子层贡献，第二层、第三层 Ga-N 双分子层贡献较小，第一层 Ga-N 双分子层主要由 Ga 4s 态电子、Ga 4p 态电子和少量 N 2p 态电子贡献。

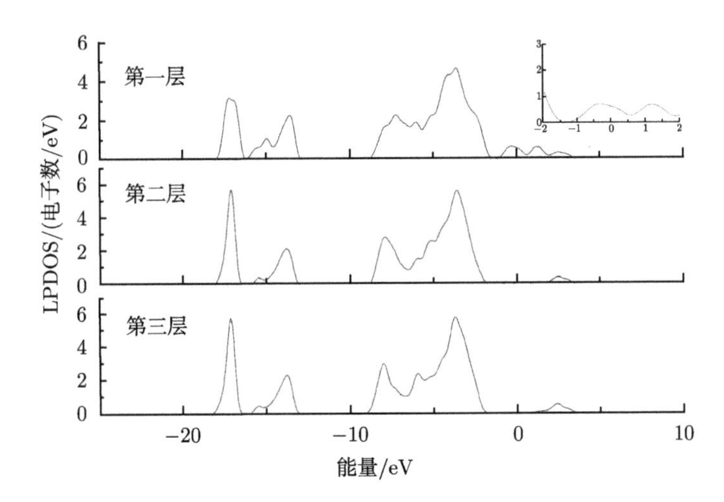

图 4.43 N 原子分层态密度图

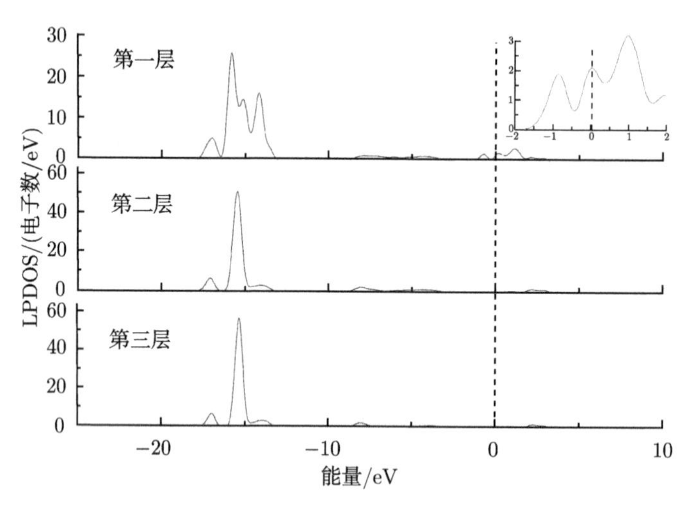

图 4.44　Ga 原子分层态密度图

4. GaN(0001) 表面电荷布居数分析

在 GaN(0001) 表面，每层由于 Ga 原子、N 原子电负性差别形成一个方向向上的偶极矩，各层之间偶极矩相互叠加形成一个总偶极矩，根据 Tasker 的理论[29]，在偶极矩的作用下 GaN(0001) 表面很难保持稳定，表面电荷将重新分布，负电荷由体内向表面转移，这与以上态密度分析结果一致。通过电荷布居数分析发现，Ga 端面电荷弛豫后变为原来的 3/4(0.75$|e|$)，为正极性表面，表面电荷转移达到消除偶极矩而稳定表面的目的，这一结果与 ZnO 极性表面的电荷变化情况完全相似[30]，也进一步说明了 GaN(0001) 表面是较稳定的表面。

5. GaN(0001) 表面光学性质

图 4.45 给出了 GaN 体相材料 (图中实线) 和 GaN(0001) 表面 (图中虚线) 的光吸收系数随能量变化的曲线。比较发现，GaN(0001) 表面的光吸收系数较 GaN 体材料的光吸收系数整体偏低，带边吸收向低能方向移动，GaN 体材料光吸收系数的峰值位置为 4.4968eV、9.5264eV(最大峰)、13.0121eV、19.8388eV。GaN(0001) 表面光吸收系数的峰值位置为 5.4039eV($D1$ 峰)、8.1649eV($D2$ 峰，最大峰)、12.0328eV($D3$ 峰)、17.5432eV($D4$ 峰)，其中，$D1$ 峰是由 N 2p 态 (上价带) 到 Ga 4s 态的跃迁，$D2$ 峰是由 N 2p 态 (下价带) 到 Ga 4s 态的跃迁，$D3$ 峰是由 Ga 2p 态到 N 2p 态的跃迁，$D4$ 峰是由 Ga 3d 态到 N 2p 态的跃迁。与体材料相比最大峰位置向低能方向移动了 1.3615eV，其他峰值位置也略微向低能方向移动，峰值位置发生变化的主要原因是 GaN(0001) 表面弛豫后引起表面结构变化。

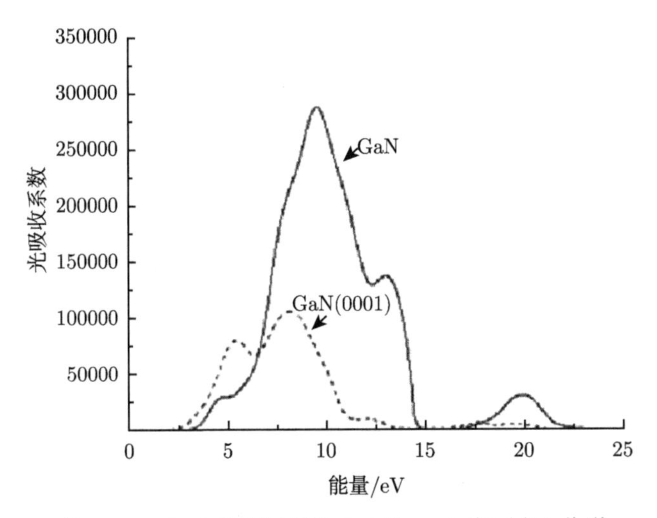

图 4.45 GaN 体相材料和 GaN(0001) 表面光吸收谱

图 4.46 给出了 GaN 体相材料 (图中实线) 和 GaN(0001) 表面 (图中虚线) 的复介电函数实部 $\varepsilon_1(\omega)$ 和虚部 $\varepsilon_2(\omega)$ 随光子能量变化的曲线图，无论是复介电函数的实部还是虚部，幅度都明显下降，虚部 $\varepsilon_2(\omega)$ 随光子能量变化趋势及峰值位置与光吸收系数变化趋势基本一致，GaN(0001) 表面静态介电常数与 GaN 体材料静态介电常数相比减小明显。

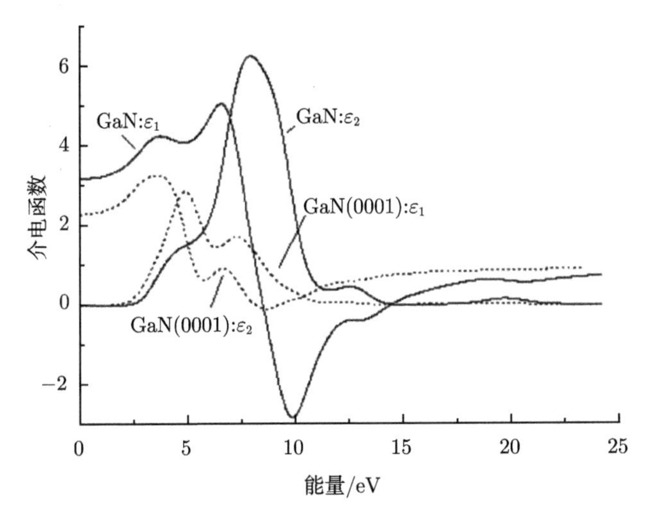

图 4.46 GaN 体相材料和 GaN(0001) 表面介电函数

4.7 GaN(000$\bar{1}$) 表面电子结构和光学性质

4.7.1 理论模型和计算方法

同样在 GaN(2×2×2) 超晶胞模型 (图 4.1) 优化的基础上，对优化超晶胞模型作切面得到 GaN(000$\bar{1}$)(2×2) 表面模型 (图 4.47)。GaN(000$\bar{1}$) 表面计算模型采用平板模型，选用具有 6 个 Ga-N 双分子层厚的平板模型来模拟 GaN(000$\bar{1}$) 表面，其中允许上面 3 个双分子层自由弛豫，对下面 3 个双分子层进行了固定来模拟大块 GaN 的固体环境，为了避免平板间发生镜像相互作用，沿 z 轴方向采用了厚度为 1.3nm 的真空层，为了防止表面电荷发生转移，对 GaN(000$\bar{1}$) 面底部用 H 原子进行钝化处理，如图 4.47 所示。模拟计算中各参数设置与 GaN(0001) 表面计算中参数设置一致，这里不再阐述。

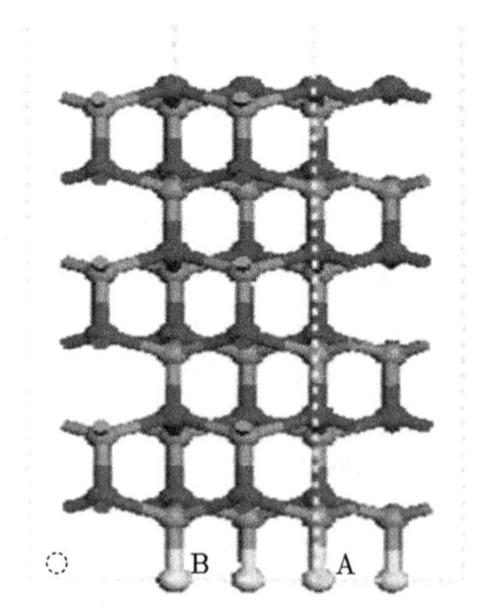

图 4.47 GaN(000$\bar{1}$)(2×2) 表面体系透视图 (彩图见封底二维码)

4.7.2 计算结果与讨论

1. GaN(000$\bar{1}$) 表面结构弛豫

对 GaN(000$\bar{1}$)(2×2) 表面利用 BFGS 方法进行优化，得到了 GaN(000$\bar{1}$) 表面双分子层的厚度和层间距，如表 4.8 和表 4.9 所示。弛豫后，GaN(000$\bar{1}$) 最表面双分子层厚度较体相材料双分子层厚度压缩了 45.75%，次表面双分子层厚度压缩了 10.97%，再次表面双分子层厚度压缩了 1.55%。GaN(000$\bar{1}$) 最表面分子层间距较 GaN 体相材料分子层层间距向外略有扩张，扩张幅度大约是体相材料双分子层层间距的 5.66%，次表面双分子层层间距扩张幅度为 1.21%，再次表面双分子层层间距扩张幅度为 0.15%。计算结果表明，弛豫对 GaN(000$\bar{1}$) 表面双分子层厚度和双分子层间距都有较大影响，GaN(000$\bar{1}$) 表面形貌比 GaN(0001) 表面形貌变化大、褶皱起伏大。发生以上弛豫现象的原因主要是在 GaN(0001) 和 GaN(000$\bar{1}$) 表面形成偶极矩，GaN(0001) 和 GaN(000$\bar{1}$) 表面终端原子分别为 Ga 原子和 N 原子，终端原子价键的断裂在表面形成悬挂键，未配位电子不稳定，由于 N 原子负电性远大于 Ga 原子负电性，在 GaN(0001) 形成了指向表面的偶极矩，在 GaN(000$\bar{1}$) 表面形成了指向体内的偶极矩，在偶极矩作用下 GaN 表面发生弛豫。由于表面终端 N 原子形成的极性电荷更强，所以 GaN(000$\bar{1}$) 表面受表面弛豫影响更大，表面完整性更差，因此，具有 (0001) 表面的 GaN 更容易得到较好的晶体质量。

表 4.8 弛豫后 GaN(000$\bar{1}$) 表面双分子层厚度及变化情况

双分子层厚度及变化	$D1$/nm	$D2$/nm	$D3$/nm	$\Delta D1$/%	$\Delta D2$/%	$\Delta D3$/%
弛豫后	0.0351	0.0576	0.0637	−45.75	−10.97	−1.55

注：$D1$、$D2$、$D3$ 分别为第一、二、三双分子层厚度，$\Delta D1$、$\Delta D2$、$\Delta D3$ 为弛豫前后双分子层厚度变化量百分比 (弛豫前双分子层厚度为 0.0647nm)，“+” 号表示扩张，“−” 号表示压缩。

表 4.9 弛豫后 GaN(000$\bar{1}$) 表面双分子层层间距及变化情况

表面双分子层层间距及变化	d_{12}/nm	d_{23}/nm	d_{34}/nm	Δd_{12}/%	Δd_{23}/%	Δd_{34}/%
弛豫后	0.2091	0.2003	0.1982	+5.66	+1.21	+0.15

注：d_{12}、d_{23}、d_{34} 分别为第一与第二双分子层、第二与第三双分子层、第三与第四双分子层层间距，Δd_{12}、Δd_{23}、Δd_{34} 为弛豫前后双分子层层间距变化量百分比 (弛豫前双分子层间距为 0.1979nm)，“+” 号表示扩张，“−” 号表示压缩。

2. GaN(000$\bar{1}$) *表面的表面能及功函数*

计算了 GaN(000$\bar{1}$) 面的表面能为 1.1J/m^2，说明 GaN(0001) 面比 GaN(000$\bar{1}$) 面更加稳定，GaN(000$\bar{1}$) 面的功函数为 6.667eV，两个表面功函数差别较大的原因主要是 GaN(0001) 和 GaN(000$\bar{1}$) 表面偶极方向不一致，GaN(0001) 面与 GaN(000$\bar{1}$) 面相比更利于电子逸出，因此，在 GaN 光电阴极制备中，GaN(0001) 面是较理想的 Cs、O 激活表面。

3. GaN(000$\bar{1}$) *表面的能带结构及态密度*

图 4.48 给出了弛豫后 GaN(000$\bar{1}$) 清洁表面的能带结构图，其中虚线代表费米能级。对于 GaN(000$\bar{1}$) 表面，由于表面的存在，在价带顶形成了新的能级，较窄的新能级说明了这个新能级中的电子有效质量较大，局域性较强，不利于导电，GaN(000$\bar{1}$) 表面终端 N 原子形成悬挂键，终端 N 原子不能饱和，在价带顶形成一个空的能级，造成了空穴集聚，使 GaN(000$\bar{1}$) 表面呈现 p 型导电特性，未饱和 N 原子在价带顶形成的空能级与 Ga 4s 形成的导带底发生排斥，使得导带底

向高能方向移动，能带带隙变宽，增大为 2.131eV。

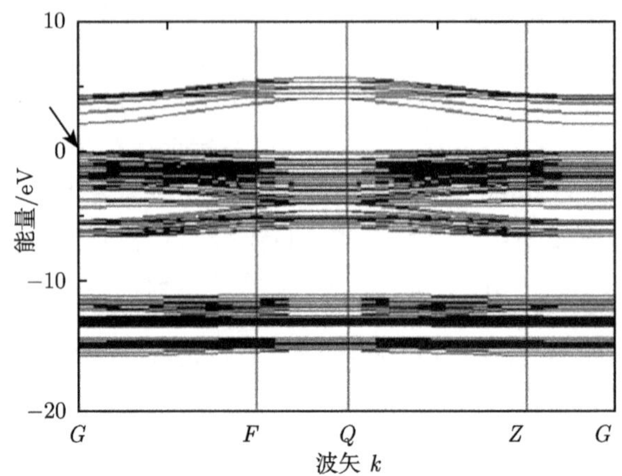

图 4.48　弛豫后 GaN(000$\bar{1}$) 清洁表面能带结构图

图 4.49 给出了弛豫后 GaN(000$\bar{1}$) 清洁表面的态密度图，其中虚线代表费米能级。在价带顶、费米能级处出现新的能态峰，主要由 N 2s 态电子和少量 Ga 4p 态电子贡献，新的能态峰较尖锐，局域性强，不利于导电，与以上能带结构分析结果一致。

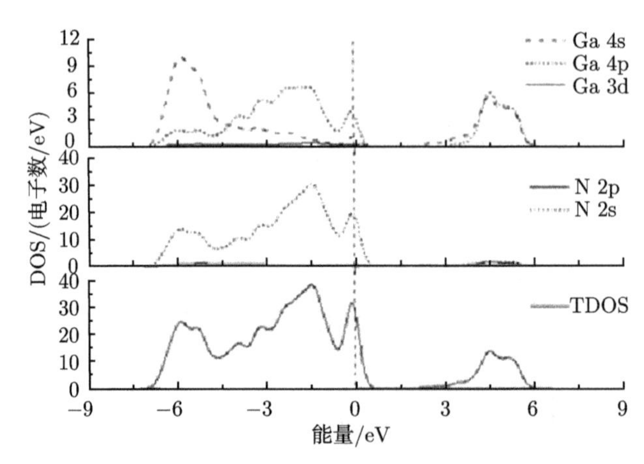

图 4.49　GaN(000$\bar{1}$) 表面总态密度及分波态密度图

图 4.50 和图 4.51 分别给出了清洁 GaN(000$\bar{1}$) 表面第一层、第二层、第三层 Ga-N 双分子层中 N 原子和 Ga 原子的分层态密度图 (LPDOS)，费米能级附近表面态主要由第一层 Ga-N 双分子层贡献，第二层、第三层 Ga-N 双分子层贡献较小。

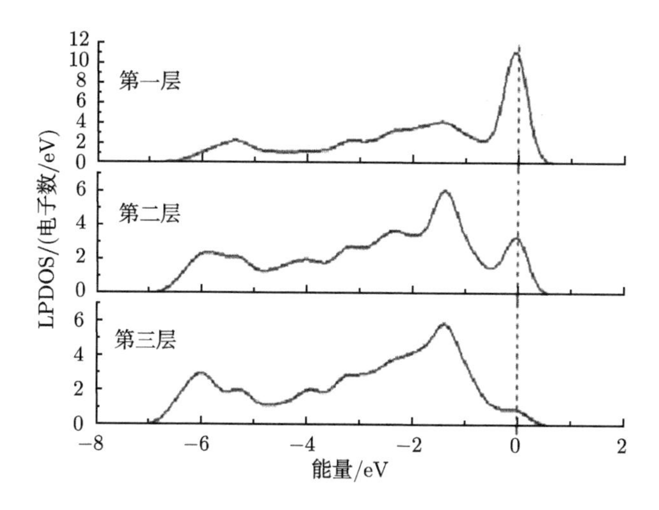

图 4.50 GaN(000$\bar{1}$) 表面 N 原子分层态密度图

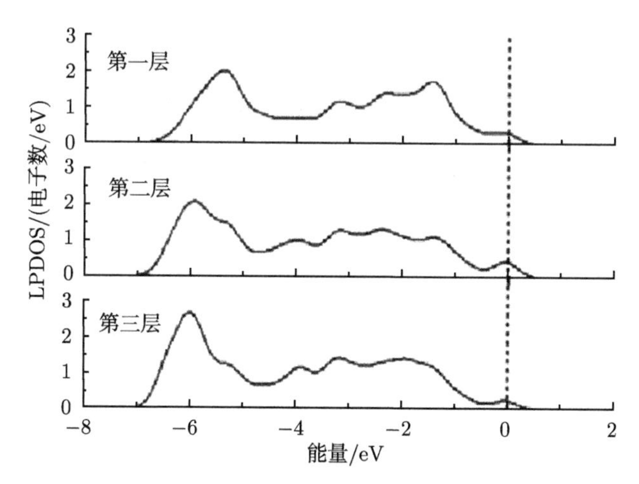

图 4.51 GaN(000$\bar{1}$) 表面 Ga 原子分层态密度图

此外，GaN(000$\bar{1}$) 最表面层原子 (N 原子) 对费米能级处的 DOS 贡献 (27.97eV) 比 GaN(0001) 最表面层原子 (Ga 原子) 对费米能级处的 DOS 贡献 (9.73eV) 大，也显示 GaN(000$\bar{1}$) 表面不如 GaN(0001) 表面稳定，这与前面分析基本一致。

4. GaN(000$\bar{1}$) *表面电荷布居数分析*

GaN(000$\bar{1}$) 表面偶极形成与 GaN(0001) 表面类似，只不过由于 GaN(000$\bar{1}$) 最表面为 N 端面，表面偶极方向向下，同样在偶极的作用下 GaN(000$\bar{1}$) 表面极难稳定存在，为了达到稳定结构，在 N 终表面上会出现电荷的重新分布，表面电荷在偶极矩的作用下发生转移，即 N 终端面会使表面负电荷降低。通过电荷布居数分析发现，GaN(000$\bar{1}$) 表面 N 原子所带负电荷减少为 0.95e(弛豫前为 1e)，为负极性表面，表面电荷转移达到消除偶极矩而稳定表面的目的，计算结果与以上理论分析结果一致。

5. GaN(000$\bar{1}$) 表面光学性质分析

光吸收系数表示光波在介质中单位传播距离光强度衰减的百分比。图 4.52 给出了 GaN 体相材料 (图中实线) 和 GaN(000$\bar{1}$) 表面 (图中虚线) 的光吸收系数随能量变化的曲线。比较发现，GaN(000$\bar{1}$) 表面的吸收系数均比 GaN 体材料低，GaN(000$\bar{1}$) 表面的吸收边发生红移，GaN 体材料光吸收系数的峰值位置为 4.4968eV、9.5264eV(最大峰)、13.0121eV、19.8388eV。GaN(0001) 表面光吸收系数的峰值位置为 2.7719eV($D1$ 峰)、8.4956eV($D2$ 峰，最大峰)、12.1860eV($D3$ 峰)、19.6256eV($D4$ 峰)，其中，$D1$ 峰是 N 2s 态 (上价带) 到 Ga 4s 态的跃迁，$D2$ 峰是由 N 2s 态 (下价带) 到 Ga 4p 态的跃迁，$D3$ 峰是由 Ga 4p 态到 N 2p 或 N 2s 态的跃迁，$D4$ 峰是由 Ga 4s 态到 N 2p 或 N 2s 态的跃迁。与体材料相比最大峰位置向低能方向移动了 1.0308eV，其他峰值位置也略微向低能方向移动，峰值位置发生变化的主要原因是 GaN(000$\bar{1}$) 表面弛豫后引起表面结构变化。

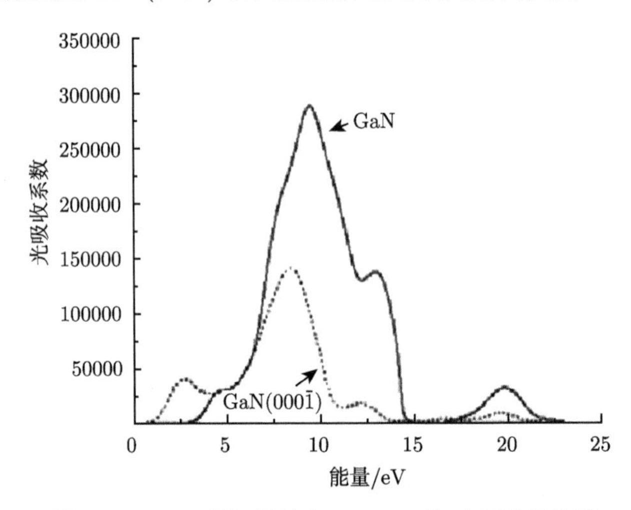

图 4.52　GaN 体相材料和 GaN(000$\bar{1}$) 表面光吸收谱

图 4.53 给出了 GaN 体相材料 (图中实线) 和 GaN(000$\bar{1}$) 表面 (图中虚线) 的复介电函数实部 $\varepsilon_1(\omega)$ 和虚部 $\varepsilon_2(\omega)$ 随光子能量变化的曲线图。与 GaN(0001) 表面一样，无论是复介电函数的实部还是虚部，幅度都明显下降，虚部 $\varepsilon_2(\omega)$ 随光子能量变化趋势及峰值位置与光吸收系数变化趋势基本一致，但 GaN(000$\bar{1}$) 表面静态介电常数与 GaN 体材料静态介电常数相比明显增大。

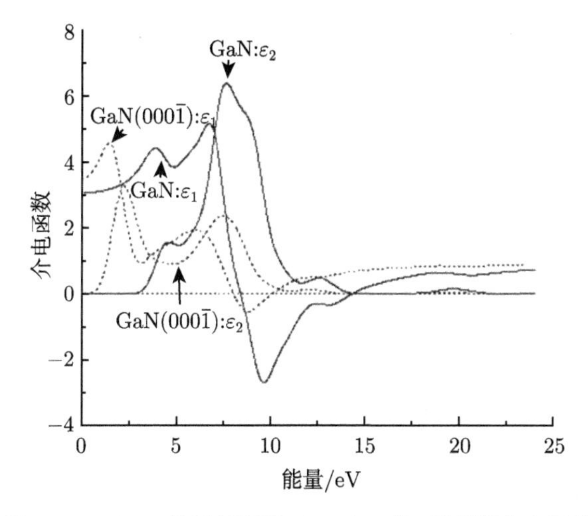

图 4.53 GaN 体相材料和 GaN(000$\bar{1}$) 表面复介电函数

4.8 Mg 掺杂对 GaN(0001) 表面电子结构和光学性质的影响

4.8.1 理论模型和计算方法

在 Mg 掺杂 GaN 模型 (图 4.20) 结构优化的基础上，对优化的超晶胞模型作切面得到 $Ga_{0.9375}Mg_{0.0625}N(0001)(2\times2)$ 表面模型 (图 4.54)。选用具有 6 个 Ga(Mg)-N

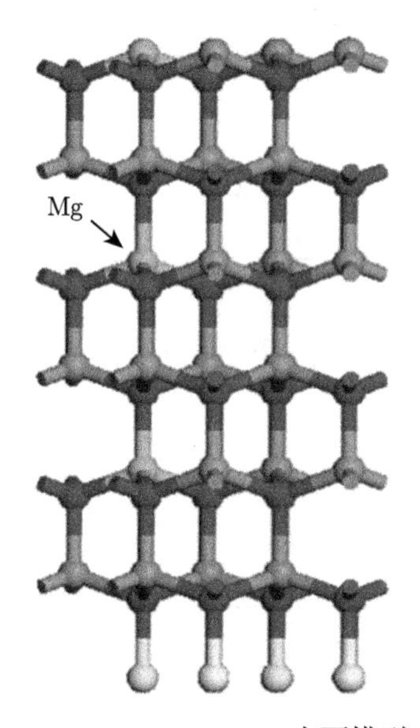

图 4.54 $Ga_{0.9375}Mg_{0.0625}N(0001)(2\times2)$ 表面模型 (彩图见封底二维码)

双分子层厚的平板模型来模拟 $Ga_{0.9375}Mg_{0.0625}N(0001)$ 表面，其中允许上面 3 个双分子层自由弛豫，对下面 3 个双分子层进行了固定来模拟大块 GaN 的固体环境，为了避免平板间发生镜像相互作用，沿 z 轴方向采用了厚度为 1.3nm 的真空层，为了防止表面电荷发生转移，对 $Ga_{0.9375}Mg_{0.0625}N(0001)$ 表面底部用 H 原子进行钝化处理。模拟计算中各参数设置与 GaN(0001) 表面计算中参数设置一致，这里不再阐述。

4.8.2　计算结果与讨论

1. $Ga_{0.9375}Mg_{0.0625}N(0001)$ 表面结构弛豫

计算了 $Ga_{0.9375}Mg_{0.0625}N(0001)(2\times2)$ 清洁表面的性质，利用 BFGS 方法进行优化，得到了 $Ga_{0.9375}Mg_{0.0625}N(0001)$ 表面双分子层的厚度和层间距，如表 4.10 和表 4.11 所示。弛豫后，$Ga_{0.9375}Mg_{0.0625}N(0001)$ 最表面双分子层厚度较掺杂体相材料双分子层厚度压缩了 50.23%，次表面双分子层厚度压缩了 26.89%，再次表面双分子层厚度压缩了 16.85%。$Ga_{0.9375}Mg_{0.0625}N(0001)$ 最表面分子层层间距较 GaN 体相材料分子层层间距向外略有扩张，扩张幅度大约是体相材料双分子层层间距的 8.26%，次表面双分子层层间距扩张幅度为 6.57%，再次表面双分子层层间距压缩幅度为 0.88%。通过比较发现，弛豫对 $Ga_{0.9375}Mg_{0.0625}N(0001)$ 面双分子层厚度和双分子层层间距都有较大影响，$Ga_{0.9375}Mg_{0.0625}N(0001)$ 表面形貌比 GaN(0001) 表面形貌变化大、褶皱起伏大，主要原因是掺杂 Mg 后引起表面偶极矩的变化较大。

表 4.10　弛豫后 $Ga_{0.9375}Mg_{0.0625}N(0001)$ 表面双分子层厚度及变化情况

表面双分子层厚度及变化	$D1$/nm	$D2$/nm	$D3$/nm	$\Delta D1$/%	$\Delta D2$/%	$\Delta D3$/%
弛豫后	0.0322	0.0473	0.0538	−50.23	−26.89	−16.85

注：$D1$、$D2$、$D3$ 分别为第一、二、三双分子层厚度，$\Delta D1$、$\Delta D2$、$\Delta D3$ 为弛豫前后双分子层厚度变化量百分比 (弛豫前 GaN(0001) 双分子层厚度为 0.0647nm，GaN: Mg(0001) 双分子层厚度为 0.0653nm)，“+” 号表示扩张，“−” 号表示压缩。

表 4.11　弛豫后 $Ga_{0.9375}Mg_{0.0625}N(0001)$ 表面双分子层层间距及变化情况

表面双分子层层间距及变化	d_{12}/nm	d_{23}/nm	d_{34}/nm	Δd_{12}/%	Δd_{23}/%	Δd_{34}/%
弛豫后	0.2190	0.2156	0.2005	+8.26	+6.57	−0.88

注：d_{12}、d_{23}、d_{34} 分别为第一与第二双分子层、第二与第三双分子层、第三与第四双分子层层间距，Δd_{12}、Δd_{23}、Δd_{34} 为弛豫前后双分子层层间距变化量百分比 (弛豫前 GaN(0001) 双分子层层间距为 0.1979nm，GaN: Mg(0001) 双分子层层间距为 0.2023 nm)，“+” 号表示扩张，“−” 号表示压缩。

2. 能带结构和态密度

图 4.55 为弛豫后 $Ga_{0.9375}Mg_{0.0625}N(0001)$ 表面的态密度图 (图中虚线为费米能级)，从 $Ga_{0.9375}Mg_{0.0625}N(0001)$ 表面分波态密度图可看出，价带顶主要由 N 2p 态电子、Ga 4p 态电子和 Mg 2p 态电子贡献，导带底主要由 Ga 4s 态电子、Mg 2p 态电子贡献，表面态减弱，主要是由 Mg 2p 态电子影响所致。

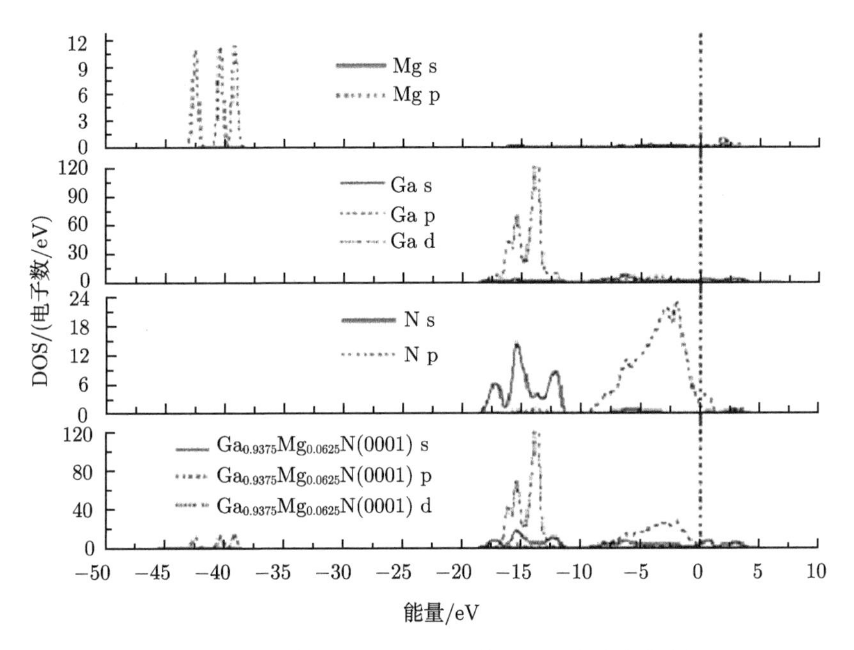

图 4.55 Mg 掺杂 GaN(0001) 清洁表面分波态密度图

3. $Ga_{0.9375}Mg_{0.0625}N(0001)$ 表面光学性质

为了进一步研究 Mg 掺杂对 GaN(0001) 表面光学性质的影响，下面主要分析了 Mg 掺杂对 GaN(0001) 表面吸收谱、反射谱、折射谱、能量损失谱的影响，并与 GaN(0001) 表面光学性质进行比较。图 4.56 ～图 4.59 分别给出了 GaN(0001) 表面 (实线) 和 $Ga_{0.9375}Mg_{0.0625}N(0001)$ 表面 (虚线) 的吸收谱、反射谱、折射谱和能量损失谱。

比较分析发现，与 GaN(0001) 表面相比，$Ga_{0.9375}Mg_{0.0625}N(0001)$ 表面光学吸收边发生红移，紫外部分 (3.1~6.2eV) 光吸收增强，该部分反射率增强，但折射率下降，这是由于在这一能量范围内 GaN 呈现出金属反射特性，入射的光大部分被反射了，对应折射率 n 的值很小，能量损失增大。

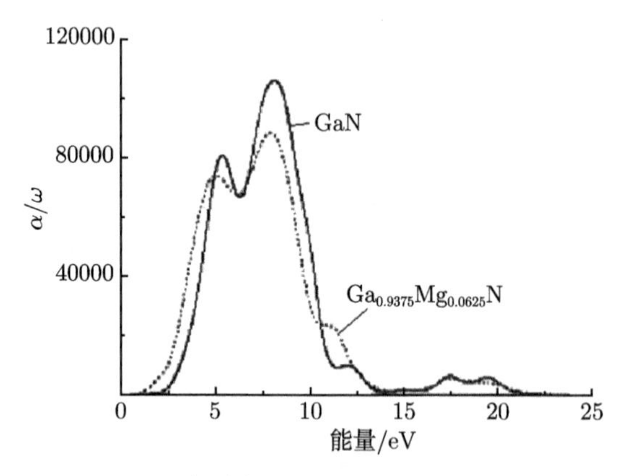

图 4.56　GaN(0001) 表面和 $Ga_{0.9375}Mg_{0.0625}N(0001)$ 表面吸收谱

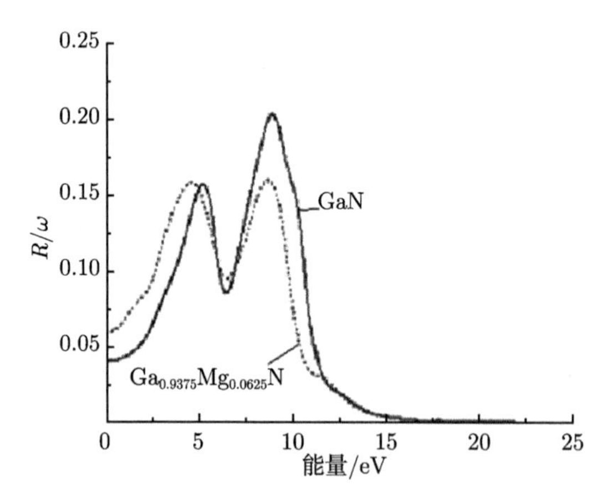

图 4.57　GaN(0001) 表面和 $Ga_{0.9375}Mg_{0.0625}N(0001)$ 表面反射谱

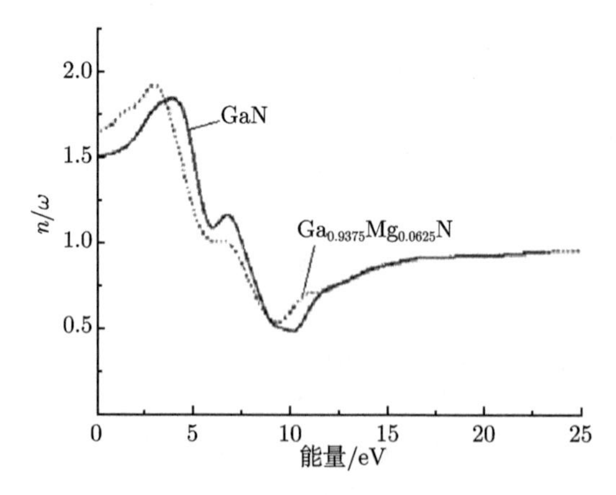

图 4.58　GaN(0001) 表面和 $Ga_{0.9375}Mg_{0.0625}N(0001)$ 表面折射谱

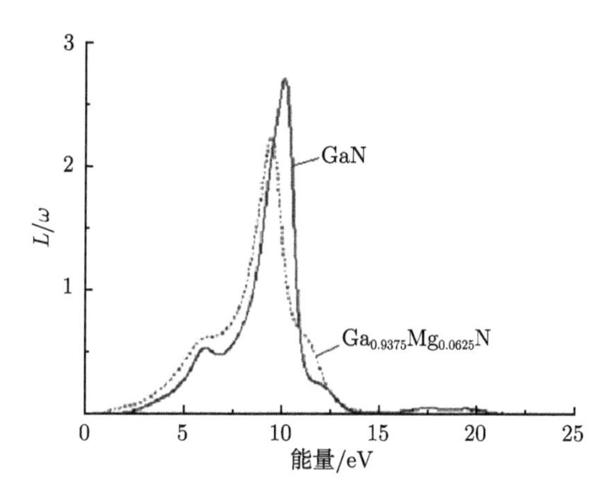

图 4.59 GaN(0001) 表面和 $Ga_{0.9375}Mg_{0.0625}N(0001)$ 表面能量损失谱

4.9 空位缺陷对 GaN(0001) 表面电子结构和光学性质的影响

4.9.1 理论模型和计算方法

为了研究 Ga、N 空位缺陷对 GaN(0001) 表面电子结构和光学性质的影响，在 GaN(0001) 表面模型 (图 4.40) 的基础上，分别去除了表面的 1 个 Ga 原子或 1 个 N 原子建成了 Ga、N 空位缺陷 GaN(0001) 表面模型，图 4.60(a) 为 Ga 空位缺陷 GaN(0001) 表面侧视模型，图 4.60(b) 为 N 空位缺陷 GaN(0001) 表面侧视模型，

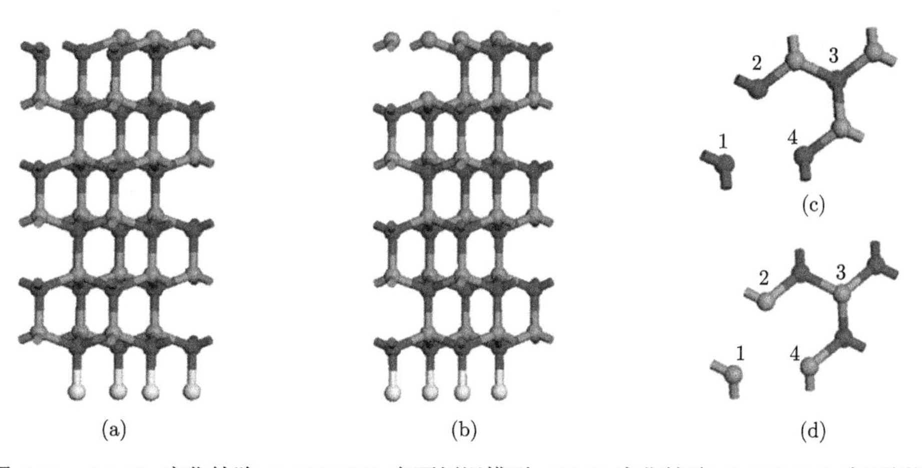

图 4.60 (a) Ga 空位缺陷 GaN(0001) 表面侧视模型；(b) N 空位缺陷 GaN(0001) 表面侧视模型；(c) Ga 空位缺陷 GaN(0001) 表面顶视模型；(d) N 空位缺陷 GaN(0001) 表面顶视模型 (彩图见封底二维码)

图 4.60(c) 为 Ga 空位缺陷 GaN(0001) 表面顶视模型，图 4.60(d) 为 N 空位缺陷 GaN(0001) 表面顶视模型。计算中各参数设置与 GaN(0001) 表面计算中参数设置一致，这里不再阐述。

4.9.2　计算结果与讨论

1. Ga、N 空位缺陷 GaN(0001) 表面弛豫

弛豫后 Ga 空位缺陷 GaN(0001) 表面第一双分子层的厚度为 0.0227nm，第一与第二分子层的间距为 0.2000nm；N 空位缺陷表面第一双分子层的厚度为 0.0436nm，第一与第二双分子层的间距为 0.2070nm；与理想表面相比，Ga 空位缺陷表面、N 空位缺陷表面第一双分子层厚度分别压缩了 64.9%、32.6%，第一与第二分子层的间距分别增大了 1.06%、4.60%，与 GaN(0001) 表面弛豫比较，空位缺陷使 GaN(0001) 表面受影响较大。发生以上弛豫现象的原因主要是在理想表面终端原子价键的断裂在表面形成悬挂键，未配位电子不稳定，表面电荷发生重新分布，表面偶极增大，最表面双分子层在偶极作用下压缩。

为了研究 Ga、N 空位缺陷对空位原子周围原子电荷的影响，计算了表层原子的电荷布居数，并与完整表面做比较，见表 4.12。

表 4.12　GaN(0001) 完整表面、Ga 空位缺陷表面、N 空位缺陷表面最表面分子层各原子的电荷布居数

表面	Ga_1	Ga_2	Ga_3	Ga_4	N_1	N_2	N_3	N_4
完整表面	0.75	0.75	0.75	0.75	−0.98	−0.98	−0.98	−0.98
Ga 空位缺陷表面		0.88	0.88	0.88	−1.04	−0.97	−0.98	−0.97
N 空位缺陷表面	0.79	0.35	0.35	0.27		−0.94	−0.94	−0.95

Ga 空位缺陷对周围 3 个 N 原子静电荷分布影响较小，GaN(0001) 表面 N 原子所带电荷为 $-0.98e$，Ga 空位缺陷 GaN(0001) 表面 N_3 原子静电荷保持不变，N_2、N_3 原子与理想表面相比增加了 $0.01e$ 的电荷，Ga 空位缺陷对表面 3 个 Ga 原子静电荷分布影响较大，Ga_1、Ga_2、Ga_3 原子与理想表面相比减小了 $0.13e$ 的电荷，所以 Ga 空位对周围 N 原子局域电子密度影响较弱，但导致表面 3 个 Ga 原子局域电子密度减小。表 4.13 给出了 Ga 空位缺陷对周围 N—Ga 键长及布居数的影响情况，

表 4.13　Ga 空位缺陷周围 N—Ga 键长及布居数

N—Ga 键	GaN(0001) 完整表面		Ga 空位缺陷 GaN(0001) 表面	
	键长/nm	布居数	键长/nm	布居数
$N—Ga_1$	0.1971	0.56	0.1868	0.73
$N—Ga_2$	0.1972	0.55	0.1868	0.73
$N—Ga_3$	0.1967	0.58	0.1970	0.65

发现 Ga 空位缺陷使其周围 N—Ga 键长减小，布居数增大，N—Ga 键之间的共价性增强。

N 空位缺陷对周围 3 个 Ga 原子静电荷分布影响较大，GaN(0001) 表面 Ga 原子所带电荷为 0.75e，N 空位缺陷周围表面 Ga 原子与理想表面相比分别增加了 0.40e 、0.40e、0.48e，N 空位缺陷对表面 3 个 N 原子静电荷分布略有影响，与理想表面相比分别减小了 0.04e、0.04e、0.03e 的电荷，所以 N 空位缺陷导致表面周围 N 原子局域电子密度减弱，表面 3 个 Ga 原子局域电子密度增加。表 4.14 给出了 N 空位缺陷对周围 N—Ga 键长及布居数的影响情况，发现 N 空位缺陷使其周围 N—Ga 键长增大，布居数减小，N—Ga 键之间的共价性减弱。

表 4.14 N 空位缺陷周围 N—Ga 键长及布居数

N—Ga 键	GaN(0001) 完整表面		N 空位缺陷 GaN(0001) 表面	
	键长/nm	布居数	键长/nm	布居数
N—Ga_1	0.1971	0.56	0.2053	0.47
N—Ga_2	0.1972	0.55	0.2053	0.47
N—Ga_3	0.58	0.1967	0.2012	0.53

2. Ga、N 空位缺陷 GaN(0001) 表面态密度

图 4.61 给出了 GaN(0001) 完整表面和 Ga、N 空位缺陷表面总态密度，发现 Ga、N 空位缺陷 GaN(0001) 表面总密度度价带部分向高能方向移动，Ga 空位缺陷 GaN(0001) 表面总态密度价带部分移动较大，并且 Ga、N 空位缺陷下价带态密度峰增大，导带部分总态密度 N 空位缺陷向低能方向移动，Ga 空位缺陷向高能方向移动。

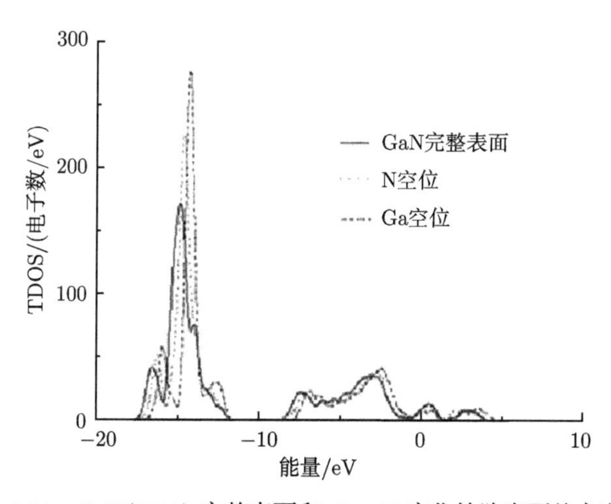

图 4.61 GaN(0001) 完整表面和 Ga、N 空位缺陷表面总态密度

3. Ga、N 空位缺陷 GaN(0001) 表面光学性质

进一步研究了 Ga、N 空位缺陷对 GaN(0001) 表面光学性质的影响，这里仅分析 Ga、N 空位缺陷对 GaN(0001) 表面吸收谱 (紫外部分 3.1~6.2eV) 的影响，如图 4.62 所示。研究发现，与 GaN(0001) 表面吸收谱比较，N 空位缺陷吸收边向低能方向移动，与完整表面比较第一谱峰增大，Ga 空位缺陷吸收边向高能方向移动，与完整表面比较第一谱峰减小，且谱峰向低能方向移动。

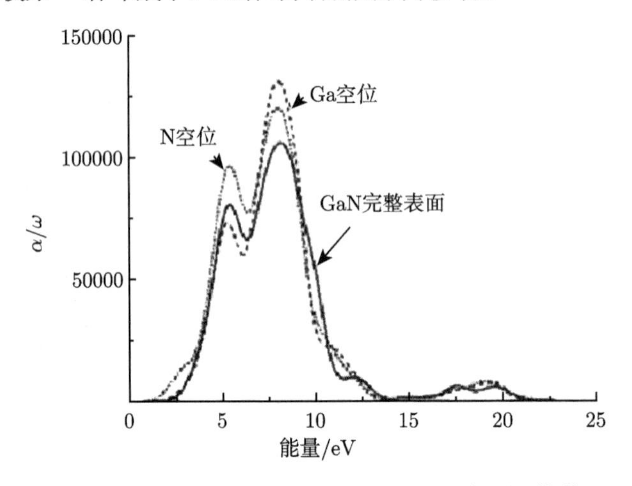

图 4.62 Ga、N 空位缺陷 GaN(0001) 表面吸收谱

参 考 文 献

[1] 杜玉杰. GaN 光电阴极材料特性与激活机理研究. 南京: 南京理工大学, 2012

[2] 褚君浩. 窄禁带半导体物理学. 北京: 科学出版社, 2005

[3] 李旭珍, 谢泉, 陈茜, 等. $OsSi_2$ 电子结构和光学性质的研究. 物理学报, 2010, 59(3): 2016-2021

[4] 沈耀文, 康俊勇. GaN 中与 C 和 O 有关的杂质能级第一性原理计算. 物理学报, 2002, 51(03): 0645-0648

[5] Pang C, Shi J J, Zhang Y, et al. Electronic structures of wurtzite GaN with Ga and N vacancy. Chinese Physics Letters, 2007, 24(7): 2048-2051

[6] 介伟伟, 杨春. 六方 GaN 空位缺陷的电子结构. 四川师范大学学报 (自然科学版), 2010, 33(6): 803-807

[7] Li Y H, Xu P S, Pan H B. The first principle study on the atomic and electronic structure of GaN(1010) surface. Journal of Electron Spectroscopy and Related Phenomena, 2005, 144: 597-600

[8] Miotto R, Srivastava G P, Ferraz A C. First-principles pseudopotential study of GaN and BN (110) surfaces. Surface Science, 1999, 426: 75-82

[9] Sanna S, Schmidt W G. GaN/$LiNbO_3$ (0001) interface formation calculated from first-principles. Applied Surface Science, 2010, 256(19): 5740-5743

[10] Li S T, Ouyang C Y. First principles study of wurtzite and zinc blende GaN: A comparison of the electronic and optical properties. Physics Letters A, 2005, 336: 145-151

[11] Korotkov R Y, Gregie J M, Wessels B W. Electrical properties of p-type GaN: Mg codoped with oxygen. Applied Physics Letters, 2001, 78(2): 222-224

[12] 邢海英, 范广涵, 赵德刚. Mn 掺杂 GaN 电子结构和光学性质研究. 物理学报, 2008, 57(10): 6513-6519

[13] Du Y J, Chang B K,Wang H G, et al. First principle study of the influence of vacancy defects on optical properties of GaN. Chinese Optics Letters, 2012, 10(5): 051601

[14] Segall M D, Lindan P J D, Probert M J, et al. First-principles simulation: Ideals, illustrations and the CASTEP code. Journal of Physics Condens. Matter, 2002, 14(11): 2717-2744

[15] Thomas H. The calculation of atomic fields. Mathematical Proceedings of the Cambridge Philosophical Society, 1927, 23(5): 542-548

[16] Ceperley D M, Alder B J. Ground state of the electron gas by a stochastic method. Physical Review Letters, 1980, 45(7): 566-569

[17] Monkhorst H J, Pack J D. Special points for Brillouin-zone integrations. Physical Review B, 1976, 13: 5188-5192

[18] Lei T, Moustakas T D, Graham R J, et al. Epitaxial growth and characterization of zinc-blende gallium nitride on (001) silicon. Journal of Applied Physics, 1992, 71(5): 4933-4943

[19] 柯福顺, 付相宇, 段国玉, 等. CrO 共掺杂对 GaN 电子结构和光学性质的影响. 红外与毫米波学报, 2011, 30(3): 212-216

[20] Persson C, Ahujaa R, Silvab A F D, et al. First-principle calculations of optical properties of wurtzite AlN and GaN. Journal of Crystal Growth, 2001, 231(3): 407-414

[21] Kawashima T, Yoshikawa H, Adachi S, et al. Optical properties of hexagonal GaN. Journal of Applied Physics, 1997, 82(7): 3528-3535

[22] Machuca F, Sun Y, Liu Z, et al. Prospect for high brightness III-nitride electron emitter. Journal of Vacuum Science and Technology B, 2000, 18: 3042-3046

[23] 郭建云, 郑广, 何开华, 等. Al, Mg 掺杂 GaN 电子结构及光学性质的第一性原理研究. 物理学报, 2008, 57(6): 3740-3707

[24] 刘建军. 掺 Ga 对 ZnO 电子态密度和光学性质的影响. 物理学报, 2010, 59(9): 6466-6472

[25] 徐彭寿, 邓锐, 潘海斌, 等. GaN 表面极性的光电子衍射研究. 物理学报, 2004, 53(4): 1171-1176

[26] 许桂贵, 吴青云, 张建敏, 等. 第一性原理研究氧在 Ni(111) 表面上的吸附能及功函数. 物理学报, 2009, 58(3): 1924-1930

[27] Kampen T U, Eyckeler M, MÖnch W. Electronic properties of cesium-covered GaN(0001) surfaces. Applied Surface Science, 1998, 28: 123-124

[28] Rosa A L, Neugebauer J. First-principles calculations of the structural and electronic properties of clean GaN (0001) surfaces. Physical Review B, 2006, 73: 205346

[29] Tasker PW. The stability of ionic crystal surfaces. Journal of Physics C, 1979, 12: 4977-4984

[30] Meycr B. First-principles study of the polar O-terminated ZnO surface in thermodynamic equilibrium with oxygen and hydrogen. Physical Review B, 2004, 69(4): 045416-045426

第 5 章 AlGaN 光电阴极的能带结构和光学性质

本章继续从能带理论的基本方法入手，设计日盲型 $Al_xGa_{1-x}N$ 光电阴极组件，利用第一性原理计算方法, 计算 Mg 掺杂与 Mg-H 共掺杂、Be 掺杂及 Be-O 共掺杂和点缺陷对 $Al_xGa_{1-x}N$ 的原子结构和电子结构的影响；研究 $Al_xGa_{1-x}N$ 光电阴极的表面特性及表面清洗[1]。

5.1 日盲型 $Al_xGa_{1-x}N$ 光电阴极组件结构设计

5.1.1 不同 Al 组分 $Al_xGa_{1-x}N$ 材料的性质研究

1. 理论模型和计算方法

GaN 和 AlN 均为六角纤锌矿结构，属于 $P63mc$ 空间群，对称性为 C_{6V}^4。Ga(Al)N 的晶胞由 Ga(Al) 的六角密堆积和 N 的六角密堆积嵌套而成[2]。计算中采用 GaN(2×2×2) 超晶胞为基础，晶胞中包含 16 个 Ga 原子和 16 个 N 原子。Al 组分的选取有 x=0、0.125、0.250、0.375、0.500 和 1.000 共 6 种。x=0 时表示 GaN 晶体，x=1 时为 AlN 晶体。$Al_{0.125}Ga_{0.875}N$、$Al_{0.250}Ga_{0.750}N$、$Al_{0.375}Ga_{0.625}N$ 和 $Al_{0.500}Ga_{0.500}N$ 模型的建立是将 GaN(2×2×2) 超晶胞中的 2 个、4 个、6 个和 8 个 Ga 原子替代为 Al 原子[3]。原子替代位置的选取基于能量最低原理，即所建立的 $Al_xGa_{1-x}N$ 晶胞中所选 Al 原子的位置会使晶胞拥有最小的能量。GaN、$Al_{0.125}Ga_{0.875}N$、$Al_{0.250}Ga_{0.750}N$、$Al_{0.375}Ga_{0.625}N$、$Al_{0.500}Ga_{0.500}N$ 和 AlN 的理论模型如图 5.1 所示。

所有的计算工作均在基于 DFT 的量子力学程序包 CASTEP 中进行。首先采用 BFGS 算法对晶体模型进行结构优化，然后采用 GGA 下的平面波赝势方法进

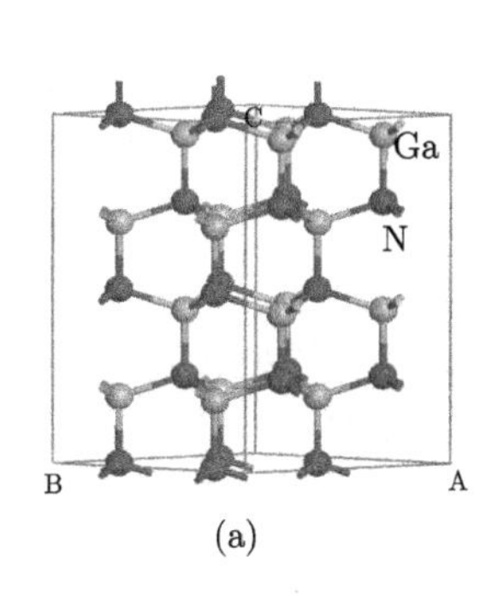

(a)

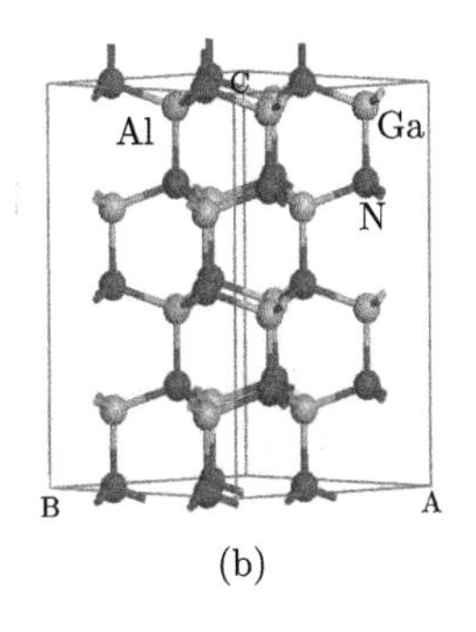

(b)

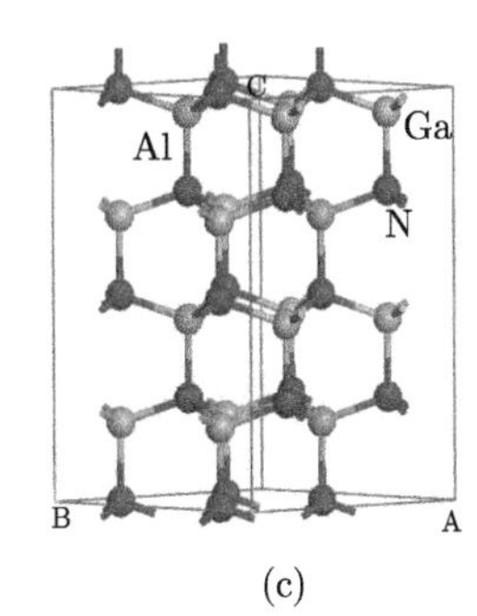

(c)

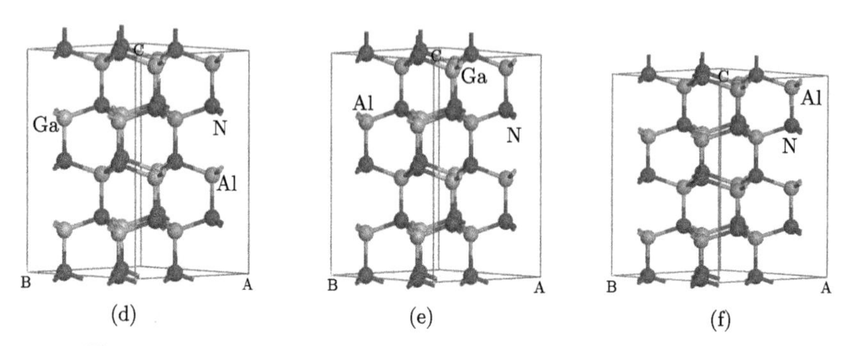

图 5.1　不同 Al 组分 $Al_xGa_{1-x}N$ 的理论模型 (彩图见封底二维码)

(a) GaN; (b) $Al_{0.125}Ga_{0.875}N$;(c) $Al_{0.250}Ga_{0.750}N$; (d) $Al_{0.375}Ga_{0.625}N$;

(e) $Al_{0.500}Ga_{0.500}N$; (f) AlN

行计算，利用 PBE(Perdew, Burke, Emzerhof) 方法处理交换关联作用[4,5]。采用由 Ga:$3d^{10}4s^24p^1$、Al:$3s^23p^1$ 和 N:$2s^22p^3$ 生成的超软赝势描述内核和价电子间相互作用。布里渊区积分采用 Monkhors-Pack[6] 形式的高对称特殊 k 点方法，k 网格点设置为 9×9×9，能量计算都在倒易空间中进行。将原胞中的价电子波函数用平面波基矢进行展开，设置平面波截断能量为 400eV，迭代过程中的收敛精度为 2×10^{-6}eV/atom，原子间相互作用力收敛标准为 0.005eV/nm，晶体内应力收敛标准为 0.05GPa，原子最大位移收敛标准设为 0.0002nm。在光学性质的计算中，采用了剪刀算符提高光学性质的计算精度[7,8]。

2. *原子结构*

利用 BFGS 方法对建造的模型进行优化后，得到六个模型的 Ga—N 键及 Al—N 键的平均键长和晶格常数，如表 5.1 所示，其中//[0001] 表示平行于 [0001] 方向，⊥[0001] 表示垂直于 [0001] 方向。可以看出，由于 Al—N 键的平均键长小于 Ga—N 键，因此随着 Al 组分的增加，$Al_xGa_{1-x}N$ 晶体的晶格常数在不断减小。根据 Vegard 定律[9]，三元混晶 $Al_xGa_{1-x}N$ 的晶格常数可由以下公式计算得到：

$$a(x) = x \cdot a_{\text{AlN}} + (1-x)a_{\text{GaN}} \tag{5.1}$$

$$c(x) = x \cdot c_{\text{AlN}} + (1-x)c_{\text{GaN}} \tag{5.2}$$

式中，$a(x)$ 和 $c(x)$ 表示 $Al_xGa_{1-x}N$ 晶体的晶格常数，a_{GaN}、c_{GaN}、a_{AlN} 和 c_{AlN} 分别表示 GaN 和 AlN 的晶格常数。计算所得的晶格常数与基于 Vegard 定律所得的理论直线如图 5.2 所示。

实际中，无论是理论计算所得晶格常数或是实验测得的晶格常数均不能完美地符合 Vegard 定律，因此常引入一个修正系数δ对实际的偏移情况进行量化：

$$a(x) = x \cdot a_{\text{AlN}} + (1-x)a_{\text{GaN}} - \delta_a \cdot x \cdot (1-x) \tag{5.3}$$

$$c(x) = x \cdot c_{\mathrm{AlN}} + (1-x)c_{\mathrm{GaN}} - \delta_c \cdot x \cdot (1-x) \tag{5.4}$$

通过对图 5.2 中曲线的拟合，得到晶格常数 a 和 c 的偏移系数分别为 −0.006 和 −0.014，表明这里的计算结果较好地符合 Vegard 定律。

表 5.1 GaN、AlN 和不同 Al 组分 $Al_xGa_{1-x}N$ 的平均键长和晶格常数

(单位：Å)

模型	平均键长				晶格常数	
	$(\mathrm{Ga—N})_{//[0001]}$	$(\mathrm{Ga—N})_{\perp[0001]}$	$(\mathrm{Al—N})_{//[0001]}$	$(\mathrm{Al—N})_{\perp[0001]}$	$a=b$	c
GaN	1.986	1.974			3.226	5.282
$Al_{0.125}Ga_{0.875}N$	1.984	1.974	1.912	1.912	3.213	5.250
$Al_{0.250}Ga_{0.750}N$	1.982	1.971	1.902	1.904	3.199	5.221
$Al_{0.375}Ga_{0.625}N$	1.985	1.973	1.907	1.906	3.186	5.189
$Al_{0.500}Ga_{0.500}N$	1.990	1.974	1.905	1.903	3.180	5.145
AlN			1.912	1.890	3.126	5.012

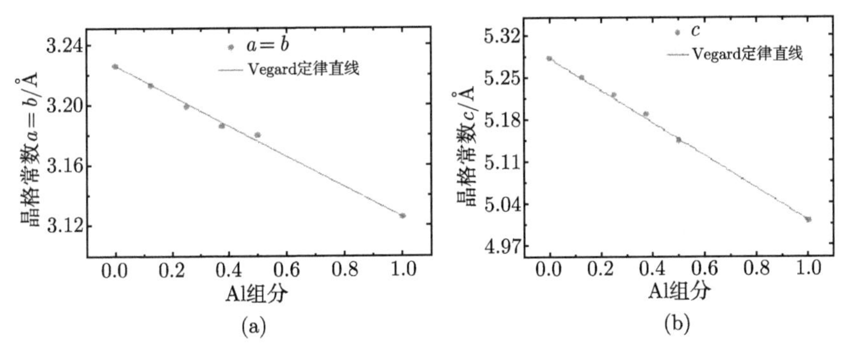

图 5.2 计算所得不同 Al 组分 $Al_xGa_{1-x}N$ 晶体的晶格常数与基于 Vegard 定律所得的理论直线

(a) 晶格常数 $a=b$; (b) 晶格常数 c

3. 光学性质

计算所得 GaN、AlN 和不同 Al 组分 $Al_xGa_{1-x}N$ 材料的折射率与消光系数如图 5.3 所示。由图 5.3(a) 可知，0eV 时的折射率随着 Al 组分的增加而增加，与实验测量所得的结论一致[10]。

当材料的折射率随着入射光子频率的增加而增加时，材料呈正常色散，当折射率随入射光子频率的增加而减小时，材料呈反常色散。以 $Al_{0.25}Ga_{0.75}N$ 为例，在 0~6.48eV 的低能区域和 16.64~25.00eV 的高能区域，材料呈正常色散特性，而在 6.48~16.64eV 的区域，材料呈反常色散特性。在 9.21~13.2eV 区域内，消光系数大于折射率，因此在此段区域内，材料出现金属反射特性，光不能在晶体中传播。

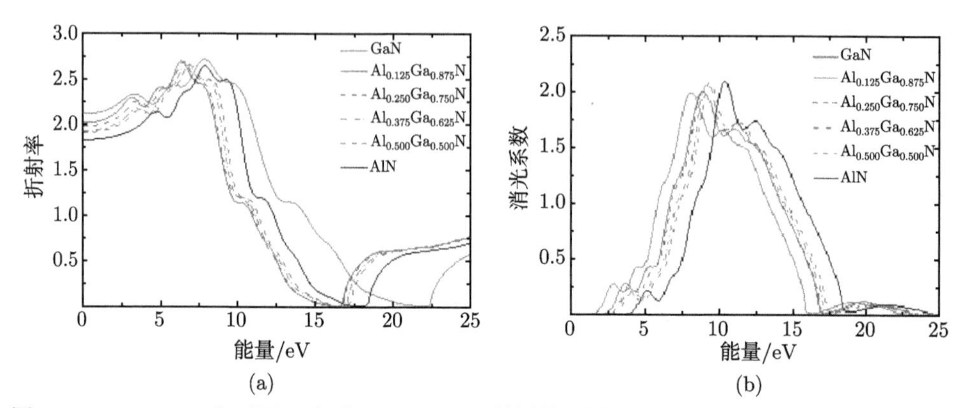

图 5.3　GaN、AlN 和不同 Al 组分 $Ga_{1-x}Al_xN$ 材料的折射率与消光系数 (彩图见封底二维码)

(a) 折射率; (b) 消光系数

吸收系数表示光波在介质中单位传播距离光强衰减的百分比，是表征材料对光的吸收能力的参数。计算所得 GaN、AlN 和不同 Al 组分 $Al_xGa_{1-x}N$ 材料的吸收系数如图 5.4 所示。随着 Al 组分的增加，吸收带边向高能方向移动，表示材料的带隙变宽。GaN、AlN 和不同 Al 组分 $Al_xGa_{1-x}N$ 材料的吸收系数均有三个主要的吸收峰，以 $Al_{0.25}Ga_{0.75}N$ 材料为例，这三个吸收峰分别为 P_1 峰 (4.337eV)、P_2 峰 (8.832eV) 和 P_3 峰 (14.875eV)。其中 P_1 峰对应于价带中的 N 2p 态电子向导带中的 Al 3p 态电子和 Ga 4p 态电子的跃迁，P_2 峰对应于价带中的 N 2p 态电子向 Al 3s 和 Ga 4s 态电子的跃迁，P_3 峰对应于 N 2p 和 Al 3p 态电子在价带顶附近的内部电子激发。

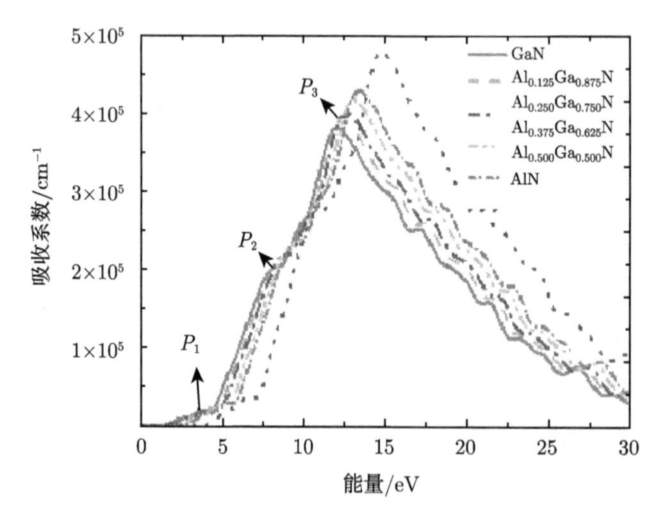

图 5.4　GaN、AlN 和不同 Al 组分 $Al_xGa_{1-x}N$ 材料的吸收系数 (彩图见封底二维码)

4. 电子结构

计算所得 GaN 和 AlN 晶体的带隙为 1.630eV 和 4.270eV。计算结果比文献值 3.39eV 和 6.2eV 偏低 30%～ 50%，这是由于带隙为激发态，而利用 DFT 计算的过程为基态，因此采用 DFT 对半导体和绝缘体的带隙进行计算，禁带宽度会明显偏低，且对于本征半导体，费米能级出现在价带顶的位置，但这并不影响对电子结构的分析[11~13]。计算所得的 $Al_{0.125}Ga_{0.875}N$、$Al_{0.250}Ga_{0.750}N$、$Al_{0.375}Ga_{0.625}N$ 和 $Al_{0.500}Ga_{0.500}N$ 的带隙分别为 1.879eV、2.261eV、2.272eV 和 2.646eV。根据 Vegard 定律[9]，三元混晶 $Al_xGa_{1-x}N$ 材料的能带结构符合下式:

$$E_g(x) = x \cdot E_{g,AlN} + (1-x)E_{g,GaN} - b \cdot x \cdot (1-x) \tag{5.5}$$

式中，$E_g(x)$、$E_{g,AlN}$ 和 $E_{g,GaN}$ 分别代表 $Al_xGa_{1-x}N$、AlN 和 GaN 的禁带宽度；b 为偏移系数。经过计算得到 $Al_xGa_{1-x}N$ 材料的偏移系数 b 为 0.685±0.531，与文献 [14 ~ 16] 中的取值 1 相近，因此可证明计算结果可靠。GaN、$Al_{0.125}Ga_{0.875}N$、$Al_{0.250}Ga_{0.750}N$、$Al_{0.375}Ga_{0.625}N$、$Al_{0.500}Ga_{0.500}N$ 和 AlN 的能带结构图如图 5.5 所示，其中虚线所示为费米能级，在能量为“0”的位置。GaN、AlN 和不同 Al 组分的 $Al_xGa_{1-x}N$ 均为直接带隙半导体，价带顶和导带底均位于 G 点，直接带隙半导体有利于电子从价带顶到导带底的跃迁，有利于提高光电阴极的光电发射性能。不同组

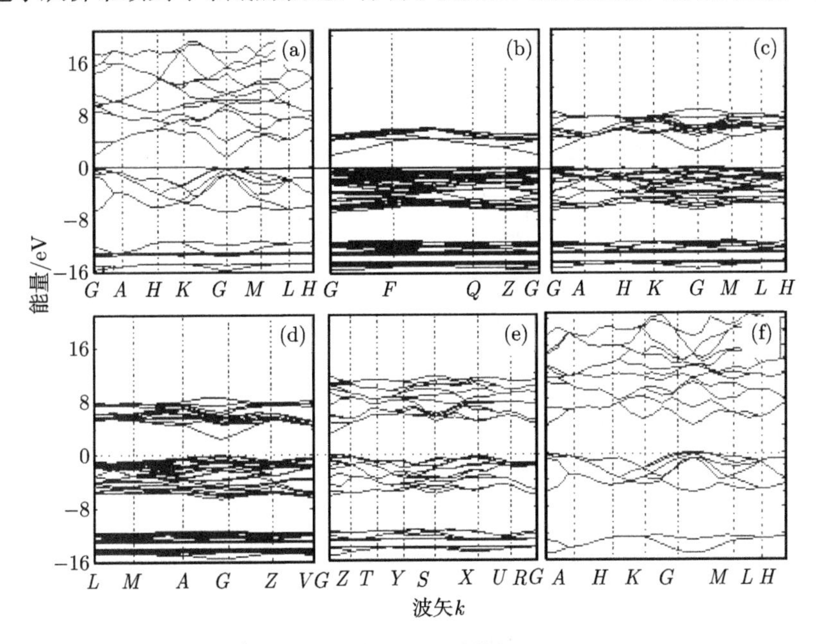

图 5.5 能带结构图

(a) GaN; (b) $Al_{0.125}Ga_{0.875}N$; (c) $Al_{0.250}Ga_{0.750}N$; (d) $Al_{0.375}Ga_{0.625}N$; (e) $Al_{0.500}Ga_{0.500}N$; (f) AlN

分的 $Al_xGa_{1-x}N$ 的能带结构类似，禁带宽度随 Al 组分的增加而增加，价带顶均有三个能级经过，分别对应重空穴带、轻空穴带和自旋–轨道耦合造成的劈裂带。

计算所得 GaN、AlN 和不同 Al 组分 $Al_xGa_{1-x}N$ 的总态密度 (TDOS) 与分波态密度 (PDOS) 如图 5.6 所示。由图 5.6(a) 可知在 −13.18eV 处，不同 Al 组分

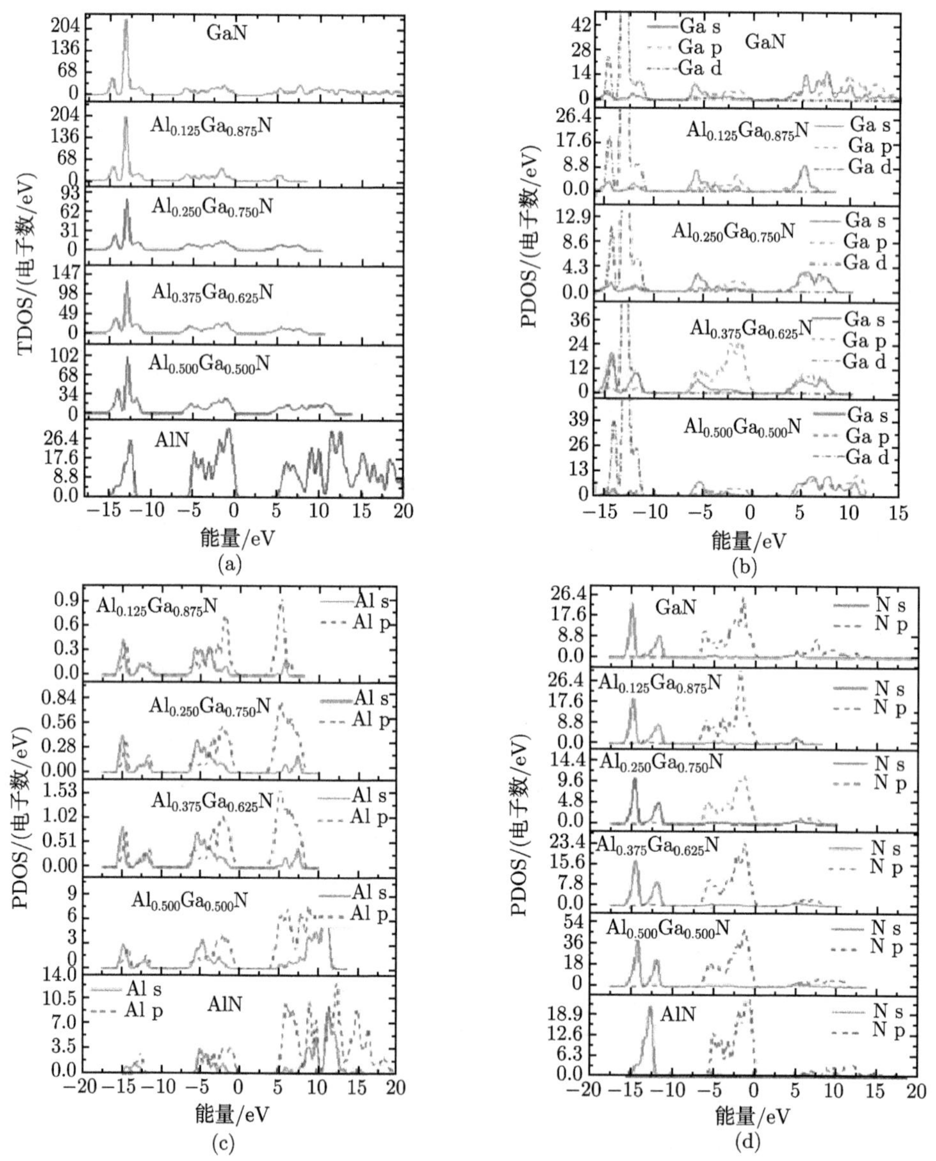

图 5.6 GaN、AlN 和 $Al_xGa_{1-x}N$ 的态密度 (彩图见封底二维码)

(a) 总态密度; (b) Ga 原子的分波态密度; (c) Al 原子的分波态密度; (d) N 原子的分波态密度

$Al_xGa_{1-x}N$ 的总态密度均出现峰值，对应于图 5.6 (b)~(d) 可知，该峰值主要由 Ga 3d 态电子造成，因此随着 Al 组分的增加，此峰值越来越小。

对于 GaN 和 AlN 晶体，导带的范围在 0~20eV，而对于 $Al_xGa_{1-x}N$ 混晶，导带范围明显变窄，导带中电子的能量变低，这与图 5.3 中所示的计算结果一致。$Al_xGa_{1-x}N$ 材料的价带由位于 −16.0~−10.6eV 的下价带和位于 −7.2~0eV 的上价带组成。从分波态密度图可知，下价带主要由 Ga 3d 和 N 2s 态电子贡献，而上价带由 Ga 4s、Ga 4p 和 N 2p 态电子贡献。导带主要由 Ga 4s、Ga 4p、Al 3p 和 N 2p 态电子贡献，导带底主要由 Ga 4p 和 Al 3p 态电子决定。随着 Al 组分的增加，Ga 4p 和 Al 3p 态电子向高能方向移动，导致了晶体带隙的增加。

5.1.2 日盲型光电阴极组件结构设计

1. 薄膜光学理论和量子效率模型

NEA $Al_xGa_{1-x}N$ 光电阴极的组件结构如图 5.7 所示。透射式 $Al_xGa_{1-x}N$ 光电阴极可以简化地看作由蓝宝石衬底、AlN 缓冲层和 $Al_xGa_{1-x}N$ 发射层组成的三层膜系构成[17]。利用薄膜光学的矩阵法推导透射式 $Al_xGa_{1-x}N$ 光电阴极膜系的光学性能，得到的反射率和透射率是膜系各层材料的折射率、消光系数、几何厚度和光学波长的函数。由透射式阴极组件结构可知，进行光学性能计算时，毫米量级的蓝宝石衬底太厚，根据反射率或透射率的实验测试方法，将蓝宝石看成入射介质，而微米量级厚度的 AlN 缓冲层和 $Al_xGa_{1-x}N$ 发射层构成吸收膜系。

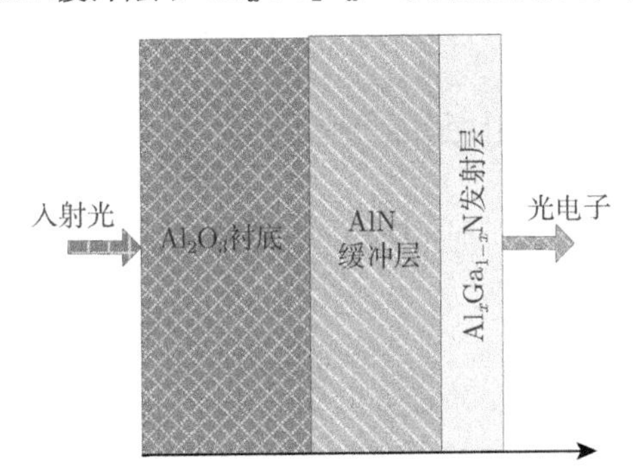

图 5.7 NEA $Al_xGa_{1-x}N$ 光电阴极的组件结构 (彩图见封底二维码)

透射式 $Al_xGa_{1-x}N$ 光电阴极膜系中，AlN 缓冲层和 $Al_xGa_{1-x}N$ 发射层的光学性质的特征矩阵用 Y_i 表示：

$$Y_i = \begin{bmatrix} \cos\delta_j & \dfrac{\mathrm{i}\cdot\sin\delta_j}{\eta_j} \\ \mathrm{i}\cdot\eta_j\sin\delta_j & \cos\delta_j \end{bmatrix} \tag{5.6}$$

式中，$\delta_j = 2\pi\eta_j d_j \cos\theta_j/\lambda, \eta_j = n_j - \mathrm{i}k_j, \eta_j \sin\theta_j = \eta_{j+1}\sin\theta_{j+1}$。则矩阵中包含了各层薄膜的全部有用参数，其中 n_j、k_j 分别是第 j 层膜的折射率和消光系数，它们都是波长的函数，d_j 是膜层的几何厚度，θ_j 是第 j 层膜的折射角。这样膜层组合特征矩阵可表示为

$$Y = \begin{bmatrix} B \\ C \end{bmatrix} = Y_1 \cdot Y_2 \cdot \begin{bmatrix} 1 \\ \eta_0 \end{bmatrix} \tag{5.7}$$

式中，η_0 代表空气的折射率，为 1。这样，透射式 $\mathrm{Al}_x\mathrm{Ga}_{1-x}\mathrm{N}$ 光电阴极结构的反射率 R、透射率 T 和吸收率 A 分别为

$$R(\lambda) = \left(\frac{\eta_{\mathrm{g}}B - C}{\eta_{\mathrm{g}}B + C}\right)^2 \tag{5.8}$$

$$T(\lambda) = \frac{4\eta_{\mathrm{g}}\eta_0}{(\eta_{\mathrm{g}}B + C)^2} \tag{5.9}$$

$$A(\lambda) = 1 - R(\lambda) - T(\lambda) \tag{5.10}$$

式中，η_{g} 代表蓝宝石衬底的折射率。对透射式 $\mathrm{Al}_x\mathrm{Ga}_{1-x}\mathrm{N}$ 光电阴极组件的反射率和透射率进行理论计算时，需要考虑蓝宝石衬底、AlN 缓冲层和 $\mathrm{Al}_x\mathrm{Ga}_{1-x}\mathrm{N}$ 发射层的光学常数。其中 $\mathrm{Al}_x\mathrm{Ga}_{1-x}\mathrm{N}$ 层材料的折射率、消光系数与 Al 组分 x 值有关，且是入射光子波长的函数。本节的计算中，AlN 缓冲层和 $\mathrm{Al}_x\mathrm{Ga}_{1-x}\mathrm{N}$ 发射层的光学常数使用 5.1.1 节中第一性原理计算所得的结果。

通过求解一维扩散方程，得到透射式 NEA $\mathrm{Al}_x\mathrm{Ga}_{1-x}\mathrm{N}$ 光电阴极的量子效率公式为

$$\begin{aligned} Y(h\nu) = & \frac{P(1-R_{h\nu})\alpha_{h\nu}L_{\mathrm{D}}\exp(-\beta_{h\nu}\cdot T_{\mathrm{w}})}{\alpha_{h\nu}^2 L_{\mathrm{D}}^2 - 1} \\ & \times\left\{\frac{\alpha_{h\nu}D_{\mathrm{n}} + S_{\mathrm{v}}}{(D_{\mathrm{n}}/L_{\mathrm{D}})\cdot\cosh(T_{\mathrm{e}}/L_{\mathrm{D}}) + S_{\mathrm{v}}\cdot\sinh(T_{\mathrm{e}}/L_{\mathrm{D}})}\right. \\ & -\frac{\exp(-\alpha_{h\nu}T_{\mathrm{e}})\cdot[S_{\mathrm{v}}\cdot\cosh(T_{\mathrm{e}}/L_{\mathrm{D}}) + (D_{\mathrm{n}}/L_{\mathrm{D}})\cdot\sinh(T_{\mathrm{e}}/L_{\mathrm{D}})]}{(D_{\mathrm{n}}/L_{\mathrm{D}})\cdot\cosh(T_{\mathrm{e}}/L_{\mathrm{D}}) + S_{\mathrm{v}}\cdot\sinh(T_{\mathrm{e}}/L_{\mathrm{D}})} \\ & \left.-\alpha_{h\nu}L_{\mathrm{D}}\cdot\exp(-\alpha_{h\nu}T_{\mathrm{e}})\right\} \end{aligned} \tag{5.11}$$

式中，D_{n} 为电子扩散系数；L_{D} 为电子扩散长度；T_{e} 为 $\mathrm{Al}_x\mathrm{Ga}_{1-x}\mathrm{N}$ 发射层厚度；T_{w} 为 AlN 缓冲层厚度；$\alpha_{h\nu}$ 和$\beta_{h\nu}$ 分别为 $\mathrm{Al}_x\mathrm{Ga}_{1-x}\mathrm{N}$ 发射层和 AlN 缓冲层的吸收系数；P 为电子表面逸出几率；S_{v} 为后界面复合速率。可以看出，光电阴极的量子效率受众多参数的影响，其中表面电子逸出几率 P 与表面功函数的大小紧密相关，使用 Cs、O 原子在阴极表面进行激活，可有效降低表面功函数，提高电子逸出几率。后界面复合速率 S_{v} 的大小取决于缓冲层和发射层之间的界面复合，采

用 Al 组分渐变的结构可减小后界面复合速率。电子扩散长度 L_D 的大小与材料的性质紧密相关，掺杂原子以及材料中的缺陷都会降低电子扩散长度，电子扩散长度是确定透射式光电阴极发射层厚度的重要参考。在仿真计算中，参数的设定如下：D_n=120cm^2/s，L_D=0.15μm，P=0.45，S_v=10^{5}cm/s。

2. 组件结构设计

计算所得 Al 组分为 0.125、0.250 和 0.375 时 NEA $Al_xGa_{1-x}N$ 光电阴极的光学性质和量子效率曲线如图 5.8 所示，其中 A、T 和 R 分别表示吸收率、透射率和反射率。此时，AlN 缓冲层和 $Al_xGa_{1-x}N$ 发射层的厚度分别设置为 0.5μm 和 0.1μm。可以看出，$Al_{0.125}Ga_{0.875}N$、$Al_{0.250}Ga_{0.750}N$ 和 $Al_{0.375}Ga_{0.625}N$ 的阈值波长分别为 340.7nm、316.9nm 和 294.1nm。随着 Al 组分的增加，NEA $Al_xGa_{1-x}N$ 光电阴极的阈值波长明显降低，当 Al 组分达到 0.375 时，阈值波长已可完全满足日盲型探测器的需求。并且随着 Al 组分的增加，NEA $Al_xGa_{1-x}N$ 光电阴极的透射率增加，而吸收率不断减小，这是由于高 Al 组分的 $Al_xGa_{1-x}N$ 材料的吸收系数低。

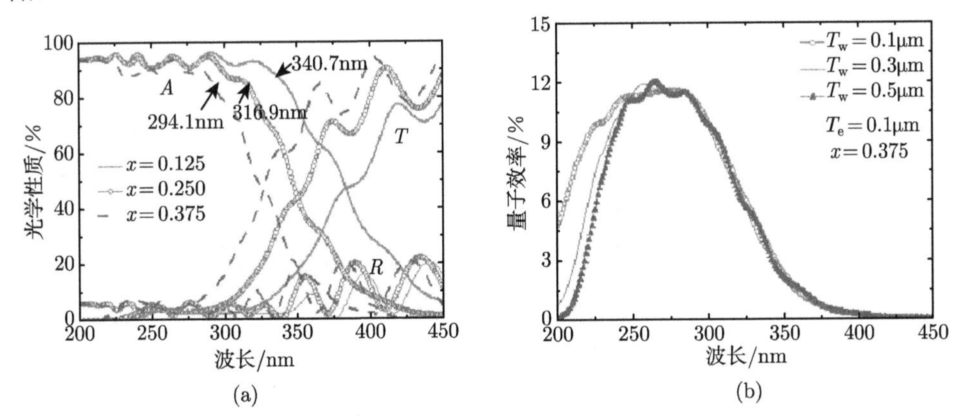

图 5.8 不同 Al 组分 NEA $Al_xGa_{1-x}N$ 光电阴极的光学性质和量子效率曲线

(彩图见封底二维码)

(a) 反射率、透射率和吸收率; (b) 量子效率

具有不同厚度 AlN 缓冲层的 $Al_{0.375}Ga_{0.625}N$ 光电阴极的光学性质和量子效率曲线如图 5.9 所示，其中 A、T 和 R 分别表示吸收率、透射率和反射率。$Al_{0.375}Ga_{0.625}N$ 发射层厚度设为 0.10μm，AlN 缓冲层厚度分别设为 0.1μm、0.3μm 和 0.5μm。

由图 5.9(a) 可知，缓冲层的厚度对光电阴极组件吸收率、透射率和反射率曲线的振荡具有重要影响，缓冲层越厚，曲线的振荡越剧烈，这主要是由薄膜造成的光干涉引起的。由图 5.9(b) 可知，缓冲层厚度对 $Al_{0.375}Ga_{0.625}N$ 光电阴极量子效率的影响主要集中在 200~240nm 范围。在此波段，光电阴极的量子效率随着 AlN 缓冲层厚度的增加而明显降低，因为 AlN 缓冲层吸收了该波段的入射光，使其无法进入发射层形成光电发射。因此较薄的缓冲层有利于提高短波波段的量子效率。

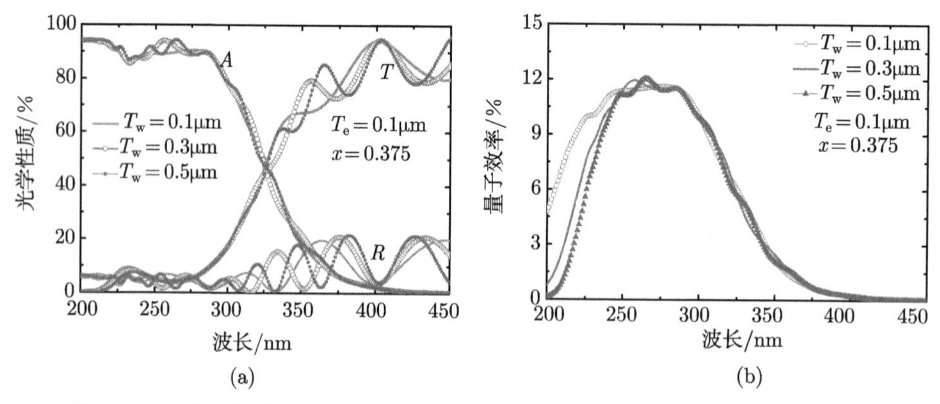

图 5.9　具有不同厚度 AlN 缓冲层的 $Al_{0.375}Ga_{0.625}N$ 光电阴极的光学性质和量子效率曲线 (彩图见封底二维码)

(a) 反射率、透射率和吸收率; (b) 量子效率

具有不同厚度发射层的 $Al_{0.375}Ga_{0.625}N$ 光电阴极的光学性质和量子效率曲线如图 5.10 所示，其中 A、T 和 R 分别表示吸收率、透射率和反射率。AlN 缓冲层的厚度设置为 0.5μm，$Al_{0.375}Ga_{0.625}N$ 发射层的厚度设置为 0.025μm、0.05μm、0.1μm、0.15μm 和 0.2μm。由图 5.10 可以看出，$Al_{0.375}Ga_{0.625}N$ 光电阴极的吸收率随着发射层厚度的增加而不断增加，相应地，透射率在不断降低。在 240~350nm

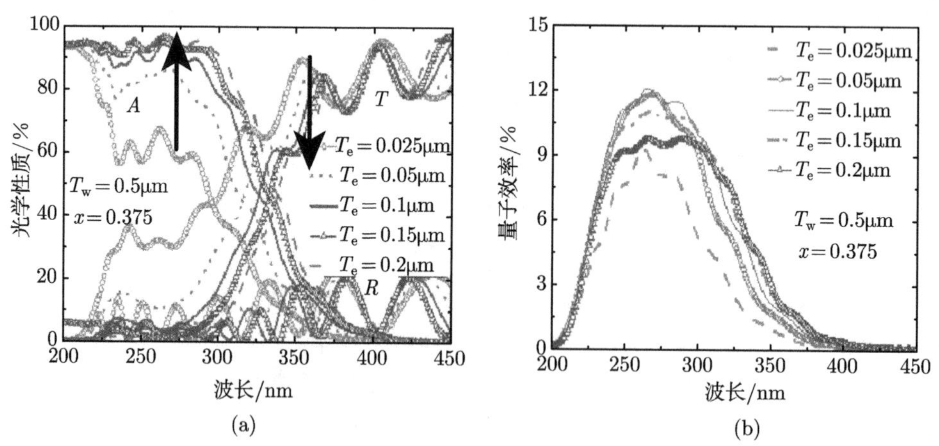

图 5.10　具有不同厚度发射层的 $Al_{0.375}Ga_{0.625}N$ 光电阴极的光学性质和量子效率曲线 (彩图见封底二维码)

(a) 反射率、透射率和吸收率; (b) 量子效率

波段，吸收率的增加最为明显，而在 200~240nm 范围吸收率相对平稳，这是由于 AlN 缓冲层的吸收区主要集中在 200~240nm 的短波波段，而 $Al_{0.375}Ga_{0.625}N$ 发射层的吸收区主要集中在 240~315nm 的长波波段。随着 $Al_{0.375}Ga_{0.625}N$ 发射层厚度的增加，$Al_{0.375}Ga_{0.625}N$ 光电阴极的量子效率曲线并不是单调增长。在 0.025~0.1μm 范围，随着发射层厚度的增加，在整个波段范围，光电阴极的量子效率在不断增加。然而当厚度超过 0.1μm 后，光电阴极的量子效率开始下降。发射层越厚，在 240~310nm 波段的光吸收越多，然而，当发射层厚度超过 0.1μm 后，受限于电子扩散长度，电子不能成功从表面逸出。因此我们认为，对于透射式的 $Al_{0.375}Ga_{0.625}N$ 光电阴极，最佳的发射层厚度应该设置在 0.05~0.1μm 范围。

5.2 p 型掺杂的 $Al_xGa_{1-x}N$ 光电阴极的原子结构和电子结构研究

本节中构建了 Mg 掺杂、Mg-H 共掺杂、代位式 Be 掺杂、间隙式 Be 掺杂和 Be-O 共掺杂的 $Al_{0.25}Ga_{0.75}N$ 模型，采用第一性原理方法计算了 Mg 原子和 Be 原子在 $Al_{0.25}Ga_{0.75}N$ 中的电离能，并计算了不同掺杂方式下 $Al_{0.25}Ga_{0.75}N$ 材料的电子和原子结构，以及材料的载流子浓度，以指导 p 型 $Al_{0.25}Ga_{0.75}N$ 材料的生长。

5.2.1 Mg 掺杂与 Mg-H 共掺杂对 $Al_xGa_{1-x}N$ 材料电子与原子结构的影响

1. 理论模型与计算方法

由于 Al 组分为 0.25 时，$Al_xGa_{1-x}N$ 混晶材料的对称性较高，可有效地减小计算工作量，因此以后的计算工作均以 $Al_{0.25}Ga_{0.75}N$ 为例。掺杂原子 Mg 的半径与 Ga 原子和 Al 原子相近，一般作为代位式杂质存在于 $Al_xGa_{1-x}N$ 材料中[18]。由于其既可以取代 Ga 原子，也可取代 Al 原子，因此本节中建立了 Mg 取代 $Al_{0.25}Ga_{0.75}N$ 晶胞中的 Ga 原子和 Al 原子两种计算模型，如图 5.11 所示。对于晶体生长中引入的杂质原子 H，其与受主杂质 Mg 结合会使 Mg 钝化，其在掺杂原子 Mg 周围可能存在的典型位置有 H_1、H_2、H_3、H_4 四种[19]，其中 H_1 和 H_3 为两个键中心 (bond center) 位，H_2 和 H_4 为两个反键 (anti bonding) 位。如图 5.12 所示，其中该平面表示 $Al_{0.25}Ga_{0.75}N$ 晶体的 $(11\bar{2}0)$ 面。计算方法和参数设置与 5.1.1 节中一致，并考虑 Mg $2p^63s^2$ 态电子的作用。

2. Mg 和 Mg-H 的形成能

杂质的形成能与该杂质在半导体中的最高掺杂浓度 c 之间的关系如下所示[20]：

$$c = N_{\text{site}} \exp(-E_{\text{form}}/k_{\text{B}}T) \tag{5.12}$$

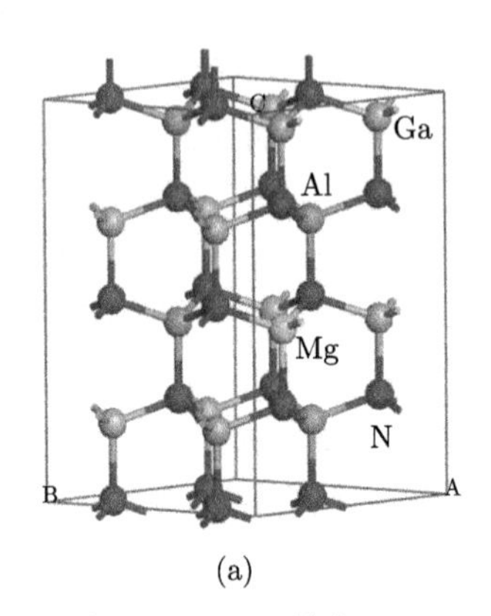

(a)

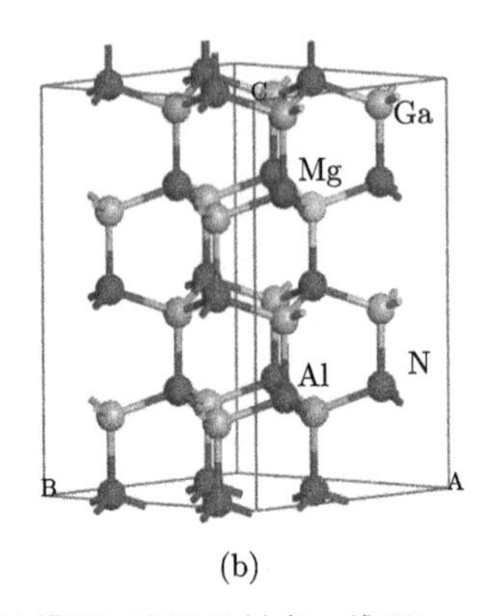

(b)

图 5.11　Mg 掺杂 $Al_{0.25}Ga_{0.75}N$ 的理论模型 (彩图见封底二维码)

(a) Mg_{Ga}; (b) Mg_{Al}

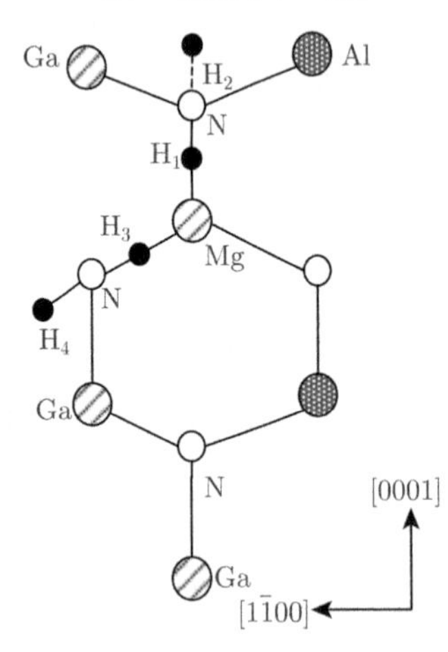

图 5.12　H 可能在掺杂原子周围出现的位置示意图

($BC_{//}$:H_1，$BC_{\perp}$:H_3，$AB_{//}$:H_2，$AB_{\perp}$:H_4) (彩图见封底二维码)

式中，N_{site} 表示单位体积中杂质可占据的晶格的位置数；k_B 表示玻尔兹曼常量；T 表示温度；E_{form} 表示杂质的形成能。式 (5.12) 只有在热平衡状态下适用，然而半导体的生长过程并不是一个热平衡状态。但是杂质的形成能依然是一个非常重要的参数，它可以表示该杂质形成的难易程度，进一步估计用此元素进行掺杂的难易。形成能越高，掺杂越难以进行。Mg_{Ga}、Mg_{Al}、H 和 Mg-H 复合杂质的形成能可根据下式计算得到[21]：

$$E_{\text{form}}(X^q) = E_{\text{tot}}(X^q) - E_{\text{tot}}(\text{Al}_{0.25}\text{Ga}_{0.75}\text{N}) - \sum_i n_i\mu_i + qE_{\text{F}} \tag{5.13}$$

式中，$E_{\text{tot}}(X^q)$ 代表有掺杂原子的各个模型经过优化后的总能量；q 代表掺杂原子的荷电数；$E_{\text{tot}}(\text{Al}_{0.25}\text{Ga}_{0.75}\text{N})$ 代表没有缺陷的 $Al_{0.25}Ga_{0.75}N$ 超胞的总能量；E_F

表示费米能级，本节中以价带顶的能量为参考标准；N_i 和μ_i 分别代表计算模型中 i 原子的数量和化学势，$n_i>0$ 表示 i 原子被加入了原始晶胞形成间隙式缺陷或反替代缺陷，而 $n_i<0$ 则表示 i 原子被去掉。例如，Mg 原子取代 Ga 原子形成代位式掺杂，则 $n_{\rm Mg}$=1，$n_{\rm Ga}$=−1，该式不仅可用于计算代位式掺杂原子的形成能，也可用于计算间隙式掺杂原子、复合掺杂以及间隙式点缺陷、空位式点缺陷和反替代缺陷的形成能。材料的生长过程是在富 Ga(Al) 或在富 N 条件下进行的，这两种情况下模型的化学势不同。对于富 Ga(Al) 的情况，认为 Ga 原子和 Al 原子的化学势分别等于金属状态的 Ga 和 Al 原子的化学势。这时 Ga(Al) 原子的化学势被设置为上限，相应的 N 原子的化学势有一个下限。而在富 N 条件下，N 原子的化学势对应于 N 原子在 N_2 分子中的化学势。因此 $Al_{0.25}Ga_{0.75}N$ 晶胞的总能量可以表示为

$$E_{\rm tot}[{\rm Al_{0.25}Ga_{0.75}N}]=0.75\mu_{\rm Ga[bulk]}+0.25\mu_{\rm Al[bulk]}+\mu_{\rm N[N_2]}+\Delta H_{\rm f}[{\rm Al_{0.25}Ga_{0.75}N}] \tag{5.14}$$

式中，$\Delta H_{\rm f}[{\rm Al_{0.25}Ga_{0.75}N}]$ 代表 $Al_{0.25}Ga_{0.75}N$ 的形成焓。若形成焓为负值，表示晶体结构稳定。根据我们的计算结果，$Al_{0.25}Ga_{0.75}N$ 的形成焓为 −0.54eV。Mg 原子化学势的上限被认为是 Mg 原子在 Mg_3N_2 中的能量，可表示为

$$3\mu_{\rm Mg}+2\mu_{\rm N}=3\mu_{\rm Mg[bulk]}+2\mu_{\rm N[N_2]}+\Delta H_{\rm f}[{\rm Mg_3N_2}] \tag{5.15}$$

综合式 (5.13)∼ 式 (5.15) 可以知道，在富 N 的情况下能得到最小的形成能，即将 N 原子的化学势设置为其在 N_2 分子中的化学势值。计算所得富 N 情况下 Mg_{Ga} 和 Mg_{Al} 的形成能如图 5.13 所示。当费米能级为 0.2eV 时，计算得到 Mg_{Ga} 和 Mg_{Al} 的形成能为 1.757eV 和 0.875eV，当费米能级高于价带顶 0.2eV 时，无论是替代 Ga

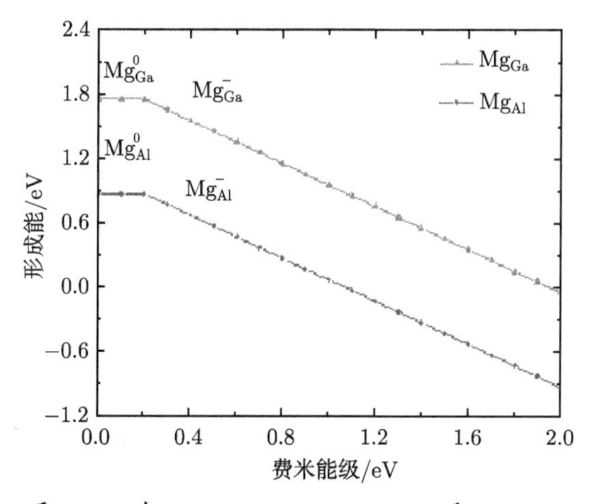

图 5.13 Mg_{Ga} 和 Mg_{Al} 在 $Al_{0.25}Ga_{0.6875}Mg_{0.0625}N$ 和 $Al_{0.1875}Ga_{0.75}Mg_{0.0625}N$ 中的形成能

原子还是替代 Al 原子，掺杂原子 Mg 表现出受主杂质特性，形成能随费米能级增大而减小，且表示 Mg_{Al} 的形成能明显小于 Mg_{Ga}，这是由于 Mg 原子取代 Al 原子后，材料的 Al 组分降低，而 Mg 原子更容易在 Al 组分低的 $Al_xGa_{1-x}N$ 材料中存在。

对于构建的四种 $Al_{0.25}Ga_{0.6875}(MgH)_{0.625}N$ 模型，经过结构优化后比较各模型的总能量，发现当 H 原子位于 H_4 位置时模型总能量最低。因此在以下的讨论中，我们均以 H 原子位于 H_4 位置时的模型进行讨论。H 原子没有直接与 Mg 原子成键，而是占据了 N 原子周围的反键位。这是由于 N 原子的电负性高于 Ga(Al) 原子，因此从 Ga(Al) 原子到 N 原子，电荷密度是单调增长的，导致 N 原子周围有一个球对称的电荷分布区。H 原子贡献了一个电子给 Mg 原子，导致其只剩下一个质子，该质子更倾向于跑向具有高电荷密度的区域。在 Mg 原子的周围，键中心位 H_3 和反键中心位 H_4 具有最高的电荷密度，然而如果其停留在 H_3 位，将会停留在 Mg 原子和 N 原子中间，造成较大的晶格畸变，晶格弛豫所需的能量较高，因此该质子很容易扩散至 H_4 位。计算所得的间隙式 H^+ 杂质和 Mg-H 复合杂质的形成能随费米能级的变化如图 5.14 所示。

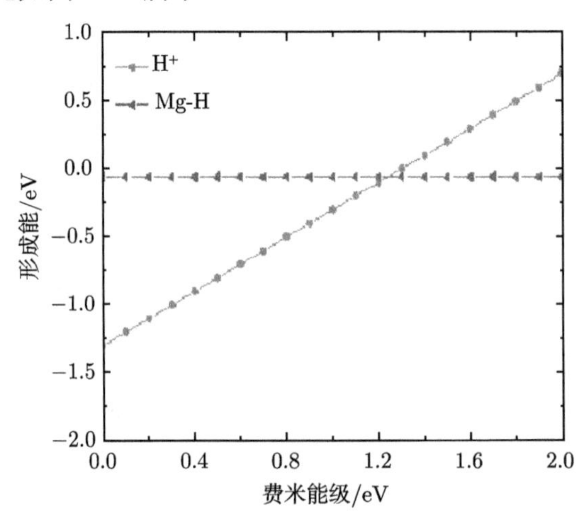

图 5.14　间隙式 H^+ 杂质和 Mg-H 复合杂质的形成能 (彩图见封底二维码)

Mg-H 复合杂质的结合能可由下式计算得到[20]：

$$E_{\mathrm{b}}(\text{Mg-H}) = -E_{\mathrm{form}}[\text{Mg}_{\text{Ga}}\text{-H}] + E_{\mathrm{form}}[\text{Mg}_{\text{Ga}}] + E_{\mathrm{form}}[\text{H}] \tag{5.16}$$

Mg-H 复合体的形成能比 Mg 杂质和 H^+ 杂质的形成能之和小 0.717eV，也就是说 Mg-H 复合杂质的结合能是 0.717eV，与文献中计算的 Mg-H 杂质在 GaN 中的结合能 0.628eV 相近[21]。Mg-H 复合杂质的形成能低于单独 Mg 杂质的形成能，说明 H 原子有利于 Mg 原子在 $Al_xGa_{1-x}N$ 材料中的稳定存在，但是不利于其发挥受主杂质的作用。

3. Mg 和 Mg-H 引起的晶格畸变

Mg 单独掺杂和 Mg-H 共掺杂改变了 $Al_{0.25}Ga_{0.75}N$ 晶胞中的键长和晶格常数。计算所得本征 $Al_{0.25}Ga_{0.75}N$ 和掺杂的 $Al_{0.25}Ga_{0.75}N$ 晶胞中的平均键长和晶格常数如表 5.2 所示。Ga、Al、Mg 和 N 原子的共价半径分别为 1.26Å、1.18Å、1.36Å和 0.75Å[22]。Mg 原子的半径大于 Ga 原子和 Al 原子，Mg—N 键的键长大于 Ga—N 键和 Al—N 键，导致了 Mg 掺杂的 $Al_{0.25}Ga_{0.75}N$ 晶体的晶格常数大于本征的 $Al_{0.25}Ga_{0.75}N$ 晶体。

表 5.2 本征 $Al_{0.25}Ga_{0.75}N$ 和 Mg 掺杂及 Mg-H 共掺杂的 $Al_{0.25}Ga_{0.75}N$ 晶胞中的平均键长和晶格常数 (单位：Å)

模型	Ga—N		Al—N		Mg—N		晶格常数
	⊥[0001]	//[0001]	⊥[0001]	//[0001]	⊥[0001]	//[0001]	
$Al_{0.25}Ga_{0.75}N$	1.971	1.982	1.904	1.902			$a = 3.155$ $c = 5.088$
$Al_{0.25}Ga_{0.6875}Mg_{0.0625}N$	1.966	1.977	1.899	1.897	2.056	2.050	$a = 3.163$ $c = 5.106$
$Al_{0.1875}Ga_{0.75}Mg_{0.0625}N$	1.960	1.969	1.902	1.910	2.039	2.029	$a = 3.162$ $c = 5.103$
$Al_{0.25}Ga_{0.6875}(MgH)_{0.0625}N$	1.979	2.049	1.922	1.912	2.109	2.103	$a = 3.237$ $c = 5.187$

Mg 掺杂和 Mg-H 共掺杂引起的 $(11\bar{2}0)$ 面上的晶格畸变示意图如图 5.15 所示，其中实线表示掺杂前原子的位置，而虚线表示掺杂后原子的位置。可以看出，在 Mg 原子的周围发生了严重的晶格畸变，并且随着距离的增加，畸变减轻。Al—N 键和 Mg—N 键的键长差距比 Ga—N 键和 Mg—N 键的键长差距大，因此在 Mg 取代了 Al 原子的 $Al_{0.1875}Ga_{0.75}Mg_{0.0625}N$ 模型中的晶格畸变要比 Mg 原子取代了 Ga 原子的 $Al_{0.25}Ga_{0.6875}Mg_{0.0625}N$ 模型中的畸变更大。Mg 掺杂导致了晶体中各个键平均键长的增加。Mg 原子所在的双分子层厚度增大，沿着 [0001] 方向，Mg 原子所在双分子层与上一双分子层距离增大，与下一双分子层距离减小。H 原子位于 N 原子的反键位时，致使该双分子层与下一层双分子层的距离也增大。因此，无论是 Mg 掺杂还是 Mg-H 共掺杂，都使晶体的晶格常数增加，原子在掺杂原子附近向外膨胀。

4. 能带结构

计算所得 $Al_{0.25}Ga_{0.6875}Mg_{0.0625}N$ 和 $Al_{0.1875}Ga_{0.75}Mg_{0.0625}N$ 晶体的能带结构如图 5.16 所示，为方便对比，将 $Al_{0.25}Ga_{0.75}N$ 的能带结构图绘入其中。图中虚线代

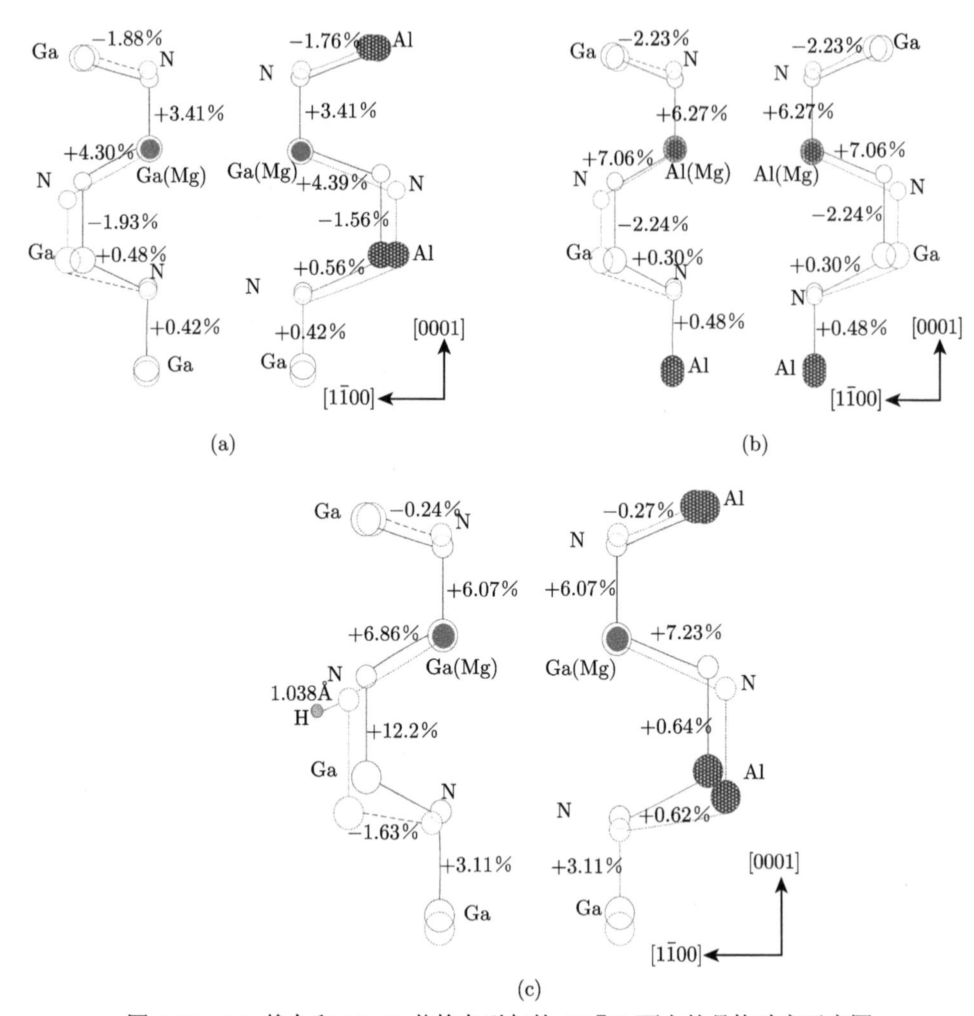

图 5.15　Mg 掺杂和 Mg-H 共掺杂引起的 (11$\bar{2}$0) 面上的晶格畸变示意图

(a) $Al_{0.25}Ga_{0.6875}Mg_{0.0625}N$; (b)$Al_{0.1875}Ga_{0.75}Mg_{0.0625}N$; (c) $Al_{0.25}Ga_{0.6875}(MgH)_{0.0625}N$

表费米能级。可以发现掺杂后 $Al_{0.25}Ga_{0.6875}Mg_{0.0625}N$ 和 $Al_{0.1875}Ga_{0.75}Mg_{0.0625}N$仍为直接带隙半导体，导带底和价带顶均位于 G 点。计算所得 $Al_{0.25}Ga_{0.6875}Mg_{0.0625}N$ 和 $Al_{0.1875}Ga_{0.75}Mg_{0.0625}N$ 的禁带宽度分别为 2.327eV 和 2.188eV，由 5.1.1 节可知，掺杂前 $Al_{0.25}Ga_{0.75}N$ 的禁带宽度为 2.261eV。实验和理论均已证明 Mg 掺杂会导致 GaN 和 $Al_xGa_{1-x}N$ 带隙的增加[23~25]。然而 $Al_{0.1875}Ga_{0.75}Mg_{0.0625}N$ 的带隙小于 $Al_{0.25}Ga_{0.75}N$，这是由于 Mg 原子取代 Al 原子后导致 Al 组分降低。Mg 原子作为 p 型受主杂质存在于 $Al_{0.25}Ga_{0.75}N$ 材料中，将本征的 $Al_{0.25}Ga_{0.75}N$ 材料变为 p 型导电材料。对于这两个掺杂的晶体，费米能级均进入价带，$Al_{0.25}Ga_{0.6875}Mg_{0.0625}N$ 中价带顶与费米能级的距离为 0.159eV，而 $Al_{0.1875}Ga_{0.75}Mg_{0.0625}N$ 中价

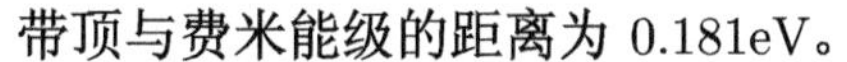
带顶与费米能级的距离为 0.181eV。

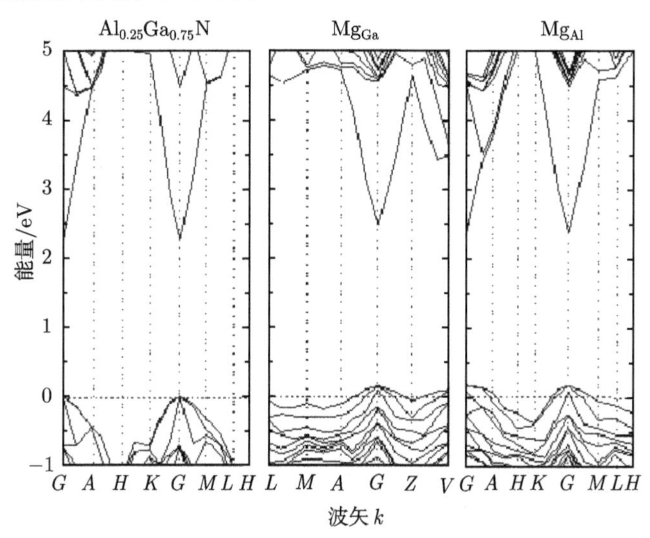

图 5.16 $Al_{0.25}Ga_{0.75}N$、$Al_{0.25}Ga_{0.6875}Mg_{0.0625}N$ 和 $Al_{0.1875}Ga_{0.75}Mg_{0.0625}N$ 晶体的能带结构

计算所得 Mg 原子在 $Al_{0.25}Ga_{0.6875}Mg_{0.0625}N$ 和 $Al_{0.1875}Ga_{0.75}Mg_{0.0625}N$ 中的电离能分别为 266meV 和 227meV。该数值与 Kozodoy 等实验所得的 230meV[23] 及 Götz 等基于有效质量理论计算得到的 227meV[26] 相吻合。Van de Walle 等采用第一性原理方法，建立 Mg 在 GaN 和 AlN 中的掺杂模型，计算得到 Mg 原子在 GaN 和 AlN 中的电离能分别为 200meV 和 400meV[27]，我们计算得到的 Mg 原子在 $Al_{0.25}Ga_{0.75}N$ 中的电离能介于两者之间，同时证明随着 Al 组分的增加电离能变大。基于有效质量理论[27] 可以预测，对于三族氮化物，随着带隙的增大，Mg 原子在其中的电离能不断增大，并且得到了 Li 等[28] 和 Tanaka 等[29] 的证实。高的电离能意味着更高的掺杂难度和离化难度，我们的结果与前人的理论结果和实验结果是一致的。

$Al_{0.25}Ga_{0.6875}(MgH)_{0.0625}N$ 的能带结构如图 5.17 所示。$Al_{0.25}Ga_{0.6875}(MgH)_{0.0625}N$ 的禁带宽度为 1.902eV，该值小于 $Al_{0.25}Ga_{0.6875}Mg_{0.0625}N$ 的禁带宽度。费米能级位于价带顶和导带底之间，半导体材料的 p 型特性消失，证明 H 原子提供了一个电子给 Mg 原子，将 p 型掺杂原子钝化。

5. *Mg 掺杂后的载流子浓度及 H 原子的钝化作用*

$Al_{0.25}Ga_{0.75}N$、$Al_{0.25}Ga_{0.6875}Mg_{0.0625}N$ 和 $Al_{0.1875}Ga_{0.75}Mg_{0.0625}N$ 的总态密度和各原子的分波态密度如图 5.18 所示，其中虚线代表费米能级。Mg 掺杂后，费米能级处的态密度值不再为零，这主要是由 Ga 4p、Al 3p 和 N 2p 态电子组成。Mg

掺杂后，从 $Al_{0.25}Ga_{0.6875}Mg_{0.0625}N$ 和 $Al_{0.1875}Ga_{0.75}Mg_{0.0625}N$ 的总态密度图中可以看出，在 −39.4eV 处出现了新的峰值，主要是由 Mg 2p 态电子造成的。

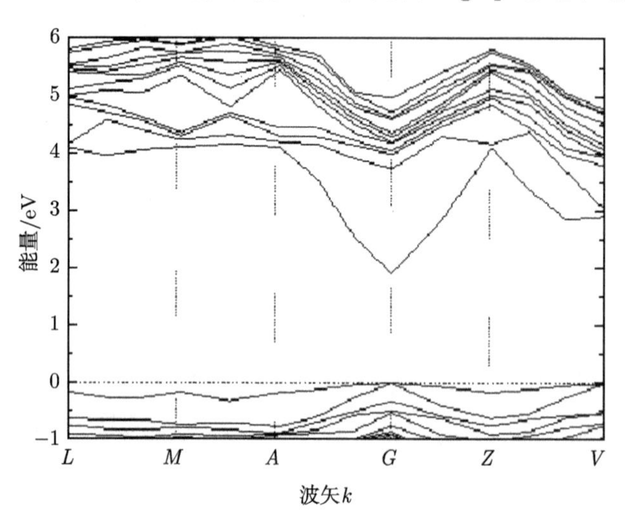

图 5.17　$Al_{0.25}Ga_{0.6875}(MgH)_{0.0625}N$ 的能带结构

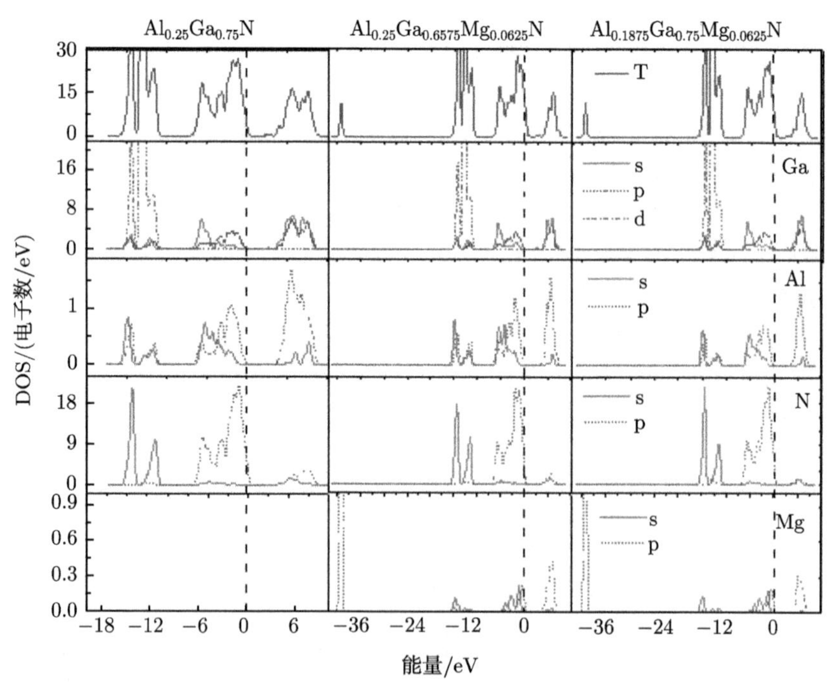

图 5.18　$Al_{0.25}Ga_{0.75}N$、$Al_{0.25}Ga_{0.6875}Mg_{0.0625}N$ 和 $Al_{0.1875}Ga_{0.75}Mg_{0.0625}N$ 的总态密度和分波态密度 (彩图见封底二维码)

将 $Al_{0.25}Ga_{0.75}N$、$Al_{0.25}Ga_{0.6875}Mg_{0.0625}N$ 和 $Al_{0.1875}Ga_{0.75}Mg_{0.0625}N$ 中 Ga、Al 和 N 原子的分波态密度在全能量范围内进行积分，得到分波态密度的积分值，如表 5.3 所示，其中百分比表示的是掺杂前后 Ga、Al 和 N 原子分波态密度积分值的变化率，负号表示减小。$Al_{0.25}Ga_{0.6875}Mg_{0.0625}N$ 和 $Al_{0.25}Ga_{0.75}N$ 中具有相同数量的 Al 原子和 N 原子，因此只对其 Al 原子和 N 原子的分波态密度进行了比较，同理，对 $Al_{0.25}Ga_{0.75}N$ 和 $Al_{0.1875}Ga_{0.75}Mg_{0.0625}N$ 中 Ga 原子和 N 原子的分波态密度进行了比较。可以发现，Mg 掺杂导致 Ga 4s、4p 和 Al 3s、3p 态的电子数明显下降，然而 Ga 3d 态的电子数变化不大，这是由于 Mg 掺杂后 sp^3 轨道杂化只涉及 s 态和 p 态电子，因此 Ga 3d 态电子改变量小。

表 5.3 $Al_{0.25}Ga_{0.75}N$、$Al_{0.25}Ga_{0.6875}Mg_{0.0625}N$ 和 $Al_{0.1875}Ga_{0.75}Mg_{0.0625}N$ 中 Ga、Al 和 N 分波态密度的积分值

	Ga			Al		N	
	s	p	d	s	p	s	p
$Al_{0.25}Ga_{0.75}N$	34.1	31.1	120.3	3.3	8.5	30.3	78.9
$Al_{0.25}Ga_{0.6875}Mg_{0.0625}N$	25.8	21.7	110.2	2.9	6.7	29.7	74.7
				−12.1%	−21.2%	−2.0%	−5.3%
$Al_{0.1875}Ga_{0.75}Mg_{0.0625}N$	26.5	23.6	120.1	2.2	5.0	29.7	74.4
	−22.3%	−24.1%	−0.2%			−2.0%	−5.7%

对于本征半导体，导带中的电子浓度以及价带中的空穴浓度，可以根据下式计算得到：

$$n_0 = n_{\mathrm{i}} \exp\left(\frac{E_{\mathrm{F}} - E_{\mathrm{F0}}}{k_{\mathrm{B}}T}\right), \quad p_0 = n_{\mathrm{i}} \exp\left(\frac{E_{\mathrm{F0}} - E_{\mathrm{F}}}{k_{\mathrm{B}}T}\right) \tag{5.17}$$

且

$$n_0 = \frac{1}{V}\int_{E_{\mathrm{C}}}^{\infty} f(E)g_{\mathrm{C}}(E)\mathrm{d}E, \quad p_0 = \frac{1}{V}\int_{-\infty}^{E_{\mathrm{V}}} f(E)g_{\mathrm{V}}(E)\mathrm{d}E \tag{5.18}$$

式中，$g_{\mathrm{C}}(E)$ 和 $g_{\mathrm{V}}(E)$ 分别表示导带底附近的电子浓度和价带顶附近的空穴浓度；V 表示超胞模型的体积。Mg 掺杂后，半导体为简并半导体，电子服从费米–狄拉克分布：

$$f(E) = \frac{1}{1 + \exp\left(\dfrac{E_i - E_{\mathrm{F}}}{k_{\mathrm{B}}T}\right)} \tag{5.19}$$

以上各式中，E_{F0} 和 E_{F} 分别表示掺杂前后模型的费米能级，本节中，将价带顶作为统一的能量标准进行衡量；n_{i} 表示本征半导体的载流子浓度。计算所得 Mg_{Ga}、Mg_{Al} 和 Mg-H 掺杂的 $Al_{0.25}Ga_{0.75}N$ 的载流子浓度如表 5.4 所示。Mg 掺杂前材料的载流子浓度在 $10^{12}cm^{-3}$ 数量级，Mg 掺杂后，价带中的空穴浓度远高于导带中的电子浓度，材料主要依靠空穴导电，且导电能力为本征半导体的 $10^3 \sim 10^4$ 倍。然而，加入 H 原子后，Mg 原子钝化，导带中的电子浓度基本等于价带中的空穴浓度，p 型特性消失，导电能力恢复到本征半导体的水平。

表 5.4　Mg_{Ga}、Mg_{Al} 和 Mg-H 掺杂的 $Al_{0.25}Ga_{0.75}N$ 的载流子浓度

载流子浓度/cm^{-3}	Mg_{Ga}	Mg_{Al}	Mg-H
n_0	1.62×10^{10}	1.71×10^{10}	9.62×10^{12}
p_0	1.88×10^{16}	7.69×10^{15}	9.43×10^{12}

6. 密立根布居数分布

未掺杂、Mg 单独掺杂和 Mg-H 共掺杂的 $Al_{0.25}Ga_{0.75}N$ 晶胞的密立根电荷布居数的平均值如表 5.5 所示，在掺杂原子位置的具体分布情况如图 5.19 所示。根据泡利提出的元素相对电负性值可知[30]，Ga、Al、N 和 Mg 原子的电负性值分别为

表 5.5　掺杂前后 AlGaN 材料的密立根电荷布居数的平均值

	Ga	Al	N	Mg	H
未掺杂 $Al_{0.25}Ga_{0.75}N$	1.020	1.300	−1.093		
Mg_{Ga}	1.005	1.273	−1.111	1.610	
Mg_{Al}	0.985	1.303	−1.091	1.700	
Mg-H	0.977	1.260	−1.097	1.480	0.140

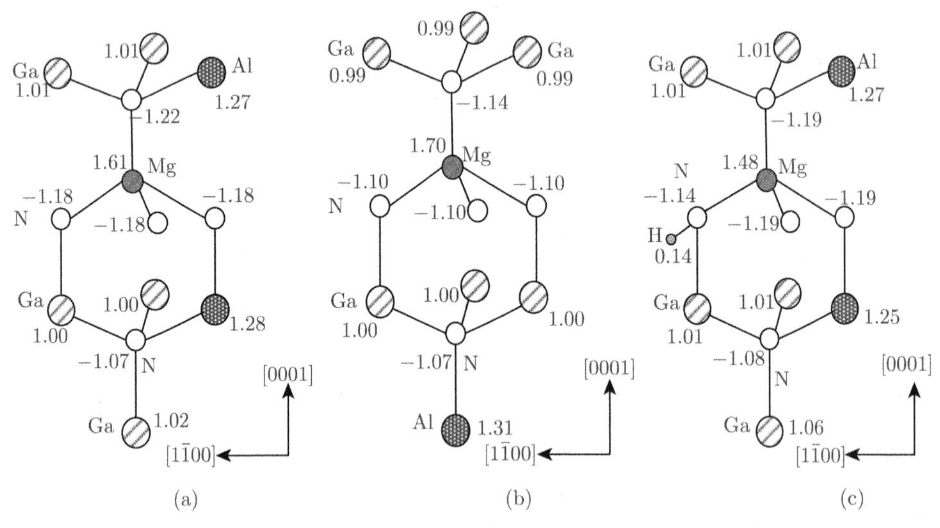

图 5.19　掺杂原子 Mg 周围的电荷布居数 (彩图见封底二维码)

(a) Mg_{Ga}; (b) Mg_{Al}; (c) Mg-H

1.81、1.61、3.04 和 1.31。两个不同原子成键时，其电负性的差距越大，键能会更多地依赖于极性键能的成分，而更少地依赖于共价键能[31]。Mg 原子和 N 原子的电负性差大于 Ga(Al) 和 N 原子的电负性差，因此距离 Mg 原子最近的 N 原子的荷电量最大。可以看出，Ga、Al 和 Mg 的带电量顺序为 Mg>Al>Ga，这与它们的电负性值相一致。H 原子的电荷布居数为 0.140，表明 H 原子在 p 型的 $Al_{0.25}Ga_{0.75}N$ 材料中表现为施主特性。而且由于 H 原子的加入，Mg 原子的电荷布居数变小，这也说明 H 原子减弱了 Mg 原子的离子性。

对于一个给定的晶胞模型，拓扑电荷数与一般定义上的氧化态值之间的比例，称为电荷转移系数。它可以用来描述该模型相对完全离化的模型的偏移程度，即可以用来表征该体系的离子性，表达式为[32]

$$c=\frac{1}{N}\sum_{\Omega}^{N}\frac{\zeta(\Omega)}{\mathrm{OS}(\Omega)}=\left\langle\frac{\zeta(\Omega)}{\mathrm{OS}(\Omega)}\right\rangle \tag{5.20}$$

式中，$\zeta(\Omega)$ 和$\mathrm{OS}(\Omega)$ 分别表示拓扑电荷数和标准氧化态；N 为该体系中的原子数。计算得到的未掺杂和 Mg_{Ga} 及 Mg_{Al} 掺杂的 $Al_{0.25}Ga_{0.75}N$ 的电荷转移数分别为 0.364、0.367 和 0.372。Mori-Sánchez 等曾预测III-V半导体材料的电荷转移数值在 0.3~0.6[32]，因此我们的计算结果正确可靠。Mg-H 共掺杂的模型的电荷转移系数为 0.288，该数值小于单独掺 Mg 的模型。这是由于 H 原子本身的电荷转移系数较小，而且它削弱了 Mg 的电荷转移系数，因此体系的总电荷转移系数降低。

代位式 Mg 掺杂和 Mg-H 共掺杂的晶胞中的平均密立根键布居数如表 5.6 所示，具体分布如图 5.20 所示。Mg 原子对附近键长布居数的影响非常明显。Mg—N 键的键布居数为负数，说明该键呈反键态[33]。此 sp^3 杂化的反键态主要对 4.5~6.5eV 能量范围的电子有影响，这一点可以从 Mg 掺杂后的分波态密度图中看出。对于 Mg-H 共掺杂的体系，Ga—N、Al—N 和 Mg—N 键的键布居数均小于单独掺 Mg 的体系，这也是由共掺杂体系中的平均键长提高造成的。

表 5.6 掺杂前后晶胞的平均密立根键布居数

	Ga—N	Al—N	Mg—N
未掺杂 $Al_{0.25}Ga_{0.75}N$	0.555	0.615	
Mg_{Ga}	0.573	0.633	−0.913
Mg_{Al}	0.588	0.619	−0.810
Mg-H	0.495	0.615	−0.655

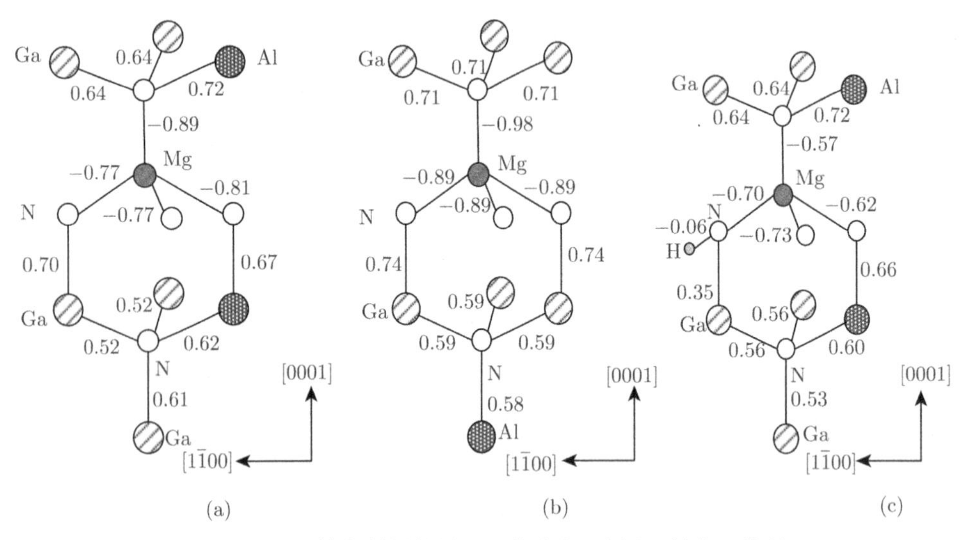

图 5.20　Mg 掺杂材料的键布居数分布 (彩图见封底二维码)

(a) Mg_{Ga}; (b) Mg_{Al}; (c) Mg-H

5.2.2　Be 掺杂及 Be-O 共掺杂 $Al_xGa_{1-x}N$ 材料的电子与原子结构研究

1. 理论模型和计算方法

由于 Be 原子半径较小，且 Be 原子与 Ga 原子和 Al 原子的半径相差较大，Be 原子在 $Al_{0.25}Ga_{0.75}N$ 材料中既可形成代位式杂质，又可形成间隙式杂质。计算模型以 5.1.1 节中的 $Al_{0.25}Ga_{0.75}N(2\times2\times2)$ 超胞模型为基础，建立了 Be 替代 Ga 和 Be 替代 Al 的两种代位式掺杂模型，结构图如图 5.21 所示。对于间隙式的 Be 杂质

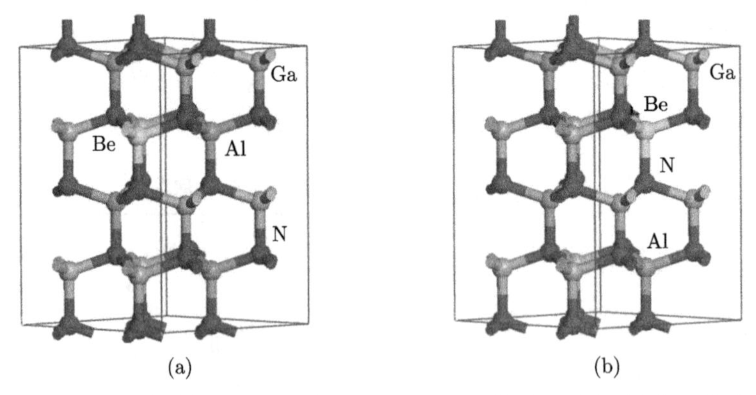

图 5.21　代位式的 Be 掺杂的 $Al_{0.25}Ga_{0.75}N$ 模型 (彩图见封底二维码)

(a) Be_{Ga}; (b) Be_{Al}

原子，可能的掺杂位置非常多，本节选取了两个典型的位置进行重点计算，该两个位置分别为 O 位和 T 位。O 位代表八面体的中心位，在此位置 Be 原子与周围的六个 Ga(Al) 原子和六个 N 原子距离相等；T 位代表四面体的中心位，在此位置与周围的四个 Ga(Al) 原子和四个 N 原子等距。这两个典型掺杂位在 $(11\bar{2}0)$ 面的示意图如图 5.22(a) 所示，Be 原子位于 O 位的 $Al_{0.25}Ga_{0.75}N$ 理论模型如图 5.22(b) 所示。这两种间隙式掺杂的模型均采用 BFGS 方法进行了优化，使原子充分弛豫，最终使体系达到最小的能量[34]。

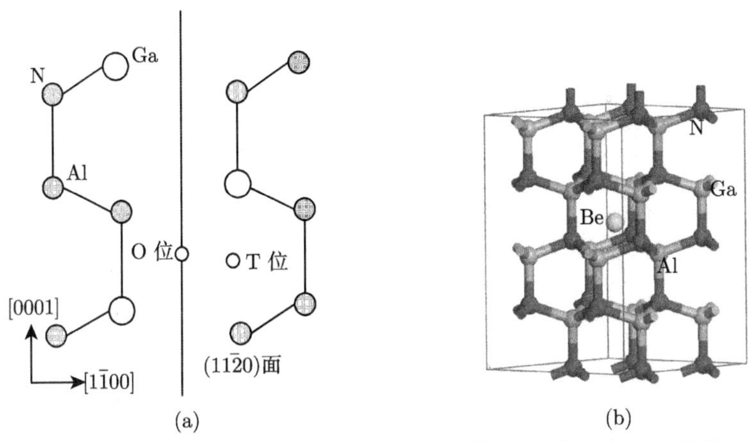

图 5.22 间隙式 Be 掺杂掺杂位置及理论模型 (彩图见封底二维码)

(a) 两种典型的间隙位置在 $Al_{0.25}Ga_{0.75}N$ $(11\bar{2}0)$ 面上的分布;

(b)Be_{int} 位于 O 位的 $Al_{0.25}Ga_{0.75}N$ 理论模型

Be_{int}-Be_{Ga}、Be_{Ga}-O_N 及 Be_{Ga}-O_N-Be_{Ga} 共掺杂的 $Al_{0.25}Ga_{0.75}N$ 模型如图 5.23 所示。为了与只有 Be_{Ga} 掺杂的材料形成对比，保持相同的 Be 原子的掺杂浓度，Be_{Ga}-O_N-Be_{Ga} 掺杂的计算模型是基于 $Al_{0.25}Ga_{0.75}N(2\times4\times2)$ 的超胞。计算方法及参数设置同 5.1.1 节，并考虑 Be:$2s^22p^2$ 和 O:$2s^22p^4$ 态电子的作用。

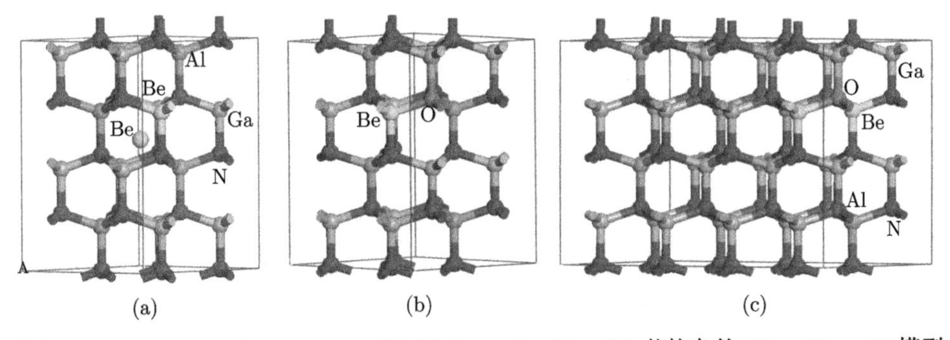

图 5.23 Be_{int}-Be_{Ga}(a)、Be_{Ga}-O_N(b) 及 Be_{Ga}-O_N-Be_{Ga}(c) 共掺杂的 $Al_{0.25}Ga_{0.75}N$ 模型 (彩图见封底二维码)

2. Be 和 Be-O 的形成能

高的溶解度是选择半导体掺杂元素的重要衡量标准，溶解度的高低对应于热平衡状态时杂质在晶格中的浓度 c，由式 (5.12) 可知，该浓度主要取决于杂质的形成能，高的形成能意味着掺杂原子很难在晶格中存在，形成能越低，掺杂越容易形成。Be_{Ga}、Be_{Al}、Be_{int}、Be_{Ga}-Be_{int}、Be_{Ga}-O_N 和 Be_{Ga}-O_N-Be_{Ga} 的形成能可根据式 (5.13) 计算得到。Be 原子化学势的上限被认为是 Be 原子在 Be_3N_2 中的能量，可表示为

$$3\mu_{\mathrm{Be}} + 2\mu_{\mathrm{N}} = 3\mu_{\mathrm{Be[bulk]}} + 2\mu_{\mathrm{N[N_2]}} + \Delta H_{\mathrm{f}}[\mathrm{Be_3N_2}] \tag{5.21}$$

同样，在富 N 的情况下杂质能得到最小的形成能，即将 N 原子的化学势设置为其在 N_2 分子中的化学势值。计算所得 Be_{Ga}、Be_{Al}、Be_{int} 和 Be_{Ga}-Be_{int} 的形成能随费米能级变化的情况如图 5.24 所示。

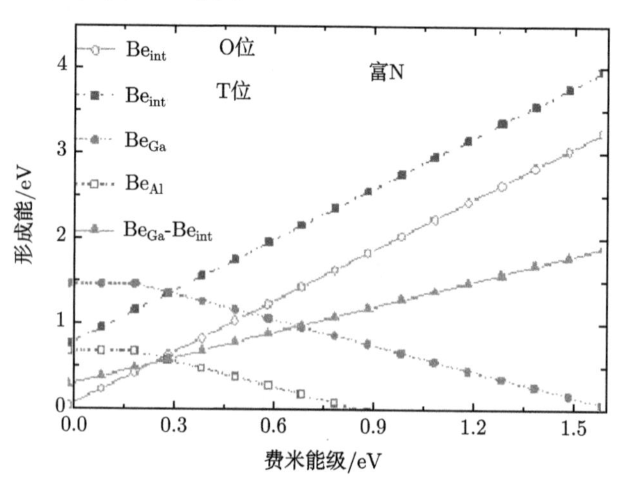

图 5.24　不同掺杂方式的 Be 杂质的形成能 (彩图见封底二维码)

费米能级小于 0.5eV 时，间隙式 Be 原子的形成能最小，表明此时 Be 原子更容易以间隙式杂质的形式存在。当费米能级为 0.2eV 时，Be_{Ga} 和 Be_{Al} 在富 N 情况下的形成能分别为 1.472eV 和 0.686eV。比前文中计算得到的 Mg 原子在 $Al_{0.25}Ga_{0.75}N$ 中的形成能低。因此，可以预测 Be 掺杂比 Mg 掺杂更容易在 $Al_{0.25}Ga_{0.75}N$ 材料中实现。Be_{Al} 的形成能比 Be_{Ga} 的形成能低，主要有以下两个方面的原因：①Be 原子和 Al 原子的原子半径差距比其和 Ga 原子的原子半径差距小，因此 Be 原子替代 Ga 原子后周围晶格所进行的弛豫更剧烈，需消耗更多的能量；②这两种杂质形成后材料的 Al 组分不同，而 p 型受主杂质更容易存在于 Al 组分低的 $Al_xGa_{1-x}N$ 材料中。

代位式和间隙式 Be 原子的复合杂质 Be_{Ga}-Be_{int} 的形成能可表示为

$$E_b(Be_{Ga}\text{-}Be_{int}) = E_{form}[Be_{Ga}] + E_{form}[Be_{int}] - E_{form}[Be_{Ga}\text{-}Be_{int}] \tag{5.22}$$

根据式 (5.22)，得到 Be_{Ga}-Be_{int} 复合杂质的形成能为 1.420eV，表明该复合杂质状态稳定。Be-O 复合杂质和 O 杂质在富 N 情况下的形成能如图 5.25 所示。

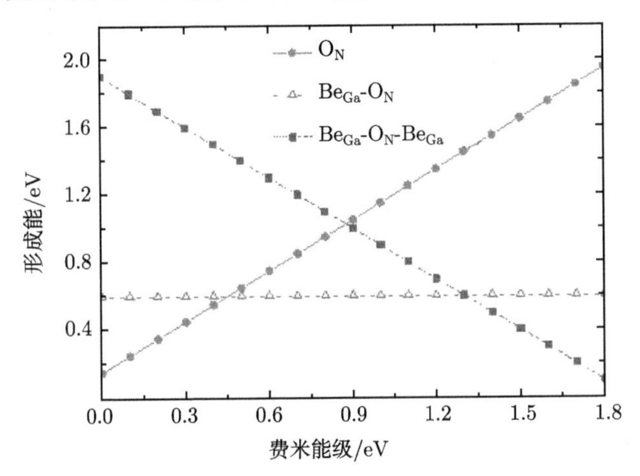

图 5.25 Be_{Ga}-O_N、Be_{Ga}-O_N-Be_{Ga} 和 O_N 在 $Al_{0.25}Ga_{0.75}N$ 中的形成能

Be_{Ga}-O_N 和 Be_{Ga}-O_N-Be_{Ga} 复合杂质的形成能可由下式计算得到：

$$E_b(Be_{Ga}\text{-}O_N) = E_{form}[Be_{Ga}] + E_{form}[O_N] - E_{form}[Be_{Ga}\text{-}O_N] \tag{5.23}$$

$$E_b(Be_{Ga}\text{-}O_N\text{-}Be_{Ga}) = 2E_{form}[Be_{Ga}] + E_{form}[O_N] - E_{form}[Be_{Ga}\text{-}O_N\text{-}Be_{Ga}] \tag{5.24}$$

计算所得 Be_{Ga}-O_N 和 Be_{Ga}-O_N-Be_{Ga} 复合杂质的形成能分别为 1.172eV 和 1.694eV。然而，如果我们假设 Be_{Ga}-O_N 已经在材料中形成，另外一个 Be_{Ga} 与 Be_{Ga}-O_N 进行复合形成 Be_{Ga}-O_N-Be_{Ga}，则重新定义 Be_{Ga}-O_N-Be_{Ga} 的形成能为

$$\begin{aligned} E_b(Be_{Ga}\text{-}O_N\text{-}Be_{Ga}) = & E_{form}[Be_{Ga}\text{-}O_N] + E_{form}[Be_{Ga}] \\ & - E_{form}[Be_{Ga}\text{-}O_N\text{-}Be_{Ga}] \end{aligned} \tag{5.25}$$

基于式 (5.25) 计算得到 Be_{Ga}-O_N-Be_{Ga} 的形成能为 0.422eV，表明一旦 Be_{Ga}-O_N 复合杂质形成，吸收另一个单独的代位式 Be 杂质形成 Be_{Ga}-O_N-Be_{Ga} 复合杂质的机会是渺茫的。

3. Be 原子和 Be-O 引起的晶格畸变

具有代位式和间隙式 Be 原子的 $Al_{0.25}Ga_{0.75}N$ 晶胞的晶格常数和平均键长如表 5.7 所示，其中 ⊥[0001] 和//[0001] 分别表示垂直于 [0001] 方向和平行于 [0001]

方向。Ga、Al、N 和 Be 原子的半径分别为 1.26Å、1.18Å、0.75Å和 0.90Å[22]，由于 Be 原子的半径远小于 Ga 原子和 Al 原子，因此，代位式 Be 原子存在的晶胞的晶格常数小于纯净的 $Al_{0.25}Ga_{0.75}N$ 晶胞。相反，间隙式 Be 原子导致 $Al_{0.25}Ga_{0.75}N$ 晶胞的晶格常数增加。

表 5.7 Be 原子掺杂前后 $Al_{0.25}Ga_{0.75}N$ 晶胞的晶格常数和平均键长 (单位：Å)

模型	Ga—N		Al—N		Be—N		晶格常数
	⊥[0001]	//[0001]	⊥[0001]	//[0001]	⊥[0001]	//[0001]	
未掺杂的 $Al_{0.25}Ga_{0.75}N$	1.971	1.982	1.904	1.902			$a = 3.155$ $c = 5.088$
Be_{Ga}	1.969	1.988	1.904	1.911	1.867	1.829	$a = 3.145$ $c = 5.042$
Be_{Al}	1.972	1.987	1.900	1.906	1.851	1.802	$a = 3.147$ $c = 5.051$
Be_{int} (O 位)	2.051	2.027	1.927	1.902	1.638		$a = 3.250$ $c = 5.352$
Be_{int} (T 位)	2.038	2.067	1.908	1.951	1.907	1.843	$a = 3.210$ $c = 5.422$
Be_{Ga}-Be_{int}	1.999	2.003	1.910	1.919	2.012	1.721	$a = 3.252$ $c = 5.265$
Be_{Ga}-O_N	1.969	1.984	1.903	1.909	1.773	1.736	$a = 3.176$ $c = 5.185$
Be_{Ga}-O_N-Be_{Ga}	1.965	1.978	1.903	1.914	1.804	1.762	$a = 3.175$ $c = 5.151$

未掺杂的 $Al_{0.25}Ga_{0.75}N$ 晶胞中，Ga—N 键在垂直于 [0001] 方向上的平均键长为 1.971Å，在平行于 [0001] 方向上的平均键长为 1.982Å。在 Be_3N_2 中，Be—N 键的键长在 1.50~1.64Å范围内[35]。因此当 Ga 原子被 Be 原子取代时，预计键长将缩短 16.8%~24.3%。然而，计算所得，在 Be 掺杂的 $Al_{0.25}Ga_{0.75}N$ 中垂直于 [0001] 方向上的 Be—N 键的键长为 1.867Å，而平行于 [0001] 方向上的 Be—N 键的键长为 1.829Å，在这两个方向上，键长分别缩短了 5.35%和 7.72%。在 Be 掺杂的 $Al_{0.25}Ga_{0.75}N$ 材料中，Be—N 键的平均键长大于它的理想长度，这表明使 Be 周围的 N 原子向 Be 原子靠近需要花费大量的能量，因此，从能量角度考虑，Be 原子不容易以代位式杂质的方式存在于 $Al_{0.25}Ga_{0.75}N$ 材料中。以间隙式 Be 原子在 O 位掺杂的 $Al_{0.25}Ga_{0.75}N$ 晶胞为例，Be—N 键的平均键长为 1.638Å，该值与 Be_3N_2 中的 Be—N 键的长度接近，表明在材料生长过程中，Be 原子以间隙式杂质存在的可能性非常大。

不同方式 Be 掺杂的 $Al_{0.25}Ga_{0.75}N$ 晶胞的原子结构示意图如图 5.26 所示，图中实线表示掺杂前原子的位置，虚线表示掺杂后原子的位置。

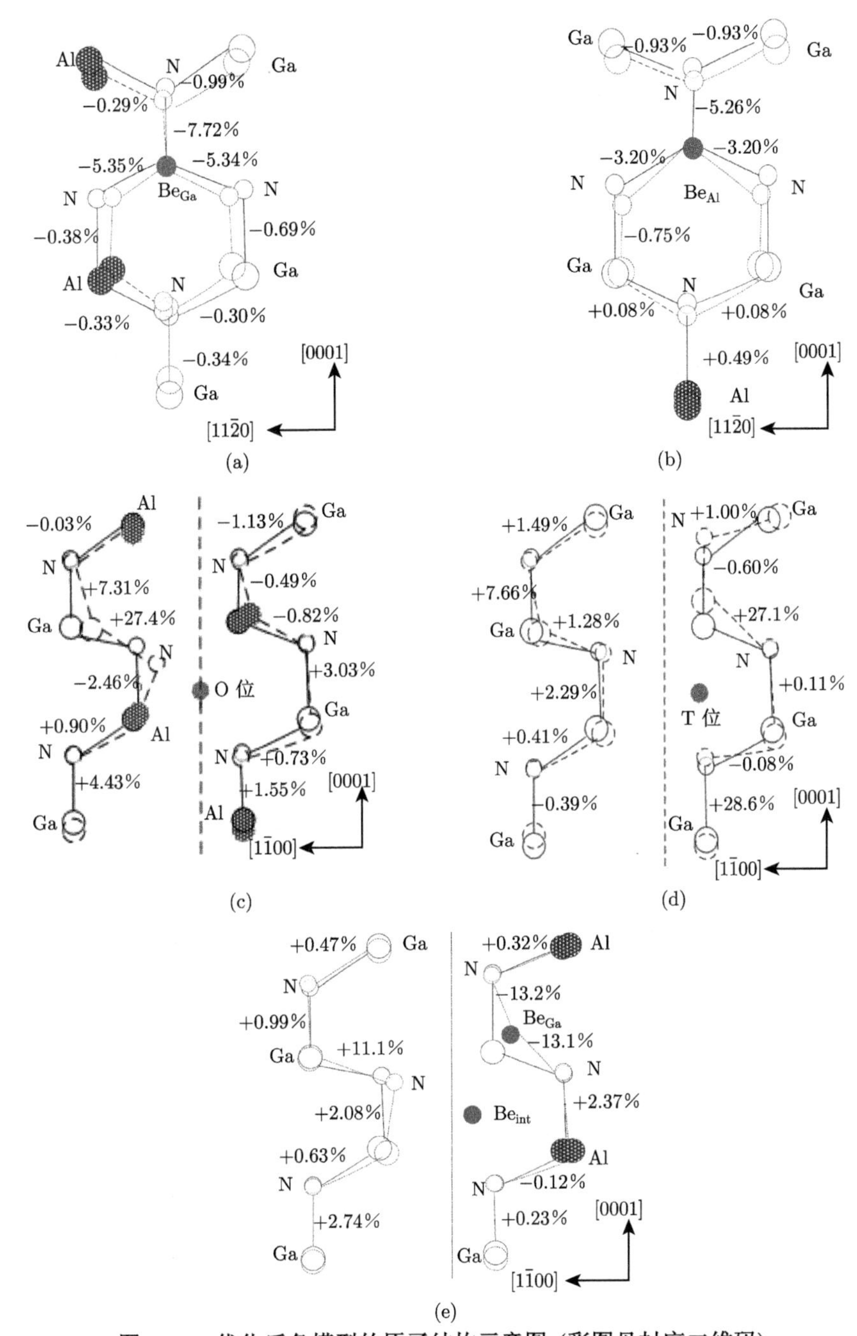

图 5.26 优化后各模型的原子结构示意图 (彩图见封底二维码)

(a) Be_{Ga} 掺杂的晶胞的 $(10\bar{1}0)$ 面; (b) Be_{Al} 掺杂的晶胞的 $(10\bar{1}0)$ 面; (c) Be_{int} 在 O 位掺杂的晶胞的 $(11\bar{2}0)$ 面; (d) Be_{int} 在 T 位掺杂的晶胞的 $(11\bar{2}0)$ 面; (e) Be_{Ga}-Be_{int} 共掺杂的晶胞的 $(11\bar{2}0)$ 面

由图 5.26(a) 和 (b) 所示，代位式 Be 原子周围的 N 原子都向 Be 原子靠近，来减小键长。在 Be_{Ga} 掺杂的晶胞中，键长的缩小幅度为 $-5.34\%\sim-7.72\%$，在 Be_{Al} 掺杂的晶体中，变化幅度相对较小。这是由于在本征的 $Al_{0.25}Ga_{0.75}N$ 中，Al—N 键的长度比 Ga—N 键短。将间隙式 Be 杂质原子置于 O 位，经过结构优化，其周围的 N 原子都向 Be 原子移动，最终三个 Be—N 键的键长分别为 1.591Å、1.661Å和 1.661Å。将间隙式 Be 杂质原子置于 T 位，Be 原子周围的原子发生了剧烈的位移，而 Be 原子被固定在 Ga 和 N 原子之间，移动不大。最终，平行于 [0001] 方向上的 Be—N 键键长为 1.843Å，该值明显大于 Be 原子位于 O 位时的 Be—N 键键长。然而，间隙式 Be 原子仍会广泛存在于 T 位，这主要是由于在 T 位，有 4 个 N 原子与 Be 原子成键，其更稳定。

4. 代位式和间隙式 Be 杂质原子造成的不同能带结构

本征态的 $Al_{0.25}Ga_{0.75}N$ 和 Be 掺杂的 $Al_{0.25}Ga_{0.75}N$ 的能带结构如图 5.27 所示，其中虚线代表费米能级。由于间隙式 Be 原子在 O 位的形成能比在 T 位低，因此关于能带结构的研究我们选取间隙式 Be 原子在 O 位的模型为例。

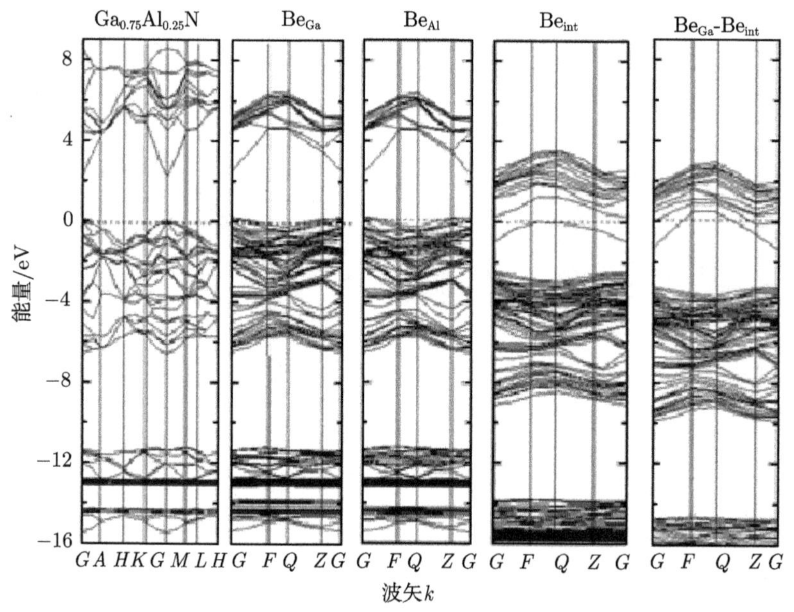

图 5.27 未掺杂的和 Be_{Ga}、Be_{Al}、Be_{int} 及 Be_{Ga}-Be_{int} 掺杂的 $Al_{0.25}Ga_{0.75}N$ 的能带结构

由图 5.27 可以发现，掺杂前后，$Al_{0.25}Ga_{0.75}N$ 都为直接带隙半导体，导带底和价带顶都位于 G 点。掺杂前材料的禁带宽度为 2.261eV，Be_{Ga}、Be_{Al}、Be_{int} 和 Be_{Ga}-Be_{int} 四种掺杂方式的模型的禁带宽度分别为 2.330eV、2.151eV、1.486eV 和 2.353eV。同样由于密度泛函理论自身的缺陷，禁带宽度值比实验值偏小。由图 5.27

可以看出，由代位式 Be 原子掺杂的 $Al_{0.25}Ga_{0.75}N$ 材料，其费米能级已进入价带，材料表现出 p 型导电特性，因此 Be 原子为受主杂质。然而间隙式 Be 原子掺杂的 $Al_{0.25}Ga_{0.75}N$，费米能级出现在导带，说明材料呈现 n 型导电特性，此时 Be 原子为施主杂质。

受主杂质的电离能，即受主杂质能级与半导体价带顶的能量差，是表征元素是否适合进行 p 型掺杂的重要指标。我们计算得到的 Be_{Ga} 和 Be_{Al} 两种代位式受主杂质的电离能分别为 182meV 和 178meV。该值小于 5.2.1 节中计算得到的 Mg 原子的电离能。这说明 Be 原子相对于 Mg 原子更容易在 $Al_xGa_{1-x}N$ 材料中离化，形成 p 型导电。但是考虑到间隙式 Be 原子的形成能比较低，而且 Be 原子的半径小，Be 原子容易形成间隙式杂质，在材料中扩散。而间隙式的 Be 原子为施主杂质，我们猜想间隙式的 Be 原子将与代位式的 Be 原子复合，削弱材料的 p 型导电特性。因此我们建立了 Be_{Ga}-Be_{int} 共掺杂于 $Al_{0.25}Ga_{0.75}N$ 的模型进行研究。结果表明 Be_{Ga}-Be_{int} 共掺杂的 $Al_{0.25}Ga_{0.75}N$ 呈现 n 型导电特性，间隙式的 Be 原子对导电起到主导作用。

Be_{Ga}-O_N 复合掺杂的 $Al_{0.25}Ga_{0.75}N$ 的能带结构如图 5.28 所示。该模型的禁带宽度为 2.190eV，且费米能级位于价带，材料呈现 p 型导电特性。Be_{Ga}-O_N-Be_{Ga} 复合掺杂的 $Al_{0.25}Ga_{0.75}N$ 的禁带宽度为 2.459eV。相对于代位式 Be_{Ga} 掺杂的 $Al_{0.25}Ga_{0.75}N$，Be-O 复合掺杂的材料均出现了深的受主能级。

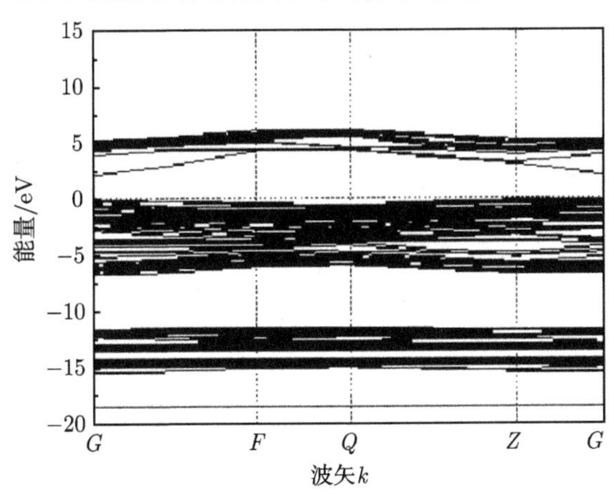

图 5.28 Be_{Ga}-O_N 复合掺杂的 $Al_{0.25}Ga_{0.75}N$ 的能带结构

5. 不同 Be 掺杂方式引起的载流子浓度变化

Be_{Ga} 和 Be_{Ga}-Be_{int} 两种掺杂方式的 $Al_{0.25}Ga_{0.75}N$ 的总态密度和 Be 原子的分波态密度图如图 5.29 所示。由总态密度图可以发现，加入间隙式 Be 原子后，价带和导带中的电子均向低能方向移动。在 Be_{Ga} 掺杂的模型中，费米能级处的电子由

Be 2p 态电子组成，而在 Be_{Ga}-Be_{int} 掺杂的模型中费米能级处的电子既有 Be 2p 态电子又有 Be 2s 态电子，并且该部分电子主要由间隙式 Be 原子所提供，代位式原子的分波态密度的积分值远小于间隙式 Be 原子。图 5.30 所示为 Be_{Ga}、Be_{Ga}-O_N 和 Be_{Ga}-O_N-Be_{Ga} 掺杂的总态密度和分波态密度图，其中 Be_{Ga}-O_N-Be_{Ga} 掺杂的态密度图以每 (2×2×2) 超胞为单位。

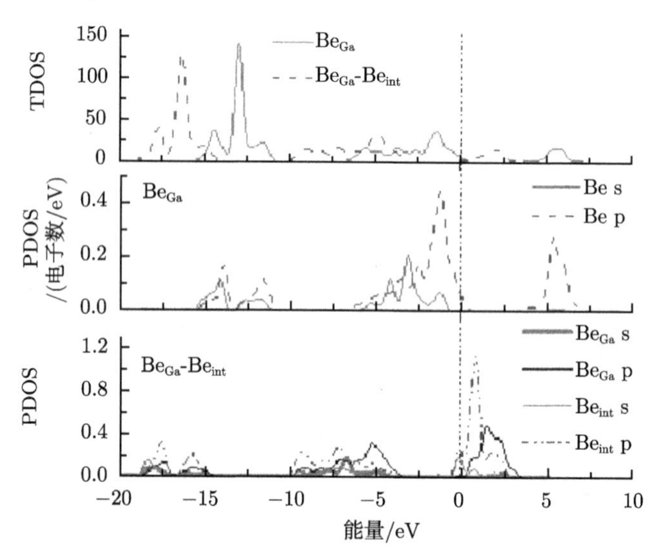

图 5.29　Be_{Ga} 和 Be_{Ga}-Be_{int} 两种掺杂方式的 $Al_{0.25}Ga_{0.75}N$ 的总态密度和分波态密度 (彩图见封底二维码)

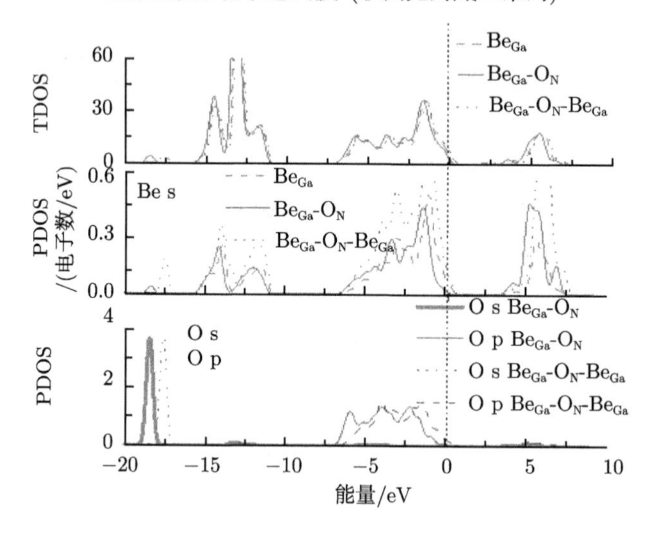

图 5.30　Be_{Ga}、Be_{Ga}-O_N 和 Be_{Ga}-O_N-Be_{Ga} 掺杂 $Al_{0.25}Ga_{0.75}N$ 的总态密度和分波态密度 (彩图见封底二维码)

可以看出，三种掺杂方式的晶体均呈现 p 型导电特性。在费米能级位置，Be_{Ga}-O_N-Be_{Ga} 掺杂的模型的总态密度最大，其次是 Be_{Ga} 掺杂的模型，Be_{Ga}-O_N 共掺杂的模型最小。不同于 Be_{Ga} 单独掺杂的模型，两个 Be-O 共掺杂模型出现了深受主能级，深受主能级的位置在 −18.4eV 和 −17.5eV。该深受主杂质能级是 Be 2s 和 O 2s 态电子杂化作用的结果。费米能级处的电子主要由 Be 2s 和 O 2p 态电子贡献。这表明施主和受主杂质的复合改变了杂质能级，导致了更高的空穴浓度。

根据式 (5.18)~ 式 (5.20)，计算得到 Be_{Ga}、Be_{Al}、Be_{Ga}-Be_{int}、Be_{Ga}-O_N 和 Be_{Ga}-O_N-Be_{Ga} 几种掺杂方式的 $Al_{0.25}Ga_{0.75}N$ 的载流子浓度分别为 $1.72\times10^{17}cm^{-3}$、$1.56\times10^{17}cm^{-3}$、$1.11\times10^{15}cm^{-3}$、$8.14\times10^{16}cm^{-3}$ 和 $3.29\times10^{18}cm^{-3}$。Be_{Ga}-O_N 共掺杂的载流子浓度比单独进行 Be_{Ga} 掺杂的载流子浓度略低，这是由氧原子的浓度过高造成的。代位式 Be 原子在 $Al_{0.25}Ga_{0.75}N$ 中进行掺杂所得载流子浓度高于 Mg 原子掺杂的 $Al_{0.25}Ga_{0.75}N$，说明 Be 原子在 $Al_{0.25}Ga_{0.75}N$ 中更容易离化，可得到较高的载流子浓度。Be_{Ga}-O_N-Be_{Ga} 共掺杂的材料载流子浓度比单独进行 Be_{Ga} 掺杂的材料的载流子浓度高，证明 Be-O 共掺杂是有利于提高 p 型掺杂的导电效率的，然而氧原子的掺杂浓度需进行严格的控制。

6. 密立根布居数分布

Ga、Al、N 和 Be 原子的相对电负性值分别为 1.81、1.61、3.04 和 1.57[30]。Be 原子的电负性值最小，因此其金属性最强，而 N 原子的电负性值最大，所以其金属性最弱。因此，电子最容易从 Be 原子向 N 原子移动，Be 原子和 N 原子非常容易成键。计算得到的密立根电荷布居数和键布居数如表 5.8 所示。

表 5.8 未掺杂的、Be 掺杂的以及 Be-O 共掺杂的 $Al_{0.25}Ga_{0.75}N$ 的电荷布居数和键布居数

模型	电荷布居数					键布居数			
	Ga	Al	N	Be	O	Ga—N	Al—N	Be—N	Be—O
未掺杂的 $Al_{0.25}Ga_{0.75}N$	1.020	1.300	−1.093			0.555	0.615		
Be_{Ga}	1.037	1.303	−1.068	0.460		0.540	0.613	0.590	
Be_{Al}	1.029	1.300	−1.047	0.480		0.544	0.616	0.593	
Be_{int}(O 位)	0.982	1.308	−1.063	−0.020		0.466	0.590	0.577	
Be_{int}(T 位)	0.971	1.285	−1.063	−0.230		0.466	0.599	0.523	
Be_{Ga}-Be_{int}	1.024	1.315	−1.064	0.265		0.518	0.591	0.632	
Be_{Ga}-O_N	1.043	1.318	−1.090	0.500	−0.910	0.551	0.618	0.687	0.14
Be_{Ga}-O_N-Be_{Ga}	1.062	1.328	−1.069	0.520	−0.900	0.555	0.613	0.640	0.28

Be_{Ga} 掺杂的模型中，Be 的密立根电荷数为 0.460，而 Be_{Ga}-Be_{int} 掺杂的模型中，Be 原子的平均密立根电荷数为 0.265，明显小于只有代位式 Be 杂质的模型。表明间隙式 Be 原子和代位式 Be 原子的复合降低了 Be 原子的离子性。在 Be-O

共掺杂的模型中，Be—N 键的布居数大于 Be 单独掺杂的模型，表明 Be-O 共掺杂是提高 Be 原子离子性的一种很好的方式。在 Be_{Ga}-O_N-Be_{Ga} 掺杂的模型中，Be 原子和 O 原子的密立根电荷数分别为 0.520 和 −0.900。因此，在受主杂质 Be 和施主杂质 O 之间形成了一个偶极，并且偶极子的散射作用代替了库仑散射，导致了高的空穴浓度。

根据式 (5.20) 计算所得，Be_{Ga}、Be_{Ga}-Be_{int}、Be_{Ga}-O_N 和 Be_{Ga}-O_N-Be_{Ga} 掺杂的 $Al_{0.25}Ga_{0.75}N$ 模型的电荷转移系数分别为 0.355、0.347、0.367 和 0.365。这说明受主杂质和施主杂质 Be 原子的复合会降低结构整体的电荷转移系数，然而 Be-O 共掺杂会提高体系的电荷转移系数。

5.2.3　点缺陷对 $Al_xGa_{1-x}N$ 的原子结构和电子结构的影响

1. 理论模型和计算方法

基于优化后的 $Al_{0.25}Ga_{0.75}N(2\times2\times2)$ 超胞模型，建立了 Ga 空位缺陷 V_{Ga}、N 空位缺陷 V_N、间隙式 Ga 缺陷 Ga_i、间隙式 Al 缺陷 Al_i、间隙式 N 缺陷 N_i、反代位式缺陷 Ga_N 和 N_{Ga}，以及 N 空位缺陷与 Mg 复合 V_N-Mg_{Ga}，Ga 间隙缺陷与 Mg 复合 Ga_i-Mg_{Ga} 共九种模型，对应的模型号如表 5.9 所示。其中空位缺陷模型均在 $Al_{0.25}Ga_{0.75}N(2\times2\times2)$ 超胞模型中去掉一个对应的原子得到，间隙式模型在该超胞中加入一个对应的原子得到，添加原子的位置为图 5.22(a) 所示的 O 位和 T 位。反缺陷模型 Ga_N 通过将超胞中的一个 N 原子替换为 Ga 原子得到，同理，N_{Ga} 模型通过将超胞中的一个 Ga 原子替换为 N 原子得到。计算方法与计算精度的设置同 5.1.1 节所述。

表 5.9　计算模型及对应的缺陷

模型	1	2	3	4	5	6	7	8	9
缺陷种类	V_{Ga}	V_N	Ga_i	Al_i	N_i	Ga_N	N_{Ga}	V_N-Mg_{Ga}	Ga_i-Mg_{Ga}

2. 点缺陷在洁净 $Al_xGa_{1-x}N$ 中的形成能

在计算中，我们认为富 Ga(Al) 的情况下，Ga 原子和 Al 原子的化学势μ_{Ga}和μ_{Al} 被设定为 Ga 原子和 Al 原子在金属 Ga 和金属 Al 中的能量，而在富 N 的情况下，N 原子的化学势μ_N 的取值等同于 N_2 分子中 N 原子的化学势。掺杂原子 Mg 的化学势被认为是其在 Mg_3N_2 中的能量。对于未掺杂的 $Al_{0.25}Ga_{0.75}N$ 材料中的点缺陷，其形成能可根据式 (5.13) 计算得到。各类掺杂原子在 $Al_{0.25}Ga_{0.75}N$ 中的形成能如图 5.31 所示。

Ga_i、Al_i 和 N_i 三种间隙式杂质在 O 位的形成能小于其在 T 位的形成能，因此进行讨论时均以间隙原子在 O 位的模型的计算结果为例。由图 5.31 可以看出，在费米能级较低的位置，材料呈现 p 型导电特性，V_N 缺陷的形成能是最低的，其次是 Ga_N、Al_i 和 Ga_i 缺陷。而其他种类缺陷的形成能较高，可以认为这些缺陷很难形成。在富 Ga 的状态下，N 的空位缺陷 V_N 最容易形成，然而反替代缺陷 Ga_N 的形成能为正数，表明其不易存在。我们知道，Ga 原子和 N 原子的共价半径分别为 1.26Å和 0.75Å，由于两者之间差距较大，Ga 原子取代 N 原子形成反替代缺陷将消耗大量的弛豫能量，因此其形成难度大。而且当一个 N 原子被一个 Ga 原子取代后，Ga 原子就与周围的 4 个 Ga 原子成键，该结构类似于金属 Ga 中的结构。但是金属 Ga 中的 Ga—Ga 键键长为 3.23Å，但是我们的计算模型中，垂直于 [0001] 的 Ga_N—Ga_{host} 键键长为 1.97Å，而平行于 [0001] 方向上的 Ga_N—Ga_{host} 键键长为 1.98Å。因此周围的 Ga 原子将进行剧烈的位移来远离这个后来添加的 Ga 原子，这将消耗大量的能量。至于间隙式的 Ga 原子和 Al 原子的点缺陷，它们的形成能过大的原因主要是 Ga 原子和 Al 原子的半径较大。Al 原子的共价半径为 1.18Å，略小于 Ga 原子，因此 Al_i 的形成能也略小于 Ga_i。

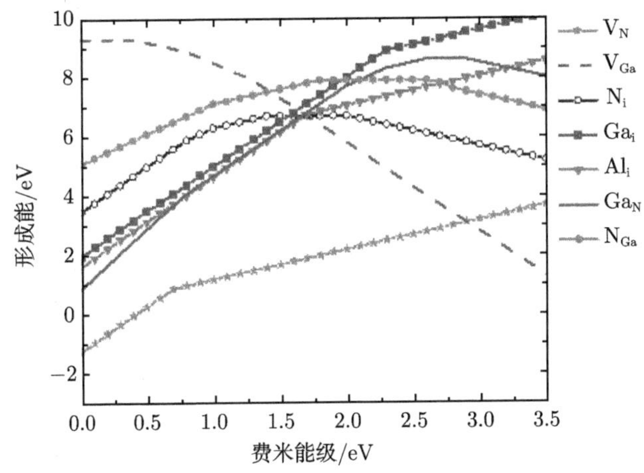

图 5.31 本征 $Al_{0.25}Ga_{0.75}N$ 中不同种类点缺陷的形成能 (彩图见封底二维码)

V_N，即 N 空位缺陷，是在 p 型条件下最容易存在的点缺陷，它将以两种价电态存在，3+ 和 +，且从 3+ 到 + 的跃迁能量为 0.70eV。次稳定的缺陷方式 Ga 取代 N 的反代位式缺陷 Ga_N，它存在六种价电态，4+、3+、2+、+、0 和 −，从正的价电态到 0，再到负的价电态，表明 Ga_N 在 p 型导电状态下为施主缺陷，而在 n 型导电状态下为受主缺陷。接着形成能较大一点儿的间隙式缺陷 Ga_i 和 Al_i，在 p 型和 n 型状态下都是施主缺陷。且都存在两种价电态，3+ 态和 + 态。从 Ga_i^{3+} 到 Ga_i^{+} 态的跃迁能为 2.35eV，从 Al_i^{3+} 到 Al_i^{+} 态的跃迁能为 1.65eV。对于反代位式缺陷 N_{Ga} 和 N 的间隙式缺陷 N_i，它们在 p 型状态下为施主缺陷而在 n 型状态下为受主缺陷，然而由于它们的形成能过大，它们在 n 型和 p 型状态下都很难稳定存在。n 型导电状态下最稳定的缺陷形式为 Ga 空位缺陷 V_{Ga}，它有四种价电态 0、−、2− 和 3−，因此无论在 n 型状态还是 p 型状态，它都是受主缺陷。

3. 点缺陷引起的晶格畸变

由于纤锌矿结构的对称性相对较低，由 N 空位缺陷导致的类 p 态被分裂成一个单线态和一个双线态。单线态对应于 [0001] 方向上最接近 N 空位缺陷的 Ga 原子的悬挂键，而双线态对应于垂直于 [0001] 方向上的三个 Ga(Al) 的悬挂键的组合。缺少了一个 N 原子后，[0001] 方向上两个相邻 Ga 原子的距离为 3.16Å，与金属中 Ga 原子之间的距离比较接近，因此 Ga 原子之间会形成很强的金属键，周围 Ga 原子的悬挂键重叠加强。在 N 空位缺陷周围会出现静电交互作用，为了减小相互之间的斥力，缺陷周围的原子会远离缺陷产生位移，V_N^{3+} 和 V_N^{+} 缺陷周围的原子结构示意图如图 5.32 所示，其中实线表示无缺陷的 $Al_{0.25}Ga_{0.75}N$ 中的原子位置，而虚线表示带有缺陷的 $Al_{0.25}Ga_{0.75}N$ 中原子的位置。可以看出，V_N^{3+} 缺陷周围的原子位移比 V_N^{+} 缺陷周围的原子位移剧烈，且离缺陷次近的原子的位移明显小于距离缺陷最近的原子的位移。

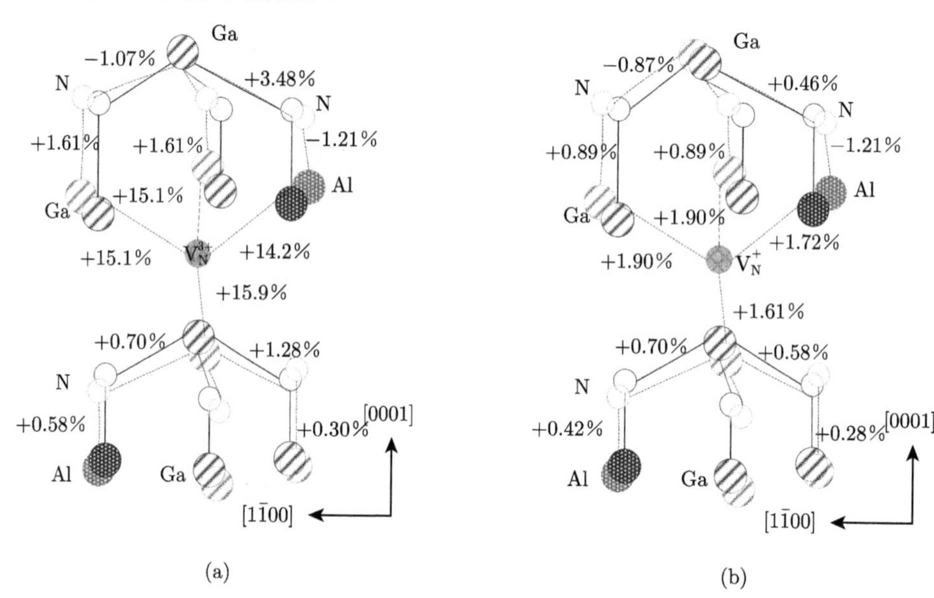

图 5.32　缺陷原子周围的原子结构示意图 (彩图见封底二维码)

(a) V_N^{3+}; (b) V_N^{+}

4. 具有 V_N 和 Ga_i 缺陷的 $Al_xGa_{1-x}N$ 的态密度

为了研究 V_N^{3+} 缺陷对其周围 Ga 原子分波态密度的影响，计算得到 V_N^{3+} 缺陷形成前后 Ga 原子的分波态密度如图 5.33 所示。从图中可以发现，V_N^{3+} 缺陷导致周围的 Ga 4s、Ga 4p 和 Ga 3d 态电子均向低能方向移动。费米能级处的电子主要由 Ga 4s 和 Ga 4p 态电子组成。在无缺陷的 $Al_{0.25}Ga_{0.75}N$ 中，Ga 的态密度由 3.8~10.5eV 的导带、$-15.7 \sim -11.2$eV 的下价带和 $-9.4 \sim -2.1$eV 的上价带组成。导带和价带之间的带宽为 5.9eV。然而，N 空位缺陷形成后，带隙降低为 1.4eV。这是由于周围 Ga 原子的悬挂键增强了材料的金属性。

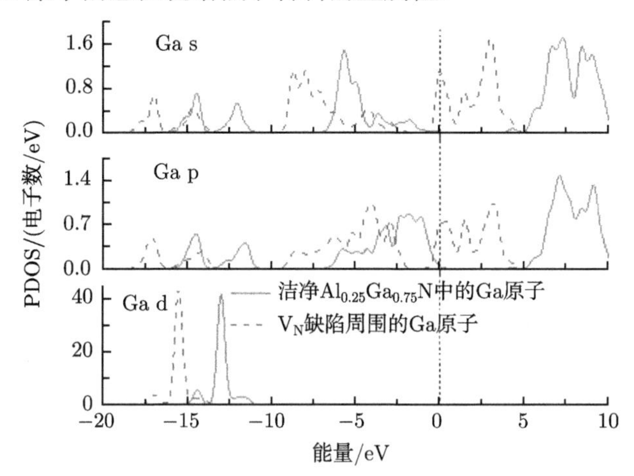

图 5.33 V_N^{3+} 缺陷形成前后 Ga 原子的分波态密度 (彩图见封底二维码)

Ga_i 缺陷的 $Al_{0.25}Ga_{0.75}N$ 与无缺陷的 $Al_{0.25}Ga_{0.75}N$ 分波态密度对比如图 5.34 所示，其中以本位 Ga 原子在洁净的 $Al_{0.25}Ga_{0.75}N$ 中的态密度作为参考。可以看出，加入间隙式 Ga 原子后，Ga 4s、4p 和 3d 态电子均向低能方向移动。无论是间隙式 Ga 原子本身，还是其周围的本位 Ga 原子，它们的态密度中的价带和导带的界限已

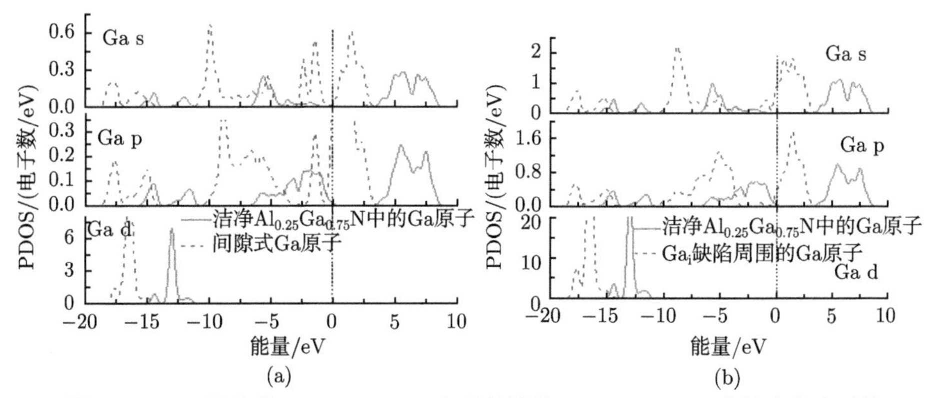

图 5.34 Ga_i 缺陷的 $Al_{0.25}Ga_{0.75}N$ 与无缺陷的 $Al_{0.25}Ga_{0.75}N$ 分波态密度对比 (彩图见封底二维码)

(a) 间隙式 Ga 原子与无缺陷模型中的 Ga 原子对比；(b) Ga_i 周围的 Ga 原子与无缺陷模型中的 Ga 原子对比

经不再分明，表示它们更多地显示出金属特性，而且费米能级处的电子主要由 Ga 4s 和 Ga 4p 态电子组成。

根据式 (5.20) 计算得到，V_N、Ga_N、Ga_i 和 Al_i 缺陷模型的电子转移系数分别为 0.354、0.352、0.356 和 0.359，表明添加III族元素或减少V族元素的缺陷导致了体系离子性的降低，而 V_{Ga}、N_i 和 N_{Ga} 缺陷模型的电子转移系数分别为 0.371、0.375 和 0.373，表明减少III族元素或增加V族元素的缺陷可增加体系的电子转移系数。

5. V_N 和 Ga_i 缺陷在 Mg 掺杂 $Al_xGa_{1-x}N$ 中的形成能

对于 Mg 掺杂的 $Al_{0.25}Ga_{0.75}N$ 材料，提出了两种计算缺陷形成能的方法。第一种方法中，我们认为 Mg 掺杂的 $Al_{0.25}Ga_{0.75}N$ 超胞为原始的计算模型，基于该模型，形成了各种点缺陷。第二种方法中，认为未掺杂的本征态 $Al_{0.25}Ga_{0.75}N$ 超胞为原始模型，基于该模型 Mg 原子和点缺陷的复合体同时形成。基于第一种方法，带电量为 q 的 X 缺陷的形成能可根据下式计算得到：

$$E^1_{\text{form}}(\text{X}^q) = E_{\text{tot}}(\text{X}^q) - E_{\text{tot}}(\text{Al}_{0.25}\text{Ga}_{0.75}\text{N(Mg)}) - \sum_i n_i\mu_i + qE_{\text{F}} \tag{5.26}$$

基于第二种方法，缺陷 X 和杂质原子的复合体 $(\text{Mg-X})^q$ 的形成能可根据下式计算得到：

$$E^2_{\text{form}}([\text{Mg-X}]^q) = E_{\text{tot}}([\text{Mg-X}]^q) - E_{\text{tot}}(\text{Al}_{0.25}\text{Ga}_{0.75}\text{N}) - \sum_i n_i\mu_i + qE_{\text{F}} \tag{5.27}$$

Mg-X 复合体的结合能可由下式计算得到：

$$E_{\text{b}} = E_{\text{form}}(\text{Mg}) + E_{\text{form}}(\text{X}) - E^2_{\text{form}}([\text{Mg-X}]) \tag{5.28}$$

同样，杂质的形成能与杂质在材料中形成的难易程度服从式 (5.12)，且复合体的结合能为正值，代表复合体之间的结合稳定，而结合能为负值，则代表复合体不易形成。

根据第一种方法计算得到的 V_N 和 Ga_i 两种缺陷在 Mg 掺杂的 $Al_{0.25}Ga_{0.75}N$ 中的形成能如图 5.35 所示。对比于图 5.31，V_N 和 Ga_i 在 Mg 掺杂的 $Al_{0.25}Ga_{0.75}N$ 中的形成能低于它们在洁净的 $Al_{0.25}Ga_{0.75}N$ 中的形成能，因此 V_N 和 Ga_i 两种缺陷在 Mg 掺杂的 $Al_{0.25}Ga_{0.75}N$ 中更易出现。

由于 V_N、Ga_i 和 Al_i 三种缺陷在不同的费米能级状态下均表现为 n 型特性，且 Al_i 缺陷引起的电子和原子结构的变化与 Ga_i 相类似，因此下文中缺陷在 Mg 掺杂的 $Al_{0.25}Ga_{0.75}N$ 中的特性分析以 V_N 和 Ga_i 两种缺陷为例。V_N-Mg_{Ga} 和 Ga_i-Mg_{Ga} 两种复合缺陷将一个三重施主缺陷和一个一重受主杂质相结合，形成二重施主缺陷。计算得到 $[V_N\text{-}Mg_{Ga}]^{2+}$ 和 $[Ga_i\text{-}Mg_{Ga}]^{2+}$ 两种复合体的结合能分别为 1.956eV 和 1.729eV，表明 n 型缺陷和 p 型杂质之间具有很强的结合力。

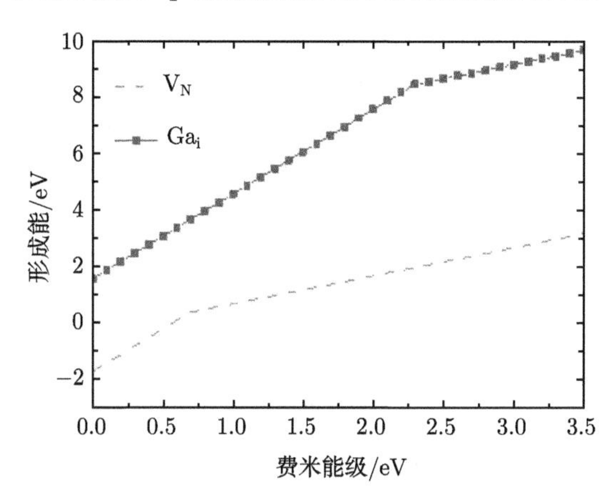

图 5.35　V_N 和 Ga_i 缺陷在 Mg 掺杂的 $Al_{0.25}Ga_{0.75}N$ 中的形成能

6. 密立根布居数分布

V_N^{3+}、Mg_{Ga}^-、$[V_N\text{-}Mg_{Ga}]^{2+}$、$Ga_i^{3+}$ 和 $[Ga_i\text{-}Mg_{Ga}]^{2+}$ 周围原子的密立根电荷分布如图 5.36 所示。N 空位缺陷周围的 Ga 原子的平均密立根电荷数为 0.85，而在纯净的 $Al_{0.25}Ga_{0.75}N$ 中，Ga 原子的平均密立根电荷数为 1.02，这表明 N 空位缺陷周围的 Ga 原子的金属性的确是增强了，与前文中原子结构和态密度分析得出的结论一致。Mg_{Ga}^- 掺杂原子在没有缺陷的晶胞中的密立根电荷数为 1.61，当它的周围产生一个 N 空位缺陷后，该值降低为 1.25，这也表明材料的 p 型特性被抑制，Mg 原子作为受主杂质，它能向价带提供的空穴数变少。间隙式缺陷的 Ga 原子在 $Al_{0.25}Ga_{0.75}N$ 超胞中的电荷数为 0.01，而周围 Ga 原子的平均密立根电荷数为 0.92。该间隙式的 Ga 原子只与其周围的 Ga 原子形成金属键，因此电荷的转移很少，而周围的 Ga 原子还会与 N 原子成键，具有更多的电荷转移，因而密立根电荷数更大。间隙式的 Ga 原子出现在 Mg 原子周围时，由于 Ga 原子的电负性比 Mg 大，因此 Mg 原子所带电子会向 Ga 原子偏移，Mg 的密立根电荷数增大，Ga 的密立根电荷数减小。

7. 能带结构

Mg 掺杂的 $Al_{0.25}Ga_{0.75}N$ 以及 Mg 杂质原子和缺陷共同存在的 $Al_{0.25}Ga_{0.75}N$ 的能带结构如图 5.37 所示。Mg 2p 态电子所引起的能带主要位于 −39.2eV、−40.4eV 和 −42.5eV。Mg 掺杂的 $Al_{0.25}Ga_{0.75}N$ 的费米能级位于价带，材料呈现 p 型导电特性，而 $V_N\text{-}Mg_{Ga}$ 复合杂质存在的 $Al_{0.25}Ga_{0.75}N$ 的费米能级在带隙之间，表现出

本征半导体的特征。Ga_i-Mg_{Ga} 复合杂质存在的 $Al_{0.25}Ga_{0.75}N$ 的费米能级在导带内，因此材料呈现 n 型导电特性。这是由于 V_N 容易由 3+ 态跃迁到 + 态，在 + 态下，V_N 提供一个电子复合掉 Mg 原子周围的空穴，材料的 p 型导电特性消失。而 Ga_i 在较大的能量范围内处于 3+ 态，提供一个电子给 Mg 原子后，复合杂质 Ga_i-Mg_{Ga} 为 2+ 态，因此材料表现出 n 型导电特性。N 空位缺陷和间隙式 Ga 原子缺陷对 Mg 掺杂的 AlGaN 的 p 型导电特性具有重要影响，它们易存在于 p 型导电的半导体材料中，并且会严重影响 p 型半导体的性质。

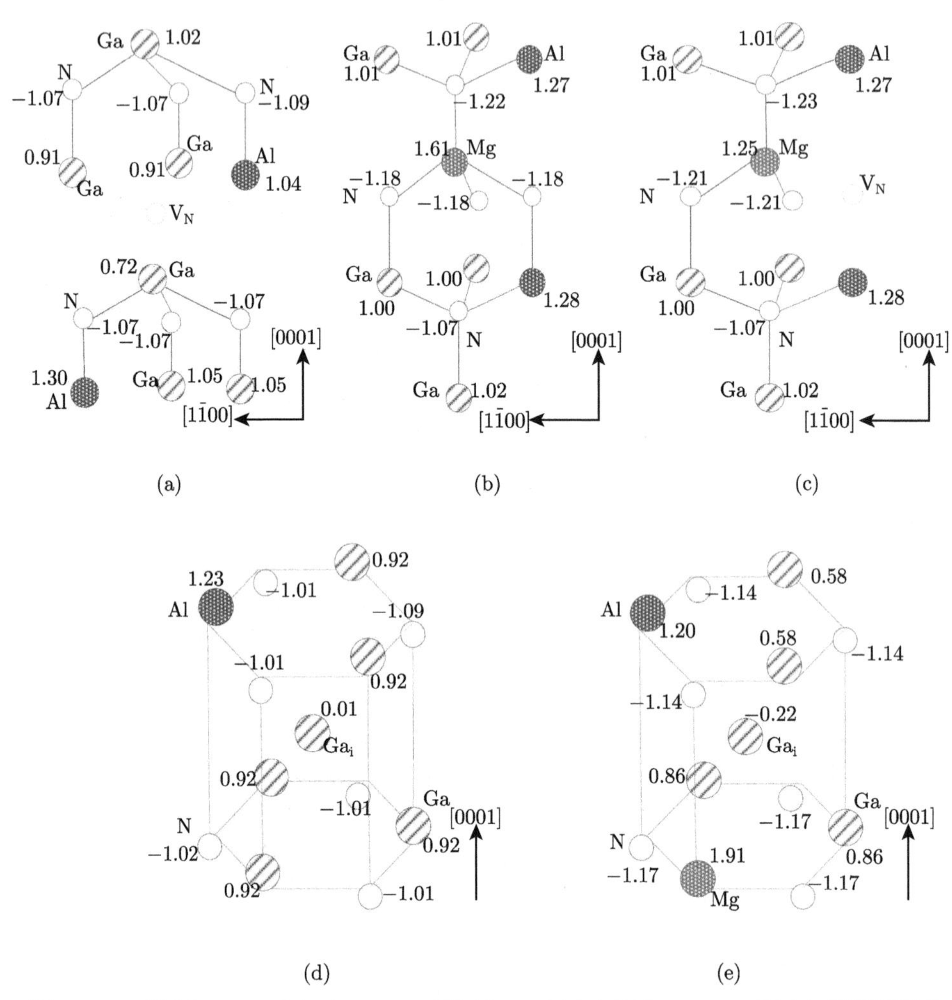

图 5.36　V_N^{3+}(a)、Mg_{Ga}^-(b)、$[V_N\text{-}Mg_{Ga}]^{2+}$(c)、$Ga_i^{3+}$(d) 和 $[Ga_i\text{-}Mg_{Ga}]^{2+}$(e) 周围原子的密立根电荷分布 (彩图见封底二维码)

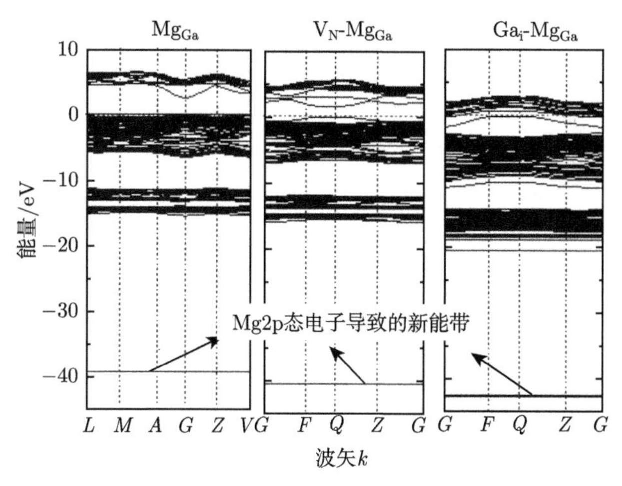

图 5.37 MgGa、V_N-Mg_{Ga} 和 Ga_i-Mg_{Ga} 掺杂的 $Al_{0.25}Ga_{0.75}N$ 的能带结构

5.3 $Al_xGa_{1-x}N$ 光电阴极的表面特性及表面清洗研究

5.3.1 $Al_xGa_{1-x}N$ (0001) 极性表面的原子结构与电子结构研究

1. $Al_xGa_{1-x}N$(0001) 极性表面模型

基于 5.1.1 节中建立并优化得到的 $Al_{0.25}Ga_{0.75}N(2\times2\times2)$ 超晶胞模型，作切面处理得到 $Al_{0.25}Ga_{0.75}N(0001)(2\times2)$ 表面的计算模型，如图 5.38 所示。该平面模型中

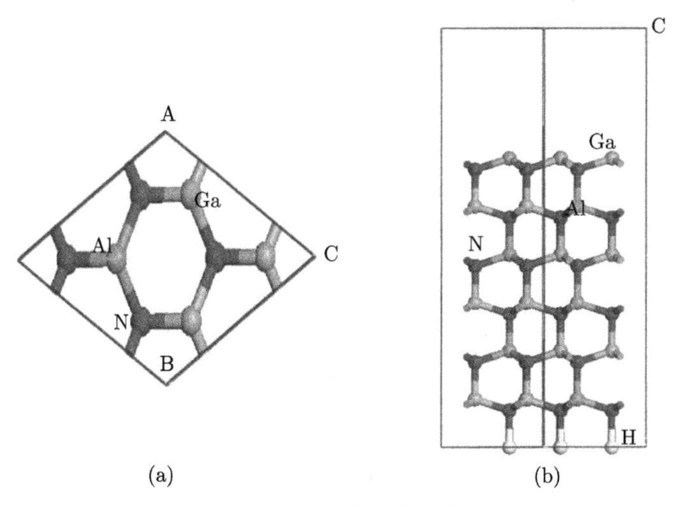

图 5.38 $Al_{0.25}Ga_{0.75}N(0001)(2\times2)$ 表面的计算模型 (彩图见封底二维码)

(a) 俯视图; (b) 侧视图

包含 6 个 Ga(Al)-N 双分子层，其中允许上面 3 个双分子层自由弛豫，对下面 3 个双分子层进行了固定，因此下面 3 个分子层的原子结构更接近 $Al_{0.25}Ga_{0.75}N$ 的体材料。关于表面层数的选择，我们对 5、6、7 和 8 个双分子层的模型分别进行了优化计算，结果发现，当分子层数大于 6 层之后，表面能变化不大，6 个双分子层的表面可以满足计算精度的需求。为了避免各原子层之间发生镜像相互作用，沿 [0001] 方向添加了厚度为 1.5nm 的真空层。同时在最下面一层 N 原子处添加了 H 原子进行钝化处理[36]。表面模型计算中 k 网格点设置为 4×4×1，其他参数设置同 5.1.1 节。经过一系列收敛性测试表明，真空层厚度以及 k 网格点的设置可以达到足够的计算精度。

采用 BFGS 方法对 $Al_{0.25}Ga_{0.75}N$ 表面模型进行优化后，表面出现弛豫现象，弛豫后最上面三个可以自由移动的双分子层的厚度及间距如表 5.10 所示。

表 5.10 优化后 $Al_{0.25}Ga_{0.75}N(0001)$ 表面最外层三个双分子层的厚度及间距

(单位：Å)

	优化前	优化后	变化幅度
第一个双分子层的厚度		0.764	+24.03%
第二个双分子层的厚度	0.616	0.699	+13.47%
第三个双分子层的厚度		0.663	+7.63%
第一层与第二层的间距		1.871	−6.31%
第二层与第三层的间距	1.977	1.928	−2.48%
第三层与第四层的间距		1.907	−3.54%

相比于 $Al_{0.25}Ga_{0.75}N$ 的体材料，$Al_{0.25}Ga_{0.75}N(0001)$ 表面最外面三个双分子层的厚度均显著增加，尤其是最外层的双分子层的厚度比体材料增加了 24.03%，最外层的 Ga 原子层远离 N 原子层向表面外移动。而第二层和第三层的双分子层厚度分别为 0.699Å和 0.663Å，逐渐向体材料过渡。由于 Al 原子和 Ga 原子具有不同的电负性，因此沿着 [0001] 方向，Ga 原子和 Al 原子并不在同一高度上，Al 原子更靠近 N 原子层，Al—N 键键长小于 Ga—N 键键长。

2. $Al_xGa_{1-x}N(0001)$ 极性表面的表面能及功函数

表面能是反映表面能否稳定存在的物理量，可根据下式计算得到[37]：

$$\sigma = (E_{\text{Slab}} - nE_{\text{bulk}})/A \tag{5.29}$$

式中，E_{Slab} 为 $Al_{0.25}Ga_{0.75}N(0001)$ 表面模型优化后的总能量；E_{bulk} 为每个 $Al_{0.25}Ga_{0.75}N(1\times1\times1)$ 晶胞的能量；n 为表面模型中包含的 $Al_{0.25}Ga_{0.75}N(1\times1\times1)$ 晶胞的数量；A 为表面模型的表面积。考虑到计算模型中加入的 H 原子，将式 (5.29) 做以下修正：

$$\sigma = (E_{\text{Slab}} - nE_{\text{bulk}} - n_{\text{H}}E_{\text{H}})/A \tag{5.30}$$

式中，n_H 代表模型中 H 原子的数量；E_H 表示结构优化后每个 H 原子的能量。对于平板表面模型，较低的表面能代表表面能够稳定存在。而对于液态物质，其表面能太高，表面很容易被破坏，晶胞具有很强的可流动性[38,39]。

计算得到的 $Al_{0.25}Ga_{0.75}N(0001)$ 表面的表面能为 2.169J/m^2。这意味着 $Al_{0.25}Ga_{0.75}N(0001)$ 表面没有沟壑、洞穴或台脚位置的存在，仅通过弛豫即可保持表面的稳定性。Spicer 等针对负电子亲和势光电阴极的光电发射现象，提出了著名的“三步模型”理论[40]，他们认为负电子亲和势光电阴极的光电发射分为光吸收、电子向表面输运和电子从表面逸出至真空三个步骤。前两步的完成主要依赖于光电阴极材料本身的光学性质及电子在材料中的扩散长度，而第三步电子从表面逸出的多少主要体现为表面电子逸出几率的大小。对于光电阴极，当真空能级低于导带底能级时，即可得到负电子亲和势，此时电子容易从表面逸出。电子亲和势与功函数的差值为导带底与费米能级之间的能量差，对于特定的阴极，该值为一常量，因此功函数也是表征阴极表面是否易于光电子逸出的重要参量。对于半导体，表面功函数定义为，电子逸出到真空所需要的最小能量，即真空能级与费米能级之间的能量差，可由下式计算得到[41]：

$$\phi = E_{\text{vacuum}} - E_{\text{F}} \tag{5.31}$$

式中，E_{vacuum} 表示真空能级；E_F 表示 $Al_{0.25}Ga_{0.75}N$ 体系的费米能级。计算得到 $Al_{0.25}Ga_{0.75}N(0001)$ 表面的功函数为 4.360eV。该值比 Du 等计算得到的 GaN 表面的功函数值 4.2eV[42] 略高，仍可证明选择 $Al_{0.25}Ga_{0.75}N(0001)$ 表面作为光电发射表面的可行性。

3. 半金属性的表面能带结构

$Al_{0.25}Ga_{0.75}N(0001)$ 表面的能带结构示意图如图 5.39 所示，其中虚线表示费

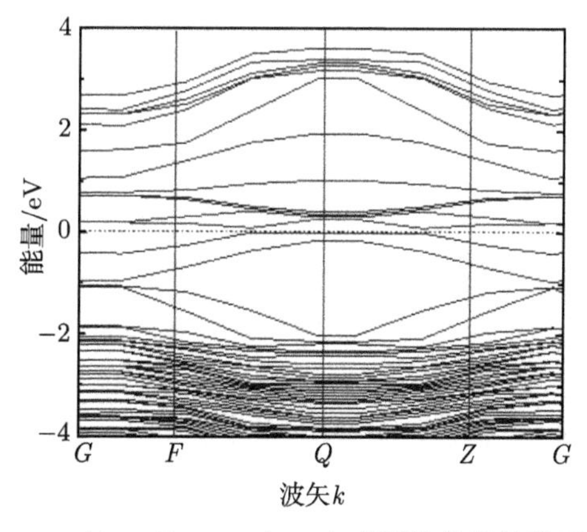

图 5.39 $Al_{0.25}Ga_{0.75}N(0001)$ 表面的能带结构示意图

米能级。体材料的价带顶和导带底均出现在 G 点，中间有明显的带隙，表面模型的价带顶和导带底仍在 G 点，$Al_{0.25}Ga_{0.75}N(0001)$ 表面的禁带已非常不明显，禁带宽度远小于体材料禁带宽度的计算值 2.263eV。相对于体材料模型，表面能带在 0~2eV 出现了很多新的电子态，使表面呈现出更多的金属特性，而半导体的特性减弱。新出现的能带很宽，表明其中电子的有效质量较小，很容易在表面延展。

$Al_{0.25}Ga_{0.75}N$ 体材料和 $Al_{0.25}Ga_{0.75}N(0001)$ 表面的总态密度的对比如图 5.40(a) 所示，$Al_{0.25}Ga_{0.75}N(0001)$ 表面各原子的分波态密度如图 5.40(b)~(d)

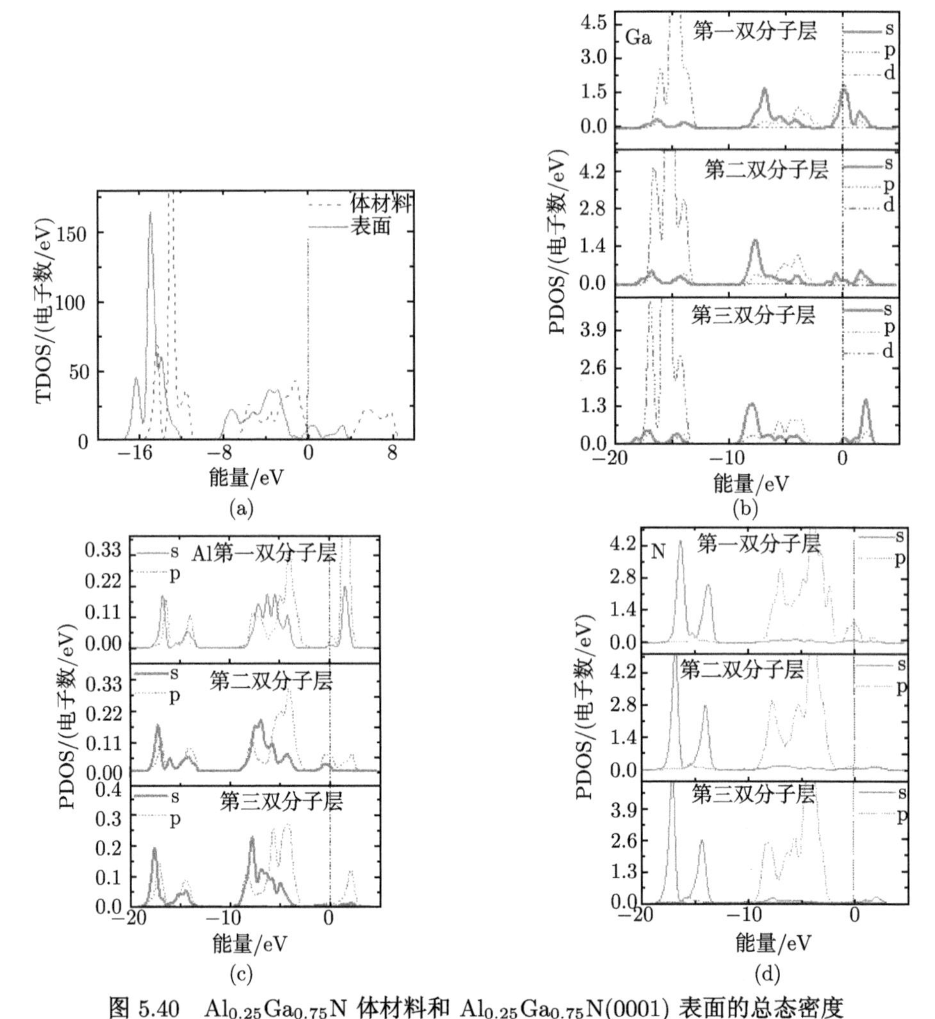

图 5.40　$Al_{0.25}Ga_{0.75}N$ 体材料和 $Al_{0.25}Ga_{0.75}N(0001)$ 表面的总态密度及 $Al_{0.25}Ga_{0.75}N(0001)$ 表面的分波态密度 (彩图见封底二维码)

(a) 总态密度; (b) Ga 原子的分波态密度; (c) Al 原子的分波态密度; (d) N 原子的分波态密度

所示。由图 5.40 可以看出，对于表面费米能级附近出现的新能带，主要是由 Ga 4s、Ga 4p、Al 3p 和 N 2p 态电子导致的，并且随着距离表面越来越远，电子为表面费米能级附近的态密度做的贡献越来越小。因此第一双分子层中的电子是导致材料禁带宽度变小的主要原因。从图 5.40(a) 可以看出，比较整个能量范围内总态密度的积分值，表面模型明显低于体材料，为此逐个比较了各个原子在体材料和表面中的分波态密度的积分值，并计算了其变化幅度，如表 5.11 所示。

表 5.11 $Al_{0.25}Ga_{0.75}N(0001)$ 表面中各原子相对于体材料的分波态密度积分值的变化

	Ga			Al		N	
	s	p	d	s	p	s	p
变化幅度	−31.79%	−25.59%	−0.21%	−12.52%	−33.39%	−5.97%	−9.05%

由表 5.11 可以看出，总态密度的减小主要是由 Ga 原子和 Al 原子引起的，N 原子的作用相对较少。而对于 Ga 3d 态电子，基本没有减少。在表面形成过程中，为中和掉表面偶极矩的作用，发生了 sp^3 轨道杂化，以使表面稳定，因此 s 态和 p 态电子减少剧烈，而 d 态电子基本不变。

4. *表面带隙变窄引起的截止波长红移现象*

$Al_{0.25}Ga_{0.75}N(0001)$ 表面的禁带宽度远小于其体材料的禁带宽度的现象并非个例。杜玉杰计算得到的 GaN(0001) 表面的禁带宽度远小于体材料[42]，鱼晓华计算得到的 GaAs(001) 和 $Al_{0.5}Ga_{0.5}As(001)$ 表面的禁带宽度也均小于对应的体材料[43]。为此根据半导体物理学[25] 的相关内容对半导体禁带宽度与其晶格参量的关系进行讨论。将 $E_C(k)$ 在 $k=0$ 附近按照泰勒级数展开，取至 k^2 项，得到

$$E_C(k)=E_C(0)+\left(\frac{dE_C}{dk}\right)_{k=0}k+\frac{1}{2}\left(\frac{d^2E_C}{dk^2}\right)_{k=0}k^2 \tag{5.32}$$

因为 $k=0$ 时能量极小，所以 $(dE/dk)_{k=0}=0$，因而

$$E_C(k)-E_C(0)=\frac{1}{2}\left(\frac{d^2E_C}{dk^2}\right)_{k=0}k^2 \tag{5.33}$$

$E_C(0)$ 为导带底能量，对给定的半导体，$\left(\frac{d^2E_C}{dk^2}\right)_{k=0}$ 应该是个定值，令

$$\frac{1}{\hbar^2}\left(\frac{d^2E_C}{dk^2}\right)_{k=0}=\frac{1}{m_n^*} \tag{5.34}$$

将式 (5.34) 代入式 (5.33) 得

$$E_C(k)-E_C(0)=\frac{\hbar^2k^2}{2m_n^*} \tag{5.35}$$

m_{n}^* 为导带底电子的有效质量。因为 $E_{\mathrm{C}}(k) > E_{\mathrm{C}}(0)$，所以 m_{n}^* 为正值。对直接带隙半导体，能带顶也位于 $k=0$，也可以得到

$$E_{\mathrm{V}}(k) - E_{\mathrm{V}}(0) = \frac{1}{2}\left(\frac{\mathrm{d}^2 E_{\mathrm{V}}}{\mathrm{d}k^2}\right)_{k=0} k^2 \tag{5.36}$$

因为在能带顶附近 $E_{\mathrm{V}}(k) > E_{\mathrm{V}}(0)$，所以 $\left(\frac{\mathrm{d}^2 E_{\mathrm{C}}}{\mathrm{d}k^2}\right)_{k=0} < 0$，如果令

$$\frac{1}{\hbar^2}\left(\frac{\mathrm{d}^2 E_{\mathrm{V}}}{\mathrm{d}k^2}\right)_{k=0} = \frac{1}{m_{\mathrm{p}}^*} \tag{5.37}$$

则能带顶部附近 $E_{\mathrm{C}}(k)$ 为

$$E_{\mathrm{V}}(k) - E_{\mathrm{V}}(0) = \frac{\hbar^2 k^2}{2m_{\mathrm{p}}^*} \tag{5.38}$$

m_{p}^* 为价带顶空穴有效质量，为负值，由于

$$k = \frac{n\pi}{a} \quad (n = 0, \pm 1, \pm 2, \cdots) \tag{5.39}$$

式中，a 是晶格常数，在导带底附近：

$$E_{\mathrm{C}}\left(\frac{n\pi}{a}\right) - E_{\mathrm{C}}(0) = \frac{\hbar^2 n^2 \pi^2}{2a^2 m_{\mathrm{n}}^*} \tag{5.40}$$

价带顶附近：

$$E_{\mathrm{V}}\left(\frac{n\pi}{a}\right) - E_{\mathrm{V}}(0) = \frac{\hbar^2 n^2 \pi^2}{2a^2 m_{\mathrm{p}}^*} \tag{5.41}$$

式 (5.40) 减式 (5.41)，得到

$$E_{\mathrm{C}}\left(\frac{n\pi}{a}\right) - E_{\mathrm{V}}\left(\frac{n\pi}{a}\right) = E_{\mathrm{C}}(0) - E_{\mathrm{V}}(0) + \frac{\hbar^2 n^2 \pi^2}{2a^2}\left(\frac{1}{m_{\mathrm{n}}^*} - \frac{1}{m_{\mathrm{p}}^*}\right) \tag{5.42}$$

记

$$E_{\mathrm{C}}\left(\frac{n\pi}{a}\right) - E_{\mathrm{V}}\left(\frac{n\pi}{a}\right) = E_{\mathrm{g}}\left(\frac{n\pi}{a}\right) \tag{5.43}$$

$$E_{\mathrm{C}}(0) - E_{\mathrm{V}}(0) = E_{\mathrm{g}}(0) \tag{5.44}$$

则有

$$E_{\mathrm{g}}\left(\frac{n\pi}{a}\right) = E_{\mathrm{g}}(0) + \frac{h^2 n^2 \pi^2}{2a^2}\left(\frac{1}{m_{\mathrm{n}}^*} - \frac{1}{m_{\mathrm{p}}^*}\right) \tag{5.45}$$

由于 $\hbar = \frac{h}{2\pi}$，所以

$$E_{\mathrm{g}}\left(\frac{n\pi}{a}\right) = E_{\mathrm{g}}(0) + \frac{h^2 n^2 \pi^2}{2^3 a^2}\left(\frac{1}{m_{\mathrm{n}}^*} - \frac{1}{m_{\mathrm{p}}^*}\right) \tag{5.46}$$

由式 (5.46) 可知，半导体的禁带宽度与其晶格常数 a、电子的有效质量 m_n^* 和空穴的有效质量 m_p^* 有重要关系。由 5.3.1 节的计算结果可知，由于最外层的 Ga(Al) 原子存在悬挂键，表面形成过程中，表面原子弛豫导致表面的双分子层厚度增加，因此在表面附近材料的晶格常数大于体内。而且由态密度的分析可知，态密度的积分值在全能量范围明显减少，电子和空穴的有效质量增加，因此这两方面的因素均导致禁带宽度的变小。

在 GaN 和 $Al_xGa_{1-x}N$ 光电阴极中，均发现在截止波长之外，仍然有部分的光谱响应。对于 $Al_xGa_{1-x}N$ 光电阴极，由于设计的 Al 组分值和最终制备得到的 $Al_xGa_{1-x}N$ 阴极的 Al 组分值具有一定的误差，因此无法完全将其截止波长变长的原因归咎于表面禁带宽度的减小，因此以 GaN 光电阴极为例进行讨论。王晓晖等[44] 设计并制备的三种不同结构的反射式 GaN 光电阴极的量子效率曲线如图 5.41 所示。由加州大学伯克利分校的 Siegmund 等[45] 制备的反射式 GaN 光电阴极和美国西北大学 Ulmer 等[46] 制备的透射式 GaN 光电阴极的量子效率如图 5.42 所示。

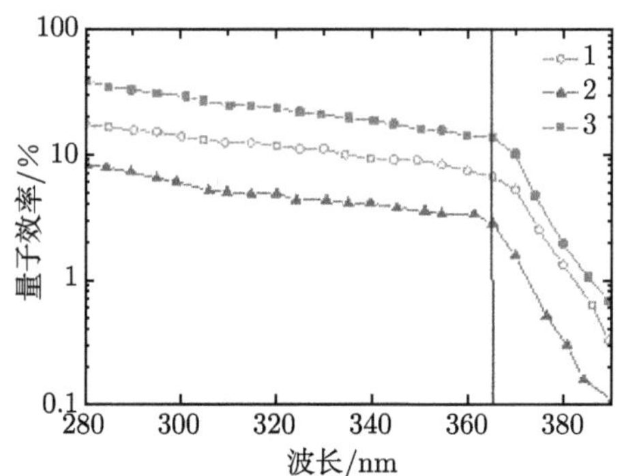

图 5.41 王晓晖等获得的反射式 GaN 光电阴极的量子效率[44] (彩图见封底二维码)

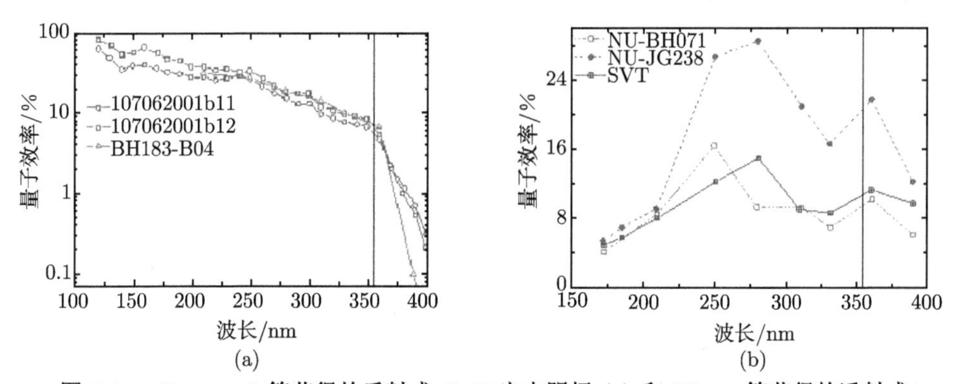

图 5.42 Siegmund 等获得的反射式 GaN 光电阴极 (a) 和 Ulmer 等获得的透射式 GaN 光电阴极 (b) 的量子效率[45,46] (彩图见封底二维码)

GaN 的禁带宽度为 3.39eV，对应的截止波长为 365nm。由图 5.41 和图 5.42 可以发现，无论是国内还是国外制备的 GaN 光电阴极，无论是采用反射式还是透射式的光照方式，阴极均出现了在截止波长之外仍有部分光谱响应的现象。为此根据 Spicer 等[40] 提出的光电发射的“三步模型” 绘制了不考虑表面禁带宽度的 GaN 光电阴极的能带结构图以及考虑表面禁带宽度的 GaN 光电阴极的能带结构图，如图 5.43 所示，其中 BBR 代表能带弯曲区域。

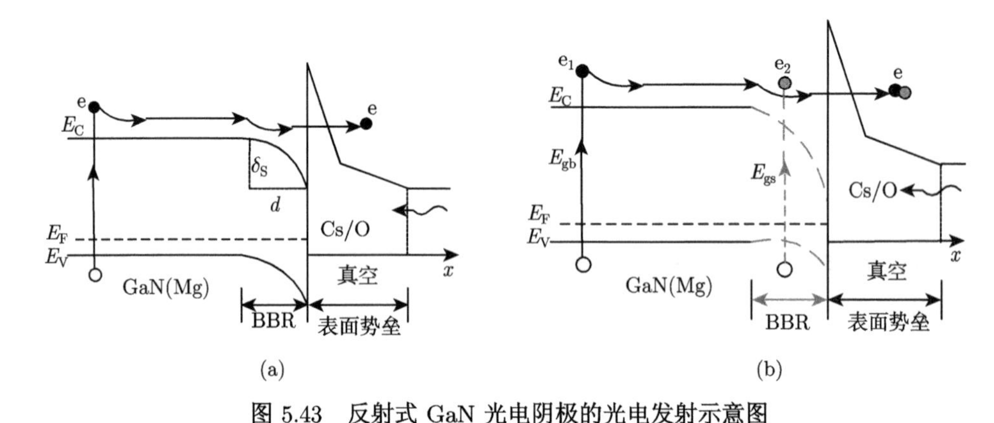

图 5.43　反射式 GaN 光电阴极的光电发射示意图

(a) 假设表面禁带宽度等于体内禁带宽度; (b) 考虑表面禁带宽度变窄的因素

对比图 5.43(a) 和 (b)，光吸收及光电子向表面输运的两个步骤并没有受到影响，而表面形成过程以及 Cs、O 吸附导致的表面产生的能带弯曲区域却有所不同。由于进行了 Mg 掺杂，材料为 p 型半导体，而表面 Cs、O 吸附使表面形成 n 型表面。p 型半导体 n 型表面的结构使表面能带向下弯曲，这有利于电子从表面的逸出。在体材料中，只有能量大于禁带宽度的电子才可以由价带激发到导带，成为光电子。而在表面处，价带底明显降低，表面禁带宽度变小，因此表面附近的电子不需要得到那么大的能量即可从价带跃迁至导带。图 5.43(b) 中的 e_1 电子是在体内，从价带激发至导带的，其能量大于 GaN 的禁带宽度 3.39eV，而对于表面处的电子 e_2，其能量只要大于表面禁带宽度即可从价带跃迁至导带，该电子的能量可以低于 3.39eV，因此在测试得到的量子效率曲线中，截止波长以外仍有部分的光谱响应。

5. 密立根电荷布居数分布

$Al_{0.25}Ga_{0.75}N(0001)$ 表面模型是 Ga(Al) 原子在最外层的极性表面，该表面属于 Tasker 提出的第三种表面结构[47]。该表面结构是由荷电性不同的原子一层一层交替堆垛而成的。假设所有的原子都表现出它们的一般氧化态，那么 $+-+-+-+-+-$ 的堆垛结构会产生一个垂直于表面方向上的偶极矩。对于体内的 Ga(Al) 原子层，将受到上下两个 N 原子层的双重吸引，而表面的形成使其外面形成了悬挂键，为使表面稳定，电荷将发生重新排布。计算得到的体材料 $Al_{0.25}Ga_{0.75}N$ 和 $Al_{0.25}Ga_{0.75}N(0001)$ 表面的密立根电荷分布如表 5.12 所示。

表 5.12 体材料 $Al_{0.25}Ga_{0.75}N$ 和 $Al_{0.25}Ga_{0.75}N(0001)$ 表面的密立根电荷分布

	体材料 $Al_{0.25}Ga_{0.75}N$	$Al_{0.25}Ga_{0.75}N(0001)$ 表面			
		第一双分子层	第二双分子层	第三双分子层	平均值
Ga	+1.02	+0.66	+0.86	+1.18	+0.90
Al	+1.30	+1.39	+1.36	+1.36	+1.37
N	−1.10	−1.10	−1.10	−1.10	−1.10

由于 Ga 原子和 Al 原子的电负性均小于 N 原子，因此 Ga 和 Al 原子与周围的 N 原子形成共价键的时候，电子均向 N 原子偏移，结果表现为 Ga 原子和 Al 原子的密立根电荷数为正值而 N 原子的密立根电荷数为负值。且由于 Al 原子的电负性小于 Ga 原子，因此其密立根电荷数更大。在表面形成的过程中，电子从材料内部向表面发生转移来中和材料本身的偶极矩。因此表面最外层和第二双分子层的 Ga 原子得到了电子，密立根电荷数明显降低，这一现象与 Tasker[47] 的理论预测完全符合。然而 Al 原子表现出较强的还原性，因此其在表面和体内的密立根电荷数变化不大。$Al_{0.25}Ga_{0.75}N(0001)$ 极性表面的构成方式，非常有利于体内电子向表面的转移，有助于增大电子的扩散长度并提高光电阴极的光电发射效率。

6. Mg 掺杂对 $Al_{0.25}Ga_{0.75}N(0001)$ 表面性质的影响

在 $Al_{0.25}Ga_{0.75}N(0001)$ 表面 6 层双分子层模型的基础上，建立 Mg 掺杂的表面模型。Mg 为代位式杂质，Mg 的掺杂方式有取代 Ga 原子和 Al 原子两种。根据 5.2.1 节的讨论可以知道，在较低的 Al 组分情况下，掺杂更容易实现，因此 Mg 更容易替代 Al 原子。但是由于建立的模型中选取的 Al 组分偏低，而 Mg 原子替代 Al 原子后，对 Al 组分的影响较大，因此对于 Mg 掺杂的 $Al_{0.25}Ga_{0.75}N(0001)$ 表面模型的讨论是基于 Mg 替代 Ga 原子的掺杂方式。那么根据 Ga 原子距离表面最外层的距离，掺杂模型可分为六种。但是当 Mg 原子替代最外层的 Ga 原子形成掺杂表面后，与吸附原子 Cs 的距离太近，不易电离，对表面激活不利，因此将 Mg 原子位于第一双分子层的情况排除，剩余的五种掺杂位置如图 5.44 所示。对于建立的五种 $Al_{0.25}Ga(Mg)_{0.75}N(0001)$ 模型，首先采用 BFGS 方法进行结构优化，后进行能量及性质的计算，计算方法及精度设置同 5.2.1 节。

根据 Mg 原子在 $Al_{0.25}Ga_{0.75}N$ 体材料的形成能公式，提出了 $Al_{0.25}Ga_{0.75}N(0001)$ 表面形成能的计算方法：

$$E_{\text{form}} = E_{\text{tot}}[Al_{0.25}Ga(Mg)_{0.75}N(0001)] - E_{\text{tot}}[Al_{0.25}Ga_{0.75}N(0001)] - \mu_{\text{Mg}} + \mu_{\text{Ga}} \tag{5.47}$$

式中，$E_{tot}[Al_{0.25}Ga(Mg)_{0.75}N(0001)]$ 和 $E_{tot}[Al_{0.25}Ga(Mg)_{0.75}N(0001)]$ 分别为优化后 $Al_{0.25}Ga_{0.75}N(0001)$ 表面和 $Al_{0.25}Ga(Mg)_{0.75}N(0001)$ 表面的总能量；μ_{Ga} 和 μ_{Mg} 分别表示 Ga 原子和 Mg 原子的化学势。计算得到的五种模型中 Mg 原子的形成能如表 5.13 所示。

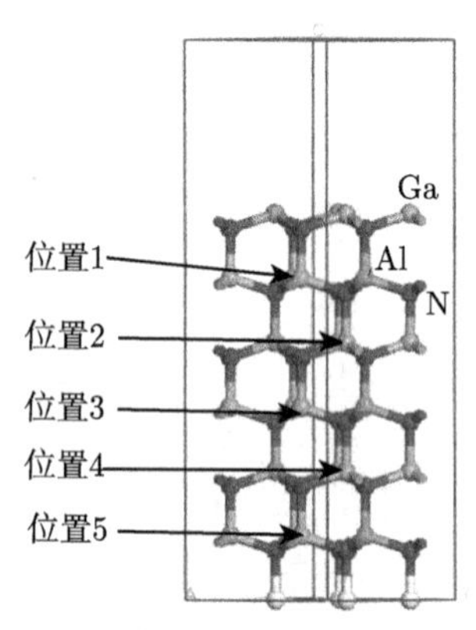

图 5.44　Mg 原子在 $Al_{0.25}Ga_{0.75}N(0001)$ 表面的五种掺杂位置 (彩图见封底二维码)

表 5.13　五种模型中 Mg 原子的形成能　(单位：eV)

Mg 原子位置	位置 1	位置 2	位置 3	位置 4	位置 5
形成能	−1.652	−1.641	−1.633	−1.559	−1.532

可以看出，随着掺杂位置从表面向体内的变化，Mg 原子的形成能逐渐增加，因此认为在第二个双分子层中的位置为 Mg 杂质原子的最佳掺杂位置，下文中的讨论也是基于 Mg 原子在位置 1 对应的表面模型。

5.2.1 节中已讨论过在体材料中加入 Mg 原子后，由于 Mg 原子的半径以及电负性和 Ga 原子不同，在掺杂原子周围产生晶格畸变，同样对于 $Al_{0.25}Ga_{0.75}N$ 表面，加入 Mg 原子后，表面双分子层的厚度也将产生一定的变化。以模型 2 和模型 3 为例，Mg 原子掺杂前后 (0001) 表面三个双分子层的厚度及间距如表 5.14 所示。

表 5.14　Mg 原子掺杂前后 (0001) 表面三个双分子层的厚度及间距　(单位：Å)

	掺杂前	模型 2	模型 3
第一双分子层的厚度	0.764	0.721	0.763
第二双分子层的厚度	0.699	0.759	0.683
第三双分子层的厚度	0.663	0.625	0.732
第一层与第二层的间距	1.871	2.322	1.872
第二层与第三层的间距	1.928	1.810	2.135
第三层与第四层的间距	1.907	1.895	1.825

由表 5.14 可以看出，由于 Mg 原子的半径大于 Ga 原子，存在 Mg 原子的双分子层厚度相比掺杂前表面的双分子层厚度有所增加，且 Mg 原子所在双分子层与更外面一层的距离增加。Mg 掺杂前后表面的总态密度如图 5.45 所示。Mg 2p 态电子在 −40.8eV 处引入了深受主杂质能级，除此之外，Mg 掺杂后，表面导电特性向 p 型转变，费米能级向下移动，相应的态密度向高能方向移动。Mg 掺杂后的表面中，价带和导带的带隙仍然不明显，表面仍具有较强的金属性。

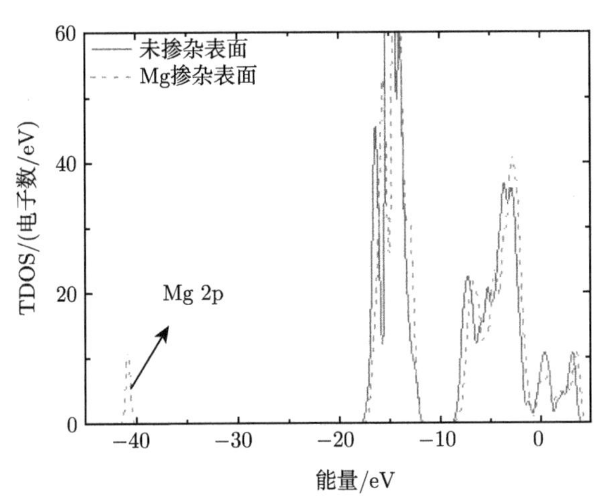

图 5.45 Mg 掺杂前后表面的总态密度

根据式 (5.31) 计算得到五种 Mg 掺杂模型的功函数分别为 4.385eV、4.372eV、4.368eV、4.392eV 和 4.388eV。功函数的差值变化不大，但均比 Mg 掺杂前本征的 $Al_{0.25}Ga_{0.75}N(0001)$ 表面的功函数略大。Mg 原子在表面的掺杂不会引起真空能级的变化，但是半导体从本征态变为 p 型，费米能级向下移动，导致了功函数的少量增加。

5.3.2 $Al_xGa_{1-x}N(10\bar{1}0)$ 和 $(11\bar{2}0)$ 非极性表面的原子结构与电子结构研究

1. $Al_xGa_{1-x}N(10\bar{1}0)$ 和 $(11\bar{2}0)$ 非极性表面模型

$Al_xGa_{1-x}N(10\bar{1}0)$和 $(11\bar{2}0)$ 非极性表面的计算模型也是在 5.1.1 节中的 $Al_{0.25}Ga_{0.75}N$ 模型的基础上进行切面得到，其侧视图如图 5.46 所示。这两个表面模型均由 8 个原子层组成。其中最外面 4 个原子层可以自由移动，而下面 4 个原子层中原子的位置被固定，以此来模拟体材料 $Al_{0.25}Ga_{0.75}N$ 的性质。同样在垂直表面方向添加了 1.5nm 的真空层，对表面进行隔离。在最底层添加了 H 原子进行物理钝化，因此，在每个表面模型中，均有 24 个 Ga 原子、8 个 Al 原子、32 个 N 原子和 8 个 H 原子[48]。计算方法即精度设置同 5.2.1 节。

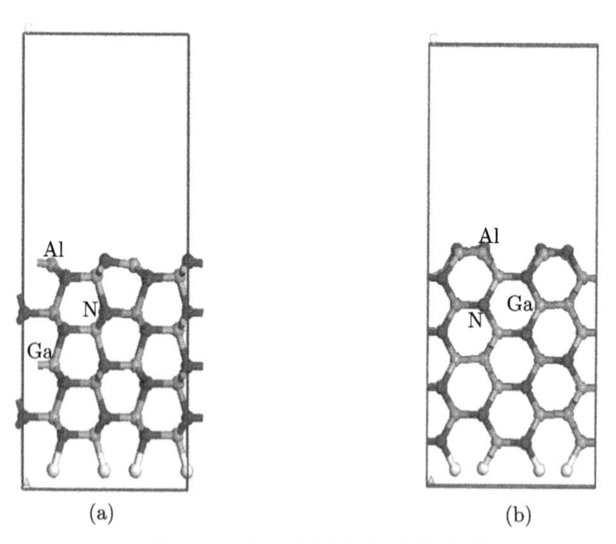

图 5.46　$Al_{0.25}Ga_{0.75}N(10\bar{1}0)$和 $(11\bar{2}0)$ 非极性表面模型侧视图 (彩图见封底二维码)

(a) $(10\bar{1}0)$面; (b) $(11\bar{2}0)$ 面

2. N 原子外移现象

对于纤锌矿结构的半导体材料，垂直于$(10\bar{1}0)$和 $(11\bar{2}0)$ 方向上的晶面具有相同数量的阳离子和阴离子。这不同于 (0001) 面，由阳离子和阴离子交替堆垛而成。因此，$(10\bar{1}0)$和 $(11\bar{2}0)$ 表面均属于 Tasker[47] 提出的第一种表面，即由相同数量的阴阳离子组成中性的原子层，原子层堆垛形成材料。对于 $Al_{0.25}Ga_{0.75}N$ $(10\bar{1}0)$表面，75%的阳离子是 Ga^{+}，而 25%的阳离子是 Al^{+}。在 $Al_{0.25}Ga_{0.75}N$ $(10\bar{1}0)$表面上，均匀分布着平行于表面方向上的 Ga(Al)-N 聚合体。在体材料中每个原子的配位数为 4，而表面上每个原子的配位数只有 3。表面最外层上的每一个原子都是与该层相邻的一个原子成键，并与表面第二层的两个原子成键。与其他混晶材料半导体的非极性表面相同，$Al_{0.25}Ga_{0.75}N$ $(10\bar{1}0)$表面在优化的过程中，对称性并未发生变化。只是表面优化后 Ga(Al)-N 聚合体的方向发生了扭转，N 原子和 Ga(Al) 原子不再在一个平面上，N 原子向外突出。优化后 $Al_{0.25}Ga_{0.75}N$ $(10\bar{1}0)$表面形貌的俯视图和侧视图如图 5.47 所示，其中 d_x 和ω_x 分别代表 Ga(Al)—N 键的键长和旋转角。

在优化后的 $Al_{0.25}Ga_{0.75}N$ 体材料中 Ga—N 键和 Al—N 键的平均键长分别为 1.982Å和 1.902Å，而在 $Al_{0.25}Ga_{0.75}N$ $(10\bar{1}0)$表面的最外层 Ga—N 键和 Al—N 键的长度分别为 1.836Å和 1.770Å，表面中的 Ga—N 和 Al—N 键相对于体材料分别缩短了 7.38%和 6.95%。Ga 原子和 N 原子沿 $[10\bar{1}0]$ 方向上的距离为 0.254Å，其旋转角为 7.97°。相应的，Al 原子 N 原子沿 $[10\bar{1}0]$ 方向上的距离为 0.218Å，其旋

转角为 7.07°。

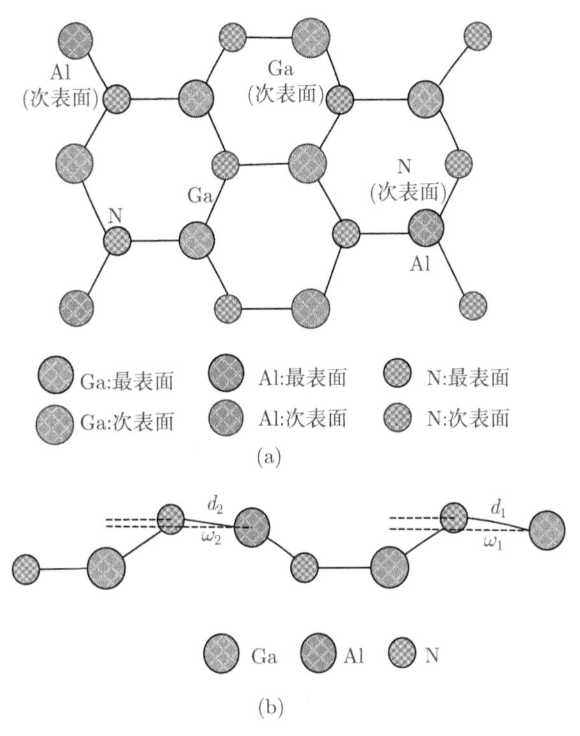

图 5.47 优化后 $Al_{0.25}Ga_{0.75}N(10\bar{1}0)$的表面形貌 (彩图见封底二维码)

(a) 俯视图; (b) 侧视图

作为非极性表面，$Al_{0.25}Ga_{0.75}N(11\bar{2}0)$ 面的每一个原子层同样包含相同数量的阳离子和阴离子。优化后 $Al_{0.25}Ga_{0.75}N(11\bar{2}0)$ 表面形貌的俯视图和侧视图如图 5.48 所示，其中 d_x 和ω_x 分别代表 Ga(Al)—N 键的键长和旋转角。

在 $Al_{0.25}Ga_{0.75}N(11\bar{2}0)$ 表面的最外层，Ga—N 键和 Al—N 键的平均键长分别为 1.850Å和 1.789Å，相对于体材料，其键长分别缩短了 6.66%和 5.92%。Ga—N 键和 Al—N 键中 N 原子都向外突出，键的旋转角度分别为 7.625° 和 3.817°。沿 $[11\bar{2}0]$ 方向 Ga 原子和 N 原子的距离为 0.246Å，Al 原子和 N 原子的距离为 0.118Å。

3. Al_xGa_{1-x} N 非极性表面的表面能和功函数

根据式 (5.30) 计算得到了 $Al_{0.25}Ga_{0.75}N(10\bar{1}0)$ 和 $(11\bar{2}0)$非极性表面的表面能分别为 $1.902J/m^2$ 和 $2.014J/m^2$，略低于 $Al_{0.25}Ga_{0.75}N(0001)$ 表面，证明这两个非极性表面是可以稳定存在的，并且比 $Al_{0.25}Ga_{0.75}N(0001)$ 表面的稳定性略高。Northrup 等采用第一性原理方法计算得到 $GaN(10\bar{1}0)$ 和 $(11\bar{2}0)$表面的表面能分别为 $1.888J/m^2$ 和 $2.012J/m^2$[49]，证明 $GaN(10\bar{1}0)$ 和 $(11\bar{2}0)$表面的稳定性略高于

$Al_{0.25}Ga_{0.75}N$，并且$(10\bar{1}0)$面比 $(11\bar{2}0)$面相对更加稳定。

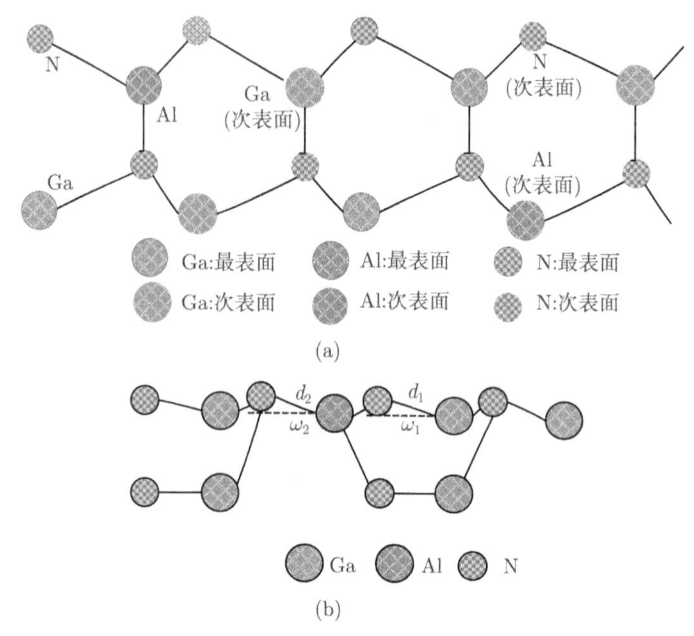

图 5.48　优化后 $Al_{0.25}Ga_{0.75}N(11\bar{2}0)$ 的表面形貌 (彩图见封底二维码)

(a) 俯视图; (b) 侧视图

根据式 (5.3) 计算得到 $Al_{0.25}Ga_{0.75}N(10\bar{1}0)$ 和 $(11\bar{2}0)$两个表面的功函数分别为 4.025eV 和 4.007eV。Tsai 等计算得到 n 型掺杂的 $GaN(10\bar{1}0)$ 和 $(11\bar{2}0)$表面的功函数分别为 3.70eV 和 3.64eV[50]，比本征 $Al_{0.25}Ga_{0.75}N$ 表面的功函数略低。计算得到的 $Al_{0.25}Ga_{0.75}N(10\bar{1}0)$ 和 $(11\bar{2}0)$表面的功函数均比 (0001) 表面的功函数低，因此无论从表面稳定性角度还是利于光电发射的角度，$Al_{0.25}Ga_{0.75}N$ 的两个非极性面均有作为光电阴极激活表面的潜力。

4. 非极性表面的能带结构

计算得到 $Al_{0.25}Ga_{0.75}N(10\bar{1}\ 0)$ 和 $(11\bar{2}0)$两个非极性表面模型的禁带宽度分别为 1.357eV 和 1.630eV，该值大于 $Ga_{0.75}Al_{0.25}N(0001)$ 极性表面的禁带宽度。$Al_{0.25}Ga_{0.75}N(10\bar{1}0)$ 和 $(11\bar{2}0)$两个非极性表面的能带结构示意图如图 5.49 所示，其中虚线代表费米能级。

$Al_{0.25}Ga_{0.75}N(0001)$ 极性表面以及 GaN(0001) 和 $(000\bar{1})$ 极性表面的禁带宽度值都非常小[8]，表面呈现半金属特性。而对于 $Al_{0.25}Ga_{0.75}N$ $(10\bar{1}0)$ 和 $(11\bar{2}0)$两个非极性表面，它们的带隙都较宽，表面呈现半导体特性。对此可进行如下解释：对于 1×1 的以 Ga(Al) 原子终止的 $Al_{0.25}Ga_{0.75}N(0001)$ 表面，假设 Ga(Al) 原子的最外层的 3 个电子被平均分配到 4 个键中，每个键分配到 3/4 个电子，则最外面有一个悬挂键不能被完整地填充，导致表面导电性的增加，体现出金属性。同样对于以 N 原子终止的 $(000\bar{1})$ 表面，每个 N 原子向每个键贡献 5/4 个电子，缺少了一个 Ga(Al) 原子与之成键后，也会存在一个无法填充的悬挂键。当然这只是定性的讨论，因为表面原子的键布居数与体内是不同的，而且具有偶极作用的阴阳离子的堆垛结构导致的静电势会改变电子的排布。对于非极性的$(10\bar{1}0)$ 和 $(11\bar{2}\ 0)$表面，由于原子位置的移动，N 原子向外扩张，表面附近的电子轨道杂化也将变得不同，因此表面态改变，表面性质由半金属性变为半导体特性。

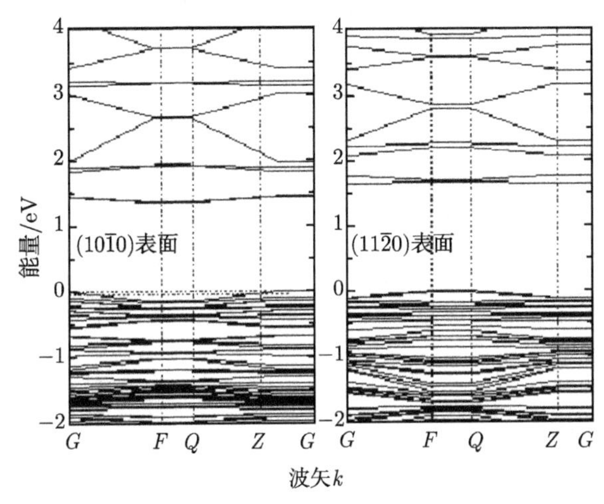

图 5.49 $Al_{0.25}Ga_{0.75}N(10\bar{1}0)$ 和 $(11\bar{2}0)$表面的能带结构示意图

5.3.3 $Al_xGa_{1-x}N$ 光电阴极表面氧化及表面清洗研究

1. 化学清洗前后的原子成分分析

由于现阶段制备的 $Al_xGa_{1-x}N$ 光电阴极均在 (0001) 极性表面上激活完成，因此对光电阴极表面氧化的研究基于 $Al_xGa_{1-x}N(0001)$ 极性表面。实验采用的变组分的 $Al_xGa_{1-x}N$ 光电阴极材料的结构如图 5.50 所示。$Al_xGa_{1-x}N$ 光电阴极的化学清洗中使用浓硫酸、双氧水和去离子水 2:2:1 的混合溶液，可以有效地清除掉光电阴极材料表面的 C 原子。而沸腾的 KOH 溶液可以去除掉 $Al_xGa_{1-x}N$ 晶体表面的部分氧化铝。因此使用两个样品进行化学清洗的对比实验，清洗步骤如表 5.15 所示。

将清洗好的两个样品放入 XPS 测试仪进行表面原子成分的分析得到的 Al 2p 峰及其 Al-N 和 Al-O 分峰如图 5.51 所示，Ga 3d 峰及其 Ga-N 和 Ga-O 分峰如图 5.52 所示。

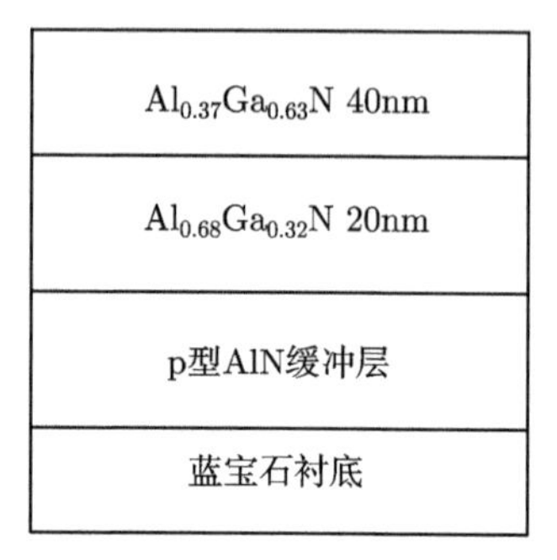

图 5.50　变组分 $Al_xGa_{1-x}N$ 光电阴极材料的结构

表 5.15　变组分 $Al_xGa_{1-x}N$ 光电阴极材料的化学清洗

	化学清洗步骤 1	化学清洗步骤 2
样品 1	四氯化碳、丙酮、无水乙醇和去离子水，使用超声波清洗仪分别清洗 5min	仅用浓硫酸、双氧水和去离子水混合溶液清洗
样品 2		先用浓硫酸、双氧水和去离子水混合溶液清洗，再用 KOH 溶液清洗

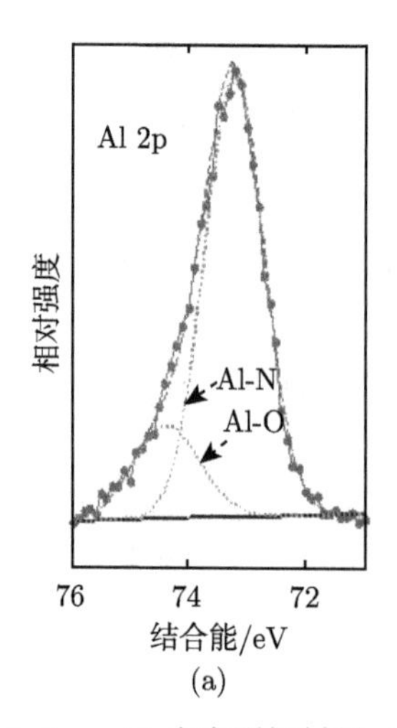

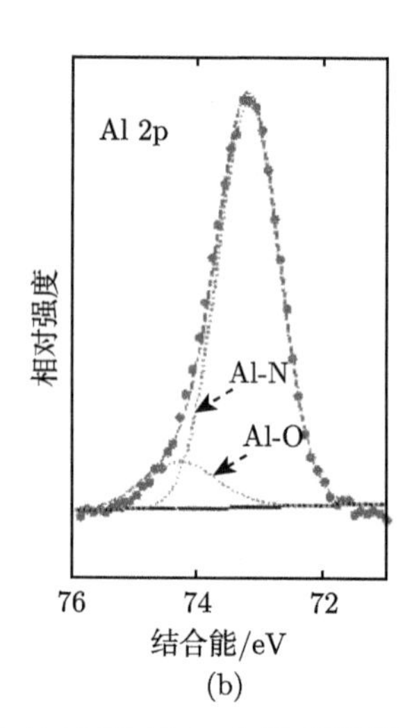

图 5.51　$Al_xGa_{1-x}N$ 光电阴极材料 Al 2p 峰及其 Al-N 和 Al-O 分峰 (彩图见封底二维码)

(a) 样品 1; (b) 样品 2

由图 5.51 和图 5.52 不难看出，在 $Al_xGa_{1-x}N$ 光电阴极的表面存在着大量镓的氧化物和铝的氧化物，经过 KOH 溶液清洗后的材料，氧化物有明显的减少，但仍有很多残留，表面氧化物的存在不利于阴极表面的 Cs、O 激活。而这部分氧化物的存在形式及其形成能需第一性原理计算进行进一步深入研究。

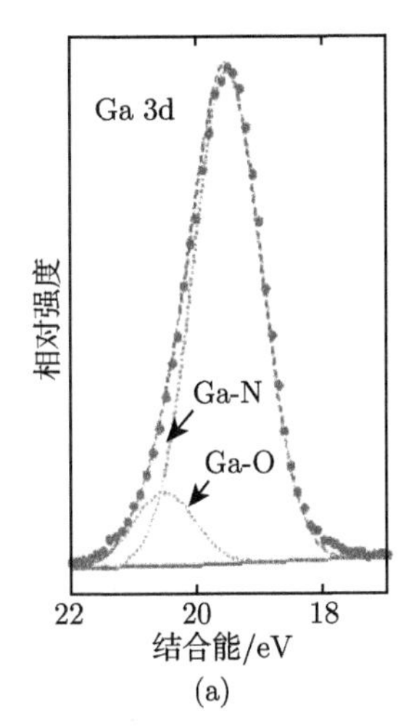

(a)

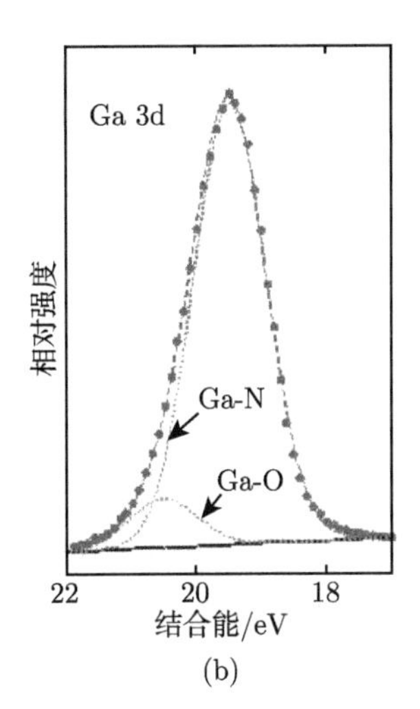

(b)

图 5.52 $Al_xGa_{1-x}N$ 光电阴极材料 Ga 3d 峰及其 Ga-N 和 Ga-O 分峰 (彩图见封底二维码)

(a) 样品 1; (b) 样品 2

2. 表面氧化模型

为了研究 GaO、AlO、Ga_2O_3 和 Al_2O_3 在 $Al_{0.25}Ga_{0.75}N(0001)$ 表面的吸附能以及对表面功函数的影响，建立了 GaO、AlO、Ga_2O_3 和 Al_2O_3 分子在 Mg 掺杂的 $Al_{0.25}Ga_{0.75}N(0001)$ 表面的吸附模型，GaO、AlO、Ga_2O_3 和 Al_2O_3 的分子结构可在软件中直接引入，因此计算过程中不对其键长进行优化。GaO、AlO、Ga_2O_3 和 Al_2O_3 分子在 Mg 掺杂的 $Al_{0.25}Ga_{0.75}N(0001)$ 表面的吸附模型分别定为模型 1、模型 2、模型 3 和模型 4。其中 GaO 吸附在 $Al_{0.25}Ga(Mg)_{0.75}N(0001)$ 表面的模型示意图如图 5.53 所示。由于表面氧化物的产生并非氧化物吸附到了阴极表面，而是空气中的 O 原子将表面的 Ga 原子和 Al 原子氧化形成了对应的氧化物。为了计算 O 原子和表面 Ga 原子及 Al 原子的结合过程，研究 O 原子导致的表面电子转移、表面态以及表面功函数的变化，建立了 O 原子在 $Al_{0.25}Ga(Mg)_{0.75}N(0001)$ 表面的吸附模型。根据比例，每个 Ga(Al) 原子对应 1~1.5 个 O 原子，为此建立了一个 Ga 原子与一个 O 原子成 Ga—O 键的模型 5，一个 Al 原子与一个 O 原子成 Al—O 键的模型 6，三个 O 原子同时吸附于两个相邻的 Ga 顶位及 Ga-Ga 桥位的模型 7，三个 O 原子同时吸附于两个相邻的 Al 顶位及 Al-Al 桥位的模型 8。由于建立的 $Al_{0.25}Ga(Mg)_{0.75}N(0001)$ (2×2) 表面模型的最外层只有一个 Al 原子，因此对于模型 8，人为地将第二层的 Al 原子与第一层的 Ga 原子互换了位置，虽然这破坏了晶格的对称性，但并不影响对于表面氧化性质的研究。表面氧化模型 5、6、7 和 8 的示意图如图 5.54 所示。以上八个吸附模型均是在 5.2.1 节中建立的 Mg 掺杂的 $Al_{0.25}Ga(Mg)_{0.75}N(0001)$ 洁净表面模型的基础上建立的。计算方法及精度设置同 5.2.1 节所述。

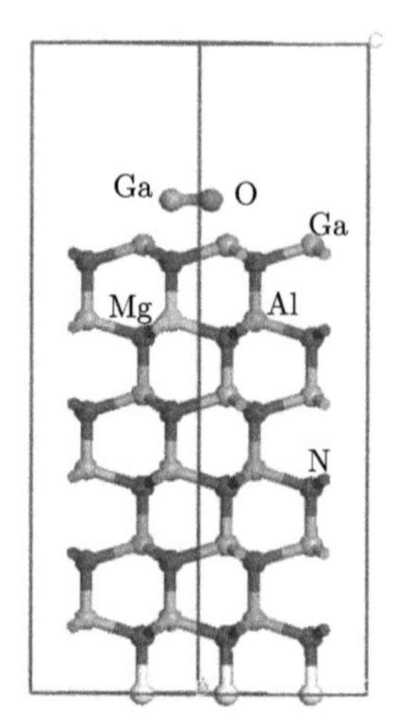

图 5.53　$Al_{0.25}Ga(Mg)_{0.75}N(0001)$ 表面吸附 GaO 的模型 (彩图见封底二维码)

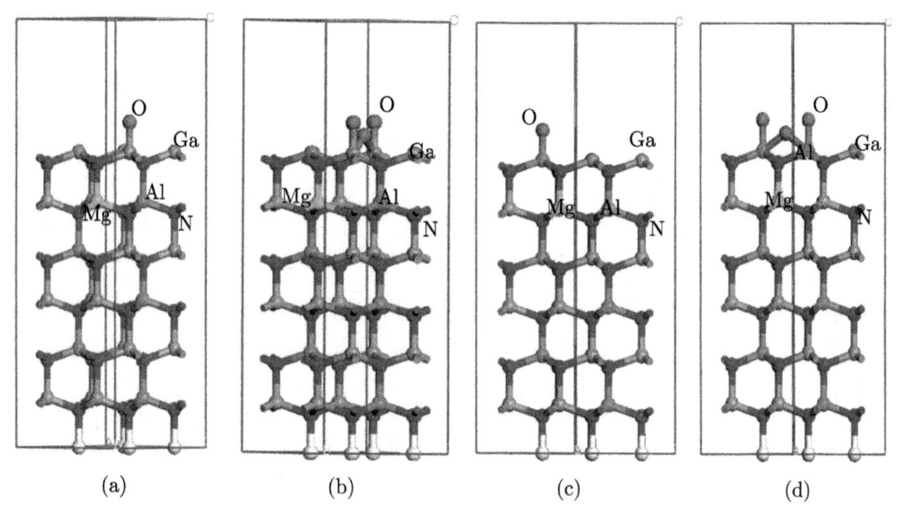

图 5.54　$Al_{0.25}Ga(Mg)_{0.75}N(0001)$ 表面氧化模型 (彩图见封底二维码)

(a) 模型 5; (b) 模型 6; (c) 模型 7; (d) 模型 8

3. 氧化物在 $Al_xGa(Mg)_{1-x}N(0001)$ 表面的吸附能和功函数

GaO、AlO、Ga_2O_3 和 Al_2O_3 在 $Al_{0.25}Ga(Mg)_{0.75}N(0001)$ 表面的吸附能可根据下式计算得到:

$$E_{\mathrm{ads}} = (E_{\mathrm{oxi/Al_{0.25}Ga(Mg)_{0.75}N}} - E_{\mathrm{Al_{0.25}Ga(Mg)_{0.75}N}} - nE_{\mathrm{oxi}})/n \tag{5.48}$$

式中，$E_{Al_{0.25}Ga(Mg)_{0.75}N}$ 和 $E_{oxi/Al_{0.25}Ga(Mg)_{0.75}N}$ 分别指氧化物吸附前后表面模型的总能量；E_{oxi} 指吸附物分子的能量；n 指吸附模型中氧化物的分子数，由于计算模型中只有一个 GaO、AlO、Ga_2O_3 或 Al_2O_3 分子，因此 n 取 1。计算得到 GaO、AlO、Ga_2O_3 和 Al_2O_3 在 $Al_{0.25}Ga(Mg)_{0.75}N(0001)$ 表面上的吸附能分别为 −1.754eV、−2.383eV、−1.926eV 和 −2.922eV。四种氧化物的吸附能均为负值，说明这四种氧化物都可以稳定存在于阴极表面。Ga_2O_3 和 Al_2O_3 的吸附能分别低于 GaO 和 AlO，证明表面的氧化物更容易以 Ga_2O_3 和 Al_2O_3 的形式存在。Al_2O_3 的吸附能低于 Ga_2O_3，表明 Al_2O_3 比 Ga_2O_3 更难从 $Al_xGa_{1-x}N$ 光电阴极表面去除，因此想要获得原子级的清洁表面，$Al_xGa_{1-x}N$ 光电阴极比 GaN 光电阴极需要更高的热清洗温度。

GaO、AlO、Ga_2O_3 和 Al_2O_3 吸附后，表面功函数分别为 4.532eV、4.621eV、4.589eV 和 4.722eV，均高于洁净表面的功函数 4.385eV，因此表面氧化物的吸附使表面功函数增高，不利于光电子从表面逸出。

O 原子在 $Al_{0.25}Ga(Mg)_{0.75}N(0001)$ 表面的吸附能同样可根据式 (5.48) 计算得到，此时 E_{oxi} 应修正为 O 原子的化学势μ_O，即

$$E_{ads} = (E_{oxi/Al_{0.25}Ga(Mg)_{0.75}N} - E_{Al_{0.25}Ga(Mg)_{0.75}N} - n\mu_O)/n \tag{5.49}$$

式中，O 原子化学势由氧原子在氧气分子中的化学势以及 O 原子在 Ga_2O_3 和 Al_2O_3 中的化学势来界定。Ga_2O_3 和 Al_2O_3 分子的化学势与氧原子化学势的关系如下：

$$\mu_{Ga_2O_3} = 2\mu_{Ga(bulk)} + 3\mu_{O_2} - \Delta H_{f(Ga_2O_3)} \tag{5.50}$$

$$\mu_{Al_2O_3} = 2\mu_{Al(bulk)} + 3\mu_{O_2} - \Delta H_{f(Al_2O_3)} \tag{5.51}$$

式中，$\Delta H_{f(Ga_2O_3)}$ 和$\Delta H_{f(Al_2O_3)}$ 分别表示 Ga_2O_3 和 Al_2O_3 的形成能。计算得到 Ga_2O_3 和 Al_2O_3 的形成能分别为 12.55eV 和 15.77eV。因此将富 Ga 状态下的 O 原子的化学势作为下限，O_2 分子中的化学势作为 O 原子化学势的上限：

$$\mu_{O_2} - \frac{1}{3}\Delta H_{f(Ga_2O_3)} \leqslant \mu_O \leqslant \mu_{O_2} \tag{5.52}$$

因此计算得到模型 5、6、7 和 8 中 O 原子的吸附能如图 5.55 所示，其中横坐标右侧表示富 O 的状态。随着空气中 O 原子愈加充分，即横坐标向右侧移动，O 原子在 $Al_xGa_{1-x}N$ 表面的吸附能明显降低。吸附能直线的斜率与氧原子的覆盖度相关，覆盖度越大，斜率的绝对值越大，因此模型 5 和模型 7 的吸附能斜率一致，模型 6 和模型 8 一致。模型 7 和模型 8 中 O 原子的吸附能分别低于模型 5 和模型 6，说明 O 原子与 Al 原子成键比它与 Ga 原子成键更加稳定，这与前面计算氧化物分子在 $Al_xGa_{1-x}N$ 表面吸附所得的结果一致。

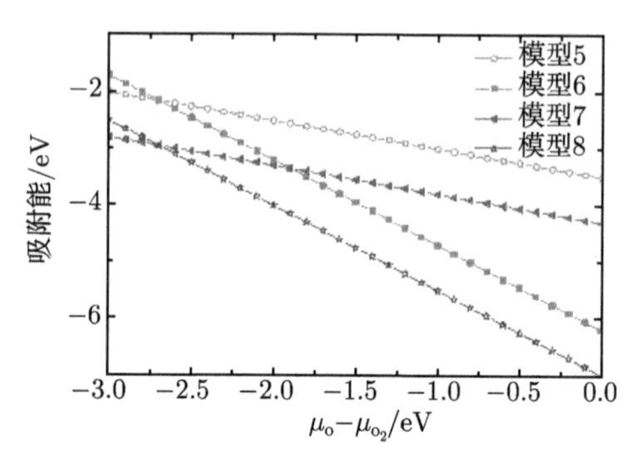

图 5.55 模型 5、6、7 和 8 中 O 原子的吸附能 (彩图见封底二维码)

4. 表面氧化引起的 $Al_xGa(Mg)_{1-x}N(0001)$ 表面的形貌变化

表面 O 原子吸附后与 Ga(Al) 原子成键，导致表面氧化，因而引起了表面双分子层厚度的变化，O 原子吸附前后 Ga—O 键和 Al—O 键的平均键长以及表面模型双分子层厚度的变化情况如表 5.16 所示。由 5.2.1 节可知，表面的双分子层厚度较体内更大，这是由表面态引起的表面弛豫造成的。而 O 原子吸附于 $Al_{0.25}Ga(Mg)_{0.75}N(0001)$ 表面后，最外层三个双分子层的厚度均变小，即比表面氧化前更接近体材料中的晶格常数。且随 O 原子的覆盖度的增加，这一变化更加明显。模型 5 和 7 中计算所得 Ga—O 键的平均键长分别为 1.856Å和 1.877Å，该结果与文献 [51] 中所得 Ga_2O_3 分子中 Ga—O 键的键长 1.80~2.10Å相吻合。模型 6 和模型 8 中计算所得 Al—O 键的平均键长为 1.914Å和 1.953Å，该结果与文献 [52] 中所得 Al_2O_3 中 Al—O 键的平均键长 1.856~1.969Å吻合。

表 5.16 Ga—O 和 Al—O 键的平均键长以及氧化表面的第一、第二和第三双分子层厚度

(单位：Å)

	洁净表面	模型 5	模型 6	模型 7	模型 8
Ga—O 键平均键长		1.856		1.877	
Al—O 键平均键长			1.914		1.953
第一双分子层厚度	0.721	0.654	0.633	0.667	0.649
第二双分子层厚度	0.759	0.632	0.620	0.641	0.632
第三双分子层厚度	0.625	0.620	0.619	0.622	0.624

5. 表面氧化引起的表面电子结构的变化

洁净表面与被氧化的表面的 Ga 原子与 Al 原子的分波态密度如图 5.56 所示。在洁净的表面，Ga 原子和 Al 原子的 s 态和 p 态电子在费米能级附近有分布，即存在表面态，而 Ga(Al) 原子与 O 原子成键后，费米能级附近的态密度值明显降低，表面态消失，表面禁带宽度变大，表面的金属特性消失，呈现半导体特性。

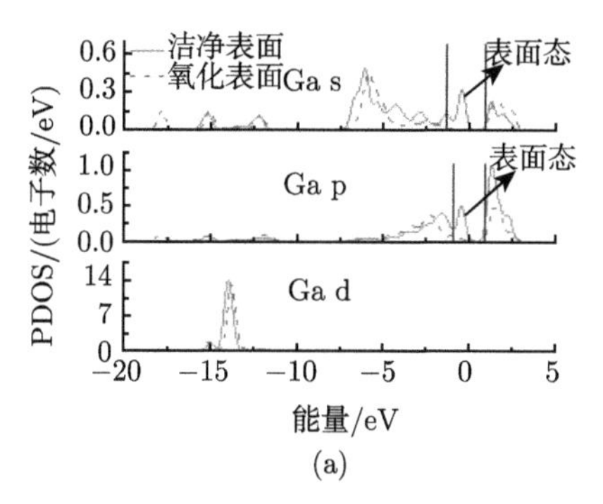

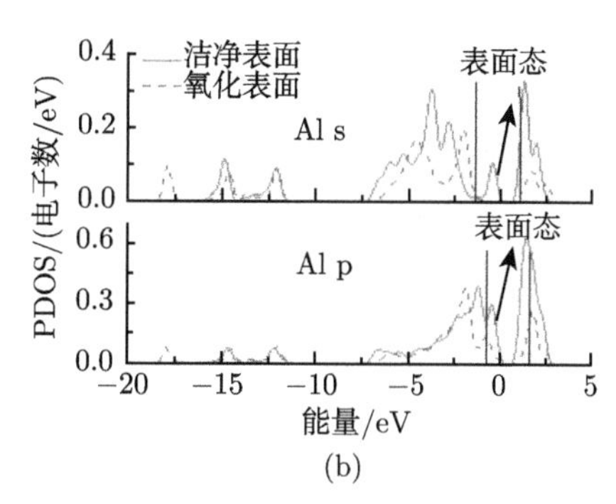

图 5.56 洁净表面与被氧化的表面的 Ga 原子 (a) 与 Al 原子 (b) 的分波态密度

四个表面氧化模型的密立根电荷布居数和键布居数分布如表 5.17 所示。

表 5.17 $Al_{0.25}Ga(Mg)_{0.75}N(0001)$ 氧化表面中的密立根电荷布居数和键布居数分布

模型号		电荷布居数					键布居数	
		Ga	Al	N	Mg	O	Ga—O	Al—O
洁净表面	第一双分子层	0.660	1.280	−1.030				
	第二双分子层	0.860	1.270	−1.100	1.542			
5	第一双分子层	1.040	1.390	−0.964		−1.030	0.653	
	第二双分子层	1.011	1.400	−1.091	1.598			
6	第一双分子层	1.052	1.393	−0.983		−1.045		0.772
	第二双分子层	1.012	1.402	−1.092	1.633			
7	第一双分子层	1.063	1.393	−0.963		−1.033	0.803	
	第二双分子层	1.033	1.404	−1.099	1.602			
8	第一双分子层	1.066	1.395	−0.966		−1.038		0.745
	第二双分子层	1.043	1.404	−1.099	1.609			

由前文计算可知，Ga、Al 和 N 原子在 $Al_{0.25}Ga_{0.75}N$ 体材料中的平均密立根电荷数为 1.020、1.300 和 −1.093，然而对于洁净的 $Al_{0.25}Ga(Mg)_{0.75}N(0001)$ 表面，第一双分子层中 Ga、Al 和 N 原子的平均电荷布居数为 0.660、1.280 和 −1.030，其中 Ga 原子的密立根电荷数明显小于体材料。这是由于表面最外层的 Ga 原子存在悬挂键。然而当表面 O 原子吸附于 Ga 原子上时，Ga 原子将提供电子给 O 原子，因此形成稳定的 Ga—O 键，导致表面悬挂键的消失，表面电子重新排布，因此解释了态密度图中出现的表面态消失的现象。由表 5.6 可知，在 $Al_{0.25}Ga_{0.75}N$ 体材料中，Ga—N 键和 Al—N 键的平均键布居数为 0.555 和 0.615。而模型 5 和 7 中 Ga—O 键的键布居数分别为 0.653 和 0.803，模型 6 和模型 8 中的 Al—O 键的键布居数分别为 0.772 和 0.745。Ga—O 键和 Al—O 键的稳定性均高于体材料中的 Ga—N 键和 Al—N 键，因此表面的 O 原子一旦与表面原子结合，很难分离。

参 考 文 献

[1] 杨明珠. $Ga_{1-x}Al_xN$ 光电阴极的光电性质与铯氧激活机理研究. 南京: 南京理工大学，2016

[2] Levinshtein M E, Rumyantsev S L, Shur M S. 先进半导体材料性能与数据手册. 杨树人, 殷景志, 译. 北京: 化学工业出版社, 2003

[3] Yang M Z, Chang B K, Hao G H, et al. Comparison of optical properties between wurtzite and zinc-blende $Ga_{0.75}Al_{0.25}N$. Optik, 2014, 125: 424-427

[4] Perdew J P, Zunger A. Self-interaction correction to density-functional approximations for many-electron systems. Physical Review B, 1981, 23: 5048-5079

[5] Monkhorst H J, Pack J D. Special points for Brillouin-zone integrations. Physical Review B, 1976, 13: 5188-5192

[6] Levine Z H, Allan D C. Quasiparticle calculation of the dielectric response of silicon and germanium. Physical Review B, 1991, 43: 4187-4207

[7] Levine Z H, Allan D C. Optical second-harmonic generation in III-V semiconductors: Detailed formulation and computational results. Physical Review B, 1991, 44: 12781-12793

[8] 杜玉杰. GaN 光电阴极材料特性与激活机理研究. 南京: 南京理工大学, 2012

[9] Nahory R E, Pollack M A, Johnston W D. Band gap versus composition and demonstration of Vegard's law for $In_{1-x}Ga_xAsyP_{1-y}$ lattice matched to InP. Applied Physics Letters, 1978, 33: 659

[10] Muth J F, Brown J D, Johnson M A L, et al. Absorption coefficient and refractive index of GaN, AlN and AlGaN alloys. Materials Research Society, 1998, 537: G 5.2

[11] Rinke P, Scheffler M, Qteish A, et al. Band gap and band parameters of InN and GaN from quasiparticle energy calculations based on exact-exchange density-functional theory. Applied Physics Letters, 2006, 89: 161919

[12] Scarrozza M, Pourtois G, Houssa M, et al. Adsorption of molecular oxygen on the reconstructed $\beta2(2\times4)$-GaAs(001) surface: A first-principles study. Surface Science, 2009, 603: 203-208

[13] Wang W C, Lee G, Huang M, et al. First-principles study of GaAs(001) $\beta2(2\times4)$ surface oxidation and passivation with H, Cl, S, F, and GaO. Journal of Applied Physics, 2010, 107: 103720

[14] Angerer H, Brunner D, Freudenberg F, et al. Determination of the Al mole fraction and the band gap bowing of epitaxial $Al_xGa_{1-x}N$ films. Applied Physics Letters, 1997, 71: 1504~1506

[15] Pugh S K, Dugdale D J, Brand S, et al. Band-gap and k.p. parameters for GaAlN and GaInN alloys. Journal of Applied Physics, 1999, 86: 3768-3772

[16] Katz O, Meyler B, Tisch U, et al. Determination of band-gap bowing for $Al_xGa_{1-x}N$ Alloys. Physica Status Solid Intel-Wiley, 2001, 188(2): 789-792

[17] Yang M Z, Chang B K, Zhao J, et al. Theoretical research on optical properties and quantum efficiency of $Ga_{1-x}Al_xN$ photocathodes. Optik, 2014, 125: 4906-4910

[18] Yang M Z, Chang B K, Hao G H, et al. Research on electronic structure and optical properties of Mg doped $Ga_{0.75}Al_{0.25}N$. Optical Materials, 2014, 36: 787-796

[19] Li X N, Keyes B, Asher S, et al. Hydrogen passivation effect in nitrogen-doped ZnO thin films. Applied Physics Letters, 2005, 86: 122107

[20] Kohan A F, Ceder G, Morgan D. First-principles study of native point defects in ZnO. Physical Review B, 2000, 61: 15019

[21] Van de Walle C G. Hydrogen as a cause of doping in gallium nitrogen. Physical Review Letters, 2000, 85(5): 1012-1015

[22] Zolotov Y A. Periodic table of elements. Journal of Anal Chemistry, 2007, 62: 811, 812

[23] Kozodoy P, Hansen M, Den B S P. Enhanced Mg doping efficiency in $Al_{0.2}Ga_{0.8}N$/GaN superlattices. Applied Physics Letters, 1999, 74: 3681-3683

[24] Du Y J, Chang B K, Zhang J J, et al. Influence of Mg doping on the electronic structure and optical properties of GaN. Optoelectronics and Advanced Materials-Rapid Communications, 2011, 5(10): 1050-1055

[25] 刘恩科, 朱秉升, 罗晋生. 半导体物理学. 7 版. 北京: 电子工业出版社, 2008

[26] Götz W, Kern R S, Chen C H, et al. Hall-effect characterization of III-V nitride semiconductors for high efficiency light emitting diodes[J]. Materials Science and Engineering B, 1999, 59: 211-217

[27] Van de Walle C G, Stampfl C, Neugebauer J, et al. Doping of AlGaN alloys. MRS Internet J. Nitride Semicond, 1999, Res.4S1: G10.4

[28] Li J, Oder T N, Nakarmi M L, et al. Optical and electrical properties of Mg-doped p-type $Al_xGa_{1-x}N$. Applied Physics Letters, 2002, 80: 1210-1212

[29] Tanaka T, Watanabe A, Amano H, et al. P-type conduction in Mg-doped GaN and $Al_{0.08}Ga_{0.92}N$ grown by metalorganic vapor phase epitaxy. Physical Review Letters, 1994, 65: 593, 594

[30] Pauling L. The nature of the chemical bond. IV. The energy of single bonds and the relative electronegativity of atoms. Journal of the American Chemical Society, 1932, 54: 3570-3582

[31] Pauling L. Nature of the Chemical Bond. 3rd ed. Ithaca: Cornell University Press, 1960

[32] Mori-Sánchez P, Pendás A M, Luaña V. A classification of covalent, ionic, and metallic solids based on the electron density. Journal of the American Chemical Society, 2002, 124: 14721-14723

[33] Mulliken R S. Electronic population analysis on LCAO-MO molecular wave functions. Journal of Chemical Physics, 1955, 23: 1833-1840

[34] Yang M Z, Chang B K, Shi F, et al. Atomic geometry and electronic structures of Be-doped and Be-, O-codoped $Ga_{0.75}Al_{0.25}N$. Computational Materials Science, 2015, 99: 306-315

[35] Van de Walle C G, Limpijumnong S. First-principles studies of beryllium doping of GaN. Physical Review B, 2001, 63: 245205

[36] Yang M Z, Chang B K, Hao G H, et al. Theoretical study on electronic structure and optical properties of $Ga_{0.75}Al_{0.25}N(0001)$ surface. Applied Surface Science, 2013, 273: 111-117

[37] Bates S P, Kresse G, Gillan M J. A systematic study of the surface energetics and structure of $TiO_2(110)$ by first-principles calculations. Surface Science, 1997, 385: 386-394

[38] Song D P, Liang Y C. Chen M J, et al. Molecular dynamics study on surface structure and surface energy of rutile $TiO_2(110)$. Applied Surface Science, 2009, 255: 5702-5708

[39] Redey S A, Razzouk S, Rey C. Osteoclast adhesion and activity on synthetic hydroxyapatite, carbonated hydroxyapatite, and natural calcium carbonate: relationship to surface energies. Journal of Biomedical Materials Research, 1999, 45(2): 140-147

[40] Spicer W E, Herrera-Gõmez A. Modern theory and applications of photocathodes. Proc. SPIE, 1993, 2022: 18

[41] 薛增泉，吴全德. 电子发射与电子能谱. 北京：北京大学出版社，1993

[42] Du Y J, Chang B K, Zhang J J, et al. First-principles study of electronic structure and optical properties of GaN(0001) surface. Acta Physica Sinica, 2012, 6: 0671011-0671016

[43] 鱼晓华. NEA $Ga_{1-x}Al_xAs$ 光电阴极中电子与原子结构研究. 南京: 南京理工大学, 2015

[44] 王晓晖, 常本康, 钱芸生, 等. 透射式负电子亲和势 GaN 光电阴极的光谱响应研究. 物理学报, 2011, 60: 057902

[45] Siegmund O H W, Tremsin A S, Vallerga J V, et al. Gallium nitride photocathode development for imaging detectors. Proc. SPIE, 2008, 7021: 70211B

[46] Ulmer M P, Wessels B W, Han B, et al. Advances in wide-band-gap semiconductor based photocathode devices for low light level applications. Proc. SPIE, 2003, 5164: 144-154

[47] Tasker P W. The stability of ionic crystal surfaces. Journal of Physics C: Solid State Physics, 2001, 12: 4977

[48] Yang M Z, Chang B K, Hao G H, et al. Electronic structure and optical properties of nonpolar $Ga_{0.75}Al_{0.25}N$ surfaces. Optik, 2014, 125: 6260-6265

[49] Northrup J E, Neugebauer J. Theory of GaN $(10\bar{1}0)$ and $(11\bar{2}0)$ surface. Physical Review B, 1996, 53: 10477-10480

[50] Tsai M H, Sankey O F, Schmidt K E, et al. Electronic structures of polar and nonpolar GaN surfaces. Materials Science and Engineering B, 2002, 88: 40-46

[51] Elsner J, Gutierrez R, Hourahine B, et al. A theoretical study of O chemisorption on GaN (0001)/(000$\bar{1}$) surfaces. Solid State Communications, 1998, 108: 953-958

[52] Schuldis D, Richter A, Benick J, et al. Properties of the c-Si/Al_2O_3 interface of ultrathin atomic layer deposited Al_2O_3 layers capped by SiN_x for c-Si surface passivation. Applied Physics Letters, 2014, 105: 231601

第 6 章　NEA GaN 基光电阴极光电发射理论

NEA GaN 基光电阴极光电发射理论包括发射机理、光电阴极的结构以及工作模式、光电发射过程、量子效率表达式以及影响 NEA GaN 光电阴极量子效率的因素。

6.1　NEA AlGaN 光电阴极的光电发射机理概述

获得有效光电发射的关键是减小 GaN 发射表面的真空能级，使之低于体内导带底能级，即获得所谓的 NEA 表面 [1~4]。这种特性可在 p 型重掺杂的 GaN 材料上得到。NEA 光电阴极是指真空能级 E_0 低于导带底能级 E_C，使有效电子亲和势 χ_{eff} 变为负值的半导体材料，正、负电子亲和势半导体的能级结构如图 6.1 所示。

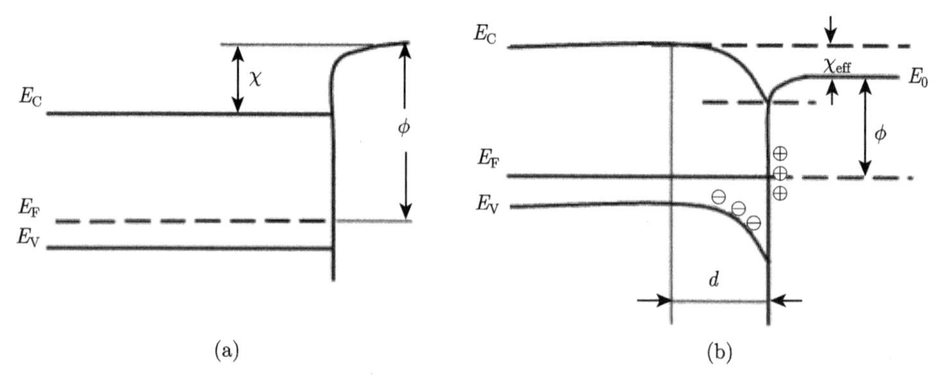

图 6.1　正、负电子亲和势半导体能级图

(a) 正电子亲和势半导体能级图；(b) 负电子亲和势半导体能级图

由图 6.1 可知，电子亲和势 $\chi = E_0 - E_C$，逸出功 $\phi = E_0 - E_F$，E_F 是费米能级，于是 $\chi = \phi - (E_C - E_F)$。要实现负电子亲和势，就必须满足条件 $\phi < E_C - E_F$，即负电子亲和势半导体材料需要尽可能低的逸出功，费米能级离导带底越远越有利于负电子亲和势状态的获得，所以常见的这种材料都是 p 型材料。

根据半导体光电发射理论，为了得到有效的电子发射，必须是 p 型半导体与 n 型表面态杂质结合。NEA GaN 光电阴极采用 p 型基底加 n 型表面的结构，这样可以使表面产生向下的能带弯曲，有利于受激电子逸出表面进入真空。一般通过掺杂 Mg 获得 p 型 GaN 材料，半导体中的杂质可分为间隙式杂质和代位式杂质，通常情况下代位式杂质的原子半径大小和价电子壳层结构与被取代本体原子比较接近。对于 Mg 在 GaN 中的掺杂，Mg 将取代 Ga 的位置成为代位式杂质。由于 Mg 的外围电子层排布为 $3s^2$，Ga 的外围电子层排布为 $4s^24p^1$，因此 Mg 取代 Ga 的位置时会从附近获得一个电子，而在 Mg 的附近留下一个空穴，需要电子来填充。所以当 p 型 GaN 材料表面吸收外来原子后，体内的 Mg 杂质原子是受主，而表面原子给出电子后带正电荷，内部的 Mg 杂质原子接受电子带负电荷，这样就使表面能带向下弯曲，使表面电子亲和势下降。重掺杂 (大约 $1\times10^{19}\text{cm}^{-3}$) 能在发射层表面提供技术上尽可能窄的耗尽层宽度，使电离杂质移动的距离最小，使光生载流子在发射到自由空间前的散射和表面俘获程度较低。

纤锌矿结构 GaN 晶体的 (0001) 面是由一层 Ga 原子和一层 N 原子间隔排列组成的。清洁的 GaN 晶体表面原子和体内原子的电子特性有较大差别，表面原子具有不完全的价键填充，它们的价键被割开，朝表面方向的价键因为缺少电子而使表面的原子带有悬挂键，因此当体内的电子输运到表面时，就可能被束缚在这个悬挂键上，所以表面原子对电子来说具有受主性质。因此 GaN(0001) 面是极性面，容易吸附 Cs 和 O 形成负电子亲和势。由于晶体表面价键的断开而在表面出现的电子能量状态，就是所谓的表面态或叫表面能级。

GaN(0001) 面会发生重构，重构的结果取决于表面成分和制备方法。GaN 晶体清洁表面的表面能级位于禁带中接近价带顶处，表面能级上可以填充电子而使表面带负电。对于 Mg 重掺杂的 p 型 GaN (0001) 半导体，其费米能级 E_F 接近于价带顶 E_V，而 n 型表面态的特征能级 E_s 远高于 E_F。当表面态与半导体体内进行电子交换并达到平衡时，E_s 与 E_F 趋于一致，使有效电子亲和势大大降低。图 6.2 是 p 型 GaN (0001) 面的表面态能级示意图 [5,6]。

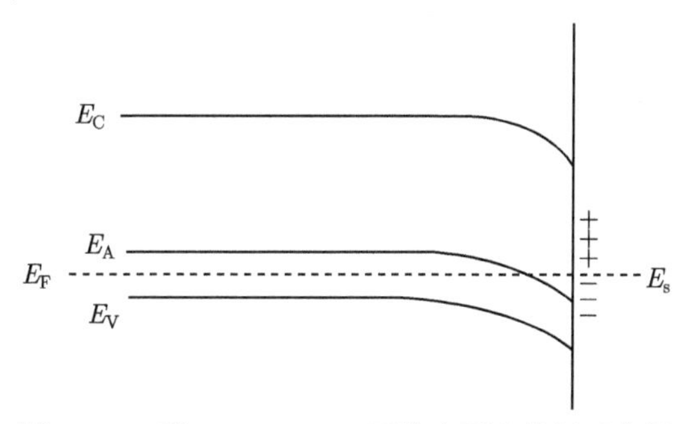

图 6.2　p 型 GaN (0001) 面的表面态能级示意图

NEA GaN 表面可通过单独用 Cs 的激活层或共同覆盖 Cs、O 的激活层获得。n 型表面态的获得可通过表面激活技术实现，利用 Cs、O 吸附在 p 型掺杂的 GaN 材料的表面，使表面能带向下弯曲，直至低于体内导带底能级，即获得负电子亲和势，体内光生电子只需运行到表面，就可以发射到真空而无需过剩动能去克服材料的表面势垒，从而获得有效的光电发射。

纤锌矿结构 GaN 光电阴极的禁带宽度约为 3.4eV，电子亲和势约为 2.0eV，激活时随着 Cs、O 在表面的沉积，形成了对电子逸出起促进作用的偶极子，进而形成双偶极层，这使得表面的真空能级大大降低。图 6.3 给出了 p 型 GaN 在 Cs、O 激活后的能级结构示意图，图中假设 GaN 阴极材料的表面能带弯曲量为 1.3eV，若以体内价带顶为能量参考点，则经过 Cs 处理后真空能级可从 5.4eV 降到 2.4eV，就已经获得了有效负电子亲和势的特性，Cs、O 激活后，可使真空能级进一步降低到 2.2eV，有效负电子亲和势特性更加明显。

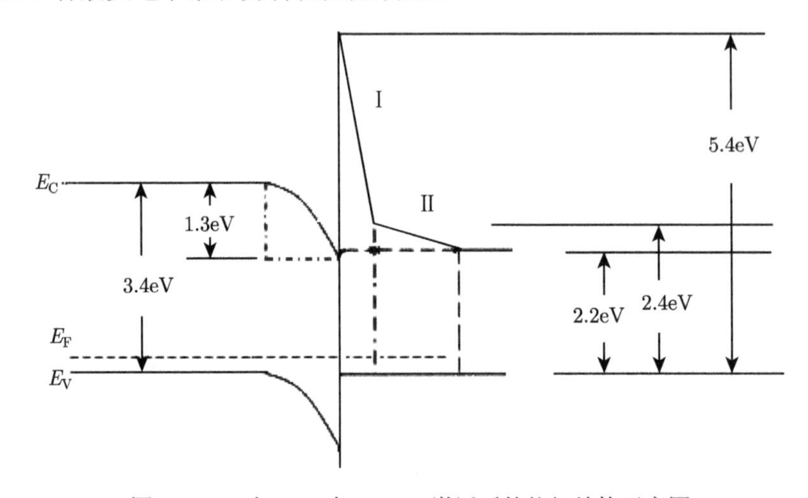

图 6.3 p 型 GaN 在 Cs、O 激活后的能级结构示意图

由图 6.3 可见，p 型 GaN 经过 Cs、O 处理后的有效电子亲和势可近似表示为

$$E_A = 2.2 - 3.4 = -1.2(\text{eV})$$

Cs、O 处理后，p 型 GaN 的表面能级会向下弯曲，同时表面真空能级会得到明显降低，最终 p 型 GaN 材料经过 Cs、O 处理可获得理想的负电子亲和势特性。因 Cs、O 沉积而形成的界面势垒很薄，这对光电子通过隧道效应穿过界面势垒，进而逸出到真空。

光激发电子到阴极表面的传输过程是复杂的，NEA GaN 光电阴极光电发射的主要来源是热化电子的逸出，而这些热化电子主要是以扩散形式迁移到阴极表面的。根据 Spicer 提出的光电发射的 “三步模型”：光的吸收、光生载流子的输运、载流子的发射，NEA GaN 光电阴极可将光谱小于 365nm 的光的辐射转换成发射到自由空间的光电子，具体发射过程见图 6.4，这一过程可以分为三个步骤 [7~11]：

第一步是光的吸收：在 365nm 以下紫外光的照射下，处于价带中的电子通过吸收入射光子的能量而被激发到导带；

第二步是光生载流子的输运：由于光的激发产生的光电子向阴极表面输运，这个过程中会发生各种弹性和非弹性碰撞；

第三步是载流子的发射：输运到阴极表面的电子隧穿表面势垒，由于 NEA 特性的存在，从而轻易地逸出到真空中。

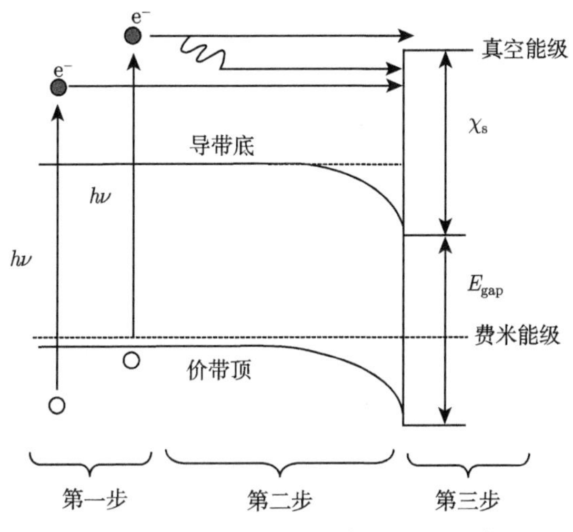

图 6.4 NEA GaN 光电阴极光电发射过程

6.2 NEA AlGaN 光电阴极的结构以及工作模式

NEA GaN 光电阴极是由衬底 (蓝宝石)、缓冲层 (GaN 或 AlN)、p 型 GaN 层和激活层 (Cs 或 Cs/O) 构成的。NEA GaN 光电阴极结构如图 6.5 所示，光电阴极由四种材料组成：顶层作为发射表面，是一个由 Cs 或 Cs/O 构成的激活层；第二层是 p 型 GaN 层，也就是可被激活层，是光电阴极的光电发射核心；第三层是缓冲层，一般用较薄的 GaN 或 AlN 构成；最后是蓝宝石构成的较厚的衬底，作为整个阴极的支撑窗口，透射模式下也是光的入射窗口。因 GaN 光电阴极响应的紫外光波长较短，其吸收深度也较 GaAs 光电阴极小，故 GaN 对光的吸收集中在浅表面，其激活层厚度可以相对较小。

图 6.5 给出了两种 NEA GaN 光电阴极的结构，区别在 p 型 GaN 层的厚度和缓冲层的材料及厚度上，图 6.5(a) 是我们实验样品采用的结构，图 6.5(b) 是斯坦福大学给出的一种结构 [12]。

NEA GaN 光电阴极的工作模式主要有反射和透射模式两种，或者分别叫作不透明和半透明模式，两种工作模式下光电阴极从入射光进入光电子逸出的整个过程见图 6.6[13]，图中还详细给出了入射光的衰减以及光生电子逸出到真空前的衰减情况。对于反射模式下的 GaN 光电阴极，光子是从发射表面一侧入射的，入射光的衰减较小，光生电子主要在发射的近表面产生，大多数光生电子受 GaN/蓝宝石后界面的影响不大。对于透射模式下的 GaN 光电阴极而言，入射光是从背面蓝宝石窗口中照射进来的，入射光通过蓝宝石衬底和 AlN 缓冲层后才能进入 GaN 激活层，衬底和缓冲层会吸收一部分入射光，在后界面处会吸收部分有效的入射光，光生电子也会受到 GaN/蓝宝石后界面的影响。在包括输运过程在内的三个步骤中，两种工作模式下光生电子的数量都会因众多原因而衰减，图 6.6 中示意性地给出了相应的光生电子的衰减情况。

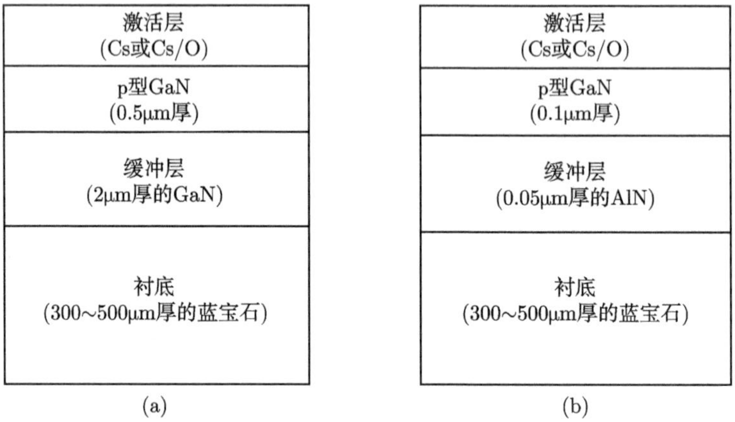

激活层
(Cs或Cs/O)
p型GaN
(0.5μm厚)
缓冲层
(2μm厚的GaN)
衬底
(300~500μm厚的蓝宝石)
(a)
激活层
(Cs或Cs/O)
p型GaN
(0.1μm厚)
缓冲层
(0.05μm厚的AlN)
衬底
(300~500μm厚的蓝宝石)
(b)

图 6.5　NEA GaN 光电阴极结构

(a)GaN 光电阴极实验样品的一种结构；(b) 斯坦福大学给出的一种结构

λ
λ
半透明模式
反 射
表面或
窗　口
光衰减
光衰减
阴　极
电子输
运损失
表面逸出损失
e⁻
e⁻
e⁻
不透明模式
λ

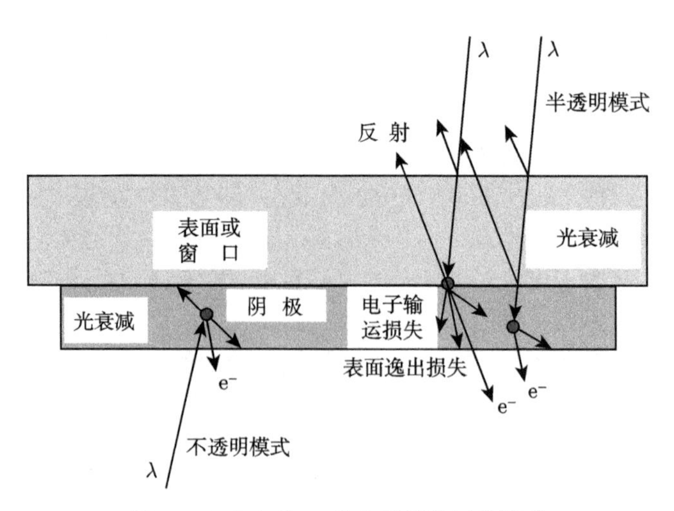

图 6.6　NEA GaN 光电阴极的工作模式

6.3 NEA AlGaN 光电阴极光电发射过程

6.3.1 光电子激发

根据 Spicer 的 “三步模型”，第一步是光的吸收，即入射光子能量被处于价带中的电子所吸收，这为价带中的电子被激发到导带奠定基础。这一激发过程与阴极材料的能带结构和材料的吸收系数 α 有关。

六角型纤锌矿结构 GaN 是直接带隙半导体，能带结构如图 3.3 所示。GaN 导带极小值是中心的 Γ 谷，另外，在 k_x 方向还有一个极小值 M-L 谷，在 k_z 方向还有一个极小值 A 谷。300K 温度下，Γ，M-L 和 A 三个极小值与价带顶的能量差 $E_{\rm g}$、$E_{\rm M-L}$、$E_{\rm A}$ 分别为 3.39eV，4.5~5.3eV 和 4.7~5.5eV。GaN 的价带有三个劈裂的能带，它来自于自旋–轨道的相互作用和晶体的对称性，即具有一个重空穴带、一个轻空穴带和一个裂距为 0.04eV 的劈裂带。对纤锌矿 GaN 晶体，禁带宽度 $E_{\rm g}$ 在 300K 时为 3.39eV，晶格常数为 a 轴：0.3187nm，c 轴：0.5186nm。光生电子沿 Γ 谷直接跃迁至导带底部，属直接带隙跃迁。

GaN 阴极材料的吸收系数 α 表示材料对光子吸收能力的强弱，GaN 光谱吸收系数 α 随波长的变化情况见图 6.7[12]。由图可见，α 是入射光子能量的函数，从 GaN 的阈值 3.4eV 到 5eV 的范围内，吸收系数 α 随入射光子能量 $h\nu$ 的增加而增加，表明在上述范围内，入射光子能量越大，也就是说入射光的波长越小，光子在材料内的吸收长度就越短。由于阴极有反射式和透射式两种工作模式，吸收系数 α 随入射光子能量变化的特点对两种工作模式下阴极的光电发射特性产生的影响极不相同。

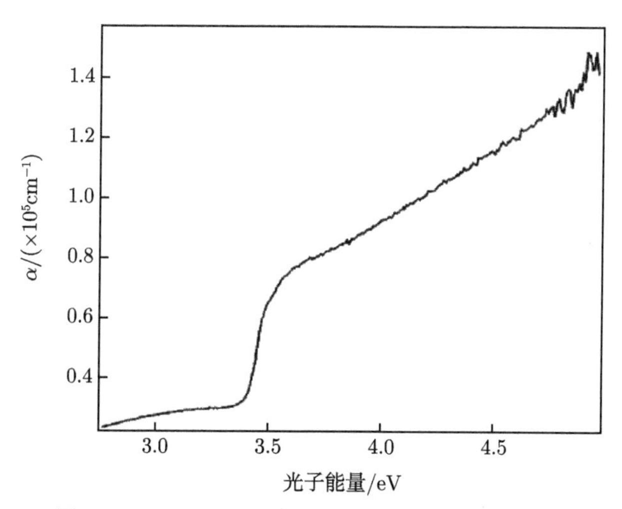

图 6.7 GaN 光谱吸收系数 α 随波长的变化情况

GaN 价带中的电子通过吸收光子能量而被激发进入导带的过程要求满足电子动量守恒和能量守恒 [14]。由纤锌矿 GaN 的能带结构图可知：相对于 GaN 价带的极大值点，Γ 谷是直接带隙，M-L 谷和 A 谷是间接带隙。当光生电子从价带顶跃迁到 Γ 谷时，只需满足能量守恒，而光生电子从价带顶跃迁到 M-L 谷或 A 谷时，需同时满足能量守恒和动量守恒，也就是说还需要吸收或发射声子。在 GaN 光电阴极中，光生电子的跃迁主要是先跃迁到 Γ 谷，当能量足够大时，还会由 Γ 谷散射到更高的 M-L 谷或 A 谷，并迅速在更高的能谷中热化。

6.3.2　光电子往阴极表面的输运

Spicer“三步模型”的第二步是光生载流子的输运，即激发到导带的电子将发生扩散或漂移运动，从而由阴极体内向表面运动。光生载流子的输运过程又可分为电子在阴极体内的输运和在表面能带弯曲区的输运两步。

首先是电子在阴极体内的输运过程，在 NEA 表面态的形成过程中，价带电子通过光子激发到达导带，首先成为过热电子，过热电子通过释放声子与晶格相互作用，每次损失能量 30～60meV，被激发的光电子很快落到离导带底几个 kT 的范围内，其过程如图 6.8 所示 [5,6]。

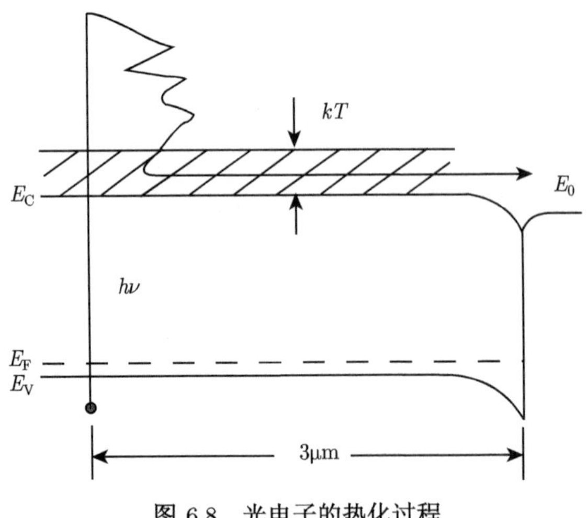

图 6.8　光电子的热化过程

随着激发到导带的电子数量的增多，从材料体内到表面形成电子的浓度梯度，阴极体内的电子因扩散运动移向阴极表面，即光生电子在寿命期内向表面扩散，电子在扩散的过程中会发生各种弹性和非弹性碰撞，如声子散射、电离杂质散射等，这会损失电子的能量，并使导带内的电子迅速在能谷底部热化，热化电子在浓度差的作用下继续往阴极表面扩散。整个扩散过程中电子都有可能与空穴复合而消失，只有扩散长度足够长，最终到达阴极面的电子才有可能逸出到真空中。

通常光生电子的扩散长度 L_D 可以表示为

$$L_{\rm D} = \sqrt{D_{\rm n}\tau} \tag{6.1}$$

式中，D_n 为扩散系数，典型理论值约为 $100\text{cm}^2/\text{s}$；τ 为光生电子的寿命，τ 可达 10^{-9}s。

由式 (6.1) 得到的 L_D 约为 3μm，因此 NEA GaN 光电阴极具有较大的逸出深度，证明了用此种材料得到高量子效率阴极的可行性。

其次是电子在表面能带弯曲区的输运，表面能带弯曲区的结构较阴极体内更加复杂，在该区域存在着表面势垒反射、声子散射以及能带弯曲区强电场的作用，这些因素使得电子在能带弯曲区的输运过程更加复杂化。另外，阴极的工作模式也大大影响着表面能带弯曲区的电子能量分布。阴极在反射工作模式下，由于高能电子主要产生在阴极的近表面，所以它们到达能带弯曲区的距离较短，结果存在相当数量的 M-L 能谷电子或未弛豫的热电子；而阴极在透射工作模式下，高能电子主要产生在阴极的后界面附近，它们只有经过较长的距离才能到达阴极的能带弯曲区，在此过程中，绝大部分电子已在导带底热化，所以其平均电子能量就比反射式阴极要小。根据半导体理论知识，在 Γ 或 M-L 能谷热化的电子的能量分布可认为符合玻尔兹曼分布 [15,16]：

$$n_{\rm d}(\Delta E) \propto \Delta E^{1/2} \cdot \exp(-\Delta E/kT) \tag{6.2}$$

式中，k 为玻尔兹曼常量；T 为绝对温度。设热化电子的能量为 E_t，则对于 Γ 能谷 $\Delta E = E_t - E_C$，其中 E_C 为导带底 (Γ 能谷) 的能级，对于 M-L 能谷 $\Delta E = E_t - E_{M\text{-}L}$，其中 $E_{M\text{-}L}$ 为 M-L 能谷的能级，E_t、E_C 和 $E_{M\text{-}L}$ 均是相对于价带顶 E_V 而言的，即取 E_V 为能量最低参考点。式 (6.2) 为计算 Γ 能谷热化电子的能量分布曲线提供了一种方法。

下面借助Γ能谷热化电子详细讨论电子在阴极表面能带弯曲区输运情况[17~20]。Γ 能谷热化电子进入能带弯曲区后，将在能带弯曲区电场力的作用下向表面漂移。漂移运动过程中电子将遭受如电离杂质散射、晶格振动散射和谷间散射等各种散射碰撞，所以电子的能量和运动方向就会随时发生变化。当电子运行到阴极表面时，它们的能量分布可通过求解玻尔兹曼方程得到 [17~19]。根据 Bartelink 等的计算 [18,19]，若热化电子的能量 E_t 等于 E_C，即 $\Delta E = 0$，则电子经过能带弯曲区后的能量分布如下：

当 $E \gg \dfrac{1}{2}E_{\rm w}$ 时：

$$n_0(E_{\rm p}) \propto \left[\left(\frac{\delta_{\rm s}}{E_{\rm p}}\right)^2 - \frac{\delta_{\rm s}}{E_{\rm p}}\right] \cdot \exp\left(-\frac{\delta_{\rm s}^2}{4E_{\rm w}E_{\rm p}}\right) \tag{6.3}$$

当 $E \ll E_{\rm w}$ 时：

$$n_0(E_{\rm p}) \propto \left[\left(\frac{\delta_{\rm s}}{E_{\rm p}}\right)^2 - 1\right] \cdot \exp\left(-\frac{\delta_{\rm s}^2}{4E_{\rm w}E_{\rm p}} - \frac{\delta_{\rm s}}{2E_{\rm w}} + \frac{3E_{\rm p}}{4E_{\rm w}}\right) \tag{6.4}$$

式中，E 是电子经过能带弯曲区到达阴极表面时余下的能量，$E = \delta_{\rm s} - E_{\rm p}$，$\delta_{\rm s}$ 是能带弯曲区的弯曲量，$E_{\rm p}$ 是电子经过能带弯曲区时损失的总能量，E、$\delta_{\rm s}$ 和 $E_{\rm p}$ 均是相对能带弯曲区的最低点而言的。$E_{\rm w} = \dfrac{(F \cdot L_{\rm p})^2}{3 \cdot \Delta E_{\rm p}}$，其中 $L_{\rm p}$ 是电子散射平均自由程；$\Delta E_{\rm p}$ 是电子在每次碰撞散射中所损失的平均能量；F 是能带弯曲区中的电场强度，因能带弯曲区比较窄，可认为其中的电场为匀强电场，即 $F = \delta_{\rm s}/d$；d 可通过下式计算得到 [15]：

$$d = \left(\frac{2\delta_{\rm s}\varepsilon_0\varepsilon}{n_{\rm A}e}\right) \tag{6.5}$$

式中，ε_0 和 ε 分别是 GaN 的真空介电常数和相对介电常数；$n_{\rm A}$ 是阴极的受主掺杂浓度；e 是电子的电荷量。

当 $E_{\rm t} \neq E_{\rm C}$ 时，Γ 能谷热化电子满足表达式 (6.2) 所示的能量分布，则电子输运到阴极表面时的能量分布可表示为

$$n(E) = \sum_i n_{\rm d}(\Delta E_i) \cdot n_0(\Delta E_i + E_{\rm g} - E) \tag{6.6}$$

式中，E 是电子经过能带弯曲区输运到阴极表面时余下的能量，是相对光电阴极体内的价带顶 $E_{\rm V}$ 取值的，即取 $E_{\rm V}$ 为能量最低参考点。ΔE_i 同样为某一热化电子的能量 $E_{\rm t}$ 与导带底 (Γ 能谷) 的能级 $E_{\rm C}$ 之差，与式 (6.2) 中 ΔE 含义相同，ΔE_i 可在到达能带弯曲区电子能量分布的相应范围内等间隔取值，具体计算时可设一个合适的间隔步长，给定 i 一个变化范围，则可依次计算得到对应的 ΔE_i 值。$n_{\rm d}(\Delta E_i)$ 可根据式 (6.2) 计算。$n_0(\Delta E_i + E_{\rm g} - E)$ 可根据式 (6.3) 或式 (6.4) 计算，其中 $E_{\rm g}$ 为 GaN 光电阴极的禁带宽度，$\Delta E_i + E_{\rm g} - E$ 则表示某一能量的电子经过能带弯曲区时损失的总能量。

6.3.3 光电子隧穿表面势垒

阴极光电发射的第三步是光电子隧穿表面势垒，GaN 光电阴极整个表面势垒宽度估计在 8~16Å，当体内光电子经过能带弯曲区输运到阴极表面时，可以通过隧道效应越过表面势垒，由于 NEA 特性的存在，隧穿过去的光电子可以轻易地逸出进入真空中。但光电子只能以一定的几率逸出，并不能全部发射进入真空。这个发射几率也称光电子的透射系数，反映了光电子隧穿阴极表面势垒的能力，影响透射系数的因素有电子自身的能量大小和阴极表面势垒的形状。

透射式 NEA GaN 光电阴极表面势垒形状如图 6.9 所示，是由两条斜率不同的近似直线段组成的两个三角形势垒 (I 势垒和 II 势垒) 构成的 [21]。知道了表面势垒的形状和电子自身的能量，借助一维定态薛定谔方程，可以求解得到光电子隧穿阴极表面势垒的透射系数，采用基于 Airy 函数的传递矩阵法可以求出一维定态薛定谔方程的解 [22~25]，从而对透射系数给以定量的描述。

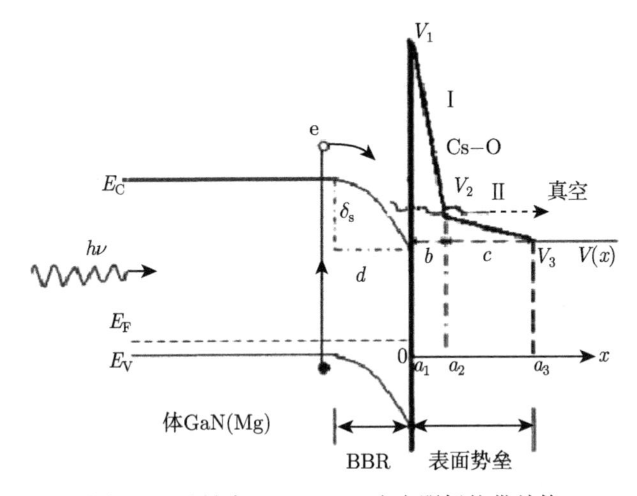

图 6.9 透射式 NEA GaN 光电阴极能带结构

NEA GaN 光电阴极的表面势垒可看作由两个线性的三角形势垒 I 和 II 构成，图 6.9 给出了透射式 NEA GaN 光电阴极能带结构。图中 I 、II 势垒的宽度分别表示为 b、c， I 、II 势垒的末端高度分别表示为 V_2、V_3， I 势垒的起始高度表示为 V_1，真空能级等于 V_3，$V(x)$ 是表面势能随 x 的变化函数，表面势能的取值以 GaN 阴极体内的价带顶 E_V 为势能 0 点。在该表面势垒中，势能函数 $V(x)$ 可以表示为

$$V(x) = -F_i(x - b_i) \tag{6.7}$$

式中，$i = 1,2$，$a_i < x < a_{i+1}$，$b_i = a_i + V_i/F_i$，$F_i = -(V_{i+1} - V_i)/(a_{i+1} - a_i)$。

则阴极表面势垒 I 和势垒 II 中的一维定态薛定谔方程为

$$\frac{\mathrm{d}^2\psi(x)}{\mathrm{d}^2x} - \frac{2m}{\hbar^2}[V(x) - E]\psi(x) = 0 \tag{6.8}$$

考虑到势能函数 $V(x)$ 分段线性的特点，在区间 (a_i, a_{i+1}) 中薛定谔方程的解 $\Psi_i(x)$ 可表示为 Airy 函数的线性组合 [22,23]：

$$\psi_i(x) = C_i^+\mathrm{Ai}(z_i) + C_i^-\mathrm{Bi}(z_i) \tag{6.9}$$

式中，$z_i = r_i(x - c_i), r_i = -(2mF_i/\hbar^2)^{1/3}, c_i = a_i + (V_i - E)/F_i$；Ai 和 Bi 是 Airy 函数；$C_i^+$ 和 C_i^- 为待定系数；m 是电子质量；E 是入射电子能量。

在界面 $(x = a_{i+1})$ 处电子波函数满足以下连续性条件：

$$\psi_i(x)|_{x=a_{i+1}} = \psi_{i+1}(x)|_{x=a_{i+1}} \tag{6.10}$$

$$\left.\frac{\mathrm{d}\psi_i(x)}{\mathrm{d}x}\right|_{x=a_{i+1}} = \left.\frac{\mathrm{d}\psi_{i+1}(x)}{\mathrm{d}x}\right|_{x=a_{i+1}} \tag{6.11}$$

将式 (6.9) 代入式 (6.10) 和式 (6.11) 中，并求解得

$$M_i(z_{i,i+1})\begin{bmatrix} C_i^+ \\ C_i^- \end{bmatrix} = M_{i+1}(z_{i+1,i+1})\begin{bmatrix} C_{i+1}^+ \\ C_{i+1}^- \end{bmatrix} \tag{6.12}$$

式中，矩阵 M_i 和 M_{i+1} 为界面 $(x = a_{i+1})$ 处的传递矩阵，

$$M_i(z_{i,j}) = \begin{bmatrix} \mathrm{Ai}(z_{i,j}) & \mathrm{Bi}(z_{i,j}) \\ r_i\mathrm{Ai}'(Z_{i,j}) & r_i\mathrm{Bi}'(z_{i,j}) \end{bmatrix},\ z_{i,j} = r_i(a_j - c_i)$$

考虑如图 6.9 所示的表面势垒，当 $x < a_1$ 和 $x > a_3$ 时，电子波函数可表示为

$$\psi_0(x) = C_0^+ \exp[\mathrm{i}k_0(x - a_1)] + C_0^- \exp[-\mathrm{i}k_0(x - a_1)] \quad (x < a_1) \tag{6.13}$$

$$\psi_3(x) = C_3^+ \exp[\mathrm{i}k_3(x - a_3)] + C_3^- \exp[-\mathrm{i}k_3(x - a_3)] \quad (x > a) \tag{6.14}$$

式中，$k_0 = \sqrt{2mE}/\hbar$，$k_3 = \sqrt{2m(E - V_3)}/\hbar$；$C_0^+$，$C_0^-$，$C_3^+$ 和 C_3^- 为待定系数。

由式 (6.12) 给出的传递矩阵 M，可推出系数 C_0^+，C_0^- 和 C_3^+，C_2^- 的关系为

$$\begin{bmatrix} C_0^+ \\ C_0^- \end{bmatrix} = \begin{bmatrix} M_{11} & M_{12} \\ M_{21} & M_{22} \end{bmatrix}\begin{bmatrix} C_3^+ \\ C_3^- \end{bmatrix} \tag{6.15}$$

式中，传递矩阵中 M_{11}，M_{12}，M_{21}，M_{22} 的值与入射电子的能量 E 和势能函数 $V(x)$ 中的 F_i 值有关，而 $F_i = -(V_{i+1} - V_i)/(a_{i+1} - a_i)$，即传递矩阵与入射电子的能量和阴极表面势垒的高度和宽度都有关系。

考虑到真空中无反射波，所以系数 C_3^- 应等于 0，则有

$$\begin{bmatrix} C_0^+ \\ C_0^- \end{bmatrix} = \begin{bmatrix} M_{11} & M_{12} \\ M_{21} & M_{22} \end{bmatrix}\begin{bmatrix} C_3^+ \\ 0 \end{bmatrix} \tag{6.16}$$

由式 (6.16) 可得

$$C_0^+ = M_{11}C_3^+ \tag{6.17}$$

反映光电子隧穿阴极表面势垒能力的透射系数 T 可由发射电流密度与入射电流密度之比求得：

$$T = \frac{v_3}{v_0}\frac{\psi_\mathrm{t}^*\psi_\mathrm{t}}{\psi_\mathrm{i}\psi_\mathrm{i}} \tag{6.18}$$

式中，ψ_{t} 和 ψ_{i} 分别为发射电子波函数和入射电子波函数，由下式决定：

$$\psi_{\mathrm{t}} = C_3^+ \exp[\mathrm{i}k_3(x - a_3)]|_{x=a_3}, \quad \psi_{\mathrm{i}} = C_0^+ \exp[\mathrm{i}k_0(x - a_0)]|_{x=a_0} \tag{6.19}$$

将 ψ_{t} 和 ψ_{i} 代入式 (6.18)，得

$$T = \frac{v_3}{v_0}\left|\frac{C_3^+}{C_0^+}\right|^2 \tag{6.20}$$

式中，$v_0 = \dfrac{\hbar k_0}{m}$，$v_3 = \dfrac{\hbar k_3}{m}$。根据式 (6.17)，整理后的透射系数为

$$T = \frac{k_3}{k_0}\left|\frac{1}{M_{11}}\right|^2 \tag{6.21}$$

因为 $k_0 = \sqrt{2mE}/\hbar$, $k_3 = \sqrt{2m(E - E_3)}/\hbar$, 可见 k_0，k_3 与入射电子的能量 E 有关，而 M_{11} 与入射电子的能量 E 及阴极表面势垒的高度和宽度都有关系。所以对于一定形状的阴极表面势垒，透射系数 T 与入射电子能量、表面势垒的高度和宽度有着密切的关系。对 NEA 光电阴极而言，透射系数 T 指的是电子隧穿表面势垒的几率，也就是电子的逸出几率 P。

6.4 NEA GaN 光电阴极的量子效率表达式

6.4.1 量子效率与光谱响应

实验中测量的是光电阴极的光谱响应 $S(\lambda)$，指的是光电流与光电阴极接收光照功率的比值，光谱响应 $S(\lambda)$ 的表达式为

$$S(\lambda) = \frac{I(\lambda)}{P(\lambda)} \tag{6.22}$$

式中，$P(\lambda)$ 为入射光的辐射功率；$I(\lambda)$ 为光照射下产生的光电流。从式 (6.22) 中可以知道，光谱响应是光波长的函数，不同波长能量的光对应着不同的光谱响应值。

光电阴极的量子效率指的是一个光子从被材料吸收产生光电子，到该光电子经过体内输运和能带弯曲区并最终隧穿表面势垒而逸出的几率。量子效率是表征光电阴极的重要参数。量子效率公式可以定量地表示各种因素对光电阴极量子效率的影响，是理论研究光电阴极光电发射性能的基本公式。由于光电阴极一般都是对一定波段内的光有所响应，所以量子效率同样是入射光子能量的函数。通过将光电流转换为电子数，入射光功率转换为光子数，量子效率和光谱响应可以相互转换，其转换公式如下：

$$Y(\lambda) = 1.24\frac{S_\lambda}{\lambda} \tag{6.23}$$

式中，$Y(\lambda)$ 为量子效率，光谱响应 S_λ 的单位为 mA/W，波长 λ 单位为 nm。

6.4.2 反射式 NEA GaN 光电阴极量子效率公式

对于纤锌矿结构的 NEA GaN 光电阴极，光电发射主要来源于已经热化的 Γ 能谷电子的发射，在不考虑 M-L 能谷电子发射的情况下，p 型 GaN 光电阴极中载流子的扩散方程为

$$D_{\mathrm{n}}\frac{\mathrm{d}^2n(x)}{\mathrm{d}x^2}-\frac{n(x)}{L_{\mathrm{D}}^2}=-\frac{g(x)}{D_{\mathrm{n}}} \tag{6.24}$$

式中，D_{n} 为电子的扩散系数；$n(x)$ 为少数载流子 (电子) 的浓度；$g(x)$ 为光电子产生函数；L_{D} 为电子扩散长度。在 GaN 光电阴极中，$g(x)$ 的表达式为

$$g(x)=(1-R)\cdot I_0\cdot\alpha_{h\nu}\cdot\exp(-\alpha_{h\nu}x) \tag{6.25}$$

式中，I_0 是入射光的光强；$\alpha_{h\nu}$ 是 GaN 发射层对入射光的光吸收系数；R 是阴极材料对入射光的反射率。对反射式光电阴极，x 是阴极内部某点到 GaN 发射表面的距离。

图 6.10 给出了反射式 NEA GaN 光电阴极量子效率公式推导模型示意图，入射光在距离发射表面为 x 的地方，被 dx 厚度的 GaN 发射层所吸收。

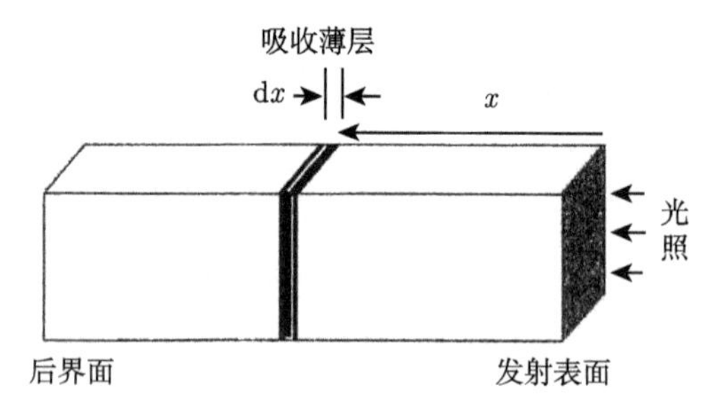

图 6.10 反射式 NEA GaN 光电阴极量子效率公式推导模型示意图

对于反射式 GaN 光电阴极，设空间电荷区与发射层间的界面为 $x=0$，如果阴极发射层厚度 T_{e} 足够厚，远大于入射光的吸收长度，且运动到表面的光生载流子或者被收集，或者在表面被复合消失，则得到边界条件：

$$n(x)|_{n=0}=0,\quad n(x)|_{x=\infty}=0 \tag{6.26}$$

式 (6.24) 是一个关于 $n(x)$ 的二阶微分方程，其解由齐次解和特解两部分构成。其齐次解即为微分方程 $\frac{\mathrm{d}^2n(x)}{\mathrm{d}x^2}-\frac{n(x)}{L_{\mathrm{D}}^2}=0$ 的解，表示为 $n_1(x)$，则通过求解可得 $n_1(x)$ 的表达式如下：

$$n_1(x)=C_1\exp\left(\frac{1}{L_{\mathrm{D}}}x\right)+C_2\exp\left(-\frac{1}{L_{\mathrm{D}}}x\right) \tag{6.27}$$

其中，C_1、C_2 为待定系数。

式 (6.24) 特解的形式由右端项 $-\dfrac{g(x)}{D_\mathrm{n}}$ 决定，表示为 $n_2(x)$，根据右端项 $-\dfrac{g(x)}{D_\mathrm{n}} = -\dfrac{(1-R)\cdot I_0\cdot\alpha_{h\nu}\cdot\exp(-\alpha_{h\nu}x)}{D_\mathrm{n}}$ 的形式，可设特解 $n_2(x) = B\exp(-\alpha_{h\nu}x)$，式中 B 为待定系数。将 $n_2(x) = B\exp(-\alpha_{h\nu}x)$ 代入式 (6.24)，可得 $B = \dfrac{\alpha_{h\nu}(1-R)L_\mathrm{D}^2 I_0}{(1-\alpha_{h\nu}^2 L_\mathrm{D}^2)D_\mathrm{n}}$，所以特解为

$$n_2(x) = \frac{\alpha_{h\nu}(1-R)L_\mathrm{D}^2 I_0}{(1-\alpha_{h\nu}^2 L_\mathrm{D}^2)D_\mathrm{n}}\exp(-\alpha_{h\nu}x) \tag{6.28}$$

则式 (6.24) 的完全解为

$$\begin{aligned} n(x) &= n_1(x) + n_2(x) \\ &= C_1\exp\left(\frac{1}{L_\mathrm{D}}x\right) + C_2\exp\left(-\frac{1}{L_\mathrm{D}}x\right) + \frac{\alpha_{h\nu}(1-R)L_\mathrm{D}^2 I_0}{(1-\alpha_{h\nu}^2 L_\mathrm{D}^2)D_\mathrm{n}}\exp(-\alpha_{h\nu}x) \end{aligned} \tag{6.29}$$

将边界条件式 (6.26) 代入式 (6.29) 可得

$$C_1 = 0, \quad C_2 = -\frac{\alpha_{h\nu}(1-R)L_\mathrm{D}^2 I_0}{(1-\alpha_{h\nu}^2 L_\mathrm{D}^2)D_\mathrm{n}} \tag{6.30}$$

将 C_1、C_2 代入式 (6.29)，则载流子浓度 $n(x)$ 为

$$n(x) = \frac{\alpha_{h\nu}(1-R)L_\mathrm{D}^2 I_0}{(1-\alpha_{h\nu}^2 L_\mathrm{D}^2)D_\mathrm{n}}\left[\exp(-\alpha_{h\nu}x) - \exp\left(-\frac{x}{L_\mathrm{D}}\right)\right] \tag{6.31}$$

式中，电子扩散长度 $L_\mathrm{D} = \sqrt{D_\mathrm{n}\tau}$。

发射到真空中的电子流密度 J 为

$$J = P\cdot D_\mathrm{n}\frac{\mathrm{d}n(x)}{\mathrm{d}x}\bigg|_{x=0} = \frac{P\alpha_{h\nu}L_\mathrm{D}}{1+\alpha_{h\nu}L_\mathrm{D}}(1-R)I_0 \tag{6.32}$$

式中，P 为电子表面逸出几率，由 $Y = J/I_0$ 可得反射式 NEA GaN 阴极量子效率的表达式为

$$Y_\mathrm{r}(h\nu) = \frac{P(1-R)}{1+1/(\alpha_{h\nu}L_\mathrm{D})} \tag{6.33}$$

6.4.3 透射式 NEA GaN 光电阴极量子效率公式

在推导了反射式 NEA GaN 光电阴极的量子效率公式后，可以推导透射式的量子效率公式。图 6.11 为透射式 NEA GaN 光电阴极量子效率公式推导模型示意图。

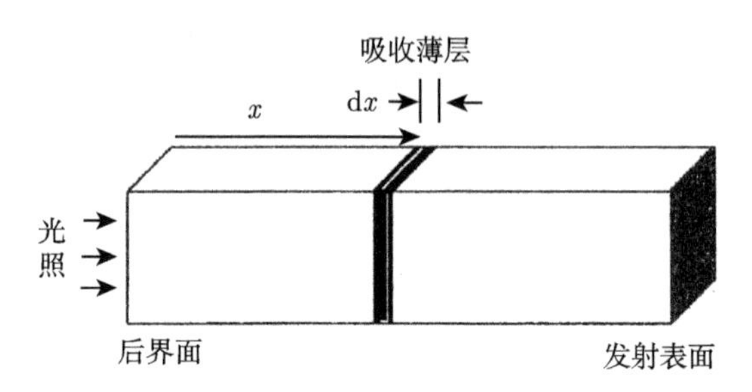

图 6.11　透射式 NEA GaN 光电阴极量子效率公式推导模型示意图

对于透射式的 GaN 光电阴极，其载流子扩散方式与反射式的相同，故其扩散方程如式 (6.24) 所示，但在反射式中 x 指的是阴极发射层中某点到发射表面的距离, 而透射式中 x 是阴极发射层中的某点到后界面的距离，并且对透射式的 GaN 光电阴极，光电子产生函数 $g(x)$ 的表达式为

$$g(x) = (1-R)\cdot I_0 \cdot \alpha_{h\nu} \cdot \exp(-\beta_{h\nu} t)\cdot \exp(-\alpha_{h\nu} x) \tag{6.34}$$

式中，$\beta_{h\nu}$ 为缓冲层的吸收系数；t 为缓冲层的厚度。

透射式的边界条件取

$$D_{\rm n}\left.\frac{{\rm d}n(x)}{{\rm d}x}\right|_{x=0} = S_{\rm v} n(x)|_{x=0}, \quad n(x)|_{x=T_{\rm e}} = 0 \tag{6.35}$$

式中，$S_{\rm v}$ 为后界面复合速率，指的是透射式阴极中缓冲层与发射层交界面处的光电子复合的速率。

同样通过求解方程得到载流子浓度 $n(x)$，透射式 GaN 光电阴极发射到真空中电子流的密度为

$$J = P\cdot D_{\rm n}\left.\frac{{\rm d}n(x)}{{\rm d}x}\right|_{x=T_{\rm e}} \tag{6.36}$$

将载流子浓度 $n(x)$ 代入发射到真空中的电子流密度 J 中，最后可由 $Y = J/I_0$ 求出透射式 NEA GaN 光电阴极的量子效率公式为

$$\begin{aligned}Y_{\rm T}(h\nu) = &\frac{P\cdot(1-R)\cdot\exp(-\beta_{h\nu}t)\cdot\alpha_{h\nu}L_{\rm D}}{\alpha_{h\nu}^2 L_{\rm D}^2 - 1}\\ &\times\left\{\frac{\alpha_{h\nu}D_{\rm n}+S_{\rm v}}{(D_{\rm n}/L_{\rm D})\cdot\cosh(T_{\rm e}/L_{\rm D})+S_{\rm v}\cdot\sinh(T_{\rm e}/L_{\rm D})}\right.\\ &-\frac{\exp(-\alpha_{h\nu}T_{\rm e})\cdot[S_{\rm v}\cdot\cosh(T_{\rm e}/L_{\rm D})+(D_{\rm n}/L_{\rm D})\cdot\sinh(T_{\rm e}/L_{\rm D})]}{(D_{\rm n}/L_{\rm D})\cdot\cosh(T_{\rm e}/L_{\rm D})+S_{\rm v}\cdot\sinh(T_{\rm e}/L_{\rm D})}\\ &\left.-\alpha_{h\nu}L_{\rm D}\cdot\exp(-\alpha_{h\nu}T_{\rm e})\right\}\end{aligned} \tag{6.37}$$

6.5 影响 NEA GaN 光电阴极量子效率的因素

6.5.1 GaN 发射层吸收系数 $\alpha_{h\nu}$

光电阴极材料的吸收系数 $\alpha_{h\nu}$ 表示材料对光子吸收能力的强弱，吸收系数随光子能量的变化曲线是决定光电阴极量子效率曲线的重要因素。室温下纤锌矿结构 GaN 材料的吸收系数 $\alpha_{h\nu}$ 随入射光子能量的变化情况如图 6.12 所示 [26]。由图 6.12 可见，$\alpha_{h\nu}$ 是入射光子能量的函数，在光子能量小于 3.4eV 时，吸收系数非常小，在 3.4eV 处吸收系数有一个明显的跳跃式增长，这与 GaN 禁带宽度为 3.4eV 是相符的，此能量对应的光波长 365nm 为 GaN 的阈值波长。从 3.4eV 到 5eV 的范围内，吸收系数 $\alpha_{h\nu}$ 随入射光子能量 $h\nu$ 的增加而增加，表明在上述范围内，入射光子能量越大，也就是说入射光的波长越小，光子在材料内的吸收长度就越短，材料对光子的吸收能力越强。

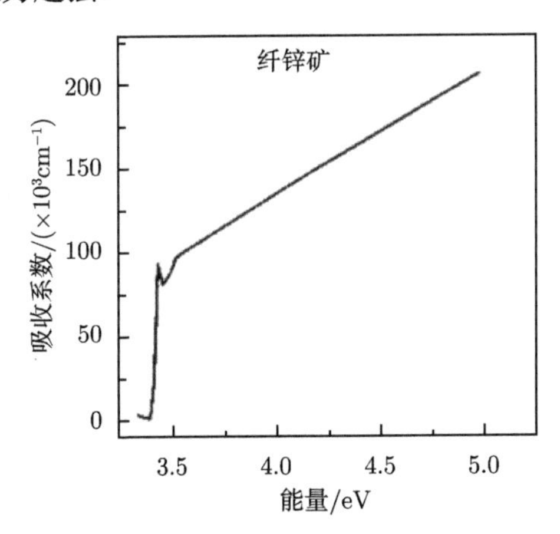

图 6.12 $T = 293$K 时生长在蓝宝石衬底上的 GaN 层的吸收系数与光子能量的关系 [26]

对于透射式 GaN 光电阴极来说，缓冲层的吸收系数 $\beta_{h\nu}$ 对阴极量子效率也有着重要的影响。因为入射光需要经过衬底和缓冲层才能到达 GaN 发射层，所以如果衬底和缓冲层对入射光有较强的吸收，就会改变入射到 GaN 发射层的光强，从而影响到最终的量子效率。一般生长 GaN 材料采用的是蓝宝石衬底，蓝宝石对 GaN 响应的紫外波段光具有较大的透过率，所以我们可以认为蓝宝石衬底对入射光的吸收是非常小的。目前较为流行的一种 GaN 的缓冲层材料是 $Al_xGa_{1-x}N$，它与 GaN 的晶格失配较小，可以有效地减少界面处的缺陷，获得较高质量的 GaN 发射层。图 6.13 是不同 Al 组分情况下，光子能量从 3eV 到 6.5eV 时 $Al_xGa_{1-x}N$ 的吸收系数曲线 [27]，从图中可以看到，$Al_xGa_{1-x}N$ 阈值波长对应的光子能量随着 Al 组分的提高而变大，从 GaN 的 3.4eV 一直延伸至 AlN 的 6.2eV。图 6.13 也说明，

在采用 $Al_xGa_{1-x}N$ 作为缓冲层时，会有一部分在 GaN 响应范围内的入射光被缓冲层吸收而难以到达发射层。

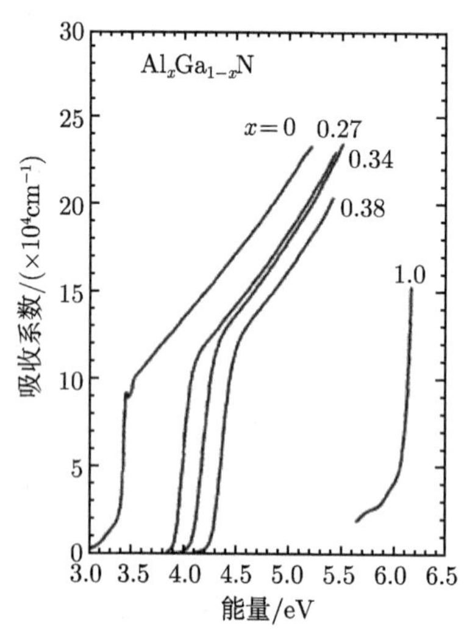

图 6.13　$Al_xGa_{1-x}N$ 吸收系数曲线

6.5.2　电子表面逸出几率 P

在 Spicer 的光电发射“三步模型”理论中，光电阴极内的光电子通过扩散作用到达表面时，由于存在一个表面势垒，光电子必须穿越这个势垒才能逸出到真空中，电子表面逸出几率 P 指的就是到达表面的光电子穿越表面势垒逸出到真空的几率。从反射式和透射式 NEA GaN 光电阴极的量子效率公式中可以发现，电子表面逸出几率 P 越大，量子效率就越大，并且电子表面逸出几率 P 是以线性系数的关系影响量子效率的。从材料设计角度出发，p 型掺杂的掺杂浓度是影响电子表面逸出几率 P 的主要因素，在一定范围内掺杂浓度越大，光电阴极表面处能带弯曲区的宽度就越小，电子所受到的散射就越小，越有利于光电子的逸出 [28]，所以电子表面逸出几率 P 会随掺杂浓度的增加而变大。在 NEA GaN 光电阴极的量子效率公式中，我们认为电子表面逸出几率 P 是与光电子能量无关的常数，但在实际中，电子表面逸出几率 P 应该是与光电子能量有关的，而光电子的能量是由光子能量决定的，并且在向表面的输运过程中会损失部分的能量，所以电子表面逸出几率 P 与光子能量有关，但其关系较为复杂，在反射式光电阴极中，一般可以认为较大能量光子对应的电子表面逸出几率 P 要大一些。

6.5.3　电子扩散长度 L_D

激发到导带底的光电子会通过扩散作用向表面输运，在这个过程中电子被复合前所运动的距离称为电子扩散长度 L_D。从反射式和透射式 NEA GaN 光电阴极的量子效率公式中可以发现，电子扩散长度 L_D 越大，量子效率就越大。从光电发射的过程也是容易理解的，光电子运动的距离越长，就有越多的光电子可以到达 NEA GaN 光电阴极的表面，发射至真空中的光电子也越多。电子扩散长度 L_D 受电子的扩散系数 D_n 和电子寿命 τ_n 的影响，D_n 和 τ_n 都与半导体中的散射作用相关，而半导体中的散射作用是与晶体的质量相关的，所以晶格缺陷等会提高散射作用。对于 GaN 光电阴极来说，随着 p 型掺杂浓度的提高，掺杂元素所占的比例越多，会形成较多的晶格缺陷，从而导致体内散射增强，电子扩散系数 D_n 和电子寿命 τ_n 减小，使得电子扩散长度 L_D 缩短。

6.5.4 GaN 发射层的厚度 T_e

对于反射式 NEA GaN 光电阴极，当发射层厚度 T_e 大于电子扩散长度 L_D 时，对量子效率就没有太大的影响，而透射式光电阴极的发射层厚度 T_e 对其量子效率的影响要相对复杂一些。透射式光电阴极的光是从衬底方向入射，相对反射式来说产生的光电子离 GaN 表面较远，尤其是短波段的光，由于吸收系数较大，在离后界面较近处的 GaN 发射层就会被完全吸收，所激发的光电子离 GaN 发射表面较远，因此如果 T_e 太大，光电子就需要输运较长的距离才能到达 GaN 表面，由于电子扩散长度 L_D 是有限的，能到达 GaN 表面的光电子就会减少，光电阴极的量子效率就会降低；如果 T_e 太小，入射光就不能被 GaN 发射层所充分吸收，较多的光就会透过发射层而没有被利用，量子效率也不会太高。因此，透射式 NEA GaN 光电阴极的发射层厚度 T_e 存在一个最佳值，大于和小于这个最佳厚度量子效率都会降低。

6.5.5 后界面复合速率 S_v

在 GaN 光电阴极中，缓冲层和 GaN 发射层之间的界面我们称之为后界面。以 AlN 缓冲层为例，由于 AlN 缓冲层的禁带宽度要比 GaN 发射层的大，因此在后界面处存在着一个势垒，由于这个势垒的存在，在后界面附近的发射层中产生的光电子向衬底方向扩散时，就会被该势垒阻挡而不能进入 AlN 缓冲层，因此该势垒就相当于一个光电反射器，有利于光电子向 GaN 表面方向的扩散。然而当后界面处存在缺陷时，扩散到该处的光电子就有可能被这些缺陷所捕获，使得光电子不能再返回发射层中并最终到达 GaN 表面，后界面复合速率 S_v 指的就是 GaN 光电阴极后界面处光电子的复合速率。从透射式 NEA GaN 光电阴极的量子效率公式中可以看出，量子效率会随 S_v 的增大而减小，即 S_v 越大，在后界面处因复合而损失掉的光电子就越多，能够到达 GaN 表面的光电子就越少，量子效率也会随之降低，而当 S_v 很小时，后界面就起到了阻挡光电子向衬底方向扩散的作用。后界面

复合速率 S_v 与后界面处的缺陷有关，而在透射式 NEA GaN 光电阴极后界面上存在缺陷的主要原因是 AlN 缓冲层和 GaN 发射层之间存在失配位错，所以在 GaN 光电阴极的外延过程中，控制好工艺，降低失配位错密度是非常重要的，可以有效地减小后界面复合速率 S_v。

根据透射式 NEA GaN 光电阴极的量子效率公式 (6.37)，我们仿真了后界面复合速率 S_v 对量子效率的影响。在仿真过程中，取电子表面逸出几率 $P = 0.355$，电子扩散长度 $L_\mathrm{D} = 108\mathrm{nm}$，电子的扩散系数 $D_\mathrm{n} = 25\mathrm{cm}^2/\mathrm{s}$，GaN 发射层吸收系数 $\alpha_{h\nu}$ 如图 6.12 所示，发射层厚度 $T_\mathrm{e} = 150\mathrm{nm}$，缓冲层的吸收系数 $\beta_{h\nu}$ 取图 6.13 中 $x = 0.38$ 时的数据，缓冲层厚度 $t = 20\mathrm{nm}$，反射系数 $R = 0.2$。

仿真结果如图 6.14 所示，图中曲线 1~4 分别是后界面复合速率 $S_\mathrm{v} = 5 \times 10^3\mathrm{cm/s}$，$5\times10^4\mathrm{cm/s}$，$5\times10^5\mathrm{cm/s}$，$5\times10^6\mathrm{cm/s}$ 时透射式 GaN 光电阴极的量子效率曲线。从仿真结果可以看出，当 $S_\mathrm{v} = 5 \times 10^3\mathrm{cm/s}$，$5\times10^4\mathrm{cm/s}$ 时，曲线 1 和曲线 2 的区别非常小，以至于在图中难以分辨这两条量子效率曲线，说明此时后界面复合速率对 GaN 光电阴极性能的影响不大。当 S_v 增大到 $5\times10^5\mathrm{cm/s}$ 时，相对于曲线 1 和 2，曲线 3 出现了明显的下降，说明此时后界面复合速率对光电阴极的量子效率产生了较大的影响，当 $S_\mathrm{v} = 5 \times 10^6\mathrm{cm/s}$ 时，量子效率进一步下降，表示此时由于较大的后界面复合速率，很多光电子都在后界面被复合掉了，而没有发射出光电阴极表面。经过仿真可以发现透射式 NEA GaN 光电阴极的量子效率受到后界面复合的影响是较为明显的，当后界面复合速率较大时，阴极的整体发射性能有较大衰减，并且对短波段的响应影响更大，这与短波段光在靠近后界面处被吸收有关，越靠近后界面处产生的光电子则越容易被后界面效应所复合。

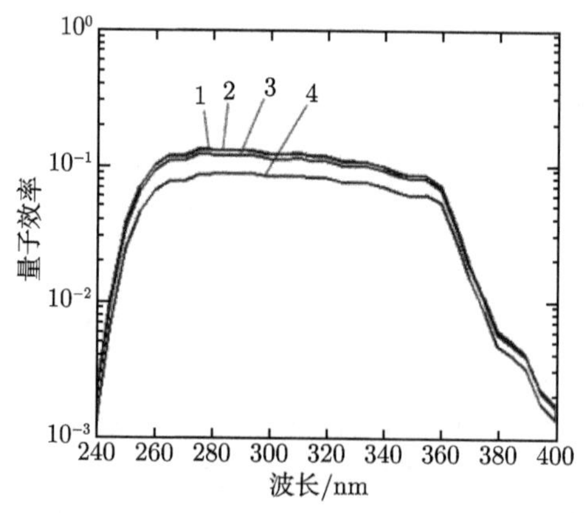

图 6.14　后界面复合速率 S_v 对透射式 GaN 光电阴极量子效率的影响

通过以上分析的影响 NEA GaN 光电阴极量子效率的主要因素，可以发现，p 型掺杂浓度从两个方面同时影响着电子表面逸出几率 P 和电子扩散长度 L_D，存在一个最佳的掺杂浓度，太高或太低的掺杂浓度都不能获得理想的量子效率；对于透射式的 GaN 光电阴极，发射层的厚度也存在一个最佳的值，只有在最佳厚度时，才能保证光线被充分吸收且较多的光电子能够扩散至 GaN 发射表面；GaN 材料的生长质量对最终光电阴极的性能也有着重要的影响，较高的生长质量可以减少缺陷，从电子扩散长度 L_D、后界面符合速率 S_v 等方面影响着 GaN 光电阴极的量子效率。

参 考 文 献

[1] Gutierrez W A, Pommerrenig H D. High-sensitivity transmission-mode GaAs photocathode. Applied Physics Letters, 1973, 22(6)：292, 293

[2] Fisher D G, Olsen G H. Properties of high sensitivity GaP/$In_xGa_{1-x}P$/GaAs:(Cs-O) transmission photocathodes. Journal of Applied Physics, 1979, 50(4)：2930-2935

[3] Olsen G H, Szostak D J, Zamerowski T J, et al. High-performance GaAs photocathodes. Journal of Applied Physics, 1977, 48(3)：1007, 1008

[4] Allen G A. The performance of negative electron affinity photocathode. Journal of Physics D:Applied Physics, 1971, 4: 308-317

[5] 刘学悫. 阴极电子学. 北京：科学出版社，1980

[6] 刘元震，王仲春，董亚强. 电子发射与光电阴极. 北京：北京理工大学出版社，1995

[7] Spicer W E, Herrera-Gómez A. Modern theory and application of photocathodes. Proc. SPIE, 1993, 2022: 18-33

[8] Bradley D J, Allenson M B, Holeman B R. The transverse energy of electrons emitted from GaAs photocathodes. Journal of Physics D: Applied Physics, 1977, 10：111-125

[9] 宗志园，富容国，钱芸生，等. GaAs: Cs,O NEA 光电阴极电子表面逸出几率的计算. 红外技术, 2002，24(3)：27-30

[10] Vergara G, Gómez A H, Spicer W E. Escape probability for negative electron affinity photocathodes: Calculations compared to experiments. SPIE, 1995, 2550：142-156

[11] Qiao J L, Chang B K, Yang Z, et al. Comparative study of GaN and GaAs photocathodes. Proceedings of SPIE, 2008, 6621：66210J-1-66210J-8

[12] Machuca F. A thin film p-type GaN photocathode: prospect for a high performance electron emitter. Stanford: Stanford University, 2003

[13] Siegmund O, Vallerga J, McPhate J, et al. Development of GaN photocathodes for UV detectors. Nuclear Instruments and Methods in Physics Research A, 2006, 567: 89-92

[14] Drouhin H J, Hermann C, Lampel G. Photoemission from activated gallium arsenide. Ⅰ. Very-high resolution energy distribution curves. Physical Review B, 1985, 31(6): 3859-3871

[15] Fisher D G, Enstrom R E, Escher J S, et al. Photoelectron surface escape probability of (Ga,In)As: Cs-O in the 0.9 to 1.6 μm. Journal of Applied Physics, 1972, 43(9): 3815-3823

[16] Vergara G, Herrera-Gómez A, Spicer W E. Calculated electron energy distribution of negative electron affinity cathodes. Surface Sciences, 1999, 436: 83-90

[17] Escher J S, Schade H. Calculated energy distributions of electrons emitted from negative electron affinity GaAs: Cs-O surfaces. Journal of Applied Physics, 1973, 44(12): 5309-5313

[18] Bartelink D J, Moll J L, Meyer N L. Hot-electron emission from shallow p-n junctions in silicon. Physical Review, 1963, 130(3): 972-985

[19] Williams B F, Simon R E. Direct measurement of hot electron-photon interactions in GaP. Physical Review Letters, 1967 18(13): 485-487

[20] Herrera-Gómez A, Spicer W E. Physics of high intensity nanosecond electron source. Proc. SPIE, 1993, 2022: 51-63

[21] 乔建良, 牛军, 杨智, 等. NEA GaN 光电阴极表面模型研究. 光学技术, 2009, 35(1): 145-147

[22] 王洪梅，张亚非. Airy 传递矩阵法与偏压下多势垒结构的准束缚能级. 物理学报，2005, 54(5): 2226-2232

[23] Lui W W, Fukuma M. Exact solution of the Schrodinger equation across an arbitray one-dimension piecewise-linear potential barrier. Journal of Applied Physics, 1986, 60(5): 1555-1559

[24] Hsu D S, Hsu M Z, Tan C H, et al. Calculation of resonant tunneling levels across arbitrary potential barriers. Journal of Applied Physics, 1992, 72(10): 4972-4974

[25] Allen S S, Richardson S L. Improved Airy function formalism for resonant tunneling in multibarrier semiconductor heterostructures. Journal of Applied Physics, 1996, 79(2): 886-894

[26] Levinshtein M E, Rumyantsev S L, Shur M S. 先进半导体材料性能与数据手册. 杨树人, 殷景志, 译. 北京: 化学工业出版社, 2003

[27] Muth J F, Brown J D, Johnson M A L, et al. Absorption coefficient and refractive index of GaN, AlN, and AlGaN alloys. Mater Res. Soc. Symp. Proc., 1999, 537: G5.2

[28] 杜晓晴, 常本康, 宗志园. GaAs 光电阴极 p 型掺杂浓度的理论优化. 真空科学与技术, 2004, 24(3): 195-198

第 7 章　GaN (0001) 面光电发射模型

本章首先研究 GaN 晶体的体结构和 GaN (0001) 面的表面结构，分析现有的 GaAs (100) 面光电发射模型，在此基础上建立 Mg 掺杂的 GaN (0001) 表面光电发射模型 [GaN(Mg)-Cs]: O-Cs，讨论激活过程中 Cs、O 在 GaN (0001) 表面的吸附情况，并与 GaAs (100) 面光电发射模型进行对比。利用第一性原理计算以 [GaN(Mg)-Cs]: O-Cs 双偶极子模型作为理论的 Cs、O 激活过程中 GaN (0001) 表面功函数的变化情况，给出实验结果。

7.1　GaN 晶体及 (0001) 表面结构

7.1.1　GaN 晶体体结构及主要参数

通常条件下，GaN 呈纤锌矿结构存在，在一定条件下，也可以以闪锌矿结构存在，这两种结构都是以正四面体结构为基础构成的。图 7.1(a) 和 (b) 分别是 GaN 闪锌矿和纤锌矿结构的三维 (3D) 模型。闪锌矿结构的 GaN 晶体原胞含有两个原子：Ga 原子和 N 原子。但是通常情况下取一个含有八个原子的较大的立方体作为结晶学原胞去考虑，这样更能反映出晶格的对称性和周期性。纤锌矿结构 GaN 晶体具有六方对称性，它在一个原胞中有四个原子。两种结构的 GaN 晶体主

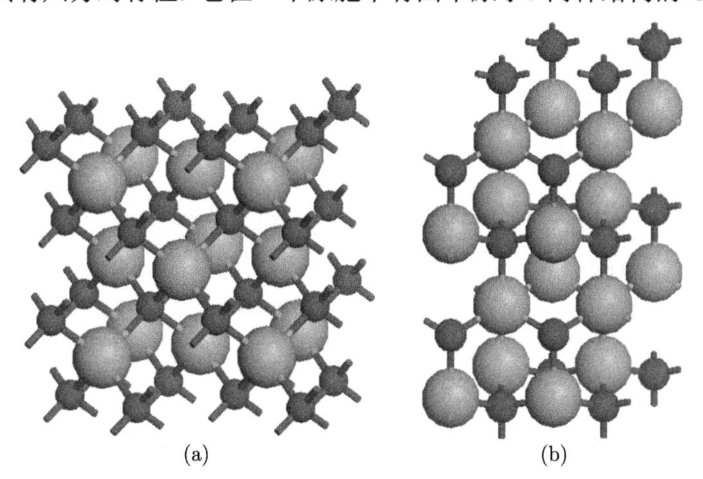

(a)　　(b)

图 7.1　GaN 闪锌矿和纤锌矿结构的 3D 模型 (彩图见封底二维码)

(a) 闪锌矿结构；(b) 纤锌矿结构

要差别在于原子层的堆积次序不同以及对称性不同。纤锌矿结构的 GaN 具有六方对称性，而闪锌矿结构的 GaN 具有立方对称性，因而二者在一些性质上也有所不同 [1]。

两种结构的 GaN 都是直接带隙半导体材料，其导带底和价带顶都出现在布里渊区的 Γ 点。温度 300K 时，纤锌矿和闪锌矿结构 GaN 材料的主要参数如表 7.1 所示 [2,3]。从表 7.1 中可以看出，两种结构 GaN 材料一些参数比较接近，如原子数密度、材料密度、电子亲和势以及电子扩散系数等是相同的。但由于晶格结构的不同，两种 GaN 材料的某些参数还是表现出一定的差异。

表 7.1　300K 时纤锌矿和闪锌矿结构 GaN 材料的主要参数

参数	纤锌矿结构	闪锌矿结构
禁带宽度/eV	3.39	3.2
$1cm^3$ 中的原子数	8.9×10^{22}	8.9×10^{22}
密度/(g/cm^3)	6.15	6.15
静态介电常量	8.9	9.7
晶格常数/nm	$a = 0.3189$ $c = 0.5186$	0.452
有效电子质量/m_0	0.20	0.13
电子亲和势/eV	4.1	4.1
电子扩散系数/(cm^2/s)	25	25
空穴扩散系数/(cm^2/s)	5	9
电子迁移率/$(cm^2/(V\cdot s))$	$\leqslant 1000$	$\leqslant 1000$
空穴迁移率/$(cm^2/(V\cdot s))$	$\leqslant 200$	$\leqslant 350$

7.1.2　GaN (0001) 面结构

理想的 GaN (0001) 表面原子结构 3D 模型如图 7.2 所示。图 7.2(a) 为 GaN (0001) 面俯视图，(b) 为侧视图；大球表示 Ga 原子，小球表示 N 原子。从俯视图中可以看到六角的对称结构，可以发现 GaN (0001) 表面是以 Ga 结束的，然后是距离较近的一层 N 的排列。从俯视图中可以看到表面层每相邻的 3 个 Ga 原子之间会形成一个空位的位置，这些空位中，有一半处于 GaN 晶体中第二层 N 原子的正上方，另一半处于每三个 N 原子的中间位置，如果单从俯视角度的二维图看，这些空位处于 Ga 原子和 N 原子形成的六角形的正中位置，如图中 “X” 处所示 [4]。

净化后的 GaN (0001) 表面显示了清晰的 p (1×1) 低能电子衍射图样，表面无任何重构 [5]。T. Mori 用 XPS 和俄歇电子能谱 (AES) 方法分析了未掺杂、p 型和 n 型 GaN 薄膜表面的组分，发现掺杂会使表面组分发生变化：p 型掺杂使表面富 Ga，n 型掺杂使表面富 N[6]。

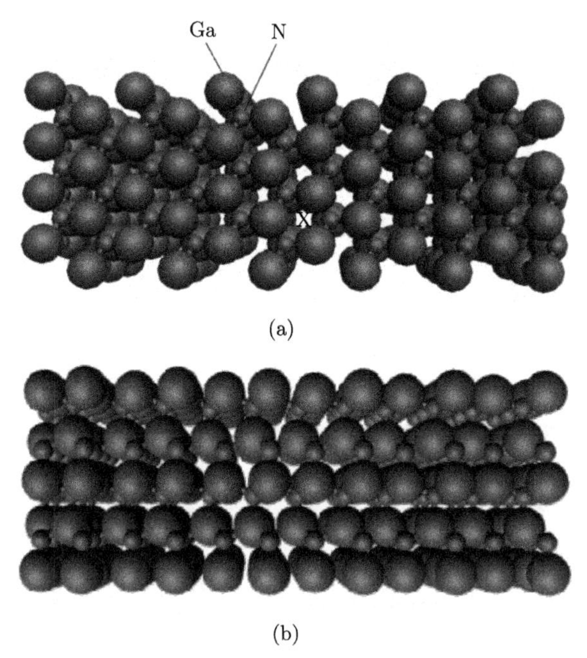

(a)

(b)

图 7.2 GaN (0001) 表面原子结构 3D 模型

(a) 俯视图；(b) 侧视图

在 GaN (0001) 表面没有重构和弛豫的情况下，可以画出表面 Ga 和 N 的原子排列示意图，图 7.3(a) 和 (b) 分别是俯视图和侧视图。图 7.3 中深色圆球表示 Ga 原子，浅色圆球表示 N 原子，从俯视图中可以看到，最表面层 Ga 原子之间距离为 3.189Å，对应于纤锌矿结构 GaN 晶体的晶格常数 a。从图 7.3(b) 中可以看到，GaN (0001) 表面第二层 N 与最表面 Ga 层的距离为 0.616Å。

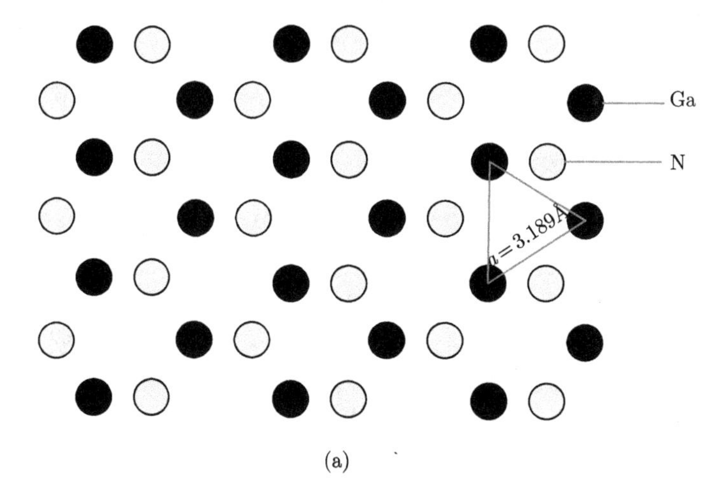

(a)

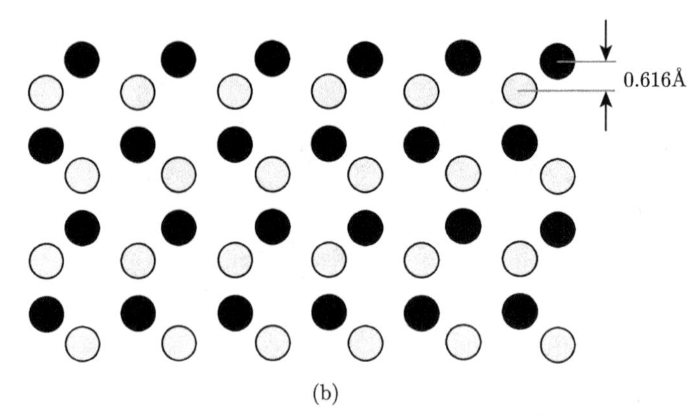

(b)

图 7.3　GaN (0001) 理想表面原子排列示意图

(a) 俯视图；(b) 侧视图

7.2　GaAs (100) 面光电发射模型

7.2.1　NEA 光电阴极的表面模型

到目前为止，解释负电子亲和势成因的主要有异质结模型、偶极子模型、铯的弱核力场效应模型、表面非晶态模型及群模型，下面将逐一介绍。其中异质结模型、偶极子模型和铯的弱核力场效应模型因其被广泛地认可成为主要的三大表面模型，是以下介绍的重点 [7]。

1. 异质结模型

传统异质结模型认为，在 NEA 光电阴极激活过程中，Cs 与 O 首先组成了具有体积特性的 n 型 Cs_2O，它与 p 型 GaAs 之间构成了异质结。由于异质结的建立，在结区建立起内建电场，当内建电场平衡时，n 型 Cs_2O 与 p 型 GaAs 的费米能级拉平，结区发生了向下的能带弯曲，平衡后的有效电子亲和势变成负值。界面势垒的形成是由于两部分能带结构不同以及内建电场在界面的不连续所引起的能带在界面处突变。这种传统模型所预测的势垒宽度为 4eV，与实验结果的 3eV 有出入，为了解释这种差异，异质结模型从 Cs、O 交替激活的工艺出发，对传统模型进行了拓展。认为首先是 Cs 的轻微离化，Cs 先与 GaAs 形成零电子亲和势，后来由 Cs、O 交替形成的 Cs_2O 与具有零电子亲和势的 GaAs-Cs 之间形成了异质结。

异质结模型可以成功解释 p 型 GaAs 半导体材料和 (Cs，O) 激活层之间存在界面势垒，并定性地说明，由于层内是肖特基耗尽区，逸出功随 Cs_2O 厚度的增加而抛物线下降。

但异质结模型本身与实验有若干矛盾。某些实验表明，Cs、O 交替激活后的 GaAs 阴极中所含的 Cs 量相当于 4~5 个原子层，这只够形成一个单原子层的 Cs 和一个 Cs_2O 单层。这样的薄层不具备半导体的性质，用异质结模型无法解释。而根据异质结模型预料最佳激活需要的 Cs_2O 也比较厚，该模型认为对于较窄的能带隙材料需要较厚的 (Cs，O) 层，同时认为激活层上的 Cs、O 含量比例为 2:1，即组成 Cs_2O，也是目前争论的焦点之一。

2. 偶极子模型

简单的偶极子模型是单偶极层模型。这种模型认为，对于 p 型 GaAs 半导体材料表面，当有表面态存在时，表面附近的能带会向下弯曲，当表面吸附 Cs 原子后，吸附原子的价电子转移到较低能级的表面态，电离了的被吸附原子同表面能级中的补偿电荷形成一个偶极子层。这个偶极子层引起电位跳跃，把整个半导体的能级相对于表面升高，从而引起逸出功降低。该模型认为界面势垒层是 Cs 和 O 复合的带电离子层。

为了解释 GaAs 用 Cs、O 交替激活形成负电子亲和势的机理，并进一步确定 Cs、O 的化学组成，在单偶极层模型基础上延伸出了双偶极层模型。D. G. Fisher 等在 1972 年提出了 NEA 光电阴极的表面双偶极层模型 [8]。这种模型认为：Cs^+ 与它的落在 GaAs 表面态上的电子形成第一层偶极层，其厚度约 2Å，它将阴极表面的真空能级降到约 1.4eV；第二个偶极层是由 "Cs^+-O^{2-}-Cs^+" 结构中靠里面的 Cs^+ 极化造成的，偶极层的正端不超过 O^{2-} 层，它将真空能级再次降到约 0.9eV。靠外边的 Cs^+ 处于真空边界上，没有相邻的 Cs^+ 作用，是去极化的，它对形成稳定的结构是必需的。两个偶极层总的厚度约有 8Å，如图 7.4 所示。由于第一个偶极层的厚度很薄，只有 2Å，因此电子可以借助隧道效应穿越表面而逸出。

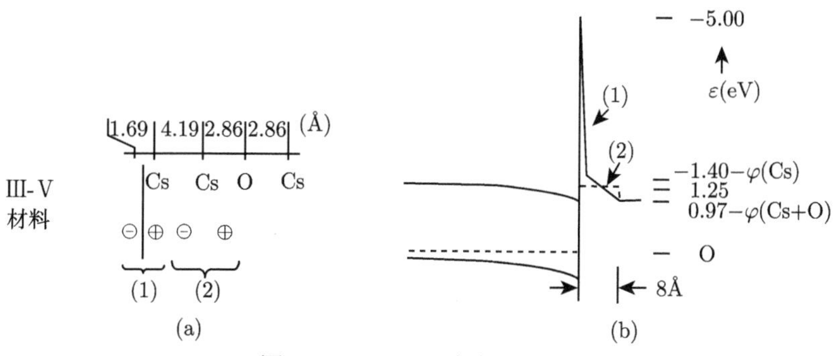

图 7.4 Fisher 双偶极层模型

(a) 原子结构；(b) 能带结构

这种双偶极层模型能较好地预测和解释 GaAs 光阴极的最佳激活层厚度，但不能解释界面势垒问题，1983 年，C. Y. Su，W. E. Spicer 等对双偶极层模型进行了发展，提出了一种新的双偶极层模型 (以下简称新模型)[9,10]。它的结构为 GaAs-O-[Cs]: $[Cs^+]$-O^{2-}-Cs^+，如图 7.5 所示。这种模型和 D. G. Fisher 等提出的双偶极层模型 (以下简称旧模型) 很相似，所不同的是旧模型中第一偶极层是由 GaAs 和 Cs^+ 构成的，比较薄，只有 1.7Å的厚度，而新模型中第一个偶极层是由 GaAs-O-Cs 组成的，其厚度约为 4Å。他们认为 GaAs 与 (Cs，O) 激活层之间的氧化物形成了界面势垒，阻碍了光电子逸出表面。可以看到新模型结合了双偶极层模型中的偶极子离子化和异质结模型中的界面势垒两种概念。

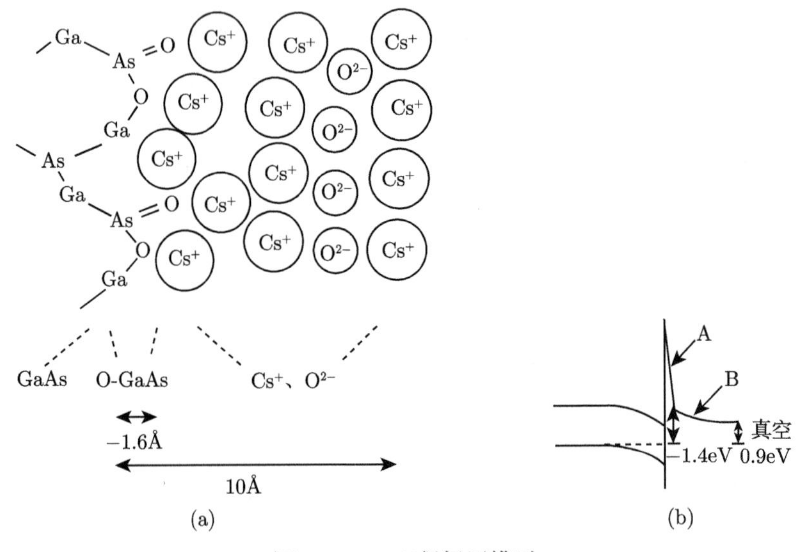

图 7.5　Su 双偶极层模型

(a) 原子结构；(b) 能带结构

这种模型在解释传统的 "yo-yo" 激活工艺步骤上认为，通过多次的 Cs、O 交替激活，Cs、O 和 GaAs-O 之间进行不断的重新组合，获得了一个优化的双偶极层。这种模型所计算出来的 Cs、O 层厚度与实验结果符合得很好。

但同时注意到，对于 O 在表面存在的化学形态不同的双偶极层模型还存在争论，而 O 所发挥的作用也是非常复杂的。

3. 铯的弱核力场效应模型

福州大学的高怀蓉教授在 1987 年提出了铯的弱核力场效应，对 Cs、O 激活的 p 型 GaAs(110) 获得负电子亲和势的作用机理提出了新的见解 [11~13]。其主要观点是 GaAs-Cs 的表面势垒是由 Cs 表面层的弱核力场所致。氧敏化时电子亲和势的进一步降低是 Cs 层上氧离子作用的结果。

这种模型认为光电子在阴极表面区域受到一个弱核力场的作用。铯原子半径大，原子核对外层轨道电子的吸引力很弱，因此到达 GaAs-Cs 表面的光电子可以很容易地进入真空。她在不同的基底材料如钨、钼等上进行铯覆盖，用实验证明了这种铯的作用所引起的逸出功的急剧降低与其基底材料无关，逸出功下降到几乎相等的 1.4~1.5eV，与 GaAs-Cs 光电阴极的逸出功恰好相等。该模型进一步提出，只有铯原子发生极化甚至电离使得体积变成很小，才有可能吸附更多的铯，而氧的吸附使原子铯更容易转变成铯离子，使铯原子体积变小，为吸附更多的铯原子留下了更大的空间。因此通过几次铯、氧交替处理，砷化镓光电阴极的光电发射可以提高到较大程度。它同时指出，第二次和最末次铯、氧交替相对第一次铯、氧交替时光电发射增加量变小，是每次交替后可利用的位置逐渐变小的缘故，因此过多的铯覆盖会导致可利用位置变少，从而得不到好的 NEA 光电阴极。

铯的弱核力场效应也能很好解释铯、氧交替过程中出现的逸出功降低的现象。但这个模型并没有考虑到衬底材料的 p 型掺杂特征以及逸出功降低与材料的相关性，这一点虽然有一定的实验数据支持，但还需进一步验证。

4. *表面非晶态模型和群模型*

在表面机理的研究过程中，人们还提出了很多其他表面模型来解释 NEA 光电阴极的形成机理。得到重视和研究的主要是表面非晶态模型和群模型。

在 1975 年，Clark 等提出 NEA 光电阴极的表面非晶态模型 [14,15]，试图将异质结模型和偶极层模型统一起来。Clark 等认为：NEA 光电阴极的表面是一层非晶态的 $Cs_{2+x}O$ 膜，当 x 的值比较低时，$Cs_{2+x}O$ 呈非金属性，和 GaAs 形成异质结；当 x 的值比较高时，$Cs_{2+x}O$ 呈金属性，和 GaAs 形成肖特基势垒。这两种模型的转换界限为 $x \approx 0.1$ 处。Clark 还认为过去得出的 Cs、O 层结构及特性不同的原因主要是不同阴极表面的 $Cs_{2+x}O$ 层厚度和 Cs、O 组分比不一样。

Burt 和 Heine 通过理论计算提出了群模型 [16]，这种模型认为激活成功的 NEA 表面上的 Cs 量和 O 量之比近似为一固定的比值，并且激活层的厚度在 7~10Å。这种模型的主要观点是在激活层中形成了一个特殊的群，其化学形态为 $Cs_{11}O_3$。

7.2.2 GaAs (100) 面结构

GaAs 晶体的 (100) 面是由一层 Ga 原子和一层 As 原子间隔排列组成的，可分为富镓和富砷表面，其表面的原子带有悬挂键，因此 GaAs (100) 面是极性面，容易吸附 Cs 和 O 形成负电子亲和势。GaAs (100) 面会发生重构，重构的结果取决于表面成分和制备方法。目前研究较多的是由 MBE 生长的 GaAs (100) 富砷的 2×4 重构表面，在这个面上能获得较高的光电发射灵敏度。对于 MBE 生长的 GaAs，在不同加热温度下表面会发生重构相变 [17]，这样的重构表面如图 7.6 所示。

从图 7.6 可看出，GaAs (100) 表面每个 As 原子均含有两个悬挂键，每个 As

原子用一个悬挂键与相邻 As 原子的一个悬挂键结合 (另一个悬挂键将与 Cs 原子形成共价结合)，使这两个原子间距减小，形成台脚位置，同时相邻的两对 As 原子间距增大，形成洞穴位置，如图 7.6(a) 所示；由于重构只是改变表面原子对称性，所以 As 原子层与 Ga 原子层间距不变，表面以下的原子保持原结构不变，如图 7.6(b) 所示。

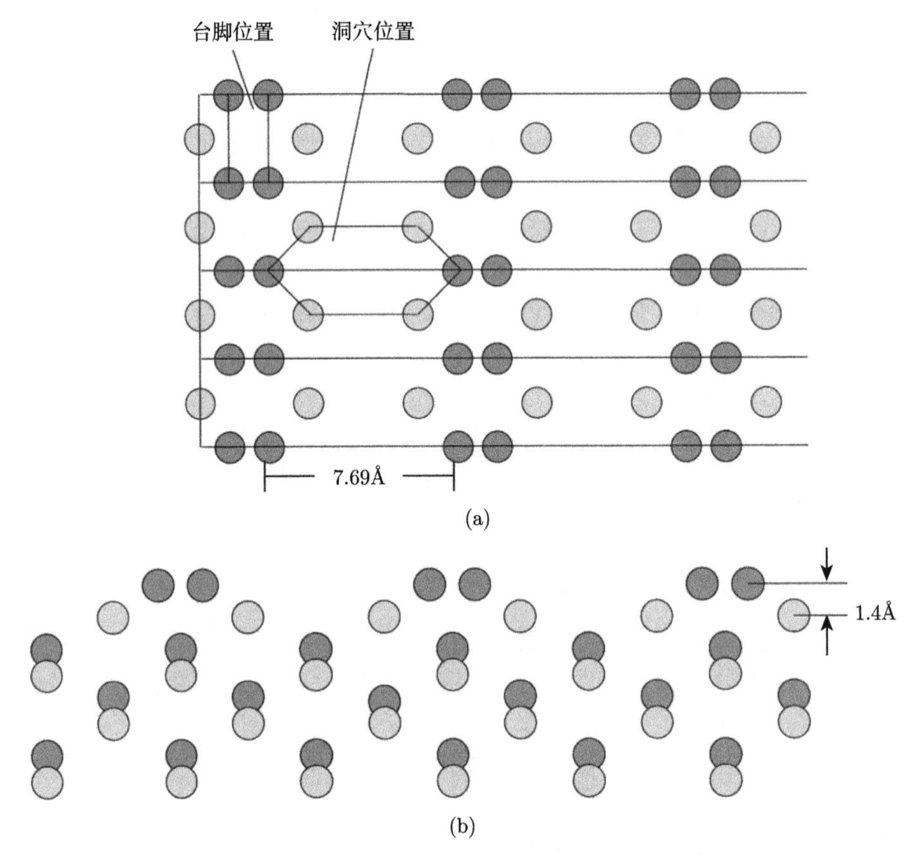

图 7.6　GaAs (100) 富砷重构表面原子排列模型 (彩图见封底二维码)

(a) (100) 重构表面俯视图；(b) (100) 重构表面截面图

7.2.3　[GaAs(Zn)-Cs] : [O-Cs] 双偶极子模型

由于表面光电发射模型都有其各自的局限性，为此，我们提出了新的 GaAs NEA 阴极光电发射模型 [GaAs(Zn)-Cs] : [O-Cs][18]：当首次进 Cs 时，Cs 优先吸附在 GaAs(Zn) (100) 表面由四个 As 原子形成的台脚位置，由于以 Zn 为中心的团簇结构有较大电负性，因此 Cs 电离失去一个价电子给团簇结构，这样 Cs 与杂质原子 Zn 构成第一个偶极层 GaAs(Zn)-Cs，如图 7.7 所示，这个偶极层使得表面能带弯曲，降低真空能级到 1.42eV，从而得到零电子亲和势。

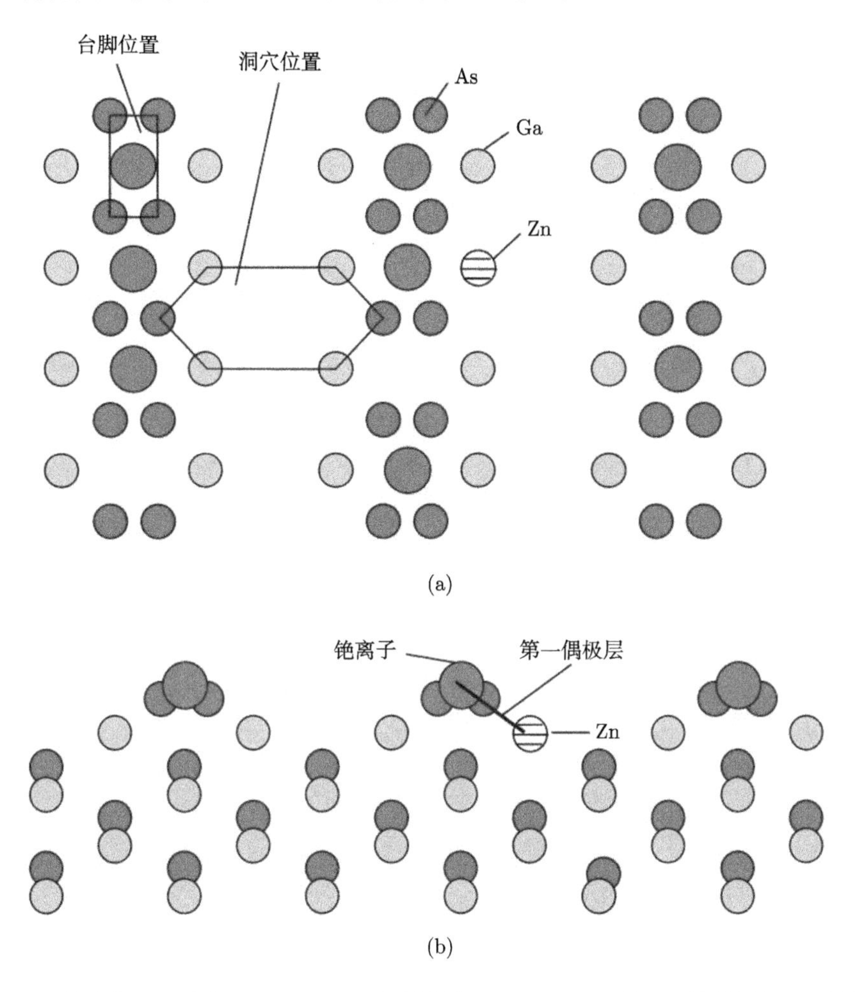

图 7.7 首次进 Cs 形成 GaAs(Zn)-Cs 偶极层的 GaAs (100) 表面 (彩图见封底二维码)
(a) 俯视图；(b) 截面图

当进一步进 Cs 时，Cs 将排满所有的由四个 As 原子形成的台脚位置，还有的 Cs 将吸附在洞穴位置。随着 Cs 在 GaAs (100) 面的吸附，GaAs(Zn)-Cs 偶极子增加使得能带弯曲增加，当能带弯曲达到一定程度时，Cs 电离的价电子不能穿过能带弯曲区给团簇结构，所以不能再形成 GaAs(Zn)-Cs 偶极子。

Cs 饱和后，开始进 O，由于氧具有较强的负电性，将使与 As 结合的 Cs 原子离化，同时氧分子在与 Cs 反应时形成氧离子，并与 Cs 构成第二个偶极层：O-Cs。O 最终沉积在洞穴位置，如图 7.8 所示。O-Cs 偶极层进一步使阴极表面逸出功降低到 0.9eV 左右，从而得到负电子亲和势。

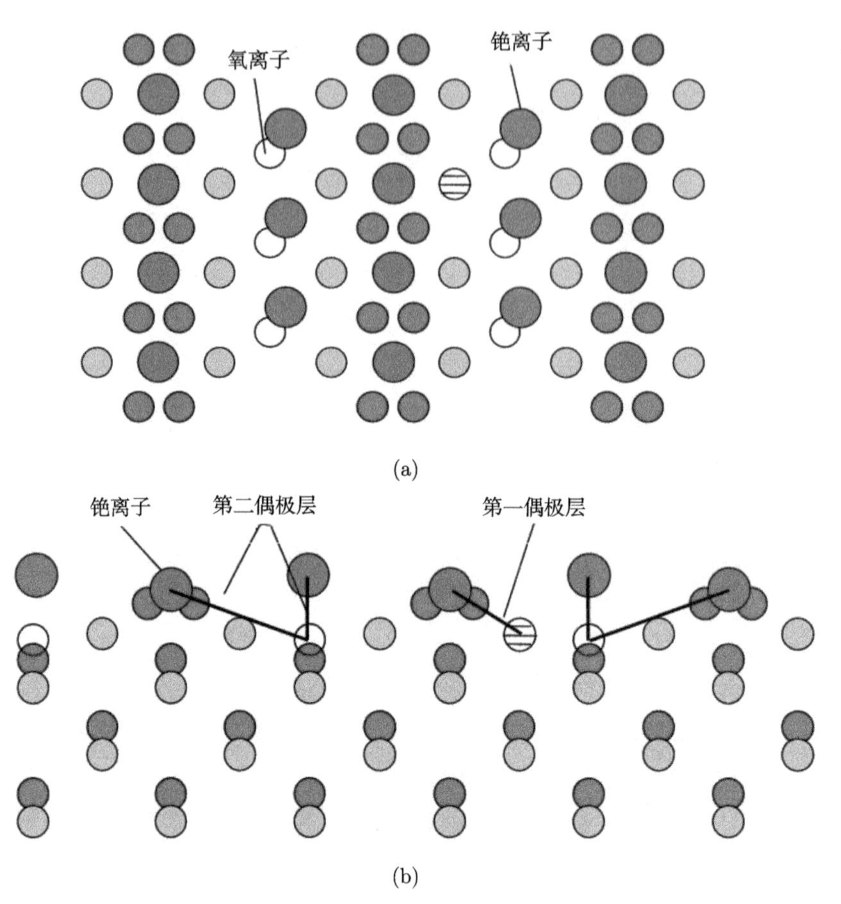

图 7.8　进 O 后形成 O-Cs 偶极层的 GaAs (100) 表面 (彩图见封底二维码)

(a) 俯视图；(b) 截面图

O 与 GaAs 衬底表面的反应是不利于光电发射的，因为它会在表面形成界面势垒，阻挡电子逸出，因此在激活工艺上 [19]，Cs 源一直处于开启状态，Cs 在 Cs、O 循环中能一直处于轻微过量状态，从而防止了 O 过量对光电阴极造成的损害，另一方面保证了激活结束后光电阴极表面 Cs 处于微过量状态，有利于提高光电阴极的稳定性。

经过几次 Cs、O 循环后光电阴极获得最大的光电流峰值，当 O-Cs 偶极子在光电阴极表面达到最佳排列时，积分灵敏度达最大值，激活工艺最后要有微过量 Cs 覆在表面，从而保护光电阴极，提高光电阴极的稳定性。

每次循环中要严格控制 Cs、O 比例，如果 Cs、O 比例偏小，会容易导致 O 过量，且 (Cs,O) 层厚度较薄。如果 Cs、O 比例偏大，会导致每次 Cs、O 循环中 Cs 都处于过量状态，O 无法与之充分结合，因此表面逸出功的降低量较小，光电阴极灵敏度不高，同时如果 Cs、O 循环中 Cs 电流太大，还容易引起 (Cs，O) 层厚度过大，增加电子在逸出过程中的散射，降低电子逸出几率。只有 Cs、O 比例适中，才能在光电阴极表面形成最佳 O-Cs 偶极子排列结构以及 (Cs，O) 层厚度，并减小 O 与衬底的反应，使得光电阴极表面电子逸出几率提高，灵敏度增大。

因此控制 Cs、O 比例的过程中要注意进 O 量一方面要充分，保证与 Cs 充分结合，在光电阴极表面形成一个排列均匀且结构紧凑的 O-Cs 偶极层，另一方面要避免过量的 O 与 GaAs 表面反应，对光电阴极造成损害。

7.3 GaN (0001) 面光电发射模型

7.3.1 [GaN(Mg)-Cs]：[O-Cs] 双偶极子模型

1. [GaN(Mg)-Cs]：[O-Cs] 模型的介绍

在 [GaAs(Zn)-Cs]：[O-Cs] 模型的基础上，我们提出了 [GaN(Mg)-Cs]：[O-Cs] 光电发射的表面模型，该模型的结构示意图和表面势垒结构分别如图 7.9(a) 和 (b) 所示。从图 7.9(a) 中可以看到，该模型认为，GaN (0001) 表面的负电子亲和势是由两个偶极层实现的，其中第一个偶极层为 GaN(Mg)-Cs，这个偶极层是由吸附在 GaN (0001) 表面的 Cs 与掺杂元素 Mg 构成的，当首次进 Cs 时，Cs 优先吸附在 GaN(Mg) (0001) 表面 Ga 原子和 N 原子之间的空位上，由于以 Mg 为中心的团簇结构有较大电负性，因此 Cs 电离失去一个价电子给团簇结构，这样 Cs 与杂质原子 Mg 构成第一个偶极层：GaN(Mg)-Cs。如图 7.9(b) 所示，这个偶极层使得 GaN 表面能带弯曲，能够使真空能级降低 3.0 eV，达到负电子亲和势的状态，并形成图 7.9(b) 中的 I 势垒。

当吸附在 GaN (0001) 表面的 Cs 饱和时，开始向 GaN (0001) 表面通入 O，氧分子在与 Cs 反应时形成氧原子，进一步离化与 Cs 构成第二个偶极层，氧原子半径由 0.66Å增加到 1.21Å，此时为 -2 价的氧离子。随着 Cs 和 O 量的交替沉积，光电流增加，当 O-Cs 偶极子在光电阴极表面达到最佳排列时，使真空能级下降到最低，相比第一个偶极层，此时真空能级又下降了 0.2 eV。

从图 7.9(b) 中可以看到，GaN 光电阴极的表面势垒是由两条斜率不同的近似直线段组成的，这一形状是根据双偶极层表面模型提出的。该表面模型认为靠近阴极表面的第一偶极层形成的界面势垒 (简称 I 势垒) 比较高且窄，由 GaN(Mg)-Cs 层组成，因为 I 势垒较薄电子可以通过隧道效应穿过，它具有一个高于 GaN 体内导带底的起始高度 V_1，以及低于体内导带底的结束高度 V_2，它将真空能级降到约 2.4eV；而稍微远离表面的第二偶极层形成的界面势垒 (简称 II 势垒) 比较低且宽，由 O-Cs 偶极层形成，它使得表面的真空能级进一步降低，电子亲和势更负。

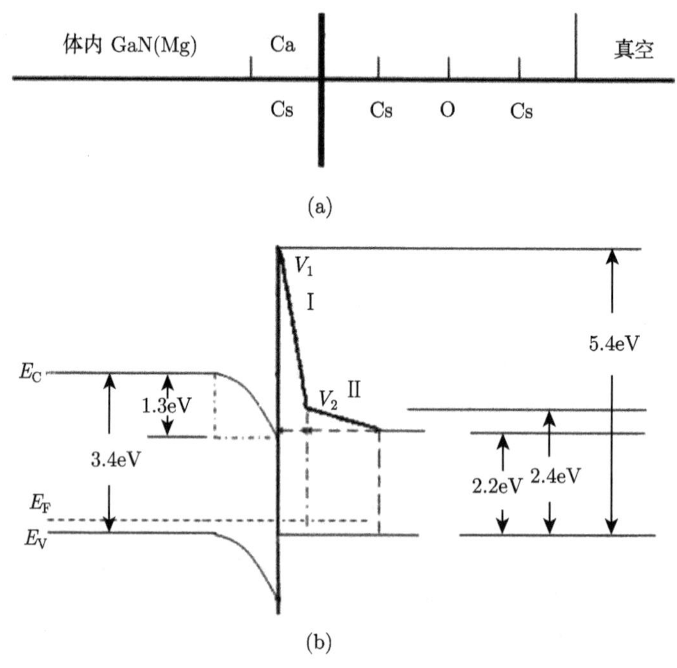

图 7.9　[GaN(Mg)-Cs] : [O-Cs] 光电发射表面模型

(a) 表面结构；(b) 能带图

2. [GaN(Mg)-Cs] : [O-Cs] 模型的模拟

1) Mg 掺杂后 GaN (0001) 表面的原子排列

杂质进入半导体后，它们或位于本体原子的间隙中，称为间隙式杂质，或取代本体原子的位置，称为代位式杂质。间隙式杂质一般原子半径较小，而代位式杂质一般原子半径大小以及价电子壳层结构与被取代本体原子比较接近，Mg 的共价半径为 1.30Å，Ga 的共价半径为 1.26Å，因此对于 Mg 在 GaN 中的掺杂，Mg 将取代 Ga 的位置成为代位式杂质，如图 7.10 所示。

从图 7.10 中可以看到，由于 Mg 是 +2 价的，而 Ga 是 +3 价的，因此 Mg 取代 Ga 的位置时会从附近获得一个电子，然后与 N 组成共价键，保持原有的体结构，而在 Mg 的附近留下一个空穴。把以 Mg 为中心的附近影响区域设想为一个团簇结构，则它需要电子来填充它的空穴位置。

为了模拟 p 型 Mg 掺杂 GaN 表面的原子排列，在理想的 GaN (0001) 面原子排列图的基础上，我们将体内的一个 Ga 原子替换为 Mg 原子，如图 7.11 所示，从俯视图中可以发现，体内掺杂的 Mg 原子在表面是看不到的，从侧视图中可以看到 Mg 原子取代了一个 Ga 原子，以这个 Mg 为中心的结构附近需要电子来填充它的空穴位置。

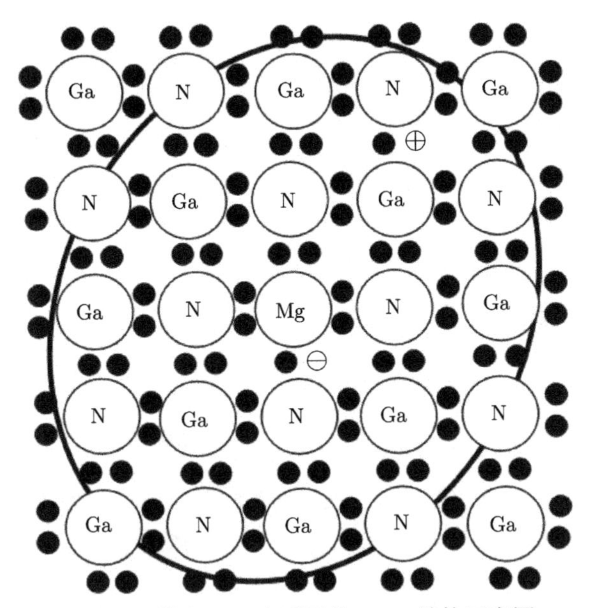

图 7.10 掺入 Mg 杂质后的 GaN 结构示意图

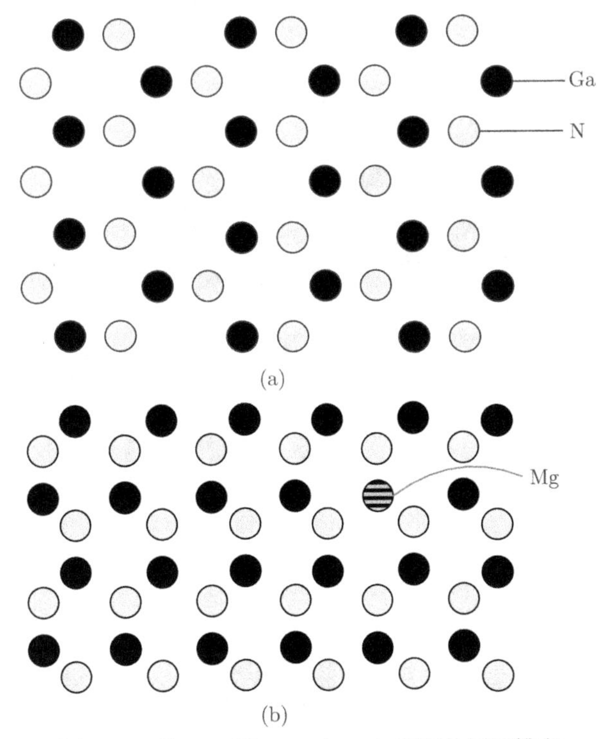

图 7.11 掺 Mg 后 GaN (0001) 表面的原子排布

(a) 俯视图; (b) 侧视图

2) 首次进 Cs 后 GaN (0001) 表面的原子排布

当首次进 Cs 后，Cs 优先吸附在 GaN(Mg) (0001) 表面 Ga 原子和 N 原子之间的空位上，由于以 Mg 为中心的团簇结构有较大电负性，因此 Cs 电离失去一个价电子给团簇结构，这样 Cs 与杂质原子 Mg 构成第一个偶极层：GaN(Mg)-Cs，如图 7.12 所示，这个偶极层使得表面能带弯曲，降低真空能级到 2.4eV，从而得到负电子亲和势，形成图 7.9(b) 中的 I 势垒。

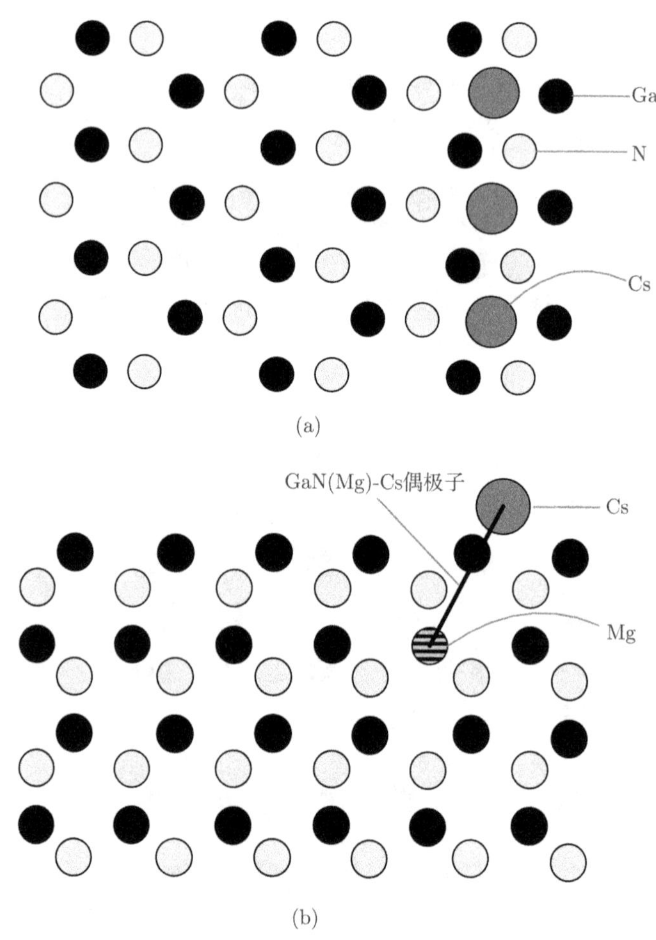

图 7.12　首次进 Cs 后 GaN (0001) 表面的原子排布 (彩图见封底二维码)

(a) 俯视图；(b) 侧视图

3) 继续进 Cs 后 GaN (0001) 表面的原子排布

当进一步进 Cs 时，Cs 将占满所有的 Ga 原子和 N 原子之间的空位，如图 7.13 所示。当 Cs 覆盖到 0.75 左右时，真空能级降到最低，GaN (0001) 表面获得最小的逸出功，得到光电发射的第一个最大值。随着 Cs 进一步增加，阴极表面的逸出功接近于 Cs 金属的逸出功。

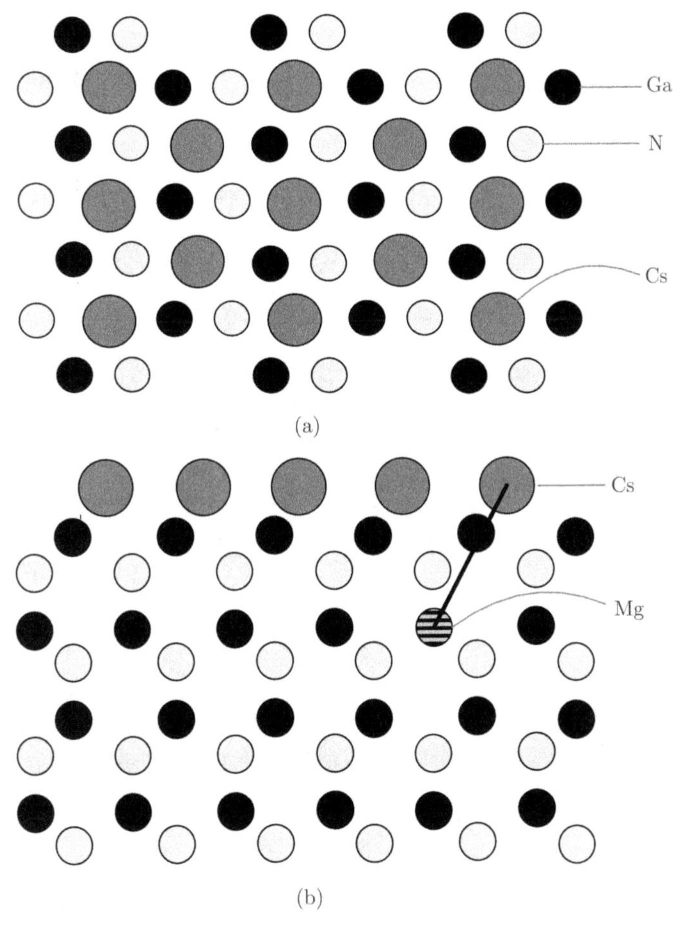

图 7.13 继续进 Cs 后 GaN (0001) 表面的原子排布 (彩图见封底二维码)

(a) 俯视图；(b) 侧视图

继续进 Cs 时，GaN(Mg)-Cs 偶极子的增加使得能带弯曲增加，当能带弯曲达到一定程度时，Cs 电离的价电子不能穿过能带弯曲区给团簇结构，所以不能再形成 GaN(Mg)-Cs 偶极子。多余的 Cs 会增加势垒 I 的厚度，减小光电子隧穿势垒的几率，光电流也随着减小。

4) Cs、O 交替后 GaN (0001) 表面的原子排布

当 Cs 饱和时，开始沉积 O，由于氧的负电性比较强，所以 O 会与 Cs 反应时形成氧离子，进一步离化与 Cs 构成第二个偶极层：O-Cs。由于 GaN (0001) 表面

不存在洞穴位置，因此 O 最终沉积的位置可能在铯离子之间，如图 7.14 所示。由于 O 吸附的位置与 Cs 是处于同一高度的，所以形成的 O-Cs 偶极子大多是平躺在 GaN (0001) 表面的，整体没有明显的方向，最终形成的 O-Cs 偶极层也没有有利于光电子逸出的指向性，这样导致了 O-Cs 偶极层对降低 GaN (0001) 表面的真空能级效果并不明显，如图 7.9(a) 所示，O-Cs 偶极层仅仅使阴极表面逸出功下降了 0.2eV 左右，并形成图 7.9(b) 中的Ⅱ势垒。

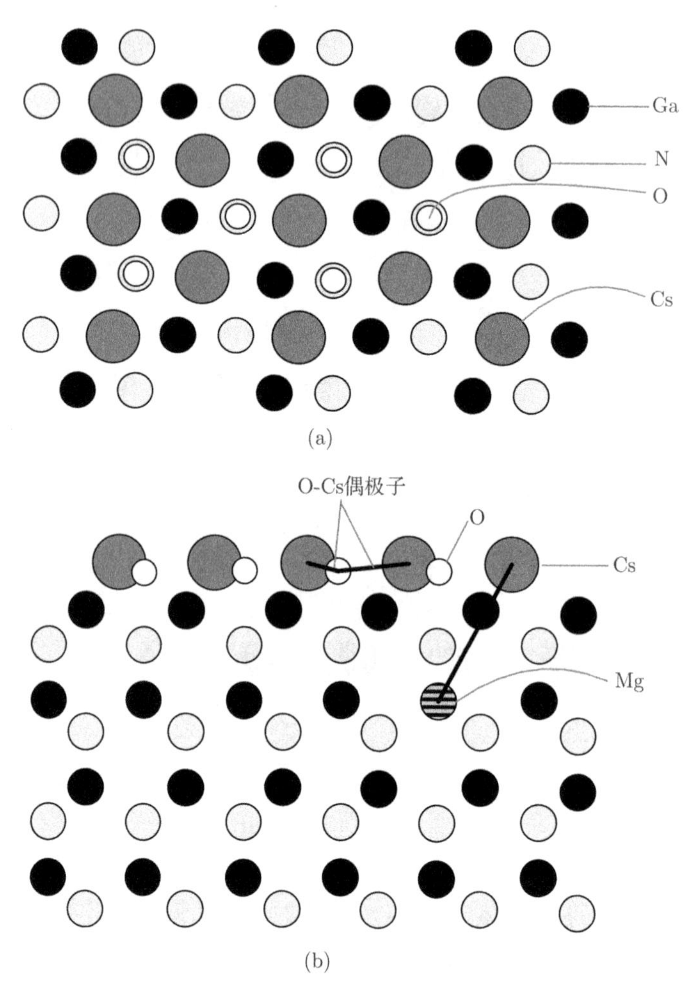

图 7.14　Cs、O 交替后 GaN (0001) 表面的原子排布 (彩图见封底二维码)

(a) 俯视图；(b) 侧视图

在 Cs、O 激活过程中，大量实验发现，在进 O 后光电流还是有一定增长，虽然幅度不大，然而在上面的模型中，O-Cs 偶极层是没有指向性的，对降低 GaN (0001)

表面的功函数几乎没有作用，为了更好地解释这个问题，我们认为：在 GaN 材料生长、储存及净化过程中，GaN (0001) 表面可能存在着一些缺陷，如 Ga 原子的缺失等，这些缺陷使得在表面上存在着部分的洞穴位置，在 Cs 的吸附过程中，由于 Cs 原子较大，难以进入这些洞穴位置，当进 O 后，较小的 O 原子进入了由缺陷造成的洞穴位置，如图 7.15 所示，吸附在这些位置的 O 处于比 Cs 更低的层面上，当与 Cs 形成 O-Cs 偶极子时，形成了指向性明显的，并且有利于光电子向表面方向运动的偶极子。正是这些 O-Cs 偶极子的存在，使得进 O 后 GaN 光电阴极的光电流也有了较小幅度的增长。

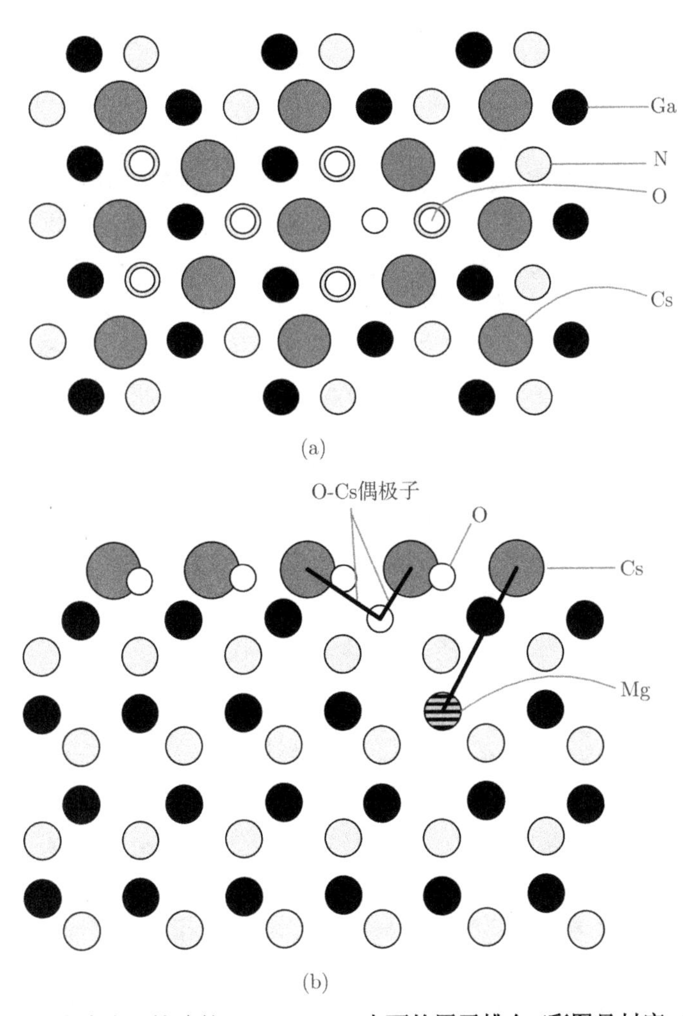

图 7.15 考虑表面缺陷的 GaN (0001) 表面的原子排布 (彩图见封底二维码)

(a) 俯视图；(b) 侧视图

7.3.2　GaN (0001) 与 GaAs (100) 表面光电发射模型对比

比较 [GaAs(Zn)-Cs]: [O-Cs] 和 [GaN(Mg)-Cs]: [O-Cs] 模型可以发现，这两个光电发射表面模型都是建立在双偶极子模型的基础之上，在考虑 p 型掺杂元素作用的情况下，认为在激活过程中，Cs 首先与带有负电性的以掺杂原子为中心的团簇结构形成第一个偶极层，并形成第一个较高较窄的势垒；然后再在进 O 之后，O 与 Cs 形成第二个偶极层，并形成第二个较宽的势垒，在双偶极层的共同作用下，使光电阴极的表面达到负电子亲和势的状态，从而使到达表面的光电子不需要额外的能量，而只是通过隧穿作用穿过表面势垒即可逸出到真空中。

对于 GaAs 光电阴极，在 GaAs(Zn)-Cs 偶极层形成之后，(100) 表面的真空能级下降到 1.42eV 左右，与导带底一致，所以形成了零电子亲和势；而对于 GaN 光电阴极，在 GaN(Mg)-Cs 偶极层形成之后，(0001) 表面的真空能级下降到了 2.4eV，相对于 3.4eV 的禁带宽度，此时的真空能级已经低于导带底的高度，所以在第一个偶极层形成之后，GaN (0001) 表面就已经达到了负电子亲和势的状态。

由于 GaAs (100) 表面在重构之后存在台脚和洞穴位置，Cs 首先吸附在较高的台脚位置上，并与体内的掺杂元素形成第一个偶极层，当进 O 时，由于 O 原子的半径较小，所以 O 可以进入洞穴位置，所形成的 O-Cs 偶极子的指向性是有利于光电子向真空运动的，并且由于整个 GaAs (100) 表面的重构，台脚和洞穴的形成也是有规律的，最终形成的 O-Cs 偶极层具有明显的指向性，所以对于 GaAs 光电阴极，在 O-Cs 偶极层形成之后，真空能级又下降了大约 0.5eV，(100) 表面的电子亲和势也变为 −0.5eV，达到负电子亲和势的状态。所以在激活实验中，进 O 之后 GaAs 光电阴极的光电流有非常大的增长。

对于 GaN 光电阴极，由于 (0001) 表面没有重构，也就没有形成像 GaAs (100) 表面那样的台脚和洞穴的位置，所以在 O 的吸附过程中，O 原子大多落在了与 Cs 高度持平的位置上，形成的偶极子多数平躺在 GaN (0001) 的表面，难以形成指向性统一的、有利于光电子逸出的偶极子，也难以形成有效的偶极层，考虑到 GaN (0001) 表面可能存在的一些缺陷，认为 O 原子有可能会填充表面的这些缺陷的位置，从而形成一定数量的具有明显指向性的 O-Cs 偶极子，这些偶极子对于光电子向真空方向运动有着积极的作用。由于缺陷的存在不是整体性的，所以决定了这种具有明显指向性的 O-Cs 偶极子不会太多。从能带结构变化上来看，O-Cs 偶极层形成后，GaN (0001) 表面的真空能级只下降了 0.2eV，相对于第一个偶极层形成后真空能级的下降幅度 3.0eV，O-Cs 偶极层对 GaN (0001) 表面负电子亲和势状态的形成贡献不大。从 GaN 光电阴极激活实验中光电流的变化情况来看，在进 O 之后，光电流增长的幅度确实不大，远不及 GaAs 光电阴极的增长量。

7.4 Cs/GaN(0001) 表面吸附特性研究

7.4.1 理论模型和计算方法

在 GaN(0001)(2×2) 表面模型 (图 4.40) 的基础上，构建了 Cs/GaN(0001) 表面吸附模型，如图 7.16 所示。Cs/GaN(0001) 表面吸附模型主要考虑 Cs 原子在 GaN(0001) 表面的五个高对称吸附位置，即 T_1 位 (Ga 顶位)、H_3 位 (穴位)、T_4 位 (N 顶位)、B_{Ga} 位 (Ga 桥位) 和 B_N 位 (N 桥位)，其位置如图 7.17 所示。参与计算的价态电子为 Ga：$3d^{10}4s^24p^1$，N：$2s^22p^3$，Cs：$5s^25p^66s^1$，计算中各参数设置与 GaN(0001) 表面模型计算中参数设置一致，这里不再阐述。

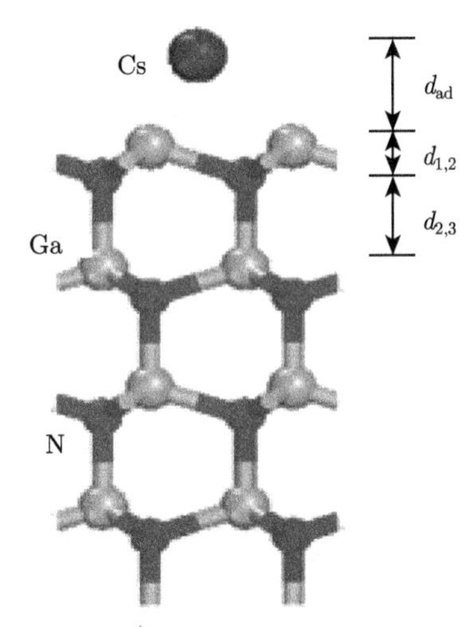

图 7.16 Cs/GaN(0001) 吸附体系表面透视图 (彩图见封底二维码)

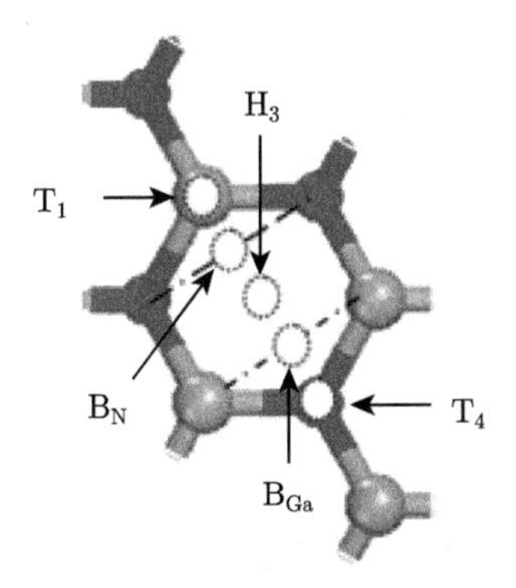

图 7.17 Cs/GaN(0001) 表面俯视图以及几种可能的 Cs 吸附位置 (彩图见封底二维码)

7.4.2　计算结果与讨论

1. 吸附能和几何结构

以上五个高对称位置首先放上 1/4ML Cs 原子，优化后的几何结构参数如表 7.2 所示。

表 7.2　吸附原子 Cs 在 GaN (0001) 表面不同吸附位置的吸附能、功函数及几何结构参数

	$d_{\text{Cs-Ga}}$/Å	d_{ad}/Å	$d_{1,2}$/Å	$d_{2,3}$/Å	E_{ads}/eV	Φ/eV
清洁			0.65	2.02		4.2
			0.67[20]	2.00[20]		4.4[21]
Cs-T_1	3.4974	2.7958	0.64	2.01	−1.89	2.30
Cs-H_3	3.6503	3.1144	0.62	2.01	−2.02	2.16
Cs-T_4	3.6714	3.1368	0.64	2.01	−1.96	2.37
Cs-B_{Ga}	3.8273	2.6479	0.62	2.01	−1.98	2.36
Cs-B_{N}	3.6402	2.2775	0.63	2.01	−2.04	2.36

注：$d_{\text{Cs-Ga}}$ 为 Cs 原子与顶层最近邻 Ga 原子成键键长，d_{ad} 为 Cs 原子距离最顶层 Ga 原子质心的高度，$d_{1,2}$ 为表面双分子层厚度，$d_{2,3}$ 为第一、第二双分子层层间距。

表 7.2 计算了 1/4ML Cs 原子吸附 GaN(0001) 表面的吸附能 [22]：

$$E_{\text{ads}} = (E_{\text{Cs/GaN(0001)}} - E_{\text{GaN(0001)}} - nE_{\text{Cs}})/n \tag{7.1}$$

其中，n 为吸附原子的个数；$E_{\text{GaN(0001)}}$ 和 $E_{\text{Cs/GaN(0001)}}$ 分别表示 GaN(0001) 表面无吸附和有吸附时体系的总能；$E_{\text{Cs}} = -548.9466\text{eV}$ 表示孤立 Cs 原子的总能，是通过把 1 个 Cs 原子放在一个 1nm 的真空盒中优化得到。根据定义，若吸附能为负值，表示吸附过程为放热过程，则吸附是稳定的，若吸附能为正值，表示吸附过程为吸热过程，则吸附是不稳定的。

计算获得 1/4ML Cs 原子在 T_1、H_3、T_4、B_{Ga}、B_{N} 五个高对称位的吸附能分别为 −1.89eV、−2.02eV、−1.96eV、−1.98eV、−2.04eV，T_1 位吸附能最低，B_{N} 位吸附能最高，各吸附位吸附能差别较小，吸附能都为负值，表示吸附稳定，Cs 原子在 GaN(0001) 面稳定的吸附位应该在 B_{N} 位和 H_3 位，B_{N} 位最稳定，当 Cs 原子在 GaN(0001) 表面迁移时，迁移路线为 $T_1 \rightarrow T_4 \rightarrow B_{\text{Ga}} \rightarrow H_3 \rightarrow B_{\text{N}}$。

为了研究 Cs 原子在 GaN(0001) 表面的相互作用，分析了 Cs 原子在五个高对称位 1/4 ML、1/2 ML、3/4 ML、1ML 覆盖度的吸附能，如图 7.18 所示。研究表明，Cs 原子在相同覆盖度下各高对称位置吸附能相差较小，但随着 Cs 原子覆盖度的增加，吸附能下降，稳定性降低，当覆盖度达到 3/4ML 时，Cs 原子饱和度达到最大，在 p 型 GaN(0001) 表面单独用 Cs 进行激活的实验中，当 Cs 的覆盖度接近 3/4ML 时达到饱和已被实验证实 [23]，当覆盖度达到 1ML 时，吸附能变为正值，吸附已变得不稳定。随着 Cs 原子覆盖度的增加，稳定吸附位也在发生变化，Cs 原子在覆盖度为 2/4ML 时，H_3 位为稳定吸附位，覆盖度为 3/4ML 时，N 桥位为稳定吸附位，覆盖度为 1ML 时，T_4 位为稳定吸附位。发生以上变化的原因主要是随着 Cs 原子覆盖度的增加，Cs 原子间相互作用加剧。

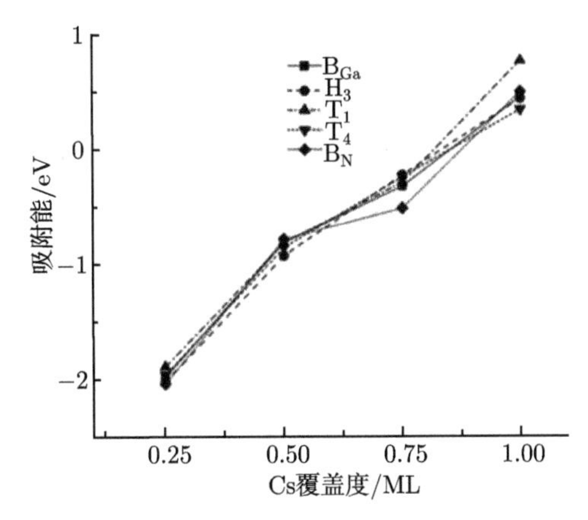

图 7.18 各高对称吸附位吸附能随 Cs 覆盖度变化关系图

2. Cs/GaN(0001) 吸附体系的电子结构

Cs 原子吸附于 GaN(0001) 表面后，由于 Cs 原子作用引起 GaN(0001) 表面重构，与吸附前相比，GaN(0001) 双分子层厚度和层间距都略微减小，如表 7.2 所示。从吸附后 Cs 原子与顶层最近邻 Ga 原子键长 (以下简称 "Cs—Ga 键长") 来看，T_1 位键长最短，但在该位吸附能最小，最不稳定，这主要是由于在吸附后 Cs 原子失去电子带正电，Ga 原子虽然获得电子但仍带正电，距离较近时它们之间存在较强的静电排斥作用，造成该位吸附最不稳定。Cs 原子在 B_N 位和 H_3 位吸附能相近，B_N 位仅比 H_3 位高 0.02eV，B_N 位 Cs—Ga 键长比 H_3 位 Cs—Ga 键长短 0.001nm，计算获得 B_N 位 Cs—Ga 键布居数为 0.08，H_3 位 Cs—Ga 键布居数为 −0.09，说明在 B_N 位 Cs—Ga 键呈较弱共价键特性，也进一步说明了 B_N 是最稳定的吸附位。

图 7.19 和图 7.20 分别给出了 1/4ML Cs 吸附 B_N 位后 Cs/GaN(0001) 吸附体系的能带结构图和分波态密度图 (图中虚线为费米能级)。与吸附前相比变化不大，价带顶仍由 N 2p 态电子、Ga 4p 态电子贡献，但导带底除由 Ga 4s 态电子贡献外还由 Cs 6s 态电子贡献，在导带和价带间发现表面态的存在，表面态除了来自 Ga 4s 态电子、Ga 4p 态电子和少量 N 2p 态电子贡献外，Cs 6s 态电子也参与贡献，表面仍呈现为金属导电特性，但导带宽度变窄并向低能方向移动。在 −10.52eV 处、−23.69eV 处产生了两个深能级，主要来自 Cs 5s 态电子和 Cs 5p 态电子的贡献。

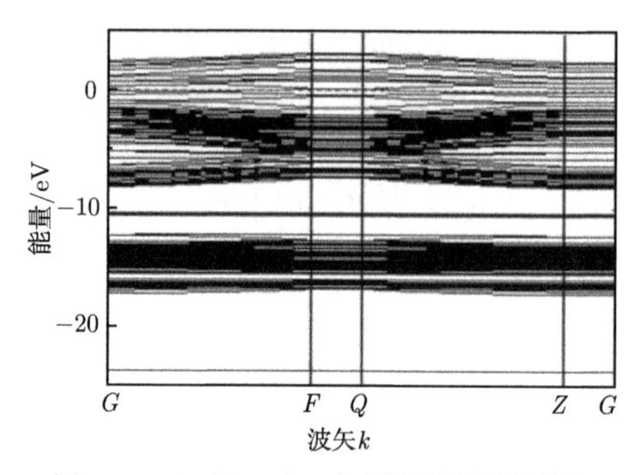

图 7.19　Cs/GaN(0001) 吸附体系能带结构

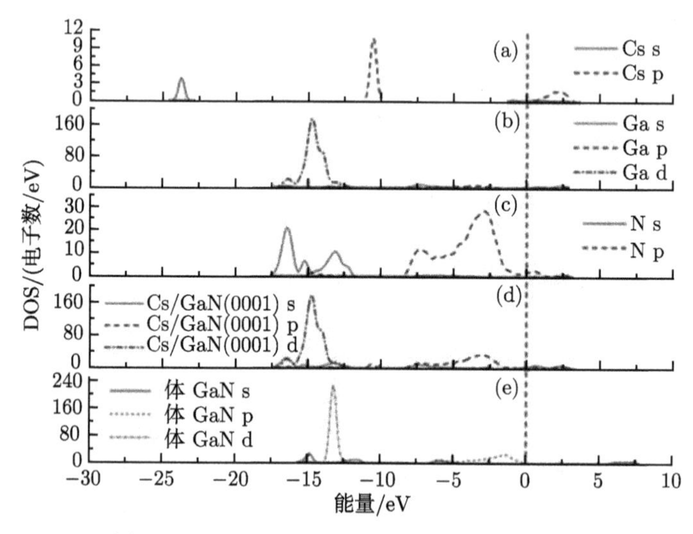

图 7.20　Cs/GaN(0001) 吸附体系分波态密度

另外，与吸附前的能带结构和态密度 (图 4.41、图 4.42) 比较发现，吸附后费米能级处态密度峰下降 (电子数由吸附前的 9.2 降为 6.8)，主要是由于 Cs 6s 轨道、Cs 5p 轨道与 Ga 4p 轨道的耦合、杂化，Cs 6s 轨道电子向 Ga 4p 轨道进行了转移，使得最表面 Ga 原子部分悬挂键被饱和，费米能级处态密度峰下降。由于 Cs 5p 态电子的介入，受 Cs 5p 轨道和 Ga 4s 轨道耦合、杂化的影响，吸附体系导带宽度变窄并向低能方向移动，同时也对表面态产生微弱影响。

3. Mulliken 电荷布居数分析

Cs 原子吸附在 GaN(0001) 表面，必然引起表面原子间电荷的转移和电子结构的变化，因此，可以通过 Cs 原子吸附 GaN(0001) 表面前后电荷布居数的变化情况进一步分析 Cs 原子与 GaN(0001) 表面相互作用的信息。下面分析最稳定吸附位

N 桥位在吸附前后电荷布居数变化情况。

表 7.3 给出了 Cs 原子吸附 GaN(0001) 表面前后电荷布居数变化情况，表中电荷布居数为该层 Ga 原子、N 原子电荷布居数的平均值。从表 7.3 来看，第一层 Ga 原子电荷布居数变化较大，第二层到第六层 Ga 原子电荷布居数变化甚微，从第一层到第六层 N 原子电荷布居数基本没有变化。通过分析 Cs 原子吸附前后电荷布居数变化情况可知 Cs 原子主要与第一层 Ga 原子相互作用，我们通过进一步分析第一层四个 Ga 原子电荷布居变化情况来看，Cs 原子外层电子只向表面部分 Ga 原子进行了电荷转移，部分 Ga 原子并未获得电子，也就是说第一层 Ga 原子部分悬挂键被饱和，这也是 Cs 原子吸附 GaN(0001) 表面后表面态仍然存在的原因，与以上能带结构和分波态密度分析结果一致。

表 7.3 Cs 原子在 N 桥位吸附前后的电荷布居数

原子层	原子	吸附前	吸附后
	Cs		0.71
第一层	Ga	0.75	0.65
	N	−0.98	−0.98
第二层	Ga	0.86	0.84
	N	−1.01	−1.01
第三层	Ga	1.16	1.16
	N	−1.01	−1.01
第四层	Ga	1.07	1.04
	N	−1.01	−1.01
第五层	Ga	1.11	1.13
	N	−1.01	−1.01
第六层	Ga	0.91	0.88
	N	−0.87	−0.87

4. 吸附诱导功函数的变化

计算了 GaN(0001) 表面的功函数为 4.2 eV，单个 Cs 原子吸附 GaN(0001) 表面后功函数降低，各高对称位功函数如表 7.2 所示，T_1、H_3、T_4、B_{Ga}、B_N 位的功函数变化量分别为 1.90eV、2.04eV、1.83eV、1.84eV、1.85eV，其中 H_3 位功函数变化最大，T_4 位功函数变化最小。功函数降低的主要原因主要是 Cs 原子电负性较小 (0.79)，Ga 原子电负性较高 (1.81)，Cs 原子与 Ga 原子相互作用后 Cs 原子失电子，Ga 原子得电子，计算发现，Cs 6s 态电子向吸附物表面部分 Ga 原子进行了转移，形成了偶极矩，偶极矩的存在降低了衬底表面的功函数，与实验结果一致 [24]。另外，GaN 表面功函数的变化还与其表面结构变化、电荷转移量等因素有关。

为了研究 Cs 原子覆盖度对 GaN(0001) 表面功函数的影响，分别计算了 Cs 在 GaN(0001) 表面五个高对称位覆盖度分别为 1/4ML，2/4ML，3/4ML，1ML 的功函数，如图 7.21 所示。计算发现，随着 Cs 原子覆盖度的升高，在 Cs 原子覆盖度为 2/4~3/4ML 时，功函数降到最低，在 n 型 GaN 表面 (0001) 单独用 Cs 进行激活的实验中，Cs 的覆盖度为 1/2ML 时 GaN(0001) 表面功函数降到最低已被实验证实 [25]。当 Cs 原子覆盖度为 2/4ML 时，T_4 位、B_N 位、T_1 位功函数最低，Cs 原子覆盖度为 3/4ML 时，H_3 位、B_{Ga} 位功函数最低，随着覆盖度的升高，当 Cs 原子覆盖度达到 1ML 时，功函数进一步回升，发生这一现象的主要原因是在较高覆盖度下，Cs 原子之间的距离进一步减小，相互之间的作用进一步加强，为了达到平衡，GaN(0001) 表面与 Cs 原子电子重新分布，部分电子从 GaN(0001) 表面重新回到 Cs 原子，使得 GaN(0001) 表面与 Cs 原子的偶极矩随之减小，进而导致了功函数进一步回升。

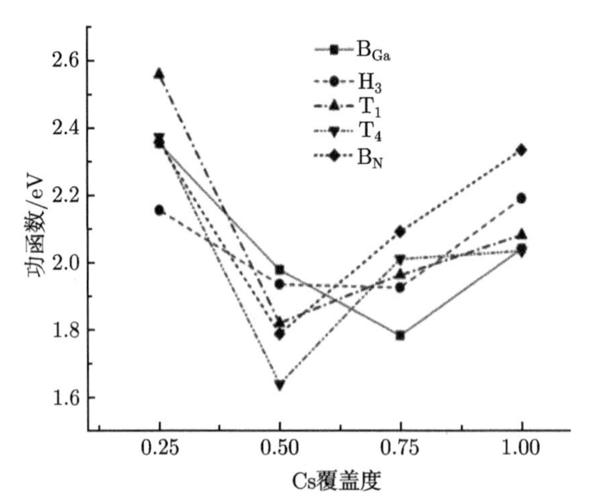

图 7.21　各高对称吸附位功函数随 Cs 覆盖度变化关系图

为了进一步研究偶极矩随 Cs 原子覆盖度的变化情况，我们利用亥姆霍兹方程 (Helmholtz equantion) 计算了表面偶极矩，偶极矩 μ 和功函数 $\Delta\Phi$ 的关系如下：

$$\mu = (12\pi)^{-1} A\Delta\Phi/\theta \tag{7.2}$$

其中，A 为 GaN(2×2) 表面单元的面积 (单位为Å^2)；$\Delta\Phi$ 为相对于清洁表面功函数的变化值；θ 为 Cs 原子吸附覆盖度；偶极矩 μ 的单位为德拜 (deb，1deb=3.33564×10^{-30}C·m)，偶极矩为负值表示其方向由衬底层指向吸附物层。

图 7.22 给出不同高对称位偶极矩 μ 与覆盖度 θ 的关系，可以看到随着 Cs 原子覆盖度的增加，Cs 原子相互作用增强，表面偶极矩减小，主要是由于高覆盖度时偶极–偶极排斥作用增强，偶极矩也相应减小，造成去极化效应。表面偶极矩随

Cs 原子覆盖度发生变化也是造成 GaN 表面几何结构发生变化的重要原因。

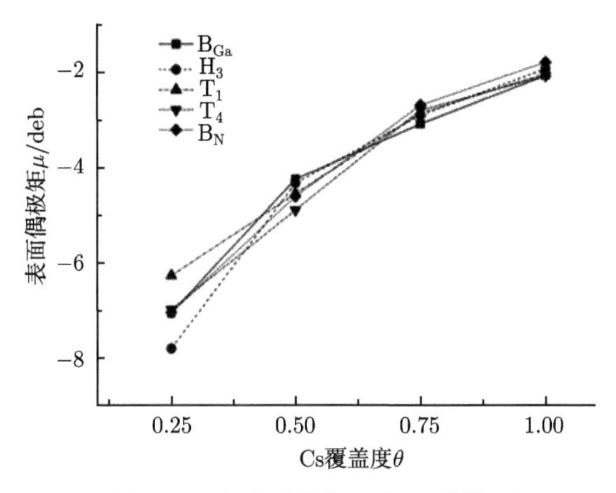

图 7.22　各高对称位 μ 与 θ 的关系

5. Cs 吸附对 GaN(0001) 表面光学性质的影响

图 7.23 为清洁 GaN(0001) 表面及其吸附 Cs 原子后的介电函数虚部与能量的关系，从图 7.23 可以看到，清洁 GaN(0001) 表面介电函数虚部出现了四个介电峰 $D1$、$D2$、$D3$、$D4$，其中 $D1$ 峰来自 N 2p 态 (上价带) 到 Ga 4s 态的跃迁，$D2$ 峰来自 N 2p 态 (下价带) 到 Ga 4s 态的跃迁，$D3$ 峰来自 Ga 2p 态到 N 2p 态的跃迁，$D4$ 峰来自 Ga 3d 态到 N 2p 态的跃迁。Cs 吸附以后，介电函数虚部向低能方向移动，$D3$ 峰消失，主要是由 Cs 原子吸附后 Cs 5p 轨道和 Ga 4s 轨道耦合、杂化，吸附体系导带宽度变窄并向低能方向移动引起的。同时，Cs 吸附引起 GaN (0001) 表面结构的改变也是原因之一。

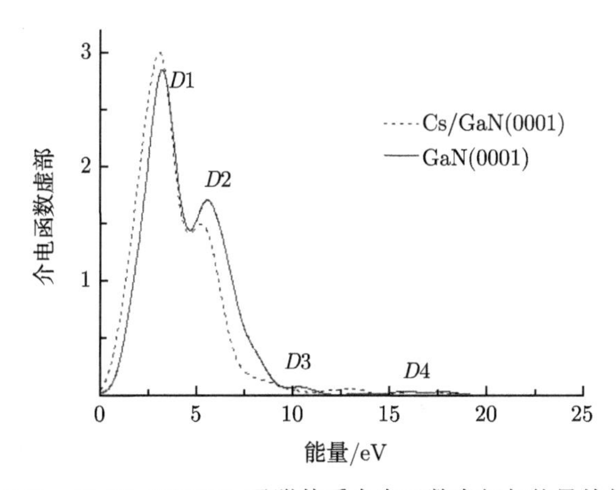

图 7.23　Cs/GaN(0001) 吸附体系介电函数虚部与能量的关系

图 7.24、图 7.25 为 Cs 吸附前后 GaN(0001) 表面吸收谱、反射谱随能量变化情况，与以上分析介电峰情况相似，吸附后吸收谱、反射谱向低能方向移动，峰值位置及其变化情况与介电峰峰值位置及变化基本一致。

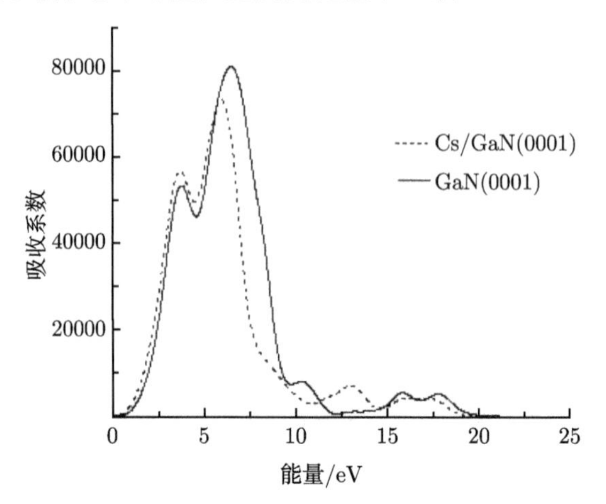

图 7.24　Cs/GaN(0001) 吸附体系吸收谱

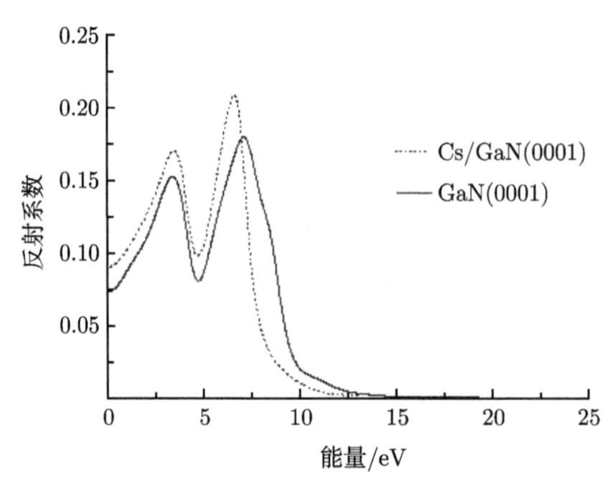

图 7.25　Cs/GaN(0001) 吸附体系反射谱

7.5　Cs/GaN(000$\bar{1}$) 表面吸附特性研究

在第 4 章已经对 GaN(0001) 和 GaN(000$\bar{1}$) 表面弛豫情况进行了比较分析，弛豫对 GaN(000$\bar{1}$) 表面双分子层厚度和双分子层间距影响较大，GaN(000$\bar{1}$) 表面形貌比 GaN(0001) 表面形貌变化大、褶皱起伏大，进一步说明 GaN(000$\bar{1}$) 表面稳定性不如 GaN(0001) 表面，弛豫后 GaN(0001) 和 GaN(000$\bar{1}$) 表面差异的主要原因是两个表面偶极矩差异。Cs 在 GaN(0001) 表面的吸附无论是在理论还是在实验方面都有研究，但 Cs 在 GaN(000$\bar{1}$) 表面的吸附未见报道，为了研究其吸附特性，在 GaN(000$\bar{1}$) 表面模型 (图 4.47) 的基础上构建了 Cs/GaN(000$\bar{1}$) 吸附模型，如图 7.26 所示。

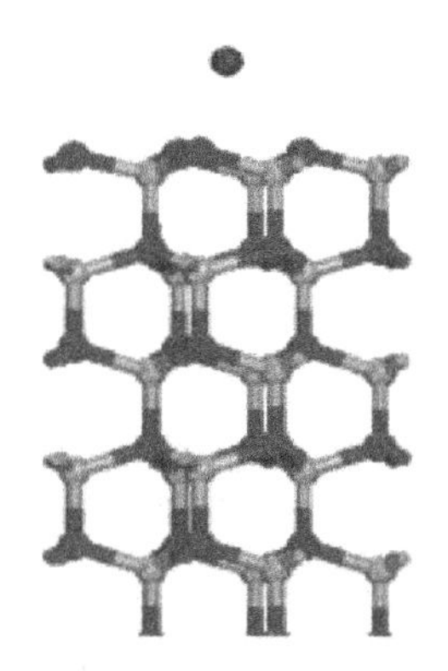

图 7.26 Cs/GaN(000$\bar{1}$) 吸附体系表面透视图 (彩图见封底二维码)

采用上述计算吸附能的方法计算了 Cs 原子在 GaN(000$\bar{1}$) 表面 T_1、H_3、T_4、B_{Ga}、B_N 五个高对称位 (如图 7.27 所示) 的吸附能，分别为 −3.59eV、−3.88eV、−3.78eV、−3.73eV、−3.79eV，吸附能都为负值，表示吸附稳定，H_3 位吸附能最高，T_1 位吸附能最低，Cs 原子在 GaN(000$\bar{1}$) 表面稳定吸附位应该在 H_3 位。另外发现，Cs 原子在 GaN(000$\bar{1}$) 表面各高对称位吸附能高于 GaN(0001) 表面。

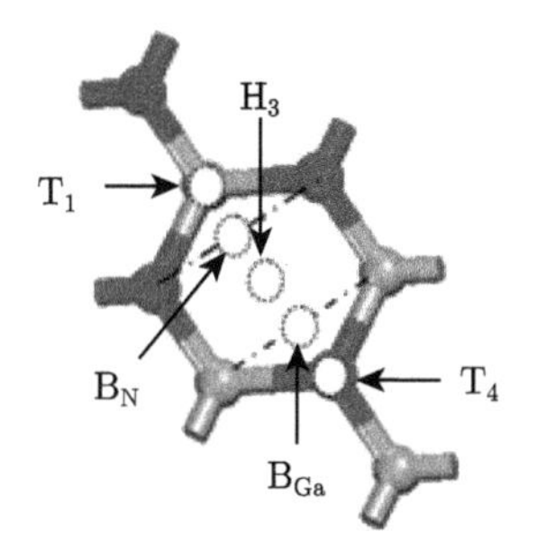

图 7.27 GaN(000$\bar{1}$) 表面俯视图以及几种可能的吸附位置 (彩图见封底二维码)

进一步分析了 Cs 原子在 H_3 位覆盖度分别为 1/4ML、1/2ML、3/4ML、1ML 的吸附能，如图 7.28 所示。研究发现，随着 Cs 原子覆盖度的增加，吸附能下降，稳定性降低，但 Cs 原子覆盖度达到 1ML 时吸附能为负值，吸附仍然稳定，Cs 原子没有饱和，Cs 原子在 GaN(0001) 和 (000$\bar{1}$) 表面存在以上差异的主要原因是带正电的 Cs 原子与 GaN(000$\bar{1}$) 最表面带负电的 N 原子之间较强的静电吸引力。

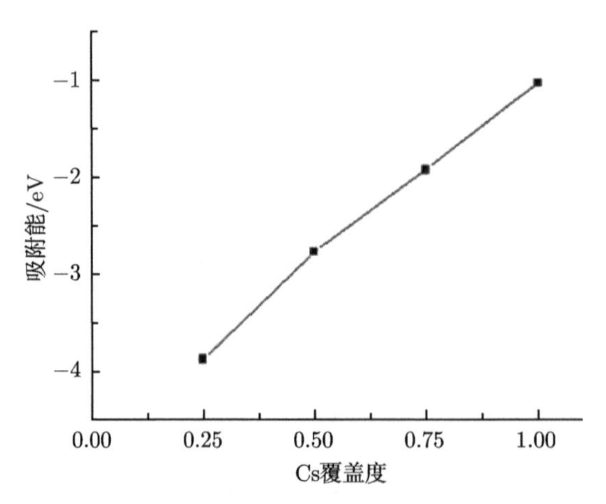

图 7.28　GaN(000$\bar{1}$) 表面 H_3 位吸附能随 Cs 覆盖度变化关系

同样，Cs 吸附 GaN(000$\bar{1}$) 表面后，也引起表面功函数下降，单个 Cs 原子吸附 GaN(000$\bar{1}$) 表面不同高对称位功函数变化情况如表 7.4 所示，功函数下降的主要原因是 Cs 原子吸附 GaN(000$\bar{1}$) 表面后，因 Cs 原子的电负性 (0.79) 小于 N 原子的电负性 (3.04)，Cs 6s 态电子向最表面 N 原子转移，引起表面偶极变化。

表 7.4　Cs/GaN(0001) 与 Cs/GaN(000$\bar{1}$) 吸附体系在各高对称位功函数比较　(单位：eV)

吸附体系	吸附位置				
	T_1	H_3	T_4	B_{Ga}	B_N
Cs/GaN(0001)	2.38	2.16	2.37	2.36	2.36
Cs/ GaN(000$\bar{1}$)	4.20	4.44	4.30	4.30	4.44

为了研究 Cs 原子覆盖度对 GaN(000$\bar{1}$) 表面功函数的影响，进一步计算了 Cs 在 GaN(000$\bar{1}$) 表面 H_3 位覆盖度分别为 1/4ML，2/4ML，3/4ML，1ML 的功函数，如图 7.29 所示。研究表明，随着 Cs 原子在 GaN(000$\bar{1}$) 表面覆盖度的增加，并未出现功函数回升的现象，主要原因是 Cs 原子在 GaN(000$\bar{1}$) 表面同等覆盖度下吸附能均低于 GaN(0001) 表面，虽然在 GaN(000$\bar{1}$) 表面随着 Cs 原子覆盖度的增加吸附能下降，但通过图 7.28 可以看到，当 Cs 原子覆盖度达到 1ML 时吸附能为 −1.02eV，仍为稳定吸附。同时，通过电荷布居分析发现，在 GaN(000$\bar{1}$) 表面随着 Cs 原子覆盖度的增加，GaN(000$\bar{1}$) 最表面 N 原子获得更多的电子，使得 GaN(000$\bar{1}$) 表面与 Cs 原子的偶极矩增大，功函数进一步下降，而未出现回升。

另外，单个 Cs 原子在 GaN(000$\bar{1}$) 表面稳定吸附位比在 GaN (0001) 表面稳定吸附位多失去了 0.21e 的电荷，原因是 Ga 原子的电负性 (1.81) 小于 N 原子的电负性。

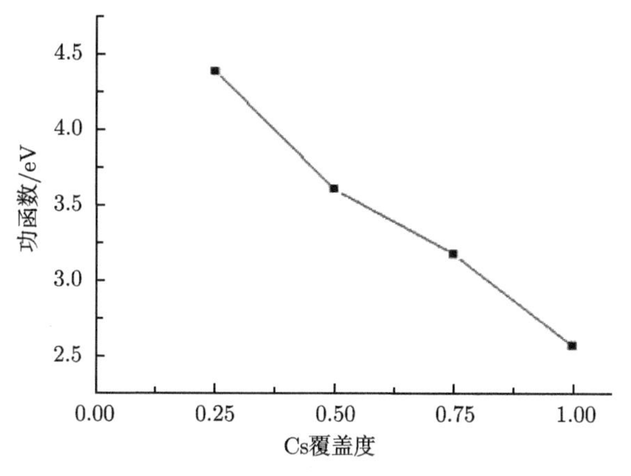

图 7.29 GaN(000$\bar{1}$) 表面 H_3 位功函数随 Cs 覆盖度变化关系

7.6 Cs 在 Mg 掺杂 GaN(0001) 表面吸附特性研究

7.6.1 理论模型和计算方法

在第 4 章 $Ga_{0.9375}Mg_{0.0625}N$ (0001) 表面模型 (图 4.54) 的基础上，在表面高对称位放上 Cs 原子，构建了 Cs/$Ga_{0.9375}Mg_{0.0625}N$ (0001) 表面吸附模型 (图 7.30)，计算模型主要考虑 Cs 原子在 $Ga_{0.9375}Mg_{0.0625}N$ (0001) 表面的五个高对称吸附位置，即 T_1 位 (Mg 顶位)、H_3 位 (穴位)、T_4 位 (N 顶位)、B_{Ga} 位 (Ga 桥位) 和 B_N 位 (N 桥位)，其位置如图 7.31 所示。参与计算的价态电子为 Ga：$3d^{10}4s^24p^1$，N：$2s^22p^3$，Cs：$5s^25p^66s^1$，Mg：$2p^63s^2$。

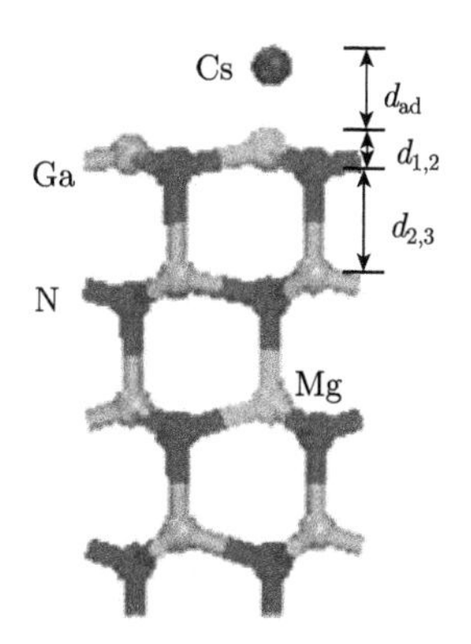

图 7.30 Cs/$Ga_{0.9375}Mg_{0.0625}N$ (0001) 吸附体系表面透视图 (彩图见封底二维码)

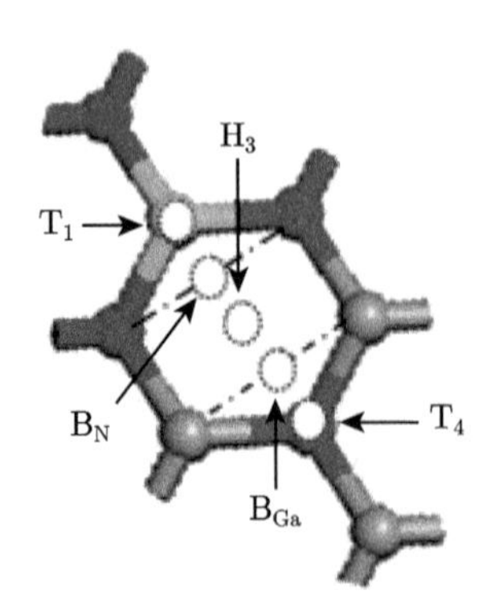

图 7.31　$Ga_{0.9375}Mg_{0.0625}N$ (0001) 表面俯视图及几种可能的吸附位置 (彩图见封底二维码)

7.6.2　计算结果与讨论

1. 吸附能和几何结构

利用式 (7.1) 计算了 Cs 原子在 $Ga_{0.9375}Mg_{0.0625}N$ (0001) 表面的五个高对称吸附能，如表 7.5 所示。为了便于和 Cs 在 GaN(0001) 表面五个高对称吸附能进行比较，表 7.5 也给出了 Cs 在 GaN(0001) 表面的五个高对称吸附能。比较发现，Mg 的掺杂导致 Cs 在 GaN(0001) 表面的吸附能下降，并且 Mg 掺杂前后稳定吸附位发生变化，对于纯净的 GaN(0001) 表面 Cs 的稳定吸附位在 B_N，吸附能为 −2.04eV，但对于 Mg 掺杂后的 GaN(0001) 表面，稳定吸附位为 T_1 位 (Mg 顶位)，吸附能为 −1.35eV，在这两个最稳定吸附位的吸附能相差 0.69eV。

表 7.5　Cs/GaN(0001) 与 Cs/$Ga_{0.9375}Mg_{0.0625}N$ 吸附体系在各高对称位吸附能比较　(单位：eV)

吸附体系	吸附位置				
	T_1	H_3	T_4	B_{Ga}	B_N
Cs/ GaN(0001)	−1.89	−2.02	−1.96	−1.98	−2.04
Cs/ $Ga_{0.9375}Mg_{0.0625}N$	−1.35	−1.04	−1.32	−1.04	−0.98

表面弛豫对 GaN(0001) 表面、$Ga_{0.9375}Mg_{0.0625}$(0001) 表面以及 Cs 吸附对 GaN(0001) 表面几何结构产生影响在前面已经论述，Cs 吸附 $Ga_{0.9375}Mg_{0.0625}N$ (0001) 表面对表面几何结构产生的影响也是我们关心的问题，表 7.6 为 Cs 吸附 $Ga_{0.9375}Mg_{0.0625}N$ (0001) 表面不同高对称位置后几何结构参数变化情况，可以看到，Cs 吸附对 $Ga_{0.9375}Mg_{0.0625}N$ (0001) 表面无论是最表面双分子层厚度还是最表面双分子层层间距都影响较大。

表 7.6 Cs 在 $Ga_{0.9375}Mg_{0.0625}N$ (0001) 表面不同吸附位置的几何结构参数

	$d_{Cs\text{-}Ga}$/Å	$d_{Cs\text{-}N}$/Å	d_{ad}/Å	$d_{1,2}$/Å	$d_{2,3}$/Å
清洁				0.65 0.67[20]	2.02 2.00[20]
清洁 (掺杂)				0.32	2.19
Cs-H_3(掺杂)	3.7287	3.8870	2.4550	0.32	2.12
Cs-T_1(掺杂)	3.4242	3.0501	2.4537	0.18	2.42
Cs-T_4(掺杂)	3.8911	2.9324	2.9324	0.23	2.39
Cs-B_{Ga}(掺杂)	3.7937	3.6782	2.6778	0.37	2.12
Cs-T_{Mg}(掺杂)	3.424	3.152	2.9737	0.18	2.42

注：d_{ad} 为 Cs 原子距离最顶层 Ga 原子质心的高度，$d_{Cs\text{-}Ga}$ 为 Cs 原子与顶层最近邻 Ga 原子成键键长，$d_{1,2}$ 为表面双分子层厚度，$d_{2,3}$ 为第一、第二双分子层层间距。

Cs 在 $Ga_{0.9375}Mg_{0.0625}N$ (0001) 表面的吸附，最强的吸附位为 T_1 位 (Mg 顶位)，Cs 原子最先与表面 Mg 原子、Ga 原子作用，Cs 原子失去电子带正电，N 原子得到电子带负电，Cs 原子与周围 N 原子之间存在较强的静电吸引作用，受静电作用的影响，Cs 原子与 Mg 原子、Cs 原子与最邻近 N 原子形成的键长分别为 3.4242Å、3.0501Å，键布居数分别为 0.05、0.09，呈较弱共价键特性，进一步说明了 Mg 顶位是稳定吸附位。

为了研究 Cs 原子在 $Ga_{0.9375}Mg_{0.0625}N$ (0001) 表面的相互作用，分析了 Cs 原子在 H_3、T_4、B_N、T_1 四个高对称位 1/4ML、1/2ML、3/4ML、1ML 覆盖度的吸附能，如图 7.32 所示。

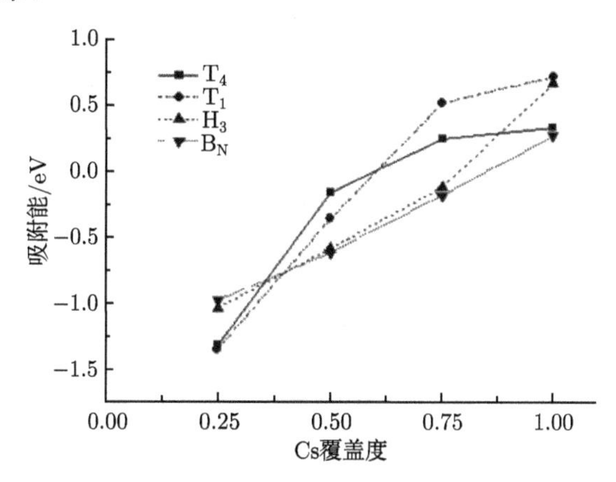

图 7.32 各高对称吸附位吸附能随 Cs 覆盖度变化关系

研究发现，Cs 原子在相同覆盖度下各高对称位置吸附能相差较小，但随着 Cs 原子覆盖度的增加，吸附能下降，稳定性降低，T_1 位、T_4 位当覆盖度达到 2/4ML 时，Cs 原子饱和度达到最大，H_3 位、N 桥位当覆盖度达到 3/4ML 时，Cs 原子饱和度达到最大，Cs 原子饱和后覆盖度继续增大，吸附能变为正值，吸附已变得不稳定，同时，随着 Cs 原子覆盖度的增加，稳定吸附位也在发生变化，发生以上变化的原因主要是随着 Cs 原子覆盖度的增加，Cs 原子间相互作用加剧。在 p 型 GaN (0001) 表面单独用 Cs 进行激活的实验中，当 Cs 的覆盖度接近 3/4ML 时达到饱和已被实验证实 [23]。

2. Cs/ $Ga_{0.9375}Mg_{0.0625}N$ (0001) 吸附体系的电子结构

图 7.33 给出了 Mg 顶位 Cs/ $Ga_{0.9375}Mg_{0.0625}N$ (0001) 吸附体系的分波态密度 (图中虚线为费米能级)。与图 4.55 相比变化不大，价带顶主要由 N 2p 态电子、Ga 4p 态电子和 Mg 2p 态电子贡献，但导带底除由 Ga 4s 态电子、Mg 2p 态电子贡献外还由 Cs 6s 态电子贡献，Cs 吸附后，费米能级处 N 2p 态电子峰增大，说明 Cs 原子有少部分电子向 N 原子进行了转移。另外发现，费米能级处仍有表面态存在，主要来自 Ga 4s 态电子、N 2p 态电子、Mg 2p 态电子和 Cs 6s 态电子贡献，表面仍呈现为金属导电特性，Cs 吸附后，费米能级处态密度峰下降，主要是 Cs 6s 轨道、Cs 5p 轨道与 Mg 2p 轨道、Ga 4p 轨道耦合、杂化，Cs 6s 轨道电子向 Ga 4p 轨道、Mg 2p 轨道进行了转移，使得最表面 Ga 原子部分悬挂键饱和，费米能级处态密度峰下降。在 −10.68eV 处、−23.92eV 处产生了两个深能级，分别来自 Cs 5p 态电子和 Cs 5s 态电子的贡献。

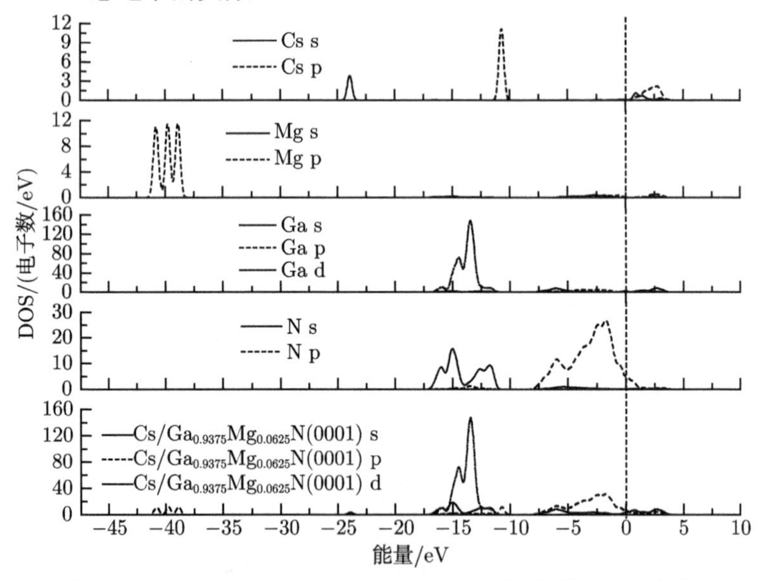

图 7.33 Cs/$Ga_{0.9375}Mg_{0.0625}N$ (0001) 吸附体系分波态密度

3. Mulliken 电荷布居数分析

Cs 原子吸附在 $Ga_{0.9375}Mg_{0.0625}N$ (0001) 表面，必然引起表面原子间电荷的转移和电子结构的变化，因此，可以通过 Cs 原子吸附 $Ga_{0.9375}Mg_{0.0625}N$ (0001) 表面前后电荷布居数的变化，进一步分析 Cs 原子与 $Ga_{0.9375}Mg_{0.0625}N$ (0001) 表面相互作用的信息。通过分析最稳定吸附位 Mg 顶位吸附前后电荷布居数发现，Cs 原子吸附 $Ga_{0.9375}Mg_{0.0625}N$ (0001) 表面电荷变化主要表现在表面层，Cs 原子外层电子主要向表面部分 Ga 原子进行了电荷转移，部分 Ga 原子并未获得电子，也就是说第一层 Ga 原子部分悬挂键被饱和，这也是 Cs 原子吸附 $Ga_{0.9375}Mg_{0.0625}N$ (0001) 表面后表面态仍然存在的原因，与以上能带结构和分波态密度分析结果一致。

4. 吸附诱导功函数的变化

$Ga_{0.9375}Mg_{0.0625}N$ (0001) 表面的功函数为 2.97eV，与 GaN(0001) 面相比功函数下降，其主要原因是 Mg 原子电负性 (1.3) 比 Ga 和 N 的电负性小，所以掺杂后与其相邻 N 原子获得更多电子，电荷重新分布，表面层 Ga、Mg 原子所带正电荷增大，N 原子所带负电荷增大，表面偶极增大，导致表面功函数进一步下降。表面偶极增大也是导致表面双分子层间距变小的重要原因，这一点在前面 $Ga_{0.9375}Mg_{0.0625}N$ (0001) 表面结构分析中已到得证实。

单个 Cs 原子吸附 GaN(0001) 表面和 $Ga_{0.9375}Mg_{0.0625}N$ (0001) 表面后都引起表面功函数下降，各高对称位表面功函数比较如表 7.7 所示。对于 Cs/GaN(0001) 吸附体系，H_3 位功函数变化最大，T_1 位功函数变化最小。对于 Cs/$Ga_{0.9375}Mg_{0.0625}N$ (0001) 吸附体系，B_{Ga} 位功函数变化最大，H_3 和 T_4 位功函数变化最小。$Ga_{0.9375}Mg_{0.0625}N$ (0001) 表面除 H_3 位外在其四个高对称位获得比 GaN(0001) 表面更低的功函数，说明 Mg 掺杂 GaN(0001) 表面后会获得比 GaN(0001) 表面更低的功函数。

表 7.7 Cs/GaN(0001) 与 Cs/$Ga_{0.9375}Mg_{0.0625}N$ 吸附体系在各高对称位表面功函数比较 (单位：eV)

吸附体系	吸附位置				
	T_1	H_3	T_4	B_{Ga}	B_N
Cs/ GaN(0001)	2.38	2.16	2.37	2.36	2.36
Cs/ $Ga_{0.9375}Mg_{0.0625}N$	2.10	2.25	2.25	2.09	2.12

Cs 原子吸附 $Ga_{0.9375}Mg_{0.0625}N$ (0001) 表面后功函数降低的主要原因与 Cs 原子吸附在 GaN(0001) 表面相同，也是 Cs 原子与 Ga 原子、Mg 原子电负性差别，造成 Cs 6s 态电子向吸附物表面部分 Ga、Mg 原子进行了转移，形成了偶极矩，偶极矩的存在降低了衬底表面的功函数。

为了研究 Cs 原子覆盖度对 $Ga_{0.9375}Mg_{0.0625}N$ (0001) 表面功函数的影响，分别计算了 Cs 在 $Ga_{0.9375}Mg_{0.0625}N$ (0001) 表面 H_3、T_4、B_N、T_1 四个高对称位覆盖

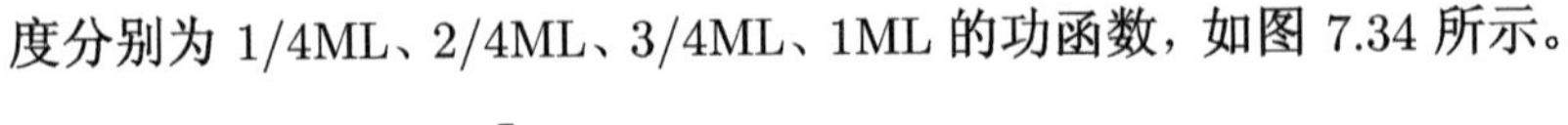

度分别为 1/4ML、2/4ML、3/4ML、1ML 的功函数，如图 7.34 所示。

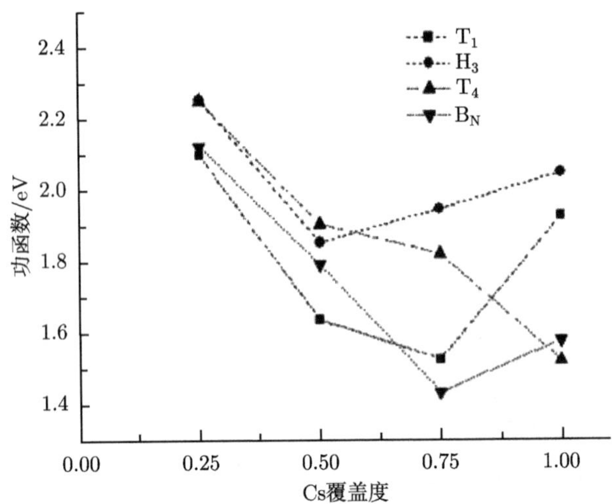

图 7.34　各高对称吸附位功函数随 Cs 覆盖度变化关系

研究表明，随着 Cs 原子覆盖度的升高，在 Cs 原子覆盖度为 2/4~3/4ML 时，功函数降到最低。当 Cs 原子覆盖度为 2/4ML 时，H_3 位功函数最低，Cs 原子覆盖度为 3/4ML 时，B_N 位、T_1 位功函数最低，随着覆盖度的升高，当 Cs 原子覆盖度达到 1ML 时，功函数进一步回升，但 T_4 位功函数未出现功函数随覆盖度增加而回升的现象。功函数回升的主要原因是在较高覆盖度下，Cs 原子之间的距离进一步减小，相互之间的作用进一步加强，为了达到平衡，$Ga_{0.9375}Mg_{0.0625}N$ (0001) 表面与 Cs 原子电子重新分布，部分电子从 $Ga_{0.9375}Mg_{0.0625}N$ (0001) 表面重新回到 Cs 原子，使得 $Ga_{0.9375}Mg_{0.0625}N$ (0001) 表面与 Cs 原子的偶极矩随之减小，进而导致了功函数进一步回升。

7.7　Cs 在 GaN(0001) 空位缺陷表面吸附特性研究

7.7.1　理论模型和计算方法

进一步研究了空位缺陷对 Cs 在 GaN(0001) 表面吸附的影响，为了考虑计算量，仅研究 1/4ML Cs 原子吸附 GaN(0001) 表面情况下 Ga、N 空位缺陷对其的影响。在计算的空位缺陷 GaN(0001) 表面的基础上，在缺陷表面上放上 1 个 Cs 原子，计算模型同样考虑 Cs 原子在 GaN(0001) 表面的五个高对称吸附位置，即 T_1 位 (Ga 顶位)、H_3 位 (穴位)、T_4 位 (N 顶位)、B_{Ga} 位 (Ga 桥位) 和 B_N 位 (N 桥位)。对于 Ga 空位缺陷 T_1 位为缺陷位，对于 N 空位缺陷 T_4 位为缺陷位，计算模型如

图 7.35 和图 7.36 所示。计算中各参数设置与 GaN(0001) 表面计算中参数设置一致，这里不再阐述。

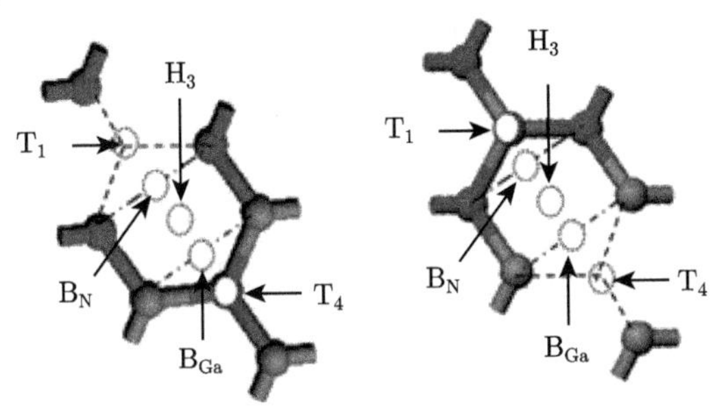

图 7.35 GaN(0001) 空位缺陷表面俯视图以及几种可能的 Cs 吸附位置 (彩图见封底二维码)

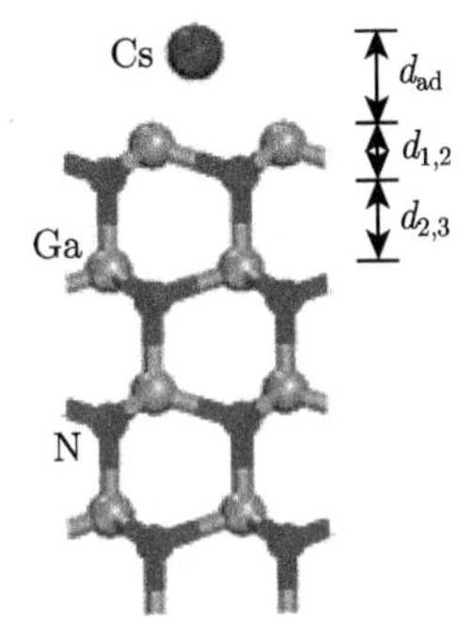

图 7.36 Cs/GaN(0001) 空位缺陷表面吸附体系表面透视图 (彩图见封底二维码)

7.7.2 计算结果与讨论

首先让 Cs 在 Ga 空位缺陷 GaN (0001) 表面上自由移动，最终收敛于 Ga 原子空位缺陷上方。同时计算了 T_1 位 (缺陷位)、H_3 位 (穴位)、T_4 位 (N 顶位)、B_{Ga} 位 (Ga 桥位) 和 B_N 位 (N 桥位) 的吸附能和功函数，如表 7.8 所示。

表 7.8 Cs 在 GaN (0001) 完整表面、Ga 空位缺陷表面、N 空位缺陷表面吸附能及功函数比较

吸附位	完整 GaN (0001) 表面		Ga 空位缺陷表面		N 空位缺陷表面	
	吸附能/eV	功函数/eV	吸附能/eV	功函数/eV	吸附能/eV	功函数/eV
清洁表面		4.21		4.05		4.05
H_3	−2.02	2.16	−1.15	2.46		不收敛
T_1	−1.89	2.30	−1.89	2.28	−1.55	2.30
T_4	−1.96	2.37	−0.80	2.28	−1.48	2.23
B_{Ga}	−1.98	2.36	−0.84	2.22	−1.57	2.20
B_N	−2.04	2.36	−0.84	2.33	−1.54	2.12
自由	−2.04	2.42	−1.99	2.67	−1.53	2.19

从表 7.8 可知，对于 Cs 在 Ga 空位缺陷 GaN (0001) 表面的吸附，无论是五个高对称位还是自由移动位，吸附能都为负值，表示吸附稳定，与 Cs 在完整 GaN (0001) 表面吸附相比，各高对称位吸附能下降，稳定吸附位变为 T_1 位 (Ga 缺陷顶位)，T_4 位最不稳定，与 Cs 自由移动位置结果一致。与完整 GaN(0001) 表面相比稳定吸附位发生变化的主要原因是 Ga 缺陷后该位 Ga 原子对 Cs 原子的排斥作用不再存在，Cs 原子仅受周围 3 个 N 原子的吸引作用。Ga 空位缺陷表面的功函数与完整 GaN(0001) 表面功函数相比各高对称位功函数略有下降，下降的主要原因是 Ga 缺陷后周围 N 原子存在悬挂键，导致表面偶极变化。

对于 Cs 在 N 空位缺陷 GaN(0001) 表面的吸附，无论是五个高对称位还是自由移动位，吸附能都为负值 (见表 7.8)，表示吸附稳定，与 Cs 在完整 GaN(0001) 表面吸附相比，各高对称位吸附能也下降，但下降幅度小于 Ga 空位缺陷表面，稳定吸附位变为 Ga 桥位，T_4 位最不稳定，与 Cs 自由移动位置结果一致。N 缺陷 GaN(0001) 表面的功函数与完整 GaN(0001) 表面功函数相比减小，比较 Cs 吸附 N 缺陷 GaN(0001) 表面和完整 GaN(0001) 表面功函数发现，各高对称位功函数略有下降，下降的主要原因是 N 缺陷后周围 Ga 原子存在悬挂键，导致表面偶极变化。

通过 Cs 在两个空位缺陷 GaN(0001) 表面上的吸附能比较，Cs 在 N 空位缺陷表面上的吸附更加稳定。比较 Ga 空位缺陷表面、N 空位缺陷表面和完整 GaN(0001) 表面功函数发现，Ga 空位缺陷表面、N 空位缺陷表面获得比完整 GaN(0001) 表面更低的表面功函数。由表 7.8 可知，Cs 吸附在 Ga 空位缺陷表面、N 空位缺陷表面也获得比吸附在完整 GaN(0001) 表面更低的表面功函数。

7.8　“yo-yo” 激活过程模拟与激活实验

前面已经对 Cs 吸附 GaN(0001) 和 $Ga_{0.9375}Mg_{0.0625}N$ (0001) 表面进行了研究，1968 年 Turnbull 和 Evans 在 GaAs 光电阴极的研究中采用 Cs、O 交替覆盖解理面获得了比单独用 Cs 低得多的功函数，使激活成功的 GaAs 光电阴极的量子效率更高，阴极性能也更加稳定，此种方法称为 “yo-yo” 激活法。针对 GaN 光电阴极的 Cs、O 激活方式已有实验研究报道，但对于 “yo-yo” 激活机理有待进一步的研究，为此，我们采用基于第一性原理的密度泛函理论平面波超软赝势方法，利用 GaN(0001)(1×1) 模拟了 “yo-yo” 激活过程，并分析了其导致功函数下降的机理。

7.8.1　理论模型和计算方法

计算模型采用广泛用于各种表面计算的平板模型，选用具有 12 个原子层 (6 个 Ga-N 双分子层) 厚的平板模型来模拟 GaN(0001)(1×1) 表面，其中允许上面 3 个双分子层自由弛豫，对下面 3 个双分子层进行了固定，为了避免平板间发生镜像相互作用，沿 z 轴方向采用了厚度为 1.3nm 的真空层，为了防止表面电荷发生转移，对 GaN(0001) 底部进行了假氢处理。为了模拟 “yo-yo” 激活过程，分别建立了 GaN(0001)(1×1) 表面模型 (图 7.37(a))、Cs/GaN(0001) 表面模型 (图 7.37(b))、Cs-Cs/GaN(0001) 表面模型 (图 7.37(c))、Cs-Cs-O/GaN(0001) 表面模型 (图 7.37(d))、Cs-Cs-O-Cs/GaN(0001) 表面模型 (图 7.37(e))。计算中参数设置除 k 网格点设置为 11×11×1，其他参数设置与前文一致。参与计算的价态电子为 Ga：$3d^{10}4s^{2}4p^{1}$，N：$2s^{2}2p^{3}$，Cs：$5s^{2}5p^{6}6s^{1}$、O：$2s^{2}$ $2p^{4}$。

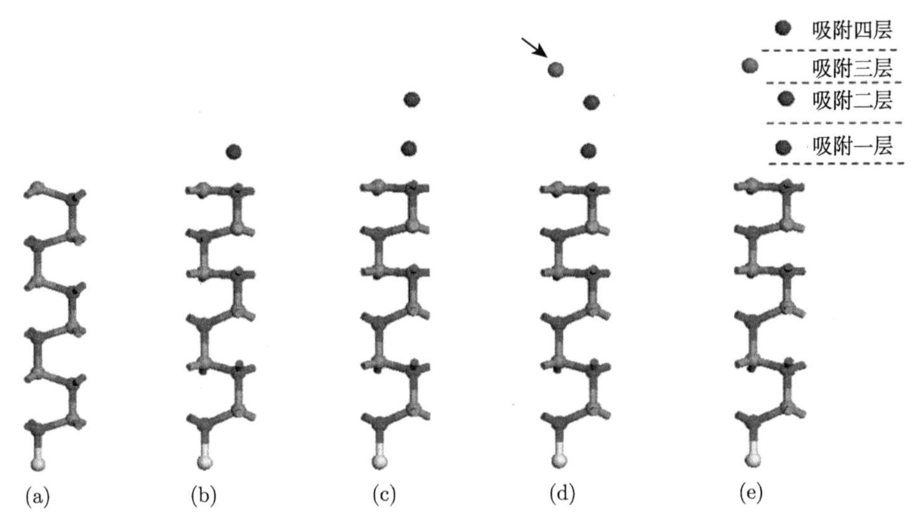

图 7.37 (a) GaN(0001)(1×1) 表面模型；(b) Cs/GaN(0001) 表面模型；(c) Cs-Cs/GaN(0001) 表面模型；(d) Cs-Cs-O/GaN(0001) 表面模型；(e) Cs-Cs-O-Cs/GaN(0001) 表面模型 (彩图见封底二维码)

7.8.2 计算结果与讨论

表 7.9 给出了 “yo-yo” 模拟激活过程中表面功函数变化情况。GaN(0001)(1×1) 表面计算获得的功函数为 4.35eV，比 GaN(0001)(2×2) 表面功函数值大 1.6%，所以不影响结果分析。在 GaN(0001)(1×1) 表面上放一颗 Cs 原子，让其自由弛豫后获得功函数为 2.56eV，功函数下降了 1.79eV；再在 Cs 原子上方放一颗 Cs 原子，让其自由弛豫后获得功函数为 1.55eV；再在 Cs 原子上方放一颗 O 原子，Cs、O 自由弛豫，优化后功函数为 2.79eV，功函数上升了 1.24eV；再在 O 原子上方放一颗 Cs 原子，自由弛豫后功函数为 1.45eV，比单独用 Cs 吸附又降低了 0.1eV。以上模拟结果和实验结果基本一致，也就是说 “yo-yo” 激活可以获得更低的表面功函数。

表 7.9　“yo-yo” 模拟激活过程中表面功函数变化情况

	GaN(0001)	GaN(0001)+Cs	GaN(0001)+Cs+Cs	GaN(0001)+Cs+Cs+O	GaN(0001)+Cs+Cs+O+Cs
功函数/eV	4.35	2.56	1.55	2.79	1.45
改变量/eV		−1.79	−1.01	1.24	−1.34

“yo-yo” 激活过程无论是模拟研究还是实验研究，结果已经比较清楚，但是激活机理一直是有待进一步解决的课题，为此在分析 “yo-yo” 激活过程功函数变化的基础上分析了激活过程中表面电荷转移情况和成键情况，表面电荷转移情况如表 7.10 所示。

表 7.10　“yo-yo” 模拟激活过程中表面电荷转移情况

层结构	元素	GaN(0001)	GaN(0001)+Cs	GaN(0001)+Cs+Cs	GaN(0001)+Cs+Cs+O	GaN(0001)+Cs+Cs+O+Cs
吸附四层	Cs					0.97
吸附三层	O				−0.99	−1.36
吸附二层	Cs			0.82	1.29	0.45
吸附一层	Cs		0.94	0.05	0.25	0.81
第一层	Ga	0.75	−0.37	0.22	0.41	0.42
	N	−0.98	−0.99	−1.1	−1.09	−1.07
第二层	Ga	0.87	1.28	1.21	1.24	1.21
	N	−1.01	−1.01	−1.08	−1.08	−1.08
第三层	Ga	1.17	1.01	0.86	0.92	0.91
	N	−1.01	−1.01	−1.08	−1.07	−1.07

1) GaN(0001)+Cs

在 7.4 节已研究了 Cs 吸附于 GaN(0001)(2×2) 表面的情况，在这里用一颗 Cs 原子吸附 GaN(0001)(1×1) 表面，Cs 原子与表面 Ga 原子先作用，由于 Ga 的电负性比 Cs 的电负性大 1.02eV，因此 Cs 原子将失去电子，而向 Ga 原子转移，这与 Cs 原子吸附 GaN(0001)(2×2) 表面的情况完全一致，只是吸附后 Ga 原子带负电荷，这是由于 Cs 原子外层电子仅向 Ga 原子转移。从表 7.10 可以看到，从第一层到第三层，每层镓、氮都形成一个方向向上的偶极矩，吸附后带正电铯离子 (吸附一层) 与表面带负电镓、氮离子也形成了一个偶极层 (第一偶极层)，偶极矩方向向上，以上偶极矩叠加形成一个更强的偶极矩，在其作用下表面功函数下降，计算获得吸附能为 0.347eV，吸附不稳定。

2) GaN(0001)+Cs+Cs

在 GaN(0001)+Cs 体系的基础上，在 Cs 原子上方放一颗 Cs 原子 (吸附二层) 优化后，功函数下降到 1.55eV，主要是由于吸附二层 Cs 原子吸附后外层电子向吸附一层 Cs 原子转移，吸附一层 Cs 原子向表面 Ga 原子转移电子减少，导致表面偶极增大，功函数进一步降低，计算获得吸附能为 7.16eV，吸附非常不稳定。

3) GaN(0001)+Cs+Cs+O

在 GaN+Cs+Cs 体系的基础上，在上方放一颗 O 原子 (吸附三层)，优化后功函数增大明显，主要原因是 O 原子的电负性比 Cs 原子的电负性大，O 吸附后表面第一层 Ga 原子、吸附一层和吸附二层 Cs 原子外层电子向 O 原子转移，导致 O 原子与吸附二层 Cs 形成一个方向向下的偶极矩，对原偶极矩起到了削弱作用，导致表面功函数增大。

4) GaN(0001)+Cs+Cs+O+Cs

在 GaN+Cs+Cs+O 体系的基础上，在上方再放一颗 Cs 原子 (吸附四层)，吸附四层 Cs 原子最外层电子向 O 原子转移，吸附二层 Cs 原子最外层电子向 O 原子转移，电子减少，吸附一层 Cs 原子最外层电子部分向吸附二层 Cs 原子转移，O 原子与吸附二层 Cs 原子、吸附四层 Cs 原子形成 Cs_2O，同时也形成了第二偶极层，偶极矩方向向上，与第一偶极层形成的偶极矩叠加，形成更强的方向向上的偶极矩，导致表面功函数进一步下降，这一现象与斯坦福大学的实验结果基本一致。图 7.38 是斯坦福大学 F. Machuca 给出的 p-GaN (0001) 经过 Cs 或 Cs、O 处理之后真空能级的变化情况 [26,27]。

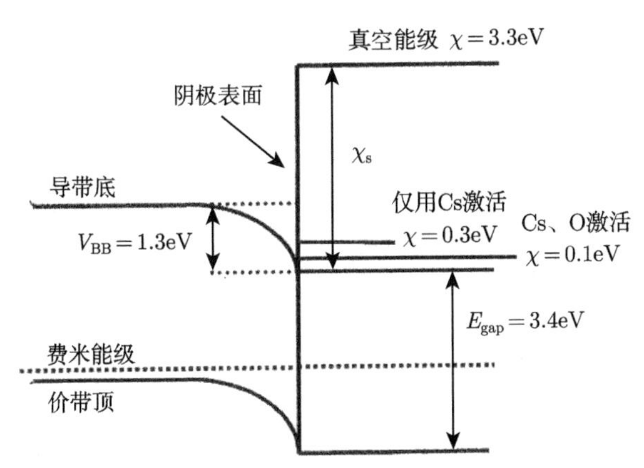

图 7.38 F. Machuca 给出的 Cs 和 Cs、O 处理之后的 p-GaN(0001) 真空能级的变化情况

从图 7.38 可以看出，对 GaN 光电阴极，单独用 Cs 就可获得 3.0eV 的电子亲和势改变量，将真空能级移到导带底以下大约 1.0eV 处，有效电子亲和势为 −1.0eV，获得显著的 NEA 特性，共同用 Cs、O 处理可将真空能级再降低 0.2eV，即有效电子亲和势为 −1.2eV。也就是说用 Cs、O 共同激活后获得比单独用 Cs 激活更低的表面功函数，我们理论模拟的功函数下降幅度为 0.1eV，与实验结果基本一致。

7.9　GaN (0001) 面光电发射模型的验证

GaN 光电阴极 Cs、O 激活实验采用自行研制的 NEA 光电阴极激活与评估系统完成，研制系统可参考 2.6 节。

在本实验中采用的是反射式 GaN 光电阴极，实验样品是采用 MOCVD 方法生长的 p 型 GaN 材料，掺杂浓度为 $1.37\times10^{17}\text{cm}^{-3}$，Cs、O 激活过程采用 Cs 源持续、O 源断续的交替方法。图 7.39 给出了样品在反射模式下的 Cs、O 激活光电流变化曲线。

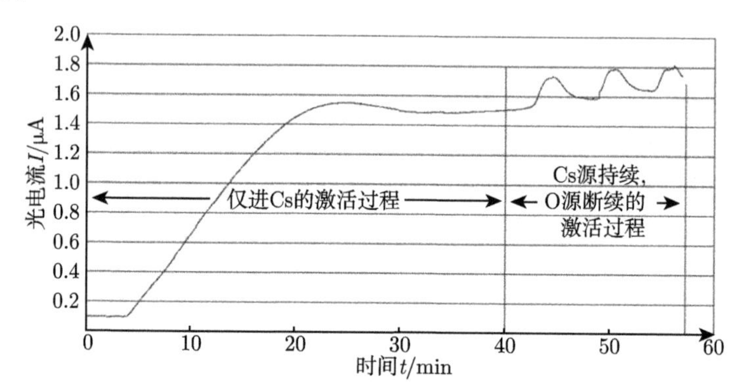

图 7.39　反射式 GaN 光电阴极的 Cs、O 激活光电流变化曲线

激活开始 3min 后有光电流出现，持续进 Cs 光电流不断增大，当激活 26min 时，光电流趋于稳定不再上升，说明 Cs 已饱和，光电流值达到本次激活的第一个极值 1.546μA，30min 时光电流降到 1.50μA，35min 时光电流降到 1.481μA，说明 Cs 已过量，保持 Cs 过量状态，光电流仍下降，出现了 “Cs 中毒” 现象，保持 Cs 过量状态，直到第 40min，光电流相对稳定。激活开始 40min 时导入 O，41min 时光电流上升，45min 时完成第一次 Cs、O 交替过程，光电流达到第二个极值 1.729μA，相比于单独用 Cs 激活的第一个极值 1.546μA，第一次 Cs、O 交替后光电流的增长幅度为 11.8%。50min 时完成第二次 Cs、O 交替过程，光电流达到第三个极值 1.785μA，第二次 Cs、O 交替后光电流增长幅度约为 3%，56min 时完成第三次 Cs、O 交替过程，光电流达到第四个极值 1.812μA，第三次 Cs、O 交替后光电流增长幅度约为 1.5%。在三次 Cs、O 交替的基础上，继续进行 Cs、O 交替，发现对光电流增长幅度贡献较弱，说明首次 Cs、O 交替对光电流增长贡献最大。

以上实验通过激活过程中光电流的变化来分析 GaN 光电阴极 Cs、O 激活 “yo-yo” 过程，光电流在 Cs、O 激活过程中变化趋势与斯坦福大学激活实验过程趋势一致。通过以上理论分析可以对实验现象解释如下：

(1) 在 Cs、O 交替之前，即光电流达到第一极值时，由于 Cs 的导入，在 GaN 表面形成了第一偶极层，此时阴极已经达到负电子亲和势状态，“Cs 中毒” 现象的出现与前面理论模拟结果一致。

(2) 导入 O 后，光电流突然上升，主要是由于导入的 O 与过量的 Cs 作用，形成了偶极子，第二偶极层开始形成，使得表面功函数下降，光电流增大，但随着 O 导入量的增加，表面功函数上升，所以需要停止进 O。

(3) 在激活过程中 “Cs、O 交替” 的主要作用是通过 Cs、O 交替过程形成第二偶极层，Cs、O 交替过程中光电流忽高忽低是由于激活过程中 Cs、O 的比例不断发生变化，表面偶极矩随之发生微小变化，随着 Cs、O 交替次数的增加，第二偶极层逐渐形成，所以光电流不断增大，只是增长幅度在减小。

参 考 文 献

[1] 刘恩科, 朱秉升, 罗晋生, 等. 半导体物理学. 6 版. 北京: 电子工业出版社, 2007

[2] Levinshtein M E, Rumyantsev S L, Shur M S. 先进半导体材料性能与数据手册. 杨树人, 殷景志, 译. 北京: 化学工业出版社, 2003

[3] 虞丽生. 半导体异质结物理. 北京: 科学出版社, 2007

[4] 王晓晖, 常本康, 张益军, 等. GaN 光电阴极激活后的光谱响应分析. 光谱学与光谱分析, 2011, 31(10): 1-4

[5] 谢长坤, 徐法强, 邓锐, 等. GaN(0001) 表面的电子结构研究. 物理学报, 2002, 51(11): 2606-2611

[6] Mori T, Ohwaki T, Taga Y, et al. Changes in surface composition of GaN by impurity doping. Thin Solid Films, 1996, 287: 184-187

[7] 杜晓晴, 常本康, 宗志园, 等. NEA 光电阴极的表面模型. 红外技术, 2003, 25(1): 68-71

[8] Fisher D G, Enstrom R E, Escher J S, et al. Photoelectron surface escape probability of (Ga, In) As: Cs-O in the 0.9 to 1.6 μm. Journal of Applied Physics, 1972, 43(9): 3815-3823

[9] Su C Y, Chye P W, Pianetta P, et a1. Oxygen adsorption on Cs covered GaAs (110) surfaces. Surface Science, 1979, 86: 894-899

[10] Su C Y, Lindau I, Spicer W E. Photoemission studies of the oxidation of Cs identification of the multiple structures of oxygen species. Chemical Physics Letters, 1982, 87(6): 523-527

[11] Gao H R. Investigation of the mechanism of the activation of GaAs negative electron affinity photocathodes. The Journal of Vacuum Science and Technology, 1987, A5(4): 1295-1298

[12] Lin L W. The role of oxygen and fluorine in the electron emission of some kinds of cathodes. The Journal of Vacuum Science and Technology, 1988, A6(3): 1053-1057

[13] Lu Q B, Pan Y X, Gao H R. Optimum (Cs，O) / GaAs interface of negative-electron-affinity GaAs photocathodes. Journal of Applied Physics, 1990, 68(2): 634-637

[14] Clark M G. Electronic structure of the activating layer in III-V : Cs-O negative-electron-affinity photoemitters. Journal of Physics D: Applied Physics, 1975, 8: 535-542

[15] Stocker B J. AES and LEED study of the activation of GaAs-Cs-O negative electron affinity surfaces. Surface Science, 1975, 47: 501-513

[16] Burt M G, HeineV J. The theory of the workfunction of caesium suboxides and caesium films. Journal of Physics C: Solid State Physics, 1978, 11: 961-969

[17] Benemanskaya G V, Daineka D V, Frank-Kamenetskaya G E. Changes in electronic and adsorption properties under Cs adsorption on GaAs (100) in the transition from As-rich to Ga-rich surface. Surface Science, 2003, 523: 211-217

[18] Liu W L, Wang H, Chang B K, et a1. A study of the NEA photocathode activation technique on [GaAs(Zn):Cs]:O-Cs model. SPIE, 2006, 6352(3A): 1-7

[19] 杜晓晴, 常本康, 邹继军. Cs,O 激活方式对 GaAs 光电阴极的影响. 真空科学与技术, 2006, 26(1): 1-3

[20] Hernández R G, López W, Ortega C, et al. Theoretical study of Ni adsorption on the GaN (0001) surface. Applied Surface Science, 2010, 256: 6495-6498

[21] Rosa A L, Neugebauer J. First-principles calculations of the structural and electronic properties of clean GaN(0001) surfaces. Physical Review B, 2006, 73(20): 205346-1-13

[22] 许桂贵，吴青云，张建敏，等. 第一性原理研究氧在 Ni(111) 表面上的吸附能及功函数. 物理学报.2009, 58(3): 1924-1930

[23] Liu Z, Machuca F, Pianetta P, et al. Electron scattering study within the depletion region of the GaN(0001) and the GaAs (100) surface. Applied Physics Letters, 2004, 85(9): 1541-1543

[24] Kampen T U, Eyckeler M, Mönch W. Electronic properties of cesium-covered GaN(0001) surfaces. Applied Surface Science, 1998, 28: 123, 124

[25] Benemanskaya G V, Vikhnin V S, Shmidt N M, et al. Self-organization of nanostructures on the n-GaN(0001) surface in the Cs and Ba adsorption.Applied Physics Letters, 2004, 85:1365

[26] Machuca F. A thin film p-type GaN photocathode: prospect for a high performance electron emitter. Stanford: Stanford University, 2003

[27] 乔建良. 反射式 NEA GaN 光电阴极激活与评估研究. 南京: 南京理工大学，2010

第 8 章　GaN(0001) 光电阴极制备

本章首先设计反射式和透射式 GaN 光电阴极结构；然后研究 GaN (0001) 表面化学清洗、在超高真空中二次加热以及不同光照下 GaN 光电阴极的激活；最后讨论 GaN 光电阴极的性能评估及制备工艺对其光电阴极性能的影响。

8.1　反射式 GaN 光电阴极结构设计

8.1.1　不同 p 型掺杂浓度的反射式 GaN 光电阴极

根据量子效率公式 (6.33)，发现反射式 NEA GaN 光电阴极的量子效率同时受到电子扩散长度 $L_{\rm D}$ 和电子表面逸出几率 P 的影响，而这两个参数都受到 p 型掺杂浓度的影响。一方面，随着掺杂浓度的提高，生长过程中晶格缺陷就会越多，从而会形成较多的杂质复合中心，最终会导致光电子的寿命降低和扩散长度 $L_{\rm D}$ 变短；另一方面，较高浓度的 p 型掺杂有利于 GaN 表面的能带弯曲，掺杂浓度越高，能带弯曲区越窄，这个区域中光电子散射就越少，就会有更多的光电子可以穿越此区域，获得较大的表面逸出几率。所以，存在一个最佳的 p 型掺杂浓度，可以较好地平衡电子扩散长度 $L_{\rm D}$ 和电子表面逸出几率 P 的关系，并最终获得最大的量子效率。

设计了四种不同掺杂浓度和发射层厚度的 GaN 光电阴极结构 [1]。图 8.1 为

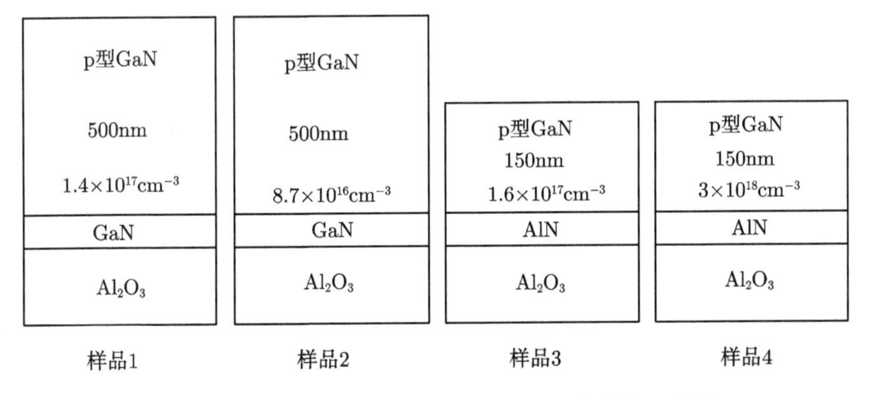

图 8.1　不同 p 型掺杂浓度 GaN 光电阴极结构示意图

四个 GaN 光电阴极结构示意图，四个样品均为 p 型 Mg 掺杂。其中样品 1 和样品 2 的 GaN 发射层厚度同为 500nm，掺杂浓度分别为 $1.4\times10^{17}\text{cm}^{-3}$ 和 $8.7\times10^{16}\text{cm}^{-3}$，样品 3 和样品 4 的 GaN 发射层厚度同为 150nm，掺杂浓度分别为 $1.6\times10^{17}\text{cm}^{-3}$ 和 $3.0\times10^{18}\text{cm}^{-3}$。设计此组样品的目的在于利用实验研究 p 型掺杂浓度数量级从 10^{16}cm^{-3} 增加到 10^{18}cm^{-3} 时，GaN 光电阴极性能的变化。在 10^{17}cm^{-3} 掺杂浓度数量级上设计了两种不同发射层厚度的样品，用来对比发射层厚度对反射式 GaN 光电阴极性能的影响。

8.1.2 梯度掺杂的反射式 GaN 光电阴极

影响反射式 GaN 光电阴极量子效率的因素主要有电子扩散长度 L_D 和电子表面逸出几率 P，通常要获得大的电子扩散长度 L_D 就要求 GaN 材料具有较低的 p 型掺杂浓度，而要获得大的电子表面逸出几率 P 却要求材料表面具有较高的 p 型掺杂浓度，较高的掺杂浓度可以使表面能带弯曲区更窄，电子更容易逸出。在设计均匀掺杂 GaN 光电阴极的掺杂浓度时往往要同时考虑这两个因素，所以电子扩散长度 L_D 和电子表面逸出几率 P 都会受到一定的限制，最终的量子效率也难以进一步提高 [2]。

GaAs 光电阴极通过改变发射层的结构可以获得更高的量子效率 [3]，实验证明梯度掺杂结构的 NEA GaAs 光电阴极积分灵敏度达到了 2421μA/lm，比均匀掺杂的提高了 23%左右 [4]。美国加州大学伯克利分校的 Siegmund 等引用本课题组杨智等提出的变掺杂 GaAs 光电阴极理论，设计并生长了变掺杂的 GaN 光电阴极并获得了较好的性能 [5]。

NEA GaN 光电阴极的电子扩散长度 L_D 和电子表面逸出几率 P 与能带和表面势垒结构有着密切的关系，所以首先要对均匀掺杂和梯度掺杂结构 NEA GaN 的能带和表面势垒结构进行分析。p 型 GaN 半导体材料室温下费米能级与掺杂浓度有如下关系：

$$E_F = E_V - k_0 T \ln \frac{N_A}{E_V} \tag{8.1}$$

式中，E_F 为费米能级；E_V 为价带能级；k_0 为玻尔兹曼常量；T 为绝对温度；N_A 为 p 型掺杂浓度；N_V 为价带有效状态密度。式 (8.1) 说明 GaN 的 E_F 所处的位置是与掺杂浓度有关系的，掺杂浓度越高，E_F 越向价带方向靠近。据式 (8.1) 和双偶极子模型可以画出均匀掺杂和梯度掺杂 NEA GaN 光电阴极能带和表面势垒结构的示意图，如图 8.2 所示。

图 8.2(a) 和 (b) 分别是均匀掺杂和梯度掺杂结构 NEA GaN 光电阴极能带和表面势垒结构的示意图，图中 E_F 为费米能级，E_V 为价带能级，E_C 为导带能级，E_{vac} 为真空能级，E_g 为 GaN 的禁带宽度。从图中可以看出，只在表面处 p 型均匀掺杂 GaN 光电阴极的能带向下弯曲，在体内是平的，而梯度掺杂 GaN 光电阴极的能带

不仅在表面处向下弯曲，在体内由于掺杂浓度的不同，能带也有由体内向表面向下弯曲的变化。

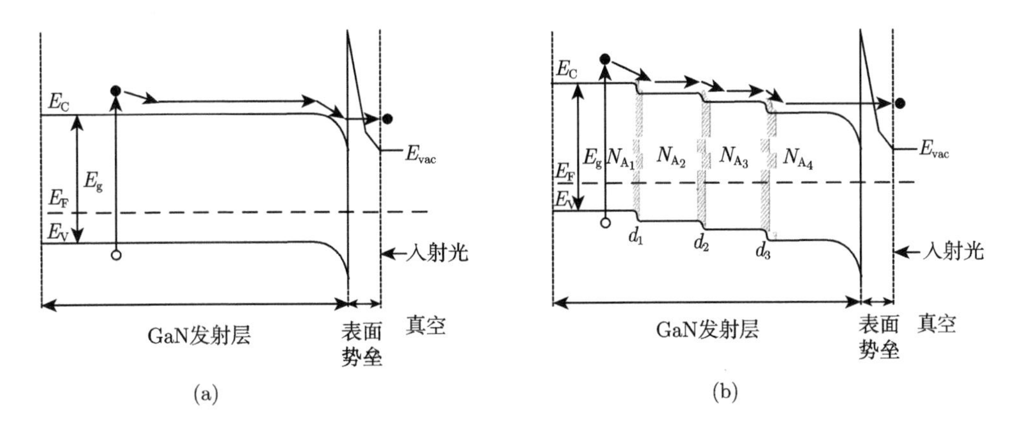

(a) (b)

图 8.2 NEA GaN 光电阴极能带和表面势垒结构示意图

(a) 均匀掺杂 NEA GaN 光电阴极；(b) 梯度掺杂 NEA GaN 光电阴极

当紫外光照射到 NEA GaN 光电阴极时，价带的电子被激发到导带。在均匀掺杂的 NEA GaN 光电阴极中，光电子在导带底通过扩散作用向表面方向移动，在这个过程中电子可以被输运的平均距离应该与电子扩散长度 L_D 相当。由于负电子亲和势材料的导带底能级要高于真空能级，所以到达表面的光电子只需要穿越表面势垒即可逸出到真空。在梯度掺杂的 NEA GaN 光电阴极中，在掺杂浓度变化的区域，能带会形成一个由体内向表面向下的弯曲量。以掺杂浓度 N_{A_1} 和 N_{A_2} 区域之间的过渡区为例，假设浓度过渡区域的厚度为 d_1，掺杂浓度 $N_{A_1} > N_{A_2}$，那么由浓度差引起的能带弯曲量为

$$\Delta E = E_{V_1} - E_{V_2} = k_0 T \ln \frac{N_{A_1}}{N_V} - k_0 T \ln \frac{N_{A_2}}{N_V} = k_0 T \ln \frac{N_{A_1}}{N_{A_2}} \tag{8.2}$$

这个浓度变化区域两端的电势为

$$V_D = \frac{\Delta E}{q} = \frac{k_0 T}{q} \ln \frac{N_{A_1}}{N_{A_2}} \tag{8.3}$$

可以得到这个区域内的平均电场强度为

$$E = \frac{V_D}{d_1} = \frac{k_0 T}{d_1 q} \ln \frac{N_{A_1}}{N_{A_2}} \tag{8.4}$$

由式 (8.4) 可以发现，在梯度掺杂的 NEA GaN 光电阴极浓度变化的区域，会形成一个由表面指向体内的内建电场，场强大小与这个区域的宽度和浓度的比值有关。光电子在这个电场里运动时会受到一个指向表面方向的电场力，所以梯度掺

杂 NEA GaN 光电阴极中的光电子在向表面运动的过程中，除了有扩散作用之外，在内建电场作用下还存在漂移运动的形式，显然受到这两种作用的光电子更容易输运到表面。

光电子在电场里运动时，在电子寿命 τ 时间内所漂移的距离，称为电子的牵引长度 L_{E}[6]，L_{E} 与电场强度 $|E|$、电子迁移率 μ_{n} 和电子寿命 τ 的关系如式 (8.5) 所示：

$$L_{\mathrm{E}} = |E|\mu_{\mathrm{n}}\tau \tag{8.5}$$

对应于均匀掺杂光电阴极的电子扩散长度 L_{D}，梯度掺杂光电阴极有一个电子漂移扩散运动长度 L_{DE}[7]，L_{DE} 与 L_{D}、L_{E} 的关系如式 (8.6) 所示：

$$L_{\mathrm{DE}} = \frac{1}{2}\left(\sqrt{L_{\mathrm{E}}^2 + 4L_{\mathrm{D}}^2} + L_{\mathrm{E}}\right) \tag{8.6}$$

从式 (8.6) 可以看出受扩散和漂移两种作用，光电子的 L_{DE} 要大于 L_{D}。

以上理论证明了梯度掺杂有利于提高 NEA GaN 光电阴极的量子效率，据此我们设计了梯度掺杂的 GaN 光电阴极材料。此组样品包括两个均匀掺杂及一个梯度掺杂的 GaN 光电阴极样品，三个样品的结构如图 8.3 所示。设计的材料的发射层为 p 型 GaN，掺杂元素为 Mg。以蓝宝石为基底，缓冲层 AlN 厚度为 20nm。

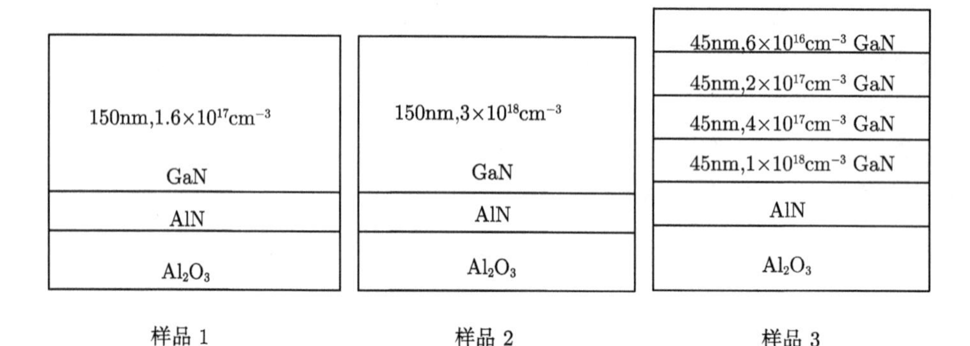

图 8.3　均匀掺杂与梯度掺杂 GaN 光电阴极结构

图 8.3 中，样品 1 和样品 2 的发射层是均匀掺杂结构，样品 3 是梯度掺杂，生长样品 1 和样品 2 的目的是与样品 3 比较，以验证梯度掺杂结构的效果。样品 1 和样品 2 发射层的掺杂浓度分别为 $1.6\times10^{17}\mathrm{cm}^{-3}$ 和 $3\times10^{18}\mathrm{cm}^{-3}$，厚度都为 150nm；样品 3 发射层的掺杂浓度由体内到表面依次为 $1\times10^{18}\mathrm{cm}^{-3}$，$4\times10^{17}\mathrm{cm}^{-3}$，$2\times10^{17}\mathrm{cm}^{-3}$，$6\times10^{16}\mathrm{cm}^{-3}$，每个掺杂浓度区域的厚度约为 45nm，总的发射层厚度为 180nm。

8.2 透射式 GaN 光电阴极结构设计

8.2.1 采用 AlN 作为缓冲层的透射式 GaN 光电阴极

影响透射式 NEA GaN 光电阴极量子效率的因素有 GaN 发射层的厚度、缓冲层的吸收系数以及缓冲层–发射层之间的界面质量，所以设计透射式的 GaN 光电阴极需要考虑选取何种缓冲层材料、GaN 发射层厚度等问题。透射式 NEA GaN 光电阴极的能带和表面势垒结构如图 8.4 所示 [8]，图中 E_{C} 为导带能级，E_{V} 为价带能级，E_{F} 为费米能级，E_{vac} 为真空能级，E_{g} 为 GaN 的禁带宽度。从图中可以看到，入射光首先照射到衬底材料上，然后穿过缓冲层后到达发射层，所以在设计透射式 GaN 光电阴极结构时，衬底和缓冲层对入射光的透过系数是一个重要的考虑因素。并且一般采用的缓冲层禁带宽度要大于 GaN 发射层，这样当光电子向衬底方向扩散时，由于禁带宽度的不同在缓冲层–发射层界面处形成的势垒就会阻止光电子继续运动，对光电子向发射表面的输运起到有利的作用。但如果缓冲层–发射层界面处缺陷较多，在此处被复合的光电子也会增多，影响最终光电阴极的性能，所以在透射式 GaN 光电阴极结构设计中，需要考虑缓冲层–发射层界面质量的问题。

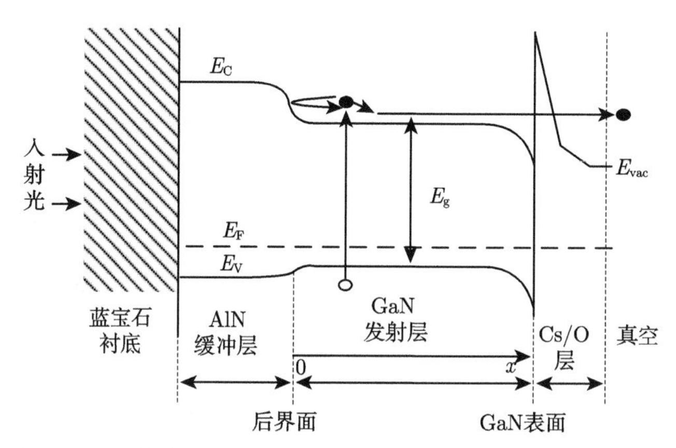

图 8.4 透射式 NEA GaN 光电阴极的能带和表面势垒结构

正如前面分析，透射式 GaN 光电阴极的发射层存在一个最佳的厚度，这个厚度既足够厚以吸收大部分的入射光，又不至于过厚而使光激发产生的光电子难以输运到 GaN 发射表面。根据透射式 NEA GaN 光电阴极的量子效率公式 (6.37)，我们对发射层厚度 T_{e} 对阴极性能的影响进行了仿真 [9]。从透射式的量子效率公式中可以看出，当发射层厚度 T_{e} 在影响最终量子效率的过程中，电子表面逸出几率 P 以及缓冲层的吸收系数 $\beta_{h\nu}$ 等因素只是一个线性系数，所以在仿真的过程中，固定这些参数。而电子扩散长度 L_D 在发射层厚度变化过程中对量子效率的影响要复杂得多，因此在仿真过程中分别采用了四个值，用以研究不同电子扩散长度 L_D 下，发射层厚度对透射式 NEA GaN 光电阴极量子效率的影响。为了方便对比，以固定波长 290nm 进行仿真。仿真过程中，取电子表面逸出几率 $P=0.355$，后界面复合速率 $S_v=5\times10^4$cm/s。在不同电子扩散长度下 290nm 处透射式 NEA GaN 光电阴极量子效率与发射层厚度的关系如图 8.5 所示。

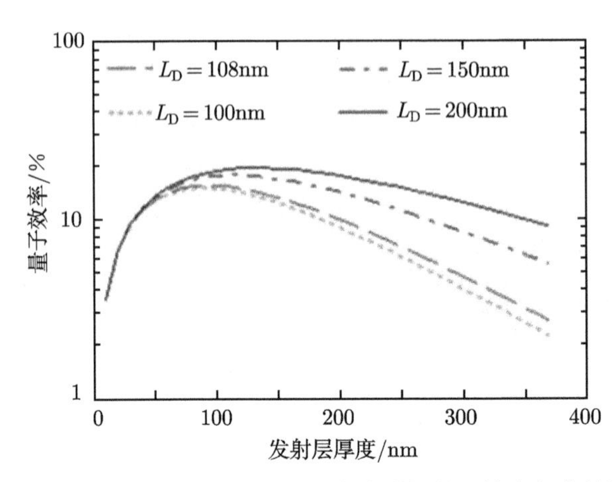

图 8.5　波长 290nm 处透射式 NEA GaN 光电阴极量子效率与发射层厚度的关系

从图 8.5 中可以看出，对应任意一个电子扩散长度 L_D，透射式 NEA GaN 光电阴极的量子效率都会随着发射层厚度 T_e 的变大而迅速提高，说明随着发射层厚度的增加，被吸收的光子迅速增多；在量子效率达到一个最大值后，开始缓慢下降，说明随着发射层厚度 T_e 的变大，一些光电子难以被输运到 GaN 发射表面。不同电子扩散长度 L_D 下最佳发射层厚度 T_e 的值如表 8.1 所示。从表中可以发现，随着电子扩散长度 L_D 的增加，最佳发射层厚度 T_e 的值在变大，并且最终得到的量子效率也越大。

表 8.1　不同电子扩散长度 L_D 下最佳发射层厚度 T_e 的值

电子扩散长度 L_D/nm	100	108	150	200
最佳发射层厚度 T_e/nm	90	90	110	130
最高量子效率值	0.1504	0.1554	0.1772	0.1947

Munoz 等利用 GaN 晶体材料的衰减特性 [10]，计算了能够有效吸收 100~400nm 波段紫外光的 GaN 厚度，其最佳的厚度在 100~200nm。Nemanich 等研究发现 GaN 材料少数载流子的扩散长度大约为 200nm[11]。从表 8.1 的仿真结果可以看出，电子扩散长度 L_D 在 200nm 时最佳发射层厚度为 130nm。在目前的材料制备中，GaN

层越薄，总体的生长质量相对越差，所以综合考虑参考文献研究成果以及仿真结果，设计透射式 GaN 光电阴极的发射层厚度为 150nm。

在衬底的选择上，综合考虑晶格匹配和对紫外光的透过率，选取蓝宝石作为衬底材料。由于 AlN 对大部分 GaN 响应的紫外光具有较好的透过率，可以较少地吸收入射光，并且在结构上与 GaN 具有较好的晶格匹配系数，可以尽量减少缓冲层–发射层之间的界面缺陷，所以设计 AlN 作为缓冲层，厚度为 20nm。最终设计的透射式 GaN 光电阴极结构如图 8.6 所示，采用了蓝宝石作为衬底，缓冲层为 20nm 厚的 AlN，GaN 发射层厚度为 150nm，p 型掺杂元素为 Mg，掺杂浓度为 $1.6\times10^{17}cm^{-3}$。

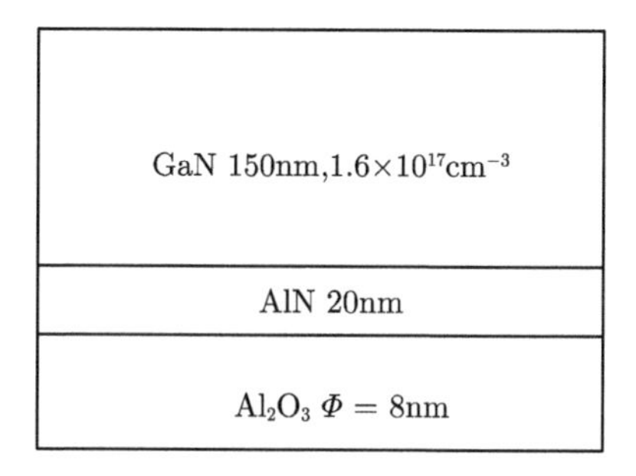

图 8.6 采用 AlN 作为缓冲层的透射式 GaN 光电阴极结构

8.2.2 采用组分渐变 $Al_xGa_{1-x}N$ 作为缓冲层的透射式 GaN 光电阴极

在缓冲层–发射层之间的界面结构设计上，蓝宝石-AlN 缓冲层-p 型 GaN 光电发射层是常用的透射式 GaN 阴极材料结构，虽然 AlN 与 GaN 在晶格匹配度上比其他材料要好，但仍然存在着较大程度的晶格失配，这会导致 AlN 与 GaN 的生长界面上存在由晶格应力导致的位错等缺陷，形成界面复合中心，捕获界面附近产生的光生电子，最终导致 GaN 光电阴极光电发射效率的下降。针对于此，设计了一种基于组分渐变的 $Al_xGa_{1-x}N$ 缓冲层来改善 GaN 外延材料生长界面的晶格质量。$Al_xGa_{1-x}N$ 是 GaN 材料的三元化合物形式，晶格常数略小于 GaN 材料，$Al_xGa_{1-x}N$ 作为缓冲层材料，与发射层材料 GaN 具有较高的晶格匹配度；同时，由于 $Al_xGa_{1-x}N$ 的晶格常数随着 Al 组分的减小而逐渐减小，因此 $Al_xGa_{1-x}N$ 中的 Al 组分自下而上逐渐减少的这种渐变方法使得晶格常数也自下而上逐渐增加，最终与 GaN 发射材料相当，从而通过渐变方式逐渐释放缓冲材料与发射材料之间的生长界面应力，提高界面质量。

在 GaN 发射层的设计上，根据以上 p 型掺杂浓度和厚度的分析，设计 GaN 发射层的掺杂浓度为 $1.4\times10^{17}cm^{-3}$，掺杂元素为 Mg，厚度在 150~180nm。基于组分渐变的 $Al_xGa_{1-x}N$ 作为缓冲层的透射式 GaN 光电阴极整体结构和 $Al_xGa_{1-x}N$

缓冲层结构如图 8.7 所示 [12]。从图 8.7(a) 中可以看到，GaN 光电阴极材料自下而上由蓝宝石衬底层、$Al_xGa_{1-x}N$ 缓冲层以及 GaN 光电发射层组成，由图 8.7(b) 可以看到，$Al_xGa_{1-x}N$ 缓冲层中 Al 组分的含量自下而上逐渐降低。

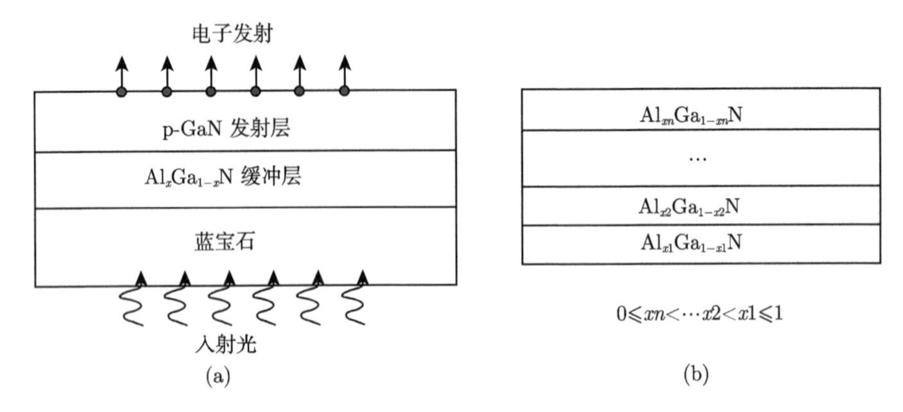

图 8.7　基于组分渐变的 $Al_xGa_{1-x}N$ 作为缓冲层的透射式 GaN 光电阴极结构

(a) 透射式 GaN 光电阴极整体结构；(b) $Al_xGa_{1-x}N$ 缓冲层结构

8.3　GaN (0001) 表面化学清洗研究

8.3.1　表面净化意义

生长好的 GaN 光电阴极材料暴露在大气中，会受到不同程度的碳污染，表面就会存在碳化物和自然氧化物，若不加以处理会无法完成阴极的激活。在激活时 GaN (0001) 表面的污染物会阻止 Cs、O 与光电阴极表面的结合，影响 Cs、O 激活层的形成，在光电阴极表面形成很高的界面势垒，阻碍光电子逸出。为了避免 GaN (0001) 表面污染物对光电阴极性能产生影响，在激活前必须首先进行表面净化处理。表面净化方法有氩离子轰击法、加热法和氢原子净化法等。其中加热法是比较常用的方法，技术发展比较成熟，加热法净化处理过的光电阴极可以得到很高的光电灵敏度。在具体操作时需控制好加热净化的温度和时间，即应严格按照一定的工艺进行。一般在加热之前，首先要对材料表面进行化学清洗，传统的基于氧化和溶解的腐蚀方法不能有效地去除 GaN 上的污染物，这是由于 GaN 具有较强的化学稳定性，强氧化的化学试剂如 H_2O_2 不能氧化 GaN 表面。另外 GaN 表面本身的氧化物不能被 HCl 或 H_2SO_4 那样的强酸溶液有效溶解 [13]。

斯坦福大学的 Machuca 等研究发现，利用 4:1 的 $H_2SO_4(51\%)$:$H_2O_2(30\%)$ 混合溶液对 GaN (0001) 表面进行清洗，然后在超高真空环境中加热到 700 ℃可以有效去除 GaN 上的 O 和 C[14]。Machuca 等利用光电子能谱对此方法处理后的 GaN

(0001) 表面进行了分析，不同清洗阶段的谱图如图 8.8 所示。根据光电子能谱谱图，通过计算，他们认为最初 GaN (0001) 表面有接近一个单层覆盖率的碳氢化合物，然后经过 4:1 的 H_2SO_4(51%):H_2O_2(30%) 混合溶液清洗后，C 下降到 0.7～0.8 个单层，超高真空中 700℃加热后，C 1s 谱峰下降到了接近本底，C 的覆盖估计在 1%个单原子层以下。实验数据表明，经过化学处理后的表面上残留的碳原子或者与氧结合，或者与衬底微弱结合。碳与氧结合的结论与观察到的碳与氧真空加热后同时去除的现象是一致的。

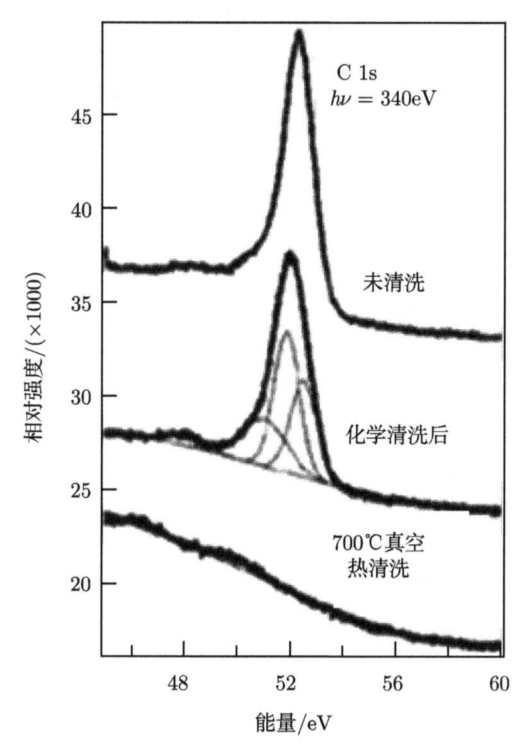

图 8.8 Machuca 等给出的不同清洗阶段的 GaN 表面的 C 1s 谱图 [14]

Tracy 等对 n 型和 p 型的 GaN 表面净化工艺也进行了研究，他们总结了之前的研究方法，并通过实验发现，首先用 HCl 进行化学清洗，然后在氨气的氛围中加热至 860℃可以获得清洁的 GaN (0001) 表面 [15]，图 8.9 是他们在此方法净化前后 Ga 3d、N 1s、O 1s 和 C 1s 的光电子能谱，其中曲线 i) 是未清洗时的谱图，ii) 是净化后的谱图。从图 8.9(a) 和 (b) 中可以看到，表面净化后 Ga 3d、N 1s 的谱峰强度都要稍大于净化前，并且谱峰位置都向低结合能方向偏移，而从图 8.9(c) 和 (d) 中可以发现，在表面净化之后已经几乎检测不到 O 1s 和 C 1s 谱峰的信号，说明表面 C、O 等污染物已经被有效地去除了。King 等报道的方法是利用 HF 和 HCl

进行化学清洗，然后进行不低于 900°C的加热处理，他们也获得了较为清洁的 GaN (0001) 表面 [16]，光电子能谱的分析结果证明此方法处理后的 GaN (0001) 表面 O 的含量非常低，并且已经检测不到 C 的存在。

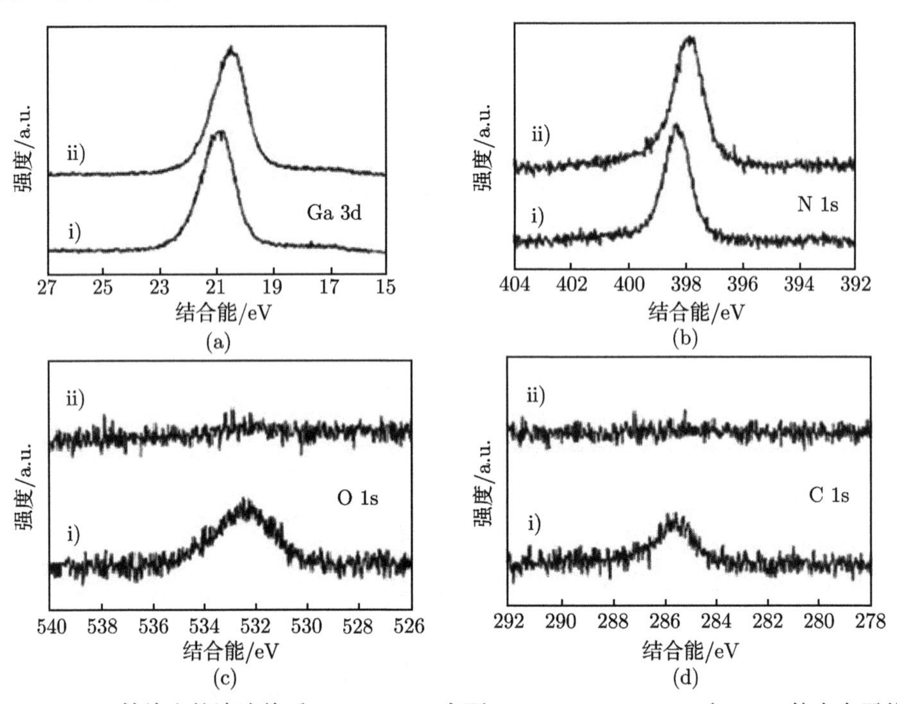

图 8.9　Tracy 等给出的清洗前后 GaN(0001) 表面 Ga 3d、N 1s、O 1s 和 C 1s 的光电子能谱

从以上这些研究结果中可以发现，不同研究人员和研究机构提出的方法都不完全相同，所以我们认为，对于不同的 GaN 材料，在不同的系统条件下，它们的表面净化方法是不一样的。也是由于这个原因，在本课题组的系统下针对 GaN 光电阴极材料的表面净化工艺就需要进行独立的研究。

8.3.2　实验过程

实验样品采用的是 MOCVD 生长掺 Mg 的 p 型 GaN，掺杂浓度为 $4\times10^{17}\mathrm{cm}^{-3}$，实验在 NEA 光电阴极制备与评估系统上完成。准备四个相同的 GaN 样品，记为样品 1~样品 4。首先对四个样品分别用四氯化碳、丙酮、无水乙醇、去离子水进行超声波清洗 5min，去除表面的油污等。然后样品 1 用 2:2:1 的 H_2SO_4(98%):H_2O_2(30%):去离子水混合溶液清洗 10min；样品 2 用 HCl(37%) 溶液清洗 10 min；样品 3 用 4:1 的 H_2SO_4(98%):H_2O_2(30%) 混合溶液清洗 10 min；样品 4 作为参考样品，不做任何处理。最后对四个 GaN 样品都用去离子水进行超声波清洗 3 min，完成化学清洗。整个化学清洗的流程如图 8.10 所示。

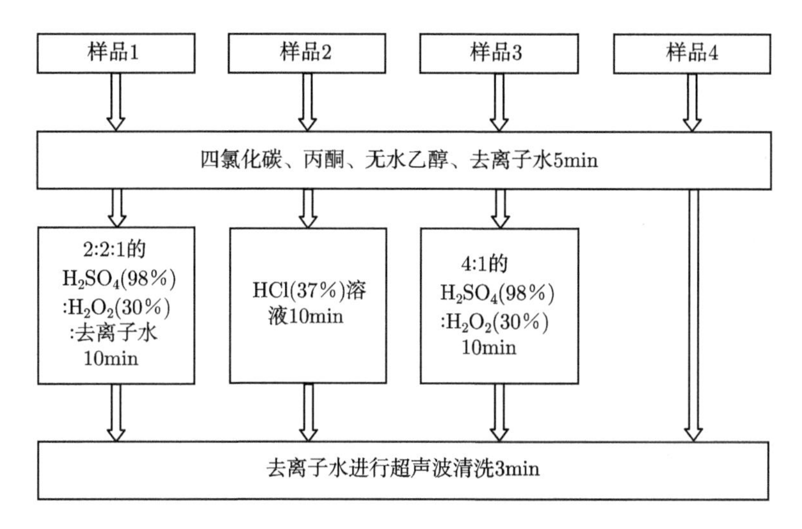

图 8.10 GaN 样品的化学清洗流程

化学清洗后，分别将四个样品快速放入 XPS 预抽室中，然后传送到分析室中，随后进行表面成分的分析。

8.3.3 实验结果分析

图 8.11 是样品 4 的 XPS 全谱谱图，采用 Al 靶，能量范围为 1400~0eV。从 XPS 分析全谱谱图中可以清晰地看到 O 1s 的谱峰在 (531.3±0.1)eV 处、N 1s 的谱峰在 (396.4±0.1)eV 处、C 1s 的谱峰在 (284.1±0.1)eV 处、Ga 3d 的谱峰在 (18.8±0.1)eV 处。这说明，未经清洗的 GaN (0001) 表面除了 Ga 和 N 之外，还存在着 C 和 O 污染物。由于 Mg 掺杂的量相对于 GaN 的原子密度是非常低的，在 XPS 谱图中没有看到 Mg 的谱峰。

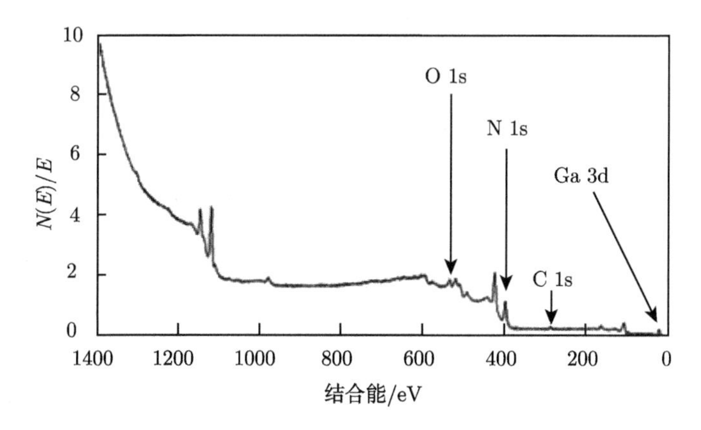

图 8.11 样品 4GaN(0001) 表面的 XPS 全谱谱图

图 8.12(a)~(d) 分别是四个 GaN 样品化学清洗方法后 (0001) 表面 Ga 3d、N 1s、O 1s 和 C 1s 峰的谱图。利用 XPS 自带的软件，曲线已经被平滑处理。图中曲线 1~4 分别对应样品 1~4。由于 X 射线源采用的是 Mg 靶，所以 C 1s 的信号受到了 Ga LMM 线的影响。

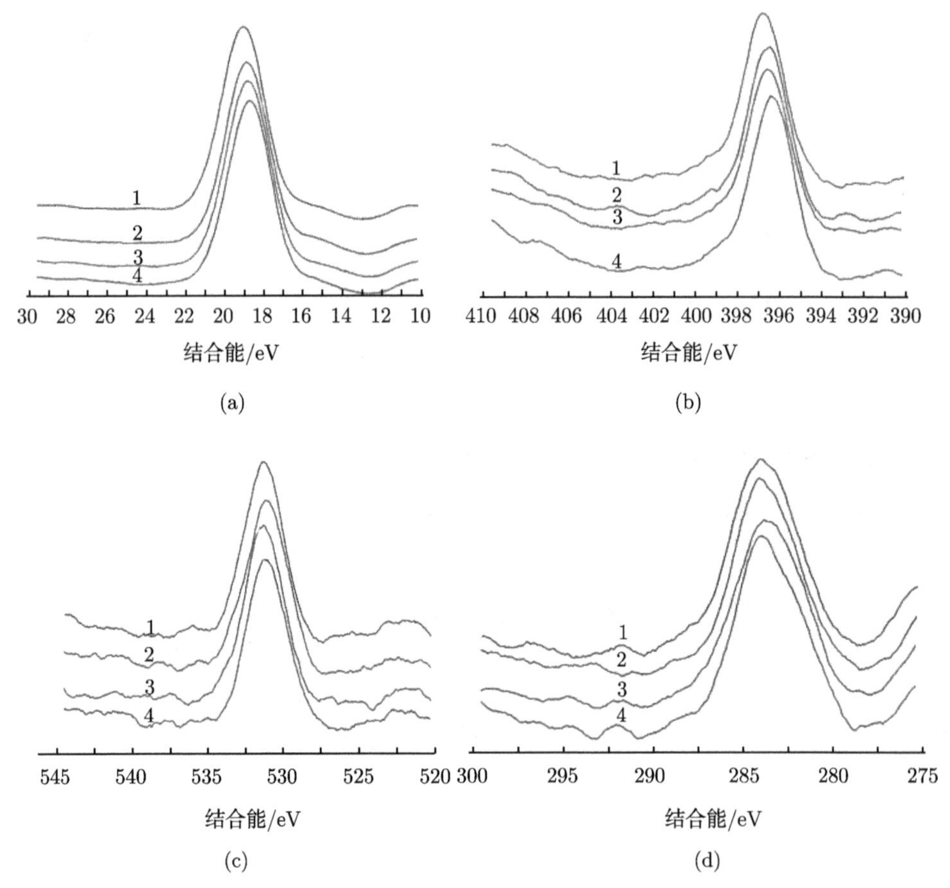

图 8.12　GaN(0001) 表面 Ga 3d，N 1s，O 1s 和 C 1s 峰的 XPS 谱图

曲线 1~4 分别对应四个 GaN 样品。(a) Ga 3d；(b) N 1s；(c) O 1s；(d) C 1s

以污染碳 284.8 eV 为标准，所有的谱峰位置都进行了校正，误差在 ±0.1eV，如表 8.2 所示。表中分别列出了 Ga 3d，N 1s，O 1s 和 C 1s 的谱峰位置及谱峰的半高宽。GaN 和 Ga_2O_3 中 Ga 3d 的谱峰位置分别是 19.54 eV 和 20.2 eV[17]，所以从表 8.2 中 Ga 3d 的谱峰位置来看，所有样品表面都存在着 Ga_2O_3。与样品 4 相比，样品 1 中 Ga 3d 的谱峰向高能端移动了 0.5eV，样品 2 向高能端移动了 0.2eV，样品 3 向高能端移动了 0.4eV。从 Ga 3d 谱峰的偏移来看，样品 1 表面 Ga_2O_3 所占的比例应该高于其他样品。

表 8.2 GaN (0001) 表面 XPS 分析结果 (±0.1 eV) (单位: eV)

样品		Ga 3d	N 1s	O 1s	C 1s
1	谱峰位置	20.0	397.6	532.1	284.8
	半高宽	2.9	2.6	3.9	4.8
2	谱峰位置	19.7	397.2	531.9	284.8
	半高宽	2.7	2.6	3.7	4.6
3	谱峰位置	19.9	397.6	532.3	284.8
	半高宽	2.8	2.5	3.2	5.1
4	谱峰位置	19.5	397.1	532.0	284.8
	半高宽	2.8	2.5	2.5	4.7

利用 XPS 系统自带的软件，计算了四个 GaN (0001) 表面 Ga、N、O 和 C 所占的百分比，如表 8.3 所示。由于 C 1s 的谱峰受到了 Ga LMM 的影响，比实际要大得多，所以最终计算得到的 C 含量比实际值要大。尽管如此，我们可以对四个样品含量进行相对的比较。从表中可以发现，所有 GaN 样品 Ga 和 N 的比值都大于 1，这与 GaN (0001) 表面相符合。GaN 样品表面 Ga 的含量从样品 4 到样品 1 逐渐提高，并且样品 1 中 N 和 O 的比例也是四个样品中最高的，C 的比例是最低的。样品 4 中 Ga 所占的比例最低，样品 3 表面 C 的含量最高，N 和 O 的含量最低。以上的含量说明，样品 1 表面的清洁程度最高，但其表面的氧化物较多，样品 3 表面的污染物最多，甚至比没有经过任何化学清洗的样品 4 更糟糕。

表 8.3 GaN (0001) 表面各种元素所占的百分比

样品	Ga	N	O	C
1	19.78%	13.55%	13.31%	53.36%
2	19.03%	12.28%	13.04%	55.65%
3	18.47%	12.13%	11.51%	57.89%
4	18.00%	12.30%	12.29%	57.41%

8.4 GaN 在超高真空中二次加热研究

8.4.1 二次加热 GaN 光电阴极实验的意义 [18]

8.3 节的研究说明，对 GaN (0001) 表面进行单纯的化学清洗是不能够达到原子级清洁表面的，XPS 分析显示，化学清洗处理后 GaN (0001) 表面仍然存在大量的 C、O 污染物。之前的研究经验认为，在化学清洗后，还需要一个高温净化的过程 [19~21]。加热不仅去除表面污染物，对晶体结构也会产生一定的影响，加热退火工艺可以优化光电阴极材料的性能，所以一般高性能的光电阴极都是经过加热处理后得到的。根据国内外的研究经验以及实验，在本系统中加热 GaN 光电阴极达到 700℃，并在此温度下保持 20min，可以达到原子级清洁的表面 [22]。由于系统所能承受温度所限，我们没有进行再高温度的实验。

对于 GaAs 光电阴极，一般激活采用的是高低温两步激活工艺，这种方法是首先对送入超高真空系统中的 GaAs 光电阴极进行高温净化，去除表面污染物，获得原子级清洁表面；然后进行 Cs、O 激活，使光电阴极达到得到负电子亲和势表面；接下来在一个较低的温度下对 GaAs 光电阴极再一次进行处理，即低温净化，去掉已吸附的 Cs、O 层；然后再进行 Cs、O 激活，使表面再次达到负电子亲和势状态，再次获得 NEA GaAs 光电阴极。整个制备过程包括高温和低温两步，经过第二步处理后，量子效率一般可以提高 30% ~ 40% [23]。这是由于 GaAs 光电阴极表面在低温处理后 Cs 和 O 都完全脱附，加热进一步使 GaAs 基底材料表面得到优化，更有利于后续吸附 [24]。杜晓晴博士根据以上高低温激活的理论，用高温 700 ℃、低温 650 ℃的温度对 GaN 进行了高低温激活实验，结果发现对于 GaN 光电阴极，无法通过低温激活使其量子效率或光电流进一步提高，并且 GaN 光电阴极表面在低温加热后还残留 Cs 或 O，低温加热无法对 GaN 基底材料进行作用，从而也不能获得优化效果 [25]。

在以上研究的基础上，设计了同样温度二次加热 GaN 光电阴极样品的实验。首先是因为目前尚未查阅到有关 GaN 光电阴极二次加热的研究，其次在之前高低温加热激活的研究中，认为低温加热没有完全去除 GaN 表面的 Cs 和 O，从而导致 GaN 光电阴极性能不能像 GaAs 光电阴极那样在低温处理后有较大幅度的提升，所以二次加热采用了与高温加热同样的温度。考虑到由于加热灯丝功率等问题的影响，将之前的加热温度 700℃提高了 10℃，并将加热时间由 20min 延长至 25min。利用 NEA 光电阴极制备与评估系统对比研究了两次加热过程中真空度、残气成分的变化。

8.4.2 实验过程

实验采用的 GaN 样品以 c 轴方向蓝宝石为衬底，AlN 为缓冲层，GaN 发射层厚度为 600nm，p 型掺杂，掺杂元素为 Mg，掺杂浓度为 $5.0\times10^{17}\text{cm}^{-3}$。实验在 NEA 光电阴极制备与评估系统中完成。图 8.13 是整个实验过程。首先对 GaN 样品进行化学清洗，然后置入超高真空系统中，进行 710℃加热，待样品冷却至室温时，进行 Cs、O 激活，对激活成功的 GaN 光电阴极进行测试，然后再次将样品加热至 710℃并采用同样的方法进行激活和测试。

加热过程如图 8.14(c) 所示，从室温 20℃开始，20min 后升至 200℃，然后经过 60min 上升至 550℃，继续进行加热，70min 后达到 710 ℃，保持这个温度 25min，然后以 6.3℃/min 的速度将温度下降到 300℃，随后让 GaN 样品自然冷却至室温。

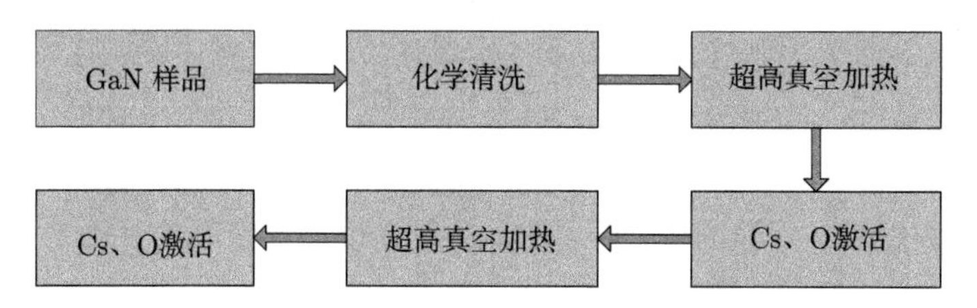

图 8.13 二次加热 GaN 光电阴极实验过程

8.4.3 实验结果分析

两次加热过程中，加热温度和真空度变化曲线如图 8.14(c) 所示，第一次和第二次加热过程中残气成分的变化分别如图 8.14(a) 和 (b) 所示。从图中可以看到，两次加热开始时真空度都在 3×10^{-8}Pa 左右，室温 20℃。从真空度曲线上看，两次加热过程中的曲线有相同的地方也有不同的地方。第一次加热过程中真空度的曲线呈 “W” 形，而第二次呈 “V” 形。在加热过程开始的第一个小时里，第一次加热中真空度有一个明显的下降，随后真空度开始提升，此时对应的温度应该在 500~600℃，然后在温度上升至 710℃的过程中，真空度开始迅速下降，在保持 710℃的 25min

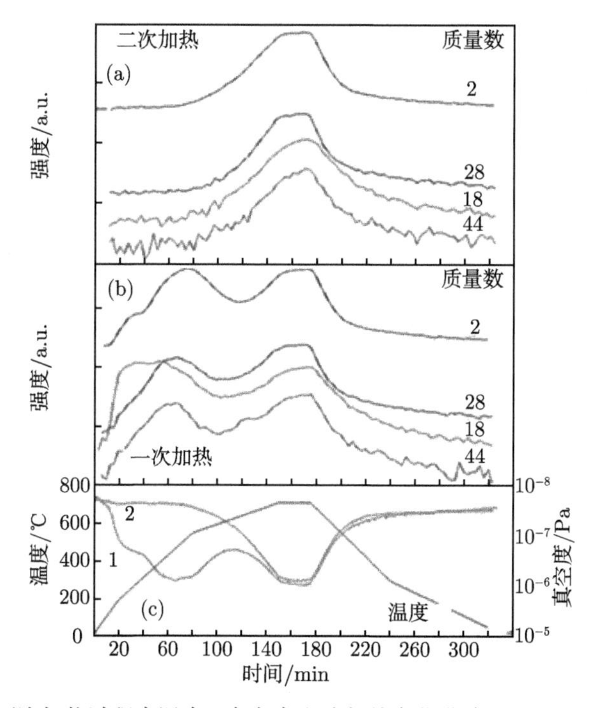

图 8.14 两次加热过程中温度、真空度和残气的变化曲线 (彩图见封底二维码)

里，真空度缓慢下降并在温度即将降低时达到最低，然后随着温度的开始下降，真空度迅速提升，并且在温度降至室温的同时，真空度也基本恢复至初始水平。在第二次加热中的第一个小时里真空度没有像第一次那样有一个明显下降的过程，而是随着温度的升高一路下降，从温度保持 710℃的 25min 开始，真空度的变化与第一次加热中的几乎一样，最终也在室温时恢复至 3×10^{-8}Pa 左右。

利用四极质谱仪，对加热过程中超高真空系统中的残气成分进行了跟踪监测，自带的软件记录了整个过程中 0~200 质量数的分压强，发现两次加热的过程中，真空系统中能监测到的质量数为 2，18，28 和 44，其他质量数的分压强没有明显的信号。

第一次和第二次加热过程中质量数为 2，18，28 和 44 分压强的变化如图 8.14(a) 和 (b) 所示。通过查阅手册，认为质量数 2，18，28 和 44 分别对应于 H_2，H_2O，N_2 和 CO_2。从图 8.14(b) 中可以看到，第一次加热过程中四种残气成分含量的变化曲线有两个峰值，第一个峰值出现于加热的开始阶段，第二个峰值出现在温度达到最高时；而从图 8.14(a) 中可以看到，第二次加热过程中四种残气成分含量的变化曲线只在温度达到最高时有一个峰值。从残气成分的变化来看，在第一次加热过程中，有两个阶段有大量的残气释放出来，尤其是水，在第一次加热 20min 左右时，其分压强迅速上升，说明此时有大量水汽放出。

在多次实验中，还发现了一个有意义的现象，那就是在 Cs、O 激活前，用氙灯照射 GaN 光电阴极时会有光电流产生，这说明，未激活的 GaN 也有光电发射效应，只是由于真空能级较高，难以产生较大的光电流。对比两次加热后激活前的光电流发现，第二次加热后光电流一般要大于第一次的。第一次激活前的光电流在 60~70nA，而第二次激活前光电流在 100~150nA。Machuca 等在文献中报道，当加热到 700℃时，GaN (0001) 表面的 Cs 并没有完全脱附，这与 450℃时 GaAs (100) 表面的 Cs 可以完全脱附是不同的 [26]。从 Machuca 等的研究成果可以说明，在第二次加热后 GaN (0001) 表面尚有未去除的 Cs，而这些未去除的 Cs 使得 GaN (0001) 表面的电子亲和势要小于第一次加热后的，这也是第二次加热后未激活前光电流值要大的原因。这个实验现象也说明了 GaN 光电阴极的热稳定性是优于 GaAs 的。

8.5 不同光照下 GaN 光电阴极的激活

8.5.1 不同光照激活实验的意义

GaN 光电阴极的激活一般是在超高真空中采用 Cs、O 交替的方法，激活过程中 Cs、O 的开关和通入量的大小根据 GaN 光电阴极的光电流变化情况决定，所以在激活过程中，需要用紫外光源照射 GaN 光电阴极，并且实时地采集光电流。

图 8.15 为正常 Cs、O 激活过程中光电流的变化曲线。

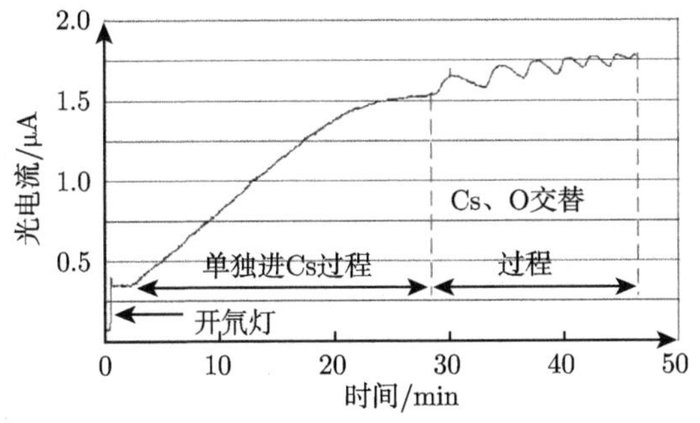

图 8.15 GaN Cs、O 激活过程中光电流的变化曲线

从图 8.15 中可以看出，在无光照时系统有 0.08μA 左右的暗电流，打开氘灯后光电流为 0.35μA，说明未激活时 GaN 光电阴极已经有 0.27μA 左右的光电流。单独进 Cs 激活后，光电流开始迅速增大，在 28min 时达到了 1.53μA 左右，此时光电流已难以继续增长，保持 Cs 源开，同时开始进 O，在光电流达到极大值时关 O，待降至极大值的 90%左右时再次开 O，经过六次反复光电流达到了 1.76μA 左右，前后两个光电流极大值已相差非常小，此时先关闭 O 源，然后关闭 Cs 源，结束激活过程。

在 GaAs 光电阴极的激活过程中，Cs、O 的量和比例对最终 NEA GaAs 光电阴极的性能有着重要的影响，但通过大量的实验我们发现在 GaN 光电阴极的激活过程中，这些因素对其量子效率的影响不大。

考虑 GaN 光电阴极激活过程中的影响因素，主要包括真空度、Cs 源、O 源以及光照情况，其中真空度在理论上是越高越好的，因为激活室内的真空度越高，单位时间内吸附到 GaN 表面的残余气体就越少，Cs、O 在其表面的吸附就更纯净；Cs 源、O 源的影响通过实验也验证了影响不大，目前国内外的文献中尚没有对激活中光照对最终 NEA GaN 光电阴极的影响进行研究，鉴于此，设计了不同光照下激活 GaN 光电阴极的实验。

8.5.2 实验过程

此次实验采用了两种不同结构的 GaN 样品，两个样品都是以 c 轴方向蓝宝石为衬底，AlN 作为缓冲层，利用 MOCVD 生长的 p 型 GaN 材料，掺杂元素为 Mg，样品 1 的 GaN 发射层厚度为 150nm，掺杂浓度为 $1.6\times10^{17}\text{cm}^{-3}$，样品 2 的 GaN 发射层厚度为 600nm，掺杂浓度为 $5.0\times10^{17}\text{cm}^{-3}$。

两个样品都采用 2:2:1 的 H_2SO_4(98%):H_2O_2(30%):去离子水混合溶液清洗 10min，并且都在超高真空系统中加热至 710℃保持 25 min，待 GaN 样品冷却至室温时，开始 Cs、O 激活。

激活过程中，对两个 GaN 光电阴极样品都分别采用了三种光照方式 [27]：

(a) 全光谱的氘灯，其工作功率为 10 W；

(b) 300nm 的单色光，利用光功率计标定为 70 μW，来源于氙灯光源，利用单色仪获得的单色光；

(c) 300nm 的单色光，利用光功率计标定为 35 μW，同样来源于氙灯光源，利用单色仪获得的单色光。

由于光纤端口是靠在超高真空系统的石英窗口上的，与 GaN 光电阴极还有一定的距离，并且石英窗口对入射光也会有一定的衰减作用，通过标定，认为照射到 GaN 光电阴极表面的光衰减为光纤端口光强度的 1/3。

氘灯光谱辐射亮度随波长的变化曲线如图 8.16 所示 [28]，从图中可以看到，氘灯的光谱强度从 400~180nm 逐渐增大，并且在 170nm 处开始迅速增强，一直延伸到 110nm 都具有较强的光谱辐射亮度。

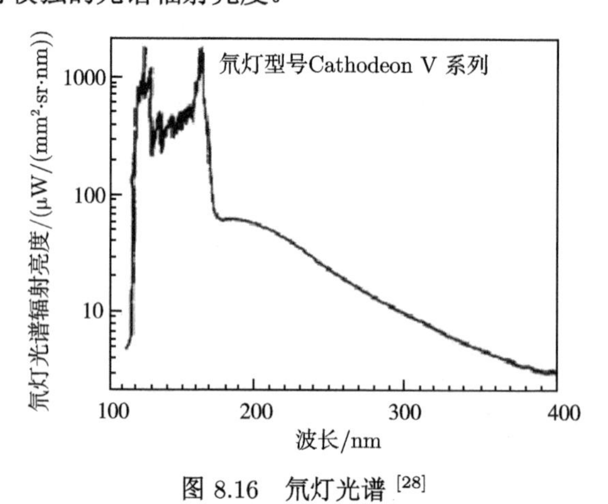

图 8.16 氘灯光谱 [28]

激活后利用多信息量测试系统对 NEA GaN 光电阴极的光谱响应进行测试，范围为 240~400nm，不同光照激活过程中光电流的变化曲线以及激活后 NEA GaN 光电阴极的量子效率都将在 8.8 节 “制备工艺对 GaN 光电阴极性能的影响” 中进行详细的讨论。

8.6 反射式 GaN 光电阴极的性能评估

8.6.1 不同掺杂浓度反射式 GaN 光电阴极的性能

前面讨论过 p 型掺杂浓度对 GaN 光电阴极有着重要的影响，并且设计了四个不同掺杂浓度的 GaN 样品，掺杂浓度的数量级从 10^{16}cm^{-3} 增加到 10^{18}cm^{-3}，样品结构如图 8.1 所示。采用同样的表面清洁和 Cs、O 激活方法，对四个 GaN 样品分别进行了阴极制备，所有 GaN 光电阴极的激活实验在超高真空激活系统中进行，激活过程的控制和数据采集由自行研制的多信息量测试系统完成。

激活过程中四个样品的光电流变化曲线如图 8.17 所示 [1]，曲线 1~4 分别对应图 8.1 中的样品 1~4。可以看到，在单独进 Cs 激活阶段，样品 1 光电流的增长速度和最大值都要大于其他样品；在 Cs、O 交替激活阶段，样品 1、3 光电流的提高幅度较大，最终样品 1 获得了最大光电流，样品 4 的光电流最小。

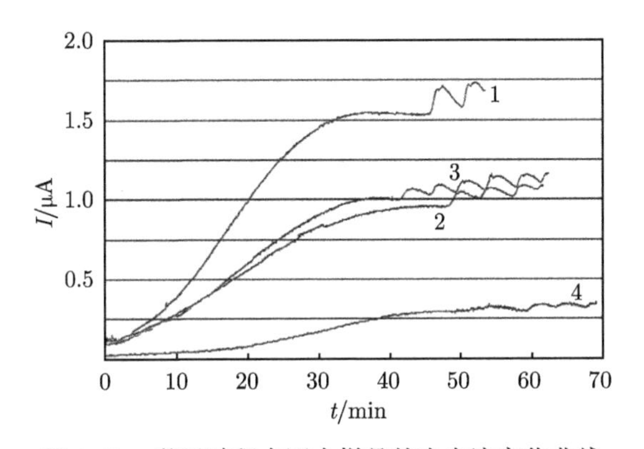

图 8.17 激活过程中四个样品的光电流变化曲线

成功激活后，利用紫外光谱测试系统对四个样品的量子效率进行了测试，测试结果如图 8.18 所示。

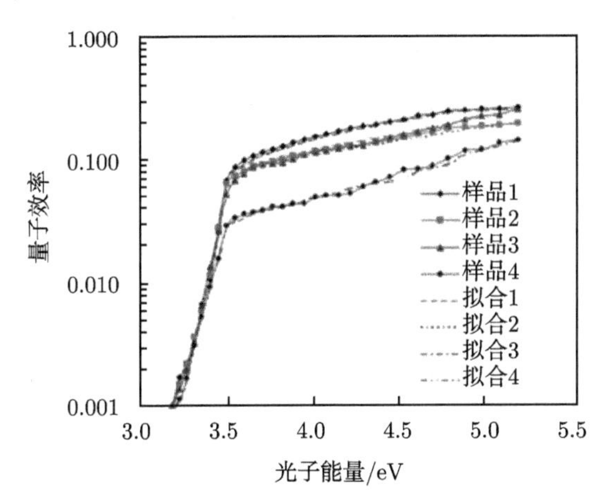

图 8.18 四个 GaN 样品的量子效率测试结果 (彩图见封底二维码)

可以看到，在相同的 GaN 发射层厚度下，样品 1 的量子效率高于样品 2；样品 3 的量子效率高于样品 4，样品 1 和样品 3 都具有 $10^{17}\mathrm{cm}^{-3}$ 数量级的掺杂浓度，而样品 2 和样品 4 的掺杂浓度分别为 $10^{16}cm^{-3}$ 和 $10^{18}cm^{-3}$。这说明 GaN 发射层掺杂浓度对阴极的量子效率具有重要影响，在 GaN 厚度相同的情况下，掺杂浓度存在一个最佳值，在我们的系统中，GaN 发射层的最佳掺杂浓度在 $10^{17}cm^{-3}$ 数量级。同时，虽然样品 1 和样品 3 都具有 $10^{17}cm^{-3}$ 数量级的掺杂浓度，但样品 1 的量子效率高于样品 3，这是因为样品 1 的 GaN 发射层厚度比样品 3 的厚度更大，能充分吸收入射光，特别是长波光子，提高量子效率。

在第 6 章中我们通过求解载流子扩散方程的方法，获得了反射式 NEA GaN 光电阴极的量子效率公式，如式 (6.33) 所示，根据这个量子效率公式，对四个 NEA GaN 光电阴极的量子效率实验曲线进行了拟合，拟合得到光电阴极的参数如表 8.4 所示。

表 8.4　反射式 NEA GaN 光电阴极参数的拟合结果

样品号	5.17eV 下的量子效率	电子扩散长度 L_D/nm	表面电子逸出几率 P
1	26%	122	0.28
2	19%	125	0.26
3	25%	112	0.28
4	14%	43	0.33

根据表 8.4 拟合结果看到，样品 2 具有最大的电子扩散长度，为 125nm, 但由于它的掺杂浓度较低，因此表面电子逸出几率 P 小于样品 1。样品 1 在 P 和 L_D 之间达到较好平衡，因此最终获得最高的量子效率。由于样品 4 具有最大的 p 型掺杂浓度，因此表面电子逸出几率 P 最大，但这又会明显降低 L_D，从而最终影响量子效率。理论分析与实验结果表明，反射式 GaN 材料的掺杂浓度和厚度对最终阴极的量子效率有重要影响。对于在本系统制备的 GaN 光电阴极，反射式 p 型的最佳掺杂浓度在 $10^{17}cm^{-3}$ 数量级，p 型 GaN 层的厚度应足够大，以保证阴极材料对入射光子的充分吸收，提高阴极反射式的量子效率。

8.6.2　梯度掺杂反射式 GaN 光电阴极的性能

在变掺杂 GaAs 光电阴极优异性能的启发之下，设计了梯度掺杂 GaN 光电阴极，其结构如图 8.3 中样品 3 所示，另外两个均匀掺杂的样品作为对比。采用同样的净化和激活方法对这三个 GaN 样品进行光电阴极的制备，激活过程中多信息量测试系统自动采集、记录光电流，并将光电流随时间的变化曲线实时地绘制出来，激活结束后用多信息量测试系统测试 NEA GaN 光电阴极的光谱响应。

激活过程中三个样品光电流的变化曲线如图 8.19 所示 [2]，曲线 1~3 分别对应样品 1~3。从图 8.19 中可以看出三个样品的激活过程大致可以分为两个阶段：前 33min 左右为单独进 Cs 激活阶段，33min 以后为 Cs、O 交替激活阶段。

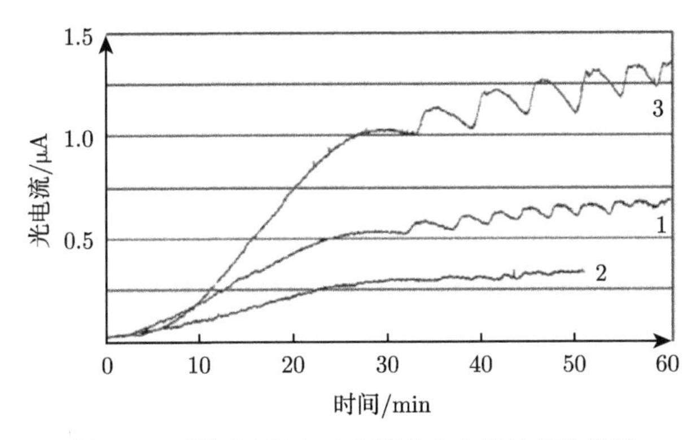

图 8.19 激活过程中三个样品光电流的变化曲线

三个样品激活过程中的具体参数如表 8.5 所示。可以看出：在单独进 Cs 激活阶段，样品 3 的光电流的增长速度和最大值都要大于均匀掺杂样品 1 和样品 2；在 Cs、O 交替激活阶段，样品 1 和样品 3 的光电流的提高幅度大致相同，但最终样品 3 的光电流要大于样品 1 和样品 2。

表 8.5 激活过程中三个样品的参数

样品	1	2	3
单独进 Cs 光电流平均增长速度/(nA/min)	15.6	6.94	30.3
单独进 Cs 光电流最大值/μA	0.55	0.3	1.05
Cs、O 激活光电流最大值/μA	0.7	0.34	1.375
Cs、O 激活光电流提高百分比	27%	13%	30%

激活完成后，通过多信息量测试系统测试了三个样品的光谱响应，并根据量子效率和光谱响应的转换公式计算出了三个样品的量子效率。三个样品的量子效率曲线如图 8.20 所示。图 8.20 中曲线 1~3 分别对应样品 1~3 的量子效率曲线，横坐标为入射光的光子能量，纵坐标为量子效率值。从图 8.20 中可以看出，三个样品在光子能量大于 3.4eV 的部分都有比较大而且相对平坦的响应，在 3.4eV 以下的区域，量子效率则迅速减小，曲线的拐点出现在 3.4eV 左右，截止效果明显，此结果反映了 NEA GaN 光电阴极良好的频率截止特性。比较三个样品的量子效率曲线，可以发现样品 1、样品 2 和样品 3 的最大量子效率都出现在 5.17eV 处，最大值分别为 29%、14%和 56%。在 3.4~5.17eV 范围内，三个样品的量子效率都随光子能量的减小而平缓地降低，趋势基本一致，直至 GaN 的光子阈值能量 3.4eV 开始大幅度地减小。从量子效率曲线来看，三个样品在响应范围内的变化情况相差不大，但在数值上梯度掺杂结构的样品 3 要明显大于均匀掺杂的样品 1 和样品 2。实验结果证明，梯度掺杂 NEA GaN 光电阴极的量子效率比均匀掺杂有明显提高。

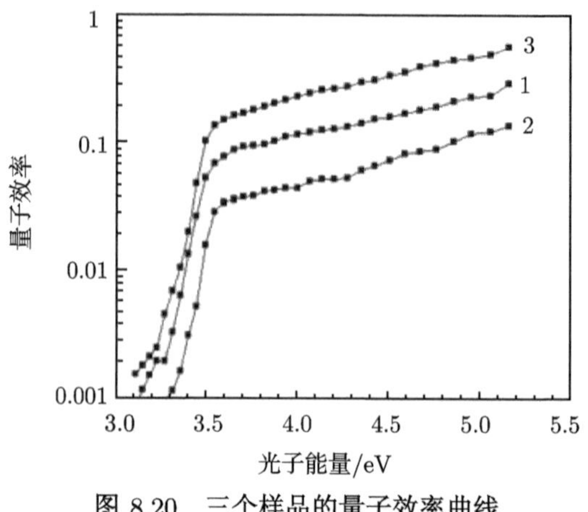

图 8.20　三个样品的量子效率曲线

根据 GaN 的理论模型，与均匀掺杂光电阴极能带和表面势垒的结构相比，梯度掺杂 NEA GaN 光电阴极的能带会在浓度变化区域形成弯曲，由能带弯曲形成的内建电场有利于光电子向表面输运，而且能带的弯曲使得梯度掺杂 NEA GaN 光电阴极中的光电子在到达表面时拥有更高的能量，更容易穿越表面势垒逸出到真空，获得较大的量子效率。因此，我们的实验结果与我们所建立的理论模型预测结果一致，梯度掺杂反射式 GaN 阴极样品 240nm 处量子效率达到了 56%，明显优于均匀掺杂样品。

8.6.3　反射式 NEA GaN 光电阴极衰减及恢复性能

图 8.21 为 NEA GaN 光电阴极衰减补 Cs 后的量子效率曲线 [22]，图中包

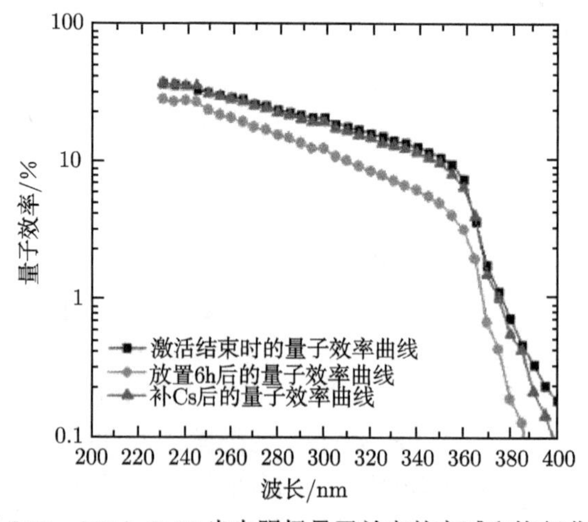

图 8.21　NEA GaN 光电阴极量子效率的衰减和恢复曲线

括了刚刚完成激活后 NEA GaN 光电阴极的量子效率，衰减 6h 后的量子效率以及衰减 6h 补 Cs 后的量子效率曲线。从图 8.21 中可以看到，放置在超高真空中 6h 后，NEA GaN 光电阴极的量子效率在全波段都有明显的下降，相对于短波段，长波段处量子效率衰减得更为严重。255nm 处衰减后的量子效率为初始时的 72%，而 350nm 处的量子效率仅有初始时的 47%。

补 Cs 后 NEA GaN 光电阴极的量子效率恢复得非常理想，在短波段几乎恢复到了刚刚完成激活时的状态，在 240~300nm 的波段内量子效率恢复了 90%以上，长波段内量子效率的恢复要差一些，在 300~375nm 的波段内恢复了 87%以上。整体来看，在补 Cs 后量子效率的恢复是较为理想的，这也说明了 NEA GaN 光电阴极的恢复性较好。

NEA GaN 光电阴极衰减前后能带与表面势垒结构如图 8.22 所示，图中表面势垒处实线为刚刚激活成功时的形状，虚线是衰减后表面势垒的形状。从图 8.22 中可以清楚地看到衰减过程中表面势垒的变化情况，势垒 I 和 II 都比原来要宽了，这样就增加了光电子隧穿势垒的难度，电子表面逸出几率也就下降，最终导致 NEA GaN 光电阴极量子效率的下降。短波段激发的光电子具有较高的能量，从图 8.22 中可以看到，这些高能量的光电子从势垒较高较窄的地方隧穿，而长波段激发的光电子相对能量较低，需要从势垒的底部隧穿，衰减过程中势垒底部形状变化更大，所以导致从底部逸出的光电子减少，量子效率降低，最终出现长波段量子效率衰减较为严重的现象。

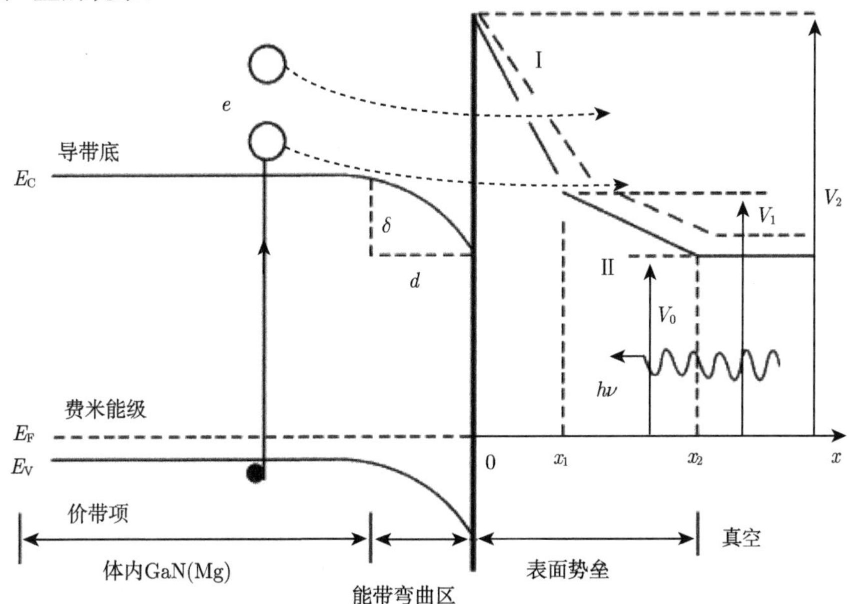

图 8.22 NEA GaN 光电阴极衰减前后能带与表面势垒结构

8.7　透射式 GaN 光电阴极的性能评估

8.7.1　不同缓冲层结构透射式 GaN 光电阴极的性能

1. 采用 AlN 作为缓冲层的透射式 GaN 光电阴极

采用 AlN 作为缓冲层的透射式 GaN 光电阴极结构如图 8.6 所示 [8]，缓冲层为 20nm 厚的 AlN，GaN 发射层厚度为 150nm，p 型掺杂，掺杂元素为 Mg，掺杂浓度为 $1.6\times10^{17}\text{cm}^{-3}$。GaN 样品在超高真空系统中采用 Cs、O 交替的方法进行激活，激活过程中以氘灯作为光源，采用反射式激活方法，通过观测光电流的变化可以精确控制进 Cs、O 的量。

激活成功后，获得的透射式 NEA GaN 光电阴极量子效率如图 8.23 所示，从图中可以看出，透射式 NEA GaN 光电阴极的量子效率曲线呈一个 “门” 字的形状，在 255~355nm 波段具有较高且相对平坦的量子效率，在 290nm 处达到了 13%的最大值，当入射光波长大于 355nm 时量子效率则开始迅速下降，在 355nm 处形成明显的拐点，在阈值波长 365nm 处量子效率降至 3.5%左右，在波长 385nm 处，量子效率只有 0.1%，表现出了较好的长波截止特性。与反射式 NEA GaN 光电阴极不同的是，透射式的量子效率在短波段出现了下降，从图中可以看到，当波长小于 255 nm 时透射式 NEA GaN 光电阴极的量子效率开始迅速下降，240 nm 处的量子效率降到了 0.6%左右，而反射式在短波段仍有较高的量子效率，这是因为透射式的入射光线是照射在蓝宝石衬底上的，透过衬底后要经过一个缓冲层才能到达 GaN 发射层，由于缓冲层 AlN 的禁带宽度较大，对短波段光的吸收系数较大，所以在缓冲层大部分的短波光会被吸收，难以到达 GaN 发射层，最终导致透射式 NEA GaN 光电阴极的量子效率在短波段会出现下降。

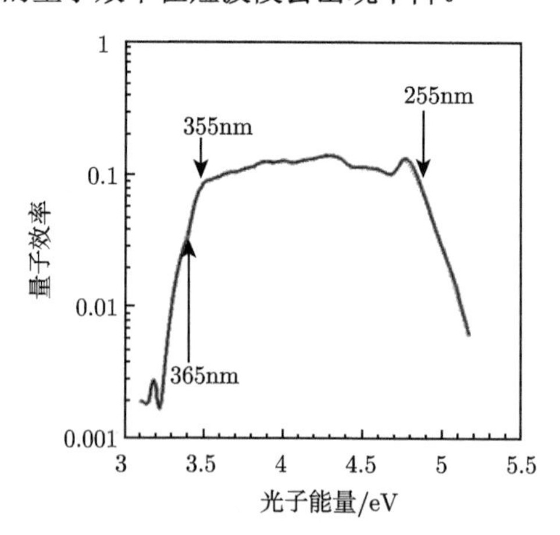

图 8.23　AlN 作为缓冲层的透射式 NEA GaN 光电阴极量子效率曲线

同样通过求解载流子扩散方程的方法，获得了透射式 NEA GaN 光电阴极的量子效率公式，如式 (6.37) 所示，根据此公式，对图 8.23 中实验获得的透射式 NEA GaN 光电阴极的量子效率曲线进行了拟合，拟合过程中 GaN 发射层厚度 T_e= 150nm，缓冲层厚度 $t = 20$nm，电子的扩散系数 D_n= 25cm^2/s，GaN 吸收系数 $\alpha_{h\nu}$ 如图 6.12 所示，AlN 缓冲层吸收系数 $\beta_{h\nu}$ 如图 6.13 所示，得到的参数见表 8.6。

表 8.6 AlN 作为缓冲层的透射式 NEA GaN 光电阴极量子效率曲线拟合结果

平均电子逸出几率 P_0	电子扩散长度 L_D/nm	界面复合速率 S_v/(cm/s)
0.355	108	5×10^4

2. 采用渐变 $Al_xGa_{1-x}N$ 作为缓冲层的透射式 GaN 光电阴极

针对现有缓冲层与 GaN 发射层晶格不匹配以及界面特性不够理想的现状，设计了一种基于组分渐变的 $Al_xGa_{1-x}N$ 缓冲层来改善 GaN 外延材料生长界面的晶格质量，制备透射式 GaN 光电阴极，其结构如图 8.7 所示。利用同样的表面净化和 Cs、O 激活方法对采用 $Al_xGa_{1-x}N$ 作为缓冲层的 GaN 光电阴极进行了制备，并获得了量子效率曲线。

采用 $Al_xGa_{1-x}N$ 作为缓冲层的透射式 NEA GaN 光电阴极的量子效率曲线如图 8.24 所示。可以看到，采用渐变 $Al_xGa_{1-x}N$ 作为缓冲层的透射式 NEA GaN 光电阴极具有较高的量子效率，在其响应波段平均量子效率达到 15%。在透射式工作模式下，根据前面的分析与实验结果，缓冲层与发射层的界面质量会对发射效率起到重要影响。从测试结果看到，与 AlN 缓冲层相似，基于组分渐变缓冲层的透射式 GaN 光电阴极也具有明显的“门”字形的响应，短波起始响应波长为 260nm，长波截止波长为 375nm，最高量子效率达到了 20%，高于以 AlN 为缓冲层的透射式 NEA GaN 光电阴极的 13%。从光谱值看，采用 $Al_xGa_{1-x}N$ 作为缓冲层的透射式 NEA GaN 阴极在 280nm 处的短波紫外响应较好，证明光电阴极材料的缓冲层与发射层之间的界面特性良好，没有对短波紫外响应造成影响，且长波紫外响应平坦，截止陡峭，对应的紫外可见光抑制比在 2 个数量级以上。

根据透射式 NEA GaN 光电阴极量子效率公式，对图 8.24 中的实验曲线进行了拟合，得到了影响阴极光电发射特性的多个阴极参量值，如表 8.7 所示。从拟合结果看到：该阴极的电子平均表面逸出几率 P_0 为 0.364，GaN 发射层材料的电子扩散长度 L_D 为 120nm，考虑其空穴浓度的大小，电子扩散长度处于国内外典型的水平之内。$Al_xGa_{1-x}N$ 缓冲层与 GaN 发射层之间的界面复合速率 S_v 为 5×10^4 cm/s，而界面复合速率一般在大于 10^6 cm/s 后才会对阴极产生明显影响，因此该阴极的界面特性是比较理想的。

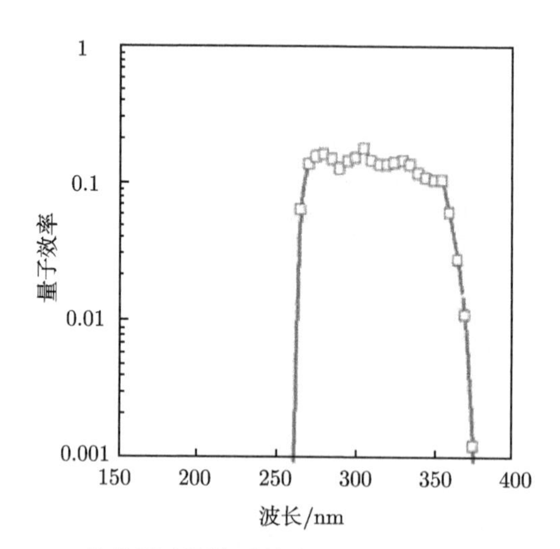

图 8.24　$Al_xGa_{1-x}N$ 作为缓冲层的透射式 NEA GaN 光电阴极的量子效率特性

表 8.7　$Al_x Ga_{1-x}N$ 作为缓冲层的透射式 NEA GaN 阴极量子效率曲线拟合结果

平均电子逸出几率P_0	电子扩散长度 L_D/nm	界面复合速率 S_v/(cm/s)
0.364	120	5×10^4

8.7.2　不同发射层厚度透射式 GaN 光电阴极的性能

我们曾经讨论过透射式 GaN 光电阴极 GaN 发射层厚度与量子效率的关系，应该存在一个最佳的发射层厚度，既足够厚可以充分地吸收入射光，也不能太厚使产生的光电子难以输运到 GaN 光电阴极的发射表面。为了研究透射式 NEA GaN 光电阴极量子效率与 GaN 发射层厚度的关系，根据透射式的量子效率公式，针对 AlN 作为缓冲层的 GaN 光电阴极，对 GaN 发射层厚度变化过程中透射式量子效率的变化进行了仿真 [9]。仿真过程中缓冲层厚度 $t = 20$nm，电子的扩散系数 $D_n=$ 25 cm^2/s，GaN 吸收系数 $\alpha_{h\nu}$ 如图 6.12 所示，AlN 缓冲层吸收系数 $\beta_{h\nu}$ 如图 6.13 所示，从表 8.6 中拟合的结果中取电子表面逸出几率 $P_0 = 0.355$，对 GaN 发射层材料的电子扩散长度 L_D 分别是 108nm，100nm，150 nm 和 200nm 时进行了仿真。对应于每个电子扩散长度，画出了透射式的 NEA GaN 光电阴极全波段量子效率随 GaN 发射层厚度变化的三维图，如图 8.25 所示，图中 (a)~(d) 对应的电子扩散长度依次为 108nm，100nm，150nm 和 200nm。

从图 8.25 中可以看出，随着电子扩散长度的增加，透射式 NEA GaN 光电阴极的量子效率在全波段都有所提升，并且最佳的发射层厚度也在变大，表 8.8 为不同电子扩散长度下仿真后得到的最佳发射层的厚度以及对应的最大量子效率值。从这个表中也可以具体地看出最佳发射层厚度随电子扩散长度变化的情况，并且从

表 8.8 中发现，如果将电子扩散长度提升到 200nm，采用 130nm 厚的 GaN 发射层，能够获得最大 19.5%的量子效率。

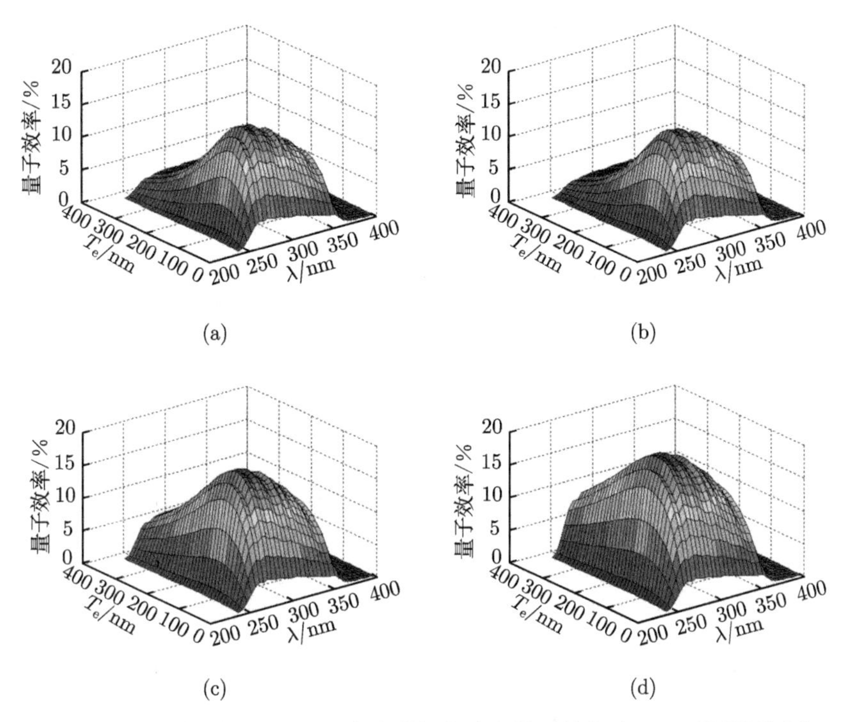

图 8.25 透射式的 NEA GaN 光电阴极全波段量子效率随 GaN 发射层厚度变化的三维图(彩图见封底二维码)

表 8.8 不同电子扩散长度下的最佳发射层的厚度以及对应的最大量子效率值

L_D/nm	最佳 T_e/nm	最大量子效率/%
108	90	15.5
100	90	15.0
150	110	17.7
200	130	19.5

8.7.3 透射式与反射式 GaN 光电阴极性能的对比

由于照射方向和工作模式的不同，对于结构相同的同一个 GaN 光电阴极，它的反射式和透射式的量子效率曲线是不同的，在激活成功后，利用本实验室系统入射光路可调的便利，通过改变入射光的方向，我们对 NEA GaN 光电阴极反射式和透射式的量子效率进行了测试，图 8.26 是采用 AlN 作为缓冲层的 NEA GaN 光电阴极反射式和透射式的量子效率曲线，图中给出了 3.1~5.17eV 波段的量子效率，

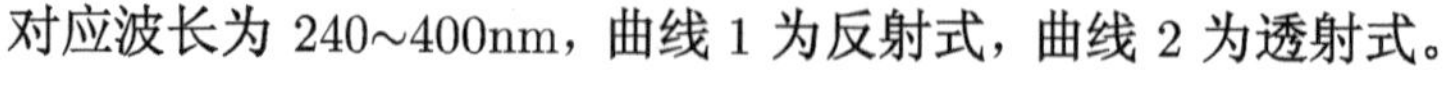
对应波长为 240~400nm，曲线 1 为反射式，曲线 2 为透射式。

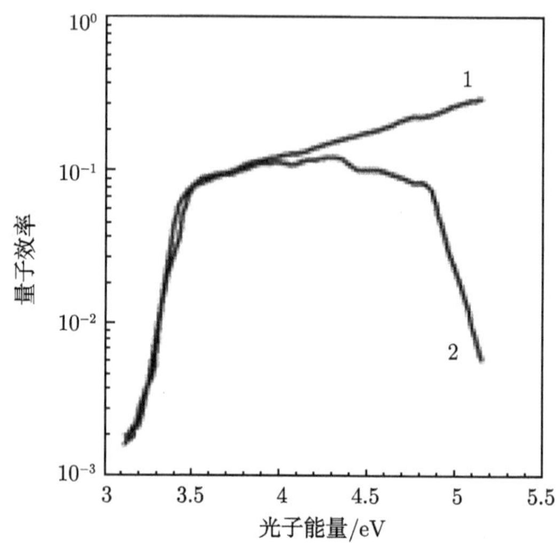

图 8.26　NEA GaN 光电阴极反射式和透射式的量子效率曲线

从图 8.26 中可以看出，反射式 NEA GaN 光电阴极在 240 ~ 350nm 的紫外波段内量子效率在 30%~10%，曲线较为平坦，在 240nm 处达到最大值 30%。室温下 GaN 的禁带宽度为 3.4 eV，相对应的阈值波长为 365nm，图中可以看到曲线在 365nm 处量子效率开始迅速下降，形成了明显的拐点，与理论值吻合得很好。从图 8.26 中可以看到，透射式 NEA GaN 光电阴极的量子效率曲线呈一个 “门” 字的形状，在 255 ~ 355nm 波段具有较高且相对平坦的量子效率，在 290nm 处达到了 13%的最大值，当入射光波长大于 355nm 时量子效率则开始迅速下降，在 355nm 处形成明显的拐点，同样表现出了较好的长波截止特性。在量子效率的最大值上，透射式远不如反射式，尤其是在短波段，当反射式 NEA GaN 光电阴极量子效率仍保持较大值时，透射式的量子效率出现了明显的下降，当波长小于 255nm 时透射式 NEA GaN 光电阴极的量子效率开始迅速下降，主要是因为对于透射式工作模式下的光电阴极，入射光需要穿过蓝宝石衬底和缓冲层才能到达 GaN 发射层，一些能量高波长短的光被前端吸收，激发出的光电子难以入射到 GaN 发射层。

8.8　制备工艺对 GaN 光电阴极性能的影响

8.8.1　不同化学清洗方法净化后 GaN 光电阴极的性能

曾经讨论过化学清洗对 GaN 光电阴极性能的重要影响，并且采用了三种化学清洗方法分别对结构相同的样品进行了清洗实验，样品 1 采用的是 2 : 2 : 1 的

H_2SO_4(98%) : H_2O_2(30%) : 去离子水混合溶液；样品 2 采用的是 HCl(37%) 溶液；样品 3 采用的是 4 : 1 的 H_2SO_4(98%) : H_2O_2(30%) 混合溶液，样品 4 没有进行任何化学清洗，作为参考。化学清洗后对这些 GaN 样品都进行了 XPS 分析，结果显示样品 1 的表面清洁程度最高，样品 3 表面的污染物最多。

在不同化学清洗方法清洗之后，在超高真空系统中用相同的 710℃分别对 GaN 样品进行了高温加热净化的处理，在自然冷却至室温后，用 Cs、O 激活的方法对这些样品进行了激活实验，激活过程中利用氘灯从反射式方向照射 GaN 样品，并采集了光电流的数据，样品 1~3 激活过程中光电流的变化曲线如图 8.27 所示，曲线 1~3 分别对应于样品 1~3，由于样品 4 没有进行化学清洗，没有对其进行激活实验，所以没有它的光电流曲线。从图 8.27 中可以看到，三个样品激活过程中的光电流变化曲线形状大致相同，都是在进 Cs 后光电流达到一个极大值，然后进行 Cs、O 交替，当光电流基本不再增长时结束激活过程，一般要进行三到四个 Cs、O 交替。样品 1 和样品 2 在激活开始大约 2min 时光电流值有一个跳跃，这是因为氘灯在此时打开，而样品 3 在激活一开始就打开了氘灯，三个样品在未激活前在氘灯的照射下都已经存在较小的光电流，这说明氘灯光谱中有足够高能量的光，可以在激活前就激发出 GaN 材料中的光电子。

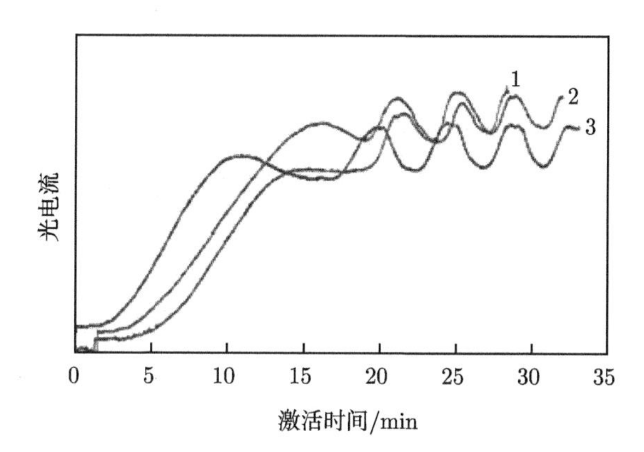

图 8.27 不同化学方法清洗后激活过程中光电流的变化曲线

激活成功后，对三个 NEA GaN 光电阴极的光谱响应进行了测试，获得了它们的量子效率曲线，如图 8.28 所示 [13]，图中曲线 1~3 分别对应于样品 1~3。从图中可以看到，样品 1 在激活后拥有最高的量子效率，样品 3 的量子效率最小。样品 1 最大的量子效率值出现在 5.17eV 处，达到了 29%。在 3.4eV 处样品 2 的量子效率与样品 1 一样，然而随着入射光子能量的增加，样品 2 的量子效率增长速度要低于样品 1，最终样品 2 的最大量子效率同样出现在 5.17eV，为 26%。样品 3 在整个响应波段内的量子效率都要低于样品 1，最高量子效率在 5.17eV 处，只有 22%。

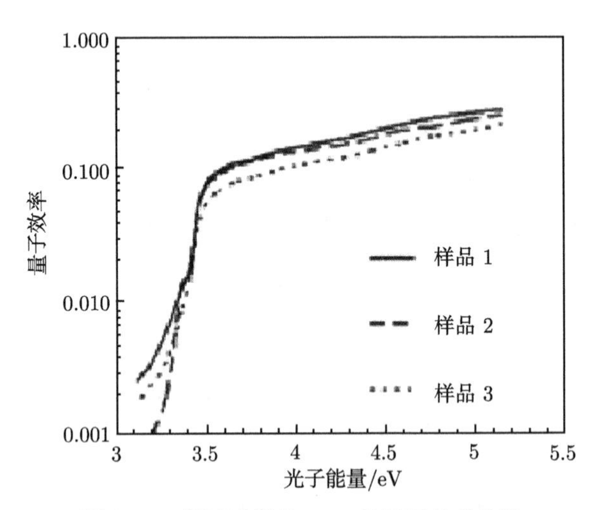

图 8.28　激活后样品 1~3 的量子效率曲线

以前的研究显示，要想成功激活 GaN 光电阴极获得负电子亲和势的表面，需要 GaN (0001) 表面达到原子级清洁的表面，其中 C 和 O 污染物的含量都应该尽量去掉。在我们的化学清洗对比实验中，样品 1 最终获得了最优的光谱响应特性。根据化学清洗后 XPS 的分析结果，知道样品 1 表面 Ga 和 N 的含量在四个样品中是最高的，并且 C 的含量是最低的，说明化学清洗后样品 1 表面是较为清洁的，这与最终样品 1 取得了较高的量子效率是相符的。但是 XPS 分析显示样品 1 表面 O 的含量较高，这个问题在以后的工作中需要继续进行研究。

一般来说，GaN 光电阴极表面净化工艺包括化学清洗和高温加热两个步骤，化学清洗主要是用来刻蚀 GaN 的表面，而高温加热过程中，当达到一定温度时，GaN 表面的一些氧化物开始分解，最终获得原子级清洁表面。在化学清洗过程中，我们认为对于 p 型掺杂的影响是可以忽略的，因为在实验中，采用 GaN 样品的 Mg 掺杂浓度为 10^{17}cm^{-3}，而纤锌矿结构 GaN 的原子浓度为 8.9×10^{22}cm^{-3}，即大约在 100000 个 Ga 原子和 N 原子中才会有一个 Mg 原子，所以 p 型掺杂 Mg 原子密度相对于 GaN 来说是非常小的。在 XPS 分析中，也没有检测到任何关于 Mg 元素的信号，所以化学清洗对 p 型掺杂的影响是可以忽略的。

XPS 的结果显示，样品 3 表面的化学清洗效果是较差的，从最终量子效率曲线上也发现样品 3 的量子效率较低，这说明了化学清洗的重要性，如果 GaN 样品表面在化学清洗过程中没有清洗完全，那么在后续的加热过程中，GaN 表面也很难达到理想中清洁的程度。

8.8.2　二次加热对 GaN 光电阴极性能的影响

8.4 节中进行了 GaN (0001) 表面二次加热的实验，实验过程如图 8.13 所示。

经过反复实验发现，第二次加热后未激活前 GaN 光电阴极的光电流值要明显大于第一次加热后的，认为成功激活后的 NEA GaN 光电阴极在超高真空中加热到 710℃保持 25min 不能完全去除 GaN 表面的 Cs、O，这也体现了 NEA GaN 光电阴极的耐高温性。二次加热后，采用同样的激活方法对 GaN 光电阴极进行了 Cs、O 激活，发现两次加热激活后获得的 NEA GaN 光电阴极的量子效率没有明显的区别，我们从多次实验的结果中选取了一条较有代表性的量子效率曲线，如图 8.29 所示 [18]。

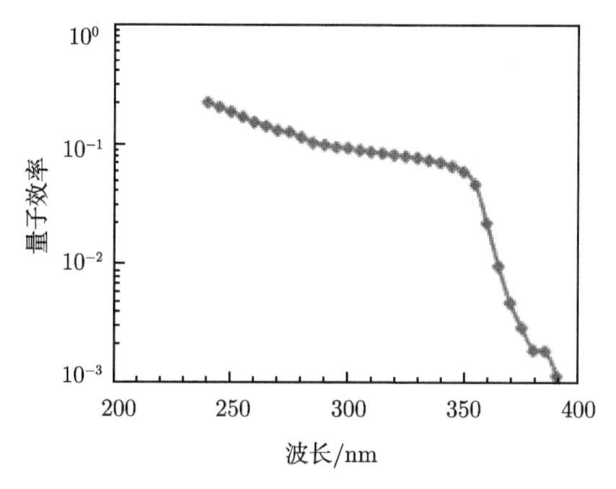

图 8.29 二次加热实验 NEA GaN 光电阴极的量子效率曲线

8.8.3 不同光照下激活后 GaN 光电阴极性能的对比

图 8.30 是不同光照下激活过程中 GaN 光电阴极的光电流变化曲线，其中曲线 1(a)、1(b) 和 1(c) 分别表示样品 1 在光照条件 (a)、(b) 和 (c) 下的光电流，曲线 2(a)、2(b) 和 2(c) 分别表示样品 2 在光照条件 (a)、(b) 和 (c) 下的光电流。从激活过程中光电流的变化曲线来看，两个样品在不同光照下整个激活的过程区别

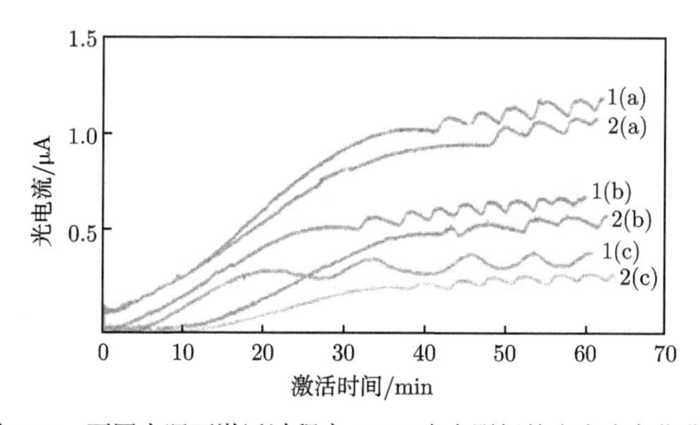

图 8.30 不同光照下激活过程中 GaN 光电阴极的光电流变化曲线

不大，只是光电流的绝对值不同，这是由不同光照的光功率不同造成的。整个激活都符合先进 Cs，饱和后开始进 O，然后 Cs、O 交替的过程，应该说 Cs、O 激活是一套较为完善成熟的激活工艺。

在多次实验中，发现在全光谱氘灯照射下，两个 GaN 光电阴极样品在激活前就已经有光电流的产生，而在 300nm 单色光照射下，激活前没有检测到光电流。GaN 室温下禁带宽度为 3.4eV，电子亲和势为 4.1eV[29]，所以入射的光子能量达到 7.5eV 以上才能激发 GaN 产生光电子，对应于波长为 165nm。明显，300nm 的光没有足够的能量使 GaN 发生光电效应，但是从氘灯的光谱强度的谱图 8.16 中可以看到，在 165 nm 甚至更短的波段内氘灯具有较强的光谱强度 [30~32]，这些波段的光具有足够的能量激发未激活的 GaN 发生光电发射的效应。所以在激活前氘灯照射下的 GaN 光电阴极有光电流，而 300nm 单色光照射下并没有检测到。

图 8.31 是不同光照下激活后 NEA GaN 光电阴极的量子效率曲线，图中曲线 1(a)、1(b) 和 1(c) 和曲线 2(a)、2(b) 和 2(c) 是样品 1 和样品 2 在氘灯、70 μW 和 35 μW 的 300nm 单色光照射下激活后的量子效率曲线。

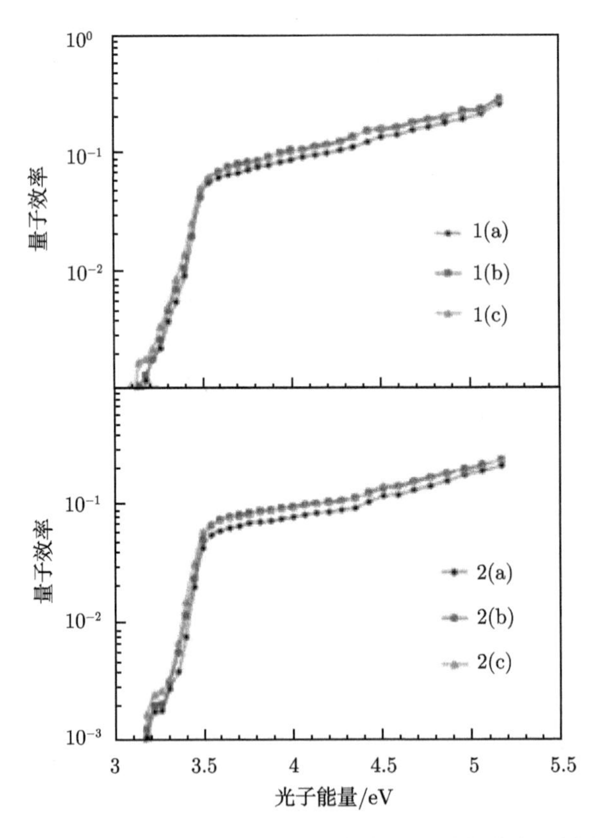

图 8.31　不同光照下激活后 NEA GaN 光电阴极的量子效率曲线 (彩图见封底二维码)

从图 8.31 中可以看出，样品 2 的量子效率曲线要比样品 1 的平坦，并且在低能量光子波段量子效率的下降要比样品 1 慢，这是因为样品 2 的 GaN 发射层厚度较厚，所以具有低吸收系数的低能量光子在较厚的 GaN 层中可以被更多地吸收。对比不同光照下激活后的量子效率曲线，发现对于两个样品来说，在整个波段都是 300nm 单色光照射下激活后的量子效率要大于全光谱氘灯照射下激活的量子效率，而不同功率 300nm 单色光照射下激活的 GaN 光电阴极的量子效率曲线差别并不明显。所有量子效率曲线的最大值都出现在 5.1eV 处，表 8.9 列出了它们的量子效率值。从表中可以看到，不同功率 300nm 光照下激活的 GaN 光电阴极的最大量子效率值几乎一致，但相对于氘灯的都有明显的提升。通过对比量子效率曲线图以及最大量子效率值，可以发现 300nm 单色光照射下激活的 GaN 光电阴极具有比氘灯照射激活更高的量子效率，并且不同功率单色光照射下激活的 GaN 光电阴极性能差别不大。

表 8.9 不同光照下激活后 NEA GaN 光电阴极量子效率值

	全光谱氘灯	70 μW 300nm 单色光	35 μW 300nm 单色光
样品 1	25.7%	28.3%	27.8%
样品 2	21.1%	23.7%	23.8%

图 8.32 为邹继军等报道的不同光照时间下 NEA GaAs 光电阴极量子效率的变化曲线，实验中光照强度为 100lx 的白光，并且可以观察到由光照产生的光电流。

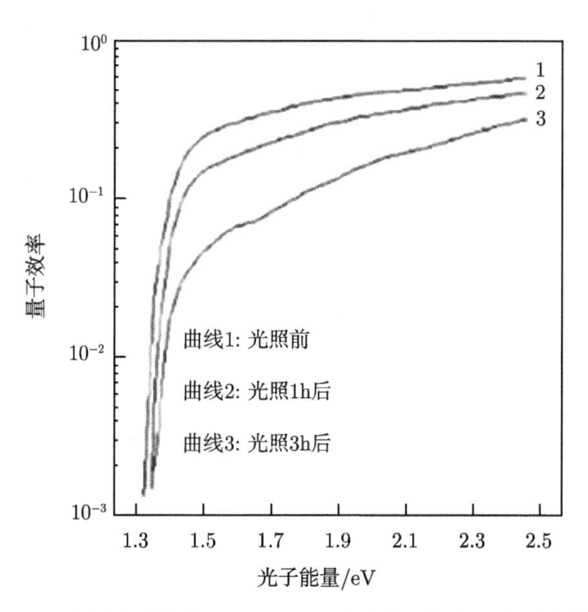

图 8.32 不同光照时间下 NEA GaAs 光电阴极量子效率的变化曲线

图 8.32 中曲线 1 是刚刚完成激活后测得的，曲线 2 是光照 1h 后的量子效率曲线，曲线 3 是光照 3h 后的量子效率曲线 [33]。他们通过研究发现，成功激活后当利用白光照射 NEA GaAs 光电阴极表面时，会产生光电流，这些光电流会加速光电阴极性能的衰减速度。他们认为光电流导致了分子的脱落，破坏了阴极表面的 Cs、O 层结构。在本节的实验中，在氙灯照射下 GaN 光电阴极激活前就已经有明显的光电流，我们认为与邹继军等的研究理论相似，正是这些光电流的存在，使激活过程中 Cs、O 在 GaN 光电阴极表面的吸附受到阻碍，难以形成最佳的表面结构，最终 NEA GaN 光电阴极量子效率达不到理想的情况。

参 考 文 献

[1] Wang X H, Chang B K, Ren L, et al. Influence of the p-type doping concentration on reflection-mode GaN photocathode. Applied Physics Letter, 2011, 98: 082109

[2] 王晓晖, 常本康, 钱芸生, 等. 梯度掺杂与均匀掺杂 GaN 光电阴极的对比研究. 物理学报, 2011, 60: 047901

[3] Zhang Y J, Chang B K, Yang Z, et al. Distribution of carriers in gradient-doping transmission-mode GaAs photocathodes grown by molecular beam epitaxy. Chinese Physics B, 2009, 18(10): 4541-4546

[4] Yang Z, Chang B K, Zou J J, et al. Comparison between gradient-doping GaAs photocathode and uniform-doping GaAs photocathode. Applied Optics, 2007, 46(28): 7035-7039

[5] Siegmund O H W, Tremsin A S, Vallerga J V, et al. Gallium nitride photocathode development for imaging detectors. Proceedings of SPIE, 2008, 7021: 70211B

[6] 刘恩科, 朱秉升, 罗晋生, 等. 半导体物理学. 6 版. 北京: 电子工业出版社, 2007

[7] Niu J, Yang Z, Chang B K. Equivalent method of solving quantum efficiency of reflection-mode exponential doping GaAs photocathodes. Chinese Physics Letters, 2009, 26(10): 104202

[8] 王晓晖, 常本康, 钱芸生, 等. 透射式负电子亲和势 GaN 光电阴极的光谱响应研究. 物理学报, 2011, 60: 057902

[9] Wang X H, Shi F, Guo H, et al. The optimal thickness of transmission-mode GaN photocathode. Chinese Physics B, 2012, 21(8): 087901

[10] Munoz M, Huang Y S, Pollak F H, et al. Optical constants of cubic GaN/GaAs(001): Experiment and modeling. J. App. Phys., 2003, 93(5): 2549-2553

[11] Nemanich R J, Baumann P K, Benjamin M C, et al. Electron emission properties of crystalline diamond and Ⅲ -nitride surfaces. Applied Surface Science, 1998, 132: 694-703

[12] Du X Q, Chang B K, Qian Y S, et al. Transmission-mode GaN photocathode based on graded $Al_xGa_{1-x}N$ buffer layer. Chinese Optics Letters, 2011, 9(1): 010401

[13] Wang X H, Gao P, Wang H G, et al. Influence of the wet chemical cleaning on quantum efficiency of GaN photocathode. Chinese Physics B, 2013, 22(2): 027901

[14] Machuca F, Liu Z, Sun Y, et al. Simple method for cleaning gallium nitride (0001). J. Vac. Sci. Technol. A, 2002, 20: 1784-1786

[15] Tracy K M, Mecouch W J, Daivs R F, et al. Preparation and characterization of atomically clean, stoichiometric surfaces of n- and p-type GaN (0001). Journal of Applied Physics, 2003, 94(5): 3163-3172

[16] King S W, Barnak J P, Bremser M D, et al. Cleaning of AlN and GaN surfaces. Journal of Applied Physics, 1998, 84(9): 5248-5260

[17] Moulder J F. Handbook of X-ray Photoelectron Spectroscopy. Eden Prairie: Perkin-Elmer, 1992

[18] Wang X H, Ge Z H, Hao G H, et al. Comparison of first and second annealing GaN Photocathode. 2012 Photonics Global Conference, 2012

[19] Elamrawi K A, Hafez M A, Elsayed-Ali H E. Atomic hydrogen cleaning of InP(100) for preparation of negative electron affinity photocathode. Journal of Applied Physics, 1998, 84(8): 4568-4572

[20] Yamada M, Ide Y. Anomalous behaviors observed in the isothermal desorption of GaAs surface oxides. Surface Science, 1995, 339: L914-L918

[21] Allwood D A, Mason N J, Walker P J. In situ characterization of III-V substrate oxide desorption by surface photo absorption in MOVPE. Materials Science and Engineering B, 1999, 66: 83

[22] 乔建良. 反射式 NEA GaN 光电阴极激活与评估研究. 南京: 南京理工大学，2010

[23] Du X Q, Chang B K. Angle-dependent X-ray photoelectron spectroscopy study of the mechanisms of “high-low temperature” activation of GaAs photocathode. Appl. Surf. Sci., 2005, 251 (1-4): 267-272

[24] 邹继军, 陈怀林, 常本康. GaAs 光电阴极表面电子逸出概率与波长关系的研究. 光学学报, 2006, 26(9): 1400-1403

[25] 杜晓晴, 常本康, 钱芸生, 等. GaN 紫外光阴极材料的高低温两步制备实验研究. 光学学报. 2010, 30(6):1734-1738

[26] Machuca F, Sun Y, Liu Z, et al. Prospect for high brightness III-nitride electron emitter. J. Vac. Sci. Technol. B, 2000, 18: 3042-3046

[27] Wang X H, Chang B K, Du Y J, et al. Quantum efficiency of GaN photocathode under different illumination. Applied Physics Letter, 2011, 99: 042102

[28] 刘金元, 薛凤仪. 紫外和真空紫外光谱辐射标准灯——氘灯. 测量与设备, 2002, 3: 19-21

[29] Levinshtein M E, Rumyantsev S L, Shur M S. 先进半导体材料性能与数据手册. 杨树人, 殷景志, 译. 北京: 化学工业出版社, 2003

[30] Riedo A, Wahlström P, Scheer J A, et al. Effect of long duration UV irradiation on diamondlike carbon surfaces in the presence of a hydrocarbon gaseous atmosphere. Journal of Applied Physics, 2010, 108: 114915

[31] Saunders R D, Ott W R, Bridges J M. Spectral irradiance standard for the ultraviolet: the deuterium lamp. Applied Optics, 1978, 17(4): 593-600

[32] Bridges J M. Development and calibration of UV/VUV radiometric sources. SPIE, 1992, 1764: 262-270

[33] Zou J J, Chang B K, Chen H L, et al. Variation of quantum yield curves of GaAs photocathodes under illumination. Journal of Applied Physics, 2007, 101: 033126

第 9 章 AlGaN (0001) 光电阴极制备

首先设计了变 Al 组分 AlGaN 光电阴极的发射层和缓冲层结构，通过半导体异质结能带理论计算出 AlGaN 光电阴极的能带结构，根据 AlGaN 光电阴极材料的光学性质分析了 AlGaN 晶体材料中 Al 组分及其各层的厚度。

9.1 AlGaN 光电阴极材料结构设计

9.1.1 变掺杂 AlGaN 光电阴极材料

由 NEA 光电阴极光电发射"三步模型"可知，只有扩散到阴极表面的光电子才有可能逸出到真空。而光子的吸收效率与光电子向阴极表面的输运能力均与阴极发射层结构、晶体生长质量和厚度有关[1,2]。当阴极发射层的厚度较薄时，入射光激发出的光电子数量比较少，若能将这些光电子全部输运到阴极表面并逸出到真空，那么这种结构的光电阴极同样可以具有较高的量子效率。

在 GaAs 光电阴极结构设计中，为增强光电子向光电阴极表面方向的输运能力，阴极发射层采用了变掺杂结构这一设计方法，掺杂浓度自后界面处到阴极表面逐渐降低，在发射层内形成了指向阴极内部的内建电场，有效地提高了光电子向光电阴极表面方向的输运能力，如图 9.1 所示[3~5]。但是在 AlGaN 光电阴极结构设计中，却不能采用同样的方法来提高 AlGaN 光电阴极的光电子输运能力。

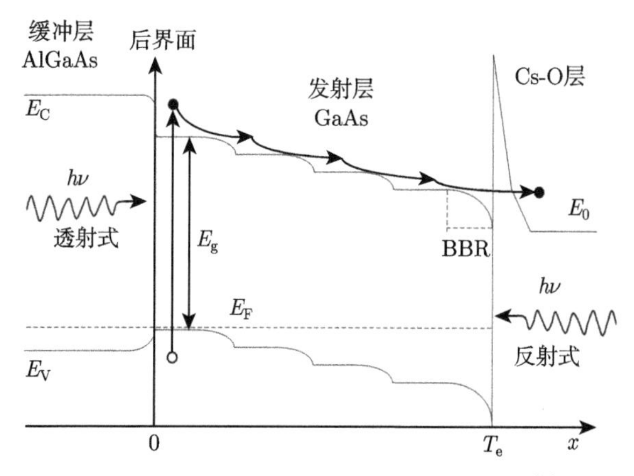

图 9.1 变掺杂 GaAs 光电阴极能带结构[3]

首先 AlGaN 晶体材料的掺杂效率远低于 GaAs 晶体材料。在 p 型掺杂的 GaN 晶体材料中，Mg 原子的掺杂效率均高于其他种类原子，但是 GaN 晶体中空穴浓度却不与 Mg 掺杂浓度成正比，如图 9.2 所示，低浓度掺杂的 AlGaN 晶体中 Mg 原子离化率不足十分之一，高浓度掺杂的 AlGaN 晶体中 Mg 原子离化率不足百分之一，而且高浓度掺杂还严重影响晶体的生长质量[6~10]。在同等浓度的 Mg 掺杂 AlGaN 晶体材料中，随 Al 组分增加晶体中 Mg 的离化率逐渐降低，而且 Mg 的掺杂效率还与生长方式、生长条件和生长设备均有关系。其次，GaAs 晶体在可见光范围内的光吸收系数为 10^3cm^{-3} 数量级，而 AlGaN 晶体在紫外波段的吸收率已达到 10^5cm^{-1} 数量级，厚度为 100nm 的 AlGaN 晶体对波长为 260nm 入射光的吸收效率已达到 60%以上。最后，p 型 GaAs 晶体的电导率远高于 AlGaN 晶体，而且其电子扩散长度已达到 2 μm 以上，阴极发射层厚度大于 1 μm，其变掺杂结构中每个 p 型掺杂 GaAs 子层的厚度均在百纳米数量级，再加上外延生长工艺成熟，因此有足够的发射层厚度和生长条件来实现 GaAs 光电阴极的变掺杂结构。而 AlGaN 晶体的电子扩散长度仅为 100nm 左右，阴极发射层的厚度需小于 100nm，所以 AlGaN 光电阴极发射层的厚度完全不需要达到微米数量级，再加上 AlGaN 晶体的掺杂与外延生长条件有限，难以生长出高质量变掺杂的 AlGaN 材料。因此，若采用变掺杂的方法设计 AlGaN 光电阴极结构，则难以达到提高 AlGaN 光电阴极量子效率的目的。

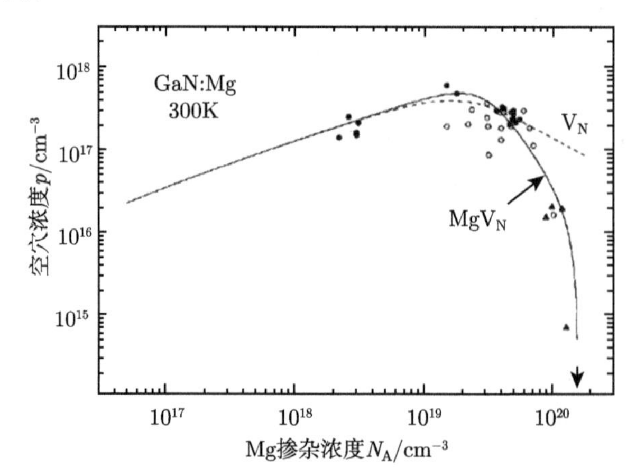

图 9.2　GaN 晶体材料的空穴浓度与 Mg 掺杂浓度关系曲线[7]

阴极发射层采用变掺杂结构设计的目的是在阴极发射层内形成内建电场，促进光电子向阴极表面扩散。根据 3.2 节中的分析可知，AlGaN 晶体中变 Al 组分结构同样能在晶体体内形成内建电场，而且可以促进光电子从高 Al 组分一侧输运到低 Al 组分一侧，合理地控制阴极发射层中 Al 组分的降低梯度，可以保证界面处缺陷与界面散射不会对光电子的扩散运动产生较大的影响。而且与变掺杂 AlGaN 晶体生长工艺相比，变 Al 组分 AlGaN 晶体的生长工艺简单、操作方便，为制备变组分 AlGaN 光电阴极提供了外延生长条件。

9.1.2 变 Al 组分 AlGaN 光电阴极发射层结构设计

为提高发射层 $Al_xGa_{1-x}N$ 晶体的生长质量，选用 AlN 晶体为缓冲层，来缓解衬底与发射层之间的晶格缺陷和热膨胀系数不匹配等问题，因此反射式 AlGaN 光电阴极材料是由缓冲层和发射层两部分组成的。传统的反射式 AlGaN 光电阴极材料的设计方法是选用较厚的发射层[11,12]，这样可以增加入射光在阴极发射层内的吸收效率，同时可使阴极材料表面的 AlGaN 晶体具有较高的生长质量。如图 9.3(a) 所示，AlGaN 材料 F1 的 Al 组分为 0.24，其中阴极发射层的厚度为 150nm。阴极表面的氧化铝严重影响了阴极表面 Cs 原子的吸附效率。因此，为提高阴极表面的 Cs 原子吸附效率，在 AlGaN 光电阴极表面生长一层 GaN 晶体，如图 9.3(b) 所示，AlGaN 材料 F2 表面 GaN 层的厚度为 10nm，即形成了具有变 Al 组分结构的反射式 AlGaN 光电阴极材料。

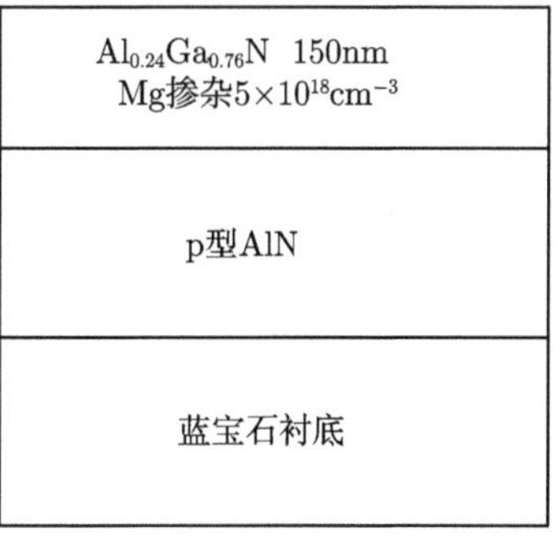

(a)

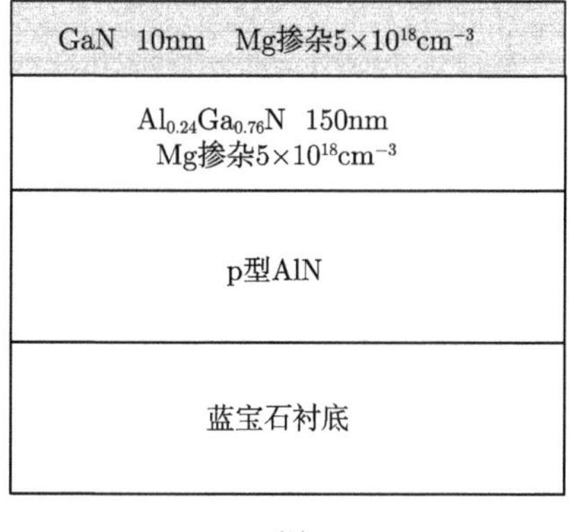

(b)

图 9.3 反射式 AlGaN 光电阴极材料结构示意图

(a) F1; (b) F2

图 9.3 中阴极发射层 $Al_{0.24}Ga_{0.76}N$ 晶体直接生长于缓冲层 AlN 晶体上，阴极后界面处依然存在较大密度的晶体缺陷，而且这些晶体缺陷还可以延伸至发射层内部。为提高阴极发射层晶体的生长质量，AlGaN 光电阴极材料结构中应存在缓解后界面晶体缺陷的变 Al 组分 AlGaN 晶体层。AlGaN 晶体中 Al 组分的变化模式分为梯度变化和指数变化，如图 9.4 所示。最理想的 Al 组分变化形式为自后界面起至阴极表面，AlGaN 晶体的 Al 组分呈指数形式减小，如图 9.4(b) 所示。

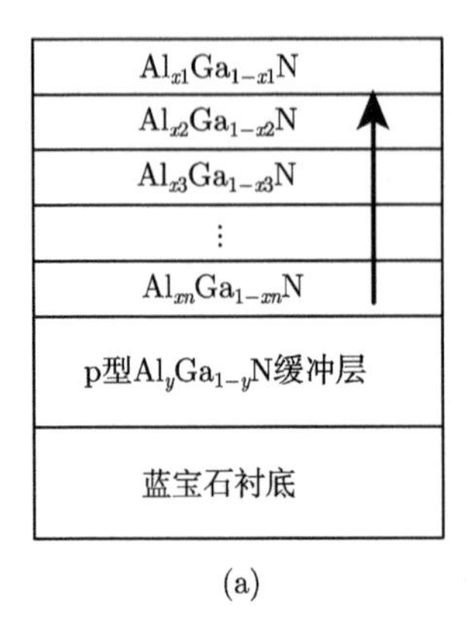

(a)

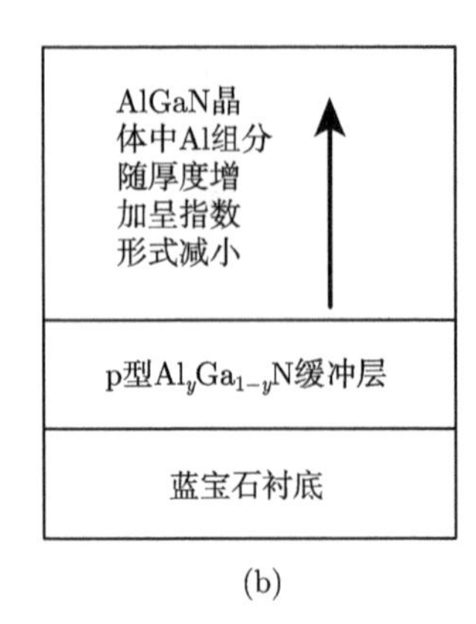

(b)

图 9.4 变 Al 组分 AlGaN 光电阴极结构

(a) 发射层 $Al_xGa_{1-x}N$ 晶体 Al 组分呈梯度形式减小；(b) 发射层 $Al_xGa_{1-x}N$ 晶体 Al 组分呈指数形式减小

在 Al 组分指数形式减小的 AlGaN 晶体中，Al 组分随 AlGaN 晶体厚度变化公式为

$$F_{\mathrm{Al}} = x + (1 - x)\exp(-T/A) \tag{9.1}$$

式中，x 为阴极最外层 AlGaN 晶体的 Al 组分，也决定了阴极的响应阈值波长；T 为发射层 $Al_xGa_{1-x}N$ 晶体的总厚度；A 为发射层 $Al_xGa_{1-x}N$ 晶体 Al 组分变化因子。

根据透射式 GaAs 光电阴极制备经验可知[13]，当发射层厚度为电子扩散长度的二分之一左右时，激活后的透射式 GaAs 光电阴极具有良好的光电发射特性。p 型 AlGaN 晶体的电子扩散长度为 80~110nm[14]，因此可工作于透射式模式下的 AlGaN 光电阴极材料的发射层厚度应小于 60nm。同时透射式 AlGaN 光电阴极的电子逸出几率小于 0.5，所以若要 AlGaN 光电阴极的量子效率达到 20%，则需要满足 AlGaN 光电阴极材料拥有 40%以上的入射光吸收率，此时阴极发射层厚度需大于 45nm。因此合理的 AlGaN 光电阴极材料发射层的厚度范围为 45~60nm。

自 AlN 缓冲层起至阴极表面 Al 组分下降速率不同时，变 Al 组分结构对阴极材料光电特性的影响也不同。若 Al 组分下降过快，则在 AlGaN 晶体中没有足够的高 Al 组分 AlGaN 晶体层来缓冲后界面的缺陷。若 Al 组分下降过慢，则高 Al 组分的 AlGaN 晶体过厚，会降低 AlGaN 晶体对低能光子的吸收率。利用式 (9.1) 对 AlGaN 晶体的 Al 组分变化趋势进行模拟，模拟结果如图 9.5 所示，其中曲线 1、2 和 3 的常数 A 分别为 6nm、10nm 和 14nm。阴极表面的 Al 组分为 0.37，发射层的总厚度为 60nm。当光子能量为 4.75 eV(波长为 260nm) 时，只有 Al 组分小于 0.57 的 AlGaN 晶体才能吸收该波长的光子，所以三种 Al 组分指数变化的晶体结构中能够吸收该波长入射光的晶体厚度分别为 53nm、49nm 和 44nm。

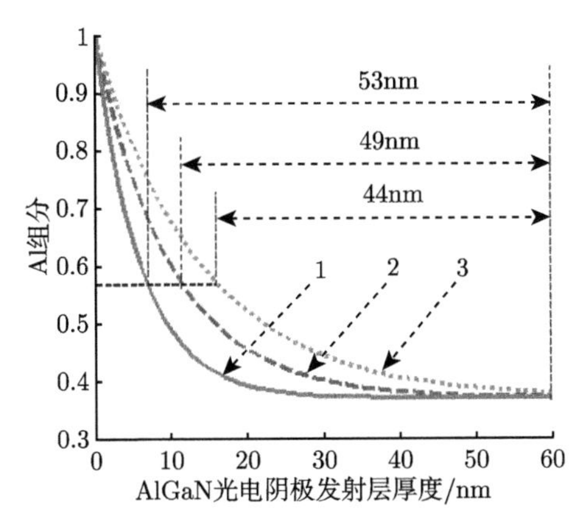

图 9.5 阴极发射层 $Al_xGa_{1-x}N$ 晶体中 Al 组分变化示意图

目前，由于外延生长技术的限制，理想的 Al 组分指数形式变化的 AlGaN 晶体难以在实际晶体外延生长过程中实现。因此，按照图 9.5 中 Al 组分指数变化规律，将阴极发射层划分为 2~4 层，来实现 AlGaN 晶体中 Al 组分近似呈指数规律变化。根据指数曲线变化规律设计了 Al 组分梯度变化的 AlGaN 光电阴极发射层结构，如图 9.6(a) 所示，自缓冲层起至阴极表面 Al 组分分别为 0.8、0.6、0.47 和 0.37，各自厚度分别为 5nm、10nm、15nm 和 30nm，AlGaN 材料 T1 结构如图 9.6(b) 所示。使用同样的方法，分别设计了发射层厚度为 40~60nm 的 3 种变 Al 组分结构的 AlGaN 光电阴极材料 T2、T3 和 T4，如图 9.7 所示。

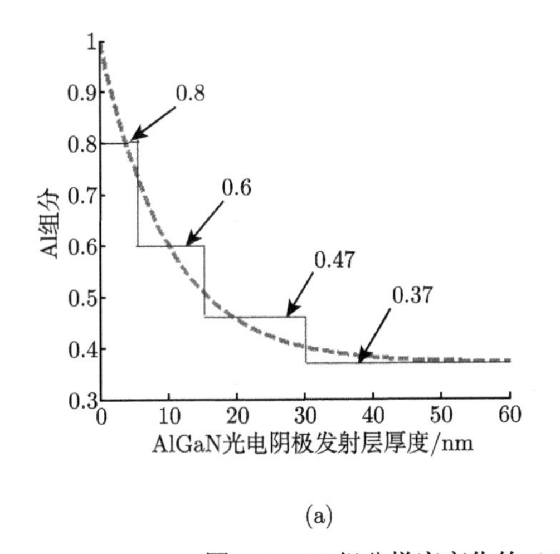

(a)

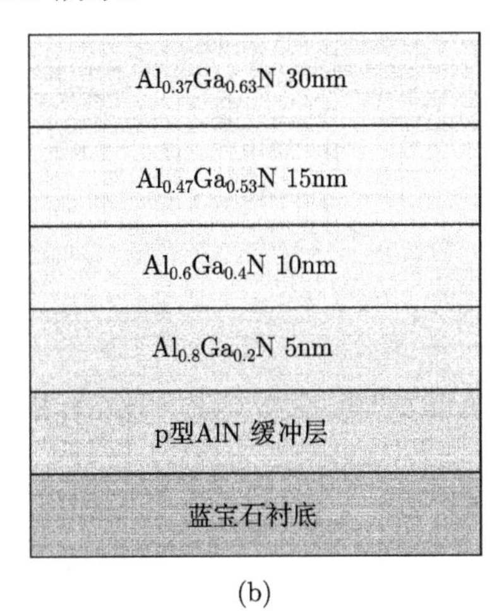

(b)

图 9.6 Al 组分梯度变化的 AlGaN 光电阴极结构示意图

(a) Al 组分近似呈指数规律变化示意图；(b) 变 Al 组分 AlGaN 光电阴极材料 T1

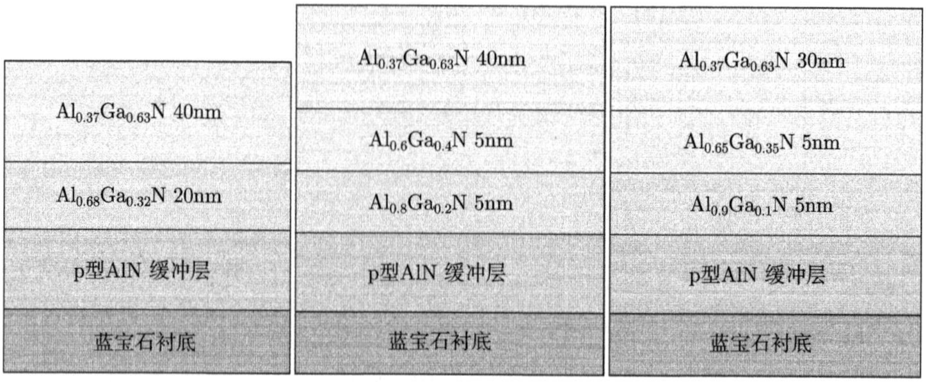

图 9.7　变 Al 组分 AlGaN 光电阴极材料的发射层结构

(a) T2; (b) T3; (c) T4

9.1.3　变 Al 组分 AlGaN 光电阴极材料的能带结构分析

相同掺杂浓度的 p-p 型 AlGaN 异质结内建电场能够促进电子从高 Al 组分 AlGaN 晶体一侧扩散到低 Al 组分一侧，而异质结 Al 组分变化量和 AlGaN 晶体的厚度均影响着发射层内内建电场的强度[15~17]。为了研究 AlGaN 光电阴极材料变 Al 组分结构对发射层内内建电场的影响，使用 Silvaco TCAD 软件建立 AlGaN 材料 F1 和 F2 的结构模型，计算模型中网格最小宽度为 0.5nm，AlGaN 晶体采用 Mg 原子掺杂，空穴浓度为 $1\times10^{16}cm^{-3}$，其中 AlN 缓冲层的厚度为 500nm，结果如图 9.8 所示。F1 发射层内内建电场强度远低于 F2。在 F2 的发射层中，内建电场强度在表面 10nm 范围内迅速上升并达到 14878.0 V/cm，随后缓慢降低，直至厚度为 87nm 时内建电场达到极小值为 5853.6 V/cm。最终两种结构的 AlGaN 光电阴极晶体材料中电场强度在 $Al_{0.24}Ga_{0.76}N$ 与 AlN 界面附近时达到最大值，电场强度为 50495.0 V/cm。由此可见，虽然 F2 表面 GaN 晶体的厚度仅为阴极发射层总厚度的 1/16，但是它对阴极发射层中内建电场的强度与分布产生了很大的影响，从而也会对阴极发射层中光电子的扩散运动产生较大的影响。

阴极表面的变 Al 组分结构对 AlGaN 晶体表面附近的内建电场有很大的影响，而阴极发射层内的变 Al 组分结构同样对阴极的内建电场及空穴浓度分布有较大的影响。如图 9.7(a) 与图 9.6(b) 所示，AlGaN 材料结构 T1 和 T2，虽然这两种阴极发射层的 Al 组分分布不同，但是发射层厚度却相同。对 T1 和 T2 结构的 AlGaN 晶体内建电场进行模拟计算，其中 AlN 缓冲层的厚度均为 500nm，结果如图 9.9(a) 所示。其中 T2 结构 AlGaN 晶体的 $Al_{0.37}Ga_{0.63}N$ 子层中，随着阴极表面距离增大，内建电场强度逐渐增大。到达 $Al_{0.37}Ga_{0.63}N$ 与 $Al_{0.68}Ga_{0.32}N$ 界面处时，内建电场强度达到最大值为 45720.7 V/cm。而 T1 结构的 AlGaN 晶体中，内建电场最大值出现在 $Al_{0.47}Ga_{0.53}N$ 与 $Al_{0.6}Ga_{0.2}N$ 子层的界面处，电场强度为 43289 V/cm。虽然 T2 结构 AlGaN 晶体内内建电场最大值大于 T1 结构，但是 T1 结构中的内建电场的分布相对更为均匀。

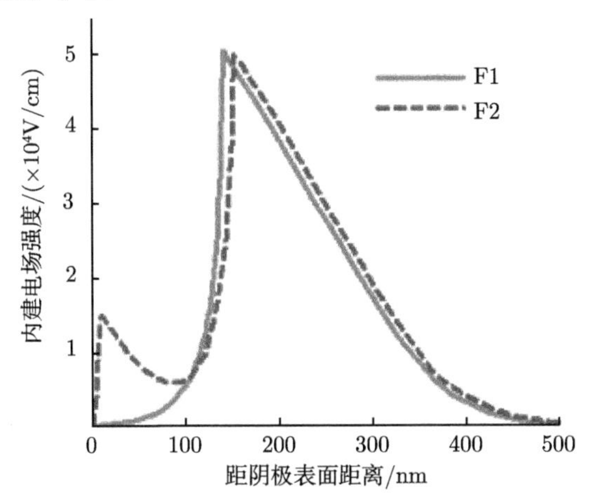

图 9.8 反射式 AlGaN 材料 F1 和 F2 发射层内内建电场强度

通过模拟计算还获得了 T1 和 T2 结构的 AlGaN 晶体中的空穴浓度分布，如图 9.9(b) 所示。异质结界面处低 Al 组分的 AlGaN 晶体内发生空穴积累，其空穴浓度远大于高 Al 组分一侧。异质结 Al 组分越高，AlGaN 晶体中空穴浓度就越低。T1 和 T2 结构的 AlGaN 晶体中异质结两侧空穴浓度极值如表 9.1 所示，其中 Ⅰ、Ⅱ、Ⅲ、Ⅳ、Ⅴ 和 Ⅵ 所代表的界面如图 9.9(b) 所示。

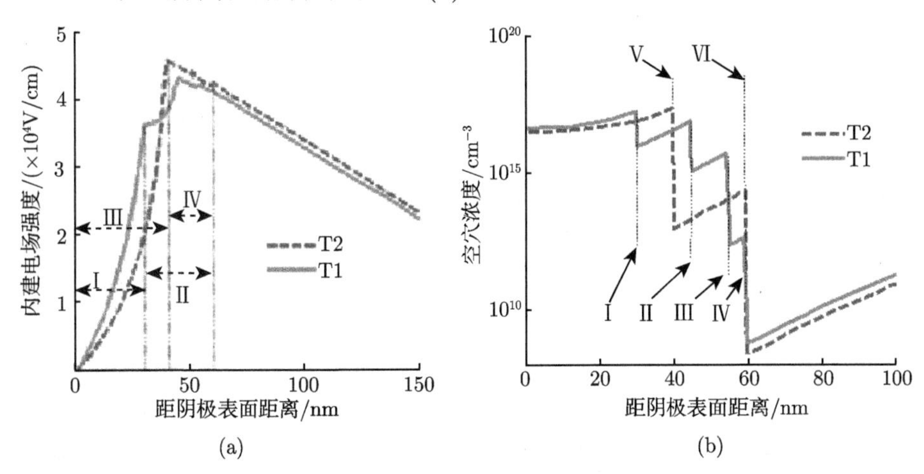

图 9.9 变 Al 组分 AlGaN 光电阴极材料 T1 和 T2 模拟计算结果

(a) 内建电场强度；(b) 空穴浓度分布

表 9.1　AlGaN 晶体异质结处空穴浓度

AlGaN 晶体结构	异质结界面	空穴浓度/cm^{-3}	
		极大值	极小值
T1	Ⅰ	1.6×10^{17}	8.9×10^{15}
	Ⅱ	7.1×10^{16}	1.0×10^{15}
	Ⅲ	4.5×10^{15}	2.3×10^{12}
	Ⅳ	4.0×10^{12}	5.7×10^{8}
T2	Ⅴ	2.1×10^{17}	8.9×10^{12}
	Ⅵ	2.0×10^{14}	2.4×10^{8}

AlGaN 光电阴极发射层 $Al_xGa_{1-x}N$ 晶体的 Al 组分与厚度直接影响着晶体内的内建电场。因此，只有合理选择发射层 Al 组分分布，才能有效地提高电子的输运特性和保证入射光的吸收效率。

9.1.4　AlGaN 光电阴极缓冲层结构设计

AlGaN 材料中，发射层结构与晶体质量决定了阴极的光电发射性能，而缓冲层的结构同样影响着阴极的性能。缓冲层可以在很大程度上缓解蓝宝石衬底与发射层之间晶格失配和热膨胀系数不匹配等问题，提高发射层 $Al_xGa_{1-x}N$ 晶体的生长质量，但是单一的 AlN 晶体缓冲层并不能很好地缓解衬底与阴极发射层之间的缺陷。通常使用增加外延结构中 AlN 缓冲层厚度的方法来保障 AlN 晶体能够拥有较为平整的晶体表面。虽然 AlN 晶体的禁带宽度为 6.2 eV(光子波长为 200nm)，但是 AlGaN 晶体依然会吸收部分波长大于 200nm 的入射光，当光子能量为 5.6 eV(波长为 220nm) 时，AlN 晶体的吸收率依然大于 10^4 cm^{-1}，图 9.10 为不同厚度 AlN 晶体对波长为 220nm 入射光的吸收率。当阴极 AlN 缓冲层厚度为 500nm 时，入射光的吸收率达到 33.2%，很大程度上降低了透射式 AlGaN 光电阴极中短波光子到达发射层内的效率，影响透射式阴极的短波响应特性。而减小阴极缓冲层的厚度能有效减小缓冲层对入射光的吸收率，当 AlN 晶体厚度为 100nm 时，波长为 220nm 入射光的吸收率仅为 7.6%。但是减小缓冲层的厚度就无法保障缓冲层具有较为平整的晶体表面，因此单一的 AlN 晶体结构作为缓冲层不能有效提高透射式 AlGaN 光电阴极的光电发射性能。

在超晶格结构中，虽然两种材料之间的晶格存在一定程度的失配，如果超晶格的厚度足够薄，失配不超过 7%~9%，界面附近的应力就可以将两侧的晶体扭在一起而不产生缺陷[18]。为提高缓冲层的生长质量，阴极的缓冲层采用 $Al_yGa_{1-y}N/AlN$ 超晶格结构设计，如图 9.11 所示，$Al_yGa_{1-y}N$ 晶体的 Al 组分为 0.75，AlN 与 $Al_yGa_{1-y}N$ 晶体的厚度均为 7nm 且均为 p 型 Mg 掺杂，$Al_yGa_{1-y}N/AlN$ 设置的位置组号的循环周期数为 8。在此 $Al_yGa_{1-y}N/AlN$ 超晶格结构缓冲层的基础上，再进行发射层 $Al_xGa_{1-x}N$ 晶体的外延生长，最终获得晶体质量较高的 AlGaN 光电阴极。

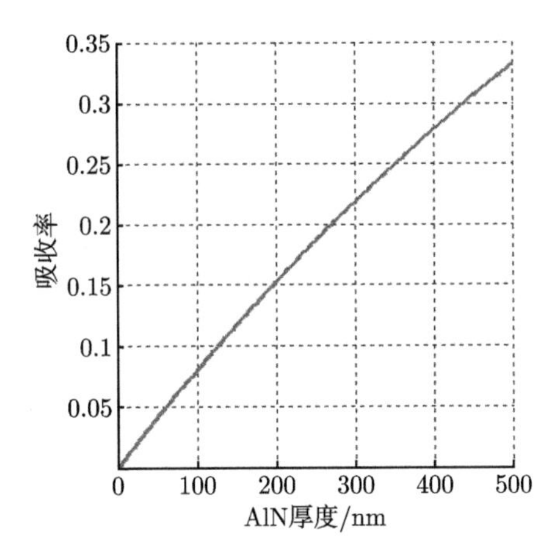

图 9.10 入射光波长为 220nm 时不同厚度的 AlN 晶体吸收率仿真

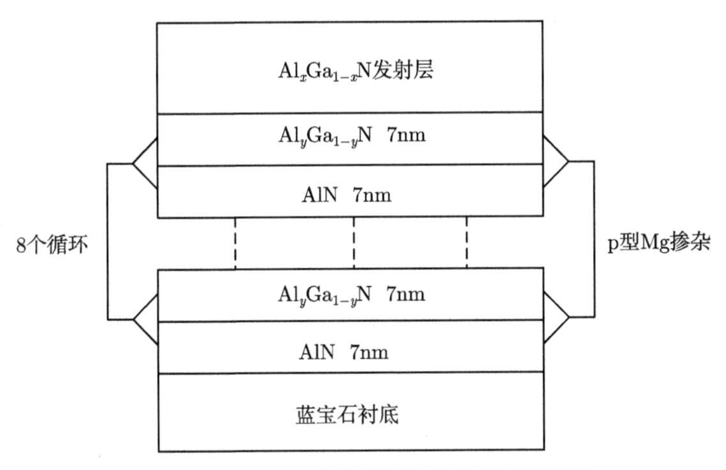

图 9.11 AlGaN 光电阴极超晶格缓冲层结构

9.2 变 Al 组分 AlGaN 光电阴极材料生长与质量评价

9.2.1 变 Al 组分 AlGaN 光电阴极材料生长

随着真空与晶体生长技术的提高，复杂结构的半导体器件外延生长制备才得以实现。其中 MOCVD 技术是制备氮化物半导体材料的重要方法，也是目前最为广泛使用的方法。以III族、II族元素的有机化合物和V族、VI族元素的氢化物等作为晶体生长原材料，以热分解反应方式在衬底上进行气相外延，MOCVD 设备结构示意图如图 9.12 所示。

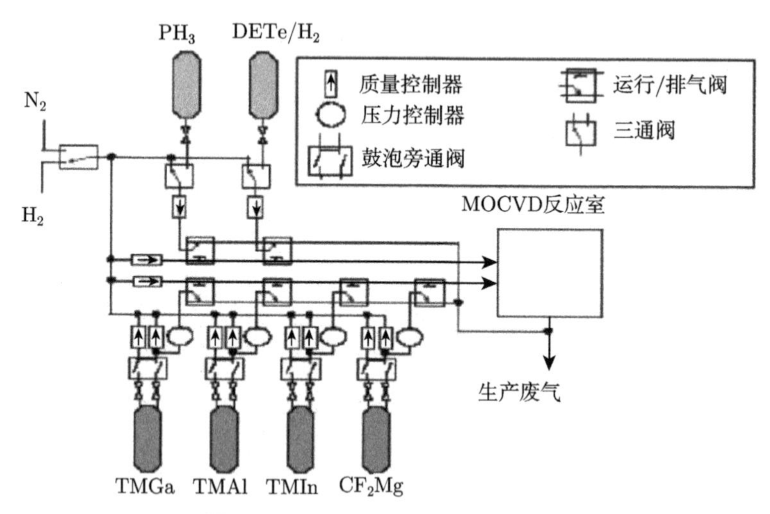

图 9.12　MOCVD 设备结构示意图

AlGaN 晶体外延生长的源材料分别为三甲基镓 (TMGa)、三甲基铝 (TMAl)、二乙基环戊二烯基镁 (CF_2Mg) 和氨气 (NH_3)。源材料反应物在载气 (N_2 或 H_2) 携带下通入反应室并在反应室上方混合，向下输运到衬底表面，在衬底表面热分解生成 AlGaN 或 AlN 晶体薄膜，如图 9.13 所示。源材料反应物首先在衬底表面进行物理吸附，然后吸附物与气体分子间发生化学反应生成晶体的原子和气体副产物，热分解反应式如式 (9.2) 和式 (9.3) 所示，随后晶体原子沿衬底表面扩散到衬底表面上晶格的某些折角或台阶处进入晶体点阵中，而反应的副产物气体不断从表面脱附并扩散到主气流中，最终排出反应室。

$$x\mathrm{Al(CH_3)_3}\uparrow + (1-x)\mathrm{Ga(CH_3)_3}\uparrow + \mathrm{NH_3}\uparrow \longrightarrow \mathrm{Al}_x\mathrm{Ga}_{1-x}\mathrm{N}\downarrow + 3\mathrm{CH_4}\uparrow \tag{9.2}$$

$$\mathrm{Al(CH_3)_3}\uparrow + \mathrm{NH_3}\uparrow \longrightarrow \mathrm{AlN}\downarrow + 3\mathrm{CH_4}\uparrow \tag{9.3}$$

在晶体生长过程中，AlGaN 晶体的生长工艺和晶体缺陷 (空位和高背景载流子浓度等) 问题与 GaN 晶体相似。理想的 GaN 外延层具有较低的背景载流子浓度、较高的迁移率和较低的缺陷密度，但是 MOCVD 生长的 GaN 往往表现为非故意 n 型掺杂，其中 C 和 O 原子与非故意掺杂的杂质以及 N 空位等是晶体中背景载流子的主要来源[9,18]。生长过程中Ⅴ/Ⅲ比影响材料中的空位和间隙原子的浓度。N 空位为单施主，而 Ga 空位为三重受主。虽然 MOCVD 反应室中保持较大的氨气分压可以有效地抑制 N 空位的形成，但是过高的Ⅴ/Ⅲ比会导致氨气和三甲基镓的预反应加剧，从而增加晶体生长速率和恶化表面形貌。在成核层以及高温生长初期阶段，较低的Ⅴ/Ⅲ比有利于 Ga 原子在材料表面扩散，成核岛的生长倾向于横向扩展，能够加快成核岛合并以及向二维 (2D) 生长模式转化。而较高的Ⅴ/Ⅲ比时，增多的 N 原子使得 Ga 原子表面扩散长度变短，成核岛的生长倾向于延向 3D 发展，增加表面粗糙度，延长成核岛的合并时间。

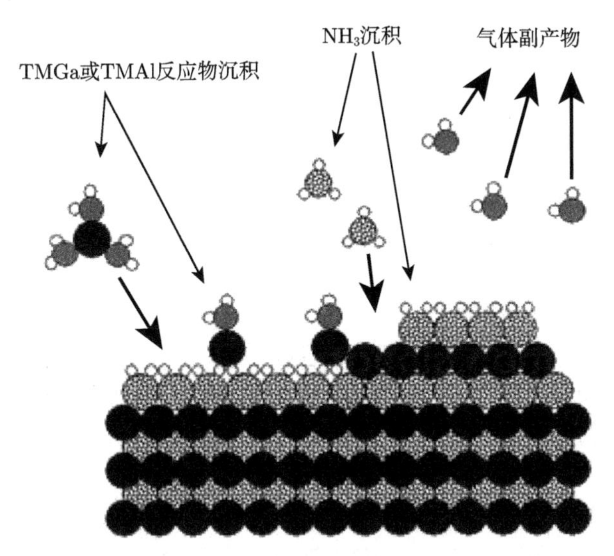

图 9.13 MOCVD 反应室内源材料反应物沉积与反应过程

当 AlGaN 异质外延材料在衬底上生长的时候，根据 AlGaN 晶格适配程度不同，生长模式可分为三种：Frank-van der Merwr 生长模式、Stranski-Krastanow 生长模式和 Volmer-Weber 生长模式[9,18]，如图 9.14 所示。当衬底的表面能远大于沉积物质的表面能时，晶体薄膜以层状形式生长，即 Frank-van der Merwr 生长模式，

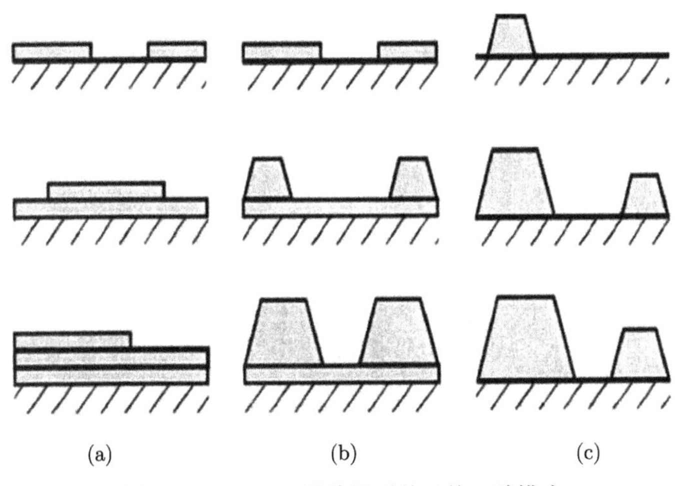

图 9.14 AlGaN 晶体异质外延的三种模式

(a) Frank-van der Merwr 生长模式；(b) Stranski-Krastanow 生长模式；(c) Volmer-Weber 生长模式

如图 9.14(a) 所示。当衬底的表面能远小于沉积物质的表面能时，到达衬底上的原子首先凝聚成核，后面的沉积原子继续在核附近沉积，使核在三维方向上不断长大，最终形成薄膜，即 Stranski-Krastanow 生长模式，如图 9.14(b) 所示。这种生长方式多发生在衬底薄膜晶格与衬底晶格不匹配的时候，而且生长的薄膜一般是多晶薄膜。当衬底的表面能与沉积物质的表面能相差不多的时候，晶体的生长模式处于 Frank-van der Merwr 生长模式和 Stranski-Krastanow 生长模式的中间态，即 Volmer-Weber 生长模式，如图 9.14(c) 所示。

9.2.2　AlGaN 晶体 Al 组分分析方法

AlGaN 晶体的 Al 组分直接关系到晶体的禁带宽度，同时也影响着 AlGaN 晶体的吸收系数。1997 年 Angerer 等将 AlGaN 晶体禁带宽度定义为 AlGaN 晶体的吸收系数 $\alpha=7.4\times10^4\text{cm}^{-3}$ 时所对应的光子能量[19]。如图 9.15 所示为 AlGaN 晶体生长经验所获得的晶体禁带宽度 E_g 与不同 Al 组分的 AlGaN 晶体吸收系数 α 以及 α^2 时所对应入射光的光子能量，其中不同 Al 组分 AlGaN 晶体的禁带宽度与其吸收系数为 α 时对应光子的能量具有相同的变化趋势。因此，可以从 AlGaN 晶体的光学性质出发，利用 AlGaN 晶体的吸收系数特性来研究 AlGaN 晶体中的 Al 组分。

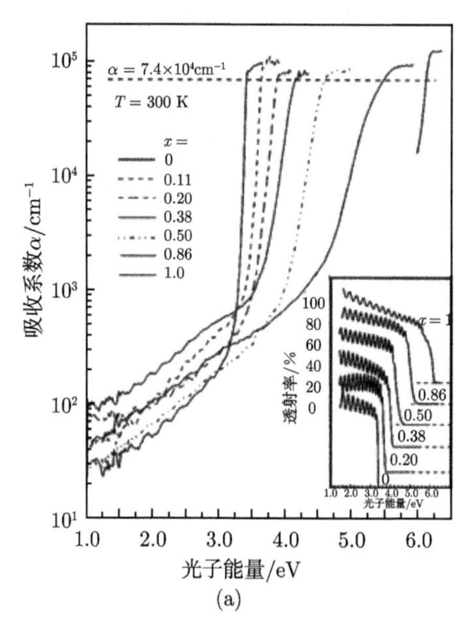

(a)

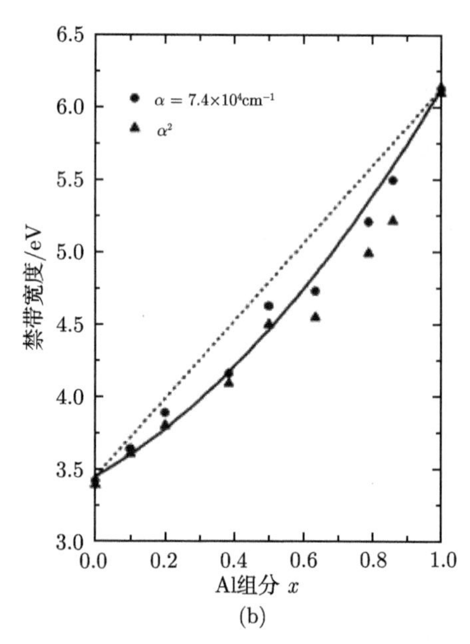

(b)

图 9.15　AlGaN 晶体吸收系数与晶体禁带宽度曲线[19]

(a) 常温状态下，透射与光热偏转光谱测量的不同 Al 组分 AlGaN 晶体的吸收系数，插图中为 AlGaN 晶体的透射光谱；(b) AlGaN 晶体禁带宽度、α 和 α^2 归一化曲线从 AlGaN 晶体的吸收系数可知，当入射光光子能量大于晶体禁带宽度时，晶体对该波段光子的吸收系数较大，晶体的吸收系数随光子能量增大而逐渐上升。当入射光光子能量小于晶体禁带宽度时，晶体的吸收系数随光子能量降低而急剧下降。对 Al 组分为 0.24 和 0.37 的 AlGaN 晶体吸收系数进行一次微分并进行归一化，结果如图 9.16 所示。从图中可以看出，吸收系数的一次微分曲线的峰值位于 AlGaN 晶体的响应阈值波长附近。根据 AlGaN 晶体禁带宽度计算公式 (3.9) 可知，峰值中心所对应的该波长光子的能量近似等于 AlGaN 晶体的禁带宽度，因此 AlGaN 晶体吸收系数的一次微分曲线的峰值位置所对应光子的能量可以间接反映 AlGaN 晶体的禁带宽度。

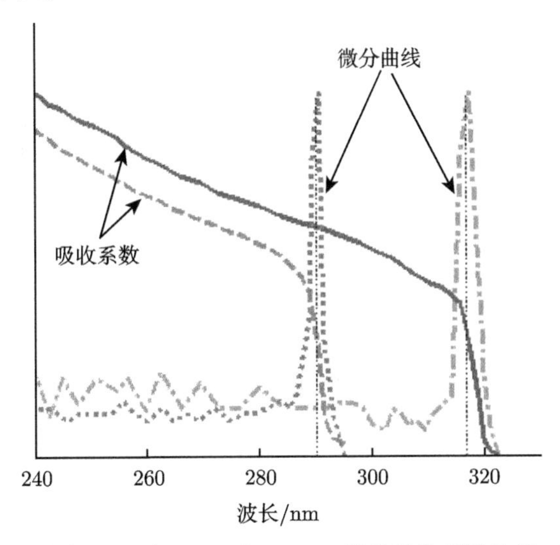

图 9.16 Al 组分为 0.24 和 0.37 时 AlGaN 晶体吸收系数及其一次微分曲线

结合入射光在 AlGaN 晶体中的衰减公式，仿真计算出晶体厚度分别为 90nm、120nm 和 150nm 时，Al 组分为 0.37 和 0.24 的 AlGaN 晶体的吸收率曲线，如图 9.17(a) 和 (b) 所示，分别对 AlGaN 晶体的吸收率曲线取一次微分并进行归一化，如图 9.17(a) 和 (b) 中曲线 1、2 和 3 所示。随 AlGaN 晶体厚度增加，入射光的吸收率逐渐提高，但是不同厚度的 AlGaN 晶体的吸收率一次微分曲线峰值位置并没有发生变化，而且位置完全重合。所以 AlGaN 晶体吸收率的一次微分曲线峰值所对应的光子能量可以反映出 AlGaN 晶体的禁带宽度。

随 Al 组分增加，AlGaN 晶体的禁带宽度逐渐增大，对应的响应阈值波长逐渐减小。因此，在变 Al 组分的 AlGaN 晶体中，只有低 Al 组分的 AlGaN 晶体层才吸收低能入射光，而高能入射光却可以在多个 AlGaN 晶体层中被吸收。不同波长的入射光在不同 Al 组分的较薄的 AlGaN 晶体层中逐渐被吸收，随入射光波长增加，晶体的吸收率曲线呈现梯度减小的变化趋势。变 Al 组分的 AlGaN 晶体中其中一层 AlGaN 晶体层的厚度较厚时，小于该晶体层响应阈值波长的入射光在该晶体层内可能会被完全吸收，此时晶体的吸收率曲线则无法显示高 Al 组分 AlGaN 晶体层的光吸收信息。因此只有 AlGaN 晶体较薄时，晶体的吸收率曲线才能反映晶体的变 Al 组分结构。而 AlGaN 晶体较厚时，晶体的吸收率曲线只能反映出 AlGaN 晶体中低 Al 组分部分的晶体结构。

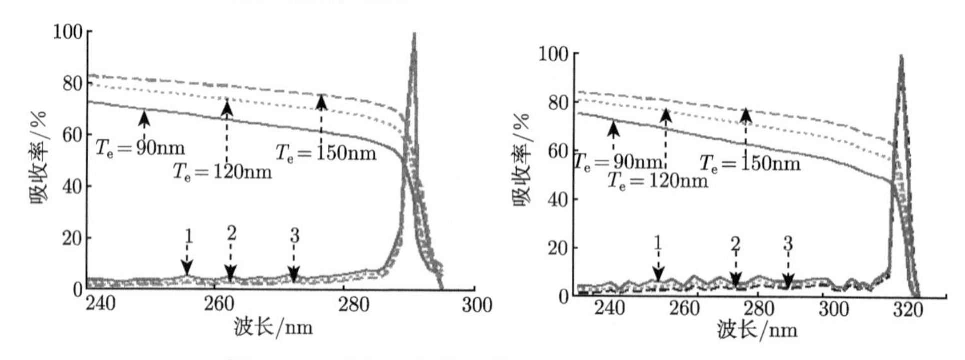

图 9.17　不同 Al 组分 x 的 AlGaN 晶体的吸收率

(a) AlGaN 晶体 Al 组分 x=0.37；(b) AlGaN 晶体 Al 组分 x=0.24

9.2.3　变 Al 组分 AlGaN 光电阴极发射层晶体中 Al 组分分析

AlGaN 晶体材料的吸收率可通过测试晶体的反射率和透射率获得，吸收率计算公式如下：

$$A(\lambda) = 1 - T(\lambda) - R(\lambda) \tag{9.4}$$

式中，$T(\lambda)$ 为晶体的透射率；$R(\lambda)$ 为晶体的反射率；λ 为入射光波长。

AlGaN 光电阴极材料的反射率和透射率测试仪器为日本岛津公司生产的 UV-3600 型紫外–可见–近红外分光光度计[20]，如图 9.18 所示。UV-3600 型分光光度计主要配备了三个检测器：紫外和可见光波段响应的光电倍增管、近红外光响应的 InGaAs 和 PbS 检测器，整个测试范围为 185~3300nm。InGaAs 检测器的测试范围可涉及光电倍增管和 PbS 检测器的薄弱范围，保证了该仪器在整个测试波段具有较高灵敏度。光源采用氘灯及卤素灯。光源光线经滤光镜调色、聚焦系统聚焦、单色分光棱镜分光和狭缝波长选择后，即可获得特定波长的单色光。其中高性能的双单色器可保证仪器的低杂散光、高分辨率，精确度达到 0.1nm。将被测样品置于单色光光束下，经检测器将被测样品的透射光和表面反射光的光信号转换成电信号，便获得被测样品的反射率和透射率。

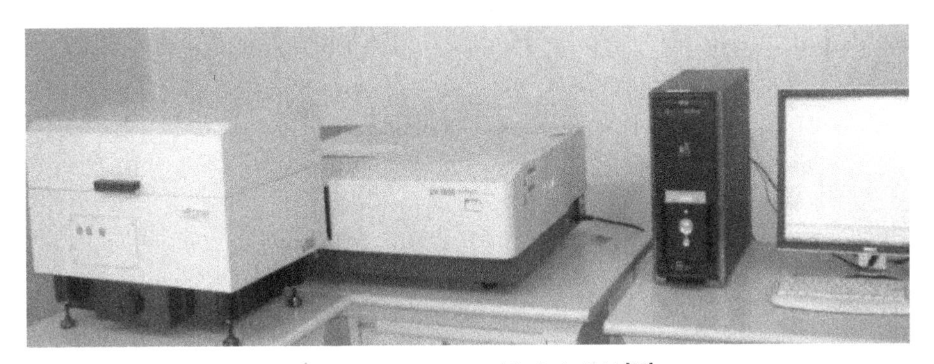

图 9.18 UV-3600 型分光光度计[20]

使用 UV-3600 型分光光度计分别测试了采用 MOCVD 技术外延生长的 F2 和 T1 结构的 AlGaN 光电阴极材料的反射率和透射率，并通过式 (9.4) 计算了 AlGaN 光电阴极材料的吸收率，如图 9.19 所示。从图 9.19(a) 中曲线可以看出 AlGaN 光电阴极材料表面的 GaN 保护层吸收了部分波长大于 315nm 的入射光，而波长小于 315nm 的入射光则被 150nm 厚的 $Al_{0.24}Ga_{0.76}N$ 发射层全部吸收。从图 9.19(b) 中曲线可以看出在整个测试波段范围内阴极材料的透射率均大于 0，入射光没有被阴极材料完全吸收，且吸收率曲线随测试波长增加呈现梯度下降的趋势，直至波长为 325nm 附近时，阴极材料的吸收率下降为 0。

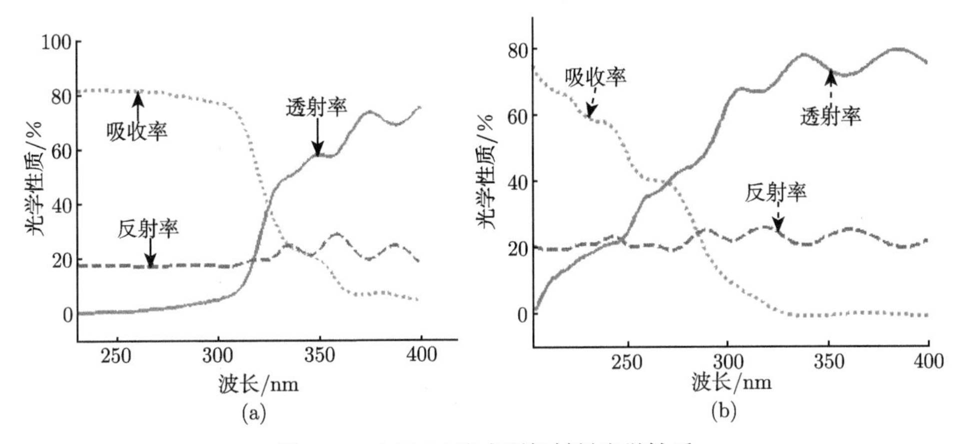

图 9.19 AlGaN 光电阴极材料光学性质

(a) F2 结构的 AlGaN 光电阴极材料；(b) T1 结构的 AlGaN 光电阴极材料

对上述两个 AlGaN 光电阴极材料的吸收率曲线进行一次微分并进行归一化，如图 9.20 所示。从图 9.20(a) 中可以看出 F2 结构的 AlGaN 光电阴极材料的吸收率微分曲线的峰值分别位于 316nm 和 358nm 处，对应光子能量为 3.92 eV 和 3.44 eV，与 AlGaN 光电阴极结构设计中 Al 组分对应 AlGaN 晶体的禁带宽度接近，Al

组分分别为 0.24 和 0。但是吸收率微分曲线峰值的半峰宽度较大，且远大于图 9.17 中的吸收率微分曲线半峰宽的宽度，这是由于在 $Al_{0.24}Ga_{0.76}N$ 层生长结束后，生长 GaN 层时 Al 源关闭，但是在 MOCVD 反应室内仍存留部分未及时排出的 Al 源，这部分三甲基铝沉积在了 $Al_{0.24}Ga_{0.76}N$ 表面形成 Al 组分小于 0.24 的 AlGaN 晶体。

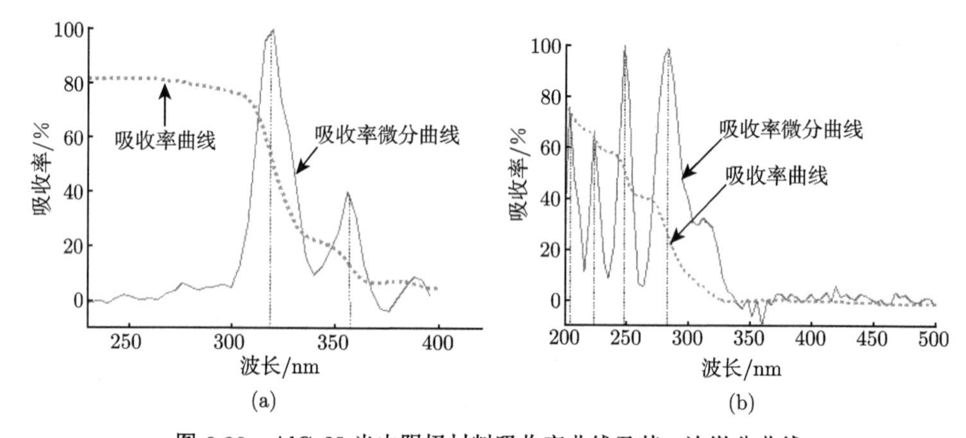

图 9.20　AlGaN 光电阴极材料吸收率曲线及其一次微分曲线

(a) F2 结构的 AlGaN 光电阴极材料；(b) T1 结构的 AlGaN 光电阴极材料

如图 9.20(b) 为 T1 结构的变 Al 组分 AlGaN 光电阴极材料的吸收率曲线及其一次微分曲线，吸收率一次微分曲线的峰值位置及其对应的光子能量如表 9.2 所示。其中曲线峰值波长所对应的光子能量与 T1 结构的设计 Al 组分对应的禁带宽度有较大的差异，这是由于 AlGaN 光电阴极发射层的厚度比较薄且结构复杂，晶体外延生长时间较短，生长过程中 Al 组分控制误差较大等。AlGaN 光电阴极材料表面存在的 Al 组分为 0.28 的 AlGaN 晶体层严重影响了阴极材料的响应阈值波长，将阴极材料的响应阈值波长延长到 310nm 左右，从激活后透射式 AlGaN 光电阴极材料的光谱响应曲线中可以明显看出。

表 9.2　变 Al 组分 AlGaN 光电阴极材料吸收率微分曲线峰值位置、光子能量和对应 Al 组分

峰值位置/nm	光子能量/eV	AlGaN 晶体 Al 组分 x
204	6.07	0.96
224	5.53	0.81
248	5.0	0.65
284	4.34	0.42
310	4.0	0.28

9.2.4 变 Al 组分 AlGaN 光电阴极发射层晶体中薄膜厚度分析

随着 Al 组分的变化，AlGaN 晶体的折射率相应地发生变化，对于不同波长的入射光，晶体的折射率也不同。在变 Al 组分的 AlGaN 晶体中，每个 AlGaN 分层之间的界面处，入射光束不断被不同程度地反射与透射[20]，如图 9.21 所示。在光入射面一侧，表面反射的光束与 AlGaN 晶体内部晶体界面间反射的光束发生干涉，随着入射光波长增加，这两部分光束的光程差也发生相应的变化，反射光强度随光束的干涉相长与干涉相消而产生周期性变化。在光透射面一侧，透射光的强度同样会发生周期性的变化。变 Al 组分 AlGaN 晶体的反射光和透射光光强的变化完全依赖于与晶体中各 AlGaN 分层的 Al 组分和厚度。因此，结合 AlGaN 光电阴极材料发射层 Al 组分分布、AlGaN 晶体的光学性质和薄膜光学多层膜的矩阵理论，可通过拟合 AlGaN 光电阴极材料的反射率和透射率获得发射层中各 AlGaN 分层的厚度[21~23]。

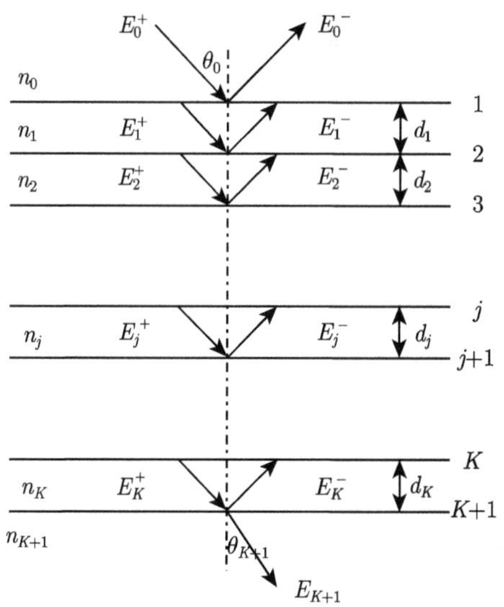

图 9.21 多层膜的光传输特性

在图 9.21 中，每层薄膜的性能参数可用一个矩阵表示。在界面 1 和 2 上，应用边界条件可以得到[20]

$$\begin{bmatrix} E_0 \\ H_0 \end{bmatrix} = \begin{bmatrix} \cos\delta_1 & \dfrac{\mathrm{i}}{\eta_1}\sin\delta_1 \\ \mathrm{i}\eta_1\sin\delta_1 & \cos\delta_1 \end{bmatrix} \begin{bmatrix} E_{22} \\ H_{22} \end{bmatrix} \tag{9.5}$$

同理，依次在界面 j 和 $j+1$ 上，应用边界条件得到

$$\begin{bmatrix} E_{j-1,j} \\ H_{j-1,j} \end{bmatrix} = \begin{bmatrix} \cos\delta_j & \dfrac{\mathrm{i}}{\eta_j}\sin\delta_j \\ \mathrm{i}\eta_j\sin\delta_j & \cos\delta_j \end{bmatrix} \begin{bmatrix} E_{j+1,j+1} \\ H_{j+1,j+1} \end{bmatrix} \tag{9.6}$$

由于在各薄膜之间界面上具有连续的切向分量：

$$\begin{bmatrix} E_{j-1,j} \\ H_{j-1,j} \end{bmatrix} = \begin{bmatrix} E_{j,j} \\ H_{j,j} \end{bmatrix} \tag{9.7}$$

因此，经过连续的线性变换，得到了多层膜的矩阵方程：

$$\begin{bmatrix} E_0 \\ H_0 \end{bmatrix} = \left\{ \prod_{j=1}^{K} \begin{bmatrix} \cos\delta_j & \frac{\mathrm{i}}{\eta_j}\sin\delta_j \\ \mathrm{i}\eta_j \sin\delta_j & \cos\delta_j \end{bmatrix} \right\} \begin{bmatrix} E_{K+1} \\ H_{K+1} \end{bmatrix} \tag{9.8}$$

由于膜层和基底组合的导纳 $Y = H_0/E_0$，这样 H_0 可以记作 $E_0 \cdot Y$。已知在基底中只有正向波存在，而没有反向波，因此 $H_{K+1}/E_{K+1}=\eta_{K+1}$，即 $H_{K+1}=\eta K+1\cdot E_{K+1}$，代入式 (9.8) 得

$$E_0 \begin{bmatrix} 1 \\ Y \end{bmatrix} = \left\{ \prod_{j=1}^{K} \begin{bmatrix} \cos\delta_j & \frac{\mathrm{i}}{\eta_j}\sin\delta_j \\ \mathrm{i}\eta_j \sin\delta_j & \cos\delta_j \end{bmatrix} \right\} \begin{bmatrix} 1 \\ \eta_{K+1} \end{bmatrix} E_{K+1} \tag{9.9}$$

上述膜系的特征矩阵为

$$\begin{bmatrix} B \\ C \end{bmatrix} = \left\{ \prod_{j=1}^{K} \begin{bmatrix} \cos\delta_j & \frac{\mathrm{i}}{\eta_j}\sin\delta_j \\ \mathrm{i}\eta_j \sin\delta_j & \cos\delta_j \end{bmatrix} \right\} \begin{bmatrix} 1 \\ \eta_{K+1} \end{bmatrix} \tag{9.10}$$

式中，连乘的 2×2 矩阵就是各个膜层的特征矩阵。其中，$\delta_j = \dfrac{2\pi}{\lambda} n_j d_j \cos\theta_j$ 表示的是第 j 层膜层的相位厚度；θ_j 为折射角，根据折射定理 $n_j \sin\theta_j = n_{j+1}\sin\theta_{j+1}$ 确定；η_j 为导纳，对于 p 偏振波为 $\eta_j = n_j/\cos\theta_j$，对于 s 偏振波为 $\eta_j = n_j\cos\theta_j$。

多层膜的反射率 R 和透射率 T 分别为

$$R = \left(\frac{\eta_0 B - C}{\eta_0 B + C}\right)\left(\frac{\eta_0 B - C}{\eta_0 B + C}\right)^* \tag{9.11}$$

$$T = \frac{4\eta_0\eta_{K+1}}{(\eta_0 B + C)(\eta_0 B + C)^*} \tag{9.12}$$

上述为无吸收膜层的光学特性计算方法，此时膜层的吸收率为 0，即 $R+T=1$。而在包含吸收膜层的光学性质计算中，膜层的折射率为复折射率 n–ik，同时相位厚度和折射角也均为复数，此时吸收率如式 (9.4) 所示。

采用薄膜光学多层膜的矩阵理论对 AlGaN 光电阴极材料 F2 的反射率与透射率曲线进行拟合，拟合结果如图 9.22 所示，AlGaN 光电阴极中 AlN 缓冲层和 $\mathrm{Al}_x\mathrm{Ga}_{1-x}\mathrm{N}$ 发射层中 Al 组分及其厚度如表 9.3 所示。其中发射层的厚度与设计厚度相差不大，而 AlN 缓冲层的厚度远大于设计厚度 500nm，缓冲层的厚度越大表面平整度越好，因此不会对反射式 AlGaN 光电阴极的光电发射性能产生影响。

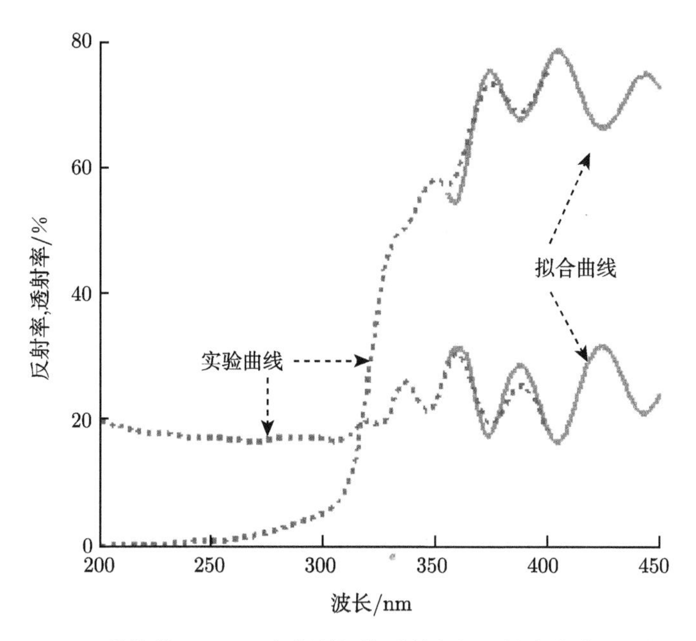

图 9.22 F2 结构的 AlGaN 光电阴极的反射率与透射率曲线以及拟合曲线

表 9.3 AlGaN 光电阴极材料 F2 的 Al 组分及其厚度

Al 组分	1	0.24	0
厚度/nm	778.5	155.5	7.5

由于生长过程中存在操作控制误差，因此在相同的设计结构和生长设备条件下，不同批次生长的 AlGaN 光电阴极材料中 Al 组分及其厚度也存在差异，图 9.23 为 T1 结构的 AlGaN 光电阴极材料样品 1、2 和 3 的吸收率曲线。采用吸收率一次微分的方法获得 AlGaN 光电阴极材料中各 AlGaN 分层 Al 组分，结合薄膜光学多层膜的矩阵理论分析各 AlGaN 分层的厚度，对图 9.23 中样品 1 的反射率和透射率曲线进行拟合，拟合结果如图 9.24 所示，样品 1 发射层中各 AlGaN 分层的 Al 组分及其厚度如表 9.4 所示。采用同样的方法分别仿真了样品 2 和 3，仿真结果如表 9.4 所示。

从表 9.4 中可以看出，三种 AlGaN 光电阴极材料中发射层表面均存在低 Al 组分的 AlGaN 晶体，除了 Al 组分为 0.96 的 AlGaN 分层厚度相同外，其他的 AlGaN 分层厚度均不相同，其中样品 3 发射层的总厚度最大，而且样品 3 发射层最外层 AlGaN 分层的 Al 组分最小且厚度最大。由于低 Al 组分的 AlGaN 晶体吸收率较大，因此可推测样品 3 的响应阈值波长大于其他两个阴极材料的阈值波长。

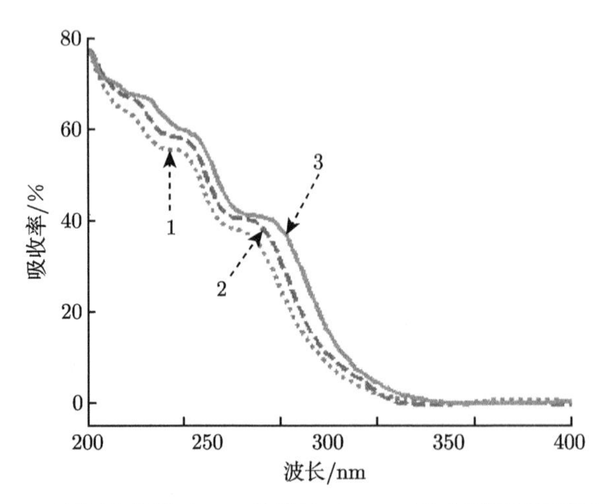

图 9.23　不同生长批次 T1 结构的 AlGaN 光电阴极材料的吸收率

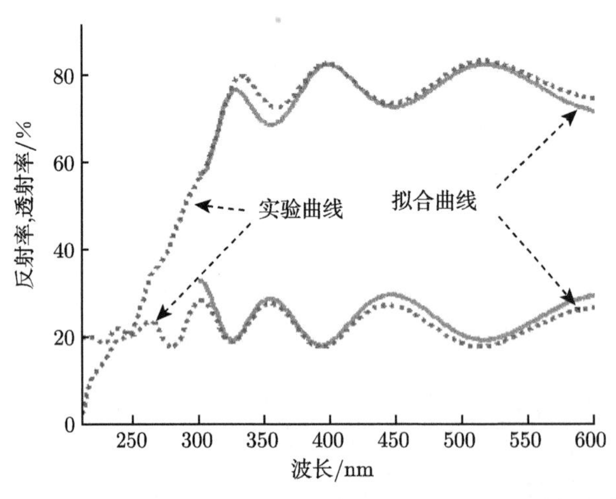

图 9.24　T1 结构 AlGaN 光电阴极材料的反射率与透射率曲线拟合

表 9.4　变 Al 组分 AlGaN 光电阴极材料发射层中 AlGaN 分层的 Al 组分及其厚度

	阴极材料中 AlGaN 分层的 Al 组分/AlGaN 分层的厚度/nm				
样品 1	0.96/7.0	0.83/12	0.67/13.2	0.45/40.5	0.28/1.8
样品 2	0.96/7.0	0.81/12.9	0.65/14.5	0.42/44.9	0.28/2.3
样品 3	0.96/7.0	0.78/11.2	0.64/15.4	0.38/46.3	0.26/4.1

9.3　AlGaN 光电阴极材料的清洗工艺

在运输和阴极组件制备过程中，MOCVD 技术外延生长的 AlGaN 材料会与空气接触，导致表面原子氧化，不仅降低了材料表面的清洁度，而且还改变了表面性质。同时，C 和有机物也会在上述操作中吸附到材料表面，这些污染物都会降低激活过程中 Cs 和 O 原子在表面的吸附效率，降低 AlGaN 光电阴极的光电发射性能。因此，在 AlGaN 激活前需要对材料进行清洗，最大限度地清除材料表面吸附的污染物。AlGaN 材料清洗工艺主要包括化学清洗和热清洗。其中，化学清洗主要清除材料表面的物理吸附和化学吸附的污染物，包括大部分的 C 和 O、几乎全部的有机物和部分氧化物，还包括部分 AlGaN 材料表面的 GaN 保护层。而热清洗主要清除材料表面物理吸附的污染物，主要包括 C 和空气分子及脱水剂无水乙醇等[24~26]。

9.3.1 GaN 保护层的腐蚀工艺

AlGaN 材料表面的 GaN 保护层能够有效地避免发射层中 Al 原子与空气中的氧气接触。但是 GaN 晶体的物理化学性质非常稳定，在热的碱溶液中以非常缓慢的速度溶解，NaOH、H_2SO_4 和 H_3PO_4 只能腐蚀质量差的 GaN 晶体[27~30]。而 MOCVD 技术在蓝宝石衬底上外延生长的 GaN 晶体拥有较高的质量，一般溶液无法对其产生腐蚀作用，虽然熔融状态的 KOH 可以腐蚀生长质量较好的 GaN 晶体，但是熔融状态的 KOH 同样腐蚀 AlGaN 光电阴极材料的蓝宝石衬底，会降低材料的刚性强度和透射率，图 9.25 是从放大倍数为 1000 的光学显微镜中观察到的蓝宝石衬底经熔融状态 KOH 腐蚀后的腐蚀痕迹。

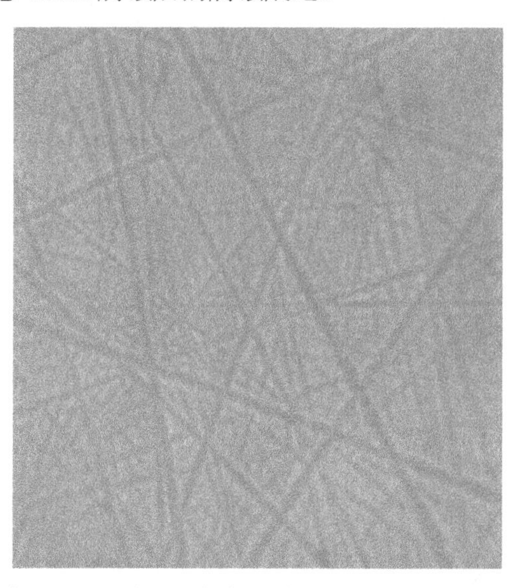

图 9.25 经熔融状态的 KOH 腐蚀后蓝宝石衬底表面的腐蚀痕迹 (彩图见封底二维码)

熔融状态的 KOH 具有很强的腐蚀性，但是不能腐蚀某些金属，如镍和铁等，而金属镍和铁均可与酸溶液发生化学反应，且镍金属镀膜工艺成熟、操作简单。因此采用在 AlGaN 光电阴极材料蓝宝石衬底上镀镍，熔融 KOH 腐蚀掉 GaN 晶体后，使用酸溶液将镍薄膜从蓝宝石衬底上清除，最终达到能够腐蚀 GaN 晶体而又不破坏衬底的目的[31]。具体操作步骤如下：

(1) 用无水乙醇和去离子水清洗与材料直接接触的烧杯、镊子和坩埚等实验工具；

(2) 将 AlGaN 材料分别放入四氯化碳、丙酮、无水乙醇和去离子水中，分别使用超声波清洗仪清洗 5min；

(3) 在 AlGaN 材料蓝宝石衬底上镀镍金属膜，厚度约为 150nm；

(4) 将 AlGaN 材料放入熔融的 KOH 中，加热温度约为 400℃，随后使用盐酸溶液清洗 AlGaN 材料衬底上的镍金属膜；

(5) 将 AlGaN 材料放入比例为 2:2:1 的 H_2SO_4、H_2O_2 和去离子水的混合溶液中清洗 10 min，然后用去离子水冲洗干净，使用氮气吹干。

上述步骤 (1) 和 (2) 的目的为对实验仪器和 AlGaN 材料进行脱脂，步骤 (5) 为清除材料表面吸附的 C 和 O 等。

对含有 GaN 保护层的 AlGaN 材料进行腐蚀实验。首先使用上述步骤 (1)、(2) 和 (5) 对阴极材料进行清洗，并使用分光光度计测量阴极材料的透射率和吸收率，测试结果如图 9.26 所示。然后使用上述步骤 (1)～(5) 对 AlGaN 材料进行清洗和腐蚀，其中材料在熔融 KOH 中的腐蚀时间为 40 s，同样使用分光光度计测量了腐蚀后材料的透射率和吸收率，测试结果如图 9.26 所示。

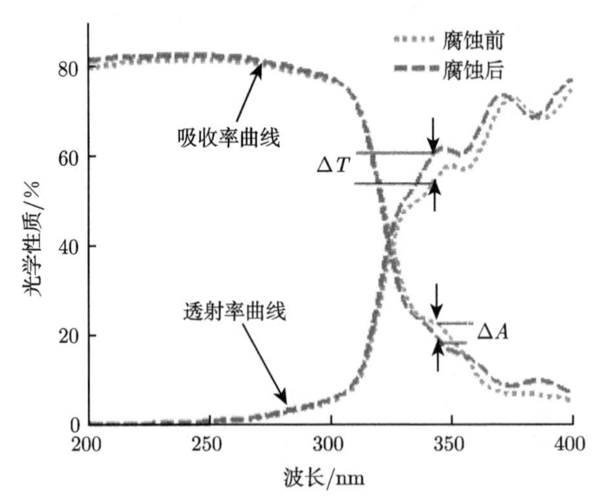

图 9.26　腐蚀前和腐蚀后 AlGaN 光电阴极材料的透射率和吸收率曲线 (彩图见封底二维码)

从图 9.26 中可以看出，入射光波长为 345nm 左右时，腐蚀后 AlGaN 材料的透射率增高，而且其他波段中 AlGaN 材料的光学性质并未发生明显的变化，因此，熔融状态的 KOH 能够有效腐蚀 GaN 晶体，而且镍金属膜有效地阻止了熔融 KOH 对蓝宝石衬底的腐蚀。

采用薄膜光学多层膜的矩阵理论对腐蚀后 AlGaN 光电阴极材料中反射率和透射率曲线进行拟合，结果如图 9.27 所示，阴极材料中各膜层的厚度如表 9.5 所示。通过对比可以看出，腐蚀后材料表面 GaN 晶体层的厚度减小了 5.5nm，GaN 晶体的平均腐蚀速度约为 7.25nm/min。同时 AlGaN 晶体层的平均厚度也减小了 2nm，因此熔融 KOH 对阴极材料表面 GaN 晶体的腐蚀速率不均匀，部分区域腐蚀速率大，使得部分 AlGaN 晶体在腐蚀 GaN 晶体的过程中也被腐蚀。从光学性质和晶体厚度变化等方面来说，熔融 KOH 对 AlGaN 光电阴极材料的腐蚀效果明显且效率高。

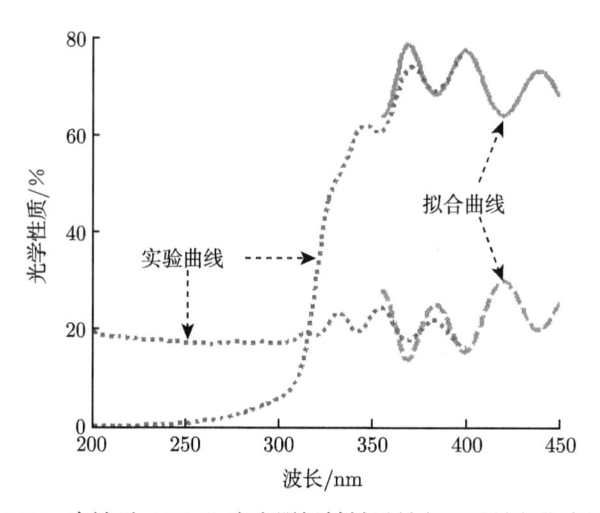

图 9.27 腐蚀后 AlGaN 光电阴极材料反射率和透射率曲线拟合

表 9.5 腐蚀前与腐蚀后 AlGaN 光电阴极材料结构中各膜层的厚度

AlGaN 光电阴极材料	AlN 厚度/nm	AlGaN 厚度/nm	GaN 厚度/nm
腐蚀前	778.5	155.5	7.5
腐蚀后	778.5	153.5	2

9.3.2 AlGaN 材料的化学清洗工艺

在无空位缺陷的条件下，富 Ga(Al) (0001) 面的 AlGaN 材料中，发射层最外层原子层的每个 Ga(Al) 原子均与内部的 N 原子形成 3 个共价键，Ga(Al) 原子存在一个未成键的电子，即有一个不饱和键，如图 9.28 所示，因此材料表面的 Al 原子仍具有较强的还原性。当 AlGaN 材料暴露于空气中的时候，材料表面的 Al 原子容易被氧化。当 AlGaN 晶体中存在缺陷的时候，O 原子仍能够渗透到晶体内部，氧化晶体内部的 Al 原子。

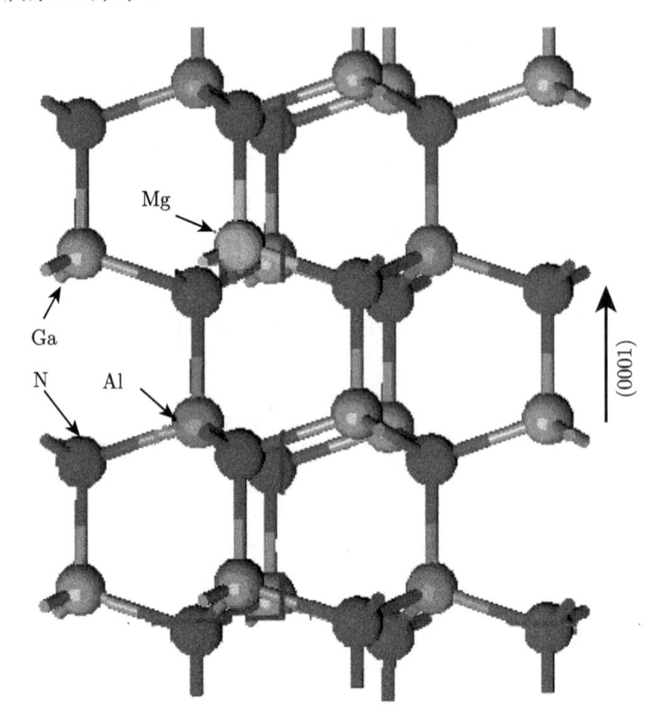

图 9.28　AlGaN 晶体表面原子模型 (彩图见封底二维码)

对 MOCVD 外延技术生长的 T1 结构和 T2 结构的 AlGaN 材料表面附近晶体中原子的成分进行分析。在材料表面同一位置使用 Ar^+ 溅射的方法刻蚀掉表面的晶体，然后分析刻蚀截面的原子成分。随溅射次数增加，刻蚀的深度也不断增加，这样便获得了阴极材料表面几纳米厚度范围内晶体的原子成分。将脱脂后的 AlGaN 光电阴极材料放入 XPS 分析仪。实验采用单色器 AlKa 射线 ($h\nu$=1486.8 eV) 作为辐射源，通过阴极材料表面污染物 C 1s 峰来进行校准，其谱峰在 284.8 eV 处。Ar^+ 能量为 4kV，溅射面积为 2mm×2 mm，每次 Ar^+ 溅射时间为 15 s，AlGaN 晶体的溅射厚度约为 1.5nm。AlGaN 光电阴极材料表面附近晶体中的原子成分如表 9.6 所示，可明显看出经第一次溅射后 C 原子的含量就降低为 0，所以 C 原子仅存在于阴极材料表面。而晶体中 O 原子的成分则经过 4 次溅射后才降低为 0。阴极材料表面 O 原子的成分最大，随着距材料表面的距离增大，晶体中 O 的成分逐渐降低，因此 AlGaN 材料生长过程中不会被 C 和 O 污染，C 和 O 等污染物在后续材料切割和传送过程中吸附于表面上。虽然 Ar^+ 刻蚀后 AlGaN 材料表面的全部的

C 和大部分的 O 能够被有效地清除，但是在 AlGaN 光电阴极制备过程中，阴极表面的 C 和 O 等污染物只能通过化学清洗和热清洗来清除。

表 9.6 XPS 溅射测试 AlGaN 光电阴极材料表面原子成分

阴极材料结构	溅射次数	C/%	O/%	Al/%	Ga/%	N/%
T1 结构	0	8.92	21.51	11.53	17.52	40.52
	1	0.00	6.3	19.13	31.60	42.98
	2	0.00	2.70	20.90	32.56	43.84
	3	0.00	0.34	19.36	31.19	49.12
	4	0.00	0.00	19.24	30.12	50.64
T2 结构	0	14.02	26.14	8.75	16.06	35.03
	1	0.00	8.70	18.57	29.25	43.47
	2	0.00	4.18	19.74	30.71	45.36
	3	0.00	2.17	18.23	28.12	51.48
	4	0.00	0.00	19.00	28.07	52.93

GaN 光电阴极制备过程中，化学清洗试剂为混合比例为 2:2:1 的浓H_2SO_4、H_2O_2和去离子水溶液，其目的为清除 GaN 光电阴极材料表面的 C，实验证明这种混合溶液同样能够有效地清除 AlGaN 光电阴极材料表面的 C 原子。而沸腾的 KOH 溶液可以与 AlGaN 晶体表面的部分氧化铝发生化学反应。为验证上述两种溶液对 AlGaN 光电阴极的清洗效果，使用三个 T2 结构的 AlGaN 光电阴极材料进行化学清洗实验，阴极材料样品标记为样品 1、样品 2 和样品 3，化学清洗步骤如表 9.7 所示。三个实验样品在化学清洗步骤 1 中所用的试剂均相同，其目的是清除阴极材料表面的有机物。在化学清洗步骤 2 中，样品 1 仅使用 H_2SO_4 混合溶液进行清洗，清洗时间为 10 min，样品 2 和 3 均使用 H_2SO_4 混合溶液和 KOH 溶液进行清洗，对应的清洗时间分别为 10 min 和 50 s，但是清洗过程中两种溶液的使用顺序不同。清洗结束后使用去离子水冲洗阴极材料表面的残液，并使用无水乙醇进行脱水。

表 9.7 AlGaN 光电阴极材料化学清洗步骤

阴极材料	化学清洗步骤 1	化学清洗步骤 2
1	四氯化碳、丙酮、无水乙醇和去离子水中，分别使用超声波清洗仪清洗 5min	H_2SO_4 混合溶液
2		先 H_2SO_4 混合溶液后 KOH 溶液
3		先 KOH 溶液后 H_2SO_4 混合溶液

将清洗好的三个 AlGaN 材料先后放入 XPS 测试仪，对样品表面的原子成分进行分析。其中，三个材料的 C 1s、O 1s、Ga 3d 和 Al 2p 峰的 XPS 谱图分别如图 9.29 和图 9.30 所示。三个材料的 C 1s 和 O 1s 的 XPS 谱图发生了明显的变化，但样品 2 表面 C 和 O 的变化趋势明显不同，样品 2 的 C 1s 谱图的半高宽明显大于其他两种样品，而样品 1 的 O 1s 谱图的半高宽最大，其次为样品 2 和样品 3。

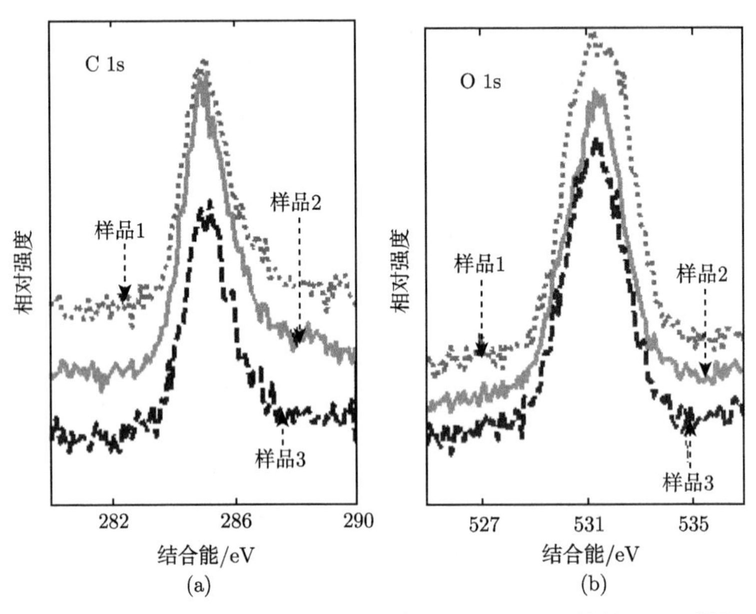

图 9.29　化学清洗后 AlGaN 光电阴极 C 1s 和 O 1s 峰的 XPS 谱图

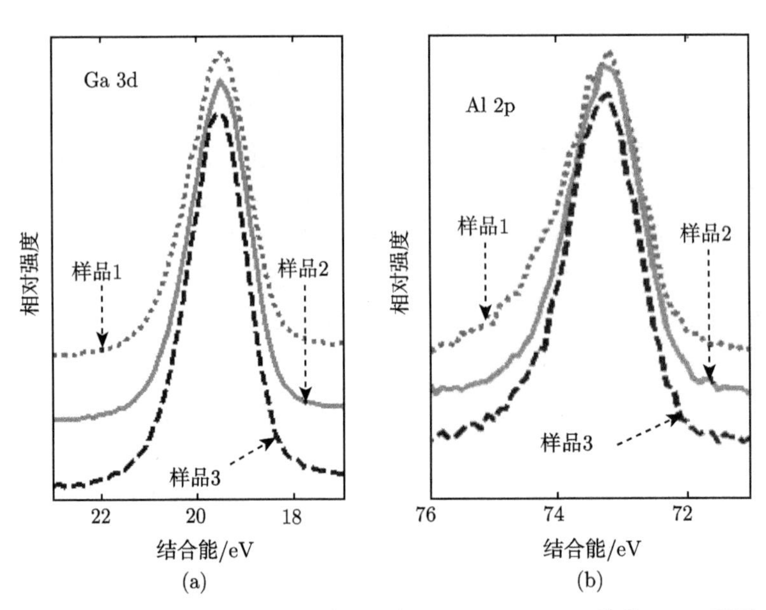

图 9.30　化学清洗后 AlGaN 光电阴极 Ga 3d 和 Al 2p 峰的 XPS 谱图

三种材料的 Ga 3d 和 Al 2p 峰的 XPS 谱图没有发生明显的变化。为更详细地了解材料表面 Ga 和 Al 原子的状态，对 Al 2p 和 Ga 3d 的 XPS 谱峰进行分峰，如图 9.31 和图 9.32 所示。Al 2p 的谱峰被分为 Al-N 和 Al-O 两个分峰，对应的位置分别为 73.4~73.6 eV 和 74.2~74.4 eV。Ga 3d 的谱峰被分为 Ga-N 和 Ga-O 两个分峰，对应的位置分别为 19.4~19.5 eV 和 20.4~20.6 eV。从图 9.31 和图 9.32 中 Al-O 和 Ga-O 两个分峰的变化可以看出经 KOH 溶液清洗后材料表面的氧化铝的成分有了明显的降低，而氧化镓的成分有了少量的减小，但是变化量并不明显。

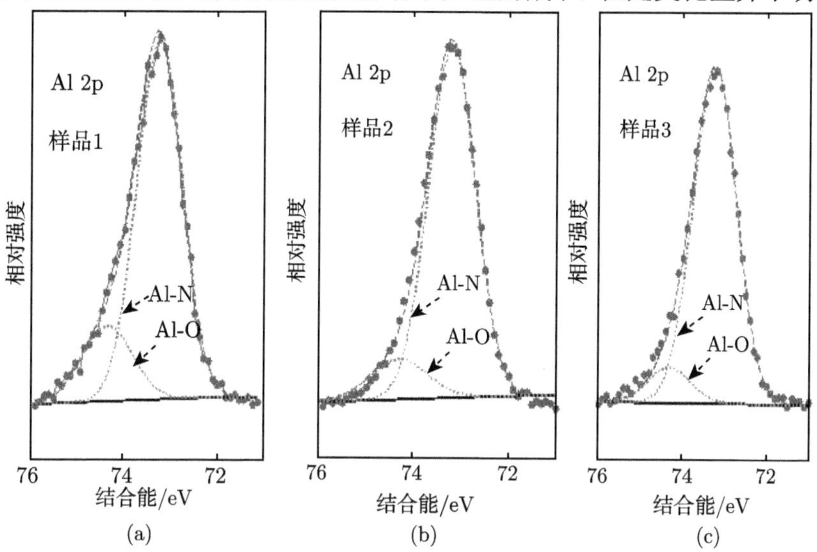

图 9.31 AlGaN 光电阴极材料 Al 2p 峰及其 Al-N 和 Al-O 分峰

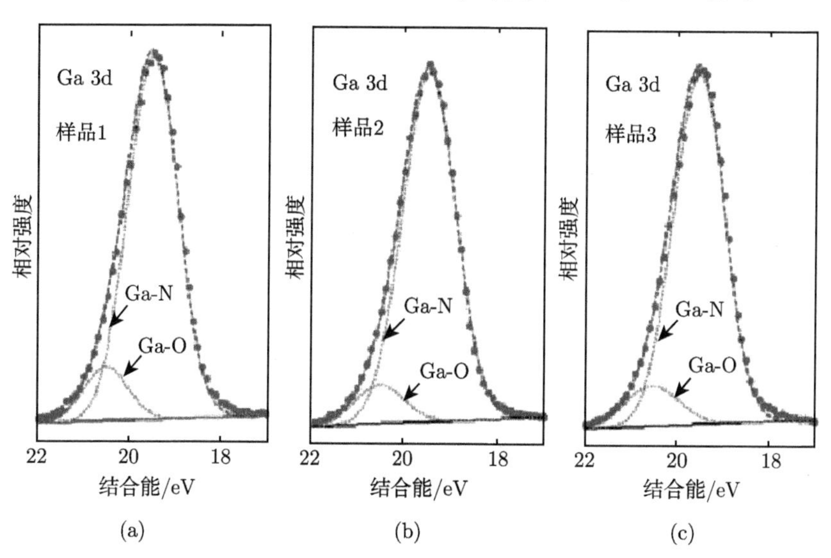

图 9.32 AlGaN 光电阴极材料 Ga 3d 峰及其 Ga-N 和 Ga-O 分峰

使用 XPS 自带软件计算了三种 AlGaN 材料表面的 Ga、Al、N、C 和 O 所占的百分比，结果如表 9.8 所示，并与仅脱脂清洗的 AlGaN 光电阴极材料进行对比。

从表 9.8 中可以明显看出，脱脂后的样品表面仍存在大量的 C 和 O。样品 1、样品 2 和样品 3 表面的 Al 和 Ga 的含量分别发生了不同程度的变化，经 H_2SO_4 混合溶液和 KOH 溶液清洗的样品 2 和样品 3 表面 Al 的含量小于仅使用 H_2SO_4 混合溶液清洗的样品 1 的 Al 含量，同时样品 2 和样品 3 表面的 Ga 原子和 Al 原子的含量的比值也大于样品 1，虽然样品表面 Ga 原子的含量在增大，但是样品 2 和样品 3 中 Ga 和 Al 的比值相差不大，分别为 2.204 和 2.198，并且材料表面 O 原子的含量也大幅度降低，因此可明显看出 KOH 溶液有效地清除材料表面的氧化铝。然而，虽然样品 1、样品 2 和样品 3 化学清洗过程中都使用了 H_2SO_4 混合溶液清洗，但是样品表面的 C 原子的含量却不同，清洗过程中最后使用清洗试剂为 H_2SO_4 混合溶液的样品 1 和样品 3 表面 C 原子的含量低于样品 2。因此在 AlGaN 材料化学清洗过程中，H_2SO_4 混合溶液和 KOH 溶液的使用顺序同样影响材料表面的原子成分，脱脂后的 AlGaN 材料先使用 H_2SO_4 混合溶液后使用 KOH 溶液清洗能够获得更清洁的表面。

表 9.8　AlGaN 材料表面原子成分

AlGaN 样品	Ga 3d/%	Al 2p/%	Ga/Al 比	C 1s/%	O 1s/%	N 1s/%
脱脂后	16.06	8.75	1.835	14.02	26.14	35.03
1	18.83	9.47	1.988	5.00	12.27	54.43
2	19.84	9.00	2.204	5.46	9.46	56.24
3	20.27	9.22	2.198	4.50	8.68	57.33

9.3.3　AlGaN 材料的热清洗工艺

化学清洗后的 AlGaN 材料表面仍然吸附较多的污染物，如无水乙醇、空气分子、水和 C 等，因此 AlGaN 材料激活前必须进行高温热清洗。为研究热清洗工艺对 AlGaN 光电阴极光电发射性能的影响，分别使用不同温度对 T2 结构的 AlGaN 材料进行加热，使用四级质谱仪实时检测真空室中残余气体成分及其分压强的变化，四级质谱仪的分子质量数检测范围控制在 1~160。

三个 AlGaN 材料经相同化学清洗工艺清洗后放入真空室，材料热清洗温度随加热时间增加而不同程度地增长或下降，加热温度设定如下：0~20 min，加热温度由常温线性增长到 200℃；20~80 min，加热温度由 200℃线性增长到 550℃；80~150 min，加热温度由 550℃线性增长到最高温度；150~175 min，保持最高加热温度；175~240 min，加热温度由最高温度线性降低为 300℃；随后材料自然冷却至常温。

随着 AlGaN 晶体中 Al 组分增加，晶体的德拜温度与熔点逐渐增加，提高加热温度有利于提高晶体表面清洁度和改善晶体的特性。由于加热温度受加热装置加热能力限制，最高加热温度仅为 850℃，而 GaN 的最佳热清洗温度为 710℃，因此为了观察热清洗温度对 AlGaN 光电阴极光电发射特性的影响，分别设定三个材料热清洗的最高温度为 710℃、800℃和 850 ℃。

热清洗过程中除质量数为 2、16、18、28、32 和 44 处存在分压强变化外，其他质量数对应的分压强均没有变化，上述质量数对应残余气体分子分别为 H_2、CH_4、H_2O、N_2 或 CO、O_2 和 CO_2，加热温度曲线及气体分子分压强如图 9.33 所示。

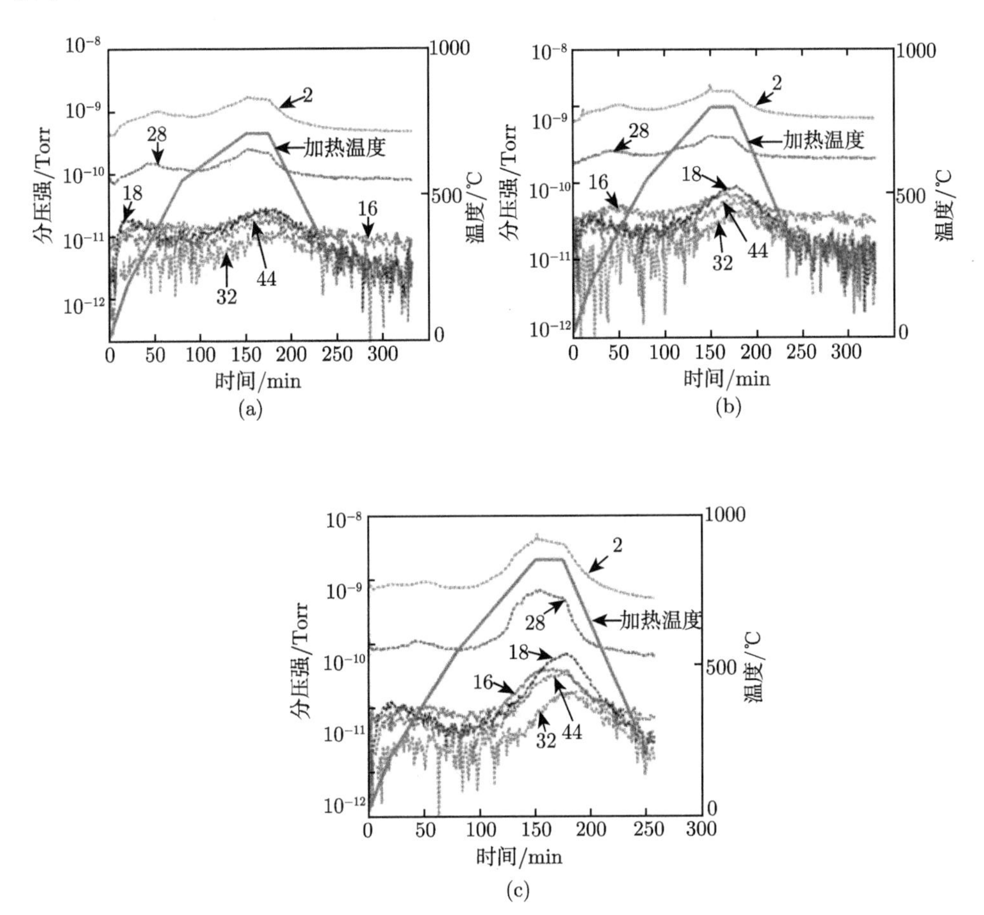

图 9.33 AlGaN 材料热清洗过程中真空度变化 (彩图见封底二维码)

(a) 最高加热温度 710℃; (b) 最高加热温度 800℃; (c) 最高加热温度 850℃。1Torr=1.33322×10^2 Pa

从图 9.33 中可以看出，在热清洗的初始阶段，残余气体分子的分压强随加热温度升高而逐渐升高，虽然分压强达到极大值时所对应的加热温度不同，但是加热温度为 550℃左右时，真空室中气体的分压强均降低到极小值，因此在加热温度增长至 550℃之前，材料表面吸附的 H_2、CH_4、H_2O、N_2、CO、O_2 和 CO_2 等污染物便完全脱附，而且此时三个材料加热过程中残余气体的分压强相近。

AlGaN 材料加热过程中，真空室中的残余气体分子同样会吸收加热台所发出的热辐射，增加残余气体分子的动能，降低真空室的真空度，所以加热温度自 550 ℃增长到最高温度后，随着最高加热温度增加，四级质谱仪所测得的残余气体分压强的强度明显增强，尤其是真空室中 H_2 的分压强。

在 Mg 掺杂的 GaN 晶体中，Mg 原子并不能完全离化，而且晶体中的离化能与晶体生长条件和掺杂浓度有关[32,33]。Mg 原子与 H 原子可形成 Mg-H 结合体，同样 Mg-H 结合体也可以在高温状态下分解：

$$\mathrm{MgH} \xrightarrow{\text{高温加热}} \mathrm{Mg}^- + \mathrm{H}^+ \tag{9.13}$$

在高温加热过程中，H 原子不断从 GaN 晶体中逸出，晶体掺杂的 Mg 原子便可以被激活，此时 GaN 晶体中的空穴浓度便会增加，可有效提高 GaN 晶体的电导率，提高电子扩散长度。图 9.34 为恒温加热过程中 GaN 晶体中 H 含量变化曲线，不同加热温度条件下，H 逸出的速率也不相同[8]。随加热温度提高，H 逸出的速率迅速增大。

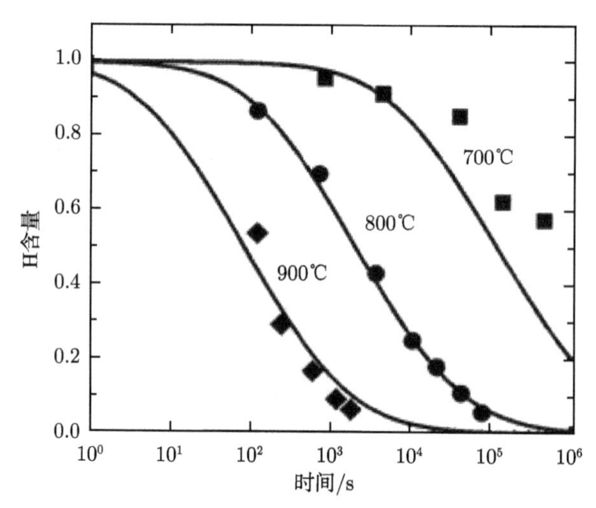

图 9.34　恒温加热过程中 GaN 晶体中 H 含量变化曲线[8]

H 从 GaN 晶体中逸出的主要过程：① MgH 结合体分解为 Mg^- 和 H^+；② H^+ 向晶体表面扩散；③ 形成中性的 H 原子；④ H 原子重新组合形成 H_2 并从表面脱附。在 GaN 晶体中，晶体体内 H 的数量远大于晶体表面 H 的数量。Wampler 的 GaN 晶体实验表明，当晶体表面 H 浓度降低时，晶体内部的 H 可以补充到晶体表面 [8]。在 AlGaN 晶体中，AlGaN 晶体的 Mg 掺杂特性与 GaN 晶体的 Mg 掺杂特性相似，而且随 AlGaN 晶体中 Al 组分增加，Mg 的掺杂效率逐渐降低，因此热清洗温度对晶体电导率的影响会更为明显。上述热清洗实验中，温度达到最高加热温

度时 H_2 的分压强也达到了最大值，除了加热台热辐射增加 H_2 分子动能提高 H_2 分压强之外，Mg-H 复合体分解所释放出的 H_2 也是导致 H_2 分压强增加的因素。

为了更直接观察热清洗温度对 AlGaN 光电阴极光电发射性能的影响，分别对经过不同温度热清洗的 T2 结构 AlGaN 光电阴极材料进行激活实验。激活过程中采用的激活方法为单 Cs 激活，多信息量在线测控系统实时监控激活光电流的变化。当光电流达到最大值的时候关闭 Cs 源，此时激活实验结束。分别测量三个反射式 AlGaN 光电阴极的光谱响应，结果如图 9.35 所示。从图 9.35 中可以看出，随温度增加 AlGaN 光电阴极的光谱响应性能不断增加，当热清洗温度为 850℃时阴极的光谱响应最高，其量子效率达到 35.1%，而且与 710℃和 800℃高温热情洗的 AlGaN 光电阴极相比，850℃高温热清洗的 AlGaN 光电阴极长波波段的响应特性出现了较大幅度的增长。

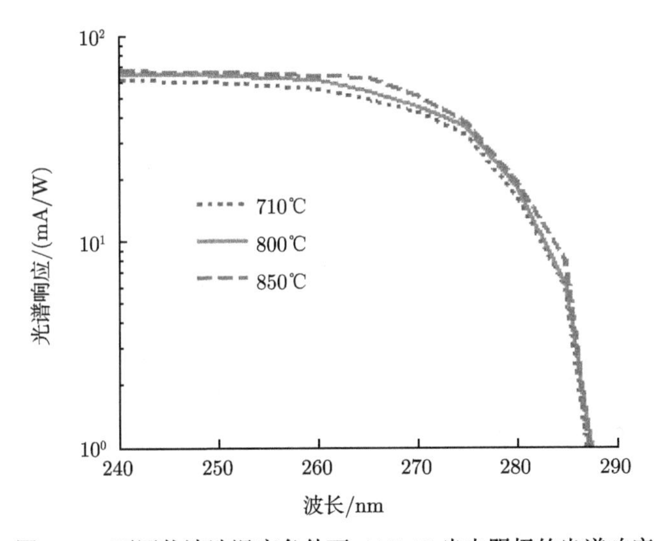

图 9.35 不同热清洗温度条件下 AlGaN 光电阴极的光谱响应

从 3.2 节中可以知道，随入射光波长增加 AlGaN 晶体的吸收系数逐渐减小。若吸收等量的入射光，长波波段入射光的吸收长度更大，此时光电子的激发位置距阴极表面的距离会更远。若 AlGaN 光电阴极发射层具有足够高的电导率，电子则可以在其寿命时间内运动到阴极表面，否则就无法提高反射式 AlGaN 光电阴极的长波响应特性。因此，结合上述实验现象与 AlGaN 晶体中 Mg 掺杂特性可知，热清洗温度达到 850℃时，AlGaN 光电阴极材料发射层中 Mg-H 结合体发生分解，提高了 AlGaN 光电阴极材料的电导率，增加了光电子的扩散长度，最终才使得 AlGaN 光电阴极在长波波段的光谱响应出现明显的提高。

9.4　激活过程中 AlGaN 光电阴极光电流变化与光谱响应特性

自 1965 年 Scheer 和 Vanlaar 等在重掺杂 p 型 GaAs 基底上通过吸附 Cs 的方式，获得了具有零电子亲和势的光电阴极以后，发现其他III-V族化合物也可以通过表面吸附 Cs 和 O 的方式降低材料的电子亲和势，提高阴极电子发射能力。AlGaN 光电阴极材料也是上述III-V族化合物材料中的一种，Cs、O 在阴极材料表面的吸附效率越高，阴极的电子亲和势越低，光激发的光电子扩散到阴极表面以后，就有更高的几率从阴极表面逸出到真空中，因此激活工艺是制备高性能 AlGaN 光电阴极的关键步骤之一，直接关系到阴极的光电发射性能。

AlGaN 光电阴极材料的 Cs、O 激活过程分为 Cs 激活和 Cs、O 交替激活两个阶段[34]。在激活过程中 Cs 原子不断吸附在阴极材料表面，同时 Cs 原子也会从阴极表面脱附，但是 Cs 原子的吸附速率大于脱附速率。随 Cs 原子在阴极表面吸附量的增加，阴极激活的光电流不断增加，当激活光电流达到最大值后，随着阴极表面上 Cs 原子吸附量持续增长，阴极的激活光电流开始逐渐下降，呈现 “Cs 中毒” 现象。此时如果关闭 Cs 源，随 Cs 原子从阴极表面渐渐脱附，在一定时间内，阴极的光电流重新呈现出增长的趋势。如果保持 Cs 源开启状态并开启 O 源，可有效地降低阴极表面的 “Cs 中毒” 程度，在阴极表面形成 Cs-O 偶极子，促进光电子逸出阴极表面到达真空，使阴极的激活光电流进一步提高。

为了研究 AlGaN 光电阴极的激活工艺以及不同激活阶段中阴极的光电发射性能，使用三个 F2 结构的 AlGaN 材料进行激活实验，并用熔融 KOH 腐蚀 AlGaN 材料表面的 GaN 晶体。AlGaN 材料均使用相同的化学清洗与热清洗工艺，然后在超高真空系统中进行激活。三种材料的激活方式分别为单 Cs 激活，Cs、O 激活和 Cs、O、Cs 激活。在 Cs、O 激活和 Cs、O、Cs 激活过程中 Cs 源和 O 源均采用断续的激活方式。使用多信息量测控系统实时监测激活过程中阴极材料的激活光电流，并使用氘灯作为激活光源[34]。

AlGaN 材料单 Cs 激活，Cs、O 激活和 Cs、O、Cs 激活的激活光电流如图 9.36 所示，其中位置 1 为关闭 Cs 源并开启 O 源的时刻，位置 2 为关闭 O 源并开启 Cs 源的时刻。在单 Cs 激活阶段，激活时间达到 25min 左右时阴极的激活光电流达到最大值，此时单 Cs 激活的阴极材料停止激活。继续对 Cs、O 激活和 Cs、O、Cs 激活的阴极材料表面进行 Cs 吸附，当激活光电流下降到一定程度时，如图 9.36 中位置 1，关闭 Cs 源并开启 O 源，此后阴极的光电流迅速增长。当光电流再次达到最大值时，Cs、O 激活的阴极材料停止激活。而 Cs、O、Cs 激活的阴极材料此时关闭 O 源并重新开启 Cs 源，如图 9.36 中位置 2，最终待激活光电流达到最大值时，Cs、O、Cs 激活的阴极材料停止激活。

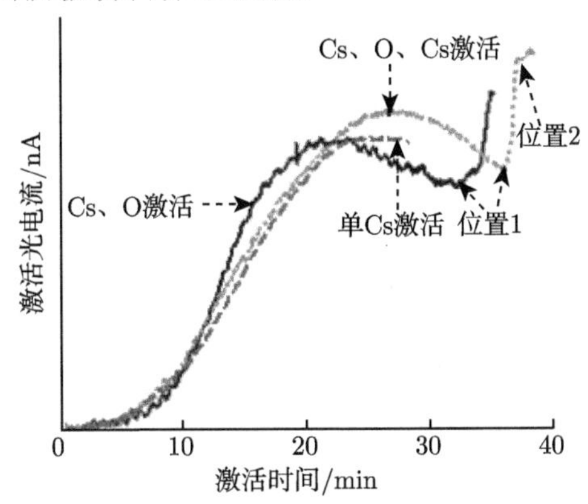

图 9.36 AlGaN 光电阴极激活过程中光电流的变化 (彩图见封底二维码)

使用在线光谱响应测试技术，分别对激活后 AlGaN 光电阴极的光谱响应进行测试，测试波长范围为 240~340nm，测试结果如图 9.37 所示。三种 AlGaN 光电阴极的光谱响应阈值波长均为 315nm 左右，且光谱响应曲线的峰值均在短波位置。正如图 9.36 中所示的 AlGaN 光电阴极激活结束时，Cs、O、Cs 激活的 AlGaN 光电阴极拥有最高的激活光电流，其次是 Cs、O 激活的阴极，最后是单 Cs 激活的阴极，相对应地在整个测试波段内 Cs、O、Cs 激活的阴极的光谱响应最高，单 Cs 激活的阴极的光谱响应最低。虽然 O 在 AlGaN 光电阴极激活过程中对提高阴极的光电发射性能作用不如 GaAs 光电阴极大，但是仍然可以在一定程度上提高 AlGaN 光电阴极的光电发射性能。

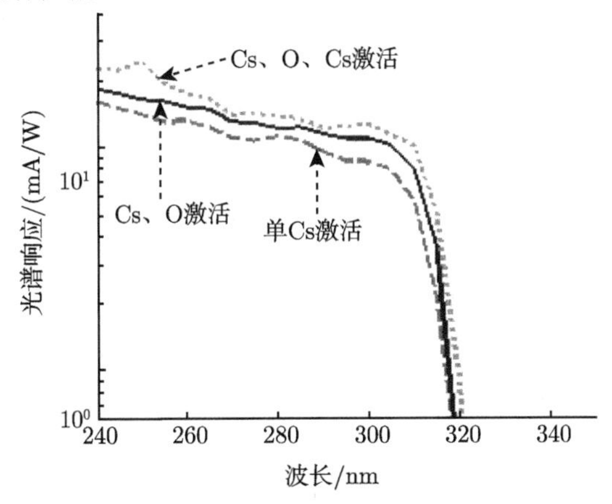

图 9.37 不同激活方式激活的 AlGaN 光电阴极的光谱响应

9.5　反射式 AlGaN 光电阴极的性能评估

光电阴极的量子效率是评价材料、结构和制备工艺的重要标准。AlGaN 光电阴极的量子效率直观地反映了阴极的光电发射性能，包括阴极的响应截止、峰值响应以及不同光子能量条件下阴极响应特性的变化趋势等重要信息，而且使用量子效率公式拟合 AlGaN 光电阴极量子效率曲线还可以得到阴极表面电子的逸出几率、后界面复合速率、电子扩散长度等性能参数[13]。这些信息全面地反映了阴极结构和制备工艺对发射层中光电子激发、光电子向阴极表面输运和光电子逸出阴极表面能力的影响，进而寻找出限制 AlGaN 光电阴极量子效率的主要因素，为进一步提高阴极的光电发射性能提供依据。

9.5.1　内建电场对 AlGaN 光电阴极性能的影响

电子扩散长度是衡量光电阴极结构及其晶体质量的重要标准，也是设计透射式光电阴极结构的出发点。为验证 AlGaN 中变 Al 组分结构发射层能否提高电子的输运能力和光电阴极量子效率，使用不同结构的 AlGaN 光电阴极材料进行实验。样品 1 和样品 2 分别为 F1 和 T2 结构的 AlGaN 光电阴极材料。材料的掺杂浓度均为 $5\times10^{18}\mathrm{cm}^{-3}$。两种样品的光学性质如图 9.38 所示，样品 1 的光吸收率远大于样品 2，因此对于同等强度的入射光，在样品 1 的发射层中会激发出更多的光电子。由于 AlGaN 晶体的电导率会随 Al 组分增大而相应地降低，即 AlGaN 晶体的电子扩散长度小于 GaN 晶体，再加上 AlGaN 材料的 Al 组分越高阴极表面的 Cs 吸附效率就越低，所以若不考虑内建电场对电子输运的影响，在相同的制备条件下样品 1 的量子效率必定大于样品 2。

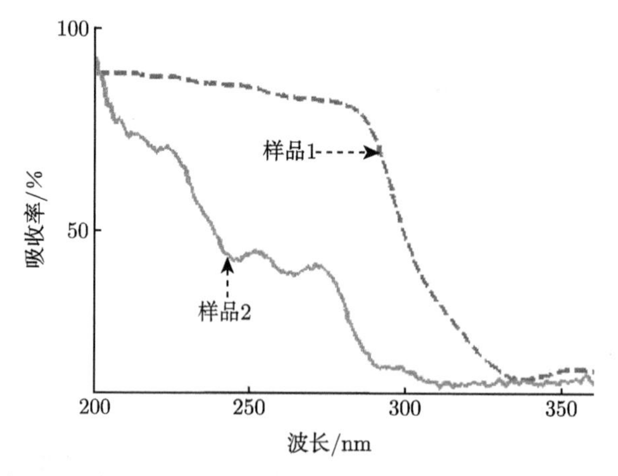

图 9.38　变 Al 组分结构 AlGaN 光电阴极材料的光吸收率

使用相同的制备方法对两种不同结构的 AlGaN 光电阴极材料进行清洗，并在超高真空系统中采用 Cs、O 交替的方法进行激活，最终获得光电阴极的量子效率，如图 9.39 所示。从图 9.39 中可清楚地看出，样品 2 对高能光子的响应性能远高于样品 1。样品 1 和样品 2 的响应阈值波长对应的光子能量分别为 3.9 eV 和 4.34 eV(对应波长分别为 315nm 和 285nm)，随光子能量增大，光电阴极的量子效率逐渐增加，而且在光子能量等于 4.5 eV(对应波长 275nm) 时，样品 1 和样品 2 拥有相同的量子效率。

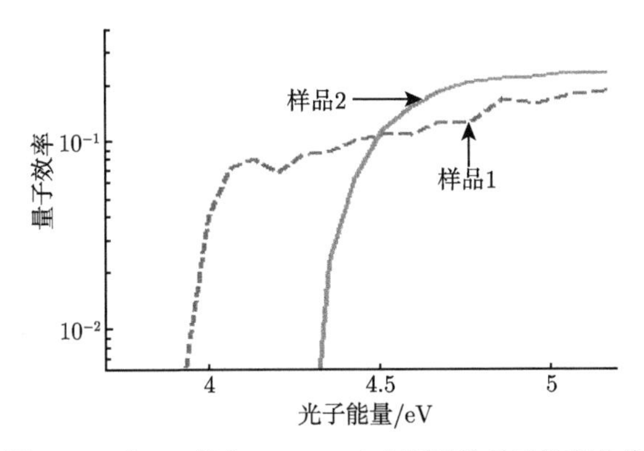

图 9.39 变 Al 组分 AlGaN 光电阴极的量子效率曲线

样品 1 和样品 2 的发射层 Al 组分分别为 0.24 和 0.37，虽然样品 1 具备光吸收、电子扩散长度和 Cs 吸附效率等诸多有利于光电阴极光电发射的条件，但是样品 2 的量子效率依然大于样品 1，因此光电阴极发射层中的内建电场是提高样品 2 量子效率的主要因素。对样品 1 和样品 2 发射层中内建电场分布及其强度进行模拟计算，结果如图 9.40(a) 所示。虽然样品 1 的内建电场强度峰值达到了 50495.0 V/cm，大于样品 2 的内建电场强度峰值 45720.7 V/cm。但是样品 1 中高强度的内建电场都分布在阴极发射层与缓冲层之间的后界面附近。在距阴极表面 50nm 处，内建电场的强度降低为 742.5 V/cm，因此样品 1 发射层内的内建电场并不会对阴极表面附近光电子的扩散运动产生太大的影响。而在样品 2 中，虽然同样是内建电场强度从后界面附近向阴极表面迅速减小，但是阴极发射层厚度只有 50nm，距阴极表面 10nm 处内建电场的强度依然高达 4391.8 V/cm，可以在很大程度上促进光电子向阴极表面扩散。图 9.40(b) 为变 Al 组分 AlGaN 光电阴极能带结构示意图，从图中可以直观地看出每层 AlGaN 晶体界面处的能带弯曲都对应着指向阴极内部的内建电场，光电子在内建电场的作用下可产生朝向阴极表面方向的漂移运动，增加光电子的扩散长度。

为了获得在内建电场作用下 AlGaN 光电阴极的电子扩散长度，分别使用反射式光电阴极量子效率公式对 AlGaN 光电阴极的量子效率曲线进行拟合，假设样品

1 发射层内平均内建电场强度为 7000V/cm，样品 2 发射层内平均内建电场强度为 150V/cm。拟合结果显示，样品 1 和样品 2 发射层的电子扩散长度分别为 97nm 和 89nm，但是在内建电场作用下阴极光电子的漂移长度却相差很大，它们分别为 4.6nm 和 218nm。

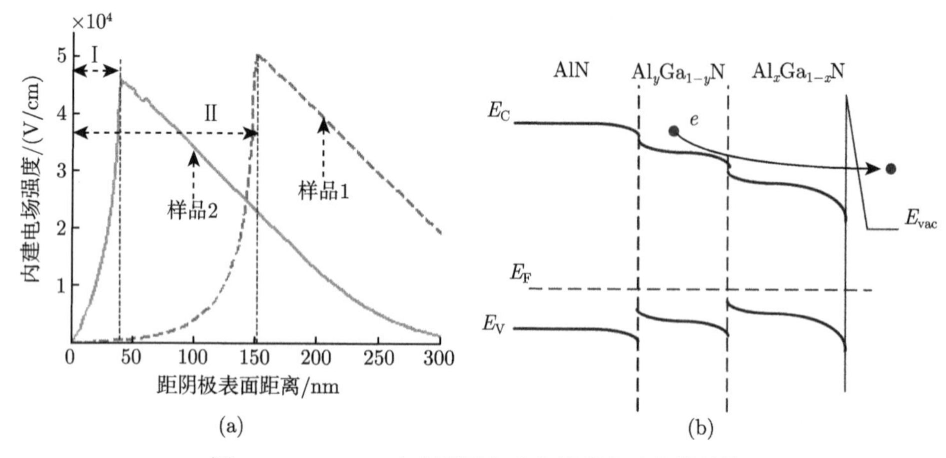

图 9.40　AlGaN 光电阴极内建电场强度及能带结构

在内建电场的作用下，光电子扩散长度增加是样品 2 量子效率高于样品 1 的主要原因。虽然内建电场可促进光电子向阴极表面扩散，有效地提高阴极的量子效率，但并不是内建电场强度越大阴极的量子效率越高，因为发射层内内建电场强度受发射层厚度和界面两侧 Al 组分差值等因素的影响。当发射层厚度减小时，会使入射光的吸收效率降低，减少发射层内激发光电子的数量。当增大界面两侧的 Al 组分差值时，阴极发射层晶体的生长质量就会降低，不利于光电子向阴极表面扩散，反而会降低阴极的量子效率。因此只有选择合理的发射层厚度和 Al 组分结构才能制备出高性能的 AlGaN 光电阴极。

9.5.2　不同激活条件下 AlGaN 光电阴极的性能参数

光电阴极的量子效率是衡量阴极光电发射性能的标准，而光电阴极的衰减特性直接关系到使用寿命[35]。为研究 AlGaN 光电阴极的稳定性及其衰减机理，分别使用不同的激活方法制备 AlGaN 光电阴极。取 F2 结构的 AlGaN 材料作为实验样品，使用熔融 KOH 腐蚀材料表面的 GaN 晶体层后，在超高真空中对材料进行激活。其中，样品 1 使用单 Cs 激活，样品 2 使用 Cs、O 激活，样品 3 使用 Cs、O、Cs 激活，且采用断续的控制方式来控制 Cs 源和 O 源。激活后样品 1 表面呈现富 Cs 表面，样品 2 表面呈现富 O 表面，样品 3 表面在 Cs、O 交替的基础上重新呈现富 Cs 表面。在 AlGaN 光电阴极激活过程中，阴极表面吸附 Cs 原子以后阴极短波波段的量子效率可达到 10%以上，虽然在 Cs、O 激活阶段阴极的量子效率仍会增加，但增加量仅为单 Cs 激活后阴极量子效率的 30%左右，激活光电流如图 9.36 所示。激活后 AlGaN 光电阴极的量子效率曲线如图 9.41 所示，三个 AlGaN 光电阴极材料具有相同的截止特性。随光子能量增加，激活后 AlGaN 光电阴极的量子效率逐渐增加，而且其增长趋势相对平缓。

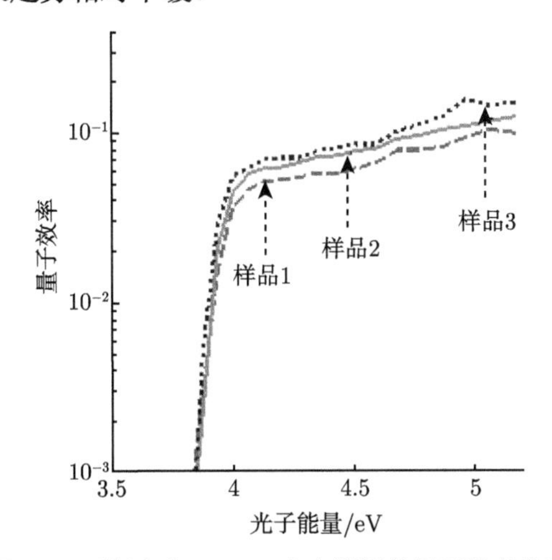

图 9.41 激活后 AlGaN 光电阴极的量子效率曲线

测试完光电阴极材料的量子效率后，分别在线测试三个光电阴极的衰减特性。测试过程中，使用氘灯为衰减光源并持续照射光电阴极的 Cs 吸附表面，使用多信息量在线测控系统实时监测阴极光电流的变化，测试结果如图 9.42 所示。由于样品 2 激活完以后真空室中仍存留部分未及时被真空泵抽走的氧气，这部分氧气仍会继续吸附到样品 2 的表面，所以在衰减测试开始时样品 2 的初始光电流小于样品 1。三个 AlGaN 光电阴极样品的光电流衰减过程都近似指数形式变化，其中单 Cs 激活的样品 1 的光电流衰减速率较快，其初始光电流为 600 nA，经 1000 min 连续衰减后，其光电流降低为 318 nA。而样品 2 和样品 3 的光电流衰减速率较慢，其中样品 3 的衰减光电流曲线中 I 部分的曲线平移以后与样品 2 的衰减光电流曲线几乎重合，因此经 105 min 衰减以后样品 3 在接下来的衰减过程中，其衰减特性与样品 2 的衰减特性相同，但是样品 3 的光电发射性能仍大于样品 2。

为研究 AlGaN 光电阴极光电流的衰减特性，对 AlGaN 光电阴极的光电流衰减曲线进行拟合，拟合公式为

$$\eta(t) = A\exp\left(-\frac{t}{\tau_{\mathrm{s}}}\right) + \eta_0 \tag{9.14}$$

式中，A 为衰减系数；t 为衰减时间；τ_{s} 为相对稳定时间，即 $A\exp(-t/\tau_{\mathrm{s}})$ 项的值降低为 A 的 1/e 时所用的时间；η_0 为相对稳定光电流。AlGaN 光电阴极的光电流

衰减速率为

$$V(t) = -\frac{A}{\tau_s}\exp\left(-\frac{t}{\tau_s}\right) \tag{9.15}$$

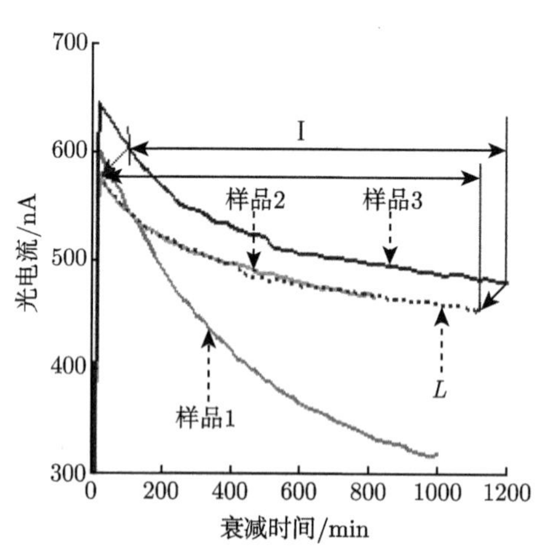

图 9.42　AlGaN 光电阴极的光电流衰减曲线

光电阴极光电流衰减曲线参数如表 9.9 所示，其中样品 3 的相对稳定光电流最大。将这些参数代入式 (9.15) 中，对阴极光电流的衰减速率进行仿真，结果如图 9.43 所示。从图中可以明显看出，三个阴极响应光电流的初始衰减速率分别为 0.73 nA/min、0.39 nA/min 和 0.48 nA/min，且其衰减速率随测试时间增加逐渐降低，最终衰减速率将趋于 0。其中样品 1 光电流的衰减速率远大于样品 2 和样品 3，样品 2 拥有最小的衰减速率。

表 9.9　AlGaN 光电阴极光电流衰减曲线参数

阴极样品	A/nA	τ/min	η_0/nA
1	315	430	285
2	130	330	455
3	175	360	470

采用同样的方法测试了衰减后三个 AlGaN 光电阴极样品的光谱响应，并将其转换为量子效率，如图 9.44 所示。衰减后的阴极样品的量子效率曲线形状与衰减前相比发生了很大的变化，阴极对低能光子的响应性能明显降低，随光子能量降低，三个阴极样品的量子效率均大幅度减小，尤其是单 Cs 激活的样品 1。为能够更详细了解衰减过程中 AlGaN 光电阴极性能的变化，对衰减前和衰减后三个阴极样品的量子效率曲线进行拟合，拟合过程中三个 AlGaN 光电阴极样品的电子扩散长度和后界面复合速率均相等，同时控制拟合误差小于 5%。阴极的电子逸出几率

及其表面势垒因子如表 9.10 所示。

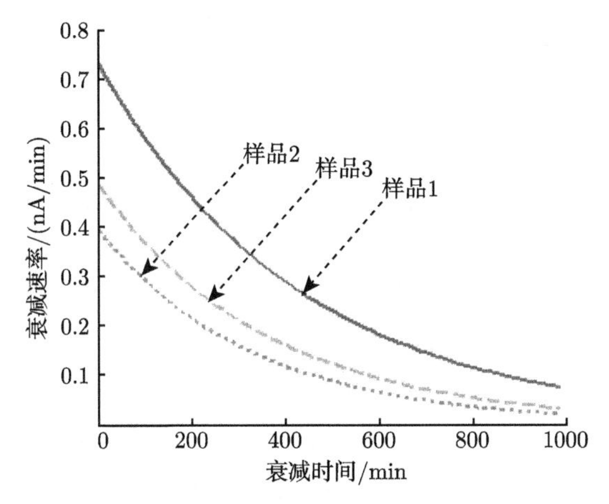

图 9.43 AlGaN 光电阴极光电流衰减速率

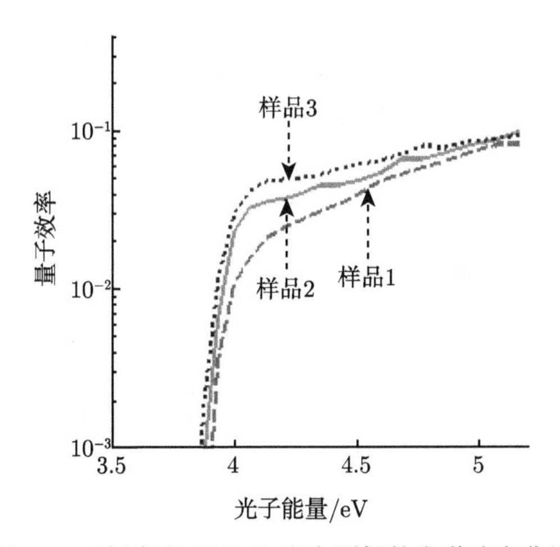

图 9.44 衰减后 AlGaN 光电阴极的光谱响应曲线

表 9.10 衰减前与衰减后 AlGaN 光电阴极的响应参数

样品	阴极样品	电子逸出几率 P_0	势垒因子 k_p
衰减前	1	0.26	0.01
	2	0.27	0.009
	3	0.30	0.009
衰减后	1	0.21	0.017
	2	0.24	0.014
	3	0.24	0.011

从表 9.10 中可以看出，衰减前三个阴极样品的电子逸出几率均不相同，但是

此时三个阴极样品的表面势垒因子 k_{p} 的差值却不大于 0.001。衰减后阴极样品的电子逸出几率均出现下降，同时阴极样品的表面势垒因子增大，其差值最大值扩大到 0.006。衰减后的 AlGaN 光电阴极具有较高的表面势垒，光电子运动到阴极表面附近时，没有足够的能量隧穿阴极表面势垒，才导致到达真空中光电子数量大大降低。因此，阴极表面势垒增大是 AlGaN 光电阴极量子效率衰减的根本原因。

综合三个 AlGaN 光电阴极衰减前和衰减后的量子效率变化及其衰减特性，可以发现样品 2 的激活方式为 Cs、O 激活，衰减后样品 2 量子效率的变化幅度最小。而样品 1 和样品 3 的激活方式为单 Cs 激活和 Cs、O、Cs 激活，激活后阴极表面均为富 Cs 表面，样品 1 和 3 的光电发射特性衰减速率均大于样品 2，再加上样品 3 衰减 105 min 以后的衰减光电流和样品 2 的衰减光电流曲线变化趋势相同，因此推断出阴极表面 Cs 原子脱附是导致阴极表面势垒增高的直接原因。

图 9.45 为衰减过程中 AlGaN 光电阴极表面势垒变化示意图，结合 AlGaN 光电阴极激活工艺，假设 AlGaN 光电阴极具有理想表面，在单 Cs 激活阶段，Cs 原子与发射层内的掺杂原子形成 AlGaN[Mg]：Cs 偶极子，降低了阴极的表面势垒，如图 9.45 中的势垒 I，在 Cs、O 交替过程中阴极表面形成 Cs-O 偶极子，使阴极表面势垒进一步降低，如图 9.45 中势垒 II。阴极表面的 Cs 原子与掺杂原子 Mg 的距离比较远，所以 AlGaN[Mg]：Cs 偶极子并不稳定，因此样品 1 的衰减速率最快。与样品 2 的衰减特性对比可知，在样品 3 中前 105 min 时间内从阴极表面脱附的 Cs 原子主要来源于最后 Cs 激活阶段中吸附在阴极材料表面的 Cs 原子，这部分 Cs 原子未与 O 原子形成 Cs-O 偶极子，所以该 Cs 原子的稳定性较差、易脱附，所以在衰减初始阶段样品 3 的衰减速率最大。由于 Cs-O 偶极子的稳定性高于 AlGaN[Mg]：Cs 偶极子，样品 2 激活结束时，阴极表面为富 O 表面，所以稳定的 Cs-O 偶极子使得样品 2 的衰减速率最小。由此可知 Cs 原子脱附是 AlGaN 光电阴极性能衰减的根本原因。由此可知，Cs、O 交替激活不仅可以提高 AlGaN 光电阴极的光电发射性能，还较大程度上提高了 AlGaN 光电阴极的稳定性。

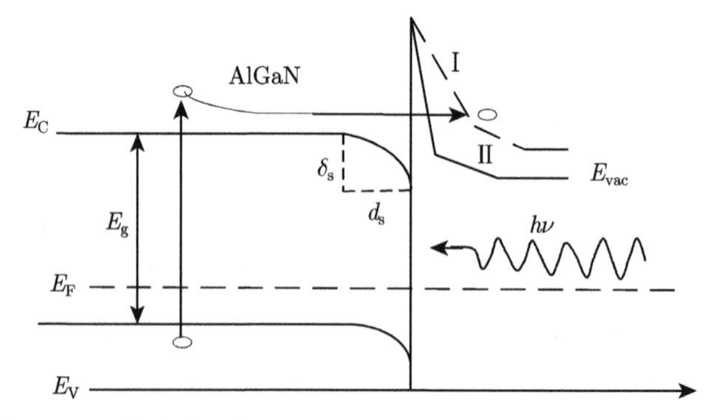

图 9.45　衰减过程中 AlGaN 光电阴极表面势垒变化示意图

在 AlGaN 光电阴极激活与衰减的过程中，真空室中的残余气体同样会吸附于阴极表面，而且其中 H_2O 等残余气体还会破坏阴极表面 Cs 原子的化学状态，降低阴极表面偶极子的数量，所以真空室中存在残余气体也是 AlGaN 光电阴极性能衰减的原因之一。

9.5.3 不同化学清洗条件下 AlGaN 光电阴极的性能参数

只有运动到 AlGaN 光电阴极表面并隧穿表面势垒的光电子才能形成电子发射。在 NEA 光电阴极中，降低阴极表面势垒的方法是在清洁的阴极表面上吸附 Cs 原子和 O 原子，阴极表面清洁度越高，Cs 和 O 的吸附效率就越高，越有利于提高阴极的量子效率。因此，提高阴极材料表面的清洁度是制备高性能 AlGaN 光电阴极的重要途径[36]。

我们曾经认为在 AlGaN 光电阴极材料表面添加 GaN 原子层能避免发射层中 Al 原子氧化，可以提高 Cs 原子在阴极表面的吸附效率。但是在实际的晶体生长过程中，不仅难以保证 AlGaN 晶体从高 Al 组分直接过渡到 GaN 晶体，更无法保证 GaN 晶体的厚度仅为 1 个原子层。因此，虽然晶体生长工艺难以生长出理想的晶体结构，但是可以通过改善阴极的清洗工艺将氧化铝从阴极表面清除掉，同样可达到减小阴极表面 Al 原子数量的目的。

从 AlGaN 光电阴极材料化学清洗工艺可知，H_2SO_4、H_2O_2 与去离子水 2:2:1 的混合溶液能够有效清除阴极材料表面的 C，浓度大于 1mol/L 的 KOH 沸腾溶液能够有效清除阴极材料表面的氧化铝，而且清洗过程中化学试剂的种类与使用顺序均影响了阴极材料表面的原子成分。为获得化学清洗工艺对 AlGaN 光电阴极性能的影响，分别使用相同结构 AlGaN 光电阴极材料进行实验。

变 Al 组分 T2 结构的 AlGaN 光电阴极材料最外层晶体的 Al 组分为 0.37，厚度为 30nm，Mg 掺杂浓度为 5×10^{18} cm^{-3}。样品 1 使用 H_2SO_4 混合溶液清洗，样品 2 先使用 H_2SO_4 混合溶液后使用 KOH 溶液清洗，样品 3 先使用 KOH 溶液后使用 H_2SO_4 混合溶液清洗。在超高真空中，对三个样品进行 710℃高温清洗，并使用单 Cs 激活的方式对三个样品进行激活。最后测试了激活后阴极的量子效率，如图 9.46 所示，三个阴极材料的响应阈值波长约为 285nm。

由此看出，虽然部分氧化铝在化学清洗过程中被从阴极表面清除，但是并没有使阴极的阈值波长发生改变。随光子能量增加，阴极的量子效率也逐渐增大，在整个测试波段内，样品 3 的量子效率最高。当光子能量为 5.167 eV(对应波长为 240nm) 时，样品 1、2 和 3 的量子效率分别为 23.7%、27.7%和 31.5%，样品 3 的量子效率比样品 1 和样品 2 分别提高了 32.9%和 13.7%。

使用反射式量子效率公式对三个阴极的量子效率曲线进行拟合，同样假设样品发射层内平均内建电场强度为 7000 V/cm。拟合结果显示，样品 1、样品 2 和样品 3 的电子逸出几率分别为 0.52、0.63 和 0.71，由此可见，电子逸出几率增加是导致样品 3 量子效率高于其他阴极的主要原因。如图 9.47 为 AlGaN 光电阴极不同 Cs 吸附效率时阴极表面势垒形状的变化，Cs 吸附效率越高，阴极表面的势垒越低，AlGaN 光电阴极的量子效率就会越高。

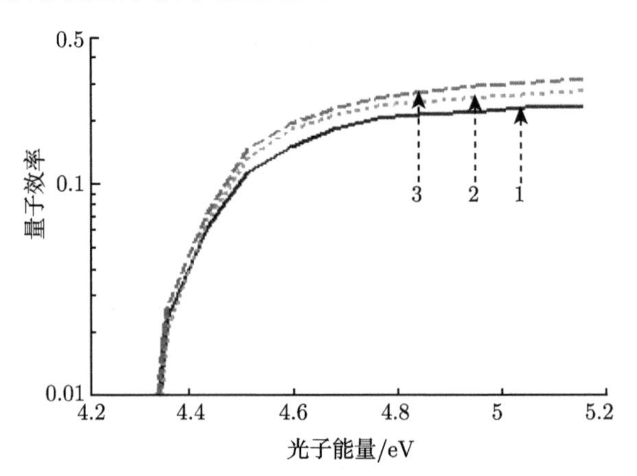

图 9.46　不同化学清洗 AlGaN 光电阴极的量子效率

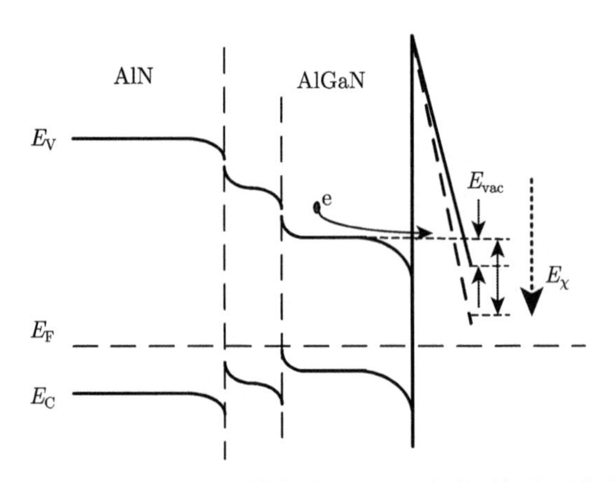

图 9.47　不同 Cs 吸附效率时 AlGaN 光电阴极表面势垒

9.5.4　不同热清洗温度条件下 AlGaN 光电阴极的性能参数

不但化学清洗工艺能够较大程度上影响阴极的量子效率，阴极的热清洗工艺同样会影响阴极的量子效率。将不同热清洗温度条件下制备的 AlGaN 光电阴极的光谱响应曲线转换为量子效率曲线，如图 9.48 所示，当光子能量为 5.167 eV(对应波长为 240nm) 时，阴极材料的量子效率分别为 31.5%、33.8%和 35.1%。使用反射式 NEA 光电阴极量子效率公式对阴极的量子效率曲线进行拟合，结果显示

710℃、800℃和 850℃热清洗的阴极材料的电子逸出几率分别为 0.71、0.74 和 0.75，阴极的电子扩散长度分别为 89nm、94nm 和 105nm。由此可见，在 AlGaN 光电阴极高温热清洗过程中，不仅提高了阴极表面的清洁度，还提高了阴极发射层内电子向阴极表面的输运能力。从上述的实验结果可看出，先使用沸腾的 KOH 溶液，然后使用 H_2SO_4 混合溶液的化学清洗工艺，最后在超高真空系统中采用 850℃的高温热清洗工艺，可以提高 AlGaN 材料表面的清洁度，激活后的 AlGaN 光电阴极可以获得较好的光电发射性能。

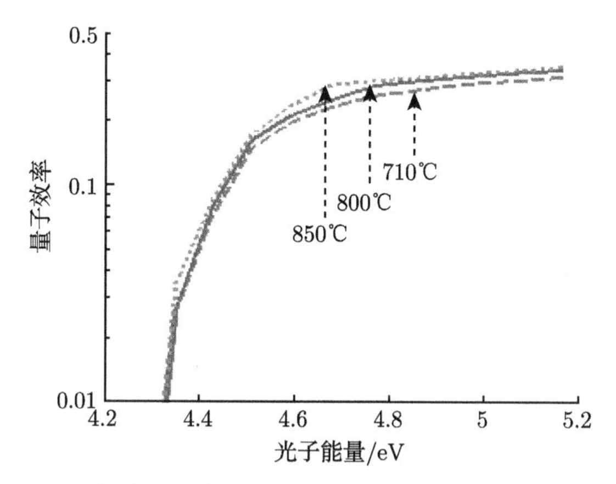

图 9.48 不同热清洗温度条件下 AlGaN 光电阴极的量子效率曲线

9.6 透射式 AlGaN 光电阴极性能评估

9.6.1 不同发射层厚度的 AlGaN 光电阴极性能参数

透射式 AlGaN 光电阴极是光从阴极衬底一侧入射，自发射层与缓冲层的界面开始，入射光不断被发射层 AlGaN 晶体吸收并激发出光电子。随入射光波长减小，AlGaN 晶体的吸收系数逐渐增大，所以在透射式 AlGaN 光电阴极中，短波入射光在发射层后界面附近以较快的速率衰减，此处激发的光电子与阴极表面的距离较远，由此可知阴极发射层越薄就越有利于提高阴极对短波入射光的响应特性。但是当光电阴极发射层过薄时，入射光在发射层内的吸收率会下降，减少了发射层内光电子的数量，不利于提高透射式光电阴极光电发射性能，所以阴极发射层的厚度是影响透射式 AlGaN 光电阴极性能的关键因素[13]。

为了研究 AlGaN 光电阴极发射层厚度对 AlGaN 光电阴极性能的影响，分别使用不同发射层厚度的 AlGaN 光电阴极材料进行实验，其中样品 1、样品 2 和样品 3 为不同批次 T1 结构的变 Al 组分 AlGaN 光电阴极材料，阴极材料发射层 Al 组分及其厚度等参数如表 9.4 所示，样品 4 为 F1 结构的 AlGaN 光电阴极材料。

实验所用阴极材料均使用混合比例为 2:2:1 的 H_2SO_4、H_2O_2 和去离子水进行化学清洗，然后在超高真空中进行热清洗，最后通过 Cs、O 交替的方式对阴极材料进行激活。最终获得透射式 AlGaN 光电阴极的光谱响应，如图 9.49 所示。其中样品 4 的光谱响应明显低于其他阴极的光谱响应，而且随波长增加，样品 4 的光谱响应逐渐上升直至 310nm 处达到 5.84mA/W。而样品 1、样品 2 和样品 3 在 260nm 处的光谱响应相同且均为 17.5mA/W，其中样品 1 和样品 2 长波波段的响应特性相近但均低于样品 3，而样品 1 和样品 2 的短波响应特性却高于样品 3。

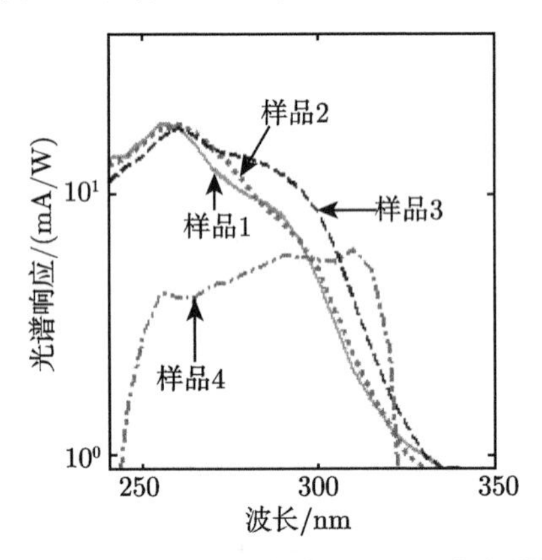

图 9.49　不同发射层厚度的透射式 AlGaN 光电阴极光谱响应

只有在低 Al 组分的 AlGaN 晶体中长波波段的入射光才会被吸收，而在变 Al 组分 AlGaN 光电阴极中，阴极发射层表面 AlGaN 晶体的 Al 组分最低，所以在变 Al 组分的透射式 AlGaN 光电阴极中相对于短波入射光来说，长波入射光激发光电子的位置距阴极表面的距离比较小。图 9.50 为透射式变 Al 组分 AlGaN 光电阴极发射层中光电子激发位置以及光电子到阴极表面的距离，其中阴极发射层 Al 组分为 0.8、0.65 和 0.37(阈值波长分别为 226nm、248nm 和 290nm)。因此，波长范围在小于 226nm、226～248nm 和 248～290nm 的入射光所激发的光电子与阴极表面的距离 L 分别满足 $L \leqslant L_1$、$L \leqslant L_2$ 和 $L \leqslant L_3$。若阴极表面低 Al 组分 AlGaN 晶体层的厚度增加，则会使长波入射光得到充分的吸收，但是短波入射光激发的光电子与阴极表面的距离 L_1 也会增大，降低该部分光电子扩散到阴极表面的几率。再结合表 9.4 中 AlGaN 光电阴极材料发射层中 AlGaN 分层的 Al 组分及其厚度可知，正是样品 1 和样品 2 表面的 AlGaN 晶体层的厚度小于样品 3 中表面 AlGaN 晶体层的厚度，才导致了样品 1 和样品 2 对长波入射光的响应性能低于样品 3，对短波入射光的响应性能却高于样品 3 这一现象。

在阴极发射层 Al 组分为 0.8 的晶体层中激发的光电子在向阴极表面运动的过程中，需要穿过 Al 组分为 0.8 和 0.65 以及 0.65 和 0.37 之间的异质结的界面，该界面处存在的晶体缺陷会捕获部分向阴极表面扩散的光电子，降低了到达阴极表面的光电子数量。所以虽然变 Al 组分结构 AlGaN 光电阴极发射层内内建电场可促进光电子向阴极表面输运，但是 AlGaN 晶体异质结界面处的缺陷影响了光电子的输运性能，因此在变 Al 组分 AlGaN 光电阴极结构设计中，发射层内分层数量应该优化选择。

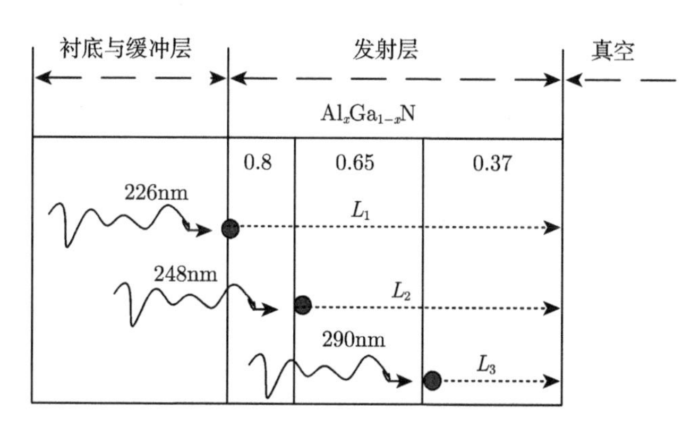

图 9.50 透射式变 Al 组分 AlGaN 光电阴极发射层中光电子激发位置以及光电子到阴极表面的距离

图 9.51 为透射式非变 Al 组分 AlGaN 光电阴极发射层中光电子激发位置以及光电子到阴极表面的距离，其中阴极发射层 Al 组分为 0.37，波长小于 290nm 的入射光均从发射层后界面处开始被吸收，此时光电子激发位置与阴极表面的距离 L 满足 $L \leqslant L_1 = L_2 = L_3$。若阴极发射层厚度增大，则会增大光电子到阴极表面的距离，降低光电子到达阴极表面的几率。所以实验中样品 4(发射层厚度为 150nm) 的光谱响应性能远低于样品 1、样品 2 和样品 3(发射层厚度均小于 75nm)。因此，合理的发射层厚度能有效地提高透射式 AlGaN 光电阴极的光电发射性能。

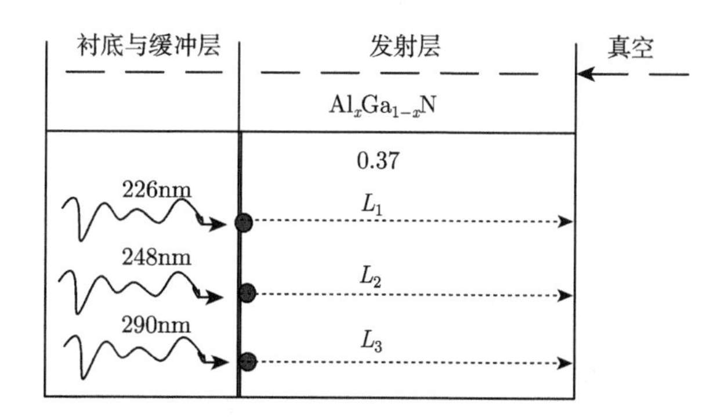

图 9.51 透射式非变 Al 组分 AlGaN 光电阴极发射层中光电子激发位置以及光电子到阴极表面的距离

9.6.2　变 Al 组分 AlGaN 光电阴极的性能参数

AlGaN 光电阴极材料均采用 MOCVD 生长技术生长，由于阴极表面的 Al 组分比较高，在样品生长结束时反应室内部分 Al 源、Ga 源和 N 源等未能及时排出，这部分生长源仍会在外延片表面沉积，在阴极表面生长成为 Al 组分过高或过低的 AlGaN 晶体。若阴极表面 AlGaN 晶体的 Al 组分过高，则会形成与发射层内变 Al 组分异质结构反向的晶体结构，此时发射层内形成方向指向阴极表面的内建电场，阻碍光电子向阴极表面输运。若阴极表面 AlGaN 晶体的 Al 组分过低，那么该部分晶体会延长阴极的响应阈值波长，降低阴极的截止特性。因此，发射层表面最外层的 Al 组分严重影响着阴极的性能。为了研究阴极表面的 Al 组分对阴极光谱响应的影响，分别使用不同结构的透射式 AlGaN 光电阴极进行实验。

实验所用样品分别为 T1、T3 和 T4 结构的变 Al 组分 AlGaN 材料，发射层最外层 Al 组分设计值均为 0.37，其对应的阈值波长为 290nm。使用相同的制备方法对三种材料进行激活，并结合微通道板和荧光屏制作成紫外像增强器，其分辨率达到 17.7 lp/mm 以上，透射式 AlGaN 光电阴极的光谱响应如图 9.52 所示。从图 9.52 中可看出，三个阴极材料在不同波段内的响应性能也不相同，光谱响应峰值及其对应波长如表 9.11 所示。其中 T3 结构 AlGaN 光电阴极的光谱响应峰值为 40.4 mA/W(量子效率为 18.9%)，对应峰值波长为 265nm。但阴极的响应阈值波长均超过 300nm，高于阴极结构设计的阈值波长。

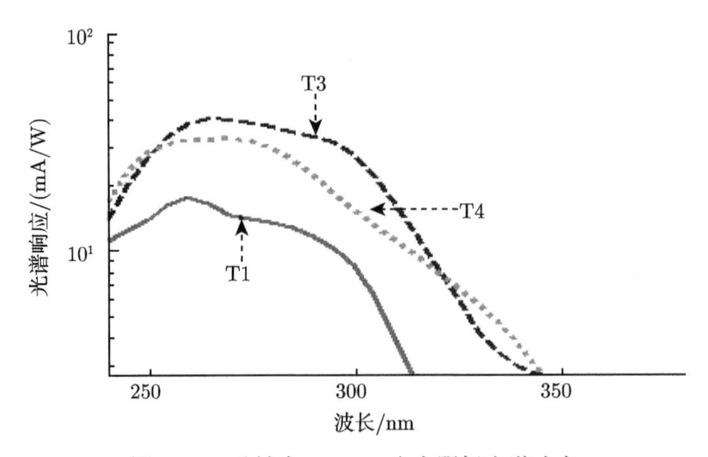

图 9.52　透射式 AlGaN 光电阴极光谱响应

表 9.11　不同结构透射式 AlGaN 光电阴极响应峰值及其对应波长

	T1 样品	T3 样品	T4 样品
响应峰值/(mA/W)	18.3	40.4	32.7
对应波长/nm	255	265	270

若透射式 AlGaN 光电阴极发射层表面存在 Al 组分较低的 AlGaN 晶体层，如图 9.53 所示，无论是变 Al 组分还是非变 Al 组分的 AlGaN 光电阴极，此时阴极发射层均具有了变 Al 组分结构。发射层表面低 Al 组分晶体层的存在会导致阴极对长波入射光产生响应，降低阴极的截止特性。而且发射层表面低 Al 组分的 AlGaN 晶体层还增加了发射层的厚度，降低阴极对短波入射光的响应性能。从 T1、T2 和 T3 结构 AlGaN 光电阴极的光谱响应曲线也可以看出，三个阴极材料发射层表面均存在低 Al 组分的 AlGaN 晶体。

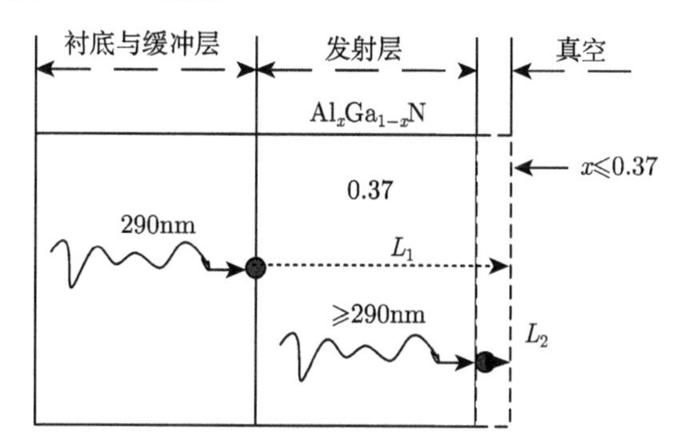

图 9.53 透射式 AlGaN 光电阴极材料发射层晶体结构模型

9.7 反射式和透射式 AlGaN 光电阴极的光谱响应对比

图 9.54 为反射式和透射式 AlGaN 光电阴极光谱响应，其阴极材料结构分别为 T1、T3 和 T4。从图 9.54 中可明显看出，与透射式 AlGaN 光电阴极的光谱响应相比，反射式 AlGaN 光电阴极具有较高的光电发射性能和良好的截止特性。导致这种现象的主要原因如下：

(1) AlGaN 光电阴极的工作模式。

在反射式 AlGaN 光电阴极中，光从阴极发射层表面入射，大量光电子产生于阴极表面附近且具有较高的能量，光电子可以在热化之前隧穿阴极表面势垒进入真空，此时光电子具有较高的逸出几率。在透射式 AlGaN 光电阴极中，光从阴极的衬底面一侧照射，光子产生于发射层内部，经过较长的距离才能扩散到阴极表面，此时光电子的能量较低，相应地这部分光电子隧穿阴极表面势垒的几率也比较低。因此，透射式光电阴极中光电子到达表面时，光电子能量低于反射式光电阴极，这是透射式 AlGaN 光电阴极量子效率低的主要原因，同时降低表面势垒是提高透射式 AlGaN 光电阴极量子效率的有效途径。

(2) AlGaN 光电阴极发射层 Al 组分。

由于 AlGaN 晶体的吸收系数比较大，在阴极发射层表面低 Al 组分的 AlGaN

晶体层内可以激发出大量的光电子，严重影响阴极的截止特性。而晶体生长过程中各影响因素均有随机性，不同批次阴极材料表面的低 Al 组分 AlGaN 晶体的 Al 组分和厚度均不相同。因此，适当提高阴极发射层中 Al 组分的设计值，可在一定程度上缓解晶体表面 Al 组分过低的问题。

(3) 变 Al 组分 AlGaN 光电阴极结构。

在变 Al 组分 AlGaN 光电阴极中，变 Al 组分发射层中形成了较强的内建电场。在反射式 AlGaN 光电阴极中，大部分光电子在阴极表面附近被激发，在强电场的作用下迅速地输运到阴极表面，有效地提高了光电子的输运能力。但在透射式 AlGaN 光电阴极中，虽然强电场可以促进发射层内部的光电子向阴极表面输运，但是光电子必须穿过 AlGaN 晶体中存在晶体缺陷的异质结界面，所以优化透射式 AlGaN 光电阴极发射层结构设计是提高阴极响应性能的重要途径。

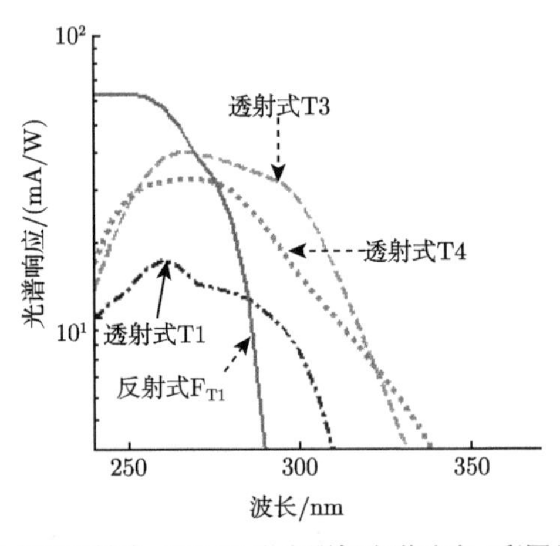

图 9.54　反射式和透射式 AlGaN 光电阴极光谱响应 (彩图见封底二维码)

目前，反射式 AlGaN 光电阴极的量子效率有了明显的提高，透射式 AlGaN 光电阴极的量子效率也取得了较大进步，如何在高性能反射式 AlGaN 光电阴极研究的基础上，制备出高性能的透射式 AlGaN 光电阴极仍然是以后值得研究的一个重要课题。

9.8　NEA $Al_xGa_{1-x}N$ 光电阴极的表面 Cs、O 激活机理研究

1965 年 Scheer 等在重掺杂的 p 型 GaAs 上吸附 Cs，获得了零电子亲和势的 GaAs 光电阴极[37]。之后发现其他III-V族的半导体如 AlGaAs、InGaAs 和 GaN 等，使用 Cs、O 激活的方式，也可得到零电子亲和势或负电子亲和势的光电阴极。这种激活方式对 $Al_xGa_{1-x}N$ 光电阴极同样适用。$Al_xGa_{1-x}N$ 光电阴极的激活过程分

为单 Cs 激活和 Cs、O 交替激活两个阶段。对于 $Al_xGa_{1-x}N$ 光电阴极的激活工艺，日本国立材料科学研究所、俄国半导体技术与设备公司以及本课题组都进行了积极的实验探索，并得到了较高的量子效率。然而 Cs 激活阶段以及 Cs、O 激活阶段，表面原子结构和电子结构的变化情况，以及使电子亲和势降低的微观作用机理都没有进行非常充分的理论研究。单 Cs 激活阶段出现的 "Cs 中毒" 现象以及 Cs、O 激活阶段光电流上升不理想的问题，也没有给出很好的理论解释。

在建立并优化得到的 p 型 $Al_{0.25}Ga(Mg)_{0.75}N(0001)$ 表面的基础上，建立了 Cs 吸附的 $Al_{0.25}Ga(Mg)_{0.75}N(0001)$ 表面模型，通过吸附能的比较，寻找 Cs 的最佳吸附位置，通过密立根电荷布居数的变化情况，解释表面功函数的变化机理。通过对不同 Cs 覆盖度模型的研究，寻找使光电流达到最大值的 Cs 的覆盖度，并解释 "Cs 中毒" 现象。通过改变掺杂原子 Mg 与吸附原子 Cs 的距离，理论上解释 "碎鳞场效应"。通过完整表面与存在空位缺陷的表面的 Cs、O 共吸附的对比，理论上解释纤锌矿结构的极性表面不利于第二偶极矩生成的原因。建立 $(10\bar{1}0)$ 和 $(11\bar{2}0)$ 两个非极性表面上的 Cs、O 吸附模型，通过对表面功函数的计算，探索非极性表面作为光电发射表面的可行性。

9.8.1 $Al_{0.25}Ga(Mg)_{0.75}N(0001)$ 表面的单 Cs 激活机理研究

1. 单 Cs 激活实验

进行单 Cs 激活实验的 $Al_xGa_{1-x}N$ 光电阴极的组件结构如图 9.55 所示。采用 MOCVD 方法生长的 $Al_xGa_{1-x}N$ 阴极以蓝宝石作为衬底，选用 AlN 晶体作为缓冲层来解决 $Al_xGa_{1-x}N$ 发射层与衬底之间晶格及热膨胀系数不匹配的问题。由于该光电阴极为反射式光电阴极，因此不同于透射式光电阴极的设计，设计的发射层较厚。发射层中采用 Mg 掺杂的方式达到 p 型导电的目的，但是 Mg 在 $Al_xGa_{1-x}N$ 中的离化程度仅有掺杂浓度的千分之一。经过化学清洗和热清洗后，$Al_xGa_{1-x}N$ 光

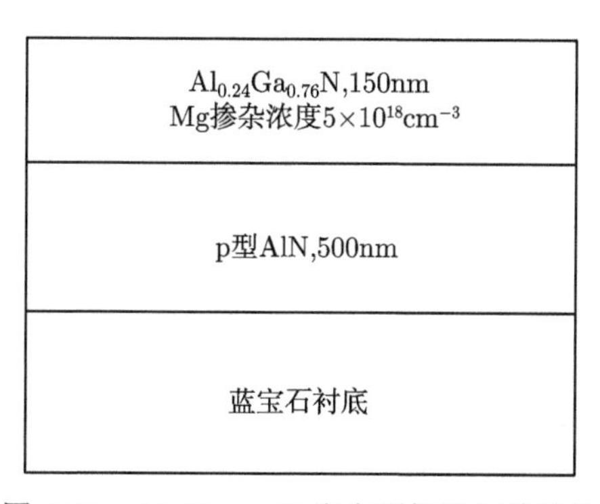

图 9.55 $Al_xGa_{1-x}N$ 光电阴极的组件结构

电阴极在超高真空系统中进行激活，并使用多信息量测控系统对激活过程中的光电流进行实时监测。测得的激活过程中的光电流值随时间的变化曲线如图 9.56 所示。可以看出，Cs 激活开始后，光电流不断增大，直至 27min 时，光电流达到峰值 632nA。之后随着 Cs 激活的继续，Cs 原子在表面覆盖度增大，光电流降低，出现了 “Cs 中毒” 现象[38]。

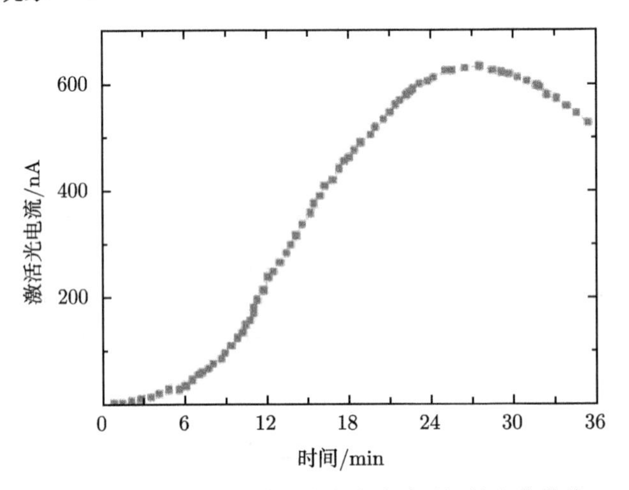

图 9.56　单 Cs 激活过程中光电流随时间的变化曲线

2. Cs 在 $Al_{0.25}Ga(Mg)_{0.75}N(0001)$ 表面不同吸附位的研究

Cs 吸附模型的建立是以 $Al_{0.25}Ga(Mg)_{0.75}N(0001)$ 模型为基础，其中 Mg 的掺杂位置有五种。由于 Mg 原子位于第二双分子层时，杂质形成能最低，因此将 Mg 原子的位置确定在第二双分子层中。Cs 原子在 $Al_{0.25}Ga(Mg)_{0.75}N(0001)$ 表面的几个典型吸附位如图 9.57 所示。由于 $Al_xGa_{1-x}N$ 为三元混晶材料，它的结构的对

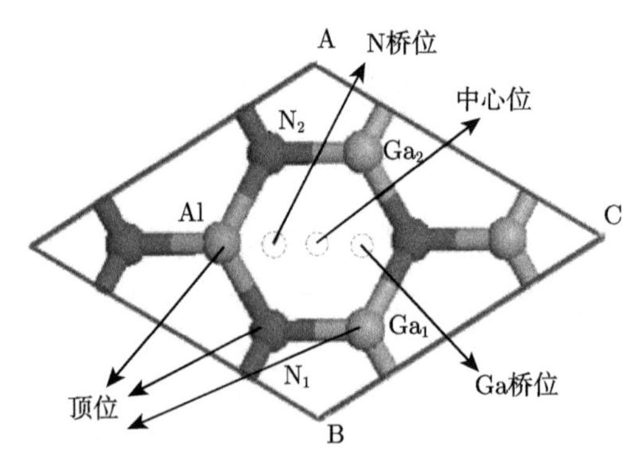

图 9.57　$Al_{0.25}Ga(Mg)_{0.75}N(0001)$ 表面的俯视图 (彩图见封底二维码)

称性远小于 GaN，而且表面掺杂了 Mg 原子后，对称性大大降低，因此 N_1 位和 N_2 位在结构上并不等同，N_1 位处于掺杂原子的正上方，Ga_1 位和 Ga_2 位也不等同，Ga_1 位比 Ga_2 位更接近 Mg 原子。本节考虑了 $B_{N_1\text{-}N_2}$(N_1 和 N_2 原子的桥位)、$B_{Ga_1\text{-}Ga_2}$(Ga_1 和 Ga_2 原子的桥位)、中心位 (六边形中心位)、T_{N_1}(N_1 原子顶位)、T_{N_2}(N_2 原子顶位)、T_{Al}(Al 原子顶位)、T_{Ga_1}(Ga_1 原子顶位) 和 T_{Ga_2}(Ga_2 原子顶位) 八种吸附位置。采用由 Ga:$3d^{10}4s^24p^1$、Al:$3s^23p^1$、N:$2s^22p^3$、Mg:$2p^63s^2$ 和 Cs:$5s^25p^66s^1$ 生成的超软赝势来计算并描述价电子间的相互作用。计算方法及精度设置同 5.1.1 节。

Cs 原子在 $Ga(Mg)_{0.75}Al_{0.25}N(0001)$ 表面上的吸附能可根据下式计算得到[39]:

$$E_{\rm ads} = (E_{\rm Cs/Al_{0.25}Ga(Mg)_{0.75}N} - E_{\rm Al_{0.25}Ga(Mg)_{0.75}N} - nE_{\rm Cs})/n \tag{9.16}$$

式中，$E_{\rm Cs/Al_{0.25}Ga(Mg)_{0.75}N}$ 和 $E_{\rm Al_{0.25}Ga(Mg)_{0.75}N}$ 分别表示 Cs 吸附前后表面模型的总能量；$E_{\rm Cs}$ 表示 Cs 原子在金属 Cs 中的能量；n 表示吸附模型中 Cs 原子的数量。若 $E_{\rm ads}$ 为负值，则表明吸附过程为散热过程，吸附体系稳定；若 $E_{\rm ads}$ 为正值，则认为吸附过程为吸热过程，吸附难以实现。计算得到的 Cs 在八种吸附位上的吸附能如表 9.12 所示。

表 9.12　不同吸附位上 Cs 原子的吸附能

吸附位	$B_{N_1\text{-}N_2}$	$B_{Ga_1\text{-}Ga_2}$	中心位	T_{N_1}	T_{N_2}	T_{Al}	T_{Ga_1}	T_{Ga_2}
吸附能/eV	−1.178	−1.050	−1.107	−1.549	−1.023	−1.332	−1.515	−1.328

由表 9.12 可知，Cs 原子位于 N_1 原子顶位时，吸附能最低，其次是 Al 原子顶位和 Ga_1 原子顶位。但是 Cs 原子位于 N_2 原子顶位时，吸附能却相对 N_1 原子顶位明显偏高。这说明 Cs 原子更容易吸附于三族元素顶位，而掺杂原子 Mg 为材料引入了一个空穴，该空穴易被 Cs 原子提供的电子填充，因此 Mg 原子对 Cs 原子具有很强的吸引作用，导致 N_1 原子顶位成为 Cs 原子的最佳吸附位。在八个吸附位上，Cs 原子的吸附能均为负值，证明吸附过程为散热过程，吸附稳定。

计算得到八个 Cs 吸附模型的功函数如表 9.13 所示。$Al_{0.25}Ga(Mg)_{0.75}N(0001)$ 表面通过吸附 0.25ML 的 Cs，功函数明显降低。Cs 吸附于不同位置，功函数的降低幅度略有不同，综合八个吸附模型，0.25ML 的 Cs 原子使表面功函数平均降低了 1.874eV。

表 9.13　不同吸附位对应的吸附模型的功函数　(单位：eV)

	洁净表面	Cs 吸附模型							
		$B_{N_1\text{-}N_2}$	$B_{Ga_1\text{-}Ga_2}$	中心位	T_{N_1}	T_{N_2}	T_{Al}	T_{Ga_1}	T_{Ga_2}
功函数	4.385	2.582	2.453	2.744	2.422	2.456	2.432	2.418	2.584
功函数变化量 $\Delta\Phi$		1.803	1.932	1.641	1.963	1.929	1.953	1.967	1.801

Cs 吸附在 p 型 $Al_{0.25}Ga(Mg)_{0.75}N(0001)$ 表面形成 p 型半导体 n 型表面态的结构。对于 p 型半导体 p 型表面态或是 n 型半导体 n 型表面态，表面与体内不进行电子转移，因此表面没有 BBR，如图 9.58(a) 所示。而对于 n 型半导体 p 型表面态，表面能带向上弯曲，不利于电子从表面逸出。只有 p 型半导体 n 型表面态的能带结构可以形成向下弯曲的 BBR，如图 9.58(b) 所示，这有利于表面附近光电子的逸出。

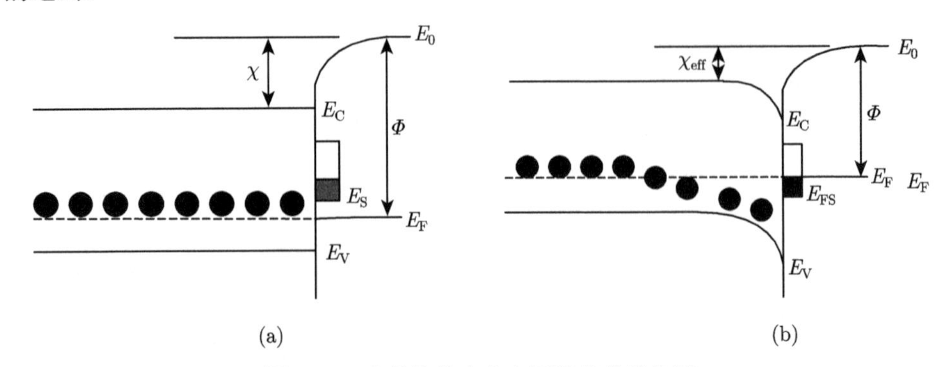

图 9.58　半导体体内和表面的能带结构图

(a) p 型半导体和 p 型表面态；(b) p 型半导体和 n 型表面态

基于亥姆霍兹方程，得到了计算表面偶极矩的公式为[40]

$$\mu = (1/12\pi)A\Delta\Phi/\theta \tag{9.17}$$

式中，A 表示每个 2×2 表面单元的面积，单位为Å^2；$\Delta\Phi$ 为 Cs 吸附前后表面功函数的变化量，单位为 eV；θ 表示 Cs 原子在表面的覆盖度，以上建立的八个吸附模型中，Cs 原子的吸附度均为 0.25ML。计算得到的八个 Cs 吸附模型的偶极矩值如表 9.14 所示。

表 9.14　八个 Cs 吸附模型的偶极矩　　(单位：deb)

吸附模型	$B_{N_1\text{-}N_2}$	$B_{Ga_1\text{-}Ga_2}$	中心位	T_{N_1}	T_{N_2}	T_{Al}	T_{Ga_1}	T_{Ga_2}
偶极矩	6.779	7.2644	6.170	7.381	7.253	7.343	7.396	6.772

以 Cs 吸附于 N_1 顶位的模型为例，Cs 吸附前后表面模型中原子的密立根电荷布居数如表 9.15 所示。

表 9.15　Cs 吸附前后表面原子的密立根电荷布居数

	Cs	第一双分子层		第二双分子层		
		Ga	Al	Ga	Al	Mg
洁净表面		0.660	1.280	0.860	1.270	1.730
Cs 吸附表面	0.841	0.487	1.290	0.790	1.310	1.670

Cs 原子在 $Al_{0.25}Ga(Mg)_{0.75}N(0001)$ 吸附后充分离化，其密立根电荷布居数为 0.841，第一层的 Ga 原子的电荷布居数明显减小，Al 原子的电荷布居数变化较小。因此，带正电的铯离子与以 Mg 原子为中心的带负电的 $Al_{0.25}Ga(Mg)_{0.75}N$ 形成了偶极矩，该偶极矩称为 $Al_xGa_{1-x}N$ 光电阴极的第一偶极矩，它由正电中心 Cs 指向负电中心 $Al_{0.25}Ga(Mg)_{0.75}N$，且方向垂直于表面方向，因此有利于表面功函数的降低，使到达表面的光电子在偶极矩的作用下更容易逸出表面形成光电流。

$Cs/Al_{0.25}Ga(Mg)_{0.75}N(0001)$ 体系的总态密度和分波态密度如图 9.59 所示。可以看出，在总态密度曲线中，−23.47eV、−10.26eV 和 0.73eV 位置出现了新的峰值，这是由 Cs $5s^2$ 态电子和 Cs $5p^6$ 态电子引起的。Cs 吸附后表面的价带顶和导带底仍然保持很近的距离，表面呈现金属特性，费米能级处的电子主要由 Ga 4s、Ga 4p、Al 3s、Al 3p 态电子和 Cs 5p 态电子贡献，总之 Cs 吸附对表面体系的表面态影响不大。

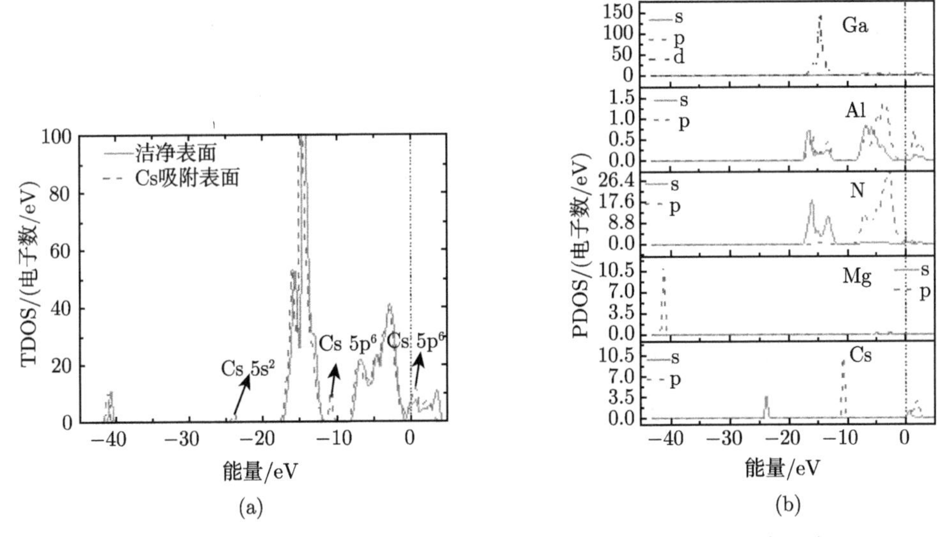

图 9.59 $Cs/Al_{0.25}Ga(Mg)_{0.75}N(0001)$ 体系的态密度 (彩图见封底二维码)

(a) 总态密度；(b) 分波态密度

3. 不同覆盖度的 Cs 在 $Al_{0.25}Ga(Mg)_{0.75}N(0001)$ 表面吸附的研究

对于不同覆盖度的 Cs 的吸附研究，基于 $Al_{0.25}Ga(Mg)_{0.75}N(0001)$ 洁净表面建立了 1 个、2 个、3 个和 4 个 Cs 原子在表面的吸附模型，对应 Cs 原子覆盖度分别为 0.25ML、0.50ML、0.75ML 和 1.00ML[41]。针对不同吸附位共建立了七个吸附模型，对应的 Cs 的吸附位置及模型编号如表 9.16 所示。计算方法及精度设置同 5.1.1 节。

表 9.16　不同 Cs 覆盖度的吸附模型中 Cs 的吸附位置及模型编号

Cs 原子覆盖度 /ML	0.25	0.50		0.75		1.00	
Cs 原子的吸附位	T_{N_1}	T_{N_1}、T_{Ga_1}	T_{N_1}、T_{Ga_2}	T_{N_1}、T_{Ga_1}、T_{Al}	T_{N_1}、T_{Ga_2}、中心位	T_{N_1}、T_{Ga_1}、T_{Al}、T_{Ga_2}	T_{N_1}、T_{Ga_1}、T_{N_2}、T_{Ga_2}
模型编号	1	2	3	4	5	6	7

根据式 (9.16) 等计算得到的七个 Cs 吸附模型中 Cs 原子的吸附能和表面功函数如表 9.17 所示。根据表 9.12 中 Cs 原子在不同吸附位的吸附能可以知道，单个 Cs 原子更容易吸附在靠近 Mg 原子的位置 (N_1 原子顶位)，其次为 Ga 原子和 Al 原子的顶位。Ga_1 原子比 Ga_2 原子更靠近 Mg 原子，因此 Cs 在 Ga_1 原子的吸附能更低。因此做出如下假设，当第一个 Cs 原子吸附在 N_1 顶位后，第二个 Cs 原子将吸附在 Ga_1 原子顶位，第三个 Cs 原子将吸附在 Al 原子的顶位。然而由表 9.17 可知，模型 3 中 Cs 原子的吸附能比模型 2 中小，模型 5 中 Cs 原子的吸附能比模型 4 小，证明假设不正确。

表 9.17　七个 Cs 吸附模型中 Cs 原子的吸附能和表面功函数　　(单位：eV)

模型号	1	2	3	4	5	6	7
吸附能	−1.549	−1.154	−1.323	−0.658	−0.799	1.245	1.112
功函数	2.422	1.865	1.855	1.952	1.985	2.005	2.012

当模型中的 Cs 原子数大于 1 时，其吸附位置的选择与只有 1 个 Cs 原子时是不同的。将模型 1 进行拓扑，发现覆盖度为 0.25ML 时两个相邻 Cs 原子的距离为 6.41Å，这个距离比 Cs 原子在金属 Cs 中的距离 5.24Å更大，因此 Cs 原子之间的相互作用可以忽略不计。模型 2 中 T_{Ga_1} 位和 T_{N_1} 两个位置的距离只有 1.85Å，而模型 3 中 T_{N_1} 和 T_{Ga_2} 的距离较大，为 3.70Å。同理，模型 5 中 Cs 原子的位置也比模型 4 中 Cs 原子的位置更加分散。由表 9.17 可知，随着 Cs 原子覆盖度的增加，Cs 原子之间的相互作用也增加，使得吸附越来越不稳定，当 Cs 原子的覆盖度达到 1.00ML 时，吸附能为正值，表示吸附已经很难进行。Cs 原子在覆盖度较低的情况下，优先吸附到距离 Mg 原子近的位置，而当覆盖度较高时，Cs 原子更偏向于更分散的吸附，以减少相互之间的排斥力。

随着 Cs 原子覆盖度的增加，表面功函数明显降低，然而当 Cs 原子的覆盖度达到 0.75ML 时，功函数比 0.50ML 时稍有增加，达到 1.00ML 时，功函数继续增加，出现了实验中的 "Cs 中毒" 现象。以模型 1、3、5 和 7 为例，其密立根电荷布居数分布如表 9.18 所示。随着 Cs 覆盖度的增加，单个 Cs 原子的密立根电荷布居数降低，证明 Cs 原子的极化率降低，当覆盖度达到 0.75ML 时，模型中所有 Cs 原子的密立根电荷布居数之和也开始降低。由于 Cs 原子的过量，出现了去极化现象，转移向体内的电荷部分回到 Cs 原子，Cs 原子与以 Mg 原子为中心的 $Al_xGa_{1-x}N$ 材料形成的偶极矩减弱，因此功函数回升，出现 "Cs 中毒" 现象。Cs 原子的吸附对表面第一双分子层中的 Ga 原子的密立根电荷布居数的影响最为明显，随着 Cs 覆盖度的增加，Ga 原子的平均密立根电荷布居数降低，覆盖度达到 1.00ML 时，略微增加。

表 9.18 不同 Cs 覆盖度的 $Al_{0.25}Ga(Mg)_{0.75}N(0001)$ 表面的密立根电荷布居数分布

模型号	Cs 原子覆盖度	密立根电荷布居数			
		Cs	第一双分子层		
			Ga	Al	N
洁净表面	0		0.60;0.65;0.68	1.39	−1.10;−1.10;−1.10;−1.08
1	0.25	0.75	0.39;0.48;0.51	1.33	−1.09;−1.09;−1.09;−1.07
3	0.50	0.61;0.61	0.28;0.28;0.50	1.17	−1.06;−1.09;−1.09;−1.10
5	0.75	0.40;0.22;0.40	0.28;0.23;0.52	1.33	−1.08;−1.08;−1.08;−1.09
7	1.00	0.32;0.19;0.18;0.33	0.29;0.35;0.55	1.34	−1.09;−1.09;−1.10;−1.11

洁净表面以及模型 1、3、5 和 7 的能带结构如图 9.60 所示，其中虚线表示 Cs 原子引入的新能级。可以看出 Cs 原子主要在 −25∼−23eV 和 −14∼−10eV 引入了新的能带，这两部分能带主要是由 Cs 5s 态电子和 Cs 5p 态电子提供。由于 Cs 的 5s 和 5p 态电子的共同作用，费米能级处的电子数随着 Cs 覆盖度的增加而增加，这增强了表面的导电特性和半金属性质。根据式 (4.9) 计算得到洁净表面和 4 个不同 Cs 覆盖度的表面模型的电荷转移系数分别为 0.286、0.290、0.298、0.300 和 0.298。即随着 Cs 覆盖度的增加，表面模型中的电荷转移系数增加，在覆盖度为 0.75ML 时取得最大值，覆盖度为 1.00ML 时的电荷转移系数略小于 0.75ML，这同样是由 Cs 原子过量引起的去极化效应造成的。

4. *碎鳞场效应*

电子发射的不均匀性，在国际上早有报道，用发射式电子显微镜，可以直接在荧光屏上看到亮点和暗点的分布，因此阴极表面的光电发射由许多发射中心组成，称为 "碎鳞场效应"[42,43]。对于多碱光电阴极，由于表面是由各晶粒的某一面组成的，可能存在不同的导电类型，如 p 型导电和 n 型导电；表面晶粒的掺杂浓度不同；各晶粒的晶面取向不同或表面吸附的晶粒不同，都可以造成表面功函数的差别[44]。而对于 NEA $Al_xGa_{1-x}N$ 光电阴极，表面均为 p 型导电的 $Al_xGa_{1-x}N$ 材料，在忽略表面缺陷的情况下，晶向一致，为 (0001) 表面，吸附物一致，且在 Cs 原子覆盖度较高的情况下，均匀覆盖在表面，因此 NEA $Al_xGa_{1-x}N$ 光电阴极表面的碎鳞场效应来自于表面的掺杂原子。$Al_xGa_{1-x}N$ 光电阴极的发射层为 p 型导电的 $Al_xGa_{1-x}N$ 材料，掺杂原子为 Mg 原子，掺杂浓度在 $10^{18}cm^{-3}$ 数量级，因此在表面范围内，平均 1000 个 2×2 表面单元有一个 Mg 原子。其他表面单元附近虽没有 Mg 原子，但 Mg 原子存在于距离表面较远的体材料内部，因此表面 Cs 原子与掺杂原子 Mg 的距离不同，从微观角度分析，表面附近的 Mg 原子的掺杂浓度不同。

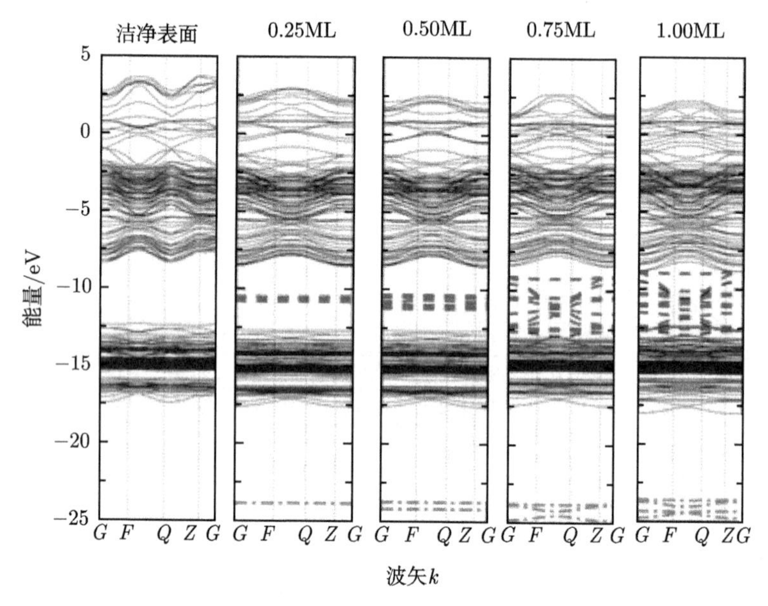

图 9.60　不同 Cs 覆盖度的 $Al_{0.25}Ga(Mg)_{0.75}N(0001)$ 表面的能带结构

前面的 Cs 吸附研究是基于掺杂原子 Mg 位于表面第二双分子层的洁净表面结构，而在实际的材料中，Mg 原子均匀分布于材料中，且掺杂浓度很低，因此表面上的 Cs 原子有些距离 Mg 原子近，有些却距离 Mg 原子很远。基于以上考虑，在五种 $Al_{0.25}Ga(Mg)_{0.75}N(0001)$ 表面模型的基础上进行 Cs 吸附的研究，该五种表面模型中，Mg 原子分别位于第二、三、四、五和六双分子层中，因此与表面 Cs 原子的距离越来越远。基于五种表面模型，每一种都进行了 Cs 覆盖度为 0.25ML、0.50ML、0.75ML 和 1.00ML 的计算。计算方法及精度设置同 5.1.1 节。计算得到的五种表面模型在不同 Cs 覆盖度下的功函数及功函数变化量如表 9.19 所示。

可以看出，在 Cs 覆盖后，Mg 原子距离表面越近，表面功函数越低，随着 Mg 原子不断向体内移动，功函数逐渐增大。Cs 原子与以 Mg 原子为中心的 $Al_{0.25}Ga(Mg)_{0.75}N$ 的偶极矩作用随着 Cs 原子与 Mg 原子之间距离的增大而减小，导致光电阴极表面的功函数不同，光电流分布不均匀。在 Mg 原子靠近表面的地方，会出现光电发射的峰值，而 Mg 原子远离表面的地方，光电发射较弱，因此光电阴极表面由许多光电发射中心组成，发射中心的位置对应于 Mg 原子距离表面最近的位置，$Al_xGa_{1-x}N$ 光电阴极表面碎鳞场效应的示意图如图 9.61 所示。

表 9.19 五种表面模型在不同 Cs 覆盖度下的功函数及功函数变化量 (单位：eV)

Mg 原子位置		洁净表面	0.25ML	0.50ML	0.75ML	1.00ML
第二双分子层	功函数	4.385	2.422	1.855	1.985	2.012
	变化量		1.963	2.530	2.400	2.373
第三双分子层	功函数	4.372	2.850	2.038	2.085	2.322
	变化量		1.522	2.334	2.287	2.050
第四双分子层	功函数	4.368	2.871	2.158	2.346	2.38
	变化量		1.497	2.210	2.022	1.988
第五双分子层	功函数	4.392	2.964	2.335	2.419	2.426
	变化量		1.428	2.057	1.973	1.966
第六双分子层	功函数	4.388	3.078	2.436	2.563	2.573
	变化量		1.310	1.952	1.825	1.815

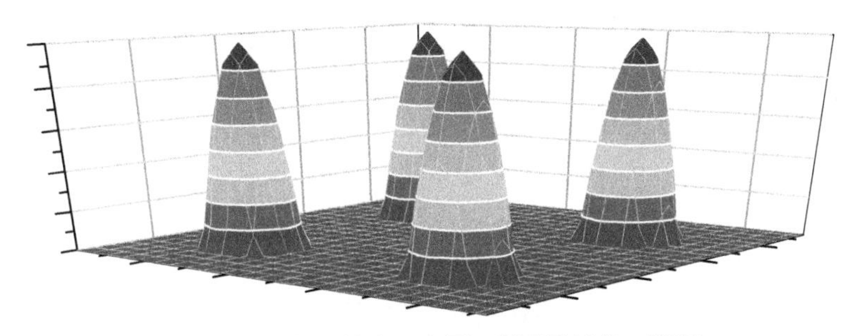

图 9.61 碎鳞场效应示意图 (彩图见封底二维码)

9.8.2 Cs、O 在 $Al_{0.25}Ga(Mg)_{0.75}N(0001)$ 和空位缺陷表面吸附特性研究

1. Cs、O 激活实验

$Al_xGa_{1-x}N$ 光电阴极的 Cs、O 激活实验仍采用图 9.55 所示的阴极结构，首先进行单 Cs 激活，当 Cs 过量时，光电流降低后，关闭 Cs 源，打开 O 源进行 Cs、O 交替激活。作为对比，进行了反射式 $Al_xGa_{1-x}As$ 光电阴极的激活实验，其组件结构如图 9.62 所示，其中 $Al_{0.63}Ga_{0.37}As$ 发射层采用 Zn 原子进行掺杂，掺杂浓度由体内向表面由 $1\times10^{19}cm^{-3}$ 到 $1\times10^{18}cm^{-3}$ 指数递减，发射层与 GaAs 衬底之间有 0.5μm 的 p 型 $Al_{0.79}Ga_{0.21}As$ 的缓冲层，为防止 $Al_xGa_{1-x}As$ 在空气中氧化，发射层外外延生长了一层 GaAs 保护层。

$Al_xGa_{1-x}As$ 光电阴极激活前同样进行了化学清洗和热清洗，GaAs 保护层在化学清洗过程中被有效去除。$Al_xGa_{1-x}As$ 光电阴极的激活过程同样分为单独进 Cs 阶段，以及 Cs 源连续 O 源断续的 Cs、O 交替激活阶段。$Al_xGa_{1-x}N$ 和

$Al_xGa_{1-x}As$ Cs、O 激活阶段的光电流曲线如图 9.63 所示。可以看出，Cs、O 交替激活阶段，$Al_xGa_{1-x}N$ 光电阴极的光电流由单独进 Cs 阶段的 632nA 上升至 Cs、O 交替激活阶段的 749nA，上升幅度很小。而 $Al_xGa_{1-x}As$ 光电阴极的光电流在单独进 Cs 阶段达到 588nA，在 Cs、O 交替激活阶段达到 4807nA，光电流增加了将近 8 倍。

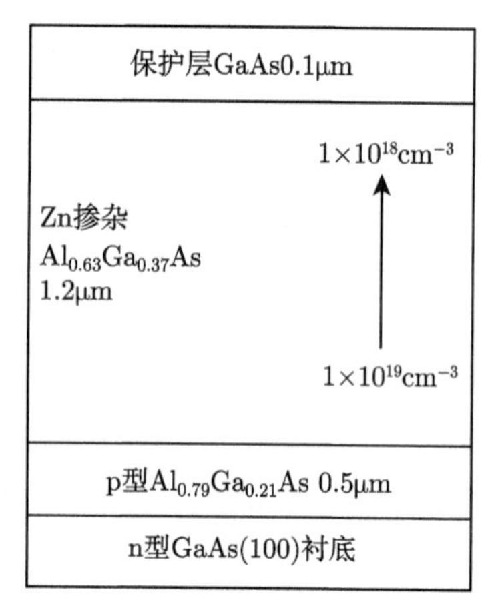

图 9.62　$Al_xGa_{1-x}As$ 光电阴极结构示意图

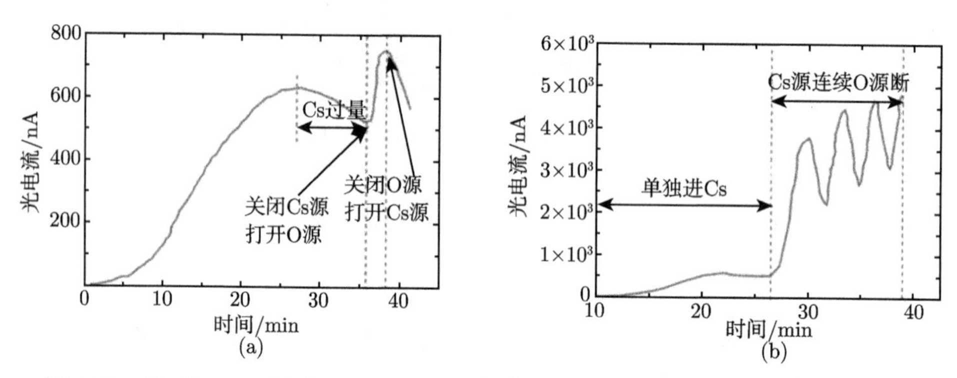

图 9.63　$Al_xGa_{1-x}N$(a) 和 $Al_xGa_{1-x}As$(b) 光电阴极 Cs、O 激活阶段的光电流曲线

由王晓晖博士等建立的 GaN(0001) 表面的 Cs、O 吸附模型可知[45]，由于 GaN 和 $Al_xGa_{1-x}N$ 均为纤锌矿结构，(0001) 表面平坦，没有沟壑和洞穴存在，最终 Cs 原子和 O 原子分布的高度接近，Cs-O 偶极矩在垂直表面方向上的分量很小，不足以起到有效降低功函数的作用。而对于闪锌矿结构的 GaAs 和 $Al_xGa_{1-x}As$ 光电阴极，其表面存在 $\beta_2(2\times4)$ 重构，该重构由台脚以及沟壑组成，这样的表面结构有利于 Cs、O 原子的上下排布，因而闪锌矿结构的光电阴极在 Cs、O 交替阶段的光电流能比单独进 Cs 阶段有明显的提高。在 $Al_xGa_{1-x}N$ 表面上存在部分原子的空

位缺陷，如果 O 原子存在于空位缺陷的位置，则该 Cs-O 偶极矩在垂直于表面方向具有较大的分量，该位置的功函数可有效降低。为了验证这一结论，建立了洁净的 $Al_{0.25}Ga(Mg)_{0.75}N(0001)$ 表面和存在空位缺陷的 $Al_{0.25}Ga(Mg)_{0.75}N(0001)$ 表面的 Cs、O 吸附模型进行对比研究。

2. Cs、O 在 $Al_{0.25}Ga(Mg)_{0.75}N(0001)$ *表面和空位缺陷表面的吸附理论研究*

由 5.2.3 节可知，Ga(Al) 空位缺陷为 p 型缺陷，而 N 空位缺陷为 n 型缺陷，虽然 N 空位缺陷更容易存在于 Mg 掺杂的 $Al_xGa_{1-x}N$ 材料中，但由于计算模型较小，缺陷对掺杂原子的性质影响很大，材料的导电特性也将受到很大影响，因此本节中建立的缺陷表面模型为 Ga 空位缺陷 (V_{Ga}) 的表面，以保证材料的 p 型导电特性。无缺陷表面的 Cs、O 吸附以单独 Cs 吸附的模型为基础，计算中考虑 O:$2s^22p^4$ 态电子的作用。对于 Cs、O 原子的吸附能，仍根据式 (9.16) 计算得到，由于添加了 O 原子，吸附能的计算公式作如下调整[46]：

$$E_{\text{ads}} = (E_{\text{Cs/Al}_{0.25}\text{Ga(Mg)}_{0.75}\text{N}} - E_{\text{Al}_{0.25}\text{Ga(Mg)}_{0.75}\text{N}} - nE_{\text{Cs}} - mE_{\text{O}})/(n+m) \quad (9.18)$$

式中，m 表示 O 原子的个数；E_O 表示 O 原子的化学势，由于 Cs、O 激活阶段，O 足量，因此该化学势取能量的上限，即 O 原子在气态 O_2 中的化学势。计算得到 Cs、O 在无缺陷和有 V_{Ga} 的表面上吸附的六个模型的吸附能和功函数如表 9.20 所示，其中吸附前的无缺陷表面和存在 V_{Ga} 的表面的功函数分别为 4.385eV 和 4.412eV。

表 9.20 不同 Cs、O 吸附体系的吸附能和功函数 (单位：eV)

	吸附原子	模型号	吸附能	功函数	功函数变化量 $\Delta\Phi$
无缺陷表面	4Cs	1	1.112	2.012	2.373
	4Cs+1O	2	−0.533	1.834	2.551
	4Cs+2O	3	−1.432	1.822	2.563
存在 V_{Ga} 的表面	4Cs	4	1.135	2.113	2.299
	4Cs+1O	5	−0.439	1.482	2.930
	4Cs+2O	6	−1.524	1.431	2.981

由表 9.20 可以看出，当 Cs 原子的覆盖度达到 1.00ML 时，吸附能为正值，吸附已经不稳定。在此基础上吸附 O 原子，吸附能开始下降，变为负值，证明吸附趋于稳定化。吸附 O 原子后，无缺陷表面和存在 V_{Ga} 的表面的功函数均降低。无缺陷表面功函数最低可达到 1.822eV，存在 V_{Ga} 的表面的功函数最低可达到 1.431eV。对于缺陷存在的表面，O 原子吸附导致的功函数的降低更加可观。

为了验证表面缺陷导致第二偶极矩有效形成的机理，引入了另一种计算表面偶极矩的方法，该方法通过对某一方向上电荷转移的统计，可计算垂直于表面方向上的偶极矩，即有利于表面功函数降低的有效偶极矩。空间中某个位置的电荷的差分密度的改变量 $\Delta\rho(r)$ 定义为[47]

$$\Delta\rho(r) = \rho_{\text{adatom}}(r) + \rho_{\text{surface}}(r)\rho_{\text{adatom/surface}}(r) \tag{9.19}$$

式中，$\rho_{\text{adatom/surface}}(r)$ 表示优化后的 Cs、O 吸附模型中某一确定位置的电子密度；$\rho_{\text{surface}}(r)$ 表示洁净表面模型中某一确定位置的电子密度；$\rho_{\text{adatom}}(r)$ 表示游离的 Cs、O 原子的电子密度；r 指模型中的某一空间位置。因此通过对各个空间位置进行积分，可以得到垂直于表面方向上的电荷的转移量，以及所形成偶极的长度:

$$\text{当}\Delta\rho(r_z) > 0\text{时}, Q^+ = \sum_z \Delta\rho(r_z); \text{当}\Delta\rho(r_z) < 0\text{时}, Q^- = \sum_z \Delta\rho(r_z) \tag{9.20}$$

$$\mathrm{d}z = \left.\frac{\sum_z \Delta\rho(r_z)z}{Q^+}\right|_{\Delta\rho(r_z)>0} - \left.\frac{\sum_z \Delta\rho(r_z)z}{Q^-}\right|_{\Delta\rho(r_z)>0} \tag{9.21}$$

式中，z 表示垂直于表面方向，针对 (0001) 表面的计算，z 指 [0001] 方向，电荷转移的积分值开始于模型最底部的 H 原子，结束于吸附原子。表面偶极矩可由电荷转移积分值以及偶极长度的乘积计算得到:

$$P_z = |Q^{\pm}| \times d_z \tag{9.22}$$

计算所得六个吸附模型中吸附原子的密立根电荷布居数、电荷转移积分值、偶极长度和偶极矩大小以及功函数相对于洁净表面的变化量如表 9.21 所示。

表 9.21　吸附模型的密立根电荷布居数、电荷转移积分值、偶极长度和偶极矩大小以及功函数变化量

吸附模型		无缺陷表面			存在 V_{Ga} 的表面		
		4Cs	4Cs+1O	4Cs+2O	4Cs	4Cs+1O	4Cs+2O
功函数变化量 $\Delta\Phi$/eV		2.373	2.551	2.563	2.299	2.930	2.981
密立根电荷布居数	Cs	1.02	1.94	2.25	0.99	1.94	2.23
	O		−1.13	−2.25		−1.13	−2.29
$\vert Q^{\pm}\vert$		1.75	1.78	1.81	1.77	2.26	2.63
d_z/Å		4.13	4.13	4.15	4.15	4.25	4.32
P_z/deb		7.23	7.35	7.51	7.35	9.61	11.36

由密立根电荷布居数分布的变化可以看出，对于无缺陷和存在 V_{Ga} 的表面，Cs 原子的平均密立根电荷布居数以及 O 原子的平均密立根电荷布居数差别并不大。而存在 V_{Ga} 的表面的 Cs、O 共吸附模型中的电荷转移的积分值明显高于无缺陷的表面。这是由于密立根电荷布居数只考虑电荷的转移，却不局限于电荷转移的方

向，而电荷转移的积分值仅考虑 [0001] 方向上的电荷变化。V_{Ga} 的存在，增大了 Cs、O 原子的垂直距离，使得 [0001] 方向上的电荷变化凸显，因此该方向上的偶极矩也明显增大。

图 9.64 所示为 Cs、O 原子在 $Al_{0.25}Ga_{0.75}N(0001)$ 表面的吸附及离化过程。Cs 原子和 O 原子的半径分别为 2.60Å和 0.60Å，O 原子吸附后，Cs 原子离化为 Cs^+，半径由 2.60Å降低到 1.67Å，为吸附更多原子提供了空间，而 O 原子离化为 O^{2-}，半径增大至 1.40Å。对于纤锌矿结构的极性表面，表面最外层为三族原子，表面平坦，最终 Cs 原子和 O 原子稳定在几乎同一高度，形成平行于表面方向上的 Cs-O 偶极矩。图 9.64(d) 为有 V_{Ga} 的 $Al_{0.25}Ga_{0.75}N(0001)$ 表面的 Cs、O 吸附示意图，O^{2-} 的半径较小，落于空穴位置，因此该 O^{2-} 与 Cs^+ 在垂直表面方向上有一定的高度差，所形成的 Cs-O 偶极矩在垂直于表面方向上有较大的分量，因此有利于表面功函数的降低。

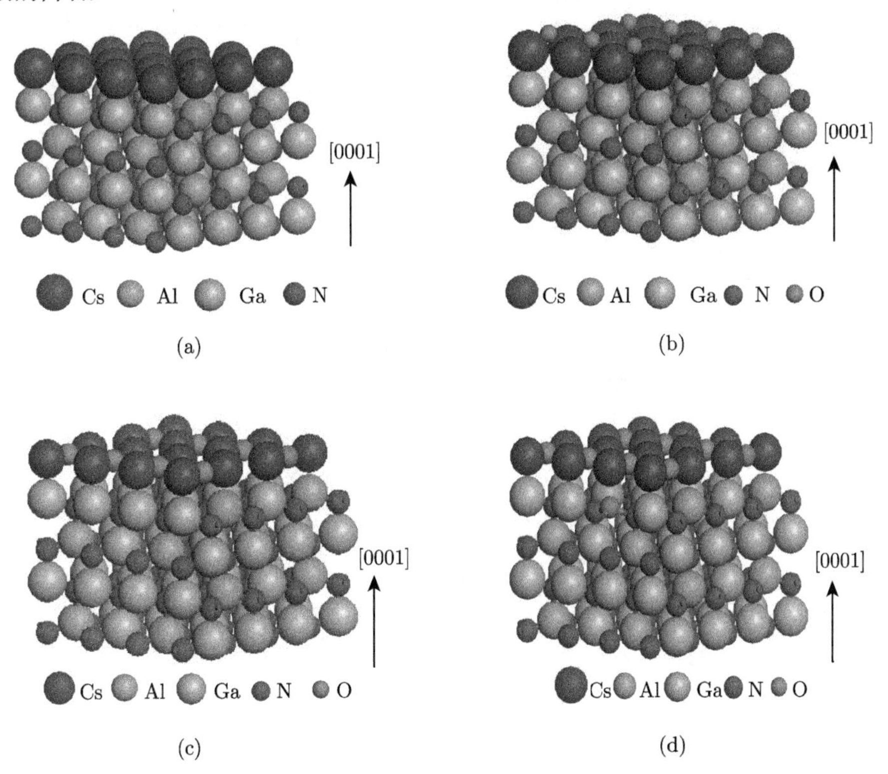

图 9.64 Cs、O 原子在 $Al_{0.25}Ga_{0.75}N(0001)$ 表面的吸附及离化过程 (彩图见封底二维码)

(a) 单独吸附 Cs；(b) 开始吸附 O 原子；(c) Cs、O 原子充分离化后吸附于无缺陷表面；(d) Cs、O 原子充分离化后吸附于存在 V_{Ga} 的表面

单独 Cs 激活与 Cs、O 交替激活阶段形成的偶极矩示意图如图 9.65 所示。

图 9.65(a) 表示 Cs 原子与以掺杂原子 Mg 为中心的 $Al_{0.25}Ga_{0.75}N$ 材料形成的第一偶极矩 [$Al_{0.25}Ga_{0.75}N$:Mg-Cs]，该偶极矩能明显降低 $Al_{0.25}Ga_{0.75}N$ 光电阴极的功函数，并且由于掺杂原子 Mg 与吸附原子 Cs 的距离不同，表面产生的光电流分布不均匀，即 "碎鳞场效应"。图 9.65(b) 表示 O 吸附后，除第一偶极矩外，Cs 原子与 O 原子形成第二偶极矩 [O-Cs]，然而由于 Cs、O 原子的高度差很小，第二偶极矩几乎 "平躺" 在表面，对功函数的降低作用不大。图 9.65(c) 表示在有空位缺陷的 (0001) 表面，O 原子位于空穴位置，使得第二偶极矩有了垂直于表面方向上的分量，有利于表面功函数的降低。然而缺陷的存在会影响材料的光学性质，且生长过程中无法控制，因此寻找具有台脚和沟壑的表面才是提高 Cs、O 交替激活阶段光电流的关键。

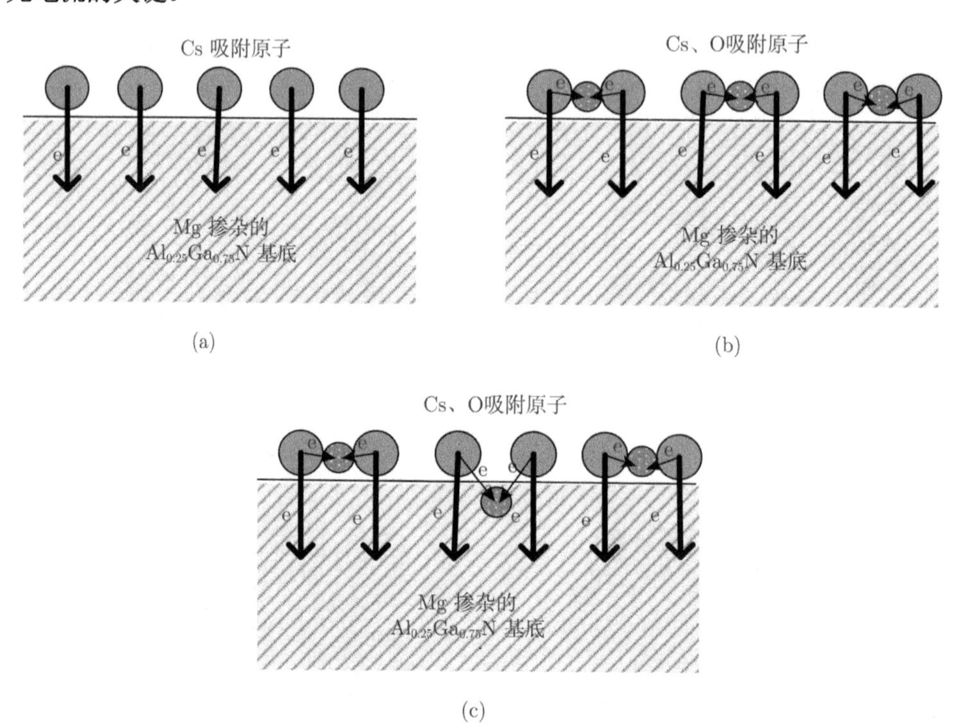

图 9.65　Cs、O 吸附原子在 Mg 掺杂的 $Al_{0.25}Ga_{0.75}N$(0001) 表面形成的表面偶极矩示意图(彩图见封底二维码)

(a) Cs 原子与体材料形成的第一偶极矩 [$Al_{0.25}Ga_{0.75}N$:Mg-Cs]；(b) Cs、O 吸附原子在无缺陷表面形成的双偶极矩 [$Al_{0.25}Ga_{0.75}N$:Mg-Cs] 和 [O-Cs]；(c) Cs、O 吸附原子在存在 V_{Ga} 的表面形成的双偶极矩 [$Al_{0.25}Ga_{0.75}N$:Mg-Cs] 和 [O-Cs]

根据表 9.17 所得单 Cs 吸附的表面功函数和表 9.21 所得 Cs、O 共吸附的无缺陷表面的功函数，以费米能级为零点，绘制得到 $Al_{0.25}Ga_{0.75}N$ 光电阴极的能带结构如图 9.66 所示，其中实线表示单 Cs 吸附导致的真空能级的改变，虚线表示 Cs、O 共吸附导致的真空能级的改变。单 Cs 吸附使表面功函数由 4.385eV 最低可降至 1.855eV，而 Cs、O 共吸附导致的功函数变化量非常小，第一偶极矩在光电发射中起到主要作用。由于 $Al_{0.25}Ga_{0.75}N$ 光电阴极为 p 型半导体 n 型表面，因此表面附近导带底和价带顶均向下弯曲，出现 BBR，该区域有利于电子从表面的逸出。第一偶极矩使表面达到零电子亲和势，第二偶极矩在第一偶极矩的基础上使得真空能级略有降低，但是降低量不明显。

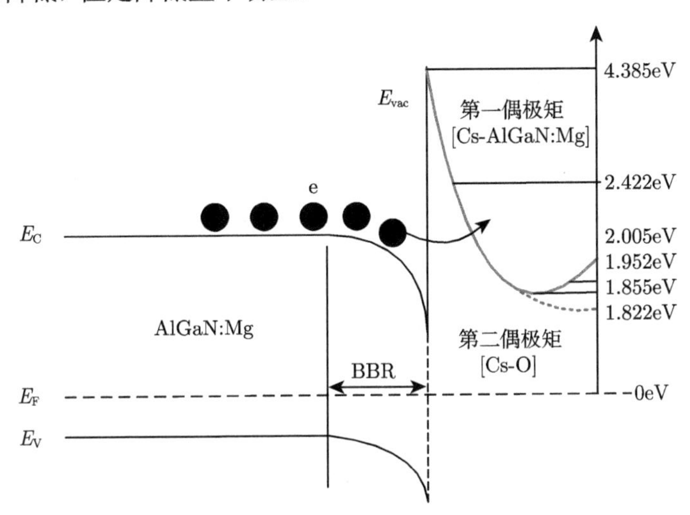

图 9.66 Cs、O 吸附后 $Al_{0.25}Ga_{0.75}N$ 光电阴极的能带结构

9.8.3 Cs、O在$Al_{0.25}Ga(Mg)_{0.75}N(10\bar{1}0)$和$(11\bar{2}0)$非极性表面吸附特性研究

1. Cs、O 在非极性表面的吸附模型

$Al_{0.25}Ga(Mg)_{0.75}N(10\bar{1}0)$ 和 $(11\bar{2}0)$ 表面模型是在 $Al_{0.25}Ga_{0.75}N(10\bar{1}0)$ 和 $(11\bar{2}0)$ 表面模型的基础上进行 Mg 原子的掺杂得到。同样，为了保证 Al 组分不降低，掺杂原子 Mg 作为代位式原子仍取代表面模型中的 Ga 原子。经过不同替代位置的对比，基于能量最小原理，最终确定了 Mg 原子的位置。在此基础上建立了不同覆盖度的 Cs 原子的吸附模型，Cs 原子的覆盖度分别为 0.25ML、0.50ML、0.75ML 和 1.00ML，分别对应每个表面模型吸附 1 个、2 个、3 个和 4 个 Cs 原子。同样 Cs 原子吸附位置的选取也以使吸附能达到最低为标准。同极性表面中的 Cs 原子吸附类似，单个 Cs 原子吸附时，更趋向于距离掺杂原子 Mg 近的位置，当 Cs 原子的覆盖度较大时，Cs 原子的动能较大，距离过近，造成它们之间的相互碰撞频繁，加之库仑斥力的作用，使得它们更倾向于在表面均匀分布。在吸附 1.00ML Cs 原子的基础上，在表面模型中添加 O 原子，并使模型充分优化。计算方法及精度设置同

9.8.1 节。

2. 第二偶极矩在垂直表面方向上的作用增强

根据式 (9.21) 等计算得到 $Al_{0.25}Ga(Mg)_{0.75}N(10\bar{1}0)$ 和 $(11\bar{2}0)$ 表面 Cs、O 吸附模型中 Cs、O 的吸附能和功函数如表 9.22 所示，其中 1Cs、2Cs、3Cs 和 4Cs 分别表示在 2×2 的表面模型中吸附 1 个、2 个、3 个和 4 个 Cs 原子，此时 Cs 的覆盖度分别为 0.25ML、0.50ML、0.75ML 和 1.00ML。洁净的 $Al_{0.25}Ga(Mg)_{0.75}N(10\bar{1}0)$ 和 $(11\bar{2}0)$ 表面的功函数分别为 4.134eV 和 4.156eV。由表 9.22 可知，同 $Al_{0.25}Ga(Mg)_{0.75}N(0001)$ 极性表面的单 Cs 吸附情况一致，$(10\bar{1}0)$ 和 $(11\bar{2}0)$ 非极性表面的单 Cs 吸附也出现了 "Cs 中毒" 现象，即当 Cs 原子的覆盖度达到 0.75ML 时，功函数出现了反弹。但不同于 (0001) 极性表面的是，O 原子吸附后，非极性表面功函数均出现明显的降低。尤其是 $(10\bar{1}0)$ 表面的功函数由单 Cs 吸附阶段的最小值 1.733eV 降低至 Cs、O 共吸附阶段的 1.332eV，证明 Cs-O 偶极矩在功函数的降低过程中发挥了明显的作用。

表 9.22 $Al_{0.25}Ga(Mg)_{0.75}N(10\bar{1}0)$ 和 $(11\bar{2}0)$ 表面 Cs、O 吸附模型的吸附能和功函数

(单位：eV)

吸附原子	$(10\bar{1}0)$ 表面			$(11\bar{2}0)$ 表面		
	吸附能	功函数	功函数变化量	吸附能	功函数	功函数变化量
Cs	−1.679	2.217	1.917	−1.632	2.165	1.991
2Cs	−1.423	1.733	2.401	−1.355	1.700	2.456
3Cs	−0.754	1.824	2.310	−0.759	1.735	2.421
4Cs	1.292	1.933	2.201	1.119	1.896	2.260
4Cs+O	−0.725	1.344	2.790	−0.789	1.524	2.632
4Cs+2O	−0.779	1.332	2.802	−0.810	1.515	2.641

根据式 (9.20)~ 式 (9.22) 计算得到了 $Al_{0.25}Ga(Mg)_{0.75}N(10\bar{1}0)$ 和 $(11\bar{2}0)$ 表面 Cs、O 吸附模型的电荷转移量、偶极长度和偶极矩，结果如表 9.23 所示。

表 9.23 $Al_{0.25}Ga(Mg)_{0.75}N(10\bar{1}0)$ 和 $(11\bar{2}0)$ 表面 Cs、O 吸附模型的电荷转移量、偶极长度和偶极矩

吸附原子	$(10\bar{1}0)$ 表面			$(11\bar{2}0)$ 表面		
	$\lvert Q^{\pm} \rvert$	d_z/Å	P_z/deb	$\lvert Q^{\pm} \rvert$	d_z/Å	P_z/deb
Cs	1.74	4.12	7.17	1.72	4.13	7.10
2Cs	1.85	4.13	7.64	1.86	4.13	7.68
3Cs	1.82	4.13	7.52	1.84	4.15	7.64
4Cs	1.77	4.15	7.35	1.78	4.12	7.33
4Cs+O	2.29	4.14	9.48	2.10	4.13	8.67
4Cs+2O	2.31	4.15	9.59	2.15	4.15	8.92

当 Cs 的覆盖度为 0.50ML 时，即对应每个表面模型吸附 2 个 Cs 原子时，功函数达到一个极小值，意味着第一偶极矩 [AlGaN:Mg-Cs] 达到一个峰值。Cs 原子在 $Al_{0.25}Ga(Mg)_{0.75}N(10\bar{1}0)$ 和 $(11\bar{2}0)$ 表面形成的第一偶极矩的峰值分别为 7.64deb 和 7.68deb。O 原子吸附后 $Al_{0.25}Ga(Mg)_{0.75}N(10\bar{1}0)$ 和 $(11\bar{2}0)$ 表面形成的第二偶极矩 [O-Cs] 分别为 1.95deb 和 1.24deb。$(10\bar{1}0)$ 表面形成的第二偶极矩大于 $(11\bar{2}0)$ 表面，这是由于 $(11\bar{2}0)$ 表面虽存在沟壑，但沟壑较浅，Cs、O 原子在垂直表面方向上的距离为 0.426Å，而对于 $(10\bar{1}0)$ 表面，Cs、O 原子在垂直表面方向上的距离为 0.913Å，因此第二偶极矩在垂直表面方向上的分量更大，更有效地降低了功函数。$(10\bar{1}0)$ 表面经过 Cs、O 吸附后，功函数最低可达到 1.332eV，比 (0001) 表面 Cs、O 吸附后的功函数 1.822eV 显著减小，因此认为 $Al_xGa_{1-x}N$ 的 $(10\bar{1}0)$ 面具有成为光电发射表面的潜力，对提高 Cs、O 交替激活阶段的光电流具有重要意义。但是 $(10\bar{1}0)$ 和 $(11\bar{2}0)$ 表面的生长工艺不如 (0001) 表面成熟，因此外延生长得到理想的 $(10\bar{1}0)$ 和 $(11\bar{2}0)$ 表面仍是制备高量子效率的 GaAlN 光电阴极面临的重要挑战。

参 考 文 献

[1] Spicer W E. Photoemissive, photoconductive, and absorption studies of alkali antimony compounds. Physical Review, 1958, 112(1): 114-122

[2] Spicer W E, Herrera-Gomez A. Modern theory and application of photocathodes. Proc. SPIE, 1993, 2022: 18-33

[3] 张益军. 变掺杂 GaAs 光电阴极研制及其特性评估. 南京: 南京理工大学，2012

[4] 杜晓晴. 高性能 GaAs 光电阴极. 南京: 南京理工大学, 2005

[5] 牛军. 变掺杂 GaAs 光电阴极特性及评估研究. 南京: 南京理工大学，2011

[6] Stampfl C, Neugebauer J, Van de Walle C G. Doping of $Al_xGa_{1-x}N$ alloys. Materials Science and Engineering, 1999, B59: 253-257

[7] Kaufmann U, Schlotter P, Obloh H, et al. Hole conductivity and compensation in epitaxial GaN: Mg layers. Physical Review B, 2000, 62(16): 10867-10872

[8] Wampler W R, Myers S M. Hydrogen release from magnesium-doped GaN with clean ordered surfaces. J. Appl. Phys., 2003, 94: 5682-5687

[9] 郝跃, 张金凤, 张金成. 氮化物宽禁带半导体材料与电子器件. 北京: 科学出版社, 2013

[10] Yang M Z, Chang B K, Hao G H, et al. Research on electronic structure and optical properties of Mg doped $Ga_{0.75}Al_{0.25}N$. Optical Materials, 2014, 36(4): 787-796

[11] Sumiya M, Kamo Y, Ohashi N, et al. Fabrication and hard X-ray photoemission analysis of photocathodes with sharp solar-blind sensitivity using AlGaN films grown on Si substrates. Applied Surface Science, 2010, 256: 4442-4446

[12] Ainbund M R, Alekseev A N, Alymov O V. et al. Solar-blind UV photocathodes based on AlGaN heterostructures with a 300- to 330-nm sapectral sensituvuty threshold. Technical Physics Letters, 2012, 38(5): 439-442

[13] 常本康. GaAs 光电阴极. 北京: 科学出版社, 2012

[14] Hao G H, Chen X L, Chang B K, et al. Comparison of photoemission performance of AlGaN/GaNphotocathodes with different GaN thickness. Optik, 2014, 125: 1377-1379

[15] 江剑平, 孙成城. 异质结原理与器件. 北京: 电子工业出版社, 2010

[16] 孟庆巨, 胡云峰, 敬守勇. 半导体物理学. 北京: 电子工业出版社, 2014

[17] 季振国. 半导体物理. 杭州：浙江大学出版社, 2005

[18] 周小伟. 高 Al 组分 AlGaN/GaN 半导体材料的成长方法研究. 西安: 西安电子科技大学, 2010

[19] Angerer H, Brunner D, Freudenberg F, et al. Determination of the Al mole fraction and the band gap bowing of epitaxial $Al_xGa_{1-x}N$ films. Appl. Phys. Lett., 1997, 71: 1504-1506

[20] 赵静. 透射式 GaAs 光电阴极的光学与光电发射性能研究. 南京: 南京理工大学，2013

[21] Zhao J, Chang B K, Xiong Y J, et al. Influence of the antireflection, window, and active layers on optical properties of exponential-doping transmission-mode GaAs photocathode modules. Optics Communications, 2012, 285(5): 589-593

[22] Zhao J, Chang B K, Xiong Y J, et al. Spectral transmittance and module structure fitting for transmission-mode GaAs photocathode. Chinese Physics B, 2011, 20: 047801

[23] 赵静, 张益军, 常本康, 等. 高性能透射式 GaAs 光电阴极量子效率拟合与结构研究. 物理学报, 2011, 60(10): 107802

[24] Wang X H , Gao P, Wang H G, et al. Influence of wet chemical cleaning on quantum efficiency of GaN photocathode. Chin. Phys. B, 2013, 22(2): 027901

[25] Bradley S T, Goss S H, Hwang J, et al. Surface cleaning and annealing effects on Ni/AlGaN interface atomic composition and Schottky barrier height. Appl. Phys. Lett., 2004, 85: 1368-1371

[26] Selvanathan D, Mohammed F M, Bae J O, et al. Investigation of surface treatment schemes on n-type GaN and $Al_{0.20}Ga_{0.80}N$. J. Vac. Sci. Technol., 2005, 23(6): 2538-2544

[27] Stocker D A, Schubert E F, Redwing J M. Crystallographic wet chemical etching of GaN. Appl. Phys. Lett., 1998, 73(18): 2654-2656

[28] Hong S K, Kim B J, Park H S, et al. Evaluation of nanopipes in MOCVD grown (0 0 0 1) GaN/Al_2O_3 by wet chemical etching. Journal of Crystal Growth, 1998, 191: 275-278

[29] Visconti P, Huang D, Reshchikov M A, et al. Investigation of defects and surface polarity in GaN using hot wet etching together with microscopy and diffraction techniques. Materials Science and Engineering, 2002, 93: 229-233

[30] Smith S A, Wolden C A, Bremser M D, et al. High rate and selective etching of GaN, AlGaN, and AlN using an inductively coupled plasma. Appl. Phys. Lett., 1997, 71: 3631-3633

[31] Hao G H, Chang B K, Cheng H C. Wet etching of AlGaN/GaN photocathode grown by MOCVD. Proc. SPIE, 2013, 8912: 891214

[32] Jeon S R, Ren Z, Cui G, et al. Investigation of Mg doping in high-Al content p-type $Al_xGa_{1-x}N$ .0.3< x <0.5. Appl. Phys. Lett., 2005, 86: 082107

[33] Komissarova T A, Jmerik V N. Mizerov A M, et al. Electrical properties of Mg-doped GaN and $Al_xGa_{1-x}N$. Phys. Status Solidi. C, 2009, 6(2): 466-469

[34] Hao G H, Yang M Z, Chang B K, et al. Attenuation performance of reflection-mode AlGaN photocathode under different preparation methods. Applied Optics, 2014, 52(23): 5671-5675

[35] 乔建良. 反射式 NEA GaN 光电阴极激活与评估研究. 南京: 南京理工大学，2010

[36] Hao G H, Zhang Y J, Jin M C, et al. The effect of surface cleaning on quantum efficiency in AlGaN photocathode. Applied Surface Science, 2015, 324: 590-593

[37] Scheer J J, Van laar. GaAs-Cs: New type of photoemitter. Solid State Communications, 1965, 3: 189-193

[38] Yang M Z, Chang B K, Hao G H, et al. Study of Cs adsorption on $Ga(Mg)_{0.75}Al_{0.25}$ N(0001) surface: A first principle calculation. Applied Surface Science, 2013, 282: 308-314

[39] Ning H, Cai J Q, Tao X M, et al. Nitric oxide adsorption on Nb(110) surface. Applied Surface Science, 2012, 258: 4428-4435

[40] Li W X, Stampfl C, Scheffler M. Oxygen adsorption on Ag(111): A density-functional theory investigation. Physical Review B, 2002, 65: 075407

[41] Yang M Z, Chang B K, Wang M S. Atomic geometry and electronic structure of $Al_{0.25}Ga_{0.75}N$(0001)surfaces covered with different coverages of cesium: A first-principle research. Applied Surface Science, 2015, 326: 251-256

[42] 张恩虬. 逸出功的某些特性. 电子科学学刊, 1989, 11(3): 244-249

[43] 张恩虬, 刘学悫. 关于钡系统热阴极的电子发射机理. 电子科学学刊, 1984, 6(2): 89-95

[44] 薛增泉. 能制备出负电子亲和势的多晶光电发射薄膜. 应用光学, 1984, 5: 25

[45] Wang X H, Chang B K, Du Y J, et al. Quantum efficiency of GaN photocathode under different illumination. Applied Physics Letter, 2011, 99: 042102

[46] Yang M Z, Chang B K, Wang M S. Cesium, oxygen coadsorption on AlGaN(0001) surface: Experimental research and ab initio calculations. Journal of Materials Science: Materials in Electrons, 2015, 26: 2181-2188

[47] Hogan C, Paget D, Garreau Y, et al. Early stages of cesium adsorption on the As-rich c(2×8) reconstruction of GaAs(001): Adsorption sites and Cs-induced chemical bonds. Physical Review B, 2003, 68: 205313

第10章　回顾与展望

简单回顾或许会对 NEA GaN 基光电阴极的后续研究工作提供借鉴。本章主要介绍 GaN 基光电阴极的研究基础，回顾 GaN 和 AlGaN 光电阴极，并对 GaN 和 GaAs 光电阴极进行比较，简单探讨新型 GaN 基光电阴极的展望。

10.1　GaN 基光电阴极的研究基础

重点介绍了 GaAs 光电阴极，其研究工作贯穿了四个 "五年计划"，AlGaAs 和 InGaAs 光电阴极是 GaAs 研究工作的拓展，GaAs 基光电阴极是 GaN 基光电阴极的研究基础。

10.1.1　GaAs 光电阴极

从 1995 年开始承担 NEA GaAs 光电阴极研究任务，针对均匀掺杂 GaAs 光电阴极材料设计、制备与性能表征等方面的研究工作，基本耗费了一个五年计划的时间，建立了 GaAs NEA 光电阴极评估系统雏形，利用拉制的单晶体材料以反射模式获得了 1025μA/lm 的积分灵敏度。到 2000 年左右，除项目组成员外，有两位博士参加了此项工作的研究。

宗志园是首位参与该项目研究的博士，见证了开始阶段项目研究的艰辛。2000 年完成了《NEA 光电阴极的性能评估和激活工艺研究》博士学位论文，取得了博士学位，其主要工作和创新之处详见参考文献 [1~6]。

钱芸生教授也参加了该项目的研究，在职完成了博士学位，其主要工作是光电阴极研究过程中的原位测试，2000 年完成了《光电阴极多信息量测试技术及其应用研究》博士学位论文，取得了博士学位，其主要工作和创新之处详见参考文献 [7~14]。

2000 年以后，研究项目进入死胡同，拉制的单晶体材料和 MBE 生长的薄膜材料完成不了该五年计划下达的指标，研究手段落后，评估手段空乏，研究人员流失，学生不愿意进行光电发射材料研究，基本将研究团队逼到了绝境，当时的处境与心境，作为团队负责人，是放弃还是坚守，其中甘苦唯有自己体会。

国内研制的材料遇到的最大问题是 GaAs 产生的载流子扩散长度短且寿命低，制约了外光电发射性能，如需在 GaAs 光电阴极光电发射性能上取得突破，必须探索一种载流子扩散长度长的材料，这直接导致了后来的扩散加漂移的变掺杂 GaAs

光电阴极材料理念的提出，并且我们进行了设计与研制，使 GaAs 光电阴极材料载流子扩散长度大于 3μm，积分灵敏度大于 2000μA/lm，与上一个五年计划相比，我们在载流子漂移扩散长度与积分灵敏度方面实现了跨越式发展，所发表的数据居世界第二，仅次于美国。从此，我国的 GaAs 光电阴极研究进入了快车道，数十位博士研究生的加盟，给研究团队带来了无限的创新活力。

在 GaAs 光电阴极研究的第二个五年计划期间，杜晓晴、邹继军和杨智博士先后加盟了研究团队，在变掺杂 GaAs 光阴极材料与量子效率理论研究中发挥了重要作用。

杜晓晴博士以“高性能 GaAs 光电阴极研究”为题，在 GaAs 光电阴极的光谱响应理论、多信息量测试与评估系统、GaAs 基片和变掺杂材料激活工艺及其优化等方面进行了深入的研究，2005 年毕业，获得了博士学位，其主要工作和创新成果见参考文献 [15~35]。

在 GaAs 光电阴极研究的第三个五年计划中，在国家自然科学基金项目“变掺杂 GaAs 光阴极材料与量子效率理论研究”(66678043) 和国防项目支持下，研究团队在材料理念、掺杂结构、表面模型、制备与测控技术等方面取得了长足进步，使变掺杂反射式 GaAs 光电阴极的最高灵敏度达到 2140μA/lm。同时，研究团队将变掺杂透射式 GaAs 光电阴极材料应用于微光夜视技术国防科技重点实验室，制备了高性能微光像增强器，平均灵敏度达到 1963μA/lm，最高灵敏度达 2022μA/lm，电子漂移扩散长度大于 4μm，这些数据达到了美国 ITT 在器件中公开发表的 1800~2200μA/lm。

邹继军教授以“GaAs 光电阴极理论及其表征技术研究”为题，在 GaAs 光电阴极光电发射理论、GaAs 光电阴极多信息测控系统、光电阴极制备过程中的原位表征、真空系统中 GaAs 光电阴极稳定性及其机理以及变掺杂光电阴极激活实验方面开展了研究，参与了国家自然科学基金项目的撰写与申报，2007 年获得博士学位，后面又在博士工作站工作两年，其主要工作和创新成果见参考文献 [36~53]。

杨智博士以“GaAs 光电阴极智能激活与结构设计研究”为题，在光电子的激发、输运和逸出过程，GaAs 高温退火过程表面清洁度变化表征分析系统，GaAs 光电阴极智能激活制备测试系统，以及变掺杂结构 GaAs 光电阴极设计与激活实验等方面开展了富有成效的创新工作，并将实验室成果成功转化到微光像增强器的研制中。时隔多年，我至今记得 2008 年汶川大地震时我和杨智博士在西安应用光学研究所，与微光夜视技术国防科技重点实验室的同事一起进行变掺杂透射式 AlGaAs/GaAs 光电阴极激活的情景。杨智博士 2010 年获得博士学位，其主要工作和创新成果见参考文献 [54~59]。

在 GaAs 光电阴极研究的第四个五年计划中，研究团队针对新一代微光像增强器的研究，在变掺杂材料理念和掺杂结构基础上，提出了变组分变掺杂结构，重在寻求宽光谱高灵敏度光电发射材料。研制的变组分变掺杂反射式 AlGaAs/GaAs 光电阴极的最高灵敏度达到 3516μA/lm，透射式最大灵敏度可达到 2260μA/lm。我们提出的变掺杂成果被美国伯克利大学空间科学实验室引用，并解决了 GaN 基材料电子扩散长度短与寿命低的瓶颈问题。变组分变掺杂 NEA AlGaAs/GaAs 光电发射材料被美国 Brookhaven National Laboratory 的 Matthew Rumore 引用，编入了 *Photoinjector: An Engineering Guid* 中，被认为是目前先进的光电发射材料。

牛军、张益军和石峰博士参与了 GaAs 光电阴极第三和第四个五年计划的研究工作。

牛军教授 2011 年获得博士学位，其主要工作发生在项目研究的第三个五年计划中，他以 "变掺杂 GaAs 光电阴极特性及评估研究" 为题，对变掺杂 GaAs 光电阴极的光电特性、制备实验和性能评估开展了深入研究，其主要工作和创新成果见参考文献 [60~69]。

张益军博士以 "变掺杂 GaAs 光电阴极研制及其特性评估" 为题，修正了变掺杂 GaAs 光电阴极量子效率理论公式，设计和生长了多种变掺杂结构的 GaAs 光电阴极材料，开展了变掺杂 GaAs 光电阴极制备工艺和光电发射性能的评估工作，2012 年获得博士学位，其主要工作和创新成果见参考文献 [70~81]。

石峰研究员以 "透射式变掺杂 GaAs 光电阴极及其在微光像增强器中应用研究" 为题完成了博士学位论文，研究内容包括透射式变掺杂 GaAs 光电阴极材料及组件的制备与评价、光学性能、自动激活系统及工艺优化、光谱响应以及透射式变掺杂 GaAs 光电阴极在微光像增强器中应用，2013 年获得博士学位，其主要工作和创新成果见参考文献 [82~88]。

10.1.2　窄带响应 AlGaAs 光电阴极

2011 年，国家自然科学基金委员会批准了 "对 532nm 敏感的 GaAlAs 光电发射机理及其制备技术研究"(6117142) 课题，赵静、鱼晓华和陈鑫龙博士参与了窄带响应 AlGaAs 光电阴极研究。

赵静博士的工作不限于窄带响应 AlGaAs 光电阴极研究，其主要工作源于透射式 GaAs 光电阴极的光学与光电发射性能，她以 "透射式 GaAs 光电阴极的光学与光电发射性能研究" 为题，开展了透射式 GaAs 光电阴极组件光学性能、透射式 GaAs 光电阴极的结构设计和性能测试软件、MBE 生长的透射式 GaAs 光电阴极的光学与光电发射性能、不同性能要求的透射式光电阴极结构设计与实验等方面的研究，探索并建立了光电阴极组件结构的光学性能与光电发射之间的关系，参与了国家自然科学基金项目的撰写与申报，2013 年获得博士学位，在理论与测试方面取得的创新性成果见参考文献 [89~101]。

鱼晓华博士在国家自然科学基金课题 (6117142) 的研究中承担了光电发射材料第一性原理计算，她以 “NEA $Al_xGa_{1-x}As$ 光电阴极中电子与原子结构研究” 为题，进行了 NEA $Al_xGa_{1-x}As$ 光电阴极结构设计、表面净化以及铯、氧激活中的电子和原子结构研究，2015 年获得博士学位，其主要工作和创新成果见参考文献 [102~113]。

陈鑫龙博士在国家自然科学基金课题 (6117142) 的研究中承担了光电发射理论、材料结构设计与激活实验，他以 “对 532 nm 敏感的 AlGaAs 光电阴极的制备与性能研究” 为题，进行了 NEA AlGaAs 光电阴极光电发射理论、材料、制备工艺以及性能评估研究，2015 年获得博士学位，其主要工作和创新成果见参考文献 [114~124]。

10.1.3 近红外响应 InGaAs 光电阴极

2012 年，微光夜视技术国防科技重点实验室批准了 “变组分变掺杂 InGaAs 电子扩散长度研究”(BJ2014002) 课题，项目组开展了近红外响应 InGaAs 光电阴极研究。郭婧和金睦淳博士参与了该课题的研究。

郭婧博士在微光夜视技术国防科技重点实验室基金课题 (BJ2014002) 的研究中承担了 $In_xGa_{1-x}As$ 光电发射材料第一性原理计算，她以 “近红外 InGaAs 光电阴极材料特性仿真与表面敏化研究” 为题，进行了 NEA $In_xGa_{1-x}As$ 光电阴极中衬底材料特性及其与发射层匹配特性，InGaAs 发射层的体材料特性、表面性质和表面敏化方法研究，2016 年获得博士学位，其主要工作和创新成果见参考文献 [125~131]。

金睦淳博士在微光夜视技术国防科技重点实验室基金课题 (BJ2014002) 的研究中承担了光电发射理论、材料结构设计与激活实验，他以 “近红外 InGaAs 光电阴极的制备与性能研究” 为题，进行了近红外 InGaAs 光电阴极光电发射理论、InP 和 GaAs 衬底的 InGaAs 半导体材料结构和制备以及性能评估研究，2016 年获得博士学位，其主要工作和创新成果见参考文献 [132~137]。

10.1.4 GaAs 光电阴极及其微光像增强器的分辨力

任玲和王洪刚博士参与了国家自然科学基金项目 (61171042) 和国防项目的研究。

任玲博士以 “GaAs 光电阴极及像增强器的分辨力研究” 为题，建立了透射式均匀掺杂 GaAs 光电阴极电子输运理论模型，研究了指数掺杂对透射式 GaAs 光电阴极分辨力的影响，开展了 GaAs 光电阴极微光像增强器分辨力理论研究，开展了 GaAs 光电阴极微光像增强器 halo 效应及分辨力测试研究，2013 年获得博士学位，其主要工作和创新成果见参考文献 [138~146]。

王洪刚博士以“像增强器的电子输运与噪声特性研究”为题，开展了负电子亲和势光电阴极及微通道板的电子输运及分辨力、微通道板的噪声特性、微光像增强器的电子输运与噪声特性研究，2015 年获得博士学位，其主要工作和创新成果见参考文献 [147∼153]。

10.2 GaN 基光电阴极研究工作的简单回顾

GaN 基光电阴极研究工作重点回顾了 GaN 光电阴极，AlGaN 是 GaN 研究工作的拓展，专门为“日盲”响应而研究。

10.2.1 GaN 光电阴极

GaN 光电阴极的研究始于 2008 年杜晓晴博士申请的青年科学基金项目“新型紫外光电阴极——GaN NEA 光电阴极的基础研究”(60701013)，以及我们获得资助的国家自然科学基金面上项目“NEA GaN 光电发射机理及其制备技术研究”(6087 1012)，乔建良等六位博士围绕此课题开展了研究。

乔建良教授以“NEA GaN 光电阴极研究”为题，针对目前 NEA GaN 光电阴极的基础理论、制备方法与评估手段研究的不足，围绕 GaN 光电阴极的光电发射机理、净化和激活工艺、光谱响应的测试以及阴极的稳定性能等方面开展研究，2010 年毕业。其主要研究工作和创新性成果包括如下几方面[154∼164]：

(1) 根据 W. E. Spicer 提出的光电发射的“三步模型”：光的吸收、光生载流子的输运、载流子的发射，详细分析了 NEA GaN 光电阴极光电子的产生、从体内到表面的输运以及穿越表面势垒逸出到真空的全过程，并通过求解电子隧穿表面势垒的一维定态薛定谔方程，得到了电子逸出几率 P 的表达式，证明了逸出几率的大小依赖于电子的能量和表面势垒的形状。NEA GaN 光电阴极的量子效率是表征阴极特性和深入理解光电发射机理的重要参量，量子效率与光电发射过程中的每一步都有紧密的关系。NEA 光电阴极光电发射的主要来源是热化电子的逸出，热化电子是以扩散形式迁移到阴极表面的，根据相应的边界条件，通过求解非平衡载流子的扩散方程导出了 NEA GaN 光电阴极的量子效率公式。围绕 NEA GaN 光电阴极的光电发射机理，结合 GaN 光电阴极的激活过程中出现的现象及激活的最终效果，给出了 GaN 光电阴极铯、氧激活后的表面模型 [GaN(Mg):Cs]:O-Cs。利用该模型较好地解释了激活后负电子亲和势的成因。结果表明：[GaN(Mg):Cs] 偶极子构成的第一个偶极层，带来约 3.0eV 的真空能级的下降，使 GaN 光电阴极表面获得约 −1.0 eV 的有效电子亲和势。单独用 Cs 激活时的“Cs 中毒”现象是由构成弱偶极子的 Cs 影响其他偶极子以及与后来的 Cs 构成金属 Cs 膜的双重倾向造成的。在 Cs、O 共同激活的过程中，由 O-Cs 偶极子构成第二个偶极层，使有效电子亲和势进一步减小为 -1.2 eV。

(2) 利用 NEA 光电阴极激活系统和 XPS 表面分析系统研究了 GaN 光电阴极的净化工艺。给出了具体的化学清洗和加热净化工艺流程，研究了 GaN 表面化学清洗和加热净化的效果。将 GaN 样品分别用四氯化碳、丙酮、无水乙醇、去离子水进行清洗，然后用 2:2:1 的浓 H_2SO_4、H_2O_2 和去离子水的混合溶液刻蚀，可将表面的污染物降到最小限度，仅残留微量的 C、O。超高真空中 GaN 样品在 700℃下加热 20min，可以有效去除阴极表面的氧化物以及 C 杂质，保证了 GaN 表面的 Ga、N 含量的稳定，可获得较为理想的原子级清洁表面。

(3) 利用自行研制的光电阴极激活评估实验系统，给出了 GaN 光电阴极 Cs 激活及 Cs、O 激活的光电流曲线，针对 GaN 光电阴极负电子亲和势特性的成因，结合激活过程中光电流的变化规律和成功激活后的阴极表面模型，进一步研究了 NEA GaN 光电阴极的激活机理。GaN 光电阴极在净化处理之后，铯的吸附是获得 NEA 表面关键的一步。实验结果表明：GaN 光电阴极在单独用 Cs 激活时就可得到理想的光电流，获得明显的 NEA 特性，Cs、O 激活时首次引入 O 后光电流有少许增长，断 O 后再次导入 O 以及以后的 Cs、O 循环光电流无明显增长。用双偶极层模型 [GaN(Mg):Cs]:O-Cs 较好地解释了激活成功后 GaN 光电阴极 NEA 特性的成因。

(4) 研制了可用于 GaN 光电阴极制备的紫外光谱响应测试仪，测试范围从 200nm 到 400nm，测试光电流精度最高可达 1nA，可完成 GaN 光电阴极激活过程中阴极的原位、动态光谱响应测试。利用自行研制的紫外光谱响应测试仪器，测试了 GaN 光电阴极的光谱响应，给出了 230~400nm 波段内的 NEA GaN 光电阴极量子效率曲线。在 230nm 处得到了 GaN 光电阴极高达 37.396%的量子效率，在 GaN 光电阴极阈值 365nm 处仍有 3.75%的量子效率，230nm 和 400nm 之间的锐截止比率超过 2 个数量级。影响 NEA GaN 光电阴极量子产额的因素虽然很多，但概括起来无外乎就是材料生长质量和制备工艺水平。制备过程中的净化和激活固然非常重要，但薄膜本身的特性，如掺杂浓度、电子迁移率、薄膜的电导率 σ、薄膜厚度、薄膜结构和电子扩散长度 L_D 等都会影响光电发射的量子效率。所以对量子效率的最终提高，不仅要考虑表面激活工艺的优化，也应进一步考虑薄膜特性的改进。

(5) 以 NEA GaN 光电阴极光电流曲线和量子效率曲线的实验结果为依据，针对反射式 NEA GaN 光电阴极量子效率的衰减以及不同波段对应量子效率衰减速度的不同，结合 GaN 光电阴极铯氧激活后的 [GaN(Mg):Cs]:O-Cs 表面模型，通过对量子效率衰减过程中阴极的能带与表面势垒结构变化的分析，论述了反射式 NEA GaN 光电阴极量子效率的衰减机理。阴极量子效率衰减的原因是受到周围杂质的吸附以及激活层表面 Cs 的脱附的影响，破坏了激活层中的偶极子，使对电子逸出起重要作用的有效偶极子的数量减小。这种影响造成的阴极表面的改变将显著降低阴极的量子效率，造成阴极灵敏度的下降。在 GaN 阴极衰减过程中，量子效率的衰减量随着波长的增大而增大。这是由于阴极衰减过程中有效偶极子的破坏造成了表面 I 、II 势垒形状的改变，而表面势垒形状的改变又影响到了不同波段的电子表面逸出几率，从而最终造成不同波段对应的量子效率衰减下降速度不相同。经过重新 Cs 化处理，NEA GaN 光电阴极量子效率曲线得到了较好的恢复。

杜玉杰教授以 “GaN 光电阴极材料特性与表征研究” 为题，采用第一性原理计算方法从原子结构层次上研究了 GaN 光电阴极材料的电子结构和光学性质，探索 Cs、O 在 GaN 光电阴极表面相互作用的机理，为 GaN 光电阴极实验研究提供理论借鉴和参考，2012 年毕业。其主要研究工作和创新性成果包括如下几方面 [165~174]：

(1) 构建了 GaN 体材料模型和 GaN 空位缺陷模型，计算了 GaN 的介电函数、折射率、吸收谱、反射谱、光电导率和能量损失函数等光学性质，研究表明，GaN 具有 10^5cm^{-1} 数量级的光吸收系数，并在紫外光波段具有很好的响应特性，是设计紫外光电阴极的理想材料。Ga、N 空位缺陷会引起周围电子弛豫，带隙变宽，空位缺陷对 GaN 光学性质影响主要集中在低能端 ($\leqslant$8.7eV)，对高能端影响较弱，受空位缺陷影响，介电峰拓展到可见光区，使可见光区电子跃迁大大增加。

(2) 针对 GaN 光电阴极材料 p 型掺杂问题，通过 $\text{Ga}_{0.9375}\text{Mg}_{0.0625}\text{N}$ 模型研究了 Mg 掺杂对 GaN 电子结构和光学性质的影响，Mg 掺杂后 GaN 的费米能级进入价带，GaN 材料实现了 p 型转变，态密度向高能方向移动，Mg 掺杂减弱了周围键的共价性，增强了离子性，Mg 掺杂后在可见光区 (1.7~3.1eV) 对 GaN 光学性质影响较大，对紫外光区 (3.1~6.2eV) 影响也较大，高能端影响较小。针对透射式 GaN 阴极缓冲层 Al 组分问题，构建了 $\text{Al}_x\text{Ga}_{1-x}\text{N}$ 模型，GaN 带隙随着 Al 组分的增大而增大，吸收谱吸收边位置向短波方向移动，谱峰位置也发生变化，谱峰强度减小，当 Al 组分为 0.5 时，其吸收边位置为 290nm 左右，基本可以达到日盲区紫外探测器的设计要求。

(3) 为了弄清 GaN 光电阴极激活表面的特性，分别构建了 GaN(0001) 表面模型、GaN(000$\bar{1}$) 表面模型和 GaN(0001) 表面空位缺陷模型，弛豫对 GaN(0001) 和 GaN(000$\bar{1}$) 表面双分子层厚度和双分子层间距都有较大影响，弛豫后 GaN(0001) 表面呈现金属导电特性，GaN(000$\bar{1}$) 表面呈现 p 型导电特性，费米能级处都存在明显的表面态，GaN(0001) 表面的导电性优于 GaN(000$\bar{1}$) 表面，GaN(0001) 表面功函数比 GaN(000$\bar{1}$) 表面低 2.57 eV，GaN(0001) 表面更有利于电子逸出，GaN(0001) 表面稳定性优于 GaN(000$\bar{1}$) 表面，研究了空位缺陷对 GaN(0001) 表面的电子结构和光学性质的影响。通过 $\text{Ga}_{0.9375}\text{Mg}_{0.0625}\text{N}$ (0001) 表面模拟了 p 型 GaN(0001) 表面，弛豫后 $\text{Ga}_{0.9375}\text{Mg}_{0.0625}\text{N}$ (0001) 表面形貌比 GaN(0001) 表面形貌变化大、褶

皱起伏大，表面态减弱，分析了 Mg 掺杂对 GaN(0001) 表面吸收谱、反射谱、折射谱、能量损失谱的影响，$Ga_{0.9375}Mg_{0.0625}N$ (0001) 表面光学吸收边发生红移，紫外部分 (3.1~6.2 eV) 光吸收增强，反射率增大，但折射率下降。

(4) 通过 Cs/GaN(0001) 吸附模型、Cs/GaN($000\bar{1}$) 吸附模型，比较研究了 1/4ML Cs 原子在 GaN(0001) 和 GaN($000\bar{1}$) 表面稳定吸附位、功函数变化的差异，1/4ML Cs 原子在 GaN(0001) 和 GaN($000\bar{1}$) 表面稳定吸附位分别为 B_{Ga} 和 H_3 位，Cs 吸附后引起表面功函数下降，主要原因是 Cs 6s 态电子向 GaN 表面转移引起偶极矩的变化。GaN(0001) 和 GaN($000\bar{1}$) 表面吸附能随 Cs 原子覆盖度的增加而下降，在 GaN(0001) 表面稳定吸附位 Cs 原子覆盖度达到 3/4ML 时达到饱和，但 GaN($000\bar{1}$) 表面稳定吸附位 Cs 原子覆盖度达到 1ML 时仍保持稳定吸附。GaN(0001) 表面功函数随着 Cs 原子覆盖度的增加先下降后回升，但在 GaN($000\bar{1}$) 表面功函数随 Cs 原子覆盖度的增加持续下降，未出现回升现象。利用 Cs/$Ga_{0.9375}Mg_{0.0625}N$ (0001) 表面吸附模型模拟了单独用 Cs 在 p 型 GaN 表面的激活过程，1/4ML Cs 原子在 $Ga_{0.9375}Mg_{0.0625}N$ (0001) 表面的稳定吸附位为 T_1 位 (Mg 定位)，与 GaN(0001) 表面相比，表面功函数和吸附能随 Cs 原子覆盖度情况趋势基本一致，但吸附能下降，获得更低的表面功函数。研究了空位缺陷对 Cs 在 GaN(0001) 表面吸附的影响，空位缺陷引起在 GaN(0001) 表面稳定吸附位和功函数的变化。用 1×1GaN(0001) 表面模拟了 Cs、O 激活 “yo-yo” 过程，结合 Cs、O 激活实验过程，解释了 GaN 光电阴极激活机理及负电子亲和势形成原因。

李飙博士以 “反射式梯度掺杂 GaN 光电阴极制备及评估研究” 为题，以探索 GaN 光电阴极光电发射本质为目的，在梯度掺杂 GaN 光电阴极的光电发射理论、光电阴极结构设计与制备及性能评估等方面开展了理论和实验研究，2013 年毕业。其主要研究工作和创新性成果包括如下几方面 [175~180]：

(1) 基于 Spicer 光电发射 “三步模型” 理论：光电子激发、光激发电子从体内到表面的输运和光激发电子隧穿表面势垒逸出到真空，分别导出了反射式均匀掺杂、梯度掺杂和指数掺杂结构 GaN 光电阴极的量子效率公式，以导出公式为依据，以指数掺杂结构作为近似替代，比较了均匀掺杂和梯度掺杂光电阴极量子效率的不同，分析了梯度掺杂 GaN 光电阴极的发射机理，理论上明确了梯度掺杂结构可明显提升光电阴极的量子效率。

(2) 为验证梯度掺杂结构的优越性，设计了梯度掺杂结构 GaN 光电阴极，并利用 MOCVD 技术生长了 GaN 光电阴极材料，通过对均匀掺杂和梯度掺杂结构光电阴极材料能带结构的对比，分析了二者对入射光响应的差异，根据量子效率公式指出了差异原因，实验结果证实该设计能明显提升光电阴极的灵敏度和稳定性，实现了 GaN 光电阴极发射层结构的优化设计。

(3) 对梯度掺杂结构 GaN 光电阴极进行了清洗与激活，利用自行研制的 NEA

光电阴极激活评估系统测试了梯度掺杂 GaN 表面的净化效果和光电阴极的光谱响应，依据测试数据的比较与分析，提出了梯度掺杂 GaN 光电阴极的表面净化方法和激活工艺，完成了光电阴极样品的制备与工艺优化。

(4) 以光电阴极的灵敏度和稳定性为主要衡量因素，利用光谱响应曲线作为光电阴极性能的主要评估工具，对梯度掺杂 GaN 光电阴极的性能进行了评估。分析指出，Cs 气氛、激活工艺和发射层结构等因素共同制约着光电阴极的性能，梯度掺杂结构可明显提升光电阴极的量子效率和稳定性。

王晓晖博士以“纤锌矿结构 GaN(0001) 面光电发射性能研究”为题，在国家自然科学基金项目“NEA GaN 光电发射机理及其制备技术研究”和“新型紫外光电阴极——GaN NEA 光电阴极的基础研究”，微光夜视技术国防科技重点实验室基金项目“透射式 NEA GaN 和 GaAs 光电阴极第一性原理研究”，江苏省研究生创新基金项目“NEA GaN 光电阴极结构设计及制备工艺研究”支持下，在 NEA GaN 光电阴极的光电发射表面模型、光电发射理论、材料结构设计、制备工艺和光电阴极的性能评估等方面开展了系统的理论和实验研究，2013 年毕业。其主要研究工作和创新性成果包括如下几方面 [181~191]：

(1) 研究了 GaN 的体结构特征和 GaN (0001) 表面的原子排列情况，给出了没有重构和弛豫的 GaN (0001) 表面的原子排布图。针对以前提出的表面光电发射模型的局限性，在 [GaAs(Zn)-Cs] : [O-Cs] 模型的基础上，提出了 GaN (0001) 表面的光电发射模型 [GaN(Mg)-Cs] : [O-Cs]，模拟了 Cs、O 在 GaN (0001) 表面吸附的过程，以及负电子亲和势形成的过程。与 [GaAs(Zn)-Cs] : [O-Cs] 模型进行了对比研究，发现 GaN (0001) 表面模型中，仅靠第一个 GaN(Mg)-Cs 偶极层就能使 GaN (0001) 表面达到负电子亲和势的状态，并且由于表面没有台脚和洞穴位置，O-Cs 偶极层不能像 GaAs 中的那样可以使表面真空能级大幅度下降，认为 GaN 表面存在的一些缺陷使得 O 可以吸附在与 Cs 相比较低的位置，解释了进 O 后 GaN 光电流小幅度提升的现象。利用第一性原理计算了 Cs、O 吸附过程中，GaN (0001) 表面功函数的变化情况。

(2) 在 Spicer 光电发射“三步模型”的基础上，讨论了 NEA GaN 光电阴极的光电发射过程，并通过求解载流子扩散方程的方法推导了反射式和透射式的 NEA GaN 光电阴极的量子效率公式。根据推导的量子效率公式，探讨了 GaN 发射层吸收系数 $\alpha_{h\nu}$、电子表面逸出几率 P、电子扩散长度 L_{D}、GaN 发射层厚度 T_{e} 以及后界面复合速率 S_{v} 对 GaN 光电阴极量子效率的影响。讨论了 GaN 材料的生长方法以及衬底和缓冲材料的选择。设计了不同掺杂浓度的反射式 GaN 光电阴极材料，从理论上证明了梯度掺杂可以有效地提高 GaN 光电阴极的量子效率，并在此指导下设计了梯度掺杂的 GaN 光电阴极材料。模拟了发射层厚度 T_e 对透射式 GaN 光电阴极量子效率的影响，考虑缓冲层对 GaN 光电阴极材料生长质量的影响，设计了 AlN 缓冲层和渐变的 $Al_xGa_{1-x}N$ 缓冲层的透射式 GaN 光电阴极材料。

(3) 对光电阴极制备与测试系统进行了升级改造，不仅增加了紫外测试的光源、单色仪和测控软件，使其可以完成 200 ~ 1000nm 全波段的测量，还对系统的光路进行了升级，使得系统可以同时进行反射式和透射式的测试，并且增加了质谱仪，从而可以对超高真空系统中的残气进行分析，丰富了研究手段。在升级改造的新系统上，对比研究了三种化学清洗方法对 GaN (0001) 表面的净化效果，并通过 XPS 仪进行了表面成分分析，发现 2:2:1 的 H_2SO_4(98%) :H_2O_2(30%):去离子水混合溶液清洗是一种能够有效去除 GaN (0001) 表面的污染物的化学清洗方法。对比了第一次和第二次加热过程中真空度及残气成分的变化，利用质谱仪对 GaN 两次加热过程中的残气进行了分析，发现第一次加热中真空度的变化曲线呈 "W" 形，而第二次加热过程中呈 "V" 形。设计了不同光照下激活 GaN 光电阴极的实验，分别采用全光谱的氘灯和 300nm 单色光对 GaN 光电阴极进行照射，并进行了相同工艺的激活实验。

(4) 对 NEA GaN 光电阴极的性能进行了系统的评估，包括了反射式和透射式不同结构 GaN 光电阴极的性能、不同制备工艺 GaN 光电阴极的性能，并且对比了 GaN 光电阴极与 GaAs 光电阴极性能的不同。通过比较不同 p 型掺杂浓度 GaN 光电阴极反射式的量子效率，得到了最佳掺杂浓度为 10^{17} cm^{-3} 数量级；在量子效率上，梯度掺杂的 GaN 光电阴极要明显优于均匀掺杂的，梯度掺杂反射式量子效率最大达到了 56%。对于缓冲层的结构，发现采用 $Al_xGa_{1-x}N$ 缓冲层可以使 GaN 光电阴极获得更为理想的透射式的量子效率；通过仿真得到了最佳的透射式 GaN 光电阴极发射层的厚度，在目前电子扩散长度 L_D= 108nm 的情况下，90 nm 的 GaN 发射层可以将透射式的最大量子效率提升到 15.5%。通过比较不同化学清洗方法后最终 GaN 光电阴极的性能，认为 2:2:1 的 H_2SO_4(98%):H_2O_2(30%): 去离子水混合溶液清洗是一种较优的化学清洗方法；在二次加热后发现 GaN 光电阴极的量子效率与之前相比没有明显的变化，所以想通过多次加热激活提高 GaN 的性能目前难以实现；通过分析不同光照下激活后 GaN 光电阴极的量子效率，发现采用 300 nm 单色光照射激活后 GaN 光电阴极的性能要优于氘灯照射下的。与 GaAs 光电阴极对比后发现，在激活过程中进 O 后 GaN 光电阴极的光电流增长幅度远没有 GaAs 那么大，但是在稳定性上，GaN 光电阴极要明显优于 GaAs 光电阴极。

付小倩博士以 "GaN 基光电阴极的结构设计与制备研究" 为题，主要针对 GaN 光电阴极研究中结构和激活工艺存在的问题，为了获得更高量子效率，围绕 GaN 光电阴极的结构优化设计和制备工艺的改进开展研究，2015 年毕业。其主要研究工作和创新性成果包括如下几方面 [192~200]：

(1) 从电子发射层厚度和掺杂浓度以及梯度掺杂结构等几个方面对 GaN 光电阴极进行了结构优化，优化的反射式均匀掺杂光电阴极通过降低发射层厚度、将掺

杂浓度提高到 10^{18}cm^{-3} 以及应用梯度掺杂结构在 240nm 取得了最高为 58%左右的量子效率，大大高于原 37%的量子效率。

(2) 采用不同的 Cs/O 电流比对样品进行了激活实验，发现首次进 Cs 量多的样品取得了较高的光电流和量子效率，充分说明了光电阴极最佳量子效率的获得需要一个合适的 Cs/O 比。

(3) 通过计算内建电场的强度和位置，对梯度掺杂结构相比均匀掺杂结构能够大幅度提高量子效率的原因进行了分析，认为由掺杂浓度梯度导致的电场强度的大小对提高电子漂移扩散长度从而进一步提高量子效率起到了关键作用。

(4) 进行了"日盲"型 AlGaN 光电阴极的结构设计和制备实验，设计的首个 $Al_{0.24}Ga_{0.76}N$ 光电阴极在 250nm 取得了 7.6%的量子效率；设计生长了梯度能带结构 $Al_{0.39}Ga_{0.61}N$ 光电阴极，进行了材料的表征和表面净化的研究，发现 Ar^+ 溅射可以有效去除化学清洗后表面的碳氧以及镓的氧化物。

10.2.2　AlGaN 光电阴极

大气层的臭氧层对波长 200～280nm 的紫外光有强烈的吸收作用，无法到达地球表面，该波段的紫外光称为日盲紫外或远紫外，为了针对日盲紫外的探测，我们开展了 AlGaN 光电阴极的研究，郝广辉和杨明珠博士围绕此课题开展了研究。

郝广辉博士以"AlGaN 光电阴极研制及性能评估"为题，以项目组承担的国家自然科学基金项目"NEA GaN 光电阴极发射机理及其制备技术研究"、国防科技预先研究项目和江苏省研究生创新基金项目"日盲型 $Al_xGa_{1-x}N$ 光电阴极设计与制备技术研究"为依托，在 AlGaN 光电阴极光电发射模型、材料结构设计、制备工艺和阴极性能评估等方面开展了深入的理论和实验研究，2015 年毕业。其主要研究工作和创新性成果包括如下几方面 [201～209]：

(1) 针对 Al 组分对 AlGaN 光电阴极光电发射特性的影响，根据 NEA 光电阴极光电发射机理，研究了阴极发射层 Al 组分和厚度对 AlGaN 光电阴极光吸收效率的影响，分析了不同 Al 组分 AlGaN 异质结的极化特性及其极化电荷密度，以及压电散射和界面粗糙度散射对阴极电子迁移率的影响，分析出 AlGaN 晶体性能参数对阴极光电发射性能的影响。构建了 AlGaN 光电阴极发射层晶体模型，获得了异质结界面处光电子的输运特性。同时分析了 AlGaN 光电阴极 Cs/O 吸附模型，并使用第一性原理计算了 Cs 原子在不同 Al 组分晶体表面的吸附特性。

(2) 针对高 Al 组分 AlGaN 光电阴极电子扩散长度短的问题，分析了变掺杂与变 Al 组分结构设计对提高 AlGaN 光电阴极光电发射性能的可行性。从发射层 $Al_xGa_{1-x}N$ 晶体中 Al 组分指数变化的设计理念出发，分别设计了变 Al 组分 AlGaN 光电阴极的发射层和缓冲层结构。计算出不同结构的 AlGaN 光电阴极发射层中内建电场的强度及其晶体中空穴的浓度。根据实验测得的 AlGaN 光电阴极材料的光学性质与 AlGaN 晶体的光吸收特性，对吸收率曲线进行一次微分，获得了 AlGaN 光电阴极材料发射层晶体的 Al 组分。再结合薄膜光学多层膜的矩阵理论，拟合了 AlGaN 光电阴极材料的反射率曲线和透射率曲线，获得阴极材料中不同 Al 组分的 AlGaN 晶体层的厚度，最终确定了 MOCVD 生长的 AlGaN 光电阴极材料的结构。

(3) 对 NEA 光电阴极制备与评估系统进行改造升级，整个测试系统现已包括超高真空激活系统、多信息量在线测控系统、在线光谱响应测试系统和表面分析系统，而且系统的光谱测试范围延伸到了紫外波段，满足波长范围在 200~1000nm 时阴极光谱响应的测试需求。研究了 AlGaN 光电阴极的清洗方法，探索出 AlGaN 光电阴极表面 GaN 晶体的腐蚀与蓝宝石衬底保护方法，同时使用 XPS 仪分析了化学清洗后 AlGaN 光电阴极表面的原子成分，发现浓度为 1 mol/L 的 KOH 沸腾溶液与比例为 2:2:1 的浓 H_2SO_4、H_2O_2 和去离子水的混合溶液能够更好地清除 AlGaN 光电阴极材料表面的 C 和氧化物等污染物。研究了 AlGaN 光电阴极不同热清洗温度条件下真空室中残余气体分压强的变化，发现经 850℃高温热清洗后 AlGaN 光电阴极的长波响应特性明显提高，分析出高温清洗对阴极表面及 AlGaN 晶体性质的影响。研究了 AlGaN 光电阴极的制备工艺，测试了不同激活方式下 AlGaN 光电阴极的光电流变化及阴极的光电发射特性。

(4) 开展了不同制备工艺条件下 AlGaN 光电阴极的光电发射性能评估，研究了 GaN 晶体保护层与 Al 组分对 AlGaN 光电阴极光电发射特性的影响，获得了 AlGaN 光电阴极的性能参数，提出了改善 Cs 在阴极表面吸附效率的方法。对比发现变 Al 组分 AlGaN 光电阴极的量子效率远高于非变 Al 组分 AlGaN 光电阴极，分析出内建电场对发射层中光电子输运的影响，获得光电子在内建电场作用下的漂移长度。AlGaN 光电阴极材料分别经 KOH 溶液和 H_2SO_4 混合溶液清洗与 850 ℃的高温热清洗处理后，阴极的光电发射能力得到明显的提升，反射式 AlGaN 光电阴极的量子效率达到 35.1%。研究了激活工艺对 AlGaN 光电阴极响应特性的影响，其中单 Cs 激活条件下阴极的量子效率最低且稳定性最差，而 Cs、O、Cs 交替激活条件下阴极具有较高的量子效率和稳定性，分析出 Cs 原子从 AlGaN 光电阴极表面脱附导致的表面势垒因子增大是 AlGaN 光电阴极性能衰减的主要原因。制备出了基于透射式 AlGaN 光电阴极的紫外像增强器，量子效率峰值达到 18.9%，分辨率超过 17.7lp/mm。

杨明珠博士以 "$Ga_{1-x}Al_xN$ 光电阴极的光电性质与铯氧激活机理研究" 为题，以项目组承担的国家自然科学基金项目 "NEA GaN 光电阴极发射机理及其制备技术研究"、国防科技预先研究项目和江苏省研究生创新基金项目 "GaAlN 光电阴极的电子与原子结构研究" 为依托，采用基于密度泛函理论的第一性原理计算的方法，对 $Al_xGa_{1-x}N$ 光电阴极的电子和原子结构、光学性质、表面性质和铯氧激活机理进行了深入的理论探索，为 $Al_xGa_{1-x}N$ 光电阴极的设计与制备提供理论指导，2016 年毕业。其主要研究工作和创新性成果包括如下几方面 [210~220]：

(1) 计算了不同 Al 组分 $Al_xGa_{1-x}N$ 材料的电子结构与光学性质。建立了透射式 $Al_xGa_{1-x}N$ 光电阴极的薄膜组件结构，基于第一性原理计算得到的材料的折射率和消光系数，对光电阴极组件的吸收率、透射率、反射率和量子效率进行了仿真。结果表明，随着 Al 组分的增加，材料的晶格常数不断减小，符合 Vegard 定律。根据计算所得材料的光学性质，发现随着 Al 组分的增大，材料的吸收边向高能方向移动。$Al_xGa_{1-x}N$ 发射层的 Al 组分直接影响 $Al_xGa_{1-x}N$ 光电阴极的截止波长，当 Al 组分为 0.375 时，光电阴极的截止波长在 294.1nm，可以满足日盲型探测器的需求。AlN 缓冲层主要对 200~240nm 波段范围的光吸收和量子效率具有重要影响，如果缓冲层过厚，则光不易进入 $Al_xGa_{1-x}N$ 发射层形成光电发射，因此对于透射式的 $Al_xGa_{1-x}N$ 光电阴极，应该在不影响晶格完整的情况下适当减小缓冲层的厚度。发射层厚度越大，光吸收能力越强，然而如果厚度过大，会导致光电子不能成功扩散到表面形成光电发射，因此受制于电子扩散长度，$Al_xGa_{1-x}N$ 发射层的厚度应在 0.05~0.1μm 范围。

(2) 对 Mg 原子和 Be 原子掺杂的 $Al_xGa_{1-x}N$ 的电子和原子结构进行了研究，并研究了 p 型导电状态下易出现的点缺陷类型。结果表明 Mg 原子在 $Al_{0.25}Ga_{0.6875}Mg_{0.0625}N$ 和 $Al_{0.1875}Ga_{0.75}Mg_{0.0625}N$ 中的电离能分别为 266meV 和 227meV，而 Be 原子作为代位式杂质，也可起到受主杂质的作用，其在 $Al_{0.25}Ga_{0.6875}Be_{0.0625}N$ 和 $Al_{0.1875}Ga_{0.75}Be_{0.0625}N$ 中的电离能分别为 182meV 和 178meV。Be 原子的电离能更低，在这方面比 Mg 原子更具有作为受主杂质的优势，但是间隙式 Be 原子为施主杂质，不利于 p 型半导体的制备，因此 Mg 原子是更理想的 p 型掺杂原子。材料生长过程中引入的杂质 H 原子如果出现在 Mg 原子周围，将提供电子给 Mg 原子，复合掉 Mg 原子周围的空穴，使空穴不能跃迁到价带，形成自由移动的载流子。Mg-H 共掺杂对 Mg 原子起到钝化作用，抑制了 Mg 受主杂质性能的发挥。但是 Mg-H 复合杂质的形成能远低于单独的 Mg 杂质，因此考虑先采用 Mg-H 共掺杂，后进行高温退火使 H 原子逸出的方式制备高掺杂浓度的 p 型 $Al_{0.25}Ga_{0.75}N$ 材料。在 p 型 $Al_{0.25}Ga_{0.75}N$ 材料中，N 的空位缺陷 V_N 最容易出现，且在费米能级不断变化的过程中，一直呈现出施主杂质的特性，具有两个价电态，3+ 和 +，且从 3+ 到 + 的跃迁能量为 0.70eV。间隙式 Ga 原子缺陷 Ga_i 也较易出现，也表现出施主杂质特性，它的两个价电态为 3+ 和 +。从 3+ 态到 + 态的跃迁能为 2.35eV。这两种杂质缺陷在 Mg 掺杂的 $Al_{0.25}Ga_{0.75}N$ 中与 Mg 原子形成复合体，其形成能比在纯净的 $Al_{0.25}Ga_{0.75}N$ 中更低，而且它们作为施主杂质，与受主杂质 Mg 复合，会以向 Mg 原子提供电子的形式削弱 Mg 原子的受主特性，导致材料的 p 型导电能力下降。

(3) 计算了 $Al_{0.25}Ga_{0.75}N(0001)$ 极性表面和 $(10\bar{1}0)$、$(11\bar{2}0)$ 两个非极性表面的原子结构、表面能和功函数。计算了 GaO、AlO、Ga_2O_3 和 Al_2O_3 在 $Al_{0.25}Ga(Mg)_{0.75}N(0001)$ 表面上的吸附能。$Al_{0.25}Ga_{0.75}N(0001)$ 极性表面和 $(10\bar{1}0)$、$(11\bar{2}0)$ 非极性表面的禁带宽度均远小于 $Al_{0.25}Ga_{0.75}N$ 体材料，即表面处对应更长的阈值波长，因此解释了实验中出现的量子效率的截止波长向长波移动的现象。$Al_{0.25}Ga_{0.75}N(0001)$、$(10\bar{1}0)$ 与 $(11\bar{2}0)$ 的功函数分别为 4.360eV、4.025eV 和 4.007eV，证明 $Al_{0.25}Ga_{0.75}N$ $(10\bar{1}0)$ 与 $(11\bar{2}0)$ 非极性表面具有作为光电发射表面的潜力。$Al_{0.25}Ga_{0.75}N(10\bar{1}0)$ 与 $(11\bar{2}0)$ 表面的 Ga(Al) 和 N 原子不再位于同一高度，N 原子向外扭转，Ga(Al)—N 键与表面形成一定的角度。GaO、AlO、Ga_2O_3 和 Al_2O_3 在 $Al_{0.25}Ga(Mg)_{0.75}N(0001)$ 表面上的吸附能分别为 -1.754eV、-2.383eV、-1.926eV 和 -2.922eV，证明三价氧化物在 $Al_{0.25}Ga(Mg)_{0.75}N(0001)$ 表面上更容易存在，而且 Al_2O_3 比 Ga_2O_3 更难去除，因此 $Al_xGa_{1-x}N$ 光电阴极比 GaN 光电阴极需要更高的热清洗温度。表面的 O 原子极易将 Ga 原子和 Al 原子氧化，使得表面态消失，表面的禁带宽度变大，表面不再表现金属特性，恢复半导体特性。

(4) 计算了 $Al_{0.25}Ga(Mg)_{0.75}N(0001)$ 表面单独进 Cs 阶段和 Cs、O 交替激活阶段的功函数，通过改变掺杂原子 Mg 的位置，研究了光电发射中的“碎鳞场效应”，比较了无缺陷和存在 V_{Ga} 的 $Al_{0.25}Ga(Mg)_{0.75}N(0001)$ 表面 Cs、O 共吸附时的功函数，说明了纤锌矿极性表面 Cs、O 交替激活过程光电流上升不明显的问题，计算了 $Al_{0.25}Ga(Mg)_{0.75}N(10\bar{1}0)$ 与 $(11\bar{2}0)$ 两个非极性表面的 Cs、O 吸附过程的功函数。结果表明，覆盖度较低时，功函数随覆盖度的增加而明显降低，对应激活实验中光电流的增加；当覆盖度达到 0.75ML 以上，功函数出现反弹，对应于实验中出现的“Cs 中毒”现象。因此单独进 Cs 阶段，光电流的最大值出现在 Cs 的覆盖度为 0.50~0.75ML 时。Cs 的覆盖度较低时，Cs 原子极化变为带正电的离子，与以 Mg 原子为中心的 $Al_{0.25}Ga(Mg)_{0.75}N$ 基底形成垂直于表面方向的偶极矩。随着 Cs 覆盖度的增加，出现了去极化现象，Cs 的极化程度降低导致第一偶极矩的减小。当 Mg 原子距离表面的 Cs 原子较远时，由于偶极矩的作用减弱，功函数变化量减小。实际中 Mg 原子并不是均匀分布在表面，而是部分靠近表面，部分远离表面，因此表面的光电流并不均匀，而是根据 Mg 原子的分布出现一个个峰值，即“碎鳞场效应”。在无缺陷的 $Al_{0.25}Ga(Mg)_{0.75}N(0001)$ 表面进行 Cs、O 共吸附，表面功函数比单独进行 Cs 吸附时变小，但是变化量不大，而在存在 V_{Ga} 的 $Al_{0.25}Ga(Mg)_{0.75}N(0001)$ 表面进行 Cs、O 共吸附，O 原子落入 Ga 空位缺陷的位置，使得 Cs 原子与 O 原子形成垂直于表面方向上的第二偶极矩，有利于功函数的降低。对于 $Al_{0.25}Ga(Mg)_{0.75}N(10\bar{1}0)$ 与 $(11\bar{2}0)$ 两个非极性表面，由于其表面存在沟壑位置，表面不平坦，Cs 原子和 O 原子更容易形成上下分布，因此第二偶极矩在垂直于表面方向有较大的分量，有利于功函数的进一步降低。

10.3　GaN 和 GaAs 光电阴极的比较

主要比较了 GaN 和 GaAs 材料的性质、表面结构以及激活过程中光电阴极的光电流。

10.3.1　GaN 和 GaAs 材料的性质

纤锌矿 GaN 和闪锌矿 GaAs 材料的性质如表 10.1 所示，GaN 的熔点高于 GaAs，如要获得原子清洁表面，GaN 则需要更高的热清洗温度。

表 10.1　纤锌矿 GaN 和闪锌矿 GaAs 材料的性质

性质		纤锌矿 GaN 结构	闪锌矿 GaAs 结构
密度/($\times 10^{-3}$kg/cm^3)		6.07	5.3176
1cm^3 中的原子数		8.9×10^{22}	4.42×10^{22}
晶格常数/nm		a=0.3187, c=0.5186	0.5653
熔点/K		2791	1513
热导率/(W/(cm· K))		1.3	0.455
热膨胀系数/($\times 10^{-6}$K^{-1})		$\alpha_{\perp} = 3.17$, $\alpha_{\parallel} = 5.59$	5.75
折射率		2.29(0.5μm)	4.025(0.546μm)
介电常数		10.4	12.9
本征载流子浓度/cm^{-3}			2.1×10^{6}
电导率/($\Omega^{-1}\cdot$cm^{-1})		6~12	2.38×10^{-9}
迁移率/(cm^2/(V· s))	电子	900	8000
	空穴	350	400
有效质量/m_0	电子	m_{l}=0.2, m_{t}=0.2	0.063
	空穴	1.1	$(m_{\mathrm{p}})_{\mathrm{h}}$=0.50, $(m_{\mathrm{p}})_{\mathrm{l}}$=0.076
态密度有效质量/m_0	电子		
	空穴		0.53
少数载流子寿命/μs			$\approx 10^{-3}$
禁带宽度 (300K)/eV		3.44	1.424(D)
击穿电场/(V/cm)		$\sim 5\times 10^{6}$	5×10^{5}
电子亲和势/eV		2.0	4.07
功函数/eV			4.71

10.3.2　GaN 和 GaAs 的表面结构

图 10.1 给出了 GaN (0001) 理想表面原子排列示意图，其中 (a) 是俯视图，(b) 是侧视图，深色圆球表示 Ga 原子，浅色圆球表示 N 原子，从俯视图中可以看到，最表面层 Ga 原子之间距离为 3.189 Å，对应于纤锌矿结构 GaN 晶体的晶格常数 a，GaN (0001) 表面第二层 N 与最表面 Ga 层的距离为 0.616 Å。

图 10.2 给出了 GaAs (100) 富砷重构表面原子排列示意图，可看出 GaAs (100)

表面每个 As 原子均含有两个悬挂键，每个 As 原子用一个悬挂键与相邻 As 原子的一个悬挂键结合，使这两个原子间距减小，形成台脚位置，同时相邻的两对 As 原子间距增大，形成洞穴位置，如图 10.2(a) 所示；由于重构只是改变表面原子对称性，所以 As 原子层与 Ga 原子层间距不变，表面以下的原子保持原结构不变，如图 10.2(b) 所示。

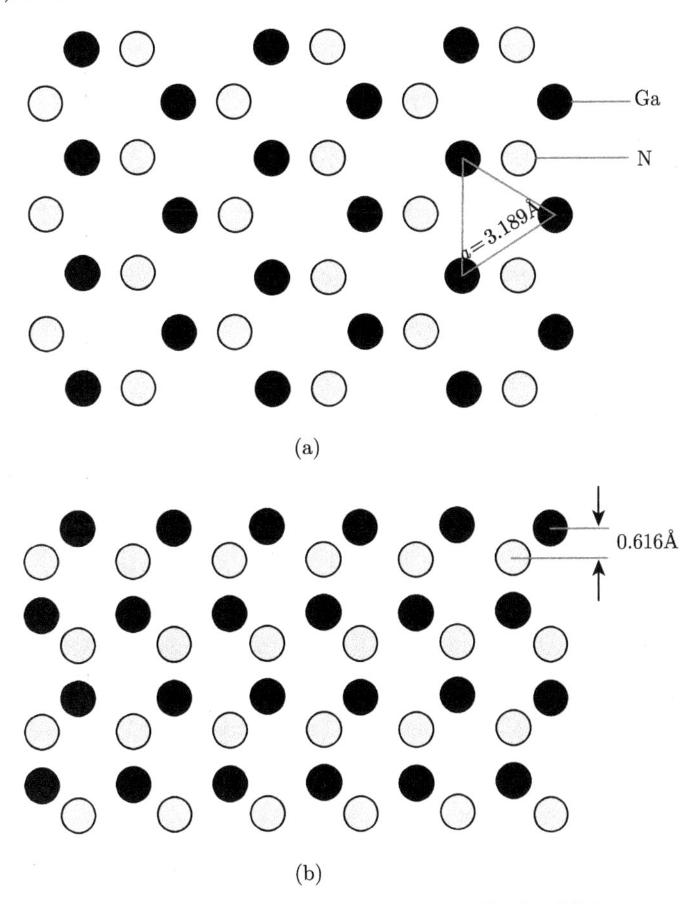

图 10.1　GaN (0001) 理想表面原子排列示意图

(a) 俯视图；(b) 侧视图

根据图 10.1，如果用双偶极子模型描述 GaN (0001) 和 GaAs (100) 表面的光电发射性能，在 Cs 激活过程中，用 Mg 掺杂的 GaN 能够形成 GaN(Mg)-Cs 偶极子，用 Zn 掺杂的 GaAs 能够形成 GaAs(Zn)-Cs 偶极子；在 Cs、O 激活过程中，GaN (0001) 表面 Cs 原子与 O 原子形成第二偶极矩 O-Cs，由于 Cs、O 原子的高度差很小，第二偶极矩几乎"平躺"在表面，对功函数的降低作用不大，最终对光电发射贡献不大。

根据图 10.2，在 Cs、O 激活过程中，GaAs (100) 表面 Cs 原子与 O 原子形成第二偶极矩 O-Cs，由于存在 “台脚” 和 “洞穴” 位置，Cs、O 原子的高度差很大，第二偶极矩几乎 “垂直” 于表面，降低了表面功函数，对光电发射贡献很大。

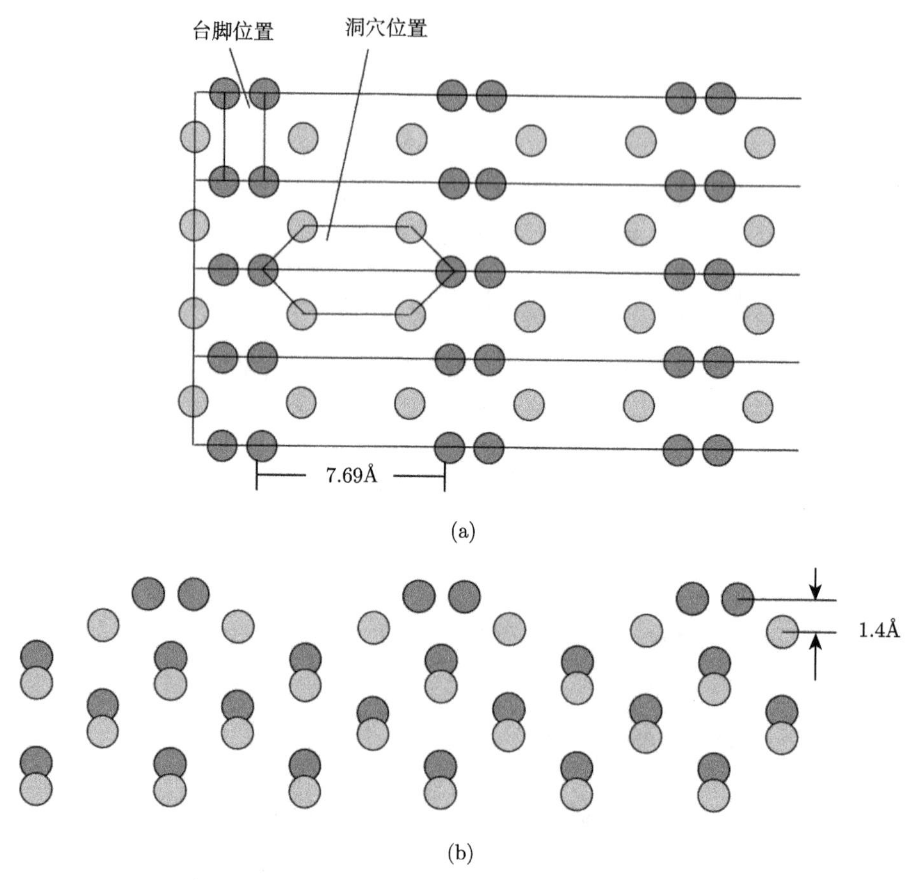

图 10.2　GaAs (100) 富砷重构表面原子排列示意图

(a) 俯视图；(b) 截面图

10.3.3　GaN 与 GaAs 激活过程中光电阴极光电流的对比

Cs、O 激活过程中，GaAs 和 GaN 光电阴极光电流的变化曲线如图 10.3 所示 [221]，图中 (a) 为 GaAs 光电阴极的光电流，(b) 为 GaN 光电阴极的光电流。对于 GaAs 光电阴极，需要多次的 Cs、O 交替过程才能使光电流达到最高值，并且相对于单纯 Cs 激活时的光电流值，Cs、O 交替后光电流有很大幅度的增长，能达到单纯 Cs 激活后光电流几倍甚至上百倍的大小，如此高的增长主要是由于 O-Cs 偶极子的偶极矩几乎“垂直”于表面，降低了表面功函数，对光电发射贡献很大。与 GaAs 光电阴极不同，在 GaN 光电阴极激活过程中，Cs、O 交替对于提升光电流幅度没有那么大，相对于单纯 Cs 激活后的光电流值只提高了 20%左右，并且 Cs、O 交替的次数也不需要太多，光电流就已经达到了最大值，其主要原因是 O-Cs 偶极矩几乎“平躺”在表面，对功函数的降低作用不大，最终对光电发射贡献不大。

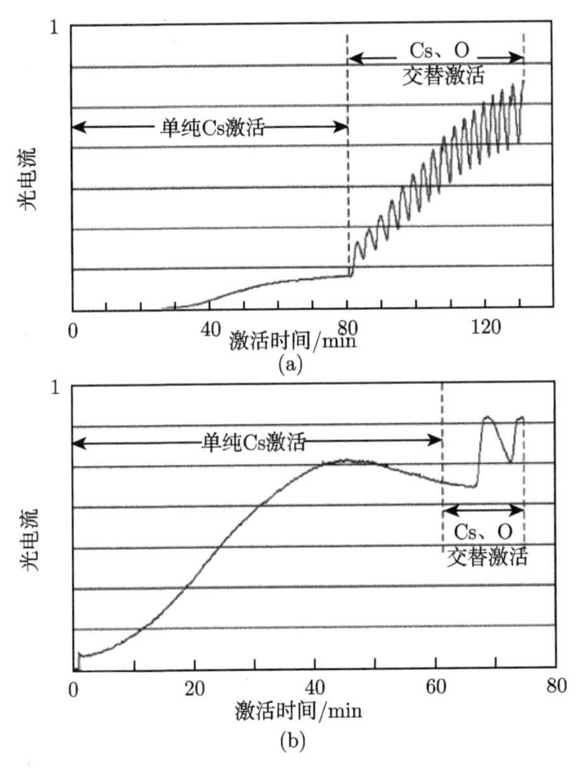

图 10.3　Cs、O 激活过程中 GaAs(a) 和 GaN(b) 光电阴极光电流的变化曲线

多次实验总结发现，要想成功激活 GaAs 光电阴极，多次的 Cs、O 交替是非常重要的，而对于 GaN 光电阴极，最主要的是单纯进 Cs 的阶段，Cs、O 交替对提升 GaN 光电阴极的光电流幅度不会太大。结合 [GaAs(Zn)-Cs]: [O-Cs] 和 [GaN(Mg)-Cs]: [O-Cs] 的模型，认为对于 GaAs 光电阴极，在第一个偶极层 GaAs(Zn)-Cs 形成之后，GaAs 表面只是达到零电子亲和势的状态，尚没有形成负电子亲和势，所以此时光电流值不会太大，并且 GaAs 光电阴极的第二个偶极层 O-Cs 具有明显的指向性，随着激活过程中 Cs、O 在表面慢慢达到最优的排列，GaAs 光电阴极达到负电子亲和势，光电流也有较大的增长。对于 GaN 光电阴极，第一个偶极层 GaN(Mg)-Cs 形成之后，GaN 表面就已经达到了负电子亲和势的状态，所以此时光电流值已经达到了一定的大小，GaN 的第二个偶极层 O-Cs 整体没有明显的指向

性，只是由于 GaN 表面的缺陷，存在部分有利于光电子逸出的 O-Cs 偶极子，所以在 Cs、O 交替阶段，GaN 光电阴极的光电流有增长，但幅度不大。

10.4　新型 GaN 基光电阴极的研究展望

表 10.2 给出了 $Al_{0.25}Ga(Mg)_{0.75}N$(10$\bar{1}$0)、(11$\bar{2}$0) 和 (1000) 表面 Cs、O 吸附模型功函数，由表 10.2 可知，(11$\bar{2}$0) 面吸附 Cs、O 后，功函数是 1.515eV, 比目前的 (1000) 表面降低了 0.307 eV，相比于 (10$\bar{1}$0) 面，则降低了 0.490 eV，在外光电效应的研究中，这是一个很大的数值，如能实现，则可以极大提高 $Al_{0.25}Ga(Mg)_{0.75}N$ 光电阴极的光电发射本领。预计闪锌矿 AlGaN 结构会取得更好的结果。

表 10.2　$Al_{0.25}Ga(Mg)_{0.75}N$(10$\bar{1}$0)、(11$\bar{2}$0) 和 (1000) 表面 Cs、O 吸附模型功函数

(单位：eV)

吸附原子	(10$\bar{1}$0) 表面		(11$\bar{2}$0) 表面		(1000) 表面	
	功函数	功函数变化量	功函数	功函数变化量	功函数	功函数变化量
Cs	2.217	1.917	2.165	1.991	2.422	1.963
2Cs	1.733	2.401	1.700	2.456	1.855	2.530
3Cs	1.824	2.310	1.735	2.421	1.985	2.400
4Cs	1.933	2.201	1.896	2.260	2.012	2.373
4Cs+O	1.344	2.790	1.524	2.632		
4Cs+2O	1.332	2.802	1.515	2.641	1.822	

在紫外光电阴极的研究初期，我们调研了国内闪锌矿结构 GaN 的研究现状，曾经立足于闪锌矿结构 GaN 申报了国家自然科学基金，遗憾的是在项目获批后国内找不到生长闪锌矿结构 GaN 的合作单位，致使我们只能以纤锌矿 GaN 结构进行项目的研究。在“日盲”紫外光电阴极的研究过程中，我们试图委托材料生长单位在蓝宝石 (10$\bar{1}$0) 和 (11$\bar{2}$0) 面上生长 AlGaN 材料，最终未获成功。因此，我国 GaN 基光电阴极研究过程中，GaN 基材料未列入研究内容，换句话说，目前生长的材料不能满足高性能紫外光电阴极的研究需求。

GaN 基光电阴极是一种宽光谱、高灵敏度、日盲响应变 Al 组分 AlGaN 光电阴极材料，可以工作在 0.1~0.3μm 波段，其研究成果将应用于外太空探测、探月工程、对地观测、高能物理、紫外通信、臭氧检测、火灾监测、生物分析、紫外电晕检测和国家安全等领域。

对 GaN 基光电阴极研究，是否可以考虑按照下面的思路进行更细致的研究：

(1) 宽禁带 GaN 基半导体光电发射材料第一性原理研究。

采用第一性原理计算宽禁带 GaN 基半导体光电发射材料光电发射面的重构及吸附特性，分析变组分变掺杂对光电阴极光学与光电发射性能的影响，指导材料设计、生长与激活工艺研究。

(2) 宽禁带 GaN 基半导体光电发射材料光电阴极组件的能带工程与结构优化研究。

利用变组分变掺杂设计宽禁带 GaN 基半导体光电发射材料能带结构，分析并验证能带、光学及光电发射性能与组件结构间的关系，为材料生长提供优化的组件结构。

(3) 宽禁带 GaN 基半导体光电发射材料生长机理与技术研究。

利用第一性原理、能带工程与结构优化研究成果，通过 MOCVD 等实现宽禁带 GaN 基半导体光电发射材料的生长，利用现代测试技术完成材料的性能表征，如此循环，研制出符合不同波段的宽禁带 GaN 基半导体光电发射材料。

(4) 宽禁带 GaN 基半导体光电发射材料光电阴极表面净化与激活机理研究。

利用国内外大科学装置，研究宽禁带 GaN 基半导体光电发射材料光电阴极表面净化与 Cs、O 激活机理，验证宽禁带 GaN 基半导体光电发射材料设计与生长理论，提高光电阴极量子效率，研究长寿命 GaN 基光电阴极，为制备不同波段、更高性能的紫外像增强器、太阳能转换器件提供理论指导。

参考文献

[1] 宗志园. NEA 光电阴极的性能评估和激活工艺研究. 南京: 南京理工大学, 2000

[2] 宗志园, 常本康. 用积分法推导 NEA 光电阴极的量子效率. 光学学报, 19(9): 1177-1182

[3] Zhong Z Y, Chang B K. A study on the technology of on-line spectral response measurement. SPIE, 1998, 3558: 23-27

[4] 宗志园, 常本康. S25 系列光电阴极的光谱响应计算机拟合研究. 南京理工大学学报, 22(3): 228-231

[5] 宗志园, 常本康. S25 系列光电阴极的光谱响应特性研究. 红外技术, 1998, 20(2): 29-32

[6] 宗志园, 钱芸生, 富容国, 等. 多碱光电阴极层状模型的一个证据—艳处理多碱光电阴极的附加厚度. 红外技术, 1998, 20(4): 16-18

[7] 钱芸生. 光电阴极多信息量测试技术及其应用研究. 南京: 南京理工大学, 2000

[8] 钱芸生, 富容国, 徐登高, 等. 实时测量器件中光学薄膜厚度的新方法研究. 真空科学与技术, 1998, 18(6): 441-443

[9] Qian Y S, Fu R G, Xu D G, et al. A study on the optical method of measuring the thickness of optical films in the devices. SPIE, 1998, 3558: 209-213

[10] 钱芸生, 富容国, 徐登高, 等. 多碱光电阴极多信息量测试技术研究. 真空科学与技术, 1999, 19(2): 111-115

[11] 钱芸生, 富容国, 徐登高, 等. 多碱光电阴极的单色光电流测试技术研究. 南京理工大学学报, 1999, 23(1): 34-37

[12] 钱芸生, 房红兵, 常本康, 等. 像增强器的测试技术研究. 红外技术, 1999, 21(1): 37-40

[13] 钱芸生, 宗志园, 常本康. NEA 光电阴极原位光谱响应测试仪研制. 国防科学技术报告, NLG-99105

[14] 钱芸生, 宗志园, 常本康. GaAs 光电阴极原位光谱响应测试技术研究. 真空科学与技术, 2000, 20(5): 305-307

[15] 杜晓晴. 高性能 GaAs 光电阴极研究. 南京: 南京理工大学, 2005

[16] 杜晓晴, 常本康, 汪贵华. Experiment and analysis of (Cs,O) activation for GaAs photocathode. SPIE, 2002, 4919: 83-90

[17] 杜晓晴, 常本康, 宗志园, 等. NEA 光电阴极的性能参数评估. 光电工程, 2002, 29(增刊): 55-57

[18] 杜晓晴, 常本康, 宗志园, 等. NEA 光电阴极的表面模型. 红外技术, 2003, 25(1): 68-71

[19] 杜晓晴, 常本康, 汪贵华, 等. NEA 光电阴极的 (Cs,O) 激活工艺研究. 光子学报, 2003, 32(7): 826-829

[20] 杜晓晴, 杜玉杰, 常本康, 等. 三代微光管均匀性测试与分析. 真空科学与技术, 2003, 23(4): 248-250

[21] Du X Q, Chang B K. Influences of material performance parameters on GaAs/AlGaAs photoemission. SPIE, 2003, 5280: 695-702

[22] Du X Q, Du Y J, Chang B K. Influences of performance parameters on GaAs/AlGaAs materials on photoemission. SPIE, 2003, 5209: 201-208

[23] 杜晓晴, 常本康, 宗志园. GaAs 光电阴极 p 型掺杂浓度的理论优化. 真空科学与技术, 2004, 24(3): 195-198

[24] 杜晓晴, 宗志园, 常本康. GaAs 光电阴极稳定性的光谱响应测试与分析. 光子学报, 2004, 33(8): 939-941

[25] Du X Q, Du Y J, Chang B K. Stability of the third generation intensifier under illumination. Journal of China Ordnance (兵工学报英文版), 2005, 1(1): 73-76

[26] Du X Q, Chang B K. Angle-dependent X-ray photoelectron spectroscopy study of the mechanisms of “high-low temperature” activation of GaAs photocathode. Applied Surface Science, 2005, 251: 267-272

[27] 杜晓晴, 常本康, 邹继军, 等. 利用梯度掺杂获得高量子效率的 GaAs 光电阴极. 光学学报, 2005, 25(10): 1411-1414

[28] Du X Q, Chang B K, Du Y J, et al. The optimization of (Cs,O) activation of NEA photocathode. The 5th International Vacuum Electron Sources Conference Proceeding, 2004: 271

[29] Du X Q, Chang B K. Angle-dependent X-ray photoelectron spectroscopy study of the evolution of GaAs(Cs,O) surface during “high-low temperature” activation. The 5th International Vacuum Electron Sources Conference Proceeding, 2004: 272

[30] 杜晓晴, 常本康, 宗志园, 等. (Cs, O) 导入在 GaAs 光电阴极激活中的实验与分析. 中国兵工学会第三届夜视技术学术交流会会议论文集, 2002: 175-179

[31] 杜晓晴, 常本康. 微测辐射热计的热隔离结构设计. 激光与红外, 2002, 32(4): 265-267

[32] 杜晓晴, 杜玉杰, 常本康. GaAs 光电阴极量子效率在不同 p 型掺杂浓度下的理论计算. 国防科学技术报告, 2003, NLG-2003-054-2

[33] 杜晓晴, 杜玉杰, 常本康. 国内外 GaAs 光电阴极的光谱响应性能比较. 国防科学技术报告, 2003, NLG-2003-131-1

[34] 杜晓晴, 常本康, 邹继军. 利用梯度掺杂获得高量子效率的 GaAs 光电阴极. 国防科学技术报告, 2004, NLG-2004-054-2

[35] 杜晓晴, 常本康, 邹继军. GaAs 光电阴极的稳定性研究. 国防科学技术报告, 2004, NLG-2004-131-2

[36] 邹继军. GaAs 光电阴极理论及其表征技术研究. 南京: 南京理工大学, 2007

[37] Zou J J, Chang B K, Chen H L, et al. Variation of quantum yield curves of GaAs photocathodes under illumination. Journal of Applied Physics, 2007, 101: 033126-6.

[38] Zou J J, Chang B K. Gradient doping negative electron affinity GaAs photocathodes. Optical Engineering, 2006, 45(5): 054001-5

[39] Zou J J , Chang B K, Yang Z, et al. Evolution of photocurrent during coadsorption of Cs and O on GaAs (100). Chinese Physics Letters, 2007, 24(6): 1731-1734

[40] 邹继军, 常本康, 杨智. 指数掺杂 GaAs 光电阴极量子效率的理论计算. 物理学报, 2007, 56(5): 2992-2997

[41] 邹继军, 常本康, 杨智, 等. GaAs 光电阴极在不同强度光照下的稳定性. 物理学报, 2007, 56(10): 6109-6113

[42] 邹继军, 常本康, 杜晓晴, 等. GaAs 光电阴极光谱响应曲线形状的变化. 光谱学与光谱分析, 2007, 27(8): 1465-1468

[43] 邹继军, 常本康, 杜晓晴. MBE 梯度掺杂 GaAs 光电阴极实验研究. 真空科学与技术学报, 2005, 25(6): 401-404

[44] 邹继军, 陈怀林, 常本康, 等. GaAs 光电阴极表面电子逸出几率与波长关系的研究. 光学学报, 2006, 26(9): 1400-1404

[45] 邹继军, 钱芸生, 常本康, 等. GaAs 光电阴极制备过程中多信息量测试技术研究. 真空科学与技术学报, 2006, 26(3): 172-175

[46] 邹继军, 常本康, 杜晓晴, 等. 铯氧比对砷化镓光电阴极激活结果的影响. 光子学报, 2006, 35(10): 1493-1496

[47] 邹继军, 钱芸生, 常本康, 等. GaAs 光电阴极多信息量测试系统设计. 半导体光电, 2006, 27(5): 582-585

[48] Zou J J, Chang B K, Wang H, et al. Mechanism of photocurrent variation during coadsorption of Cs and O on GaAs (100). Proc. of SPIE, 2006, 6352: 635239-6

[49] Zou J J, Chang B K, Yang Z, et al. Variation of spectral response curves of GaAs photocathodes in activation chamber. Proc. of SPIE, 2006, 6352: 63523H-7

[50] Zou J J, Yang Z, Qiao J L, et al. Activation experiments and quantum efficiency theory on gradient-doping GaAs photocathodes. Proc. of SPIE, 2007, 6782

[51] Zou J J, Feng L, Lin G Y, et al. On-line measurement system of GaAs photocathodes and its application. Proc. of SPIE, 2007, 6782

[52] 邹继军, 高频, 杨智, 等. 低温净化温度对 GaAs 光电阴极激活结果的影响. 真空科学与技术学报, 2007, 27(3): 222-225

[53] 邹继军, 高频, 杨智, 等. 发射层厚度对反射式 GaAs 光电阴极性能的影响, 光子学报, 2008, 37(6):1112-1115

[54] 杨智. GaAs 光电阴极智能激活与结构设计研究. 南京: 南京理工大学, 2010

[55] Yang Z, Chang B K, Zou J J, et al. Comparison between gradient-doping GaAs photocathode and uniform-doping GaAs photocathode. Applied Optics, 2007, 46(28):7035-7039

[56] Yang Z, Chang B K, Zou J J, et al. High-performance MBE GaAs photocathode. Proc. of SPIE, 2006, 6352: 635237

[57] 杨智, 牛军, 钱芸生, 等. GaAs 光电阴极智能激活研究. 真空科学与技术, 2009, 29(6):669-672

[58] 杨智, 邹继军, 常本康. 透射式指数掺杂 GaAs 光电阴极最佳厚度研究. 物理学报, 2010, 59(6): 4290-4296

[59] 杨智, 邹继军, 牛军, 等. 高温 Cs 激活 GaAs 光电阴极表面机理研究. 光谱学与光谱分析, 2010, 30(8): 2031-2042

[60] 牛军. 变掺杂 GaAs 光电阴极特性及评估研究. 南京: 南京理工大学, 2011

[61] Niu J, Zhang Y J, Chang B K, et al. Influence of exponential doping structure on the performance of GaAs photocathodes. Applied Optics, 2009, 48(29): 5445-5450

[62] Niu J, Zhang Y J, Chang B K, et al. Influence of varied doping structure on the photoemissive property of photocathode. Chinese Physics B, 2011, 20(4): 044209

[63] Niu J, Yang Z, Chang B K. Equivalent methode of solving quantum efficiency of reflection-mode exponential doping GaAs photocathodes. Chinese Physics Letters, 2009, 26(10): 10420

[64] 牛军, 杨智, 常本康, 等. 反射式变掺杂 GaAs 光电阴极量子效率模型研究. 物理学报, 2009, 58(7): 5002-5005

[65] 牛军, 张益军, 常本康, 等. GaAs 光电阴极激活时 Cs 的吸附效率研究. 物理学报, 2011, 60(4) : 044209

[66] 牛军, 张益军, 常本康, 等. GaAs 光电阴极激活后的表面势垒评估研究. 物理学报, 2011, 60(4): 044210

[67] 牛军, 乔建良, 常本康, 等. 不同变掺杂结构 GaAs 光电阴极的光谱特性分析. 光谱学与光谱分析, 2009, 29(11): 3007-3010

[68] Niu J, Zhang Y J, Chang B K, et al. Contrast study on GaAs photocathode activation techniques. Proceedings of SPIE, 2010, 7658: 765840

[69] Niu J, Zhang G, Zhang Y J, et al. Influence of varied doping structure on the photoemission of reflection-mode photocathode. Proceedings of SPIE, 2010, 7847: 78471M

[70] 张益军. 变掺杂 GaAs 光电阴极研制及其特性评估. 南京: 南京理工大学, 2012

[71] Zhang Y J, Chang B K, Niu J, et al. High-efficiency graded band-gap $Al_xGa_{1-x}As/GaAs$ photocathodes grown by metalorganic chemical vapor deposition. Applied Physics Letters, 2011, 99: 101104

[72] Zhang Y J, Zou J J, Niu J, et al. Photoemission characteristics of different-structure reflection-mode GaAs photocathodes. Journal of Applied Physics, 2011, 110: 063113

[73] Zhang Y J, Niu J, Zhao J, et al. Influence of exponential-doping structure on photoemission capability of transmission-mode GaAs photocathodes. Journal of Applied Physics, 2010, 108: 093108

[74] Zhang Y J, Niu J, Zou J J, et al. Variation of spectral response for exponential-doped transmission-mode GaAs photocathodes in the preparation process. Applied Optics, 2010, 49(20): 3935-3940

[75] Zhang Y J, Chang B K, Yang Z, et al. Annealing study of carrier concentration in gradient-doped GaAs/GaAlAs epilayers grown by molecular beam epitaxy. Applied Optics, 2009, 48(9): 1715-1720

[76] Zhang Y J, Niu J, Zhao J, et al. Improvement of photoemission performance of a gradient-doping transmission-mode GaAs photocathode. Chinese Physics B, 2011, 20(11): 118501

[77] Zhang Y J, Zou J J, Wang X H, et al. Comparison of the photoemission behaviour between negative electron affinity GaAs and GaN photocathodes. Chinese Physics B, 2011, 20(4): 048501

[78] Zhang Y J, Chang B K, Yang Z, et al. Distribution of carriers in gradient-doping transmission-mode GaAs photocathodes grown by molecular beam epitaxy. Chinese Physics B, 2009, 18(10): 4541-4546

[79] 张益军, 牛军, 赵静, 等. 指数掺杂结构对透射式 GaAs 光电阴极量子效率的影响研究. 物理学报, 2011, 60(6): 067301

[80] Zhang Y J, Niu J, Zou J J, et al. Photoemission performance of gradient-doping transmission-mode GaAs photocathodes. Proc. of SPIE, 2011, 8194: 81940N

[81] Zhang Y J, Niu J, Chang B K, et al. Spectral response variation of exponential-doping transmission-mode GaAs photocathodes in the preparation process. Proc. of SPIE, 2010, 7658: 765841

[82] 石峰. 透射式变掺杂 GaAs 光电阴极及其在微光像增强器中应用研究. 南京: 南京理工大学, 2013

[83] Shi F, Zhang Y J, Cheng H C, et al. Theoretical revision and experimental comparison of quantum yield for trallsmission-mode GaAlAs/GaAs photocamodes. Chinese Physics Letters, 2011, 28(4): 044204

[84] 石峰, 赵静, 程宏昌, 等. 透射式蓝延伸 GaAs 光电阴极的光电发射特性研究. 光谱学与光谱分析, 2012, 32(2): 297-301

[85] Shi F, Chang B K, Cheng H C, et al. Study on X-ray integral diffraction intensity of GaAs photocamode. Advanced Materials Research, 2013, 631-632: 209-215

[86] Shi F, Fu S C, Li Y, et al. Monte Carlo simulations on the noise characteristics of the ion barrier film of microchannel plate. Chinese Journal of Electronics, 2012, 21(4): 756-758

[87] Shi F, Chang B K, Cheng H C, et al. Relationship between X-ray relative diffraction intensity and integral sensitivity of GaAlAs/GaAs photocathode. Advailced Materials Research, 2013, 664: 437-442

[88] 石峰, 程宏昌, 贺英萍, 等. MCP 输入电子能量与微光像增强器信噪比的关系. 应用光学, 2008, 29(4): 562-564

[89] 赵静. 透射式 GaAs 光电阴极的光学与光电发射性能研究. 南京: 南京理工大学, 2013

[90] Zhao J, Zhang Y J, Chang B K, et al. Comparison of structure and performance between extended blue and standard transmission-mode GaAs photocathode modules. Applied Optics, 2011, 50(32): 6140-6145

[91] Zhao J, Chang B K, Xiong Y J, et al. Influence of the antireflection, window, and active layers on optical properties of exponential-doping transmission-mode GaAs photocathode modules. Optics Communications, 2012, 285(5): 589-593

[92] Zhao J, Chang B K, Xiong Y J, et al. Spectral transmittance and module structure fitting for transmission-mode GaAs photocathode. Chinese Physics B, 2011, 20: 047801

[93] 赵静, 张益军, 常本康, 等. 高性能透射式 GaAs 光电阴极量子效率拟合与结构研究. 物理学报, 2011, 60(10): 107802

[94] 赵静, 常本康, 张益军, 等. 透射式蓝延伸 GaAs 光电阴极光学结构对比. 物理学报, 2012, 61(3): 037803

[95] Zhao J, Xiong Y J, Chang B K. Simulation and spectral fitting of the transmittance for transmission-mode GaAs photocathode. Proceedings 8th International Vacuum Electron Sources Conference and Nanocarbon (2010 IVESC), 2010: 219

[96] Zhao J, Xiong Y J, Chang B K, et al. Research on optical properties of transmission-mode GaAs photocathode module. Proc. SPIE, 2011, 8194: 81940J

[97] Zhao J, Chang B K, Xiong Y J, et al. Research on optical properties for the exponential-doped $Ga_{1-x}Al_xAs$/GaAs photocathode. The 3rd International Symposium on Photonics and Optoelectronics, Wuhan, 2011

[98] Zhao J, Qu W T, Chang B K, et al. Influence of Cathode Module Technology on Photoemission of Transmission-mode GaAs Photocathode Materials. Photonics Global Conference, Singapore, 2012

[99] 赵静, 常本康, 熊雅娟, 等. 发射层对指数掺杂 $Ga_{1-x}Al_xAs$/GaAs 光阴极性能的影响. 电子器件, 2011, 34(2): 119-124

[100] 常本康, 赵静. 宽光谱响应 GaAlAs/GaAs 光电阴极组件结构设计软件. 登记号: 2012SR 074852, 证书号: 软著登字第 0442888 号

[101] 常本康, 赵静. GaAs 光电阴极光学与光电发射性能测试软件. 登记号: 2012SR069333, 证书号: 软著登字第 0437369 号

[102] 鱼晓华. NEA $Ga_{1-x}Al_xAs$ 光电阴极中电子与原子结构研究. 南京: 南京理工大学, 2015

[103] Yu X H, Du Y J, Chang B K, et al. Study on the electron structure and optical properties of $Ga_{0.5}Al_{0.5}As$ (100) β2(2×4) reconstruction surface. Applied Surface Science, 2013, 266: 380-385

[104] Yu X H, Du Y J, Chang B K, et al. The adsorption of Cs and residual gases on $Ga_{0.5}Al_{0.5}As$ (001) β2 (2×4) surface: A first-principles research. Applied Surface Science, 2014, 290: 142-147

[105] Yu X H, Chang B K, Wang H G, et al. Geometric and electronic structure of Cs adsorbed $Ga_{0.5}Al_{0.5}As$ (001) and (011) surfaces: A first principles research. Journal of Materials Science: Materials in Electronics, 2014, 25: 2595-2600

[106] Yu X H, Chang B K, Chen X L, et al. Cs adsorption on $Ga_{0.5}Al_{0.5}As$(001)β2 (2×4) surface: A first-principles research. Computational Materials Science, 2014, 84: 226-231

[107] Yu X H, Ge Z H, Chang B K, et al. Electronic structure of Zn doped $Ga_{0.5}Al_{0.5}As$ photocathodes from first-principles. Solid State Communications, 2013, 164: 50-53

[108] Yu X H, Chang B K, Wang H G, et al. First principles research on electronic structure of Zn-doped $Ga_{0.5}Al_{0.5}As$(001)β2(2×4) surface. Solid State Communications, 2014, 187: 13-17

[109] Yu X H, Ge Z H, Chang B K, et al. First principles calculations of the electronic structure and optical properties of (001), (011) and (111) $Ga_{0.5}Al_{0.5}As$ surfaces. Materials Science in Semiconductor Processing, 2013, 16: 1813-1820

[110] Yu X H, Du Y J, Chang B K, et al. Study on the electronic structure and optical properties of different Al constituent $Ga_{1-x}Al_xAs$. Optik, 2013, 124: 4402-4405

[111] Yu X H, Ge Z H, Chang B K, et al. First principles study on the influence of vacancy defects on electronic structure and optical properties of $Ga_{0.5}Al_{0.5}As$ photocathodes. Optik, 2014, 125: 587-592

[112] Yu X H, Ge Z H, Chang B K. Photoemission properties of GaAs(100) β2(2×4) and GaAs(100)(4×2) reconstruction phases. Chinese Optics Letters, 2013, 11: S21602

[113] 葛仲浩, 常本康, 鱼晓华. GaAs 基片高温加热清洗过程中残气脱附的研究. 真空科学与技术学报, 2013, 04: 392-395

[114] 陈鑫龙. 对 532nm 敏感的 GaAlAs 光电阴极的制备与性能研究. 南京: 南京理工大学, 2015

[115] Chen X L, Zhao J, Chang B K, et al. Photoemission characteristics of (Cs, O) activation exponential-doping $Ga_{0.37}Al_{0.63}As$ photocathodes. Journal of Applied Physics, 2013, 113: 213105

[116] Chen X L, Hao G H, Chang B K, et al. Stability of negative electron affinity $Ga_{0.37}Al_{0.63}$ As photocathodes in an ultrahigh vacuum system. Applied Optics, 2013, 52(25): 6272-

6277

[117] Chen X L, Jin M C, Zeng Y G, et al. Effect of Cs adsorption on the photoemission performance of GaAlAs photocathode. Applied Optics, 2014, 53(32): 7709-7715

[118] Chen X L, Zhang Y J, Chang B K, et al. Research on quantum efficiency of reflection-mode GaAs photocathode with thin emission layer. Optics Communications, 2013, 287: 35-39

[119] Chen X L, Chang B K, Zhao J, et al. Evaluation of chemical cleaning for $Ga_{1-x}Al_xAs$ photocathode by spectral response. Optics Communications, 2013, 309: 323-327

[120] Chen X L, Jin M C, Xu Y, et al. Quantum efficiency study of the sensitive to blue-green light transmission-mode GaAlAs photocathode. Optics Communications, 2015, 335: 42-47

[121] Chen X L, Zhao J, Chang B K, et al. Roles of cesium and oxides in the processing of gallium aluminum arsenide photocathodes. Materials Science in Semiconductor Processing, 2014, 18: 122-127

[122] 陈鑫龙, 赵静, 常本康, 等. 指数掺杂反射式 GaAlAs 和 GaAs 光电阴极比较研究. 物理学报, 2013, 62(3): 037303

[123] Chen X L, Zhang Y J, Chang B K, et al. Research on quantum efficiency formula for extended blue transmission-mode GaAlAs/GaAs photocathodes. Optoelectronics and Advanced Materials-Rapid Communication, 2012, 6(1-2): 307-312

[124] Chen X L, Zhao J, Chang B K, et al. Blue-green reflection-mode GaAlAs photocathodes. Proc. of SPIE, 2012, 8555: 85550R

[125] 郭婧. 近红外 InGaAs 光电阴极材料特性仿真与表面敏化研究. 南京: 南京理工大学, 2016

[126] Guo J, Chang B K, Jin M C, et al. Cesium adsorption on $In_{0.53}Ga_{0.47}As(100)\beta_2(2\times4)$ surface:A first-principles research. Applied Surface Science, 2015, 324: 547-553

[127] Guo J, Chang B K, Jin M C, et al. Theoretical study on electronic and optical properties of $In_{0.53}Ga_{0.47}As(100)\beta_2(2\times4)$ surface. Applied Surface Science, 2014, 288: 238-243

[128] Guo J, Chang B K, Jin M C, et al. Geometry and electronic structure of the Zn-doped $GaAs(100)\beta_2(2\times4)$ surface: A first-principle study. Applied Surface Science, 2013, 283: 947-954

[129] Guo J, Jin M C, Chang B K, et al. Electronic structure and optical properties of bulk $In_{0.53}Ga_{0.47}As$ for near-infrared photocathode. Optik, 2015, 126: 1061-1065

[130] Guo J, Chang B K, Yang M Z, et al. The study of the optical properties of GaAs with point defects. Optik, 2014, 125: 419-423

[131] Guo J, Qu W T. Quantum efficiency conversion from the reflection-mode GaAs photocathode to the transmission-mode one. Optik, 2013, 124: 4012-4015

[132] 金睦淳. 近红外 InGaAs 光电阴极的制备与性能研究. 南京: 南京理工大学, 2016

[133] Jin M C, Chen X L, Hao G H, et al. Research on quantum efficiency for reflection-mode InGaAs photocathode with thin emission layer.Applied Optics, 2015, 54(28): 8332-8338

[134] Jin M C, Zhang Y J, Chen X L, et al. Effect of surface cleaning on spectral response for InGaAs photocathodes. Applied Optics, 2015, 54(36): 10630-10635

[135] Jin M C, Chang B K, Cheng H C, et al. Research on quantum efficiency of transmission-mode InGaAs photocathode. Optik, 2014, 125(10): 2395-2399

[136] Jin M C, Chang B K, Guo J, et al. Theoretical study on electronic and optical properties of Zn-doped $In_{0.25}Ga_{0.75}As$ photocathodes. Optical Review, 2016, 23(1): 84-91

[137] Jin M C, Chang B K, Chen X L, et al. Photoemission behaviors of transmission-mode InGaAs photocathode. Proc of SPIE, 2014, 9270: 92701C

[138] 任玲. GaAs 光电阴极及像增强器的分辨力研究. 南京: 南京理工大学, 2013

[139] Ren L, Shi F, Guo H, et al. Numerical calculation method of modulation transfer function for preproximity focusing electron-optical system. Applied Optics, 2013, 52(8): 1641-1645

[140] 任玲, 石峰, 郭晖, 等. 前近贴脉冲电压对三代微光像增强器 halo 效应的影响. 物理学报, 2013, 62(1): 014206

[141] Ren L, Chang B K, Wang H G. Influence of built-in electric filed on the energy and emergence angle spreads of transmission-mode GaAs photocathode. Optics Communications, 2012, 285: 2650-2655

[142] 任玲, 常本康, 侯瑞丽, 等. 均匀掺杂 GaAs 材料光电子的输运性能研究. 物理学报, 2011, 60(8): 087202

[143] Ren L, Chang B K. Modulation transfer function characteristic of uniform-doping transmission-mode GaAs/GaAlAs photocathode. Chinese Physics B, 2011, 20(8): 087308

[144] Ren L, Shi F, Guo H, et al. Analysis of image intensifiers halo effect with curve fitting and separation method. 2012 International Conference of Electrical and Electronics Engineering, 2012

[145] Ren L, Chang B K, Hou R L. Study on the resolution of uniformly doped transmission-mode GaAs photocathode. Proceedings 8th International Vacuum Electron Sources Conference and Nanocarbon (2010 IVESC), 2010: 228

[146] Ren L, Chang B K, Wang H G, et al. Influence of electric field penetration on uniformly doping GaAs photocathode photoelectric emission properties. Photonics Global Conference, 2012

[147] 王洪刚. 像增强器的电子输运与噪声特性研究. 南京: 南京理工大学, 2015

[148] Wang H G, Fu X Q, Ji X H, et al. Resolution properties of transmission-mode exponential-doping $Ga_{0.37}Al_{0.63}As$ photocathodes. Applied Optics, 2014, 53(27): 6230-6236

[149] Wang H G, Qian Y S, Du Y J, et al. Resolution characteristics for reflection-mode exponential-doping GaN photocathode. Applied Optics, 2014, 53(3): 335-340

[150] Wang H G, Qian Y S, Du Y J, et al. Resolution properties of reflection-mode exponential-doping GaAs photocathodes. Materials Science in Semiconductor Processing, 2014, 24: 215-219

[151] Wang H G, Du Y J, Feng Y, et al. Effective evaluation of the noise factor of microchannel plate. Advances in OptoElectronics, 2015, 2015: 781327

[152] Wang H G, Qian Y S, Lu L B, et al. Comparison of resolution characteristics between exponential-doping and uniform-doping GaN photocathodes. Proc. of SPIE, 2013, 8912: 8912D

[153] 王洪刚, 钱芸生, 王勇, 等. 微通道板电子输运特性的仿真研究. 计算物理, 2013, 30(2): 221-228

[154] 乔建良. NEA GaN 光电阴极研究. 南京: 南京理工大学, 2010

[155] 乔建良, 常本康, 钱芸生, 等. NEA GaN 光电阴极光谱响应特性研究. 物理学报, 2010,59(5): 2855-2859

[156] 乔建良, 常本康, 杜晓晴, 等. 反射式 NEA GaN 光电阴极量子效率衰减机理研究. 物理学报, 2010, 59(4): 2855-2859

[157] 乔建良, 田思, 常本康, 等. 负电子亲和势 GaN 光电阴极激活机理研究. 物理学报, 2009 58(8): 5847-5851

[158] 乔建良, 常本康, 牛军, 等. NEA GaN 和 GaAs 光电阴极激活机理对比研究. 真空科学与技术学报, 2009, 29(2): 115-118

[159] Qiao J L, Chang B K, Yang Z, et al. Comparative study of GaN and GaAs photocathodes. Proceedings of SPIE, 2008, 6621: 66210k-1-66210k-8

[160] Qiao J L, Chang B K, Qian Y S, et al. Preparation of negative electron affinity gallium nitride photocathode. Proceedings of SPIE, 2010, 7658: 76581h1-76581h6

[161] 乔建良, 常本康, 杨智, 等. NEA GaN 光电阴极量子产额研究. 光学技术, 2008, 34(3): 395-397

[162] 乔建良, 牛军, 杨智, 等. NEA GaN 光电阴极表面模型研究. 光学技术, 2009, 35(1): 145-147

[163] 乔建良, 常本康, 高有堂, 等.NEA GaN 光电阴极的制备及其应用. 红外技术, 2007, 29(9): 524-527

[164] 乔建良, 常本康, 田思, 等. NEA 光电阴极研究的最新进展及其制备技术探讨. 红外技术, 2007, 29(3): 136-139

[165] 杜玉杰.GaN 光电阴极材料特性与表征研究. 南京: 南京理工大学, 2012

[166] Du Y J, Chang B K, Fu X Q, et al. Effects of NEA GaN photocathode performance parameters on quantum efficiency. Optik, 2012, 123(9): 800-803

[167] Du Y J, Chang B K, Zhang J J, et al. Influence of Mg doping on the electronic structure and optical properties of GaN. Optoelectronics and Advanced Materials—Rapid Communications, 2011, 5(10): 1050-1055

[168] Du Y J, Chang B K, Wang H G, et al. Comparative study of adsorption characteristics of Cs on GaN(0001) and GaN(000$\bar{1}$) surfaces. Chinese Physics B, 2012, 21 (6): 067103

[169] Du Y J, Chang B K, Wang H G, et al. Theoretical study of Cs adsorption on a GaN(0001) surface. Applied Surface Science, 2012, 19: 7425-7429

[170] 杜玉杰, 常本康, 张俊举, 等. GaN(0001) 表面电子结构和光学性质的第一性原理研究. 物理学报, 2011, 61(6): 067101

[171] 杜玉杰, 常本康, 王晓晖, 等. Cs/GaN(0001) 吸附体系电子结构和光学性质研究. 物理学报, 2011, 61(5): 057102

[172] Du Y J, Chang B K, Wang H G, et al. First principle study of the influence of vacancy defects on optical properties of GaN. Chinese Optics Letters, 2012, 10(5): 051601

[173] Du Y J, Chang B K, Fu X Q, et al. Electronic structure and optical properties of zinc-blende GaN. Optik, 2012, 123(24): 2208-2212

[174] Du Y J, Chang B K, Fu X Q, et al. Research of NEA GaN photocathode performance parameters on the effect of quantum efficiency. IEEE, 2010, 317, 318

[175] 李飙. 反射式梯度掺杂 GaN 光电阴极制备及评估研究. 南京: 南京理工大学, 2013

[176] 李飙, 常本康, 徐源, 等. GaN 光电阴极的研究及其发展. 物理学报, 2011, 60(8): 088503

[177] 李飙, 常本康, 徐源, 等. 均匀掺杂和梯度掺杂结构 GaN 光电阴极性能对比研究. 光谱学与光谱分析, 2011, 31(8): 2036-2039

[178] 李飙, 徐源, 常本康, 等. 梯度掺杂结构 GaN 光电阴极表面的净化. 中国激光, 2011, 38(4): 0417001

[179] 李飙, 徐源, 常本康, 等. 梯度掺杂结构 GaN 光电阴极激活工艺研究. 光电子. 激光, 2011, 22(9): 1317-1321

[180] Li B, Chang B K, Du Y J, et al. Comparative study of uniform-doping and gradient-doping NEA GaN photocathodes. Proceedings of the IEEE, 2010: 217,218

[181] 王晓晖. 纤锌矿结构 GaN(0001) 面光电发射性能研究. 南京: 南京理工大学, 2013

[182] Wang X H, Chang B K, Ren L, et al. Influence of the p-type doping concentration on reflection-mode GaN photocathode. Applied Physics Letter, 2011, 98: 082109

[183] Wang X H, Chang B K, Du Y J, et al. Quantum efficiency of GaN photocathode under different illumination. Applied Physics Letter. 2011, 99: 042102

[184] Wang X H, Shi F, Guo H, et al. The optimal thickness of transmission-mode GaN photocathode. Chinese Physics B, 2012, 21 (8): 087901

[185] Wang X H, Gao P, Wang H G, et al. Influence of the wet chemical cleaning on quantum efficiency of GaN photocathode. Chinese Physics B, 2013, 22 (2): 027901

[186] 王晓晖, 常本康, 钱芸生, 等. 梯度掺杂与均匀掺杂 GaN 光电阴极的对比研究. 物理学报, 2011, 60: 047901

[187] 王晓晖, 常本康, 钱芸生, 等. 透射式负电子亲和势 GaN 光电阴极的光谱响应研究. 物理学报, 2011, 60: 057902

[188] 王晓晖, 常本康, 张益军, 等. GaN 光电阴极激活后的光谱响应分析. 光谱学与光谱分析. 2011, 31(10): 2655-2658

[189] Wang X H, Chang B K, Qian Y S, et al. Preparation and evaluation system for NEA GaN photocathode. Optoelectronics and Advanced Materials—Rapid Communications, 2011, 9: 1007

[190] Wang X H, Chang B K, Qian Y S, et al. Study of quantum yield for transmission-mode GaN photocathodes. 8th International Vacuum Electron Sources Conference, IVESC 2010 and NANOcarbon 2010, Nanjing, 2010.

[191] Wang X H, Ge Z H, Hao G H, et al. Comparison of first and second annealing GaN photocathode. 2012 Photonics Global Conference, Singapore, 2012

[192] 付小倩. GaN 基光电阴极的结构设计与制备研究. 南京: 南京理工大学, 2015

[193] Fu X Q, Chang B K, Qian Y S, et al. In-situ multi-measurement system for preparing gallium nitride photocathode. Chin. Phys. B, 2012, 21(3): 030601-1-030601-4

[194] Fu X Q, Chang B K, Wang X H, et al. Photoemission of graded-doping GaN photocathode. Chin. Phys. B, 2011, 20(3): 037902-1-037902-5

[195] 付小倩, 常本康, 李飚, 等. 负电子亲和势 GaN 光电阴极的研究进展. 物理学报, 2011,60(3): 038503-1-038503-7

[196] Fu X Q, Wang X H, Yang Y F, et al. Optimizing GaN photocathode structure for higher quantum efficiency. Optik, 2012, 123(9): 765-768

[197] Fu X Q, Zhang J J. Reactivation of gallium nitride photocathode with cesium in a high vacuum system. Optik, 2013, 124(9): 7007-7009

[198] Fu X Q, Ai Y B. Quantum efficiency dependence on built-in electric fields inexponential-doped and graded-doped gallium arsenide photocathodes. Optik, 2012, 123(9): 1888-1890

[199] Fu X Q, Chang B K, Li B, et al. Higher quantum efficiency by optimizing GaN photocathode structure. Proceedings of 2010 8th International Vacuum Electron Sources Conference and Nanocarbon, 2010: 234, 235

[200] Fu X Q. Modeling and simulation of reflection mode gallium nitride photocathode. Proceedings of 2014 3rd International Conference on Manufacture Enginnering,Quality and Production System, 2014: 52-54

[201] 郝广辉. AlGaN 光电阴极研制及性能评估. 南京: 南京理工大学, 2015

[202] Hao G H, Zhang Y J, Jin M C, et al. The effect of surface cleaning on quantum efficiency in AlGaN photcathode. Appiled Surface Science, 2015, 324: 590-593

[203] Hao G H, Shi F, Cheng H C, et al. Photoemission performance of thin graded-structure AlGaN photocathode. Applied Optics, 2015, 54(10): 2572, 2576

[204] Hao G H, Chang B K, Shi F, et al. Influence of Al fraction on photoemission performance of AlGaN photocathode. Applied Optics, 2014, 53(17): 3637-3641

[205] Hao G H, Yang M Z, Chang B K, et al. Attenuation performance of reflection-mode AlGaN photocathode under different preparation. Applied Optics, 2013, 52(23): 5671-5675

[206] Hao G H, Chen X L, Chang B K, et al. Comparison of photoemission performance of AlGaN/GaN photocathodes with different GaN thickness. Optik, 2014, 125: 1377-1379

[207] 郝广辉, 常本康, 陈鑫龙, 等. 近紫外波段 NEA GaN 阴极响应特性的研究. 物理学报, 2013, 62(9): 097901

[208] Hao G H, Chang B K, Cheng H C. Wet etching of AlGaN/GaN photocathode grown by MOCVD. Proc. of SPIE, 2013, 8912: 891214

[209] Hao G H, Chang B K, Chen X L, et al. Preparation and evaluation of $Al_{0.24}Ga_{0.76}N$ photocathode. Proceedings 10th International Vacuum Electron Conference (IVESC), 2014, 2010: 113, 114

[210] 杨明珠. $Ga_{1-x}Al_xN$ 光电阴极的光电性质与铯氧激活机理研究. 南京: 南京理工大学, 2016

[211] Yang M Z, Chang B K, Hao G H, et al. Theoretical study on electronic structure and optical properties of $Ga_{0.75}Al_{0.25}N(0001)$ surface. Applied Surface Science, 2013, 273: 111-117

[212] Yang M Z, Chang B K, Hao G H, et al. Study of Cs adsorption on $Ga(Mg)_{0.75}Al_{0.25}$ $N(0001)$ surface: A first principle calculation. Applied Surface Science, 2013, 282: 308-314

[213] Yang M Z, Chang B K, Wang M S. Atomic geometry and electronic structure of $Al_{0.25}Ga_{0.75}N(0001)$ surfaces covered with different coverages of cesium: A first-principle research. Applied Surface Science, 2015, 326: 251-256

[214] Yang M Z, Chang B K, Hao G H, et al. Research on electronic structure and optical properties of Mg doped $Ga_{0.75}Al_{0.25}N$. Optical Materials, 2014, 36: 787-796

[215] Yang M Z, Chang B K, Shi F, et al. Atomic geometry and electronic structures of Be-doped and Be-, O-codoped $Ga_{0.75}Al_{0.25}N$. Computational Materials Science, 2015, 99: 306-315

[216] Yang M Z, Chang B K, Wang M S. Cesium, oxygen coadsorption on AlGaN(0001) surface: Experimental research and ab initio calculations, Journal of Materials Science: Materials in Electrons, 2015, 26: 2181-2188

[217] Yang M Z, Chang B K, Hao G H, et al. Electronic structure and optical properties of nonpolar $Ga_{0.75}Al_{0.25}N$ surfaces. Optik, 2014, 125: 6260-6265

[218] Yang M Z, Chang B K, Hao G H, et al. Comparison of optical properties between wurtzite and zinc-blende $Ga_{0.75}Al_{0.25}N$. Optik, 2014, 125: 424-427

[219] Yang M Z, Chang B K, Zhao J, et al. Theoretical research on optical properties and quantum efficiency of $Ga_{1-x}Al_xN$ photocathodes. Optik, 2014, 125: 4906-4910

[220] Yang M Z, Chang B K, Hao G H. Design of optical component structure for $Al_xGa_{1-x}N$ photocathodes. Proc. of SPIE, 2015, 9659: 965918

[221] Zhang Y J, Zou J J, Wang X H, et al. Comparison of the photoemission behaviour between negative electron affinity GaAs and GaN photocathodes. Chinese Physics B, 2011, 20(4): 048501

后　　记

关于光电阴极研究，主要经历了三个研究阶段，几乎涵盖了我在校工作的四十多个年头。

第一阶段是电子轰击硅靶摄像管 (DGS) 及多碱光电阴极研究，时间大约是 1976~1995 年。该项研究又分前后两部分，前一部分是 DGS 研制阶段，作为 DGS 光电阴极的研制人员，主要从事多碱光电阴极制备，1983 年研究结束后，由于众所周知的原因，离开了自己喜爱的研究岗位；后一部分是多碱光电阴极研究，主要承担特种光学薄膜镀制技术研究，1994 年实验室多碱光电阴极的积分灵敏度达到 530μA/lm，1995 年鉴定。利用其研究内容完成了自己的博士学位论文，1995 年由机械工业出版社出版了《多碱光电阴极机理、特性与应用》，2011 年进行了修订，更名为《多碱光电阴极》，由兵器工业出版社出版。

之后，随着二代、超二代微光像增强器的引进，高校和研究所停止了正电子亲和势多碱光电阴极微光像增强器的研究。

第二阶段是针对三代微光像增强器开展III-V族 NEA 光电阴极的研究，包括 GaAs、AlGaAs、InGaAs 等，即 GaAs 基光电阴极研究阶段，从 1995 年开始，一直持续至今，主要研究成果是 GaAs 的电子扩散长度达到了 3~7μm，实验室研制的反射式 GaAs 光电阴极的积分灵敏度达到 3516μA/lm。详细的研究过程收录在 2012 年科学出版社出版的《GaAs 光电阴极》中。之后，在 GaAs 光电阴极研究基础上，我们采用第一性原理计算与实验相结合的方法，研究了窄带响应 AlGaAs 光电阴极、近红外响应 InGaAs 光电阴极，并对《GaAs 光电阴极》进行了修订，由科学出版社 2017 年出版了《GaAs 基光电阴极》。

第三阶段是针对紫外像增强器开展III-V族 GaN 基光电阴极的研究，包括 GaN 和 AlGaN，从 2008 年开始，一直持续至今。GaN 基光电阴极的研究是建立在现有宽禁带半导体材料基础上，其研究结果反映了目前的材料和光电阴极制备水平，尽管能够基本满足应用需求，但与最初的理论设计相距甚远。由科学出版社出版《GaN 基光电阴极》的目的，一是总结 GaN 基光电阴极取得的成果，供目前继续从事光电发射研究的同事们参考；二是提醒大家在后续的研究中应该重视 GaN 基非极性面以及闪锌矿结构，随着材料生长的进步，期待在 GaN 基非极性面以及闪锌矿结构外光电效应的研究中取得更好的结果。

《多碱光电阴极》《GaAs 基光电阴极》和《GaN 基光电阴极》，仅仅反映了目前器件研制和生产中的光电阴极水平，随着时代的进步和研究工作的深入，期待外光电效应的研究能够取得更多的创新性成果。